华 章 数 学 译 丛

81

Mathematical Analysis

Second Edition

数学分析

（原书第2版·典藏版）

[美] 汤姆·M. 阿波斯托尔（Tom M. Apostol） 著

邢富冲 邢辰 李松洁 贾婉丽 译

机械工业出版社
CHINA MACHINE PRESS

图书在版编目（CIP）数据

数学分析：原书第 2 版：典藏版 /（美）汤姆·M. 阿波斯托尔（Tom M. Apostol）著；邢富冲等译 . -- 北京：机械工业出版社，2022.5（2024.3 重印）
（华章数学译丛）
书名原文：Mathematical Analysis，Second Edition
ISBN 978-7-111-70616-8

Ⅰ. ①数… Ⅱ. ①汤… ②邢… Ⅲ. ①数学分析 Ⅳ. ① O17

中国版本图书馆 CIP 数据核字（2022）第 068892 号

北京市版权局著作权合同登记　图字：01-2004-3692 号。

本书是美国著名的数学分析教材，涵盖了初等微积分以及实变函数论和复变函数论等内容，涉及现代分析的最新进展 . 书中包含大量覆盖各个方面、各级难度的习题，通过习题的训练，可以培养学生的运算技能和对数学问题的思维能力 .

本书条理清晰，内容精练，言简意赅，可作为高等院校数学与应用数学、信息与计算科学等专业学生的教材，同时也可作为数学工作者和科技人员的参考书 .

出版发行：机械工业出版社（北京市西城区百万庄大街 22 号　邮政编码：100037）

责任编辑：王春华	责任校对：殷　虹
印　　刷：北京捷迅佳彩印刷有限公司	版　　次：2024 年 3 月第 1 版第 3 次印刷
开　　本：186mm×240mm　1/16	印　　张：26.5
书　　号：ISBN 978-7-111-70616-8	定　　价：139.00 元

客服电话：（010）88361066　68326294

译 者 序

1997～1998 年我在美国作为高级访问学者的时候，曾与几位朋友一起到加州理工学院出席南加州北京大学校友会活动，那时我就知道加州理工学院是一个非常出色的学校，我们十分喜欢的数学软件 Mathematica 的创始人 Stephen Wolfram 就毕业于加州理工学院. 后来，我的北大校友高速在 UCLA(加州大学洛杉矶分校)取得博士学位后到加州理工学院做博士后研究，我们经常保持联系，无形中我对加州理工学院产生了更加亲切的感觉. 所以，当机械工业出版社推荐英文原版书让我翻译时，我非常高兴地选择了加州理工学院的 Tom M. Apostol 教授所著的这本《数学分析》.

本书是与我国读者比较熟悉的 Walter Rudin 的 *Principles of Mathematical Analysis*[⊖] 和 *Real and Complex Analysis*[⊖] 齐名的现代数学名著，自 20 世纪 70 年代问世以来，一直受到西方学术界、教育界的广泛推崇，被许多知名大学指定为教材.

本书对于我国高校数学分析及函数论课程的设置及教材改革颇具参考价值.

如果说几十年前我国大学数学类专业开设数学分析、解析几何、高等代数、复变函数、实变函数、点集拓扑和泛函分析等课程时觉得四年的时间很紧张(因而曾有过五年甚至六年学制的尝试)的话，那么在计算机基础及应用、程序设计语言、数学软件、数据结构、软件工程等计算机类课程也都成了数学与应用数学专业以及信息与计算科学专业学生的课程的今天，四年的时间就显得更紧张了.

一方面时间紧、课程多，另一方面时间的利用存在着浪费的现象，不同课程中的内容有一定的重复. 比如，集合论基础的某些内容在数学分析、解析几何、高等代数、复变函数、实变函数、点集拓扑、泛函分析及其他一些课程中都要介绍；复变函数论课程的一些概念、理论、方法甚至习题的内容与数学分析课程有相当多的重叠. 内容的重复不仅造成时间的浪费，而且有时不同的课程、不同的教材对同样的概念采用不同的记号，还会给学生造成无谓的麻烦. 这个矛盾不仅在中国存在，在发达国家，例如美国，当然也存在. 美国在计算机方面走在世界的前列，美国大学必然更早地感受到了对课程和教材进行改革的必要性.

美国大学在课程设置及教材方面的一些做法可以供我们参考和借鉴. 我们还没有机会对美国等国家大学数学类或数学与计算机类专业的课程设置及教材状况进行全面的考察，但是从各种渠道，我们对美国大学的情况也多少有一些了解.

在美国，数学分析分为初等微积分和高等微积分. 初等微积分相当于我们的一元及多元微积分，高等微积分除了我们的数学分析中的一些内容之外，还包括复变函数论和实变函数论等内容. 美国的大学本科生要学数学分析，研究生阶段仍然要学数学分析(高等微积分).

我国大学本科生的课程比美国的深，既学数学分析(相当于美国的初等微积分)，又学复变函数论和实变函数论(基本包含美国的高等微积分). 我国数学及相关专业的本科

⊖⊖ 这两本书的英文版、中文版都已由机械工业出版社出版. ——编辑注

生进入研究生阶段之后，一般不再有数学分析课程，也不再把已在本科学过的留数定理和勒贝格积分等内容纳入哪门课程来学.

本书既包括我国大学数学分析课程的内容，又包括勒贝格积分及柯西定理和留数计算，所以本书包含我国数学分析以及实变函数论与复变函数论的主要内容.

本书在美国既作为本科生教材又作为研究生教材，但是在我国只能作为本科生教材，只是我们的数学分析中一般不介绍斯蒂尔切斯积分，而且不介绍本书所包含的一些较新的成果.

如果使用本书作为教材，可以对我们现行课程设置中的数学分析、实变函数论、复变函数论进行综合改革，从而促进教材内容的现代化，避免一些内容重复，使总学时得到适当的削减. 本书条理清晰，内容精练，言简意赅，在正文及练习中包含较新的成果，但不像苏联的教材那样细腻. 我国传统的教材受苏联的影响较大，因而在使用本书时，也许一方面会有一些新鲜感，另一方面不会像我们已习惯的教材那样驾轻就熟，因而需要进行试验，同时加强教学研究.

关于本书术语的翻译，我们主要参考了科学出版社在 2002 年出版的《新英汉数学词汇》一书. 例如“triangle inequality”，以前的书中“三角不等式”和“三角形不等式”的译法都有. 我个人觉得后者比前者更形象、更直观，可是《新英汉数学词汇》用的是前者，所以我们在本书中也译为前者.

还有几个地方我们也参照《新英汉数学词汇》采用了与习惯说法稍有不同的译法.

本书由邢富冲、邢辰、李松洁和贾婉丽共同翻译完成，由于水平有限，不当之处在所难免，希望广大读者批评指正.

邢富冲

2005 年 10 月于北京

前　言

从目录可以看出，本书是在“高等微积分”的水平上阐述数学分析中的论题. 编写本书的目的在于展现这门学科，所以要求叙述忠实于原貌、精确严密，包含新进展，同时又不过于学究气. 本书提供了从初等微积分向实变函数论及复变函数论等高等课程的一种过渡，并介绍了一些涉及现代分析的抽象理论.

与第 1 版相比，第 2 版的主要更新表现在以下方面：在考虑一般的度量空间以及 n 维欧氏空间时介绍点集拓扑；增加了关于勒贝格积分的两章；删去了曲线积分、向量分析和曲面积分的内容；重排了某些章的顺序；完全重写了很多节；增加了若干新的练习.

勒贝格积分由 Riesz-Nagy 方法引入，此方法直接着眼于函数及其积分，而不依赖于测度论. 为了适应大学本科水平的教学，在介绍勒贝格积分时，进行了简化、延伸和调整.

本书第 1 版曾被用于从本科一年级到研究生一年级各种水平的数学课程，既用作教科书，又用作补充参考书. 第 2 版保持了这种灵活性. 例如，第 1 章至第 5 章及第 12 章和第 13 章可用于单变量或多变量函数的微分学课程，第 6 章至第 11 章及第 14 章和第 15 章可用于积分学的课程. 也可以按其他方式进行多种组合，教师则可以参考下一页的图示根据自己的需要选择适当的章节，图中显示了各章之间的逻辑依赖关系.

我要向不厌其烦地就第 1 版写信给我的许多人表示感谢，他们的评论和建议有助于我进行修订. 特别要感谢 Charalambos Aliprantis 博士，他细心地阅读了第 2 版的全部手稿并提出了许多有益的建议，还提供了某些新的练习. 最后，向加州理工学院的学生们表示由衷的感谢，是他们对数学的热情激发了我编著此书的原动力.

T. M. A.

1973 年 9 月于帕萨迪纳

各章逻辑关系图

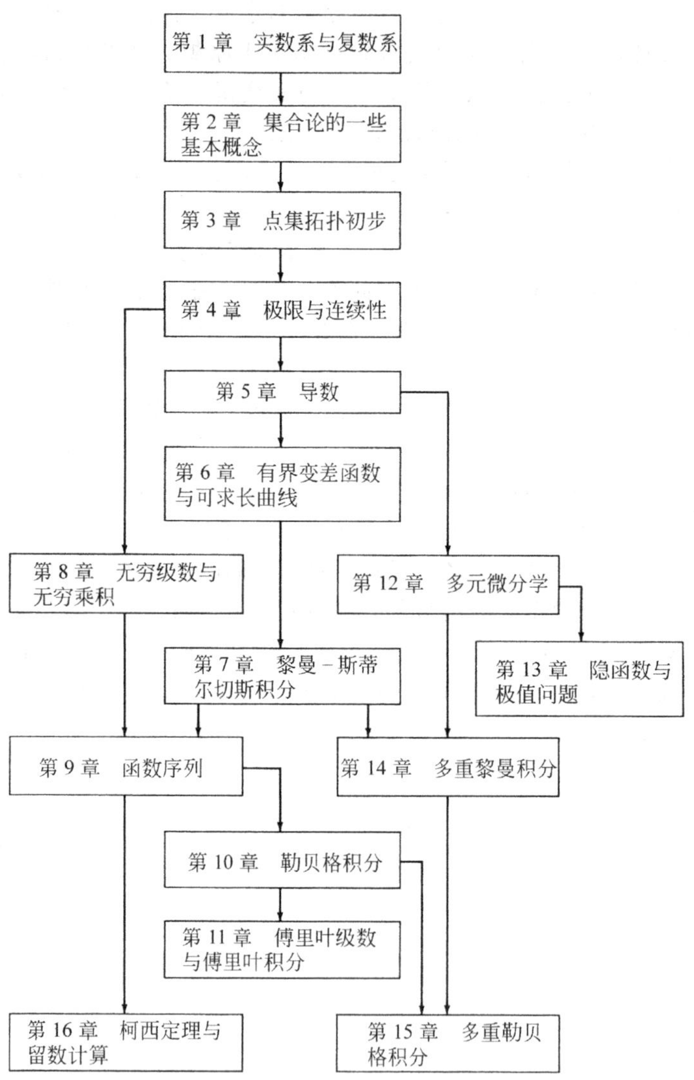

第 1 章　实数系与复数系
第 2 章　集合论的一些基本概念
第 3 章　点集拓扑初步
第 4 章　极限与连续性
第 5 章　导数
第 6 章　有界变差函数与可求长曲线
第 8 章　无穷级数与无穷乘积
第 12 章　多元微分学
第 13 章　隐函数与极值问题
第 7 章　黎曼－斯蒂尔切斯积分
第 9 章　函数序列
第 14 章　多重黎曼积分
第 10 章　勒贝格积分
第 11 章　傅里叶级数与傅里叶积分
第 16 章　柯西定理与留数计算
第 15 章　多重勒贝格积分

目　录

第1章　实数系与复数系

1.1　引言

数学分析研究的是以某种形式与实数有关的概念，所以我们从对实数系的讨论开始我们的研究.

可以用几种不同的方法介绍实数，其中一种方法是从正整数 1，2，3，…开始，以此作为不加定义的概念并用于构建一个更大的数系：正有理数(正整数之商)、与它们相反的数和零. 然后用有理数构建无理数——像$\sqrt{2}$和 π 这样的不是有理数的实数. 有理数和无理数一起组成实数系.

虽然这些内容是数学基础的重要部分，但是在这里我们不准备对它们加以详谈. 事实上，在数学分析的大部分内容中，我们更关心的是实数的性质，而不是构建它们所用的方法. 因此，我们将把实数本身作为满足某些公理的不加定义的对象，并从公理出发导出实数的进一步的性质. 考虑到读者可能对于以下几页讨论的实数性质中的大部分内容都很熟悉，所以我们的介绍将相当扼要. 其目的是复习一下实数的重要特性，并告诉读者：如果需要追根溯源，则所有这些性质都可以由那些公理导出. 更详细的论述可以在本章末所列的参考文献中找到.

为方便起见，我们使用一些基本的集合的记号和术语. 设 S 表示一个集合(一堆元素). $x\in S$ 表示元素 x 在集合 S 内，$x\notin S$ 表示 x 不在 S 内.

如果集合 S 中的每一个元素都在 T 内，则集合 S 称为 T 的一个子集，并记为 $S\subseteq T$. 如果一个集合包含至少一个元素，则称之为非空.

我们假定存在一个由称为实数的对象组成的非空集合 $\mathbf{R}$，实数满足下文所列的 10 条公理. 这 10 条公理按它们的性质可以分为三组，我们分别把它们称之为域公理、序公理和完全公理(又称为上确界公理或连续性公理).

1.2　域公理

对于实数集 $\mathbf{R}$，我们假定存在两种运算，分别称为加法和乘法，使得对于每一对实数 x 和 y，其和 $x+y$ 与乘积 xy 是由 x 和 y 唯一确定且满足下述公理的实数.（下述公理中的 x，y，z 都表示任意实数，除非另有说明.） 1

公理 1　$x+y=y+x$，$xy=yx$.　(交换律)

公理 2　$x+(y+z)=(x+y)+z$，$x(yz)=(xy)z$.　(结合律)

公理 3　$x(y+z)=xy+xz$.　(分配律)

公理 4　给定任意两个实数 x 和 y，存在一个实数 z 使得 $x+z=y$. 这个 z 可以用 $y-x$ 表示；数 $x-x$ 用 0 表示.（可以证明 0 不依赖于 x.）我们把 $0-x$ 写为 $-x$，$-x$ 称为与 x 相反的数.

公理 5　至少存在一个实数 $x\neq0$. 如果 x 与 y 是两个实数，同时 $x\neq0$，则存在一个

实数 z 使得 $xz=y$. 这个 z 用 y/x 来表示；数 x/x 用 1 表示，而且可以证明 1 不依赖于 x. 如果 $x\neq 0$，则把 $1/x$ 记为 x^{-1} 并称之为 x 的倒数.

从这些公理可以导出全部通常的算术法则，例如，$-(-x)=x$，$(x^{-1})^{-1}=x$，$-(x-y)=y-x$，$x-y=x+(-y)$，等等.（对于较详细的解释，见参考文献 1.1.）

1.3 序公理

我们还假定存在一种关系 $<$，用这种关系可以在实数当中建立顺序，且它满足下述公理：

公理 6 关系式 $x=y$，$x<y$，$x>y$ 中恰有一个成立.

注 $x>y$ 与 $y<x$ 表示同样的意思.

公理 7 如果 $x<y$，则对于任何 z 都有 $x+z<y+z$.

公理 8 如果 $x>0$ 且 $y>0$，则 $xy>0$.

公理 9 如果 $x>y$ 且 $y>z$，则 $x>z$.

注 设 x 是一个实数，当 $x>0$ 时称 x 为正数，当 $x<0$ 时称 x 为负数. 用 $\mathbf{R}^+$ 表示由全体正数组成的集，用 $\mathbf{R}^-$ 表示由全体负数组成的集.

从这些公理可以导出通常的不等式运算法则. 例如，如果 $x<y$，则当 z 是正数时有 $xz<yz$，而当 z 是负数时有 $xz>yz$. 还有，如果 $x>y$，$z>w$，其中 y 和 w 都是正数，则有 $xz>yw$.（对这些法则的完整的讨论，见参考文献 1.1.）

注 符号 $x\leqslant y$ 是

2 $$\text{“}x<y \quad \text{或} \quad x=y\text{”}$$

的缩写. 因此有 $2\leqslant 3$，因为 $2<3$；有 $2\leqslant 2$，因为 $2=2$. 符号 $\geqslant$ 可类似地使用. 如果 $x\geqslant 0$，则实数 x 称为是非负的. 两个同向不等式，例如 $x<y$，$y<z$，通常简写为 $x<y<z$.

下述定理是前述公理的简单推论，在数学分析的证明中经常用到这个定理.

定理 1.1 给定实数 a 与 b，使得对于每一个 $\varepsilon>0$ 都有

$$a\leqslant b+\varepsilon, \tag{1}$$

则 $a\leqslant b$.

证明 如果 $b<a$，则当 $\varepsilon=(a-b)/2$ 时不等式(1)不成立，因为这时

$$b+\varepsilon=b+\frac{a-b}{2}=\frac{a+b}{2}<\frac{a+a}{2}=a.$$

于是由公理 6 必有 $a\leqslant b$. ■

公理 10(即完全公理)将于 1.11 节介绍.

1.4 实数的几何表示

实数经常被几何地表示为一条直线(称为实线或实轴)上的点. 选取一个点表示 0，另

一个点表示 1，如图 1-1 所示．这种选择将确定比例尺．在一个适当的对于欧几里得几何建立的公理体系下，实线上的每一个点对应且仅对应于一个实数，反过来，每一个实数由且仅由实线上的一个点表示．通常就说点 x，而不必说“表示实数 x 的点”．

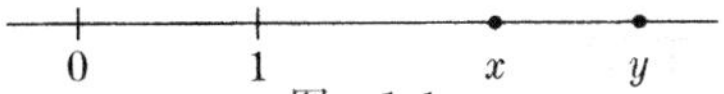

图 1-1

次序关系有一个简单的几何解释．如果 $x<y$，则点 x 位于点 y 的左边，如图 1-1 所示．正数位于 0 的右边，负数位于 0 的左边．如果 $a<b$，则点 x 满足不等式 $a<x<b$ 当且仅当 x 位于 a 与 b 之间．

1.5 区间

由位于 a 与 b 之间的全部点组成的集合称为一个区间．有时区分包含端点的区间和不包含端点的区间是很重要的．

记号 记号$\{x: x$ 满足 $P\}$表示由满足性质 P 的全部实数 x 构成的集合． 3

定义 1.2 假定 $a<b$．开区间(a, b)定义为集合

$$(a, b)=\{x: a<x<b\}.$$

闭区间$[a, b]$是集合$\{x: a\leqslant x\leqslant b\}$．半开区间$(a, b]$和$[a, b)$分别用不等式 $a<x\leqslant b$ 和 $a\leqslant x<b$ 类似地定义．无穷区间定义如下：

$$(a, +\infty)=\{x: x>a\}, \qquad [a, +\infty)=\{x: x\geqslant a\},$$
$$(-\infty, a)=\{x: x<a\}, \qquad (-\infty, a]=\{x: x\leqslant a\}.$$

实线 $\mathbf{R}$ 有时看作是开区间$(-\infty, +\infty)$．单独一点可以认为是一个“退化的”闭区间．

注 此处使用符号$+\infty$和$-\infty$纯粹是为了表示的方便，它们并不是实数．以后我们会把实数系进行扩充使之包含这两个符号，但是即使是在扩充之后，读者也应该明白所有的实数都是“有限”的．

1.6 整数

本节讲述整数——$\mathbf{R}$ 的一个特殊的子集．在定义整数之前宜首先介绍归纳集的概念．

定义 1.3 一个实数集称为归纳集，如果它有下述两条性质：

a)数 1 在此集内．

b)对于此集内的每一个 x，$x+1$ 也在此集内．

例如，$\mathbf{R}$ 是一个归纳集，集合 $\mathbf{R}^+$ 也是归纳集．现在我们将把正整数定义为属于每一个归纳集的那些实数．

定义 1.4 如果一个实数属于每一个归纳集，则称之为正整数．正整数构成的集用 $\mathbf{Z}^+$ 表示．

集合 $\mathbf{Z}^+$ 本身就是一个归纳集．它包含数 1，数 1+1(用 2 表示)，数 2+1(用 3 表示)，等等．既然 $\mathbf{Z}^+$ 是每一个归纳集的子集，我们可以认为 $\mathbf{Z}^+$ 是最小的归纳集．$\mathbf{Z}^+$ 的这个性质有时称为归纳法原则．我们假定读者熟悉基于此原则的用归纳法的证明(见参考文

献 1.1). 这种证明的例子在下一节给出.

与正整数相反的数称为负整数. 正整数与负整数以及 0(零)一起构成一个集合 $\mathbf{Z}$，我们简单地称之为整数集.

1.7 整数的唯一因数分解定理

如果 n 和 d 都是整数而且对于某个整数 c 有 $n=cd$，我们就说 d 是 n 的一个因数，或
4 说 n 是 d 的一个倍数，记为 $d|n$(读作 d 整除 n). 如果一个大于 1 的整数 n 的正因数只有 1 和 n 本身，则 n 称为素数. 如果 $n>1$ 且 n 不是素数，则 n 称为合数. 整数 1 既不是素数，也不是合数.

本节将导出整数因式分解的一些初步结果，并最终导出唯一因数分解定理，也叫算术基本定理.

该基本定理陈述为：(1)每个整数 $n>1$ 都能表示为素因数的乘积；(2)这个因数分解除了因数的次序可能不同之外只能用一种方法完成. 第(1)部分的证明是容易的.

定理 1.5 *每个整数 $n>1$ 或者是一个素数，或者是一些素数的积.*

证明 我们对 n 使用归纳法. $n=2$ 时定理显然成立. 现在假定对于每一个整数 $k(1<k<n)$命题成立. 如果 n 不是素数，则它有一个正因数 d，其中 $1<d<n$. 于是 $n=cd$，其中 $1<c<n$. 既然 c 与 d 都小于 n，它们就都是素数或是素数之积. 从而 n 是素数之积. ■

在证明第(2)部分即因式分解的唯一性之前，我们再介绍几个概念.

如果 $d|a$ 且 $d|b$，我们就说 d 是 a 和 b 的一个公因数. 下一个定理表明，每一对整数 a 和 b 都有一个公因数，它是 a 和 b 的线性组合.

定理 1.6 *每一对整数 a 与 b 都有一个公因数 d，形为*

$$d=ax+by,$$

其中 x 和 y 都是整数. 而且，a 和 b 的每一个公因数都能整除这个 d.

证明 首先假定 $a\geqslant 0$，$b\geqslant 0$，并对 $n=a+b$ 使用归纳法. 如果 $n=0$，则 $a=b=0$，可取 $d=0$，$x=y=0$. 然后，假设定理已经对于 0，1，2，…，$n-1$ 进行了证明，按对称性，我们可以假定 $a\geqslant b$. 如果 $b=0$，取 $d=a$，$x=1$，$y=0$ 即可. 如果 $b\geqslant 1$，我们可以对于 $a-b$ 和 b 使用归纳法假设，因为它们的和是 $a=n-b\leqslant n-1$. 因此，$a-b$ 和 b 有公因数 d，其形式为 $d=(a-b)x+by$. 这个 d 也能整除 $(a-b)+b=a$，所以 d 是 a 和 b 的公因数，且有 $d=ax+(y-x)b$，这是 a 和 b 的一个线性组合. 为了完成证明，我们还需要证明 a 和 b 的每一个公因数都能整除 d. 既然公因数能整除 a 和 b，它就也能整除线性组合 $ax+(y-x)b=d$. 这就在 $a\geqslant 0$ 且 $b\geqslant 0$ 的情况下完成了证明. 如果 a 和 b 中的一个或两个是负数，则只需对 $|a|$ 和 $|b|$ 应用刚刚证完的结果. ■

注 如果 d 是 a 和 b 的公因数，形式为 $d=ax+by$，则 $-d$ 也是同样形式的公因数：$-d=a(-x)+b(-y)$. 这两个公因数中非负的一个称为 a 和 b 的最大公因数，并记为 $\gcd(a,b)$，或简记为 (a,b). 如果 $(a,b)=1$，则 a 和 b 称为互素.

定理 1.7(欧几里得引理)　若 $a|bc$ 且 $(a, b)=1$，则 $a|c$. 5

证明　因为 $(a, b)=1$，所以可以写 $1=ax+by$，于是 $c=acx+bcy$. 但是 $a|acx$ 且 $a|bcy$，所以 $a|c$. ■

定理 1.8　如果素数 p 整除 ab，则 $p|a$ 或 $p|b$. 更一般地，若素数 p 整除 $a_1\cdots a_k$，则 p 至少整除这些因数当中的一个.

证明　假设 $p|ab$ 而 p 不能整除 a. 如果能证明 $(p, a)=1$，则由欧几里得引理就能得出 $p|b$. 设 $d=(p, a)$，则 $d|p$，所以 $d=1$ 或 $d=p$，不可能是 $d=p$，因为 $d|a$ 而 p 不能整除 a. 这样就有 $d=1$. 为了证明更一般的情况，可以对因数的个数 k 使用归纳法. 细节留给读者. ■

定理 1.9(唯一因数分解定理)　每一个整数 $n>1$ 都可以用唯一的方法表示为素因数之积，不同之处至多只能是因数的次序.

证明　对 n 用归纳法. 当 $n=2$ 时定理成立. 现在假定定理对于所有比 1 大而比 n 小的整数成立. 若 n 是素数则无须证明. 所以假设 n 是合数而且 n 有两种素因数分解方法，比如

$$n=p_1p_2\cdots p_s=q_1q_2\cdots q_t. \tag{2}$$

我们希望证明 $s=t$，而且每个 p 等于某个 q. 既然 p_1 整除乘积 $q_1q_2\cdots q_t$，它就至少整除一个因数. 必要的话可以重排各个因数 q 的次序使得 $p_1|q_1$. 于是 $p_1=q_1$，因为 p_1 和 q_1 二者都是素数. 在(2)式得两边消去 p_1 可得

$$\frac{n}{p_1}=p_2\cdots p_s=q_2\cdots q_t.$$

既然 n 是合数，所以 $1<n/p_1<n$. 因此按照归纳法假设，n/p_1 的这两个因式分解式是相同的，不同之处至多只能是各因数的次序. 从而在(2)式中也是如此. ■

1.8　有理数

整数的商 a/b(其中 $b\neq 0$)称为有理数. 例如，1/2，−7/5 和 6 都是有理数. 有理数集合(记为 $\mathbf{Q}$)包含 $\mathbf{Z}$ 作为子集. 读者应该注意，$\mathbf{Q}$ 满足全部域公理和序公理.

我们假定读者熟悉有理数的某些初等性质. 例如，若 a 和 b 都是有理数，则它们的平均数 $(a+b)/2$ 也是有理数且位于 a 与 b 之间. 因而在任何两个有理数之间有无穷多个有理数，这意味着，如果给定了某一个有理数，我们不能说“下一个最大的”有理数这样的话. 6

1.9　无理数

非有理数的实数称为无理数. 例如 $\sqrt{2}$，e，π 和 e^{π} 这些数都是无理数.

要证明某个特定的数是无理数通常不是太容易. 例如，对于 e^{π} 是无理数就没有一个简单的证明. 然而，像 $\sqrt{2}$ 和 $\sqrt{3}$ 这样的数是无理数不是太难证明的，而且，事实上，我们很容易证明下述定理：

定理 1.10　若 n 是一个正整数却不是一个完全平方数，则 $\sqrt{n}$ 是无理数.

证明　首先假设 n 不包含大于1的平方因数．然后假定$\sqrt{n}$是有理数，我们将推出矛盾．设$\sqrt{n}=a/b$，其中 a 和 b 是没有公因数的整数．于是可得 $nb^2=a^2$，而且，既然这个等式的左边是 n 的倍数，右边的 a^2 就也是 n 的倍数．然而，如果 a^2 是 n 的倍数，则 a 本身必定是 n 的倍数，因为 n 没有大于1的平方因数．（检查 a 的素因数分解式很容易看到这一点．）这意味着 $a=cn$，其中 c 是某个整数．于是等式 $nb^2=a^2$ 变成 $nb^2=c^2n^2$，或者 $b^2=nc^2$．同样的讨论可以证明 b 必定也是 n 的一个倍数．这样 a 和 b 都是 n 的倍数，这同它们没有公因数的假设矛盾．这就完成了在 n 没有大于1的平方因数情况下的证明．

如果 n 有平方因数，我们可以写 $n=m^2k$，其中 $k>1$ 而且 k 没有大于1的平方因数，于是$\sqrt{n}=m\sqrt{k}$．如果$\sqrt{n}$是有理数，则$\sqrt{k}$也将是有理数，这同刚才证明的结论矛盾．■

证明数 e 是无理数需要另一种类型的论证．（假定从初等微积分中已熟悉指数函数 e^x 及其无穷级数表示式．）

定理 1.11　*若 $e^x=1+x+x^2/2!+x^3/3!+\cdots+x^n/n!+\cdots$，则数 e 是无理数．*

证明　我们将证明 e^{-1} 是无理数．e^{-1} 的级数是交错级数，它各项的绝对值逐步地减小．在这样的交错级数中，到第 n 项为止所形成的误差与忽略掉的第一项同号，而误差的绝对值小于忽略掉的第一项的绝对值．于是，如果 $s_n=\sum_{k=0}^{n}(-1)^k/k!$，则有不等式

$$0<e^{-1}-s_{2k-1}<\frac{1}{(2k)!},$$

由此对任何整数 $k\geqslant 1$ 可得

$$0<(2k-1)!\,(e^{-1}-s_{2k-1})<\frac{1}{2k}\leqslant\frac{1}{2},\tag{3}$$

7 现在 $(2k-1)!s_{2k-1}$ 永远是整数．如果 e^{-1} 是有理数，则可以取到充分大的 k 使得 $(2k-1)!\,e^{-1}$ 也是整数．这时由(3)式可知这两个整数的差将是介于0和1/2之间的数，而这是不可能的．这说明 e^{-1} 不可能是有理数，从而 e 不可能是有理数．■

注　*对于 π 是无理数的证明，见练习 7.33．*

早在公元前500年古希腊人就知道无理数的存在．然而直到19世纪末期，康托尔(Cantor)、戴德金(Dedekind)和魏尔斯特拉斯(Weierstrass)建立了三种不同的理论之后，关于无理数的完整的理论才建立起来．对于戴德金和康托尔的理论及它们的等价性，见参考文献1.6．

1.10　上界、最大元和最小上界(上确界)

在代数学中无理数是在解某些二次方程时出现的．例如，人们希望有一个实数 x 使得 $x^2=2$．从上文列出的九条公理中不能证明在 $\mathbf{R}$ 中存在这样的 x，因为这九条公理也被 $\mathbf{Q}$ 满足，而且我们已经证明了没有一个有理数的平方等于2．完全公理允许我们在实数系内引进无理数，它给出了实数系的连续性性质，这是数学分析中许多定理的基础．

在叙述完全公理之前，宜先介绍有关的术语和记号．

定义 1.12 设 S 是一个由实数组成的集合. 如果有一个实数 b 对于 S 中的每一个 x 都有 $x \leqslant b$，则称 b 为 S 的一个上界，并说 S 以 b 为上界.

我们说 b 是 S 的一个上界是因为每一个比 b 大的数也都是 S 的上界. 如果上界 b 也是 S 的一个元素，则 b 称为 S 的最大元素或最大元. 最多只能有一个这样的 b. 如果这样的 b 存在，则记为

$$b = \max S.$$

没有上界的集合称为是上无界的.

术语下界、下有界、最小元素(或最小元)的定义可以类似地叙述. 如果 S 有最小元素，则记之为 $\min S$.

例

1. 集合 $\mathbf{R}^+ = (0, +\infty)$ 是上无界的. 它没有上界，也没有最大元. 它以 0 为下界但没有最小元.

2. 闭区间 $S = [0, 1]$ 是以 1 为上界、以 0 为下界的. 事实上，$\max S = 1$，$\min S = 0$.

3. 半开区间 $S = [0, 1)$ 是以 1 为上界的，但是它没有最大元. 它的最小元是 0. 8

对于像在例 3 中这样的集合，它们是有上界的，但是没有最大元，有一个代替最大元的概念，称为集合的最小上界或上确界，其定义如下：

定义 1.13 设 S 是一个上有界的实数集合. 实数 b 称为 S 的上确界，如果它具有下述两条性质：

a) b 是 S 的一个上界.

b) 小于 b 的数都不是 S 的上界.

例 若 $S = [0, 1]$，则 S 的最大元 1 也是最小上界. 如果 $S = [0, 1)$，则数 1 是 S 的最小上界，虽然 S 没有最大元.

容易证明，一个集合不能有两个不同的最小上界. 因而，如果 S 有最小上界，就只有一个最小上界.

通常用一个更简洁的术语上确界来称呼集合的最小上界，简写为 sup. 我们将采用这个惯例并以

$$b = \sup S$$

表示 b 是 S 的上确界. 若 S 有最大元素，则 $\max S = \sup S$.

S 的最大下界或下确界，用 $\inf S$ 表示，可以用类似的方式定义.

1.11 完全公理

实数系的最后一个公理涉及上确界的概念.

公理 10 每一个上有界的非空实数集都有上确界. 也就是说，有一个实数 b 使得 $b = \sup S$.

作为本公理的一个推论可知每一个下有界的非空实数集都有下确界.

1.12 上确界的某些性质

本节讨论上确界的某些将在本书中用到的基本性质. 读者可以自己叙述出下确界相

应的性质.

下面第一条性质表明，有上确界的集合含有任意接近于它的上确界的数.

定理 1.14(逼近性质)　设 S 是一个有上确界的非空实数集，记 $b=\sup S$. 则对于每一个 $a<b$，在 S 中都有某个 x 使得

9 $$a<x\leqslant b.$$

证明　首先，对于 S 中的一切 x 都有 $x\leqslant b$. 如果对于 S 中的每一个 x 都有 $x\leqslant a$，则 a 将是 S 的一个比最小上界还小的上界. 所以 S 中至少有一个 x 使 $x>a$. ■

定理 1.15(可加性质)　给定 $\mathbf{R}$ 的非空子集 A 与 B，设 C 表示集合

$$C=\{x+y:\ x\in A,\ y\in B\}.$$

如果 A 与 B 都有上确界，则 C 也有上确界，且有

$$\sup C=\sup A+\sup B.$$

证明　设 $a=\sup A$，$b=\sup B$. 若 $z\in C$，则有 $z=x+y$，其中 $x\in A$，$y\in B$，所以 $z=x+y\leqslant a+b$. 于是 $a+b$ 是 C 的一个上界，所以 C 有上确界，记 $c=\sup C$，则 $c\leqslant a+b$. 下面我们证明 $a+b\leqslant c$. 任取 $\varepsilon>0$，由定理 1.14，在 A 中有 x，在 B 中有 y 使得

$$a-\varepsilon<x,\quad b-\varepsilon<y.$$

这两个不等式相加可得

$$a+b-2\varepsilon<x+y\leqslant c.$$

于是对于每个 $\varepsilon>0$ 都有 $a+b<c+2\varepsilon$，所以由定理 1.1 有 $a+b\leqslant c$. ■

下一个定理的证明作为练习留给读者.

定理 1.16(比较性质)　给定 $\mathbf{R}$ 的非空子集 S 和 T 使得对于 S 中的每一个 s 和 T 中的每一个 t 都有 $s\leqslant t$. 那么，如果 T 有上确界，则 S 有上确界，且有

$$\sup S\leqslant\sup T.$$

1.13　从完全公理推演出的整数性质

定理 1.17　由正整数 1，2，3，…组成的集合 $\mathbf{Z}^+$ 是上无界的.

证明　如果 $\mathbf{Z}^+$ 是上有界的，则 $\mathbf{Z}^+$ 将有上确界，记 $a=\sup\mathbf{Z}^+$. 按照定理 1.14，对 $\mathbf{Z}^+$ 中的某个 n 有 $a-1<n$. 于是对于这个 n 有 $n+1>a$，这同 $a=\sup\mathbf{Z}^+$ 相矛盾，因为 $n+1\in\mathbf{Z}^+$. ■

定理 1.18　对每一个实数 x 都有正数 n 使得 $n>x$.

证明　如果该定理不成立，将有某个 x 成为 $\mathbf{Z}^+$ 的一个上界，这同定理 1.17 矛盾. ■

1.14　实数系的阿基米德性质

10 下一个定理描述实数系的阿基米德性质. 从几何上看，这个定理告诉我们，任何线段不论多长，它都可以被有限条给定正长度的线段覆盖，而不论这个给定的正长度有多小.

定理 1.19　如果 $x>0$ 而 y 是任意一个实数，则存在一个正整数 n 使得 $nx>y$.

证明　应用定理 1.18，用 y/x 代替 x 即可. ■

1.15 能用有限小数表示的有理数

形如

$$r=a_0+\frac{a_1}{10}+\frac{a_2}{10^2}+\cdots+\frac{a_n}{10^n}$$

的实数，其中 a_0 是非负整数，a_1，…，a_n 是满足 $0\leqslant a_i\leqslant 9$ 的整数，通常更简明地写为

$$r=a_0.a_1a_2\cdots a_n.$$

这种记法称为 r 的有限小数表示. 例如，

$$\frac{1}{2}=\frac{5}{10}=0.5,\qquad \frac{1}{50}=\frac{2}{10^2}=0.02,\qquad \frac{29}{4}=7+\frac{2}{10}+\frac{5}{10^2}=7.25.$$

像这样的实数必定是有理数，而且，实际上，它们都有 $r=a/10^n$ 这种形式，其中 a 是一个整数. 然而，不是一切有理数都能用有限小数表示. 例如，如果 $\frac{1}{3}$ 能被如此表示，则对某个整数 a 将有 $\frac{1}{3}=a/10^n$ 或 $3a=10^n$. 但这是不可能的，因为 3 不能整除 10 的任何次幂.

1.16 用有限小数逼近实数

本节将用完全公理证明，实数能被用有限小数表示的有理数逼近到任何精确度.

定理 1.20 设 $x\geqslant 0$，则对于任何整数 $n\geqslant 1$ 存在有限小数 $r_n=a_0.a_1a_2\cdots a_n$ 使得

$$r_n\leqslant x<r_n+\frac{1}{10^n}.$$

证明 设 S 是由所有 $\leqslant x$ 的非负整数构成的集，则 S 非空，因为 $0\in S$，且 S 以 x 为上界. 所以 S 有上确界，记 $a_0=\sup S$. 容易验证 $a_0\in S$，所以 a_0 是一个非负整数. 我们称 a_0 为 x 中的最大整数，记为 $a_0=[x]$. 显然有

$$a_0\leqslant x<a_0+1.$$ 11

现在设 $a_1=[10x-10a_0]$，它是不超过 $10x-10a_0$ 的最大整数. 因为 $0\leqslant 10x-10a_0=10(x-a_0)<10$，所以有 $0\leqslant a_1\leqslant 9$，而且

$$a_1\leqslant 10x-10a_0<a_1+1.$$

换句话说，a_1 是满足不等式

$$a_0+\frac{a_1}{10}\leqslant x<a_0+\frac{a_1+1}{10}$$

的最大整数.

更一般地，在已选取了 a_1，…，a_{n-1} 满足 $0\leqslant a_i\leqslant 9$ 之后，设 a_n 是满足不等式

$$a_0+\frac{a_1}{10}+\cdots+\frac{a_n}{10^n}\leqslant x<a_0+\frac{a_1}{10}+\cdots+\frac{a_n+1}{10^n}\tag{4}$$

的最大整数，则 $0\leqslant a_n\leqslant 9$，且有

$$r_n\leqslant x<r_n+\frac{1}{10^n},$$

其中 $r_n=a_0.a_1a_2\cdots a_n$. 这就完成了证明. 容易验证，x 实际上是有理数 r_1，r_2，…构成的集合的上确界. ■

1.17 用无限小数表示实数

可以用在定理 1.20 的证明中得到的整数 a_0，a_1，a_2，…定义 x 的无限小数表示. 我们写

$$x=a_0.a_1a_2\cdots$$

意为 a_n 是满足(4)式的最大整数. 例如，若 $x=\frac{1}{8}$，则可求出 $a_0=0$，$a_1=1$，$a_2=2$，$a_3=5$，且对于一切 $n\geqslant 4$ 都有 $a_0=0$. 所以可以写

$$\frac{1}{8}=0.125\,000\cdots$$

如果我们在(4)式中交换不等号≤和<的位置，则可以得到一个稍有不同的小数展开式的定义. 这时有限小数 r_n 满足条件 $r_n<x\leqslant r_n+10^{-n}$，虽然此时数字 a_0，a_1，a_2，…未必是在(4)中取到的那些数字. 例如，如果把这第二个定义应用于 $x=\frac{1}{8}$，则可以得到无限小数表示式

$$\frac{1}{8}=0.124\,999\cdots$$

一个实数可以有两个不同的小数表示式这个事实，只是反映出两个不同的实数集可以有同样的上确界.

1.18 绝对值与三角不等式

12 在数学分析中经常要进行带有不等式的计算. 在涉及绝对值概念时，这种计算特别重要. 如果 x 是任一实数，则 x 的绝对值(记为 $|x|$)定义为

$$|x|=\begin{cases} x, & \text{若 } x\geqslant 0, \\ -x, & \text{若 } x\leqslant 0. \end{cases}$$

下面的定理给出了关于绝对值的一个基本不等式：

定理 1.21 若 $a\geqslant 0$，则 $|x|\leqslant a$ 当且仅当 $-a\leqslant x\leqslant a$.

证明 从 $|x|$ 的定义可得不等式 $-|x|\leqslant x\leqslant |x|$，因为 $x=|x|$ 或 $x=-|x|$. 如果假定 $|x|\leqslant a$，则可写 $-a\leqslant -|x|\leqslant x\leqslant |x|\leqslant a$，于是定理的一半得证. 反过来，假定 $-a\leqslant x\leqslant a$，则当 $x\geqslant 0$ 时有 $|x|=x\leqslant a$，当 $x<0$ 时有 $|x|=-x\leqslant a$，在每一种情况下都有 $|x|\leqslant a$，定理得证. ■

可以用此定理证明三角不等式.

定理 1.22 对于任意实数 x 和 y 都有

$$|x+y|\leqslant |x|+|y| \quad \text{(三角不等式)}.$$

证明 我们有 $-|x|\leqslant x\leqslant |x|$ 及 $-|y|\leqslant y\leqslant |y|$. 相加可得 $-(|x|+|y|)\leqslant x+y\leqslant |x|+|y|$，于是由定理 1.21 可以断定 $|x+y|\leqslant |x|+|y|$，这就证明了这个定理. ■

三角不等式在使用时经常改换形式. 例如，如果在定理 1.22 中取 $x=a-c$，$y=c-$

b，则可得

$$|a-b|\leqslant|a-c|+|c-b|.$$

从定理 1.22 也可得$|x|\geqslant|x+y|-|y|$. 取 $x=a+b$，$y=-b$ 可得

$$|a+b|\geqslant|a|-|b|.$$

交换 a 与 b 的位置可以发现$|a+b|\geqslant|b|-|a|=-(|a|-|b|)$，于是可得

$$|a+b|\geqslant||a|-|b||.$$

用归纳法可以证明三角不等式的推广

$$|x_1+x_2+\cdots+x_n|\leqslant|x_1|+|x_2|+\cdots+|x_n|$$

和

$$|x_1+x_2+\cdots+x_n|\geqslant|x_1|-|x_2|-\cdots-|x_n|.$$

1.19 柯西-施瓦茨不等式

我们现在要推导出在数学分析中经常用到的另一个不等式. 13

定理 1.23(柯西-施瓦茨不等式) 若 a_1，…，a_n 和 b_1，…，b_n 是任意实数，则有

$$\left(\sum_{k=1}^{n}a_kb_k\right)^2\leqslant\left(\sum_{k=1}^{n}a_k^2\right)\left(\sum_{k=1}^{n}b_k^2\right).$$

此外，如果有某个 $a_i\neq0$，则上式中的等号成立当且仅当存在一个实数 x 使得对于每一个 $k=1$，2，…，n 都有 $a_kx+b_k=0$.

证明 平方和绝不可能是负数，故对每一个实数 x 都有

$$\sum_{k=1}^{n}(a_kx+b_k)^2\geqslant0$$

其中等号当且仅当每一项都等于 0 时成立. 该不等式可以变形为

$$Ax^2+2Bx+C\geqslant0,$$

其中

$$A=\sum_{k=1}^{n}a_k^2,\quad B=\sum_{k=1}^{n}a_kb_k,\quad C=\sum_{k=1}^{n}b_k^2.$$

如果 $A>0$，令 $x=-B/A$ 可得 $B^2-AC\leqslant0$，这正是要证明的不等式. 如果 $A=0$，则证明是平凡的. ■

注 采用向量的记号，柯西-施瓦茨不等式取

$$(\boldsymbol{a}\cdot\boldsymbol{b})^2\leqslant\|\boldsymbol{a}\|^2\|\boldsymbol{b}\|^2$$

的形式，其中 $\boldsymbol{a}=(a_1,\cdots,a_n)$和 $\boldsymbol{b}=(b_1,\cdots,b_n)$是两个 n 维向量，

$$\boldsymbol{a}\cdot\boldsymbol{b}=\sum_{k=1}^{n}a_kb_k$$

是它们的内积，$\|\boldsymbol{a}\|=(\boldsymbol{a}\cdot\boldsymbol{a})^{1/2}$ 是 $\boldsymbol{a}$ 的长度.

1.20 正负无穷和扩充的实数系 $\mathbf{R}^*$

下面我们用加入两个“想象中的点”的方法对实数系进行扩充. 这两个想象中的点

用记号$+\infty$和$-\infty$（“正无穷”和“负无穷”）表示.

定义 1.24 所谓扩充的实数系 $\mathbf{R}^*$ 指的是实数集 $\mathbf{R}$ 加上$+\infty$和$-\infty$这两个符号，它们满足下述性质：

a)若 $x\in\mathbf{R}$，则有

14 $$x+(+\infty)=+\infty,\qquad x+(-\infty)=-\infty,$$
$$x-(+\infty)=-\infty,\qquad x-(-\infty)=+\infty,$$
$$x/(+\infty)=x/(-\infty)=0.$$

b)若 $x>0$，则有

$$x(+\infty)=+\infty,\qquad x(-\infty)=-\infty.$$

c)若 $x<0$，则有

$$x(+\infty)=-\infty,\qquad x(-\infty)=+\infty.$$

d) $$(+\infty)+(+\infty)=(+\infty)(+\infty)=(-\infty)(-\infty)=+\infty,$$
$$(-\infty)+(-\infty)=(+\infty)(-\infty)=-\infty.$$

e)如果 $x\in\mathbf{R}$，则有$-\infty<x<+\infty$.

记号 我们用$(-\infty, +\infty)$表示 $\mathbf{R}$，用$[-\infty, +\infty]$表示 $\mathbf{R}^*$. $\mathbf{R}$ 中的点称为“有限的”，以区别“无限的”点$-\infty$和$+\infty$.

引进$+\infty$和$-\infty$这两个记号主要是为了方便. 例如，如果我们把$+\infty$定义为上无界的实数集的上确界，则 $\mathbf{R}$ 的每一个非空子集在 $\mathbf{R}^*$ 中都有上确界. 如果集合是上有界的，它的上确界就是有限的；如果集合是上无界的，它的上确界就是无限的. 类似地，我们可以把$-\infty$定义为任何下无界的实数集合的下确界，于是 $\mathbf{R}$ 的每一个非空子集在 $\mathbf{R}^*$ 中都有下确界.

为了以后进行一些与极限有关的研究的需要，还宜介绍下面的术语.

定义 1.25 每一个开区间$(a, +\infty)$称为$+\infty$的一个邻域，或称为以$+\infty$为中心的一个球. 每一个开区间$(-\infty, a)$称为$-\infty$的一个邻域，或称为以$-\infty$为中心的一个球.

1.21 复数

从决定关系$<$的公理可知，实数的平方是非负的. 这样，像 $x^2=-1$ 这样的基本的二次方程在实数范围内便无解. 于是人们引进了称为复数的一类新的数，以使这样的方程有解. 同时，复数的引入使得形如

$$a_0+a_1x+\cdots+a_nx^n=0$$

的一般的代数方程都有解，其中系数 a_0，a_1，…，a_n 是任意实数.（这个事实称为代数基本定理.）

我们现在就来定义复数并讨论它们进一步的细节.

定义 1.26 一个复数是用(x_1, x_2)表示的一个有序实数对. 第一个数 x_1 称为这个
15 复数的实部，第二个数 x_2 称为这个复数的虚部. 两个复数 $x=(x_1, x_2)$和 $y=(y_1, y_2)$称为相等(记为 $x=y$)当且仅当 $x_1=y_1$，$x_2=y_2$. 它们的和 $x+y$ 及乘积 xy 分别用等式

$$x+y=(x_1+y_1,\ x_2+y_2) \quad 和 \quad xy=(x_1y_1-x_2y_2,\ x_1y_2+x_2y_1)$$

来定义.

注 由全体复数构成的集合用 **C** 表示.

定理 1.27 如上定义的加法和乘法运算满足交换律、结合律和分配律.

证明 我们只证明分配律，其他规律的证明是类似的.

如果 $x=(x_1,\ x_2)$，$y=(y_1,\ y_2)$，$z=(z_1,\ z_2)$，则有

$$\begin{aligned} x(y+z) &= (x_1,\ x_2)(y_1+z_1,\ y_2+z_2) \\ &= (x_1y_1+x_1z_1-x_2y_2-x_2z_2,\ x_1y_2+x_1z_2+x_2y_1+x_2z_1) \\ &= (x_1y_1-x_2y_2,\ x_1y_2+x_2y_1)+(x_1z_1-x_2z_2,\ x_1z_2+x_2z_1) \\ &= xy+xz. \end{aligned}$$

■

定理 1.28

$$(x_1,\ x_2)+(0,\ 0)=(x_1,\ x_2), \quad (x_1,\ x_2)(0,\ 0)=(0,\ 0),$$

$$(x_1,\ x_2)(1,\ 0)=(x_1,\ x_2), \quad (x_1,\ x_2)+(-x_1,\ -x_2)=(0,\ 0).$$

证明 这些等式的证明可由定义立即得到. 下面的定理 1.29、1.30、1.32 和 1.33 的证明也可由定义立即得到. ■

定理 1.29 给定两个复数 $x=(x_1,\ x_2)$和 $y=(y_1,\ y_2)$，则存在一个复数 z 使得 $x+z=y$. 事实上，$z=(y_1-x_1,\ y_2-x_2)$. 这个复数 z 用 $y-x$ 来表示. 复数 $(-x_1,\ -x_2)$用 $-x$ 来表示.

定理 1.30 对于任何两个复数 x 与 y 都有

$$(-x)y=x(-y)=-(xy)=(-1,\ 0)(xy).$$

定义 1.31 如果 $x=(x_1,\ x_2)\neq(0,\ 0)$，y 是复数，则定义

$$x^{-1}=[x_1/(x_1^2+x_2^2),\ -x_2/(x_1^2+x_2^2)],\quad y/x=yx^{-1}.$$

定理 1.32 如果 x 与 y 都是复数，$x\neq(0,\ 0)$，则存在一个复数 z 使得 $xz=y$，即 $z=yx^{-1}$.

虚部为 0 的复数的运算有特殊的意义.

定理 1.33

$$(x_1,\ 0)+(y_1,\ 0)=(x_1+y_1,\ 0),$$

$$(x_1,\ 0)(y_1,\ 0)=(x_1y_1,\ 0),$$

$$(x_1,\ 0)/(y_1,\ 0)=(x_1/y_1,\ 0),\ y_1\neq 0.$$

注 从定理 1.33 明显可知，对于虚部为 0 的复数的算术运算，可以用对它们的实部进行通常的实数运算的方法来进行. 于是形如$(x,\ 0)$的复数有与实数同样 16
的算术性质. 因此，宜把实数系看成是复数系的一种特殊情况，并承认复数$(x,\ 0)$与实数 x 恒等. 因此我们可以写 $x=(x,\ 0)$. 特别地，可以写 $0=(0,\ 0)$和 $1=(1,\ 0)$.

1.22 复数的几何表示

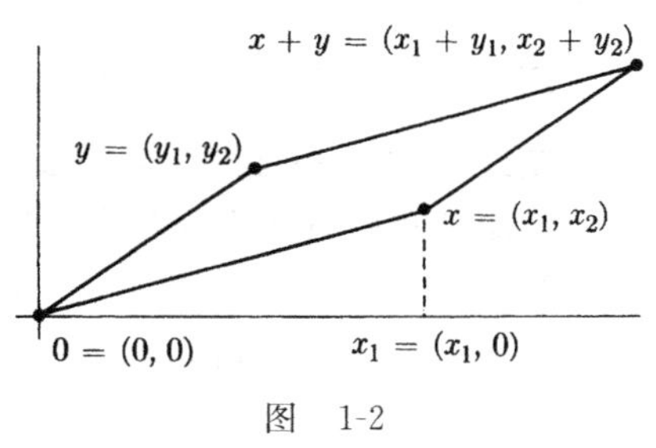

图 1-2

就像实数可以用直线上的点来几何表示一样，复数可以用平面上的点来几何表示. 可以把复数 $x=(x_1, x_2)$ 想象为以 (x_1, x_2) 为坐标的"点". 这样表示之后，复数加法的定义便成为按平行四边形法则相加.（见图 1-2.）

把复数几何地表示为平面上的点的思想是高斯于 1799 年在他的学位论文中简明陈述的，阿尔冈(Argand)于 1806 年也独立地提出. 后来高斯创造了"复数"这个多少有点儿令人遗憾的词汇. 也可以用别的方式对复数进行几何解释. 如果不用平面上的点，也可以使用某种曲面上的点. 黎曼(Riemann)就发现使用球面特别方便：从北极把球面上的点投影到南极处的切平面上，则这个切平面上的每一个点都有球面上确定的点与之对应. 除了北极点本身以外，球面上的每个点都恰好对应于这个切平面上的一个点. 这种对应称为球极平面投影.（见图 1-3.）

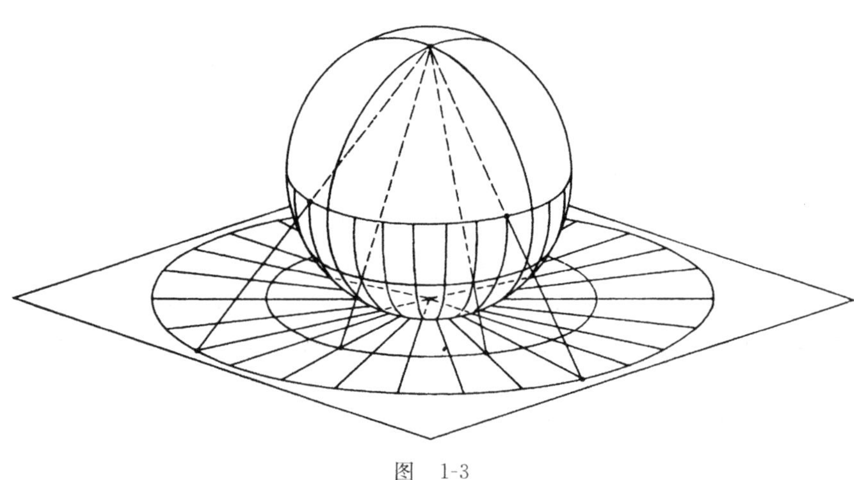
图 1-3

17

1.23 虚数单位

通常可以认为复数 (x_1, x_2) 是以 x_1 和 x_2 为分量的二维向量. 于是，按照定义 1.26，把两个复数相加与把两个向量的分量逐个对应相加是一样的. 复数 $1=(1, 0)$ 充当水平方向上的单位向量的角色. 相应的垂直方向上的单位向量的概念，我们现在就来介绍.

定义 1.34 复数 $(0, 1)$ 用 i 来表示，称为虚数单位.

定理 1.35 每个复数 $x=(x_1, x_2)$ 都能表示成 $x=x_1+\mathrm{i}x_2$ 的形式.

证明 $x_1=(x_1, 0)$，$\mathrm{i}x_2=(0, 1)(x_2, 0)=(0, x_2)$，

$$x_1+\mathrm{i}x_2=(x_1, 0)+(0, x_2)=(x_1, x_2).$$ ■

下面的定理告诉我们，复数 i 是方程 $x^2=-1$ 的一个解.

定理 1.36 $i^2=-1$.

证明 $i^2=(0, 1)(0, 1)=(-1, 0)=-1$. ■

1.24 复数的绝对值

现在我们把绝对值的概念推广到复数系.

定义 1.37 如果 $x=(x_1, x_2)$，则我们定义 x 的模或绝对值为由等式

$$|x|=\sqrt{x_1^2+x_2^2}$$

给出的非负实数 $|x|$.

定理 1.38

i) $|(0, 0)|=0$，且当 $x\neq 0$ 时 $|x|>0$.　　ii) $|xy|=|x||y|$.

iii) $|x/y|=|x|/|y|$，当 $y\neq 0$.　　iv) $|(x_1, 0)|=|x_1|$.

证明 第(i)和(iv)两条是明显的. 为了证明第(ii)条，把 x，y 分别写成 $x=x_1+ix_2$ 和 $y=y_1+iy_2$，便有 $xy=x_1y_1-x_2y_2+i(x_1y_2+x_2y_1)$. 于是第(ii)条可由下述关系得到：

$$|xy|^2=x_1^2y_1^2+x_2^2y_2^2+x_1^2y_2^2+x_2^2y_1^2=(x_1^2+x_2^2)(y_1^2+y_2^2)=|x|^2|y|^2.$$

第(iii)条可由第(ii)条在 $|x|=|y||x/y|$ 的形式下导出. ■

从几何上看，$|x|$ 表示连接原点到点 x 的线段的长度. 更一般地，$|x-y|$ 是 x 与 y 两点之间的距离. 利用这个几何解释，下述定理表明三角形的一边小于另外两边之和. 18

定理 1.39 如果 x 和 y 都是复数，则有

$$|x+y|\leqslant |x|+|y| \qquad \text{(三角不等式)}.$$

此定理的证明作为练习留给读者.

1.25 复数排序的不可能性

如果 x 和 y 是任意两个复数，则到目前为止我们还没有定义过像 $x<y$ 这种形式的关系，这是因为要对于复数给出 $<$ 的定义使它满足公理 6~8 中的全部性质是不可能的. 为了说明这一点，假设我们能够定义一种满足公理 6、7、8 的序关系 $<$，那么由于 $i\neq 0$，由公理 6，$i>0$ 或 $i<0$ 二者必有一个成立. 比如假定 $i>0$，于是在公理 8 中取 $x=y=i$ 将得到 $i^2>0$ 或 $-1>0$. 两边加 1(公理 7)就得到 $0>1$. 另一方面，对 $-1>0$ 应用公理 8 可得 $1>0$. 这样，就既有 $0>1$，又有 $1>0$，由公理 6，这是不可能的. 因而所假定的 $i>0$ 导致了矛盾. (思考：为什么不等式 $-1>0$ 还不能算是矛盾?)类似的讨论可以证明也不能有 $i<0$. 所以复数不能按照满足公理 6、7、8 的方式排序.

1.26 复指数

指数函数 e^x(x 是实数)前面已提到过. 我们现在想在 z 是复数的时候定义 e^z 从而使实指数函数的主要性质能得以保持. 当 x 是实数时，e^x 的主要性质是指数律 $e^{x_1}e^{x_2}=e^{x_1+x_2}$ 和等式 $e^0=1$. 我们将对复数 z 给出 e^z 的定义使之保持这些性质，并且在 z 是实数时可以将其化为通常的指数函数.

如果记 $z=x+\mathrm{i}y$(x, y 是实数)，则为了使指数律得以保持，我们希望有 $\mathrm{e}^{x+\mathrm{i}y}=\mathrm{e}^{x}\mathrm{e}^{\mathrm{i}y}$. 因此需要定义 $\mathrm{e}^{\mathrm{i}y}$ 表示什么.

定义 1.40 如果 $z=x+\mathrm{i}y$，则定义 $\mathrm{e}^{z}=\mathrm{e}^{x+\mathrm{i}y}$ 为复数 $\mathrm{e}^{z}=\mathrm{e}^{x}(\cos y+\mathrm{i}\sin y)$.

当 z 是实数(即 $y=0$)时，这个定义⊖与实指数函数的定义一致. 下面我们证明指数
19 律仍然成立.

定理 1.41 如果 $z_1=x_1+\mathrm{i}y_1$ 和 $z_2=x_2+\mathrm{i}y_2$ 是两个复数，则有

$$\mathrm{e}^{z_1}\mathrm{e}^{z_2}=\mathrm{e}^{z_1+z_2}.$$

证明

$$\mathrm{e}^{z_1}=\mathrm{e}^{x_1}(\cos y_1+\mathrm{i}\sin y_1),\qquad \mathrm{e}^{z_2}=\mathrm{e}^{x_2}(\cos y_2+\mathrm{i}\sin y_2).$$

$$\mathrm{e}^{z_1}\mathrm{e}^{z_2}=\mathrm{e}^{x_1}\mathrm{e}^{x_2}[\cos y_1\cos y_2-\sin y_1\sin y_2+\mathrm{i}(\cos y_1\sin y_2+\sin y_1\cos y_2)].$$

现在有 $\mathrm{e}^{x_1}\mathrm{e}^{x_2}=\mathrm{e}^{x_1+x_2}$，这是因为 x_1 和 x_2 都是实数. 我们还有

$$\cos y_1\cos y_2-\sin y_1\sin y_2=\cos(y_1+y_2)$$

和

$$\cos y_1\sin y_2+\sin y_1\cos y_2=\sin(y_1+y_2),$$

于是可得

$$\mathrm{e}^{z_1}\mathrm{e}^{z_2}=\mathrm{e}^{x_1+x_2}[\cos(y_1+y_2)+\mathrm{i}\sin(y_1+y_2)]=\mathrm{e}^{z_1+z_2}.$$ ■

1.27 复指数的进一步性质

在下述定理中，z，z_1，z_2 表示复数.

定理 1.42 e^{z} 永不为零.

证明 $\mathrm{e}^{z}\mathrm{e}^{-z}=\mathrm{e}^{0}=1$，因而 e^{z} 不可能为零. ■

定理 1.43 如果 x 是实数，则 $|\mathrm{e}^{\mathrm{i}x}|=1$.

证明 $|\mathrm{e}^{\mathrm{i}x}|^2=\cos^2 x+\sin^2 x=1$，且 $|\mathrm{e}^{\mathrm{i}x}|>0$. ■

定理 1.44 $\mathrm{e}^{z}=1$ 当且仅当 z 是 $2\pi\mathrm{i}$ 的整数倍.

证明 如果 $z=2\pi\mathrm{i}n$，其中 n 是整数，则有

$$\mathrm{e}^{z}=\cos(2\pi n)+\mathrm{i}\sin(2\pi n)=1.$$

反过来，假设 $\mathrm{e}^{z}=1$，这意味着 $\mathrm{e}^{x}\cos y=1$ 和 $\mathrm{e}^{x}\sin y=0$. 既然 $\mathrm{e}^{x}\neq 0$，必有 $\sin y=0$，$y=k\pi$，其中 k 是整数. 但是 $\cos(k\pi)=(-1)^k$，由于 $\mathrm{e}^{x}\cos(k\pi)=1$，故 $\mathrm{e}^{x}=(-1)^k$. 因为 $\mathrm{e}^{x}>0$，所以 k 必定是偶数. 因而有 $\mathrm{e}^{x}=1$，从而 $x=0$. ■

定理 1.45 $\mathrm{e}^{z_1}=\mathrm{e}^{z_2}$ 当且仅当 $z_1-z_2=2\pi\mathrm{i}n$(其中 n 是一个整数)时成立.

⊖ 可以有几种方式导出等式 $\mathrm{e}^{\mathrm{i}y}=\cos y+\mathrm{i}\sin y$. 例如，设 $\mathrm{e}^{\mathrm{i}y}=f(y)+\mathrm{i}g(y)$，我们尝试确定实值函数 f 和 g，使得通常的实指数的运算法则也能应用于复指数. 此时只要假定 $(\mathrm{e}^{\mathrm{i}y})'=\mathrm{i}\mathrm{e}^{\mathrm{i}y}$，就可由形式的微分导出 $\mathrm{e}^{\mathrm{i}y}=g'(y)-\mathrm{i}f'(y)$. 比较 $\mathrm{e}^{\mathrm{i}y}$ 的这两个表示式，我们看到 f 和 g 必须满足等式 $f(y)=g'(y)$，$f'(y)=-g(y)$. 消去 g 可得 $f(y)=-f''(y)$. 既然我们想要有 $\mathrm{e}^{0}=1$，就必须有 $f(0)=1$ 和 $f'(0)=0$. 于是可得 $f(y)=\cos y$ 和 $g(y)=-f'(y)=\sin y$. 当然，这种论述不能算证明了什么，但是它可以使我们强烈地感到定义 $\mathrm{e}^{\mathrm{i}y}=\cos y+\mathrm{i}\sin y$ 是合理的.

证明 $e^{z_1}=e^{z_2}$，当且仅当 $e^{z_1-z_2}=1$. ■

1.28 复数的辐角

如果用极坐标 r 和 θ 来表示点 $z=(x,y)=x+iy$，就可以写 $x=r\cos\theta$ 和 $y=r\sin\theta$， 20
从而 $z=r\cos\theta+i\,r\sin\theta=re^{i\theta}$. r 和 θ 这两个数唯一地确定 z. 反过来，正数 r 由 z 唯一地确定. 事实上，$r=|z|$. 然而，z 对角 θ 的确定只精确到 2π 的整数倍. 有无穷多个 θ 值能满足等式 $x=|z|\cos\theta$，$y=|z|\sin\theta$，当然，其中任何两个值的差是 2π 的某个整数倍. 每一个这样的 θ 都称为 z 的一个辐角，但是这些辐角中有一个被单独命名，称为 z 的辐角主值.

定义 1.46 设 $z=x+iy$ 是一个非零复数. 满足条件

$$x=|z|\cos\theta,\qquad y=|z|\sin\theta,\qquad -\pi<\theta\leqslant+\pi$$

的唯一的实数 θ 称为 z 的辐角主值，记为 $\theta=\arg(z)$.

从上述讨论立即可以导出下面的定理：

定理 1.47 每一个复数 $z\neq0$ 都可以用 $z=re^{i\theta}$ 的形式表示，其中 $r=|z|$，$\theta=\arg(z)+2\pi n$，n 为任意整数.

注 这种表示复数的方法在涉及乘法和除法的运算中是特别有用的，因为我们有

$$(r_1e^{i\theta_1})(r_2e^{i\theta_2})=r_1r_2e^{i(\theta_1+\theta_2)}\quad 及\quad \frac{r_1e^{i\theta_1}}{r_2e^{i\theta_2}}=\frac{r_1}{r_2}e^{i(\theta_1-\theta_2)}.$$

定理 1.48 如果 $z_1z_2\neq0$，则有

$$\arg(z_1z_2)=\arg(z_1)+\arg(z_2)+2\pi n(z_1,z_2)$$

其中

$$n(z_1,z_2)=\begin{cases}0, & 若 -\pi<\arg(z_1)+\arg(z_2)\leqslant+\pi,\\ +1, & 若 -2\pi<\arg(z_1)+\arg(z_2)\leqslant-\pi,\\ -1, & 若 \pi<\arg(z_1)+\arg(z_2)\leqslant 2\pi.\end{cases}$$

证明 记 $z_1=|z_1|e^{i\theta_1}$，$z_2=|z_2|e^{i\theta_2}$，其中 $\theta_1=\arg(z_1)$，$\theta_2=\arg(z_2)$，则 $z_1z_2=|z_1z_2|e^{i(\theta_1+\theta_2)}$. 由 $-\pi<\theta_1\leqslant+\pi$ 和 $-\pi<\theta_2\leqslant+\pi$ 可得 $-2\pi<\theta_1+\theta_2\leqslant2\pi$. 因此存在一个整数 n 使得 $-\pi<\theta_1+\theta_2+2n\pi\leqslant\pi$. 这个 n 与定理中给出的整数 $n(z_1,z_2)$ 相同，而且对于这个 n 有

$$\arg(z_1z_2)=\theta_1+\theta_2+2\pi n.$$ ■

1.29 复数的整数幂和方根

定义 1.49 给定复数 z 和整数 n，定义 z 的 n 次幂如下：

$$z^0=1,\qquad z^{n+1}=z^nz,\qquad 若\ n\geqslant0,$$
$$z^{-n}=(z^{-1})^n,\qquad 若\ z\neq0\ 且\ n>0.$$

说明通常的指数律成立的定理 1.50 可以用数学归纳法证明. 此证明留为一个练习. 21

定理 1.50　给定两个整数 m 和 n，对于 $z\neq 0$ 有

$$z^n z^m = z^{n+m} \qquad 和 \qquad (z_1 z_2)^n = z_1^n z_2^n.$$

定理 1.51　如果 $z\neq 0$，n 是一个正整数，则恰好存在 n 个不同的复数 z_0，z_1，…，z_{n-1}（称为 z 的 n 次方根），使得对于 $k=0$，1，2，…，$n-1$ 中的每一个值都有

$$z_k^n = z.$$

而且，这些方根由下面的公式给出：

$$z_k = R\mathrm{e}^{\mathrm{i}\phi_k}, \qquad 其中\ R = |z|^{1/n},$$

$$\phi_k = \frac{\arg(z)}{n} + \frac{2\pi k}{n} \qquad (k=0, 1, 2, \cdots, n-1).$$

注　z 的 n 个 n 次方根等距离地分布在以原点为中心，以 $R=|z|^{1/n}$ 为半径的圆周上.

证明　这 n 个复数 $R\mathrm{e}^{\mathrm{i}\phi_k}$ $(0\leqslant k\leqslant n-1)$ 是不同的，而且每一个都是 z 的 n 次方根，因为

$$(R\mathrm{e}^{\mathrm{i}\phi_k})^n = R^n \mathrm{e}^{\mathrm{i}n\phi_k} = |z|\mathrm{e}^{\mathrm{i}[\arg(z)+2\pi k]} = z.$$

我们现在还需证明 z 没有其他的 n 次方根. 假定 $w=A\mathrm{e}^{\mathrm{i}\alpha}$ 是一个复数，使得 $w^n=z$，则有 $|w|^n=|z|$，于是 $A^n=|z|$，$A=|z|^{1/n}$. 从而可以把 $w^n=z$ 写为 $\mathrm{e}^{\mathrm{i}n\alpha}=\mathrm{e}^{\mathrm{i}[\arg(z)]}$，这意味着

$$n\alpha - \arg(z) = 2\pi k, \qquad k\ 是某个整数.$$

于是 $\alpha=[\arg(z)+2\pi k]/n$. 但是当 k 取遍所有的整数值时，w 只能取到 z_0，z_1，…，z_{n-1} 这些不同的值.（见图 1-4.）■

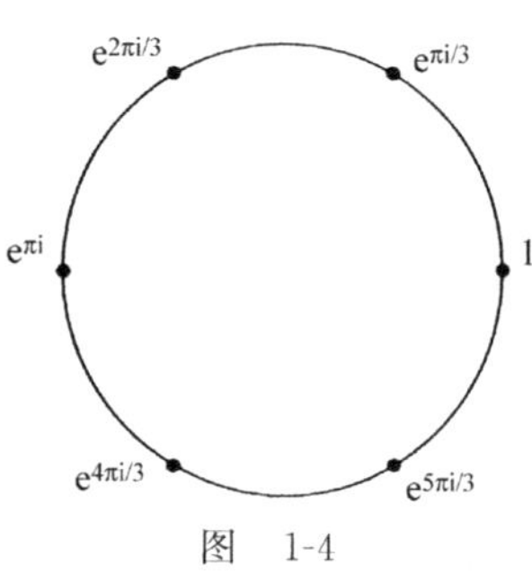

图　1-4

1.30　复对数

根据定理 1.42，e^z 永不为零. 人们自然要问，是否还有别的值不能被 e^z 取到？下面
22 的定理表明，零是唯一的例外值.

定理 1.52　如果 z 是一个非零复数，则存在复数 w 使得 $\mathrm{e}^w=z$. 一个这样的 w 是复数

$$\log|z| + \mathrm{i}\arg(z),$$

而任何其他满足条件的 w 形如

$$\log|z| + \mathrm{i}\arg(z) + 2n\pi\mathrm{i},$$

其中 n 是一个整数.

证明　由于 $\mathrm{e}^{\log|z|+\mathrm{i}\arg(z)} = \mathrm{e}^{\log|z|}\mathrm{e}^{\mathrm{i}\arg(z)} = |z|\mathrm{e}^{\mathrm{i}\arg(z)} = z$，我们看到 $w=\log|z|+\mathrm{i}\arg(z)$ 是方程 $\mathrm{e}^w=z$ 的一个解. 但是如果 w_1 是任意另一个解，则有 $\mathrm{e}^w=\mathrm{e}^{w_1}$，从而 $w-w_1=2n\pi\mathrm{i}$. ■

定义 1.53　设 $z\neq 0$ 是一个给定的复数. 如果 w 是一个复数使得 $\mathrm{e}^w=z$，则称 w 为 z 的一个对数. z 有一个特殊的对数值，由

$$w = \log|z| + \mathrm{i}\arg(z)$$

给出，称为 z 的对数的主值，而把这个 w 记为

$$w=\mathrm{Log}z.$$

例

1\. 由于 $|\mathrm{i}|=1$ 及 $\arg(\mathrm{i})=\pi/2$，所以 $\mathrm{Log}(\mathrm{i})=\mathrm{i}\pi/2$.

2\. 由于 $|-\mathrm{i}|=1$ 及 $\arg(-\mathrm{i})=-\pi/2$，所以 $\mathrm{Log}(-\mathrm{i})=-\mathrm{i}\pi/2$.

3\. 由于 $|-1|=1$ 及 $\arg(-1)=\pi$，所以 $\mathrm{Log}(-1)=\pi\mathrm{i}$.

4\. 如果 $x>0$，则 $\mathrm{Log}(x)=\log x$，因为 $|x|=x$ 而 $\arg(x)=0$.

5\. 由于 $|1+\mathrm{i}|=\sqrt{2}$ 及 $\arg(1+\mathrm{i})=\pi/4$，所以 $\mathrm{Log}(1+\mathrm{i})=\log\sqrt{2}+\mathrm{i}\pi/4$.

定理 1.54 如果 $z_1z_2\neq0$，则

$$\mathrm{Log}(z_1z_2)=\mathrm{Log}z_1+\mathrm{Log}z_2+2\pi\mathrm{i}n(z_1,\ z_2),$$

其中 $n(z_1,\ z_2)$ 是在定理 1.48 中定义的那个整数.

证明

$$\begin{aligned}\mathrm{Log}(z_1z_2)&=\log|z_1z_2|+\mathrm{i}\arg(z_1z_2)\\&=\log|z_1|+\log|z_2|+\mathrm{i}[\arg(z_1)+\arg(z_2)+2\pi n(z_1,\ z_2)].\end{aligned}$$

■

1.31 复幂

利用复对数，我们现在可以给出复数的复数幂的定义.

定义 1.55 如果 $z\neq0$，w 是任意一个复数，则定义

$$z^w=\mathrm{e}^{w\,\mathrm{Log}z}.$$ 23

例

1\. $\mathrm{i}^{\mathrm{i}}=\mathrm{e}^{\mathrm{i}\mathrm{Log}\mathrm{i}}=\mathrm{e}^{\mathrm{i}(\mathrm{i}\pi/2)}=\mathrm{e}^{-\pi/2}$.

2\. $(-1)^{\mathrm{i}}=\mathrm{e}^{\mathrm{i}\mathrm{Log}(-1)}=\mathrm{e}^{\mathrm{i}(\mathrm{i}\pi)}=\mathrm{e}^{-\pi}$.

3\. 如果 n 是一个整数，则 $z^{n+1}=\mathrm{e}^{(n+1)\mathrm{Log}z}=\mathrm{e}^{n\mathrm{Log}z}\mathrm{e}^{\mathrm{Log}z}=z^nz$，所以定义 1.55 与定义 1.49 不矛盾.

下面两个定理给出复幂的运算法则.

定理 1.56 $z^{w_1}z^{w_2}=z^{w_1+w_2}$，只要 $z\neq0$.

证明 $z^{w_1+w_2}=\mathrm{e}^{(w_1+w_2)\mathrm{Log}z}=\mathrm{e}^{w_1\mathrm{Log}z}\mathrm{e}^{w_2\mathrm{Log}z}=z^{w_1}z^{w_2}$. ■

定理 1.57 如果 $z_1z_2\neq0$，则有

$$(z_1z_2)^w=z_1^wz_2^w\mathrm{e}^{2\pi\mathrm{i}wn(z_1,\ z_2)},$$

其中 $n(z_1,\ z_2)$ 是在定理 1.48 中定义的整数.

证明 $(z_1z_2)^w=\mathrm{e}^{w\mathrm{Log}(z_1z_2)}=\mathrm{e}^{w[\mathrm{Log}z_1+\mathrm{Log}z_2+2\pi\mathrm{i}n(z_1,z_2)]}$. ■

1.32 复正弦和复余弦

定义 1.58 给定一个复数 z，定义

$$\cos z=\frac{\mathrm{e}^{\mathrm{i}z}+\mathrm{e}^{-\mathrm{i}z}}{2},\qquad \sin z=\frac{\mathrm{e}^{\mathrm{i}z}-\mathrm{e}^{-\mathrm{i}z}}{2\mathrm{i}}.$$

注　当 z 是实数时，这些等式与定义 1.40 一致.

定义 1.59　如果 $z=x+\mathrm{i}y$，则有

$$\cos z=\cos x\cosh y-\mathrm{i}\sin x\sinh y,$$
$$\sin z=\sin x\cosh y+\mathrm{i}\cos x\sinh y.$$

证明

$$2\cos z=\mathrm{e}^{\mathrm{i}z}+\mathrm{e}^{-\mathrm{i}z}=\mathrm{e}^{-y}(\cos x+\mathrm{i}\sin x)+\mathrm{e}^{y}(\cos x-\mathrm{i}\sin x)$$
$$=\cos x(\mathrm{e}^{y}+\mathrm{e}^{-y})-\mathrm{i}\sin x(\mathrm{e}^{y}-\mathrm{e}^{-y})=2\cos x\cosh y-2\mathrm{i}\sin x\sinh y.$$

对于 $\sin z$ 可以类似地证明. ■

正弦函数和余弦函数的进一步的性质在练习中给出.

1.33　无穷远点与扩充的复平面 $\mathbf{C}^*$

下面我们通过加入一个用符号 ∞ 表示的想象中的点来扩充复数系.

定义 1.60　所谓扩充复平面 $\mathbf{C}^*$，指的是除了复平面 $\mathbf{C}$ 之外，再添上一个满足下列性质的符号 ∞：

24 a) 如果 $z\in\mathbf{C}$，则有 $z+\infty=z-\infty=\infty$，$z/\infty=0$.

b) 如果 $z\in\mathbf{C}$ 但 $z\neq 0$，则 $z\cdot\infty=\infty$，$z/0=\infty$.

c) $\infty+\infty=\infty\cdot\infty=\infty$.

定义 1.61　$\mathbf{C}$ 中的每一个形如 $\{z:|z|>r\geqslant 0\}$ 的集合都叫作 ∞ 的一个邻域，或叫作一个以 ∞ 为中心的球.

读者也许要问，为什么加到 $\mathbf{R}$ 上的是 $+\infty$ 和 $-\infty$ 两个符号，而加到 $\mathbf{C}$ 上的只有 ∞ 一个符号？答案依赖于这样的事实，即在实数当中有序关系 $<$，而在复数当中没有这样的关系. 为了使实数中涉及关系 $<$ 的性质得以保持，我们需要两个符号，即 $+\infty$ 和 $-\infty$，如上文定义的那样. 例如，我们曾提到在 $\mathbf{R}^*$ 中每个非空集合都有一个上确界.

在 $\mathbf{C}$ 的情况下只有一个想象中的点是更方便的. 为了说明这一点，我们来回顾一下在复平面上的点和球面上异于北极的那些点之间建立起一一对应关系的球极平面投影. 位于北极的明显的例外点，只要认为它是想象中的 ∞ 远点的几何表示，它就变得不再例外，这样我们就在扩充复平面 $\mathbf{C}^*$ 与整个球面之间得到了一个一一对应关系. 从几何上看明显的是：如果使南极位于复平面的原点处，则平面上一个"大"圆的外部，按照球极平面投影，将对应于北极附近的一个"小"的球冠. 这就生动地描绘出了用 $|z|>r$ 这种形式的不等式定义 ∞ 的邻域的原因.

练习

整数

1.1　证明没有最大的素数.（欧几里得曾得到过一个证明.）

1.2　如果 n 是正整数，证明代数恒等式

$$a^n-b^n=(a-b)\sum_{k=0}^{n-1}a^k b^{n-1-k}.$$

1.3　如果 2^n-1 是素数，证明 n 是素数．形如 2^p-1 的素数称为梅森素数，其中 p 是素数．

1.4　如果 2^n+1 是素数，证明 n 是 2 的幂．形如 $2^{2^m}+1$ 的素数称为费马素数．提示：用练习 1.2.

1.5　斐波那契数列 1，1，2，3，5，8，13，…．由递推公式 $x_{n+1}=x_n+x_{n-1}$ 定义，假定 $x_1=x_2=1$. 求证 $(x_n,\ x_{n+1})=1$，而且 $x_n=(a^n-b^n)/(a-b)$，其中 a 和 b 是二次方程 $x^2-x-1=0$ 的根．

1.6　求证每一个非空正整数集都包含一个最小的数．此性质称为良序原则．　25

有理数与无理数

1.7　求出小数展开式为 0.334 444 4…的有理数．

1.8　证明 x 的小数展开式以 0(或者以 9)结尾当且仅当 x 是分母为 2^n5^m 这种形式的有理数，其中 m 和 n 是非负整数．

1.9　证明 $\sqrt{2}+\sqrt{3}$ 是无理数．

1.10　如果 a，b，c，d 都是有理数而 x 是无理数，证明 $(ax+b)/(cx+d)$ 通常是无理数．何时发生例外？

1.11　任意给定实数 $x>0$，试证明在 0 和 x 之间有无理数．

1.12　如果 $a/b<c/d$，$b>0$，$d>0$，证明 $(a+c)/(b+d)$ 介于 a/b 与 c/d 之间．

1.13　设 a 和 b 都是正整数．求证 $\sqrt{2}$ 总是介于 a/b 和 $(a+2b)/(a+b)$ 这两个分数之间．这两个分数中哪一个离 $\sqrt{2}$ 比较近？

1.14　证明对于每一个整数 $n\geqslant 1$，$\sqrt{n+1}+\sqrt{n-1}$ 都是无理数．

1.15　给定实数 x 和整数 $N>1$，证明存在整数 h 和 k，$0<k\leqslant N$，使得 $|kx-h|<1/N$．提示：对于 $t=0，1，2，\cdots，N$ 考虑 $tx-[tx]$ 这 $N+1$ 个数，证明某一对之差最多是 $1/N$.

1.16　如果 x 是无理数，证明有无穷多个有理数 $h/k\ (k>0)$ 使得 $|x-h/k|<1/k^2$．提示：假定只有有限个 h_1/k_1，…，h_r/k_r，把练习 1.15 应用于 $N>1/\delta$ 便可得出矛盾，其中 δ 是 $|x-h_i/k_i|$ 这些数中最小的一个．

1.17　设 x 是一个形如

$$x=\sum_{k=1}^{n}\frac{a_k}{k!},$$

的正有理数，其中每一个 a_k 都是一个非负整数，而且当 $k\geqslant 2$ 时有 $a_k\leqslant k-1$ 和 $a_n>0$．设 $[x]$ 表示不超过 x 的最大整数．求证 $a_1=[x]$，而对于 $k=2，\cdots，n$ 有 $a_k=[k!\,x]-k[(k-1)!\,x]$，其中 n 是使 $n!x$ 为整数的最小整数，反之，证明每个正有理数 x 能且只能用一种方法表示成这种形式．

上界

1.18　证明一个集合的 sup 和 inf 只要存在就是唯一确定的．

1.19　求出下面每一个实数集的 sup 和 inf：

a)所有形如 $2^{-p}+3^{-q}+5^{-r}$ 的数，其中 p，q 和 r 取所有的正整数值．

b)$S=\{x:\ 3x^2-10x+3<0\}$.

c)$S=\{x:\ (x-a)(x-b)(x-c)(x-d)<0\}$，其中 $a<b<c<d$.

1.20　证明上确界的比较性质(定理 1.16).

1.21　设 A 和 B 是两个上有界的正数集合，$a=\sup A$，$b=\sup B$．设 C 是由所有形如 xy 的乘积构成的集合，其中 $x\in A$，$y\in B$．试证明 $ab=\sup C$.　26

1.22　给定 $x>0$ 及一个整数 $k\geqslant 2$．设 a_0 表示 $\leqslant x$ 的最大整数，而且，假定在确定了 a_0，a_1，…，a_{n-1} 之后，设 a_n 为满足

$$a_0+\frac{a_1}{k}+\frac{a_2}{k^2}+\cdots+\frac{a_n}{k^n}\leqslant x.$$

的最大整数.

a)证明对于每一个 $i=1,\ 2,\ \cdots$ 都有 $0\leqslant a_i\leqslant k-1$.

b)设 $r_n=a_0+a_1k^{-1}+a_2k^{-2}+\cdots+a_nk^{-n}$，求证 x 是有理数 $r_1,\ r_2,\ \cdots$ 所构成集合的 sup.

注： 当 $k=10$ 时，$a_0,\ a_1,\ a_2,\ \cdots$ 这些整数是 x 的小数表示式中的数字. 对于一般的 k，这些整数提供一个 k 进制表示式.

不等式

1.23　对于实数，证明拉格朗日恒等式：

$$\left(\sum_{k=1}^{n}a_kb_k\right)^2=\left(\sum_{k=1}^{n}a_k^2\right)\left(\sum_{k=1}^{n}b_k^2\right)-\sum_{1\leqslant k<j\leqslant n}(a_kb_j-a_jb_k)^2.$$

注： 这个恒等式隐含着柯西-施瓦茨不等式.

1.24　证明对于任意实数 $a_k,\ b_k,\ c_k$ 有

$$\left(\sum_{k=1}^{n}a_kb_kc_k\right)^4\leqslant\left(\sum_{k=1}^{n}a_k^4\right)\left(\sum_{k=1}^{n}b_k^2\right)^2\left(\sum_{k=1}^{n}c_k^4\right).$$

1.25　证明闵可夫斯基不等式：

$$\left(\sum_{k=1}^{n}(a_k+b_k)^2\right)^{1/2}\leqslant\left(\sum_{k=1}^{n}a_k^2\right)^{1/2}+\left(\sum_{k=1}^{n}b_k^2\right)^{1/2}.$$

这是对于 n 维向量写出的三角不等式 $\|\boldsymbol{a}+\boldsymbol{b}\|\leqslant\|\boldsymbol{a}\|+\|\boldsymbol{b}\|$，其中 $\boldsymbol{a}=(a_1,\ \cdots,\ a_n)$，$\boldsymbol{b}=(b_1,\ \cdots,\ b_n)$，而

$$\|\boldsymbol{a}\|=\left(\sum_{k=1}^{n}a_k^2\right)^{1/2}.$$

1.26　若 $a_1\geqslant a_2\geqslant\cdots\geqslant a_n$，$b_1\geqslant b_2\geqslant\cdots\geqslant b_n$，证明

$$\left(\sum_{k=1}^{n}a_k\right)\left(\sum_{k=1}^{n}b_k\right)\leqslant n\sum_{k=1}^{n}a_kb_k.$$

提示：$\displaystyle\sum_{1\leqslant j\leqslant k\leqslant n}(a_k-a_j)(b_k-b_j)\geqslant 0$.

复数

1.27　把下列复数表示成 $a+b\mathrm{i}$ 的形式：

a) $(1+\mathrm{i})^3$，　b) $(2+3\mathrm{i})/(3-4\mathrm{i})$，　c) $\mathrm{i}^5+\mathrm{i}^{16}$，　d) $\frac{1}{2}(1+\mathrm{i})(1+\mathrm{i}^{-8})$.

1.28　在下列情况下确定满足所给关系式的全部实数 x 和 y.

27　a) $x+\mathrm{i}y=|x-\mathrm{i}y|$，　b) $x+\mathrm{i}y=(x-\mathrm{i}y)^2$，　c) $\displaystyle\sum_{k=0}^{100}\mathrm{i}^k=x+\mathrm{i}y$.

1.29　如果 $z=x+\mathrm{i}y$，x 和 y 都是实数，则 z 的共轭复数是 $\bar{z}=x-\mathrm{i}y$. 试证明：

a) $\overline{z_1+z_2}=\bar{z}_1+\bar{z}_2$，　b) $\overline{z_1z_2}=\bar{z}_1\bar{z}_2$，　c) $z\bar{z}=|z|^2$，

d) $z+\bar{z}=$ "z 的实部的 2 倍"，　e) $(z-\bar{z})/\mathrm{i}=$ "z 的虚部的 2 倍".

1.30　试对满足下述条件的复数 z 的集合给出几何描述：

a) $|z|=1$，　b) $|z|<1$，　c) $|z|\leqslant 1$，

d) $z+\bar{z}=1$，　e) $z-\bar{z}=i$，　f) $\bar{z}+z=|z|^2$.

1.31　给定三个复数 $z_1,\ z_2,\ z_3$，满足 $|z_1|=|z_2|=|z_3|=1$，而且 $z_1+z_2+z_3=0$. 试证明这三个数

是一个内接于以原点为中心的单位圆的等边三角形的顶点.

1.32　如果 a 和 b 都是复数，求证：

a) $|a-b|^2\leqslant(1+|a|^2)(1+|b|^2)$.

b)如果 $a\neq 0$，则 $|a+b|=|a|+|b|$ 当且仅当 b/a 是非负实数时成立.

1.33　如果 a 和 b 都是复数，证明等式

$$|a-b|=|1-\bar{a}b|$$

当且仅当 $|a|=1$ 或 $|b|=1$ 时成立. 不等式

$$|a-b|<|1-\bar{a}b|$$

对于什么样的 a 和 b 成立?

1.34　如果 a 和 c 都是实常数，b 是复数，证明方程

$$az\bar{z}+b\bar{z}+\bar{b}z+c=0 \qquad (a\neq 0,\ z=x+\mathrm{i}y)$$

表示在 xy 平面内的一个圆.

1.35　回忆反正切函数的定义：给定一个实数 t，$\tan^{-1}(t)$ 是满足两个条件

$$-\frac{\pi}{2}<\theta<+\frac{\pi}{2}, \qquad \tan\theta=t$$

的唯一的实数 θ. 如果 $z=x+\mathrm{i}y$，证明：

a) $\arg(z)=\tan^{-1}\left(\frac{y}{x}\right)$，其中 $x>0$，

b) $\arg(z)=\tan^{-1}\left(\frac{y}{x}\right)+\pi$，其中 $x<0$，$y\geqslant 0$，

c) $\arg(z)=\tan^{-1}\left(\frac{y}{x}\right)-\pi$，其中 $x<0$，$y<0$，

d) $\arg(z)=\frac{\pi}{2}$，其中 $x=0$，$y>0$；$\arg(z)=-\frac{\pi}{2}$，其中 $x=0$，$y<0$. 28

1.36　定义复数的下述"伪序"：如果

i) $|z_1|<|z_2|$　或者　ii) $|z_1|=|z_2|$ 而 $\arg(z_1)<\arg(z_2)$，那么称 $z_1<z_2$.

公理 6，7，8，9 中的哪些被这种关系满足?

1.37　定义伪序为：如果

i) $x_1<x_2$　或者　ii) $x_1=x_2$ 而 $y_1<y_2$，那么称 $(x_1,\ y_1)<(x_2,\ y_2)$.

公理 6，7，8，9 中的哪些被这种关系满足?

1.38　用 $\arg(z_1)$ 和 $\arg(z_2)$ 表示 $\arg(z_1/z_2)$，叙述并证明与定理 1.48 类似的定理.

1.39　用 $\mathrm{Log}(z_1)$ 和 $\mathrm{Log}(z_2)$ 表示 $\mathrm{Log}(z_1/z_2)$，叙述并证明与定理 1.54 类似的定理.

1.40　证明 1 的 n 次方根(也叫作 n 次单位根)由 α，α^2，…，α^n 给出，其中 $\alpha=\mathrm{e}^{2\pi\mathrm{i}/n}$，并证明 $\neq 1$ 的根满足方程

$$1+x+x^2+\cdots+x^{n-1}=0.$$

1.41　a)证明对于一切复数 $z\neq 0$ 都有 $|z^{\mathrm{i}}|<\mathrm{e}^{\pi}$.

b)证明不存在常数 $M>0$ 使得对于一切复数 z 有 $|\cos z|<M$.

1.42　如果 $w=u+\mathrm{i}v$(u，v 都是实数)，试证明

$$z^w=\mathrm{e}^{u\log|z|-v\arg(z)}\mathrm{e}^{\mathrm{i}[v\log|z|+u\arg(z)]}.$$

1.43　a)证明 $\mathrm{Log}(z^w)=w\mathrm{Log}z+2\pi\mathrm{i}n$，其中 n 是一个整数.

b)证明 $(z^w)^\alpha=z^{w\alpha}\mathrm{e}^{2\pi\mathrm{i}n\alpha}$，其中 n 是一个整数.

1.44　i)如果 θ 和 a 都是实数，$-\pi<\theta\leqslant+\pi$，证明

$$(\cos\theta+\mathrm{i}\sin\theta)^{a}=\cos(a\theta)+\mathrm{i}\sin(a\theta).$$

ii)取 $\theta=-\pi$，$a=1/2$，证明：一般而言，在(i)中限制 $-\pi<\theta\leqslant+\pi$ 是必要的.

iii)如果 a 是整数，证明(i)中的公式在对 θ 无任何限制的条件下成立. 在这种情况下，(i)中的公式就是熟知的棣莫弗定理.

1.45　试利用棣莫弗定理(练习 1.44)证明三角恒等式

$$\sin 3\theta=3\cos^{2}\theta\sin\theta-\sin^{3}\theta,$$
$$\cos 3\theta=\cos^{3}\theta-3\cos\theta\sin^{2}\theta$$

对实数 θ 成立. 这两个等式当 θ 是复数时成立吗?

1.46　定义 $\tan z=(\sin z)/(\cos z)$，证明对于 $z=x+\mathrm{i}y$ 有

$$\tan z=\frac{\sin 2x+\mathrm{i}\sinh 2y}{\cos 2x+\cosh 2y}.$$

1.47　设 w 是给定的复数. 如果 $w\neq\pm1$，证明存在 $z=x+\mathrm{i}y$ 的两个值满足条件 $\cos z=w$ 和 $-\pi<$
29 $x\leqslant+\pi$. 当 $w=\mathrm{i}$ 和 $w=2$ 时，求出这些值.

1.48　对于复数，证明拉格朗日恒等式

$$\left|\sum_{k=1}^{n}a_{k}b_{k}\right|^{2}=\sum_{k=1}^{n}|a_{k}|^{2}\sum_{k=1}^{n}|b_{k}|^{2}-\sum_{1\leqslant k<j\leqslant n}|a_{k}\bar{b}_{j}-a_{j}\bar{b}_{k}|^{2}.$$

并用此式推出适用于复数的柯西–施瓦茨不等式.

1.49　a)用在棣莫弗公式中令虚部相等的方法证明

$$\sin n\theta=\sin^{n}\theta\left\{\binom{n}{1}\cot^{n-1}\theta-\binom{n}{3}\cot^{n-3}\theta+\binom{n}{5}\cot^{n-5}\theta-+\cdots\right\}.$$

b)如果 $0<\theta<\pi/2$，证明

$$\sin(2m+1)\theta=\sin^{2m+1}\theta P_{m}(\cot^{2}\theta)$$

其中 P_m 是由

$$P_{m}(x)=\binom{2m+1}{1}x^{m}-\binom{2m+1}{3}x^{m-1}+\binom{2m+1}{5}x^{m-2}-+\cdots$$

给出的 m 次多项式. 试由此证明 P_m 对于 $k=1,2,\cdots,m$ 在 m 个不同的点 $x_k=\cot^2\{\pi k/(2m+1)\}$ 处有零点.

c)证明 P_m 的零点之和由

$$\sum_{k=1}^{m}\cot^{2}\frac{\pi k}{2m+1}=\frac{m(2m-1)}{3}$$

给出，而它们的平方和由

$$\sum_{k=1}^{m}\cot^{4}\frac{\pi k}{2m+1}=\frac{m(2m-1)(4m^{2}+10m-9)}{45}$$

给出.

注：用这些恒等式可证明 $\sum_{n=1}^{\infty}n^{-2}=\pi^{2}/6$，$\sum_{n=1}^{\infty}n^{-4}=\pi^{4}/90$(见练习 8.46 和练习 8.47).

1.50　证明对于一切复数 z 都有 $z^{n}-1=\prod_{k=1}^{n}(z-\mathrm{e}^{2\pi\mathrm{i}k/n})$，并由此对于 $n\geqslant2$ 推导出公式

$$\prod_{k=1}^{n-1}\sin\frac{k\pi}{n}=\frac{n}{2^{n-1}}.$$

参考文献

1.1 Apostol, T. M., *Calculus*, Vol. 1, 2nd ed. Xerox, Waltham, 1967.

1.2 Birkhoff, G., and MacLane, S., *A Survey of Modern Algebra*, 3rd ed. Macmillan, New York, 1965.

1.3 Cohen, L., and Ehrlich, G., *The Structure of the Real-Number System*. Van Nostrand, Princeton, 1963.

1.4 Gleason, A., *Fundamentals of Abstract Analysis*. Addison–Wesley, Reading, 1966.

1.5 Hardy, G. H., *A Course of Pure Mathematics*, 10th ed. Cambridge University Press, 30
1952.

1.6 Hobson, E. W., *The Theory of Functions of a Real Variable and the Theory of Fourier's Series*, Vol. 1, 3rd ed. Cambridge University Press, 1927.

1.7 Landau, E., *Foundations of Analysis*, 2nd ed. Chelsea, New York, 1960.

1.8 Robinson, A., *Non-standard Analysis*. North–Holland, Amsterdam, 1966.

1.9 Thurston, H. A., *The Number System*. Blackie, London, 1956.

1.10 Wilder, R. L., *Introduction to the Foundations of Mathematics*, 2nd ed. Wiley, New 31
York, 1965.

第 2 章　集合论的一些基本概念

2.1　引言

在数学任何分支的讨论中使用集合论的记号和术语都是有益的. 由布尔(Boole)和康托尔(Cantor)在 19 世纪后半叶发展起来的这个论题在 20 世纪对数学的发展产生了深远的影响. 它把许多表面上看起来无联系的思想联系到了一起，并用一种优雅而系统的方式帮助许多数学概念追溯到了它们的逻辑基础.

我们不准备系统地研究集合论，而将仅讨论一些较基本的概念. 希望进一步探索本论题的读者可以参阅在本章末尾处列出的参考文献.

作为一个整体看待的一些事物的总体叫作一个*集合*. 这个总体中的事物称为这个集合的*元素*或*元*，并说它们*属于*或*包含于*这个集合. 而对于集合，则说它*包含*它的元素或说由它的元素所*组成*. 在大多数情况下我们的兴趣在于由数学对象组成的集合，即由数、点、函数、曲线等组成的集合. 然而，由于集合论在很大程度上不依赖于总体中的个别事物的性质，所以通过对其元素可以是任何类别事物的集合的讨论，可以省去很多具体的思考. 正是集合论的这个普遍性的优点，才使它对数学的进一步发展产生了如此强烈的影响.

2.2　记号

集合通常用大写字母

$$A, B, C, \cdots, X, Y, Z$$

表示，而元素用小写字母 a，b，c，$\cdots$，x，y，z 表示. 我们写 $x \in S$ 表示"x 是 S 中的元素"或"x 属于 S". 如果 x 不属于 S，我们就写 $x \notin S$. 有时我们用在大括号中列出元素的方式表示集合. 例如，小于 10 的正偶数集合用$\{2, 4, 6, 8\}$表示. 如果 S 是所有满足性质 P 的 x 的总体，我们就简单地用 $S=\{x: x \text{ 满足 } P\}$来表示.

32 通过一个给定的集合可以构成一些新的集合，称为给定集合的*子集*. 例如，由所有小于 10 而且能被 4 整除的正整数构成的集合(即$\{4, 8\}$)是小于 10 的偶数集合的一个子集. 一般地，只要 A 的每一个元素也是属于 B 的，我们就说集合 A 是 B 的一个子集，并记为 $A \subseteq B$. $A \subseteq B$ 并不排除 $B \subseteq A$ 的可能性. 事实上，同时有 $A \subseteq B$ 和 $B \subseteq A$ 二者，当且仅当 A 和 B 有同样的元素. 在这种情况下，我们称集合 A 和 B *相等*并记为 $A=B$. 如果 A 和 B 不相等，我们就写 $A \neq B$. 如果 $A \subseteq B$ 但 $A \neq B$，我们就说 A 是 B 的一个*真子集*.

考虑一个集合不含有任何元素的可能性是合宜的，这种集合称为*空集*，而且我们约定空集是每一个集合的子集. 读者也许会发现，把一个集合描述成一个包含某些对象(即它的元素)的盒子是有助于理解的. 于是空集就是一个空盒子. 我们用符号$\varnothing$表示空集.

2.3 序偶

假设有一个由 a 和 b 这两个元素组成的集合，即集合$\{a, b\}$. 按照相等性的定义，这个集合和集合$\{b, a\}$是相同的，因为集合的定义没有涉及先后次序问题. 然而，有时也有必要考虑由次序很重要的两个元素组成的集合. 例如，在平面解析几何中，一个点的坐标(x, y)表示数的一个序偶. 点$(3, 4)$与点$(4, 3)$是不同的，虽然集合$\{3, 4\}$和集合$\{4, 3\}$是同一个集合. 当我们希望认为由两个元素 a 和 b 组成的集合有序的时候，就把元素写在小括号内：(a, b). 这时 a 称为第一个元素，b 称为第二个元素. 也可以对序偶(a, b)的概念给出一个纯粹的集合论的定义. 下面就是一个这样的定义：

定义 2.1 $(a, b)=\{\{a\}, \{a, b\}\}$.

这个定义说(a, b)是包含两个元素$\{a\}$和$\{a, b\}$的集合. 用这个定义可以证明下述定理：

定理 2.2 $(a, b)=(c, d)$当且仅当 $a=c$ 且 $b=d$.

这个定理表明，在对象 a 不同于对象 b 的意义上，定义 2.1 是序偶的一个"合理"的定义. 定理 2.2 的证明作为一个有益的练习留给读者(见练习 2.1).

2.4 两个集合的笛卡儿积

定义 2.3 给定两个集合 A 与 B，则由全体序偶(a, b)组成的集(其中 $a\in A$，$b\in B$)称为 A 与 B 的笛卡儿积，用 $A\times B$ 表示.

例 如果 $\mathbf{R}$ 表示由全体实数组成的集合，则 $\mathbf{R}\times\mathbf{R}$ 是由全体复数组成的集合. 33

2.5 关系与函数

设 x 和 y 表示实数，这样便可以把序偶(x, y)想象成为表示 xy 平面上的一个点的直角坐标(或是一个复数). 我们经常会遇到像

$$xy=1, \quad x^2+y^2=1, \quad x^2+y^2\leqslant 1, \quad x<y \tag{1}$$

这样的表达式. 每一个这样的表达式都定义了一个由实数序偶(x, y)组成的集合，即由满足表达式的全部序偶(x, y)组成的集合. 这样的由序偶组成的集合称为一个平面关系. 在 xy 平面内描绘出的相应的点集称为这个关系的图形. 在式(1)中叙述的各个关系的图形如图 2-1 所示.

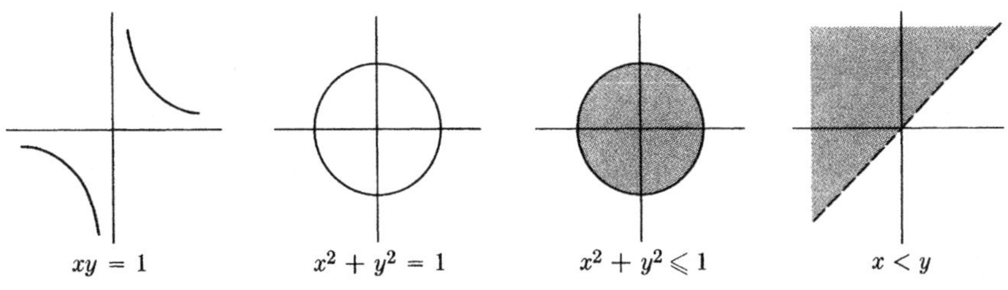

图 2-1

也可以把关系的概念作更一般的解释，使得在序偶(x, y)中出现的对象 x 和 y 不必是数，而可以是其他任何类别的事物.

定义 2.4　由序偶组成的任何一个集合都称为一种关系.

如果 S 是一种关系，则由作为在 S 中的序偶(x, y)的第一个元素而出现的全体元素 x 组成的集合称为 S 的定义域，记为$\mathscr{D}(S)$；由第二个元素 y 组成的集合称为 S 的值域，记为$\mathscr{R}(S)$.

图 2-1 中给出的第一个例子是一种特殊类型的关系，这类关系称为函数.

定义 2.5　一个函数 F 是由序偶(x, y)组成的一个集合，其中没有两个序偶有同样的第一个元素. 这就是说，如果有$(x, y)\in F$ 且$(x, z)\in F$，则有 $y=z$.

函数的定义要求对于 F 的定义域中的每一个 x 恰有一个 y 使得$(x, y)\in F$. 通常称 y 为 F 在 x 处的值，并写作

$$y=F(x)$$

来取代用$(x, y)\in F$ 表示序偶(x, y)在集合 F 内.

作为一种可以替代通过指定包含的序偶来描述函数 F 的方法，通常更可取的是描述 F 的定义域，然后对定义域中的每一个 x，描述如何得到函数值 $F(x)$. 关于这一点，我
34 们有下述定理，该定理的证明作为练习留给读者.

定理 2.6　两个函数 F 和 G 是相等的，当且仅当

a)$\mathscr{D}(F)=\mathscr{D}(G)$($F$ 和 G 有同样的定义域)；

b)对于$\mathscr{D}(F)$中的每一个 x 都有 $F(x)=G(x)$.

2.6　关于函数的进一步的术语

当定义域$\mathscr{D}(F)$是 $\mathbf{R}$ 的一个子集时，F 称为一元实变量函数. 如果$\mathscr{D}(F)$是复数集 $\mathbf{C}$ 的一个子集，则 F 称为单复变量函数.

如果$\mathscr{D}(F)$是笛卡儿乘积 $A\times B$ 的一个子集，则 F 称为二元函数. 在这种情况下，我们用 $F(a, b)$表示函数值而不用 $F((a, b))$. 二元实变量函数是以 $\mathbf{R}\times\mathbf{R}$ 的子集为定义域的函数.

如果 S 是$\mathscr{D}(F)$的一个子集，我们就说 F 在 S 上有定义. 在这种情况下，由 $F(x)$组成的集合(其中 $x\in S$)称为 S 在 F 下的象，并记为 $F(S)$. 如果 T 是任何一个包含 $F(S)$的集合，则 F 也称为从 S 到 T 的一个映射，通常记为

$$F: S\to T.$$

如果 $F(S)=T$，就说该映射是到 T 上的. S 到其自身的映射有时称为变换.

作为例子，考虑由方程 $F(z)=z^2$ 定义的复变函数. 这个函数把复 z 平面上的每一个形如 $0\leqslant\arg(z)\leqslant\alpha\leqslant\pi/2$ 的扇形 S 映射到由不等式 $0\leqslant\arg[F(z)]\leqslant 2\alpha$ 决定的扇形 $F(S)$上. (见图 2-2.)

如果两个函数 F 和 G 满足包含关系 $G\subseteq F$，我们就说 G 是 F 的一个限制，或者说 F 是 G 的一个扩张. 特别地，如果 S 是$\mathscr{D}(F)$的一个子集，而且 G 对于一切在 S 内的 x 由方程

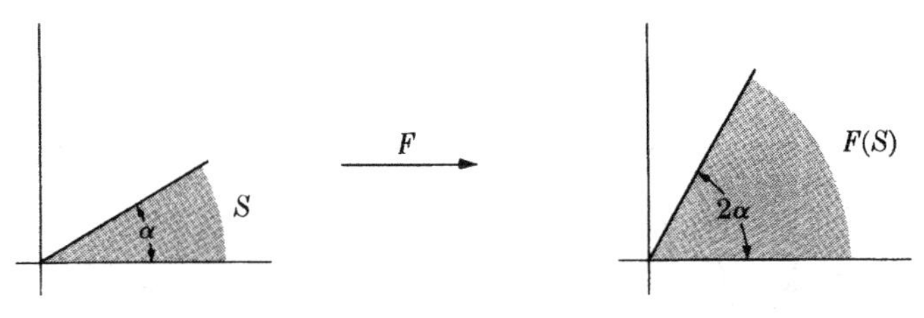

图 2-2

$$G(x)=F(x)$$

定义，则称 G 是 F 到 S 的限制. 函数 G 由序偶 $(x, F(x))(x\in S)$ 组成. 它的定义域是 S，值域是 $F(S)$. 35

2.7 1-1 函数及其反函数

定义 2.7 设 F 是定义在 S 上的一个函数. 我们说 F 在 S 上是 1-1 的，当且仅当对 S 中的每一个 x 和每一个 y 都有

$$F(x)=F(y) \quad \text{蕴涵着} \quad x=y.$$

这个定义等于说，S 上的一个 1-1 函数对于 S 上不同的元素指定不同的函数值. 这样的函数也称为单射. 1-1 函数是很重要的，因为它们有反函数. 然而，在叙述一个函数的反函数的定义之前，宜介绍一个更一般的概念，即一个关系的逆关系.

定义 2.8 给定一个关系 S，由

$$\check{S}=\{(a, b): (b, a)\in S\}$$

定义的新关系 $\check{S}$ 称为 S 的逆关系.

这样，一个序偶 (a, b) 属于 $\check{S}$，当且仅当元素交换所得的序偶 (b, a) 属于 S. 当 S 是一个平面关系时，这明显地表示 $\check{S}$ 的图形是 S 的图形关于直线 $y=x$ 的镜射. 在由 $x<y$ 定义的关系中，逆关系由 $y<x$ 定义.

定义 2.9 假设关系 F 是一个函数，考虑逆关系 $\check{F}$，它可能是函数也可能不是函数. 如果 $\check{F}$ 也是函数，则 $\check{F}$ 称为 F 的反函数并记之为 F^{-1}.

图 2-3a 描绘了一个函数 F 的例子，它的逆关系 $\check{F}$ 不是函数. 在图 2-3b 中，F 和它的逆关系二者都是函数.

下一个定理告诉我们，在定义域上 1-1 的函数总是有反函数的. 36

定理 2.10 如果函数 F 在它的定义域上是 1-1 的，则 $\check{F}$ 也是一个函数.

证明 为了证明 $\check{F}$ 是函数，必须证明如果 $(x, y)\in\check{F}$ 且 $(x, z)\in\check{F}$，则 $y=z$. 但是 $(x, y)\in\check{F}$ 表示 $(y, x)\in F$，即 $x=F(y)$. 类似地，$(x, z)\in\check{F}$ 表示 $x=F(z)$. 于是 $F(y)=F(z)$，而且由于假定 F 是 1-1 的，这就意味着 $y=z$. 因此 $\check{F}$ 是函数. ■

注 同样的讨论可以证明，如果 F 在 $\mathscr{D}(F)$ 的一个子集 S 上是 1-1 的，则 F 对 S 的限制有反函数.

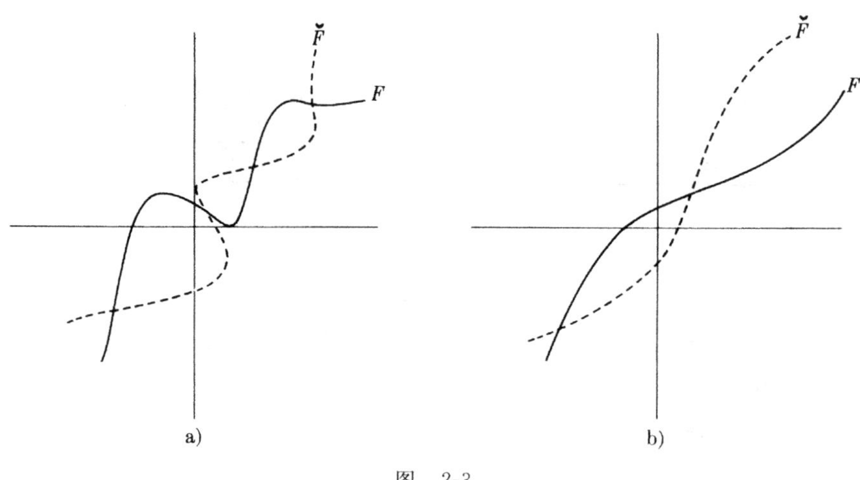

图　2-3

2.8　复合函数

定义 2.11　给定两个函数 F 和 G 满足 $\mathcal{R}(F)\subseteq\mathcal{D}(G)$，则可以形成一个新的函数，称为 G 和 F 的复合函数 $G\circ F$，定义为：对于 F 的定义域中的每一个 x 有 $(G\circ F)(x)=G[F(x)]$.

既然 $\mathcal{R}(F)\subseteq\mathcal{D}(G)$，元素 $F(x)$ 就应在 G 的定义域内，因而考虑 $G[F(x)]$ 就是有意义的. 一般来说，$G\circ F=F\circ G$ 不成立. 事实上，$F\circ G$ 可能是无意义的，除非 G 的值域包含于 F 的定义域内. 然而，结合律

$$H\circ(G\circ F)=(H\circ G)\circ F$$

总是成立的，只要这个等式的每一边都有意义(验证此式对读者是一个有益的练习，见练习 2.4).

2.9　序列

在整数的子集上定义的一些函数是函数的重要的例子.

定义 2.12　所谓由 n 项组成的一个有穷序列，指的是一个函数 F，其定义域是数集 $\{1, 2, \cdots, n\}$.

F 的值域是集合 $\{F(1), F(2), F(3), \cdots, F(n)\}$，习惯上写为 $\{F_1, F_2, F_3, \cdots, F_n\}$. 值域中的元素称为该序列的项，当然，它们可以是任何类别的任何事物.

定义 2.13　所谓无穷序列，指的是一个函数 F，其定义域是由全部正整数组成的集合 $\{1, 2, 3, \cdots\}$. F 的值域，即集合 $\{F(1), F(2), F(3), \cdots\}$，也记为 $\{F_1, F_2, F_3, \cdots\}$，而把函数值 F_n 称为该序列的第 n 项.

为简单起见，我们有时会用记号 $\{F_n\}$ 表示第 n 项是 F_n 的无穷序列.

37　设 $s=\{s_n\}$ 是一个无穷序列，并设 k 是一个函数，其定义域是正整数集，其值域是正整数集的一个子集. 假定 k 是“保序”的，即假定有

$$k(m) < k(n), \quad \text{当 } m < n,$$

于是，复合函数 $s \circ k$ 是对全体整数 $n \geqslant 1$ 定义的，而且对于每一个整数 $n \geqslant 1$ 有

$$(s \circ k)(n) = s_{k(n)}.$$

这样的一个复合函数称为 s 的一个子序列. 为了简单起见，我们经常用记号 $\{s_{k(n)}\}$ 或 $\{s_{k_n}\}$ 表示 $\{s_n\}$ 的第 n 项是 $s_{k(n)}$ 的子序列.

例 设 $s = \{1/n\}$ 并设 k 由 $k(n) = 2^n$ 定义，则 $s \circ k = \{1/2^n\}$.

2.10 相似(对等)集合

定义 2.14 两个集合 A 和 B 称为相似或对等，并记为 $A \sim B$，当且仅当存在一个 1-1 的函数 F，它的定义域是集合 A，而它的值域是集合 B.

我们也说 F 在集合 A 和 B 之间建立了一个一一对应. 显然，每一个集合 A 都是相似于它自身的(取 F 为“恒等”函数，即对 A 内的一切 x 令 $F(x) = x$). 此外，如果 $A \sim B$，则有 $B \sim A$，因为如果 F 是一个使 A 相似于 B 的 1-1 函数，则 F^{-1} 将使 B 相似于 A. 还有，如果 $A \sim B$，且 $B \sim C$，则 $A \sim C$. (证明留给读者.)

2.11 有限集与无限集

如果

$$S \sim \{1, 2, \cdots, n\},$$

则集合 S 称为有限集，并说它含有 n 个元素. 这个整数 n 称为 S 的基数. 容易证明，如果 $\{1, 2, \cdots, n\} \sim \{1, 2, \cdots, m\}$，则 $m = n$. 所以，有限集的基数是很好确定的. 空集也算有限集，它的基数定义为 0.

不是有限集的集合称为无限集. 这两种集合的主要区别在于，一个无限集必定相似于它自身的某个真子集，而有限集不能相似于它自身的任何真子集. (见练习 2.13.)例如，由全体正整数组成的集 $\mathbf{Z}^+$ 相似于它的由 2 的幂组成的真子集 $\{2, 4, 8, 16, \cdots\}$. 使它们相似的 1-1 函数 F 可以定义为对 $\mathbf{Z}^+$ 中的每一个 x 令 $F(x) = 2^x$. 38

2.12 可数集与不可数集

如果集合 S 等价于由全体正整数组成的集合，即如果

$$S \sim \{1, 2, 3, \cdots\},$$

则称 S 为可数无限集. 在这种情况下，有一个函数 f 在正整数与 S 的元素之间建立起一一对应关系，因而集合 S 可以被表示为

$$S = \{f(1), f(2), f(3), \cdots\}.$$

我们经常使用下标并用 a_k(或用类似的记号)来表示 $f(k)$，写作 $S = \{a_1, a_2, a_3, \cdots\}$. 这里重要的是，这种对应使我们能够使用正整数作为 S 的元素的“标记”. 可数无限集的基数记为 $\aleph_0$(读作阿列夫零).

定义 2.15 如果集合 S 或者是有限集，或者是可数无限集，则它称为可数集. 不是可数集的集合称为不可数集.

可数和不可数的英文单词分别为 countable 和 uncountable，有时也可以用 denumerable 和 nondenumerable 这两个词.

定理 2.16 可数集的每个子集都是可数集.

证明 设 S 是一个给定的可数集，并假定 $A\subseteq S$. 如果 A 是有限集，则无须证明，所以可以假定 A 是无限集(这表明 S 也是无限集). 设 $s=\{s_n\}$ 是一个由不同的项构成的无穷序列使得

$$S=\{s_1, s_2, s_3, \cdots\}.$$

对正整数定义一个函数如下：

令 $k(1)$ 是使得 $s_m\in A$ 的最小的正整数 m. 假定已经定义了 $k(1)$，$k(2)$，…，$k(n-1)$，令 $k(n)$ 是使得 $s_m\in A$ 的最小的正整数 $m>k(n-1)$. 那么 k 是保序的：由 $m>n$ 可得 $k(m)>k(n)$. 构造复合函数 $s\circ k$. $s\circ k$ 的定义域是正整数集，$s\circ k$ 的值域是 A. 进而可知 $s\circ k$ 是 1-1 的，因为由

$$s[k(n)]=s[k(m)]$$

可知

$$s_{k(n)}=s_{k(m)},$$

这表明 $k(n)=k(m)$，也就意味着 $n=m$，这就证明了这个定理. ■

2.13 实数系的不可数性

下一个定理表明存在无限集不是可数集.

39 **定理 2.17** 由全体实数组成的集合是不可数集.

证明 证明由满足条件 $0<x<1$ 的 x 组成的集合是不可数集就足够了. 如果这个区间内的实数是可数的，就会有一个序列 $s=\{s_n\}$，它的各项将填满这整个区间. 我们将证明这是不可能的，而所用的方法是在这个区间内构造一个实数，证明它不是这个序列中的一项. 把每一个 s_n 写成一个无限小数：

$$s_n=0.u_{n,1}u_{n,2}u_{n,3}\cdots,$$

其中每个 $u_{n,i}$ 是 0，1，…，9. 考虑有下述小数表示的实数 y：

$$y=0.v_1v_2v_3\cdots,$$

其中

$$v_n=\begin{cases}1, & 若\ u_{n,n}\neq 1,\\ 2, & 若\ u_{n,n}=1.\end{cases}$$

于是序列 $\{s_n\}$ 中没有一项等于 y，因为 y 在第一位小数上不同于 s_1，在第二位小数上不同于 s_2，…，在第 n 位小数上不同于 s_n.（由 v_n 的取法可知，这里不会发生像 $s_n=0.199\,9\cdots$ 及 $y=0.200\,0\cdots$ 这样的情况.）因为 $0<y<1$，所以定理得证. ■

定理 2.18 设 $\mathbf{Z}^+$ 表示由全体正整数组成的集合，则笛卡儿积 $\mathbf{Z}^+\times\mathbf{Z}^+$ 是可数集.

证明 在 $\mathbf{Z}^+\times\mathbf{Z}^+$ 上定义函数 f 如下：

$$f(m, n)=2^m3^n, \qquad 若(m, n)\in\mathbf{Z}^+\times\mathbf{Z}^+.$$

则 f 在 $\mathbf{Z}^+\times\mathbf{Z}^+$ 上是 1-1 的，而 f 的值域是 $\mathbf{Z}^+$ 的一个子集. ■

2.14　集合代数

给定两个集合 A_1 和 A_2，我们按如下方式定义一个新的集合，称为 A_1 和 A_2 的并集，记为 $A_1 \cup A_2$.

定义 2.19　并集 $A_1 \cup A_2$ 是这样一个集合，它的元素或者属于 A_1，或者属于 A_2，或者同时属于二者.

这与组成 $A_1 \cup A_2$ 的元素至少属于 A_1 和 A_2 这两个集合之一的说法是一样的. 因为在这个定义中没有涉及次序的问题，所以 $A_1 \cup A_2$ 与 $A_2 \cup A_1$ 是相同的. 也就是说，集合的加法是可交换的. 从这个定义也可以看出，集合的加法是可结合的：

$$A_1 \cup (A_2 \cup A_3) = (A_1 \cup A_2) \cup A_3.$$ 40

并集的定义可以推广至任何有限或无限的集族：

定义 2.20　如果 F 是任意一个集族，则 F 内全部集合的并集定义为这样的一个集合，它的元素至少属于 F 内的某一个集合，并记之为

$$\bigcup_{A \in F} A.$$

如果 F 是有限的集族(有限族)，$F = \{A_1, A_2, \cdots, A_n\}$，我们可以写

$$\bigcup_{A \in F} A = \bigcup_{k=1}^{n} A_k = A_1 \cup A_2 \cup \cdots \cup A_n.$$

如果 F 是可数的集族(可数族)，$F = \{A_1, A_2, \cdots\}$，我们可以写

$$\bigcup_{A \in F} A = \bigcup_{k=1}^{\infty} A_k = A_1 \cup A_2 \cup \cdots.$$

定义 2.21　如果 F 是任意的一个集族，则 F 内全部集合的交集定义为这样的一个集合，它的元素属于 F 内的每一个集合，并记之为

$$\bigcap_{A \in F} A.$$

两个集合 A_1 和 A_2 的交记为 $A_1 \cap A_2$，它由此两个集合的共同的元素所组成. 如果 A_1 和 A_2 没有共同的元素，则 $A_1 \cap A_2$ 是空集，并说 A_1 和 A_2 是不相交的. 如果 F 是一个有限族(如上面所述)，我们可以写

$$\bigcap_{A \in F} A = \bigcap_{k=1}^{n} A_k = A_1 \cap A_2 \cap \cdots \cap A_n,$$

而如果 F 是一个可数族，我们可以写

$$\bigcap_{A \in F} A = \bigcap_{k=1}^{\infty} A_k = A_1 \cap A_2 \cap \cdots$$

如果集族中的集合没有共同的元素，它们的交集就是空集. 当然，即使 F 不是一个可数族，也可以使用关于集合的并集和交集的定义. 由我们定义并集和交集的方式可知，交换律和结合律是自动地得到满足的.

定义 2.22　A 关于 B 的余集(记为 $B-A$)定义为集合

$$B - A = \{x: x \in B, \text{但 } x \notin A\}.$$

注意，$B-(B-A)=A$，只要 $A\subseteq B$. 还要注意，$B-A=B$，如果 $B\cap A$ 是空集.
41 在图 2-4 中给出了并集、交集和余集概念的示意图.

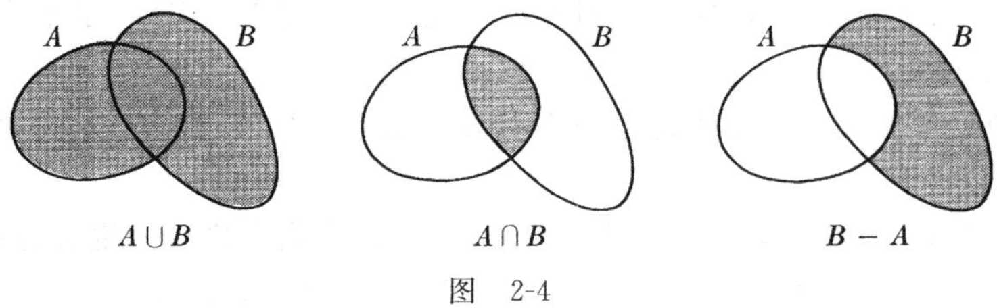

图　2-4

定理 2.23　设 F 是一个集族，则对任何集合 B 有

$$B-\bigcup_{A\in F}A=\bigcap_{A\in F}(B-A),$$

和

$$B-\bigcap_{A\in F}A=\bigcup_{A\in F}(B-A).$$

证明　设 $S=\bigcup_{A\in F}A$，$T=\bigcap_{A\in F}(B-A)$. 如果 $x\in B-S$，则 $x\in B$ 但 $x\notin S$. 于是 x 至少属于 F 中的一个 A 就不成立，从而 x 不属于 F 中的任何 A. 这样，对于 F 中的每一个 A 都有 $x\in B-A$. 但是这意味着 $x\in T$，所以 $B-S\subseteq T$，把上述步骤倒过来可得 $T\subseteq B-S$，这就证明了 $B-S=T$. 第二个等式可以类似地证明. ■

2.15　可数集的可数族

定义 2.24　如果 F 是一个集族，其中任何两个不同的集合都是不相交的，则说 F 是一个由不相交的集合组成的集族.

定理 2.25　如果 F 是一个由不相交的集合组成的可数族，$F=\{A_1, A_2, \cdots\}$，每一个集合 A_n 都是可数集，则并集 $\bigcup_{k=1}^{\infty}A_k$ 也是可数集.

证明　设 $A_n=\{a_{1,n}, a_{2,n}, a_{3,n}, \cdots\}$，$n=1, 2, \cdots$，并设 $S=\bigcup_{k=1}^{\infty}A_k$，则 S 中的每一个元素 x 都至少在 F 内的一个集合里，因此对某一对整数 (m, n) 有 $x=a_{m,n}$. 数偶 (m, n) 由 x 唯一确定，因为 F 是由不相交集合组成的集族. 于是由 $f(x)=(m, n)$（当 $x=a_{m,n}$，$x\in S$）定义的函数 f 以 S 为定义域. 值域 $f(S)$ 是 $\mathbf{Z}^+\times\mathbf{Z}^+$ 的一个子集（其中 $\mathbf{Z}^+$ 是正整数集），因而是可数集. 但是 f 是 1-1 的，从而 $S\sim f(S)$，这就表明 S 也是可数的. ■

定理 2.26　如果 $F=\{A_1, A_2, \cdots\}$ 是可数族，设 $G=\{B_1, B_2, \cdots\}$，其中 $B_1=A_1$，而且对于 $n>1$ 有

$$B_n=A_n-\bigcup_{k=1}^{n-1}A_k.$$

则 G 是由不相交的集合组成的集族，而且有

$$\bigcup_{k=1}^{\infty} A_k = \bigcup_{k=1}^{\infty} B_k.$$ 42

证明 每一个集合 B_n 的构造使得它与它前面的集合 B_1，B_2，…，B_{n-1} 没有共同的元素，于是 G 是由不相交的集合组成的集族. 设 $A=\bigcup_{k=1}^{\infty} A_k$，$B=\bigcup_{k=1}^{\infty} B_k$，我们将证明 $A=B$. 首先，如果 $x \in A$，则对于某些 k 有 $x \in A_k$. 如果 n 是这样的 k 中最小的一个，则 $x \in A_n$ 但 $x \notin \bigcup_{k=1}^{n-1} A_k$，这表明 $x \in B_n$，从而 $x \in B$，因而 $A \subseteq B$. 反过来，如果 $x \in B$，则对于某个 n 有 $x \in B_n$，从而对于同样的 n 有 $x \in A_n$. 于是 $x \in A$. 这就证明了 $B \subseteq A$. ■

利用定理 2.25 和定理 2.26 立即可得以下定理.

定理 2.27 如果 F 是由可数集构成的可数族，则 F 中全部集合的并集也是可数集.

例 1 由全部有理数组成的集合 $\mathbf{Q}$ 是一个可数集.

证明 设 A_n 表示由分母为 n 的全部正有理数组成的集合，则由全部正有理数组成的集合等于 $\bigcup_{k=1}^{\infty} A_k$. 由此可知 $\mathbf{Q}$ 是可数集，因为每一个 A_n 都是可数集. ■

例 2 以有理数为端点的区间组成的集合是可数集.

证明 设 $\{x_1, x_2, \cdots\}$ 表示有理数集，设 A_n 为由全体左端点是 x_n，右端点是有理数的区间组成的集合，则 A_n 是可数集，并且 $S=\bigcup_{k=1}^{\infty} A_k$. ■

练习

2.1 证明定理 2.2. 提示：$(a, b)=(c, d)$ 表示 $\{\{a\}, \{a, b\}\}=\{\{c\}, \{c, d\}\}$. 再借助集合相等的定义.

2.2 设 S 是一个关系，$\mathscr{D}(S)$ 是它的定义域. 称关系 S 为

i) 反身的，如果 $a \in \mathscr{D}(S)$ 蕴涵着 $(a, a) \in S$；

ii) 对称的，如果 $(a, b) \in S$ 蕴涵着 $(b, a) \in S$；

iii) 传递的，如果 $(a, b) \in S$ 及 $(b, c) \in S$ 蕴涵着 $(a, c) \in S$.

具有对称性、反身性和传递性的关系称为等价关系. 确定这些性质中哪些为 S 所具有，假设 S 分别是由满足下述条件的全部实数序偶 (x, y) 组成的集合：

a) $x \leqslant y$. b) $x < y$， c) $x < |y|$，

d) $x^2+y^2=1$， e) $x^2+y^2<0$， f) $x^2+x=y^2+y$.

2.3 下列函数 F 和 G 由给定的方程对所有的实数 x 定义. 在每一种情况下在哪些地方可以构成复合函数 $G \circ F$？试给出 $G \circ F$ 的定义域和 $(G \circ F)(x)$ 的公式.

a) $F(x)=1-x$， $G(x)=x^2+2x$.

b) $F(x)=x+5$， $G(x)=|x|/x$，当 $x \neq 0$，$G(0)=1$.

c) $F(x)=\begin{cases}2x, & 若\ 0 \leqslant x \leqslant 1, \\ 1, & 其他,\end{cases}$ $G(x)=\begin{cases}x^2, & 若\ 0 \leqslant x \leqslant 1, \\ 0, & 其他.\end{cases}$ 43

如果 $G(x)$ 和 $G[F(x)]$ 给出如下，试求出 $F(x)$：

d) $G(x)=x^3$， $G[F(x)]=x^3-3x^2+3x-1$.

e) $G(x)=3+x+x^2$，$G[F(x)]=x^2-3x+5$.

2.4　给定三个函数 F，G，H，必须对它们的定义域设置什么限制才能定义下述四个复合函数？

$$G\circ F,\quad H\circ G,\quad H\circ(G\circ F),\quad (H\circ G)\circ F.$$

假定能够定义 $H\circ(G\circ F)$ 和 $(H\circ G)\circ F$，试证明结合律：

$$H\circ(G\circ F)=(H\circ G)\circ F.$$

2.5　对于并集和交集，证明下述集合论的恒等式：

a) $A\cup(B\cup C)=(A\cup B)\cup C$，　$A\cap(B\cap C)=(A\cap B)\cap C$.

b) $A\cap(B\cup C)=(A\cap B)\cup(A\cap C)$.

c) $(A\cup B)\cap(A\cup C)=A\cup(B\cap C)$.

d) $(A\cup B)\cap(B\cup C)\cap(C\cup A)=(A\cap B)\cup(A\cap C)\cup(B\cap C)$.

e) $A\cap(B-C)=(A\cap B)-(A\cap C)$.

f) $(A-C)\cap(B-C)=(A\cap B)-C$.

g) $(A-B)\cup B=A$，当且仅当 $B\subseteq A$.

2.6　设 $f:S\to T$ 是一个函数. 如果 A 和 B 是 S 的任意子集，证明

$$f(A\cup B)=f(A)\cup f(B),\quad f(A\cap B)\subseteq f(A)\cap f(B).$$

试将上述结果推广至任意的并集和交集.

2.7　设 $f:S\to T$ 是一个函数. 如果 $Y\subseteq T$，我们用 $f^{-1}(Y)$ 表示 S 的被 f 映射到 Y 内的最大的子集，即

$$f^{-1}(Y)=\{x:x\in S \text{ 且 } f(x)\in Y\}.$$

集合 $f^{-1}(Y)$ 称为 Y 在 f 下的**逆象**. 试证明对于 S 的任意子集 X 和 T 的任意子集 Y 有下述结论：

a) $X\subseteq f^{-1}[f(X)]$.

b) $f[f^{-1}(Y)]\subseteq Y$.

c) $f^{-1}[Y_1\cup Y_2]=f^{-1}(Y_1)\cup f^{-1}(Y_2)$.

d) $f^{-1}(Y_1\cap Y_2)=f^{-1}(Y_1)\cap f^{-1}(Y_2)$.

e) $f^{-1}(T-Y)=S-f^{-1}(Y)$.

f) 把(c)和(d)推广到任意的并集和交集.

2.8　参考练习 2.7，证明对 T 的每一个子集 Y 都有 $f[f^{-1}(Y)]=Y$，当且仅当 $T=f(S)$.

2.9　设 f：$S\to T$ 是一个函数，证明下述说法是等价的：

a) f 在 S 上是 1-1 的.

b) $f(A\cap B)=f(A)\cap f(B)$ 对 S 的全部子集 A，B 成立.

c) $f^{-1}[f(A)]=A$ 对 S 的每一个子集 A 成立.

44　d) 对于 S 的全部不相交的子集 A 和 B，它们的象 $f(A)$ 和 $f(B)$ 是不相交的.

e) 对 S 的所有满足条件 $B\subseteq A$ 的子集 A 和 B 有

$$f(A-B)=f(A)-f(B).$$

2.10　证明如果 $A\sim B$ 且 $B\sim C$，则 $A\sim C$.

2.11　如果 $\{1, 2, \cdots, n\}\sim\{1, 2, \cdots, m\}$，证明 $m=n$.

2.12　如果 S 是一个无限集，证明 S 包含一个可数无限子集. 提示：在 S 内选取一个元素 a_1 并考虑 $S-\{a_1\}$.

2.13　证明每一个无限集 S 包含相似于 S 的真子集.

2.14　如果 A 是一个可数集，B 是一个不可数集，证明 $B-A$ 相似于 B.

2.15　一个实数称为代数数，如果它是一个代数方程 $f(x)=0$ 的根，其中 $f(x)=a_0+a_1x+\cdots+a_nx^n$

是一个整系数多项式. 证明由全体整系数多项式组成的集合是可数的，并由此推断出代数数的集合也是可数的.

2.16 设 S 是由 n 个元素组成的一个有限集，T 是由 S 的全部子集构成的集族. 证明 T 是有限集，并求出 T 中的元素的个数.

2.17 设 $\mathbf{R}$ 表示实数集，S 表示由定义域为 $\mathbf{R}$ 的全体实值函数组成的集. 证明 S 和 $\mathbf{R}$ 不是对等的. 提示：假设 $S\sim\mathbf{R}$ 并设 f 是一个使 $f(\mathbf{R})=S$ 的 1-1 函数. 如果 $a\in\mathbf{R}$，令 $g_a=f(a)$ 是 S 内的与实数 a 对应的实值函数. 然后用方程 $h(x)=1+g_x(x)(x\in\mathbf{R})$ 定义 h，并证明 $h\notin S$.

2.18 设 S 是由以整数 0 和 1 为项的全体序列构成的序列族. 证明 S 是不可数的.

2.19 证明下列集合是可数的：

a)在复平面内由半径为有理数且中心坐标为有理数的圆构成的集合.

b)任何由不相交的正长度区间组成的区间族.

2.20 设 f 是一个对于区间 $0\leqslant x\leqslant 1$ 内的每一个 x 有定义的实值函数. 假设存在一个正数 M 具有如下性质：对于在区间 $0\leqslant x\leqslant 1$ 内任选的有限个点 x_1，x_2，…，x_n，f 在这些点上的值之和

$$|f(x_1)+\cdots+f(x_n)|\leqslant M.$$

设 S 是由 $0\leqslant x\leqslant 1$ 内满足 $f(x)\neq 0$ 的那些点 x 组成的集合. 证明 S 是可数集.

2.21 下面是关于"由全部正长度区间构成的集合是可数集"这个命题的一个"证明"，试找出其中的谬误之处：设$\{x_1, x_2, \cdots\}$表示可数的有理数集，I 是任一正长度区间. 于是 I 包含无穷多个有理点 x_n，其中将有一个有理点具有最小的下标 n. 定义一个函数 F：当 x_n 是区间 I 内有最小下标的有理数时，$F(I)=n$. 这个函数在由全体区间所组成的集合与正整数组成的子集之间建立起了一个一一对应关系，因此由全体区间组成的集合是可数集.

2.22 设 S 表示由一个给定的集合 T 的全体子集构成的集族. 设 $f: S\to\mathbf{R}$ 是在 S 上定义的一个实值函数. 函数 f 称为是*可加的*，如果 $f(A\cup B)=f(A)+f(B)$，只要 A 和 B 是 T 的不相交子集. 如 45
果 f 是可加的，证明对于任何两个子集 A 和 B 都有

$$f(A\cup B)=f(A)+f(B-A) \quad 和 \quad f(A\cup B)=f(A)+f(B)-f(A\cap B).$$

2.23 参看练习 2.22. 假定 f 是可加的，并且还假定对于 T 的两个特殊的子集 A 和 B 有下述关系：

$$f(A\cup B)=f(A')+f(B')-f(A')f(B')$$
$$f(A\cap B)=f(A)f(B), \quad f(A)+f(B)\neq f(T),$$

其中 $A'=T-A$，$B'=T-B$. 证明由这些关系可以确定 $f(T)$，并计算 $f(T)$的值.

参考文献

2.1 Boas, R. P., *A Primer of Real Functions.* Carus Monograph No. 13. Wiley, New York, 1960.

2.2 Fraenkel, A., *Abstract Set Theory*, 3rd ed. North-Holland, Amsterdam, 1965.

2.3 Gleason, A., *Fundamentals of Abstract Analysis.* Addison-Wesley, Reading, 1966.

2.4 Halmos, P. R., *Naive Set Theory.* Van Nostrand, New York, 1960.

2.5 Kamke, E., *Theory of Sets.* F. Bagemihl, translator. Dover, New York, 1950.

2.6 Kaplansky, I., *Set Theory and Metric Spaces.* Allyn and Bacon, Boston, 1972.

2.7 Rotman, B., and Kneebone, G. T., *The Theory of Sets and Transfinite Numbers.* Elsevier, New York, 1968. 46

第 3 章　点集拓扑初步

3.1　引言

上一章大量的篇幅讨论的是"抽象"的集合，即由任何对象构成的集合．本章我们专门研究实数集合、复数集合以及更一般地研究高维空间中的集合．

在这个研究领域里使用几何术语是方便和有益的．因此，我们会经常提到实线上的点集、平面上的点集或某个高维空间中的点集．在本书稍后的部分中，我们将研究定义在点集上的函数，并希望在开始对函数进行研究之前就能熟悉像开集、闭集和紧集这样的一些基本类型的点集．研究这些集合的数学分支称作*点集拓扑*．

3.2　欧氏空间 R^n

二维空间中的一个点是一个实数序偶(x_1, x_2)．类似地，三维空间中的一个点是一个有序三元实数组(x_1, x_2, x_3)．现在容易想到一个有序的 n 元实数组$(x_1, x_2, \cdots, x_n)$，并将其称为 n 维空间中的一个点．

定义 3.1　*设 $n>0$ 是一个整数．一个由 n 个实数组成的有序集合$(x_1, x_2, \cdots, x_n)$称为一个 n 维点，或称为一个有 n 个分量的向量．点或向量通常用单个的黑体字母表示，例如，*

$$\boldsymbol{x}=(x_1, x_2, \cdots, x_n) \quad 或 \quad \boldsymbol{y}=(y_1, y_2, \cdots, y_n).$$

数 x_k 称为点 $\boldsymbol{x}$ 的第 k 个坐标，或称为向量 $\boldsymbol{x}$ 的第 k 个分量．由全体 n 维点组成的集合称为 n 维欧氏空间，或简称为 n 维空间，并记为 $\mathbf{R}^n$．

读者也许奇怪，讨论维数大于 3 的空间有什么优越性吗？实际上，n 维空间的语言可以使许多复杂的情况变得非常容易被理解．读者也许对三维向量分析足够熟悉，于是可以领会把一个有三个自由度的系统的运动方程写成一个向量方程而不写成三个标量方程
47 的优越性．当一个系统有 n 个自由度时也有类似的优越性．

对于一般的 n，研究 n 维空间的另一个优越性是会使我们能够同时处理 1 维、2 维、3 维等空间所共有的许多性质，也就是与空间的维数无关的那些性质．

较高维的空间在诸如相对论、统计力学和量子力学这样的领域内出现是相当自然的．事实上，即使是无穷维的空间在量子力学中也是相当普遍的．

关于 n 维点的代数运算定义如下：

定义 3.2　*设 $\boldsymbol{x}=(x_1, x_2, \cdots, x_n)$和 $\boldsymbol{y}=(y_1, y_2, \cdots, y_n)$属于 $\mathbf{R}^n$．我们定义：*

a)相等：

$$\boldsymbol{x}=\boldsymbol{y} \quad 当且仅当 \quad x_1=y_1, \cdots, x_n=y_n.$$

b)和：

$$\boldsymbol{x}+\boldsymbol{y}=(x_1+y_1, \cdots, x_n+y_n).$$

c)实数(标量)乘法：

$$a\boldsymbol{x}=(ax_1, \cdots, ax_n) \qquad (a 是实数).$$

d)差：

$$\boldsymbol{x}-\boldsymbol{y}=\boldsymbol{x}+(-1)\boldsymbol{y}.$$

e)零向量或原点：

$$\mathbf{0}=(0,\ \cdots,\ 0).$$

f)内积或点积：

$$\boldsymbol{x}\cdot\boldsymbol{y}=\sum_{k=1}^{n}x_k y_k.$$

g)范数或长度：

$$\|\boldsymbol{x}\|=(\boldsymbol{x}\cdot\boldsymbol{x})^{1/2}=\left(\sum_{k=1}^{n}x_k^2\right)^{1/2}.$$

范数$\|\boldsymbol{x}-\boldsymbol{y}\|$称为 $\boldsymbol{x}$ 和 $\boldsymbol{y}$ 之间的距离.

注 用线性代数的术语表述，$\mathbf{R}^n$ 是一个线性空间的例子.

定理 3.3 设 $\boldsymbol{x}$ 和 $\boldsymbol{y}$ 表示 $\mathbf{R}^n$ 中的点，则有

a)$\|\boldsymbol{x}\|\geqslant 0$，而且$\|\boldsymbol{x}\|=0$ 当且仅当 $\boldsymbol{x}=\mathbf{0}$.

b)$\|a\boldsymbol{x}\|=|a|\,\|\boldsymbol{x}\|$，对每一个实数 a.

c)$\|\boldsymbol{x}-\boldsymbol{y}\|=\|\boldsymbol{y}-\boldsymbol{x}\|$.

d)$|\boldsymbol{x}\cdot\boldsymbol{y}|\leqslant\|\boldsymbol{x}\|\,\|\boldsymbol{y}\|$(柯西-施瓦茨不等式).

e)$\|\boldsymbol{x}+\boldsymbol{y}\|\leqslant\|\boldsymbol{x}\|+\|\boldsymbol{y}\|$(三角不等式).

证明 (a)、(b)和(c)由定义可立即得到，柯西-施瓦茨不等式已经在定理 1.23 中证 48
明了，(e)可由(d)得到，因为

$$\begin{aligned}\|\boldsymbol{x}+\boldsymbol{y}\|^2&=\sum_{k=1}^{n}(x_k+y_k)^2=\sum_{k=1}^{n}(x_k^2+2x_k y_k+y_k^2)\\&=\|\boldsymbol{x}\|^2+2\boldsymbol{x}\cdot\boldsymbol{y}+\|\boldsymbol{y}\|^2\leqslant\|\boldsymbol{x}\|^2+2\|\boldsymbol{x}\|\,\|\boldsymbol{y}\|+\|\boldsymbol{y}\|^2\\&=(\|\boldsymbol{x}\|+\|\boldsymbol{y}\|)^2.\end{aligned}$$

■

注 有时把三角不等式写成这样的形式：

$$\|\boldsymbol{x}-\boldsymbol{z}\|\leqslant\|\boldsymbol{x}-\boldsymbol{y}\|+\|\boldsymbol{y}-\boldsymbol{z}\|.$$

此式可由在(e)中用 $\boldsymbol{x}-\boldsymbol{y}$ 代替 $\boldsymbol{x}$，用 $\boldsymbol{y}-\boldsymbol{z}$ 代替 $\boldsymbol{y}$ 得到. 我们还有

$$\big|\|\boldsymbol{x}\|-\|\boldsymbol{y}\|\big|\leqslant\|\boldsymbol{x}-\boldsymbol{y}\|.$$

定义 3.4 $\mathbf{R}^n$ 中的单位坐标向量 $\boldsymbol{u}_k$ 是第 k 个分量为 1 而其余分量均为零的向量. 因此，

$$\boldsymbol{u}_1=(1,\ 0,\ \cdots,\ 0),\quad \boldsymbol{u}_2=(0,\ 1,\ 0,\ \cdots,\ 0),\ \cdots,\quad \boldsymbol{u}_n=(0,\ 0,\ \cdots,\ 0,\ 1).$$

如果 $\boldsymbol{x}=(x_1,\ x_2,\ \cdots,\ x_n)$，则有 $\boldsymbol{x}=x_1\boldsymbol{u}_1+\cdots+x_n\boldsymbol{u}_n$ 和 $x_1=\boldsymbol{x}\cdot\boldsymbol{u}_1$，$x_2=\boldsymbol{x}\cdot\boldsymbol{u}_2$，…，$x_n=\boldsymbol{x}\cdot\boldsymbol{u}_n$. 向量 $\boldsymbol{u}_1$，$\boldsymbol{u}_2$，…，$\boldsymbol{u}_n$ 也称为基向量.

3.3 R^n 中的开球与开集

设 $\boldsymbol{a}$ 是 $\mathbf{R}^n$ 中的一个给定的点，r 是一个给定的正数. 由 $\mathbf{R}^n$ 中所有满足条件

$$\|\boldsymbol{x}-\boldsymbol{a}\|<r$$

的点 $\boldsymbol{x}$ 构成的集合称为半径为 r、中心为 $\boldsymbol{a}$ 的开的 n-球，我们用 $B(\boldsymbol{a})$或 $B(\boldsymbol{a};r)$来表示这个集合.

球 $B(\boldsymbol{a};r)$由全部到 $\boldsymbol{a}$ 的距离小于 r 的点组成. 在 $\mathbf{R}^1$ 中这只是一个以 $\boldsymbol{a}$ 为中心的开区间，在 $\mathbf{R}^2$ 中它是一个圆盘，而在 $\mathbf{R}^3$ 中它是中心在 $\boldsymbol{a}$ 点、半径为 r 的球体.

定义 3.5(内点的定义)　设 S 是 $\mathbf{R}^n$ 的一个子集，并且假定 $\boldsymbol{a}\in S$. 如果有一个中心在 $\boldsymbol{a}$ 点处的开的 n-球，它的每一个点都属于 S，则 $\boldsymbol{a}$ 称为 S 的一个内点.

换句话说，S 的每一个内点 $\boldsymbol{a}$ 可以被一个 n-球 $B(\boldsymbol{a})\subseteq S$ 环绕. 由 S 的全部内点组成的集合称为 S 的内部，并记之为 $\operatorname{int}S$. 包含一个以 $\boldsymbol{a}$ 为中心的球的任意集合有时称为 $\boldsymbol{a}$ 的一个邻域.

定义 3.6(开集的定义)　$\mathbf{R}^n$ 中的集合 S 称为开集，如果它的全部点都是内点.

49 **注**　集合 S 是开集，当且仅当 $S=\operatorname{int}S$. （见练习 3.9.）

例　在 $\mathbf{R}^1$ 中类型最简单的非空开集是开区间，两个或更多个开区间的并集也是开集. 闭区间$[a, b]$不是开集，因为端点 a 和 b 不是该区间的内点.

平面内开集的例子有：圆盘的内部；两个一维开区间的笛卡儿积. 读者需要注意，$\mathbf{R}^1$ 内的开区间当作为平面的一个子集考虑时则不再是开集. 事实上，$\mathbf{R}^1$ 中没有子集(空集除外)能在 $\mathbf{R}^2$ 内是开集，因为这样的集合不可能包含 2-球.

在 $\mathbf{R}^n$ 中空集是开集(为什么?)，就像整个空间 $\mathbf{R}^n$ 是开集一样. 每个 n-球都是 $\mathbf{R}^n$ 中的开集. n 个一维开区间(a_1, b_1)，…，(a_n, b_n)的笛卡儿积

$$(a_1, b_1)\times\cdots\times(a_n, b_n)$$

是 $\mathbf{R}^n$ 中的一个开集，称为 n 维开区间，记为$(\boldsymbol{a}, \boldsymbol{b})$，其中 $\boldsymbol{a}=(a_1, \cdots, a_n)$，$\boldsymbol{b}=(b_1, \cdots, b_n)$.

下面两个定理表明如何能从一些给定的开集构造出 $\mathbf{R}^n$ 中另一些开集.

定理 3.7　任何开集族的并集都是开集.

证明　设 F 是一开集族，S 表示它们的并，$S=\bigcup\limits_{A\in F}A$. 假定 $\boldsymbol{x}\in S$，则 $\boldsymbol{x}$ 必定至少属于 F 内各集合中的一个，比方说 $\boldsymbol{x}\in A$. 因为 A 是开的，所以存在开的 n-球 $B(\boldsymbol{x})\subseteq A$. 但是 $A\subseteq S$，所以 $B(\boldsymbol{x})\subseteq S$，从而 $\boldsymbol{x}$ 是 S 的内点. 由于 S 的每一个点都是内点，所以 S 是开集. ■

定理 3.8　开集有限族的交是开集.

证明　设 $S=\bigcap\limits_{k=1}^{m}A_k$，其中每一个 A_k 都是开集. 假定 $\boldsymbol{x}\in S$(如果 S 是空集，则无须证明)，于是对于每一个 $k=1, 2, \cdots, m$ 都有 $\boldsymbol{x}\in A_k$，从而存在一个 n-球$B(\boldsymbol{x};r_k)\subseteq A_k$. 设 r 是r_1，r_2，…，r_m 这些正数中最小的一个，则有 $\boldsymbol{x}\in B(\boldsymbol{x};r)\subseteq S$. 这说明 $\boldsymbol{x}$ 是内点，所以 S 是开集. ■

由此可知，从给定的开集出发，用取任意并或有限交的方法可以形成新的开集. 另一方面，任意交不是总能导致开集. 例如，形如$(-1/n, 1/n)$的所有开区间的交是由单

独一个 0 组成的集合，其中 $n=1, 2, 3, \cdots$.

3.4 $\mathbf{R}^1$ 中开集的结构

在 $\mathbf{R}^1$ 中互不相交的开区间的可数族的并集是开集，而且，值得给予充分注意的是，$\mathbf{R}^1$ 中的每一个非空开集都能用这种方法得到. 本节专门来证明这一结论.

首先我们介绍构成区间的概念. 50

定义 3.9(构成区间的定义) 设 S 是 $\mathbf{R}^1$ 的一个开子集. 对于一个开区间 I(可以是有限的或无限的)，如果 $I\subseteq S$，而且没有开区间 $J\neq I$ 使得 $I\subseteq J\subseteq S$，则 I 称为 S 的一个构成区间.

换句话说，S 的一个构成区间不是包含于 S 内的任何其他开区间的真子集.

定理 3.10 非空开集 S 的每一个点都属于且只属于 S 的一个构成区间.

证明 假定 $x\in S$，则 x 包含于某个开区间 I，$I\subseteq S$. 可能有许多这样的区间，但是其中“最大的”一个就将是我们想要的构成区间. 我们留待读者去验证这个最大的区间是 $I_x=(a(x), b(x))$，其中

$$a(x)=\inf\{a: (a, x)\subseteq S\}, \quad b(x)=\sup\{b: (x, b)\subseteq S\}.$$

这里 $a(x)$ 可能是 $-\infty$，$b(x)$ 可能是 $+\infty$. 显然，不存在开区间 J 使得 $I_x\subseteq J\subseteq S$，所以 I_x 是 S 的包含 x 的构成区间. 如果 J_x 是 S 的另一个包含 x 的构成区间，则并集 $I_x\cup J_x$ 是一个包含于 S 且既包含 I_x 又包含 J_x 的开区间. 于是，按照构成区间的定义可推知 $I_x\cup J_x=I_x$ 且 $I_x\cup J_x=J_x$，所以 $I_x=J_x$. ■

定理 3.11(实线上开集的表示定理) $\mathbf{R}^1$ 内每一个非空开集 S 都是由 S 的互不相交的构成区间构成的可数族的并集.

证明 如果 $x\in S$，设 I_x 表示 S 的包含 x 的构成区间. 所有这样的区间 I_x 的并集显然是 S. 如果其中两个这样的区间(例如 I_x 和 I_y)有公共点，则它们的并集 $I_x\cup I_y$ 是一个包含于 S 且既包含 I_x 又包含 I_y 的开区间，于是 $I_x\cup I_y=I_x$，$I_x\cup I_y=I_y$，所以 $I_x=I_y$. 因此这些区间 I_x 形成一个互不相交的集族.

剩下需要证明它们形成一个可数族. 为此，设 $\{x_1, x_2, x_3, \cdots\}$ 表示可数的有理数集. 在每个构成区间 I_x 内将会有无穷多个 x_n，但是它们当中将恰有一个带有最小的下标 n. 于是我们用方程 $F(I_x)=n$ 定义一个函数 F，如果 x_n 是 I_x 内有最小下标 n 的有理数. 这个函数 F 是 1-1 的，因为 $F(I_x)=F(I_y)=n$ 意味着 I_x 和 I_y 有公共的 x_n，而这表明 $I_x=I_y$. 从而 F 在区间 I_x 与正整数的一个子集之间建立起了一个一一对应. 这就完成了证明. ■

注 S 的这个表示是唯一的. 事实上，如果 S 是不相交的开区间的并集，则这些区间必定是 S 的构成区间. 这是定理 3.10 的一个直接推论.

如果 S 是一个开区间，则这种表示仅包含一个构成区间，即 S 本身. 所以 $\mathbf{R}^1$ 中的一 51
个开区间不能表示成两个互不相交的非空开集的并. 这个性质也可以用这样的说法来表述，即开区间是连通的. $\mathbf{R}^n$ 中集合的连通性概念将在 4.16 节做进一步讨论.

3.5　闭集

定义 3.12（闭集的定义）　对于 $\mathbf{R}^n$ 内的集合 S，如果它的余集 $\mathbf{R}^n-S$ 是开集，则 S 称为闭集.

例　$\mathbf{R}^1$ 中的闭区间$[a, b]$是闭集. n 个一维闭区间的笛卡儿积

$$[a_1, b_1]\times\cdots\times[a_n, b_n]$$

是 $\mathbf{R}^n$ 中的闭集，称为 n 维闭区间$[\boldsymbol{a}, \boldsymbol{b}]$.

下一定理是定理 3.7 和定理 3.8 的一个推论，表明如何从一些给定的闭集进一步构造闭集.

定理 3.13　闭集的有限族的并集是闭集，闭集的任意族的交集是闭集.

下面的定理描述了开集与闭集之间的进一步的关系.

定理 3.14　如果 A 是开集而 B 是闭集，则 $A-B$ 是开集而 $B-A$ 是闭集.

证明　我们只需注意 $A-B=A\cap(\mathbf{R}^n-B)$，它是两个开集的交集；$B-A=B\cap(\mathbf{R}^n-A)$，它是两个闭集的交集. ■

3.6　附贴点与聚点

闭集也可以用附贴点和聚点来描述.

定义 3.15（附贴点的定义）　设 S 是 $\mathbf{R}^n$ 的一个子集，$\boldsymbol{x}$ 是 $\mathbf{R}^n$ 内的一个点，$\boldsymbol{x}$ 未必在 S 内. 如果每个 n-球 $B(\boldsymbol{x})$都至少包含 S 的一个点，那么称 $\boldsymbol{x}$ 为 S 的一个附贴点.

例

1. 如果 $\boldsymbol{x}\in S$，则 $\boldsymbol{x}$ 附贴于 S，因为每个 n-球 $B(\boldsymbol{x})$都包含 $\boldsymbol{x}$.
2. 如果 S 是 $\mathbf{R}$ 的一个有上界的子集，则 $\sup S$ 附贴于 S.

有些点附贴于 S 是由于每个球 $B(\boldsymbol{x})$都含有 S 的异于 $\boldsymbol{x}$ 的点，这些点称为聚点.

定义 3.16（聚点的定义）　设 $S\subseteq\mathbf{R}^n$，$\boldsymbol{x}\in\mathbf{R}^n$，如果每个 n-球 $B(\boldsymbol{x})$至少包含 S 的一个
52 与 $\boldsymbol{x}$ 不同的点，则 $\boldsymbol{x}$ 称为 S 的聚点.

换句话说，$\boldsymbol{x}$ 是 S 的一个聚点，当且仅当 $\boldsymbol{x}$ 附贴于 $S-\{\boldsymbol{x}\}$. 如果 $\boldsymbol{x}\in S$ 但 $\boldsymbol{x}$ 不是 S 的聚点，则称 $\boldsymbol{x}$ 为 S 的孤立点.

例

1. 由形如 $1/n(n=1, 2, 3, \cdots)$的数组成的集合以 0 为聚点.
2. 有理数集合以每一个实数为聚点.
3. 闭区间$[a, b]$的每一个点都是由开区间(a, b)内的数组成的集合的聚点.

定理 3.17　如果 $\boldsymbol{x}$ 是 S 的聚点，则每一个 n-球 $B(\boldsymbol{x})$都包含 S 的无穷多个点.

证明　假定情况是相反的，也就是说，假定存在一个 n-球 $B(\boldsymbol{x})$只包含 S 的有限个异于 $\boldsymbol{x}$ 的点，比如 $\boldsymbol{a}_1, \boldsymbol{a}_2, \cdots, \boldsymbol{a}_m$. 如果 r 表示正数

$$\|\boldsymbol{x}-\boldsymbol{a}_1\|,\quad \|\boldsymbol{x}-\boldsymbol{a}_2\|, \cdots, \|\boldsymbol{x}-\boldsymbol{a}_m\|$$

中最小的一个，则 $B(\boldsymbol{x}; r/2)$将是一个关于 $\boldsymbol{x}$ 的 n-球，它不包含 S 的异于 $\boldsymbol{x}$ 的点. 这是一个矛盾. ■

这个定理特别地隐含着这样的结论：一个集合除非它从一开始就含有无穷多个点，否则它就不可能有聚点．然而，它的逆命题一般来说是不对的．例如，整数集$\{1, 2, 3, \cdots\}$就是一个没有聚点的无限集．在稍后的一节中我们将证明，包含于某个n-球内的无限集总是有聚点的．这是一个重要的结果，称为波尔查诺-魏尔斯特拉斯定理．

3.7 闭集与附贴点

闭集被定义为开集的余集．下一个定理用另一种方式描述了闭集．

定理 3.18 $\mathbf{R}^n$ 中的集合S是闭集，当且仅当它包含它的全部附贴点．

证明 假定S是闭集，令$\boldsymbol{x}$是S的附贴点，要证明$\boldsymbol{x}\in S$．假定$\boldsymbol{x}\notin S$，我们将推出矛盾．如果$\boldsymbol{x}\notin S$，则$\boldsymbol{x}\in\mathbf{R}^n-S$．因为$\mathbf{R}^n-S$是开集，所以有某个$n$-球$B(\boldsymbol{x})$位于$\mathbf{R}^n-S$内．于是$B(\boldsymbol{x})$不包含$S$的任何点，这同$\boldsymbol{x}$附贴于$S$的事实矛盾．

为了证明逆命题，我们假定S包含它所有的附贴点，要证明S是闭集．假定$\boldsymbol{x}\in\mathbf{R}^n-S$，则$\boldsymbol{x}\notin S$，所以$\boldsymbol{x}$不附贴于$S$．于是有某个球$B(\boldsymbol{x})$不与$S$相交，从而$B(\boldsymbol{x})\subseteq\mathbf{R}^n-S$，所以$\mathbf{R}^n-S$是开集，由此知$S$是闭集． ■

定义 3.19(闭包的定义) 由集合S的全部附贴点组成的集合称为S的闭包，记为$\bar{S}$． 53

对于任何集合都有$S\subseteq\bar{S}$，因为S的每个点都附贴于S．定理 3.18 表明，相反的结论$\bar{S}\subseteq S$当且仅当S是闭集时成立．因此我们有：

定理 3.20 集合S是闭集当且仅当$S=\bar{S}$．

定义 3.21(导集的定义) 由集合S的全部聚点组成的集合称为S的导集，记为S'．

显然，$\bar{S}=S\cup S'$对任一集合S成立．于是定理 3.20 意味着S是闭集当且仅当$S'\subseteq S$．换句话说，我们有以下定理：

定理 3.22 $\mathbf{R}^n$ 内的集合S是闭集，当且仅当它包含它的全部聚点．

3.8 波尔查诺-魏尔斯特拉斯定理

定义 3.23(有界集的定义) $\mathbf{R}^n$ 内的集合S称为是有界的，如果对于某个$r>0$和$\mathbf{R}^n$内的某个$\boldsymbol{a}$，它全部在n维球体$B(\boldsymbol{a}; r)$内．

定理 3.24(波尔查诺-魏尔斯特拉斯) 如果$\mathbf{R}^n$内的一个有界集S包含无穷多个点，则$\mathbf{R}^n$内至少有一个点是S的聚点．

证明 为了帮助确立证明的思想，我们首先对$\mathbf{R}^1$给出证明．因为S是有界的，所以它位于某个区间$[-a, a]$之内．至少有一个子区间$[-a, 0]$或$[0, a]$包含S的无限子集．记一个这样的子区间为$[a_1, b_1]$，二等分$[a_1, b_1]$可得一个子区间$[a_2, b_2]$包含S的无限子集，继续进行这个过程．这样可得一个可数的区间族，第n个区间$[a_n, b_n]$的长度为$b_n-a_n=a/2^{n-1}$．显然，左端点a_n的 sup 和右端点b_n的 inf 必定是相等的，比方说是x．(它们为什么是相等的?)这个点x将是S的一个聚点，因为如果r是任一正数，则一旦n大到足以使$b_n-a_n<r/2$，区间$[a_n, b_n]$将被包含于$B(x; r)$内．区间$B(x;$

r)包含 S 的一个异于 x 的点，因此 x 是 S 的一个聚点．这就对于 $\mathbf{R}^1$ 证明了本定理．(注意这个聚点 x 可能属于 S 也可能不属于 S.)

其次，利用处理 $\mathbf{R}^1$ 时所用思路的一种扩展，我们对于 $\mathbf{R}^n$ ($n>1$)给出一个证明．(读者可以发现，想象 $\mathbf{R}^2$ 中的证明是有帮助的．参看图 3-1.)

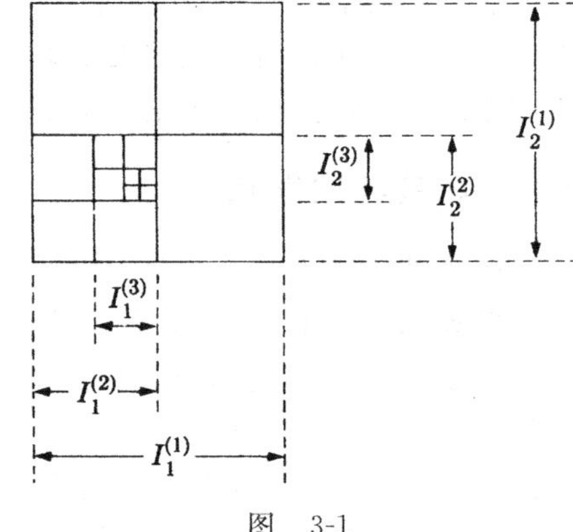

图 3-1

因为 S 是有界的，所以 S 位于某个 n-球 $B(\mathbf{0}; a)$内，$a>0$，从而位于由不等式

$$-a \leqslant x_k \leqslant a \quad (k=1, 2, \cdots, n)$$

定义的 n 维区间 J_1 内．这里 J_1 表示笛卡儿积

$$J_1 = I_1^{(1)} \times I_2^{(1)} \times \cdots \times I_n^{(1)},$$

54 也就是由点(x_1，…，x_n)组成的集，其中 $x_k \in I_k^{(1)}$，而每一个 $I_k^{(1)}$ 是一个一维区间 $-a \leqslant x_k \leqslant a$．每个区间 $I_k^{(1)}$ 都可以被二等分形成两个子区间 $I_{k,1}^{(1)}$ 和 $I_{k,2}^{(1)}$，它们由不等式

$$I_{k,1}^{(1)}:\ -a \leqslant x_k \leqslant 0; \qquad I_{k,2}^{(1)}:\ 0 \leqslant x_k \leqslant a$$

来定义．接下来，我们考虑所有可能的形如

$$I_{1,k_1}^{(1)} \times I_{2,k_2}^{(1)} \times \cdots \times I_{n,k_n}^{(1)} \tag{1}$$

的笛卡儿积，其中每个 $k_i=1$ 或 2．恰有 2^n 个这样的积，而且，每个这样的积都是一个 n 维区间．这 2^n 个区间的并集是原来的区间 J_1，它包含 S，因而在(1)中的这 2^n 个区间中至少有一个必定包含 S 的无穷多个点．用 J_2 表示一个这样的区间，则可以把它表示为

$$J_2 = I_1^{(2)} \times I_2^{(2)} \times \cdots \times I_n^{(2)},$$

其中每个 $I_k^{(2)}$ 是一个长度为 a 的 $I_k^{(1)}$ 的子区间．现在我们对于 J_2 进行像对于 J_1 那样的过程，二等分每个区间 $I_k^{(2)}$ 并到达一个 n 维区间 J_3，它包含 S 的一个无限子集．如果继续进行这个过程，我们就可以得到一个由 n 维区间 J_1，J_2，J_3，…组成的可数集族，其中第 m 个区间 J_m 有这样的性质：它包含 S 的一个无限子集，而且可以被表示为

$$J_m = I_1^{(m)} \times I_2^{(m)} \times \cdots \times I_n^{(m)}$$

的形式，其中 $I_k^{(m)} \subseteq I_k^{(1)}$．记

$$I_k^{(m)} = [a_k^{(m)}, b_k^{(m)}],$$

我们有

$$b_k^{(m)} - a_k^{(m)} = \frac{a}{2^{m-2}} \quad (k=1, 2, \cdots, n).$$

对于每一个固定的 k，全部左端点 $a_k^{(m)}$ ($m=1, 2, \cdots$)的 sup 必定等于全部右端点 $b_k^{(m)}$
55 ($m=1, 2, \cdots$)的 inf，它们共同的值记为 t_k．我们现在可以断言，点 $\boldsymbol{t}=(t_1, t_2, \cdots, t_n)$ 是 S 的一个聚点．为此，任取一个 n-球 $B(\boldsymbol{t}; r)$．点 $\boldsymbol{t}$ 当然属于上面构造的每一个区间 J_1，J_2，…，而且当 m 满足 $a/2^{m-2}<r/2$ 时，这个邻域将包住 J_m．由于 J_m 包含 S 的无穷多个点，所以 $B(\boldsymbol{t}; r)$也包含 S 的无穷多个点，这就证明了 $\boldsymbol{t}$ 确实是 S 的一个聚点． ■

3.9 康托尔交定理

作为波尔查诺-魏尔斯特拉斯定理的一个应用，我们来证明康托尔(Cantor)交定理.

定理 3.25 设$\{Q_1, Q_2, \cdots\}$是由 $\mathbf{R}^n$ 中的非空集合构成的一个可数族，它满足条件：

i) $Q_{k+1} \subseteq Q_k (k=1, 2, 3, \cdots)$.

ii) 每个集合 Q_k 都是闭集，而且 Q_1 是有界的.

则交集 $\bigcap\limits_{k=1}^{\infty} Q_k$ 是闭集且非空.

证明 设 $S=\bigcap\limits_{k=1}^{\infty} Q_k$，则由定理 3.13 知 S 是闭集. 为了证明 S 非空，我们只需展示出 S 中的一个点 $\boldsymbol{x}$. 可以假定每个 Q_k 都包含无穷多个点，否则结论明显成立. 现在构造出一个由不同的点构成的点集 $A=\{\boldsymbol{x}_1, \boldsymbol{x}_2, \cdots\}$，其中 $\boldsymbol{x}_k \in Q_k$. 因为 A 是一个包含在有界集 Q_1 内的无限集，所以它有一个聚点，比如说是 $\boldsymbol{x}$. 我们将验证对于每一个 k 都有 $\boldsymbol{x} \in Q_k$，从而 $\boldsymbol{x} \in S$. 为此只要证明 $\boldsymbol{x}$ 是每一个 Q_k 的聚点就行了，因为每一个 Q_k 都是闭集. 但是 $\boldsymbol{x}$ 的每一个邻域都包含 A 的无穷多个点，而且因为 A 的除了(可能有)有限个点之外的所有点都属于 Q_k，所以这个邻域也包含 Q_k 的无穷多个点. 因此 $\boldsymbol{x}$ 是 Q_k 的一个聚点，定理得证. ■

3.10 林德勒夫覆盖定理

本节我们介绍集合的覆盖的概念并证明林德勒夫覆盖定理. 这个概念的重要性在稍后的某些内容中会表现得很明显.

定义 3.26(覆盖的定义) 把一个集族 F 说成是一个给定的集合 S 的一个覆盖，如果 $S \subseteq \bigcup\limits_{A \in F} A$. 也可以说集族 F 覆盖 S. 如果 F 是一个开集族，则称 F 是 S 的一个开覆盖.

例

1. 由全体形如 $1/n<x<2/n (n=2, 3, 4, \cdots)$ 的区间构成的集族是区间 $0<x<1$ 的一个开覆盖，这是一个可数覆盖的例子.

2. 实线 $\mathbf{R}^1$ 被由全体开区间(a, b)构成的集族覆盖，这个覆盖是不可数的. 但是，它
包含 $\mathbf{R}^1$ 的由全部形如$(n, n+2)$的区间构成的可数覆盖，其中 n 取遍所有的整数. 56

3. 设 $S=\{(x, y): x>0, y>0\}$. 由全体以(x, x)为中心、以 x 为半径的圆盘构成的集族是 S 的一个覆盖，其中 $x>0$. 这个覆盖是不可数的，但是它包含 S 的一个可数覆盖：x 是有理数时的所有圆盘. (见练习 3.18.)

林德勒夫覆盖定理说，$\mathbf{R}^n$ 中的集合 S 的每一个开覆盖都包含可数的子集族，该子集族也覆盖 S. 定理的证明要用到下述结果：

定理 3.27 设 $G=\{A_1, A_2, \cdots\}$表示由全部以有理坐标点为中心且有有理数半径的 n-球构成的可数族. 假设 $\boldsymbol{x} \in \mathbf{R}^n$，并设 S 是 $\mathbf{R}^n$ 内的一个包含 $\boldsymbol{x}$ 的开集，则 G 中至少有一个 n-球包含 $\boldsymbol{x}$ 且包含于 S. 也就是说，对于 G 中的某个 A_k 有

$$\boldsymbol{x} \in A_k \subseteq S.$$

证明 由定理 2.27 可知，集族 G 是可数的. 如果 $\boldsymbol{x} \in \mathbf{R}^n$ 且 S 是一个包含 $\boldsymbol{x}$ 的开集，则有一个 n-球 $B(\boldsymbol{x}; r) \subseteq S$. 我们将在 S 内找到一个具有有理坐标的点 $\boldsymbol{y}$，它离 $\boldsymbol{x}$ "很近"，以该点为中心，可找到一个在 G 内的邻域位于 $B(\boldsymbol{x}; r)$内且包含 $\boldsymbol{x}$. 记

$$\boldsymbol{x}=(x_1, x_2, \cdots, x_n),$$

并对每一个 $k=1, 2, \cdots, n$ 取 y_k 为一个使 $|y_k-x_k|<r/(4n)$ 的有理数，则有

$$\|\boldsymbol{y}-\boldsymbol{x}\| \leqslant |y_1-x_1|+\cdots+|y_n-x_n|<\frac{r}{4}.$$

其次，设 q 是一个满足 $r/4<q<r/2$ 的有理数，则 $\boldsymbol{x}\in B(\boldsymbol{y}; q)$ 且 $B(\boldsymbol{y}; q)\subseteq B(\boldsymbol{x}; r)\subseteq S$. 但 $B(\boldsymbol{y}; q)\in G$，于是本定理得证.（对于 $\mathbf{R}^2$ 的情况参见图 3-2.）■

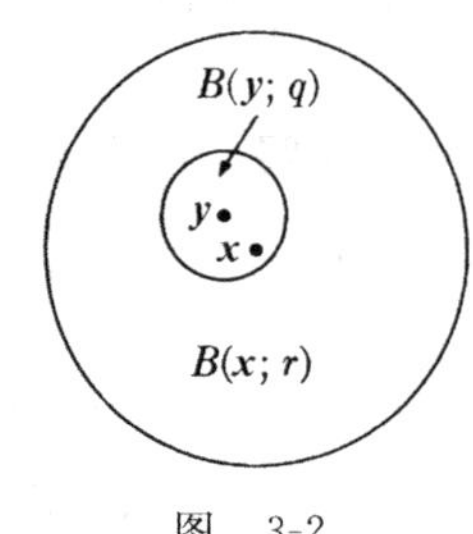

图 3-2

定理 3.28（林德勒夫覆盖定理） *假定 $A\subseteq\mathbf{R}^n$，并设 F 是 A 的一个开覆盖，则存在 F 的可数子族也覆盖 A.*

证明 设 $G=\{A_1, A_2, \cdots\}$ 表示由全部有有理中心和有理半径的 n-球构成的可数族. 该集合 G 可以帮助我们抽出 F 的一个覆
57 盖 A 的可数子族.

假定 $\boldsymbol{x}\in A$，则 F 内有一个开集 S 使 $\boldsymbol{x}\in S$. 根据定理 3.27，G 内有一个 n-球 A_k 使得 $\boldsymbol{x}\in A_k\subseteq S$. 当然，对应于每一个 S 可能有无穷多个这样的 A_k，但是我们只选取其中一个即可，例如，取角标最小的那个，比方说是 $m=m(\boldsymbol{x})$. 于是有 $\boldsymbol{x}\in A_{m(\boldsymbol{x})}\subseteq S$. 当 $\boldsymbol{x}$ 取遍 A 的所有元素时，由所得到的全部 n-球 $A_{m(\boldsymbol{x})}$ 组成的集合是由覆盖 A 的开集构成的可数族. 为了得到 F 的覆盖 A 的可数子族，只需把每一个 $A_{k(\boldsymbol{x})}$ 与 F 内的包含 $A_{k(\boldsymbol{x})}$ 的集合 S 当中的一个联系起来. 这就完成了定理的证明. ■

3.11 海涅-博雷尔覆盖定理

林德勒夫覆盖定理说，从 $\mathbf{R}^n$ 中任一集合 A 的任何开覆盖中，可以抽出一个可数覆盖. 海涅-博雷尔定理告诉我们，如果在上述条件之外还知道 A 是闭的和有界的，则可以把上述覆盖减少为一个有限覆盖. 该定理的证明要用到康托尔交定理.

定理 3.29（海涅-博雷尔） *设 F 是 $\mathbf{R}^n$ 中的有界闭集 A 的一个开覆盖，则 F 的一个有限子族也覆盖 A.*

证明 由定理 3.28，F 的一个可数子族，比方说是 $\{I_1, I_2, \cdots\}$ 覆盖 A. 对 $m\geqslant 1$，考虑有限并集

$$S_m=\bigcup_{k=1}^{m} I_k.$$

它是开集，因为它是开集的并集. 我们将证明，对于 m 的某个值，并集 S_m 覆盖 A.

为此，我们考虑余集 $\mathbf{R}^n-S_m$，它是闭集. 定义一个可数的集族 $\{Q_1, Q_2, \cdots\}$ 如下：$Q_1=A$，而对于 $m>1$，

$$Q_m=A\cap(\mathbf{R}^n-S_m).$$

即 Q_m 由 A 的位于 S_m 外部的那些点组成. 如果能证明对于 m 的某个值，集合 Q_m 是空集，那么就证明了对于这个 m，A 没有点位于 S_m 之外. 换句话说，我们就证明了某个 S_m 覆盖 A.

注意集合 Q_m 有这样的性质：每一个集合 Q_m 都是闭集，因为它是闭集 A 和闭集

$\mathbf{R}^n - S_m$ 的交集. 集合 Q_m 是递减的，因为 S_m 是递增的，即 $Q_{m+1} \subseteq Q_m$. 集合 Q_m 是 A 的子集，而且都是有界的. 因此，如果没有一个 Q_m 是空集，则应用康托尔交定理可以断定交集 $\bigcap_{k=1}^{\infty} Q_k$ 也不是空集. 这说明 A 有某个点位于所有的集合 Q_m 之内，或者说，位于所有的集合 S_m 之外，但这是不可能的，因为 $A \subseteq \bigcup_{k=1}^{\infty} S_k$. 因此必有某个 Q_m 是空集，这样就完成了证明. ■ 58

3.12 $\mathbf{R}^n$ 中的紧性

我们刚才看到，如果 $\mathbf{R}^n$ 中的集合 S 是闭的和有界的，则 S 的任何开覆盖可以降为一个有限覆盖. 人们自然要问，除了闭集和有界集外是否还存在具有这样性质的集合？这样的集合称为紧集.

定义 3.30（紧集的定义） *$\mathbf{R}^n$ 中的集合 S 称为是紧的，当且仅当 S 的每一个开覆盖都包含有限子覆盖，即一个有限子族也覆盖 S.*

海涅-博雷尔定理是说 $\mathbf{R}^n$ 中的每一个有界闭集都是紧集. 现在我们来证明它的逆命题.

定理 3.31 *设 S 是 $\mathbf{R}^n$ 的一个子集，则下述三个说法是等价的：*

a) S 是紧集.

b) S 是有界闭集.

c) S 的每一个无限子集都有聚点在 S 内.

证明 如上文已注意到的，(b)蕴涵着(a). 如果我们能证明(a)蕴涵着(b)，(b)蕴涵着(c)且(c)蕴涵着(b)，则可建立这三种说法的等价性. ■

假定(a)成立. 我们先来证明 S 是有界的. 在 S 内选取一点 $\boldsymbol{p}$，n-球族 $\{B(\boldsymbol{p}; k), k=1, 2, \cdots\}$ 是 S 的一个开覆盖. 按照紧性，一个有限子族也覆盖 S，因而 S 是有界的.

其次我们来证明 S 是闭的. 假如 S 不是闭的，则 S 有一个聚点 $\boldsymbol{y}$ 使得 $\boldsymbol{y} \notin S$. 如果 $\boldsymbol{x} \in S$，设 $r_x = \|\boldsymbol{x}-\boldsymbol{y}\|/2$，则每一个 r_x 都是正数，因为 $\boldsymbol{y} \notin S$ 且集族 $\{B(\boldsymbol{x}; r_x): \boldsymbol{x} \in S\}$ 是 S 的开覆盖. 按照紧性，有限个这样的邻域可以覆盖 S，比方说

$$S \subseteq \bigcup_{k=1}^{p} B(\boldsymbol{x}_k; r_k).$$

设 r 表示各半径 $r_1, r_2, \cdots, r_p$ 中最小的一个，则容易证明球 $B(\boldsymbol{y}; r)$ 与任何一个 $B(\boldsymbol{x}_k; r_k)$ 都没有公共点. 事实上，如果 $\boldsymbol{x} \in B(\boldsymbol{y}; r)$，则 $\|\boldsymbol{x}-\boldsymbol{y}\| < r \leqslant r_k$，按照三角不等式可得 $\|\boldsymbol{y}-\boldsymbol{x}_k\| \leqslant \|\boldsymbol{y}-\boldsymbol{x}\| + \|\boldsymbol{x}-\boldsymbol{x}_k\|$，所以有

$$\|\boldsymbol{x}-\boldsymbol{x}_k\| \geqslant \|\boldsymbol{y}-\boldsymbol{x}_k\| - \|\boldsymbol{x}-\boldsymbol{y}\| = 2r_k - \|\boldsymbol{x}-\boldsymbol{y}\| > r_k.$$

因此 $\boldsymbol{x} \notin B(\boldsymbol{x}_k; r_k)$. 于是 $B(\boldsymbol{y}; r) \cap S$ 是空集，这与 $\boldsymbol{y}$ 是 S 的一个聚点的事实相矛盾. 这表明 S 是闭的，因而(a)蕴涵着(b).

假定(b)成立. 在这种情况下，(c)的证明可以立即得到，因为如果 T 是 S 的一个无限子集，则 T 是有界的(因为 S 是有界的)，于是由波尔查诺-魏尔斯特拉斯定理可知 T 59

有一个聚点，比方说是 $\boldsymbol{x}$．现在 $\boldsymbol{x}$ 也是 S 的一个聚点，因此 $\boldsymbol{x}\in S$，因为 S 是闭的．从而(b)蕴涵着(c)．

假定(c)成立．我们来证明(b)．如果 S 是无界的，则对于每一个 $m>0$ 都存在 S 中的点 $\boldsymbol{x}_m$ 使 $\|\boldsymbol{x}_m\|>m$．集 $T=\{\boldsymbol{x}_1,\ \boldsymbol{x}_2,\ \cdots\}$ 是 S 的一个无限子集，于是由(c)，T 有一个聚点 $\boldsymbol{y}$ 在 S 内．但是对于 $m>1+\|\boldsymbol{y}\|$ 有

$$\|\boldsymbol{x}_m-\boldsymbol{y}\|\geqslant\|\boldsymbol{x}_m\|-\|\boldsymbol{y}\|>m-\|\boldsymbol{y}\|>1,$$

这与 $\boldsymbol{y}$ 是 T 的一个聚点的事实相矛盾，这就证明了 S 是有界的．

为了完成证明，我们还必须证明 S 是闭的．设 $\boldsymbol{x}$ 是 S 的一个聚点．因为 $\boldsymbol{x}$ 的每个邻域都包含 S 的无穷多个点，所以可以考虑邻域 $B(\boldsymbol{x};\ 1/k)$，其中 $k=1,\ 2,\ \cdots$，并得到一个由不同的点构成的可数集，比方说是 $T=\{\boldsymbol{x}_1,\ \boldsymbol{x}_2,\ \cdots\}$，它包含于 S，使得 $\boldsymbol{x}_k\in B(\boldsymbol{x};\ 1/k)$．点 $\boldsymbol{x}$ 也是 T 的一个聚点．由于 T 是 S 的一个无限子集，所以本定理的(c)告诉我们，T 必定在 S 内有聚点．于是，只要我们能证明 $\boldsymbol{x}$ 是 T 仅有的聚点，本定理就将得证．

为此，假设 $\boldsymbol{y}\neq\boldsymbol{x}$，则按三角不等式有

$$\|\boldsymbol{y}-\boldsymbol{x}\|\leqslant\|\boldsymbol{y}-\boldsymbol{x}_k\|+\|\boldsymbol{x}_k-\boldsymbol{x}\|<\|\boldsymbol{y}-\boldsymbol{x}_k\|+1/k,\quad\text{如果 }\boldsymbol{x}_k\in T.$$

如果取 k_0 足够大，使得只要 $k\geqslant k_0$ 就有 $1/k<\|\boldsymbol{y}-\boldsymbol{x}\|/2$，则可由最后一个不等式导出 $\|\boldsymbol{y}-\boldsymbol{x}\|/2<\|\boldsymbol{y}-\boldsymbol{x}_k\|$．这表明，当 $k\geqslant k_0$ 时，只要取 $r=\|\boldsymbol{y}-\boldsymbol{x}\|/2$，就有 $\boldsymbol{x}_k\notin B(\boldsymbol{y};\ r)$．于是 $\boldsymbol{y}$ 不可能是 T 的一个聚点．这就完成了(c)蕴涵(b)的证明．■

3.13　度量空间

本章某些定理的证明仅仅依赖于点与点之间距离的几条性质，而没有依赖这些点是在 $\mathbf{R}^n$ 内这个事实．当抽象地研究距离的这些性质时，可以导出度量空间的概念．

定义 3.32(度量空间的定义)　*度量空间是由各个对象(称为点)构成的非空集合 M，连同一个从 $M\times M$ 到 $\mathbf{R}$ 的函数 d(称为该空间的度量)，该函数对于 M 内的全部点 x，y，z 满足下述四个性质：*

1. $d(x,\ x)=0$.
2. $d(x,\ y)>0$，当 $x\neq y$.
3. $d(x,\ y)=d(y,\ x)$.
4. $d(x,\ y)\leqslant d(x,\ z)+d(z,\ y)$.

非负的数 $d(x,\ y)$ 被认为是从 x 到 y 的距离．用这些术语，性质1到性质4的直观
60 性是明显的，性质4称为三角不等式．

有时我们用 $(M,\ d)$ 表示一个度量空间，以强调集合 M 和度量 d 二者都在度量空间的定义中起作用．

例

1. $M=\mathbf{R}^n$；$d(\boldsymbol{x},\ \boldsymbol{y})=\|\boldsymbol{x}-\boldsymbol{y}\|$．这个度量称为欧几里得度量．只要讨论的是欧氏空间 $\mathbf{R}^n$，我们就把度量理解为欧几里得度量，除非特别地提到了使用的是另外一个度量．

2. $M=\mathbf{C}$，即复平面；$d(z_1,\ z_2)=|z_1-z_2|$．作为一个度量空间，$\mathbf{C}$ 与欧氏空间 $\mathbf{R}^2$

是很难区分的，因为它们有同样的点和同样的度量.

3. M 是任一非空集合；当 $x=y$ 时，$d(x, y)=0$，当 $x\neq y$ 时，$d(x, y)=1$. 这个度量称为离散度量，而(M, d)称为离散度量空间.

4. 如果(M, d)是一个度量空间，S 是 M 的任一非空子集，则(S, d)也是一个有同样度量的度量空间，或者，更准确地说是一个以 d 对 $S\times S$ 的限制为度量的度量空间. 这个度量有时称为由 d 在 S 上导出的相关度量，而 S 称为 M 的一个度量子空间. 例如，有理数集 $\mathbf{Q}$ 连同度量 $d(x, y)=|x-y|$ 形成 $\mathbf{R}$ 的一个度量子空间.

5. $M=\mathbf{R}^2$；$d(\boldsymbol{x}, \boldsymbol{y})=\sqrt{(x_1-y_1)^2+4(x_2-y_2)^2}$，其中 $\boldsymbol{x}=(x_1, x_2)$，$\boldsymbol{y}=(y_1, y_2)$. 这个度量空间$(M, d)$不是欧氏空间 $\mathbf{R}^2$ 的度量子空间，因为度量是不同的.

6. $M=\{(x_1, x_2): x_1^2+x_2^2=1\}$，即 $\mathbf{R}^2$ 内的单位圆；$d(\boldsymbol{x}, \boldsymbol{y})=$ 在单位圆上连接 $\boldsymbol{x}$ 和 $\boldsymbol{y}$ 这两点的最小弧的长度.

7. $M=\{(x_1, x_2, x_3): x_1^2+x_2^2+x_3^2=1\}$，即 $\mathbf{R}^3$ 内的单位球面；$d(\boldsymbol{x}, \boldsymbol{y})=$ 沿大圆连接 $\boldsymbol{x}$ 和 $\boldsymbol{y}$ 这两点的最小弧的长度.

8. $M=\mathbf{R}^n$；$d(\boldsymbol{x}, \boldsymbol{y})=|x_1-y_1|+\cdots+|x_n-y_n|$.

9. $M=\mathbf{R}^n$；$d(\boldsymbol{x}, \boldsymbol{y})=\max\{|x_1-y_1|, \cdots, |x_n-y_n|\}$.

3.14 度量空间中的点集拓扑

点集拓扑的基本概念可以扩展到任意的度量空间(M, d).

如果 $a\in M$，则以 a 为中心、以 $r>0$ 为半径的球 $B(a; r)$定义为由 M 中所有满足条件

$$d(x, a)<r$$

的 x 组成的集合.

有时我们用 $B_M(a; r)$来表示这个球，以强调它的点来自 M 这个事实. 如果 S 是 M 的一个度量子空间，则球 $B_S(a; r)$是 S 与球 $B_M(a; r)$的交集.

例 在欧氏空间 $\mathbf{R}^1$ 中，球 $B(0; 1)$是开区间$(-1, 1)$. 在度量子空间 $S=[0, 1]$中，球 $B_S(0; 1)$是半开区间$[0, 1)$.

注 $\mathbf{R}^n$ 中一个球的几何形象未必是“球形的”，如果它的度量不是欧几里得度量的话.（见练习 3.27.）

如果 $S\subseteq M$，则 S 中的一个点 a 称为 S 的一个*内点*，当有某个球 $B_M(a; r)$整个位于 61
S 内. *内集* $\operatorname{int}S$ 是由 S 的内点组成的集合. 如果集合 S 所有的点都是内点，则集合 S 称为在 M 内是*开的*；如果 $M-S$ 在 M 内是开的，则该集合称为在 M 内是*闭的*.

例

1. 一个度量空间 M 内的每一个球 $B_M(a; r)$在 M 内都是开的.

2. 在离散度量空间 M 中，每一个子集 S 都是开的. 事实上，如果 $x\in S$，则球 $B(x; 1/2)$整个都由 S 的点组成(因为它仅包含 x 这一个点)，所以 S 是开的. 因此 M 的每一个子集也是闭的！

3. 在欧氏空间 $\mathbf{R}^1$ 的度量子空间 $S=[0, 1]$中，每一个形如$[0, x)$或$(x, 1]$的区间(其中 $0<x<1$)都是 S 中的开集. 这些集合在 $\mathbf{R}^1$ 中不是开的.

例 3 表明，如果 S 是 M 的一个度量子空间，则 S 中的开集未必是 M 中的开集. 下一定理描述了 M 中的开集和 S 中的开集之间的关系.

定理 3.33　设(S, d)是(M, d)的一个度量子空间，X 是 S 的一个子集，则 X 在 S 内是开的，当且仅当对于某个在 M 内的开集 A 有

$$X=A\cap S.$$

证明　假定 A 在 M 内是开的，并设 $X=A\cap S$. 如果 $x\in X$，则 $x\in A$，所以对某个 $r>0$ 有 $B_M(x; r)\subseteq A$. 因此有 $B_S(x; r)=B_M(x; r)\cap S\subseteq A\cap S=X$，所以 X 在 S 内是开的.

反之，假定 X 在 S 内是开的，我们将证明对于 M 内的某个开集 A 有 $X=A\cap S$. 对于 X 内的每一个 x 有一个球 $B_S(x; r_x)$包含在 X 内. 现在有 $B_S(x; r_x)=B_M(x; r_x)\cap S$，所以如果设

$$A=\bigcup_{x\in X} B_M(x; r_x),$$

则 A 在 M 中是开的，并且容易验证 $A\cap S=X$. ■

定理 3.34　设(S, d)是(M, d)的一个度量子空间，Y 是 S 的一个子集，则 Y 是 S 中的闭集，当且仅当对于 M 内的某个闭集 B 有 $Y=B\cap S$.

证明　如果 $Y=B\cap S$，其中 B 在 M 中是闭集，则 $B=M-A$，其中 A 在 M 中是开集，所以有 $Y=S\cap B=S\cap(M-A)=S-A$，从而 Y 在 S 中是闭的.

反之，如果 Y 在 S 中是闭集，设 $X=S-Y$，则 X 在 S 中是开的，所以 $X=A\cap S$，其中 A 在 M 中是开的，且有

$$Y=S-X=S-(A\cap S)=S-A=S\cap(M-A)=S\cap B,$$

其中 $B=M-A$ 在 M 中是闭的. ■

如果 $S\subseteq M$，则 M 内的一个点 x 称为 S 的一个附贴点，当每一个球 $B_M(x; r)$都至少包含 S 的一个点. 如果 x 附贴于 $S-\{x\}$，则 x 称为 S 的一个聚点. S 的闭包 $\overline{S}$ 是由 S
62 的全部附贴点构成的集，导集 S'是由 S 的全部聚点构成的集. 这样就有 $\overline{S}=S\cup S'$.

下面几个定理在每一个度量空间(M, d)中都成立，并已在假定它们是对欧几里得空间 $\mathbf{R}^n$ 而言时得到了严格的证明. 在对每一个度量空间(M, d)进行证明时，只需把欧几里得距离$\|\boldsymbol{x}-\boldsymbol{y}\|$代之以度量 $d(x, y)$即可.

定理 3.35　a)任何开集族的并集都是开的，有限开集族的交集是开的.

b)有限闭集族的并集是闭的，任何闭集族的交集是闭的.

定理 3.36　如果 A 是开的，B 是闭的，则 $A-B$ 是开的，$B-A$ 是闭的.

定理 3.37　对于 M 的任何子集 S，下述说法等价：

a)S 在 M 内是闭的.

b)S 包含它的全部附贴点.

c)S 包含它的全部聚点.

d) $S=\overline{S}$.

例 设 $M=\mathbf{Q}$，即有理数集，具有 $\mathbf{R}^1$ 的欧氏度量. 设 S 是由开区间 (a, b) 内的全部有理数组成，其中 a 和 b 二者都是无理数，则 S 是 $\mathbf{Q}$ 的一个闭子集.

我们在证明波尔查诺-魏尔斯特拉斯定理、康托尔交定理、林德勒夫覆盖定理和海涅-博雷尔覆盖定理时，不仅用到了欧氏空间 $\mathbf{R}^n$ 的度量性质，而且用到了 $\mathbf{R}^n$ 的一些在任意的度量空间 (M, d) 中非一般性成立的特殊性质. 要把这些定理推广到度量空间，需要对 M 做进一步的限制. 在练习 3.34 中列出了一个这样的推广.

下一节叙述任意度量空间中的紧性.

3.15 度量空间的紧子集

设 (M, d) 是一个度量空间，S 是 M 的一个子集. 把由 M 的一些开子集组成的集族 F 说成是 S 的一个*开覆盖*，如果 $S\subseteq\bigcup_{A\in F} A$.

M 的一个子集 S 称为*紧集*，如果 S 的每一个开覆盖包含有限子覆盖. S 称为*有界*，如果对于某个 $r>0$ 和 M 内的某个 a 有 $S\subseteq B(a; r)$.

定理 3.38 *设 S 是度量空间 M 的一个紧子集，则：*

i) S 是闭的和有界的.

ii) S 的每一个无限子集都有聚点在 S 内.

证明 为了证明(i)，我们参考定理 3.31 的证明并使用在证明(a)蕴涵(b)时的那部分论证. 唯一的改变是欧几里得距离 $\|\boldsymbol{x}-\boldsymbol{y}\|$ 要始终代之以度量 $d(x, y)$. 63

为了证明(ii)，我们用反证法. 设 T 是 S 的一个无限子集，并假定 S 没有点是 T 的聚点. 则对于 S 内的每个点 x 有一个不包含 T 的点(当 $x\notin T$)或者恰好包含 T 的一个点(x 本身，当 $x\in T$)的球 $B(x)$. 当 x 取遍 S 时，这些球 $B(x)$ 的并集是 S 的一个开覆盖. 因为 S 是紧的，所以有有限子族覆盖 S 从而也覆盖 T. 但这是一个矛盾，因为 T 是一个无限集，而且每个球最多包含 T 的一个点. ■

注 在欧氏空间 $\mathbf{R}^n$ 中，性质(i)和(ii)中每一个都等价于紧性(定理 3.31). 在一般的度量空间中，性质(ii)等价于紧性(证明见参考文献 3.4)，但性质(i)不等价于紧性. 练习 3.42 给出了一个度量空间 M 的例子，其中的某些闭的有界子集不是紧集.

定理 3.39 *设 X 是一个紧度量空间 M 的一个闭子集，则 X 是紧集.*

证明 设 F 是 X 的一个开覆盖，比方说 $X\subseteq\bigcup_{A\in F} A$. 我们将证明有有限个集合 A 能覆盖 X. 因为 X 是闭的，它的余集 $M-X$ 是开的，所以 $F\cup\{(M-X)\}$ 是 M 的一个开覆盖. 但是 M 是紧的，所以这个覆盖包含一个有限子覆盖，我们可以假定此子覆盖包含 $M-X$. 所以有

$$M\subseteq A_1\cup\cdots\cup A_p\cup(M-X).$$

这个子覆盖也覆盖 X，而且，因为 $M-X$ 不包含 X 的点，所以从这个子覆盖中去掉 $M-$

X 这个集合仍能覆盖 X. 于是 $X\subseteq A_1\cup\cdots\cup A_p$，所以 X 是紧的. ■

3.16 集合的边界

定义 3.40 设 S 是度量空间 M 的一个子集. M 中的一个点 x 称为 S 的一个边界点，如果每个球 $B_M(x; r)$ 至少包含 S 的一个点也至少包含 $M-S$ 的一个点. 由 S 的全部边界点组成的集合称为 S 的边界，记为 ∂S.

读者容易验证

$$\partial S=\overline{S}\cap\overline{M-S}.$$

这个公式表明 ∂S 是 M 中的闭集.

例 在 $\mathbf{R}^n$ 中，球 $B(\boldsymbol{a}; r)$ 的边界是由满足 $\|\boldsymbol{x}-\boldsymbol{a}\|=r$ 的点 $\boldsymbol{x}$ 构成的集合. 在 $\mathbf{R}^1$ 中，有理数集的边界是整个 $\mathbf{R}^1$.

64 关于度量空间的进一步的性质参见练习以及第 4 章的内容.

练习

$\mathbf{R}^1$ 和 $\mathbf{R}^2$ 中的开集和闭集

3.1 证明 $\mathbf{R}^1$ 中的开区间是开集，闭区间是闭集.

3.2 确定 $\mathbf{R}^1$ 中下述集合的全部聚点，并判断这些集合是否是开集或闭集(或二者都不是).

a)全体整数.

b)区间 $(a, b]$.

c)全体形如 $1/n(n=1, 2, 3, \cdots)$ 的数.

d)全体有理数.

e)全体形如 $2^{-n}+5^{-m}$ 的数，其中 $m, n=1, 2, \cdots$.

f)全体形如 $(-1)^n+(1/m)$ 的数，其中 $m, n=1, 2, \cdots$.

g)全体形如 $(1/n)+(1/m)$ 的数，其中 $m, n=1, 2, \cdots$.

h)全体形如 $(-1)^n/[1+(1/n)]$ 的数，其中 $n=1, 2, \cdots$.

3.3 对于 $\mathbf{R}^2$ 中的下述集合回答与练习 3.2 同样的问题:

a)全体满足条件 $|z|>1$ 的复数 z.

b)全体满足条件 $|z|\geqslant 1$ 的复数 z.

c)全体形如 $(1/n)+(\mathrm{i}/m)$ 的复数，其中 $m, n=1, 2, \cdots$.

d)全体满足条件 $x^2-y^2<1$ 的点 (x, y).

e)全体满足条件 $x>0$ 的点 (x, y).

f)全体满足条件 $x\geqslant 0$ 的点 (x, y).

3.4 证明 $\mathbf{R}^1$ 中的每一个非空开集既包含有理数又包含无理数.

3.5 证明 $\mathbf{R}^1$ 中既是开集又是闭集的集合只有空集和 $\mathbf{R}^1$ 本身. 类似的说法对于 $\mathbf{R}^2$ 是否成立?

3.6 证明 $\mathbf{R}^1$ 中的每一个闭集都是一个开集可数族的交集.

3.7 证明 $\mathbf{R}^1$ 中的非空有界闭集 S 或者是一个闭区间，或者 S 可以由一个闭区间去掉一个由互不相交开区间组成的可数集族得到，去掉的开区间的端点属于 S.

$\mathbf{R}^n$ 中的开集和闭集

3.8 证明开的 n-球和 n 维开区间都是 $\mathbf{R}^n$ 中的开集.

3.9　证明 $\mathbf{R}^n$ 中集合的内集是 $\mathbf{R}^n$ 中的开集.

3.10　如果 $S\subseteq\mathbf{R}^n$，证明 $\mathrm{int}S$ 是 $\mathbf{R}^n$ 的包含于 S 的全部开子集的并集. 这可以表述为：$\mathrm{int}S$ 是 S 的最大开子集.

3.11　如果 S 和 T 是 $\mathbf{R}^n$ 的子集，证明：

$$(\mathrm{int}S)\cap(\mathrm{int}T)=\mathrm{int}(S\cap T),\qquad (\mathrm{int}S)\cup(\mathrm{int}T)\subseteq\mathrm{int}(S\cup T).$$ 65

3.12　设 S' 和 $\overline{S}$ 分别表示 $\mathbf{R}^n$ 中一个集合 S 的导集和闭包. 证明：

a) S' 是 $\mathbf{R}^n$ 内的闭集，即 $(S')'\subseteq S'$.

b) 如果 $S\subseteq T$，则 $S'\subseteq T'$.　　c) $(S\cup T)'=S'\cup T'$.

d) $(\overline{S})'=S'$.　　e) $\overline{S}$ 是 $\mathbf{R}^n$ 内的闭集.

f) $\overline{S}$ 是 $\mathbf{R}^n$ 的包含 S 的全部闭子集的交集，即 $\overline{S}$ 是包含 S 的最小闭集.

3.13　设 S 和 T 是 $\mathbf{R}^n$ 的子集，证明 $\overline{S\cap T}\subseteq\overline{S}\cap\overline{T}$，而且，如果 S 是开集，则 $S\cap\overline{T}\subseteq\overline{S\cap T}$.

注：练习 3.9 至 3.13 中的论断在任何度量空间中都成立.

3.14　$\mathbf{R}^n$ 中的集合 S 称为是凸的，如果对于 S 内的每一对点 $\mathbf{x}$ 和 $\mathbf{y}$ 和每一个满足 $0<\theta<1$ 的实数 θ 都有 $\theta\mathbf{x}+(1-\theta)\mathbf{y}\in S$. 试给出这种说法的几何解释(在 $\mathbf{R}^2$ 和 $\mathbf{R}^3$ 内)并证明：

a) $\mathbf{R}^n$ 中的每个 n-球都是凸的.

b) 每个 n 维开区间都是凸的.

c) 凸集的内集是凸的.

d) 凸集的闭包是凸的.

3.15　设 F 是 $\mathbf{R}^n$ 中的一个集族，并设 $S=\bigcup_{A\in F}A$ 及 $T=\bigcap_{A\in F}A$. 对于下面每一种说法，或者给出一个证明，或者举出一个反例.

a) 如果 $\mathbf{x}$ 是 T 的一个聚点，则 $\mathbf{x}$ 是 F 中每一个集合 A 的聚点.

b) 如果 $\mathbf{x}$ 是 S 的一个聚点，则 $\mathbf{x}$ 至少是 F 中一个集合 A 的聚点.

3.16　证明由区间 $(0,1)$ 内的有理数组成的集合 S 不能被表示成开集的可数族的交集. 提示：记 $S=\{x_1,x_2,\cdots\}$，假设 $S=\bigcap_{k=1}^{\infty}S_k$，其中每个 S_k 都是开集，构造一个闭区间的序列 $\{Q_n\}$ 使得 $Q_{n+1}\subseteq Q_n\subseteq S_n$ 并使 $x_n\notin Q_n$. 然后用康托尔交定理可得矛盾.

$\mathbf{R}^n$ 中的覆盖定理

3.17　如果 $S\subseteq\mathbf{R}^n$，证明由 S 的孤立点组成的集合是可数集.

3.18　证明 xy 平面内以 (x,x) 为中心、以 $x>0$ 为半径的开圆盘(其中 x 是有理数)所成的集合是集合 $\{(x,y):x>0,y>0\}$ 的一个可数覆盖.

3.19　由形如 $(1/n,2/n)$(其中 $n=2,3,\cdots$)的开区间组成的集族 F 是开区间 $(0,1)$ 的一个开覆盖. 证明(不要用定理 3.31)不存在 F 的有限子族能覆盖 $(0,1)$.

3.20　试给出一个集合 S 的例子，它是闭的但不是有界的，并举出一个可数开覆盖 F 的例子使得 F 的任何有限子集都不能覆盖 S.

3.21　在 $\mathbf{R}^n$ 内给定一个集合 S，它具有这样的性质：对于 S 内的每一个 $\mathbf{x}$ 有一个 n-球 $B(\mathbf{x})$ 使得 $B(\mathbf{x})\cap S$ 是可数的. 证明 S 是可数的.

3.22　证明由 $\mathbf{R}^n$ 中的互不相交的开集构成的集族必定是可数的. 试给出一个由互不相交的闭集构成的
不可数族的例子. 66

3.23　假定 $S\subseteq\mathbf{R}^n$，$\mathbf{R}^n$ 中的一个点 $\mathbf{x}$ 被说成是 S 的一个凝聚点，如果每一个 n-球 $B(\mathbf{x})$ 都有这样的性质：$B(\mathbf{x})\cap S$ 不是可数的. 证明如果 S 不是可数的，则在 S 内存在一点 $\mathbf{x}$ 是 S 的一个凝聚点.

3.24　假定 $S\subseteq\mathbf{R}^n$，并假定 S 不是可数的，设 T 表示由 S 的凝聚点组成的集合. 证明：

a) $S-T$ 是可数的，　　b) $S\cap T$ 不是可数的，

c) T 是闭集，　　d) T 不含孤立点.

注意练习 3.23 是(b)的一个特殊情况.

3.25　对于 $\mathbf{R}^n$ 内的一个集合 S，如果 $S=S'$，即 S 是一个不含孤立点的闭集，则称 S 为完全的. 证明：$\mathbf{R}^n$ 内的每一个不可数的闭集 F 都能被表示成 $F=A\cup B$ 的形式，其中 A 是完全的，B 是可数的(Cantor-Bendixon 定理). 提示：利用练习 3.24.

度量空间

3.26　在任何度量空间 $(M,\ d)$ 内，证明空集 $\varnothing$ 和整个空间 M 既是开的又是闭的.

3.27　考虑 $\mathbf{R}^n$ 中的下述两个度量：

$$d_1(\boldsymbol{x},\ \boldsymbol{y})=\max_{1\leqslant i\leqslant n}|x_i-y_i|,\qquad d_2(\boldsymbol{x},\ \boldsymbol{y})=\sum_{i=1}^{n}|x_i-y_i|.$$

在下述每一个度量空间中证明球 $B(\boldsymbol{a};\ r)$ 有所指出的几何形状：

a) 在 $(\mathbf{R}^2,\ d_1)$ 中是边平行于坐标轴的一个正方形.

b) 在 $(\mathbf{R}^2,\ d_2)$ 中是对角线平行于轴的一个正方形.

c) 在 $(\mathbf{R}^3,\ d_1)$ 中是一个立方体.

d) 在 $(\mathbf{R}^3,\ d_2)$ 中是一个八面体.

3.28　设 d_1 和 d_2 是练习 3.27 中的度量，并用 $\|\boldsymbol{x}-\boldsymbol{y}\|$ 表示通常的欧几里得度量. 试对于 $\mathbf{R}^n$ 中的一切 $\boldsymbol{x}$ 和 $\boldsymbol{y}$ 证明下述不等式：

$$d_1(\boldsymbol{x},\ \boldsymbol{y})\leqslant\|\boldsymbol{x}-\boldsymbol{y}\|\leqslant d_2(\boldsymbol{x},\ \boldsymbol{y}),\qquad d_2(\boldsymbol{x},\ \boldsymbol{y})\leqslant\sqrt{n}\,\|\boldsymbol{x}-\boldsymbol{y}\|\leqslant nd_1(\boldsymbol{x},\ \boldsymbol{y}).$$

3.29　如果 $(M,\ d)$ 是一个度量空间，定义

$$d'(x,\ y)=\frac{d(x,\ y)}{1+d(x,\ y)}.$$

证明 d' 对于 M 也是一个度量. 注意对于 M 中的一切 x，y 有 $0\leqslant d'(x,\ y)<1$.

3.30　证明度量空间的每一个有限子集都是闭集.

3.31　在度量空间 $(M,\ d)$ 中，关于 M 内一点 a、半径 $r>0$ 的闭球是集合 $\bar{B}(a;\ r)=\{x:\ d(x,\ a)\leqslant r\}$.

a) 证明 $\bar{B}(a;\ r)$ 是闭集.

67　b) 给出一个度量空间的例子，在该空间中 $\bar{B}(a;\ r)$ 不是开球 $B(a;\ r)$ 的闭包.

3.32　在度量空间 M 中，如果子集满足 $A\subseteq S\subseteq\bar{A}$，其中 $\bar{A}$ 是 A 的闭包，则称 A 在 S 中是*稠密的*. 例如，有理数集 $\mathbf{Q}$ 在 $\mathbf{R}$ 中是稠密的. 如果 A 在 S 中稠密而且 S 在 T 中稠密，证明 A 在 T 中稠密.

3.33　参阅练习 3.32. 称一个度量空间 M 是*可分的*，如果有一个可数的子集 A 在 M 中稠密. 例如，$\mathbf{R}$ 是可分的，因为有理数集 $\mathbf{Q}$ 是它的一个可数稠密子集. 证明每一个欧氏空间 $\mathbf{R}^k$ 都是可分的.

3.34　参阅练习 3.33. 证明林德勒夫覆盖定理(定理 3.28)在任何可分的度量空间中成立.

3.35　参阅练习 3.32. 如果 A 在 S 中稠密，B 是 S 中的开集，证明 $B\subseteq\overline{A\cap B}$. 提示：练习 3.13.

3.36　参阅练习 3.32. 如果 A 和 B 都在 S 中稠密，而且 B 是 S 内的开集，证明 $A\cap B$ 在 S 中稠密.

3.37　给定两个度量空间 $(S_1,\ d_1)$ 和 $(S_2,\ d_2)$，有很多方法可以从 d_1 和 d_2 出发对笛卡儿积 $S_1\times S_2$ 构造出度量 ρ. 例如，如果 $x=(x_1,\ x_2)$ 和 $y=(y_1,\ y_2)$ 都在 $S_1\times S_2$ 内，设 $\rho(x,\ y)=d_1(x_1,\ y_1)+d_2(x_2,\ y_2)$. 证明 ρ 对于 $S_1\times S_2$ 是一个度量，并构造出一些进一步的例子.

度量空间中的紧子集

证明下述关于任意度量空间 $(M,\ d)$ 和 M 的子集 S、T 的每一个论断.

3.38　假定 $S\subseteq T\subseteq M$，那么 S 在 $(M,\ d)$ 中是紧的，当且仅当 S 在度量子空间 $(T,\ d)$ 中是紧的.

3.39　如果 S 是闭的，T 是紧的，则 $S\cap T$ 是紧的.

3.40 由 M 的紧子集构成的任意族的交集是紧的.

3.41 M 的有限个紧子集的并集是紧的.

3.42 考虑由有理数及 $\mathbf{R}$ 的欧几里得度量组成的度量空间 $\mathbf{Q}$. 设 S 由开区间 (a, b) 内的全体有理数组成，其中 a 和 b 都是无理数，则 S 是 $\mathbf{Q}$ 的一个闭的且有界的子集，它不是紧的.

内集和边界的各种性质

如果 A 和 B 表示度量空间 M 的任意子集，证明：

3.43 $\operatorname{int}A = M - \overline{M-A}$.

3.44 $\operatorname{int}(M-A) = M - \overline{A}$.

3.45 $\operatorname{int}(\operatorname{int}A) = \operatorname{int}A$.

3.46 a) $\operatorname{int}\left(\bigcap_{i=1}^{n} A_i\right) = \bigcap_{i=1}^{n} (\operatorname{int}A_i)$，其中每个 $A_i \subseteq M$.

b) $\operatorname{int}\left(\bigcap_{A\in F} A\right) \subseteq \bigcap_{A\in F} (\operatorname{int}A)$，若 F 是由 M 的子集构成的无限族.

c) 给出一个使(b)中的等号不成立的例子.

3.47 a) $\bigcup_{A\in F} (\operatorname{int}A) \subseteq \operatorname{int}\left(\bigcup_{A\in F} A\right)$.

b) 给出一个使(a)中的等号不成立的有限族 F 的例子.

3.48 a) $\operatorname{int}(\partial A) = \varnothing$，若 A 在 M 中是开的或是闭的.

b) 给出一个 $\operatorname{int}(\partial A) = M$ 的例子. 68

3.49 如果 $\operatorname{int}A = \operatorname{int}B = \varnothing$，而且 A 在 M 中是闭的，则 $\operatorname{int}(A\cup B) = \varnothing$.

3.50 给出一个 $\operatorname{int}A = \operatorname{int}B = \varnothing$ 但 $\operatorname{int}(A\cup B) = M$ 的例子.

3.51 $\partial A = \overline{A} \cap \overline{M-A}$ 及 $\partial A = \partial(M-A)$.

3.52 如果 $\overline{A} \cap \overline{B} = \varnothing$，则 $\partial(A\cup B) = \partial A \cup \partial B$.

参考文献

3.1 Boas, R. P., *A Primer of Real Functions*. Carus Monograph No. 13. Wiley, New York, 1960.

3.2 Gleason, A., *Fundamentals of Abstract Analysis*. Addison-Wesley, Reading, 1966.

3.3 Kaplansky, I., *Set Theory and Metric Spaces*. Allyn and Bacon, Boston, 1972.

3.4 Simmons, G. F., *Introduction to Topology and Modern Analysis*. McGraw-Hill, New York, 1963. 69

第4章 极限与连续性

4.1 引言

读者已经熟悉了在初等微积分中介绍过的极限的概念，事实上，在初等微积分中出现的极限通常有几种类型．例如，实数序列$\{x_n\}$的极限，用符号记法写为

$$\lim_{n\to\infty} x_n = A,$$

意思是对于每个数$\varepsilon>0$都有一个整数N使得

$$|x_n - A| < \varepsilon, \quad 只要\ n \geqslant N.$$

这个极限过程表达着这样一个直观的理念，即可以使x_n任意地接近于A，只要n足够大．还有函数的极限，用符号表示为

$$\lim_{x\to p} f(x) = A,$$

它的意思是对于每一个$\varepsilon>0$，都有另一个数$\delta>0$使得

$$|f(x) - A| < \varepsilon, \quad 只要\ 0 < |x - p| < \delta.$$

这个概念表达着这样的理念，即$f(x)$可以任意地接近于A，只要所取的x足够接近p.

微积分在三维空间中对几何和物理问题以及对多变量函数的应用使得必须把这些概念推广到$\mathbf{R}^n$，在更一般的度量空间中介绍极限就像向前走一步一样容易．这样做可以去掉不必要的限制，从而在理论上实现一种简单化，但同时几乎可以覆盖数学分析中所需要的全部重要的内容.

我们首先讨论度量空间中点列的极限，然后讨论函数的极限和连续性的概念.

4.2 度量空间中的收敛序列

定义 4.1 度量空间(S, d)中的一个点列$\{x_n\}$称为收敛，如果在S内有一个点p具有下述性质：对于每一个$\varepsilon>0$都有一个整数N使得

$$d(x_n, p) < \varepsilon, \quad 只要\ n \geqslant N.$$

我们也称$\{x_n\}$收敛于p，并写为当$n\to\infty$时，$x_n\to p$，或者简单地写为$x_n\to p$．如果S内没有这样的p，就称点列$\{x_n\}$发散.

注 收敛性的定义蕴涵着

$$x_n \to p \quad 当且仅当 \quad d(x_n, p) \to 0.$$

序列$\{d(x_n, p)\}$向0的收敛性在欧几里得度量空间$\mathbf{R}^1$中发生.

例

1．在欧式空间$\mathbf{R}^1$中，一个序列$\{x_n\}$称为是递增的，如果对于一切n都有$x_n\leqslant x_{n+1}$．如果一个递增的序列是上有界的(即对于某个$M>0$和一切n都有$x_n\leqslant M$)，则$\{x_n\}$收敛于它的值域的上确界$\sup\{x_1, x_2, \cdots\}$．类似地，$\{x_n\}$称为是递减的，如果对于一切n都有$x_{n+1}\leqslant x_n$．每一个下有界的递减序列都收敛于它的值域的下确界．例如，$\{1/n\}$收敛

于 0.

2. 如果$\{a_n\}$和$\{b_n\}$都是收敛于 0 的实序列，则$\{a_n+b_n\}$也收敛于 0. 如果对于一切 n 都有 $0\leqslant c_n\leqslant a_n$，而且$\{a_n\}$收敛于 0，则$\{c_n\}$也收敛于 0. $\mathbf{R}^1$ 中序列的这些初等性质可以用于简化关于一般度量空间中的极限问题的某些证明.

3. 在复平面 $\mathbf{C}$ 内，设 $z_n=1+n^{-2}+(2-1/n)\mathrm{i}$，则$\{z_n\}$收敛于 $1+2\mathrm{i}$，因为

$$d(z_n,\ 1+2\mathrm{i})^2=|z_n-(1+2\mathrm{i})|^2=\frac{1}{n^4}+\frac{1}{n^2}\to 0\quad(n\to\infty),$$

所以 $d(z_n,\ 1+2\mathrm{i})\to 0$.

定理 4.2　*度量空间$(S,\ d)$中的一个序列$\{x_n\}$至多能收敛于 S 内的一个点.*

证明　假定 $x_n\to p$ 且 $x_n\to q$，我们将证明 $p=q$. 按照三角不等式有

$$0\leqslant d(p,\ q)\leqslant d(p,\ x_n)+d(x_n,\ q).$$

既然 $d(p,\ x_n)\to 0$ 且 $d(x_n,\ q)\to 0$，这就蕴涵着 $d(p,\ q)=0$，所以 $p=q$. ■

如果一个序列$\{x_n\}$收敛，则它所收敛到的唯一的点称为该序列的*极限*，并表示为 $\lim x_n$ 或 $\lim\limits_{n\to\infty}x_n$.

例　在欧氏空间 $\mathbf{R}^1$ 中有 $\lim\limits_{n\to\infty}1/n=0$. 这个同样的序列在度量子空间 $T=(0,\ 1]$中不收敛，因为该极限唯一的可能是 0，而 $0\notin T$. 这个例子表明，一个序列的敛散性依赖于所在的空间以及所用的度量.

定理 4.3　*在度量空间$(S,\ d)$中，假定 $x_n\to p$，并设 $T=\{x_1,\ x_2,\ \cdots\}$是$\{x_n\}$的值域，则有*

a)T 是有界的.

b)p 是 T 的一个附贴点. 71

证明　a)设 N 是在收敛性的定义中相应于 $\varepsilon=1$ 的整数，于是当 $n\geqslant N$ 时每个 x_n 都在球 $B(p;\ 1)$内，所以 T 内的每个点都在球 $B(p;\ r)$内，其中

$$r=1+\max\{d(p,\ x_1),\ \cdots,\ d(p,\ x_{N-1})\}.$$

因此 T 是有界的.

b)因为每个球 $B(p;\ \varepsilon)$都包含 T 的一个点，所以 p 是 T 的附贴点. ■

注　如果 T 是无限的，则每个球 $B(p;\ \varepsilon)$都包含 T 的无穷多个点，所以 p 是 T 的一个聚点. 下一个定理提供了(b)部分的一个逆命题.

定理 4.4　*给定一个度量空间$(S,\ d)$和一个子集 $T\subseteq S$. 如果 S 内的一个点 p 是 T 的一个附贴点，则 T 中有一个点列$\{x_n\}$收敛于 p.*

证明　对于每个整数 $n\geqslant 1$，在 T 内有一个点 x_n 使 $d(p,\ x_n)\leqslant\dfrac{1}{n}$，因此 $d(p,\ x_n)\to 0$，所以 $x_n\to p$. ■

定理 4.5　*在度量空间$(S,\ d)$中，一个序列$\{x_n\}$收敛于 p，当且仅当每一个子序列$\{x_{k(n)}\}$都收敛于 p.*

证明　假定 $x_n\to p$，考虑任一子序列$\{x_{k(n)}\}$. 对于每一个 $\varepsilon>0$ 都有 N 使 $n\geqslant N$ 意味

着$d(x_n, p)<\varepsilon$. 因为$\{x_{k(n)}\}$是一子序列，所以有一个整数M使得只要$n\geqslant M$就有$k(n)\geqslant N$，于是$n\geqslant M$蕴涵着$d(x_{k(n)}, p)<\varepsilon$，这就证明了$x_{k(n)}\to p$. 逆命题显然是成立的，因为$\{x_n\}$本身就是一个子序列. ■

4.3 柯西序列

如果序列$\{x_n\}$收敛于一个极限p，则它的各项最终变得接近于p并因此互相接近. 这个性质可以更正式地用下一个定理表述.

定理 4.6 假定$\{x_n\}$在一个度量空间(S, d)中收敛，则对于每一个$\varepsilon>0$都有一个整数N使得

$$d(x_n, x_m)<\varepsilon, \quad \text{只要 } n\geqslant N \text{ 且 } m\geqslant N.$$

证明 设$p=\lim x_n$. 给定$\varepsilon>0$，设N满足只要$n\geqslant N$就有$d(x_n, p)<\varepsilon/2$. 于是当$m\geqslant N$时有$d(x_m, p)<\varepsilon/2$. 如果$n\geqslant N$且$m\geqslant N$，则由三角不等式可得

72

$$d(x_n, x_m)\leqslant d(x_n, p)+d(p, x_m)<\frac{\varepsilon}{2}+\frac{\varepsilon}{2}=\varepsilon.$$ ■

定义 4.7（柯西序列的定义） 度量空间(S, d)中的一个序列$\{x_n\}$称为一个柯西序列，如果它满足下述条件（称为柯西条件）：

对于每一个$\varepsilon>0$都有一个整数N使得

$$d(x_n, x_m)<\varepsilon, \quad \text{只要 } n\geqslant N \text{ 且 } m\geqslant N.$$

定理4.6说的是每一个收敛序列都是柯西序列. 其逆命题在一般的度量空间中不成立. 例如，序列$\{1/n\}$在$\mathbf{R}^1$的欧氏子空间$T=(0, 1]$内是一个柯西序列，但是这个序列在T内不收敛. 然而，定理4.6的逆命题在每一个欧氏空间$\mathbf{R}^k$中都是成立的.

定理 4.8 在欧氏空间$\mathbf{R}^k$中每一个柯西序列都是收敛的.

证明 设$\{\boldsymbol{x}_n\}$是$\mathbf{R}^k$中的一个柯西序列，并设$T=\{\boldsymbol{x}_1, \boldsymbol{x}_2, \cdots\}$是这个序列的值域. 如果$T$是有限的，则$\{\boldsymbol{x}_n\}$除了有限项之外都是相等的，因此$\{\boldsymbol{x}_n\}$收敛于这个共同的值.

现在假定T是无限的，我们利用波尔查诺-魏尔斯特拉斯定理证明T有一个聚点$\boldsymbol{p}$，然后证明$\{\boldsymbol{x}_n\}$收敛于$\boldsymbol{p}$. 首先，由柯西条件我们知道T是有界的. 事实上，当$\varepsilon=1$时有一个N使得$n\geqslant N$蕴涵着$\|\boldsymbol{x}_n-\boldsymbol{x}_N\|<1$. 这表明当$n\geqslant N$时所有的点$\boldsymbol{x}_n$都位于以$\boldsymbol{x}_N$为中心，半径为1的球内，所以$T$位于以$\mathbf{0}$为中心，半径为$1+M$的球内，其中$M$是$\|\boldsymbol{x}_1\|, \cdots, \|\boldsymbol{x}_N\|$这些数中最大的一个. 于是，因为$T$是一个有界无限集，所以它在$\mathbf{R}^k$内有一个聚点$\boldsymbol{p}$（根据波尔查诺-魏尔斯特拉斯定理）. 接下来我们证明$\{\boldsymbol{x}_n\}$收敛于$\boldsymbol{p}$.

给定$\varepsilon>0$，存在N使得只要$n\geqslant N$且$m\geqslant N$就有$\|\boldsymbol{x}_n-\boldsymbol{x}_m\|<\varepsilon/2$. 球$B(\boldsymbol{p}; \varepsilon/2)$含有一点$\boldsymbol{x}_m$，$m\geqslant N$. 因此，如果$n\geqslant N$，则有

$$\|\boldsymbol{x}_n-\boldsymbol{p}\|\leqslant\|\boldsymbol{x}_n-\boldsymbol{x}_m\|+\|\boldsymbol{x}_m-\boldsymbol{p}\|<\frac{\varepsilon}{2}+\frac{\varepsilon}{2}=\varepsilon,$$

所以$\lim\boldsymbol{x}_n=\boldsymbol{p}$. ■

例

1. 定理4.8经常用于在极限预先未知时证明序列的收敛性. 例如，考虑$\mathbf{R}^1$中按下

式定义的序列：

$$x_n=1-\frac{1}{2}+\frac{1}{3}-\frac{1}{4}+\cdots+\frac{(-1)^{n-1}}{n}.$$

如果 $m>n\geqslant N$，可以发现(成对地取一些连续的项)

$$|x_m-x_n|=\left|\frac{1}{n+1}-\frac{1}{n+2}+\cdots\pm\frac{1}{m}\right|<\frac{1}{n}\leqslant\frac{1}{N},$$ 73

所以一旦 $N>1/\varepsilon$，就有 $|x_m-x_n|<\varepsilon$. 因此 $\{x_n\}$ 是一个柯西序列，从而它收敛于某个极限. 可以证明(见练习 8.18)该极限是 log2，但这不是显而易见的.

2. 给定一个实数序列 $\{a_n\}$ 使得对于一切 $n\geqslant 1$ 都有 $|a_{n+2}-a_{n+1}|\leqslant\frac{1}{2}|a_{n+1}-a_n|$. 可以在不知道 $\{a_n\}$ 的极限的情况下证明它收敛. 设 $b_n=|a_{n+1}-a_n|$，则 $0\leqslant b_{n+1}\leqslant b_n/2$，所以，按归纳法有 $b_{n+1}\leqslant b_1/2^n$，因此 $b_n\to 0$. 如果 $m>n$，我们有

$$a_m-a_n=\sum_{k=n}^{m-1}(a_{k+1}-a_k).$$

从而

$$|a_m-a_n|\leqslant\sum_{k=n}^{m-1}b_k\leqslant b_n\left(1+\frac{1}{2}+\cdots+\frac{1}{2^{m-1-n}}\right)<2b_n.$$

这意味着 $\{a_n\}$ 是一个柯西序列，所以 $\{a_n\}$ 收敛.

4.4 完备度量空间

定义 4.9 *一个度量空间 (S, d) 称为是完备的，如果 S 中的每一个柯西序列都在 S 内收敛. S 的一个子空间 T 称为是完备的，如果度量子空间 (T, d) 是完备的.*

例 1 每一个欧氏空间 $\mathbf{R}^k$ 都是完备的(定理 4.8). 特别地，$\mathbf{R}^1$ 是完备的，但是子空间 $T=(0, 1]$ 不是完备的.

例 2 度量为 $d(\boldsymbol{x}, \boldsymbol{y})=\max\limits_{1\leqslant i\leqslant n}|x_i-y_i|$ 的空间 $\mathbf{R}^n$ 是完备的.

下面的定理在完备性与紧性之间建立了联系.

定理 4.10 *在任何度量空间 (S, d) 中，每一个紧子集 T 都是完备的.*

证明 设 $\{x_n\}$ 是 T 内的一个柯西序列，并设 $A=\{x_1, x_2, \cdots\}$ 表示 $\{x_n\}$ 的值域. 如果 A 是有限的，则 $\{x_n\}$ 收敛于 A 中的一个元素，从而 $\{x_n\}$ 在 T 内收敛.

如果 A 是无限的，因为 T 是紧的，定理 3.38 告诉我们 A 有一个聚点 p 在 T 内. 接下来我们证明 $x_n\to p$. 给定 $\varepsilon>0$，选取 N 使得 $n\geqslant N$ 和 $m\geqslant N$ 蕴涵着 $d(x_n, x_m)<\varepsilon/2$. 球 $B(p; \varepsilon/2)$ 包含一个点 x_m 满足 $m\geqslant N$，因此只要 $n\geqslant N$ 就可由三角不等式得到

$$d(x_n, p)\leqslant d(x_n, x_m)+d(x_m, p)<\frac{\varepsilon}{2}+\frac{\varepsilon}{2}=\varepsilon,$$

所以 $x_n\to p$. 因此 T 内的每一个柯西序列在 T 内都有极限，所以 T 是完备的. ■

4.5 函数的极限

本节我们考虑两个度量空间 (S, d_S) 和 (T, d_T)，其中 d_S 和 d_T 表示各自的度量.

74 设 A 是 S 的一个子集，并设 $f: A \to T$ 是一个从 A 到 T 的函数.

定义 4.11 如果 p 是 A 的一个聚点，$b \in T$，则记号

$$\lim_{x \to p} f(x) = b \tag{1}$$

表示下述意义：

对于每一个 $\varepsilon > 0$ 都有 $\delta > 0$ 使得

$$d_T(f(x), b) < \varepsilon, \quad 只要\ x \in A,\ x \neq p \quad 且\ d_S(x, p) < \delta.$$

式(1)中的记号读作"当 x 趋向于 p 时，$f(x)$ 的极限是 b"，或者"当 x 趋向 p 时 $f(x)$ 趋向 b". 我们有时用"$f(x) \to b$ 当 $x \to p$"来表示.

这个定义表达着这样的直观理念，即 $f(x)$ 可以任意地接近于 b，只要取 x 充分地接近于 p.（见图 4-1.）我们要求 p 是 A 的一个聚点，以确保 A 中有点 x 充分接近于 p 且 $x \neq p$. 然而，p 不必在 f 的定义域内，而且 b 也不必在 f 的值域内.

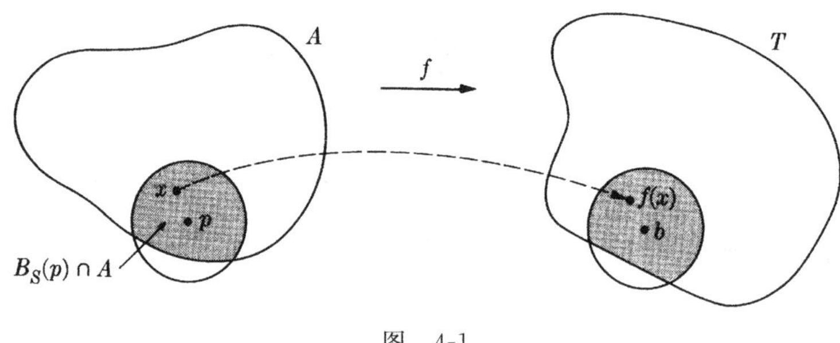

图　4-1

注　这个定义也可以用球来表述. 这样，式(1)成立当且仅当对于每一个球 $B_T(b)$ 都有球 $B_S(p)$ 使 $B_S(p) \cap A$ 非空，且使

$$f(x) \in B_T(b), \quad 只要\ x \in B_S(p) \cap A, \quad x \neq p.$$

当用这样的方法简述时，该定义当 p 或 b（或二者）在扩充的实数系 $\mathbf{R}^*$ 内或在扩充的复数系 $\mathbf{C}^*$ 内时是有意义的. 然而，在下文中，还是把 p 和 b 理解为是有限的，除非特别说明了它们可以是无限的.

下面这个定理把函数极限与收敛序列的极限联系起来.

定理 4.12 假定 p 是 A 的一个聚点，$b \in T$，则

75
$$\lim_{x \to p} f(x) = b, \tag{2}$$

当且仅当对于 $A - \{p\}$ 内的每一个收敛于 p 的点列 $\{x_n\}$ 都有

$$\lim_{n \to \infty} f(x_n) = b. \tag{3}$$

证明　如果式(2)成立，则对于每一个 $\varepsilon > 0$ 都有一个 $\delta > 0$ 使得

$$d_T(f(x), b) < \varepsilon, \quad 只要\ x \in A \quad 且\ 0 < d_S(x, p) < \delta. \tag{4}$$

现在取 $A - \{p\}$ 内任一收敛于 p 的序列 $\{x_n\}$，对于式(4)中的 δ，有一个整数 N 使得 $n \geq N$ 蕴涵着 $d_S(x_n, p) < \delta$. 因此式(4)对于 $n \geq N$ 蕴涵着 $d_T(f(x_n), b) < \varepsilon$，从而 $\{f(x_n)\}$ 收敛于 b. 因而式(2)蕴涵着式(3).

为了证明逆命题，我们假定式(3)成立而式(2)不成立，由此来推出一个矛盾．如果式(2)不成立，则对于某个 $\varepsilon>0$ 和每一个 $\delta>0$ 都有 A 中的点 x(其中 x 可能依赖于 δ)使得

$$0<d_S(x,p)<\delta, \quad 但 \quad d_T(f(x),b)\geqslant\varepsilon. \tag{5}$$

取 $\delta=1/n$，$n=1,2,\cdots$，这意味着在 $A-\{p\}$ 中有一个相应的点列 $\{x_n\}$ 使得

$$0<d_S(x_n,p)<1/n, \quad 但 \quad d_T(f(x_n),b)\geqslant\varepsilon.$$

显然，序列 $\{x_n\}$ 收敛于 p 而序列 $\{f(x_n)\}$ 不收敛于 b，这与式(3)相矛盾． ■

注　定理 4.12 和 4.2 一起表明，当 $x\to p$ 时，一个函数不能有两个不同的极限．

4.6 复值函数的极限

设 (S,d) 是一个度量空间，A 是 S 的一个子集，考虑两个定义在 A 上的复值函数 f 与 g：

$$f: A\to \mathbf{C}, \quad g: A\to \mathbf{C}.$$

和 $f+g$ 定义为在 A 的每个点 x 上的值为复数 $f(x)+g(x)$ 的函数．差 $f-g$、积 $f\cdot g$ 与商 f/g 都类似地进行定义．把商理解为只在使 $g(x)\neq 0$ 的那些点 x 上定义．

通常的极限运算法则在下面的定理中给出．

定理 4.13　设 f 和 g 是定义在度量空间 (S,d) 的一个子集 A 上的复值函数．设 p 是 A 的一个聚点，并假定

$$\lim_{x\to p}f(x)=a, \quad \lim_{x\to p}g(x)=b.$$ 76

则有

a) $\lim\limits_{x\to p}[f(x)\pm g(x)]=a\pm b$.

b) $\lim\limits_{x\to p}f(x)g(x)=ab$.

c) $\lim\limits_{x\to p}f(x)/g(x)=a/b$，如果 $b\neq 0$.

证明　我们来证明(b)，而把其他的留作练习．给定 ε 满足 $0<\varepsilon<1$，设 ε' 是另一个满足 $0<\varepsilon'<1$ 的数，它将按一种方式依赖于 ε，这种依赖关系我们稍后再叙述．有一个 $\delta>0$ 使得如果 $x\in A$ 且 $d(x,p)<\delta$，则有

$$|f(x)-a|<\varepsilon' \quad 和 \quad |g(x)-b|<\varepsilon'.$$

于是可得

$$|f(x)|=|a+(f(x)-a)|<|a|+\varepsilon'<|a|+1.$$

由 $f(x)g(x)-ab=f(x)g(x)-bf(x)+bf(x)-ab$，可得

$$\begin{aligned}|f(x)g(x)-ab|&\leqslant|f(x)||g(x)-b|+|b||f(x)-a|\\&<(|a|+1)\varepsilon'+|b|\varepsilon'=\varepsilon'(|a|+|b|+1).\end{aligned}$$

如果选取 $\varepsilon'=\varepsilon/(|a|+|b|+1)$，则只要 $x\in A$ 且 $d(x,p)<\delta$，就有 $|f(x)g(x)-ab|<\varepsilon$，这就证明了(b)． ■

4.7 向量值函数的极限

仍设 (S,d) 是一个度量空间，A 是 S 的一个子集．考虑两个在 A 上定义、在 $\mathbf{R}^k$ 内

取值的向量值函数 $\boldsymbol{f}$ 与 $\boldsymbol{g}$

$$\boldsymbol{f}: A \to \mathbf{R}^k, \qquad \boldsymbol{g}: A \to \mathbf{R}^k.$$

向量值函数的商没有定义(如果 $k>2$)，但是我们可以分别用下述公式对 A 内的每个 x 定义和 $\boldsymbol{f}+\boldsymbol{g}$、积 $\lambda\boldsymbol{f}$(如果 λ 是实数)以及内积 $\boldsymbol{f}\cdot\boldsymbol{g}$.

$$(\boldsymbol{f}+\boldsymbol{g})(x)=\boldsymbol{f}(x)+\boldsymbol{g}(x), \quad (\lambda\boldsymbol{f})(x)=\lambda\boldsymbol{f}(x), \quad (\boldsymbol{f}\cdot\boldsymbol{g})(x)=\boldsymbol{f}(x)\cdot\boldsymbol{g}(x).$$

然后我们有关于向量值函数的极限的下述运算法则.

定理 4.14　设 p 是 A 的一个聚点，并假设

$$\lim_{x\to p}\boldsymbol{f}(x)=\boldsymbol{a}, \quad \lim_{x\to p}\boldsymbol{g}(x)=\boldsymbol{b}.$$

则有

a) $\lim\limits_{x\to p}[\boldsymbol{f}(x)+\boldsymbol{g}(x)]=\boldsymbol{a}+\boldsymbol{b}$.

b) $\lim\limits_{x\to p}\lambda\boldsymbol{f}(x)=\lambda\boldsymbol{a}$　对于每一个标量 λ.

c) $\lim\limits_{x\to p}\boldsymbol{f}(x)\cdot\boldsymbol{g}(x)=\boldsymbol{a}\cdot\boldsymbol{b}$.

77 d) $\lim\limits_{x\to p}\|\boldsymbol{f}(x)\|=\|\boldsymbol{a}\|$.

证明　我们只证明(c)和(d). 为了证明(c)，我们写

$$\boldsymbol{f}(x)\cdot\boldsymbol{g}(x)-\boldsymbol{a}\cdot\boldsymbol{b}=[\boldsymbol{f}(x)-\boldsymbol{a}]\cdot[\boldsymbol{g}(x)-\boldsymbol{b}]+\boldsymbol{a}\cdot[\boldsymbol{g}(x)-\boldsymbol{b}]+\boldsymbol{b}\cdot[\boldsymbol{f}(x)-\boldsymbol{a}].$$

由三角不等式和柯西-施瓦茨不等式可得

$$\begin{aligned}0 &\leqslant |\boldsymbol{f}(x)\cdot\boldsymbol{g}(x)-\boldsymbol{a}\cdot\boldsymbol{b}| \\ &\leqslant \|\boldsymbol{f}(x)-\boldsymbol{a}\|\|\boldsymbol{g}(x)-\boldsymbol{b}\|+\|\boldsymbol{a}\|\|\boldsymbol{g}(x)-\boldsymbol{b}\|+\|\boldsymbol{b}\|\|\boldsymbol{f}(x)-\boldsymbol{a}\|.\end{aligned}$$

当 $x\to p$ 时，右边的每一项都趋向于 0，所以 $\boldsymbol{f}(x)\cdot\boldsymbol{g}(x)\to\boldsymbol{a}\cdot\boldsymbol{b}$，这就证明了(c). 为了证明(d)，注意有 $|\|\boldsymbol{f}(x)\|-\|\boldsymbol{a}\||\leqslant\|\boldsymbol{f}(x)-\boldsymbol{a}\|$. ■

注　设 $f_1, \cdots, f_n$ 是定义在 A 上的 n 个实值函数，并设 $\boldsymbol{f}: A\to\mathbf{R}^n$ 是由方程

$$\boldsymbol{f}(x)=(f_1(x), f_2(x), \cdots, f_n(x)), \quad x\in A$$

定义的向量值函数，则 $f_1, \cdots, f_n$ 称为 $\boldsymbol{f}$ 的分量，我们仍写 $\boldsymbol{f}=(f_1, f_2, \cdots, f_n)$表示这种关系.

如果 $\boldsymbol{a}=(a_1, a_2, \cdots, a_n)$，则对每一个 $r=1, 2, \cdots, n$ 都有

$$|f_r(x)-a_r|\leqslant\|\boldsymbol{f}(x)-\boldsymbol{a}\|\leqslant\sum_{r=1}^{n}|f_r(x)-a_r|.$$

这些不等式表明，$\lim\limits_{x\to p}\boldsymbol{f}(x)=\boldsymbol{a}$ 当且仅当对每个 r 都有 $\lim\limits_{x\to p}f_r(x)=a_r$.

4.8　连续函数

可以把初等微积分中连续性的定义推广到从一个度量空间到另一个度量空间的函数.

定义 4.15　设(S, d_S)与(T, d_T)是两个度量空间，$f: S\to T$ 是从 S 到 T 的函数. 这个函数称为在 S 内的一点 p 处是连续的，如果对于每一个 $\varepsilon>0$ 都有 $\delta>0$ 使得

$$d_T(f(x), f(p))<\varepsilon, \qquad 只要\ d_S(x, p)<\delta.$$

如果 f 在 S 的一个子集 A 的每一点处都连续，我们就说 f 在 A 上连续.

这个定义反映这样的直观理念，即接近于 p 的点被 f 映射到接近于 $f(p)$的点. 也可

以用球来叙述：函数 f 在 p 点处连续，当且仅当对于每一个 $\varepsilon>0$ 都有 $\delta>0$ 使得

$$f(B_S(p;\delta))\subseteq B_T(f(p);\varepsilon).$$

这里 $B_S(p;\delta)$ 是 S 内的一个球，它在 f 下的象必须被包含在 T 内的球 $B_T(f(p);\varepsilon)$ 内.（见图 4-2.）

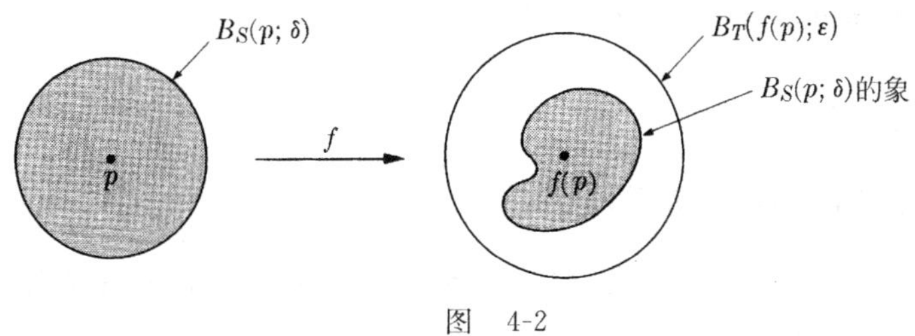

图　4-2

如果 p 是 S 的一个聚点，则连续性的定义蕴涵着

$$\lim_{x\to p}f(x)=f(p).$$ 78

如果 p 是 S 的一个孤立点（S 的一个不是 S 的聚点的点），则在 p 点有定义的每一个 f 在 p 点处都是连续的，因为对于充分小的 δ 只有一个点 x 满足 $d_S(x,p)<\delta$，即 $x=p$，且 $d_T(f(p),f(p))=0$.

定理 4.16　设 f：$S\to T$ 是从一个度量空间 (S,d_S) 到另一个度量空间 (T,d_T) 的函数，并假定 $p\in S$，则 f 在 p 点连续，当且仅当对于 S 内每一个收敛于 p 的序列 $\{x_n\}$，T 内的序列 $\{f(x_n)\}$ 收敛于 $f(p)$，用符号可记为

$$\lim_{n\to\infty}f(x_n)=f(\lim_{n\to\infty}x_n).$$

这个定理的证明类似于定理 4.12 的证明，作为练习留给读者.（这个结果也可以从定理 4.12 推出，但是由于序列 $\{x_n\}$ 的某些项可能等于 p，所以在讨论中会有一点儿复杂.）

经常用这样的说法来描述这个定理，即对于连续函数，极限符号可以和函数符号交换位置. 在交换这些符号的位置时需要小心，因为有时 $\{x_n\}$ 发散，而 $\{f(x_n)\}$ 收敛.

例　如果在一个度量空间 (S,d) 中 $x_n\to x$，$y_n\to y$，则 $d(x_n,y_n)\to d(x,y)$（练习 4.7）. 读者可以验证 d 在度量空间 $(S\times S,\rho)$ 上是连续的，其中 ρ 是练习 3.37 中当 $S_1=S_2=S$ 时的度量.

注　函数 f 在点 p 处的连续性称为 f 的一个局部性质，因为它仅依赖于 f 在 p 的非常邻近的区域的性质. f 的涉及其整个定义域的性质称为整体性质. 例如，f 在它的定义域上的连续性是一个整体性质.

4.9　复合函数的连续性

定理 4.17　设 (S,d_S)，(T,d_T) 和 (U,d_U) 是度量空间. 设 f：$S\to T$ 和 g：$f(S)\to U$ 是两个函数，并设 h 是由方程

$$h(x)=g(f(x))\quad\text{对于 } S \text{ 内的 } x$$

在 S 上定义的复合函数. 如果 f 在 p 点连续，g 在 $f(p)$ 点连续，则 h 在 p 点连续. 79

证明　设 $b=f(p)$. 给定 $\varepsilon>0$，有 $\delta>0$ 使得

$$d_U(g(y),\ g(b))<\varepsilon,\qquad \text{只要 } d_T(y,\ b)<\delta.$$

对这个 δ 有 δ' 使得

$$d_T(f(x),\ f(p))<\delta,\qquad \text{只要 } d_S(x,\ p)<\delta'.$$

把这两条陈述结合起来并取 $y=f(x)$，则可得到

$$d_U(h(x),\ h(p))<\varepsilon,\qquad \text{只要 } d_S(x,\ p)<\delta',$$

所以 h 在 p 点连续. ■

4.10　连续复值函数和连续向量值函数

定理 4.18　设 f 和 g 是在一个度量空间 $(S,\ d)$ 内的一点 p 处连续的复值函数，则 $f+g$，$f-g$ 和 $f\cdot g$ 这些函数都在 p 点连续. 商 f/g 也在 p 点连续，只要 $g(p)\neq 0$.

证明　如果 p 是 S 的一个孤立点，则这些结果是平凡的. 如果 p 是 S 的一个聚点，则由定理 4.13 可得出这个结果. ■

当然，对于向量值函数也有相应的定理，可以用定理 4.14，用同样的方法证明.

定理 4.19　设 $\boldsymbol{f}$ 和 $\boldsymbol{g}$ 是在度量空间 $(S,\ d)$ 内的一点 p 处连续的函数，并假定 $\boldsymbol{f}$ 和 $\boldsymbol{g}$ 在 $\mathbf{R}^n$ 内取值，则下列每一个函数都在 p 点连续：和 $\boldsymbol{f}+\boldsymbol{g}$、对于每一个实数 λ 的乘积 $\lambda\boldsymbol{f}$、内积 $\boldsymbol{f}\cdot\boldsymbol{g}$ 和范数 $\|\boldsymbol{f}\|$.

定理 4.20　设 f_1，…，f_n 是定义在度量空间 $(S,\ d_S)$ 的一个子集 A 上的 n 个实值函数，并设 $\boldsymbol{f}=(f_1,\ f_2,\ \cdots,\ f_n)$，则 $\boldsymbol{f}$ 在 A 的一点 p 处连续，当且仅当每一个函数 f_1，…，f_n 都在 p 点连续.

证明　如果 p 是 A 的一个孤立点，则没有什么可证的. 如果 p 是一个聚点，我们注意到当 $x\to p$ 时 $\boldsymbol{f}(x)\to\boldsymbol{f}(p)$，当且仅当对于每一个 $k=1,\ 2,\ \cdots,\ n$ 有 $f_k(x)\to f_k(p)$. ■

4.11　连续函数的例子

设 $S=\mathbf{C}$，即复平面，对下述复值函数在 $\mathbf{C}$ 上的连续性的证明是简单的练习：

a) 常数函数，对 $\mathbf{C}$ 内的每个 z 由 $f(z)=c$ 定义；

b) 恒等函数，对 $\mathbf{C}$ 内的每个 z 由 $f(z)=z$ 定义.

重复应用定理 4.18 可以建立每个多项式

$$f(z)=a_0+a_1z+a_2z^2+\cdots+a_nz^n$$

80 的连续性，其中 a_i 是复数.

如果 S 是 $\mathbf{C}$ 的一个子集，多项式 f 在该子集上不为 0，则 $1/f$ 在 S 上连续. 因此，如果 g 和 f 都是多项式，则有理函数 g/f 在 $\mathbf{C}$ 的那些分母不为 0 的点上连续.

初等微积分中所熟知的实值函数，像指数函数、三角函数和对数函数，在它们有定义的地方都是连续的. 这些初等函数的连续性为用极限值代替“自变量”的方法求某些极限的一般算法提供了理论依据，例如，

$$\lim_{x\to 0}\mathrm{e}^x=\mathrm{e}^0=1.$$

复指数函数和三角函数的连续性是相应的实值函数的连续性和定理 4.20 的推论.

4.12 连续性与开集或闭集的逆象

可以用逆象的概念给出对于连续函数的两个重要的整体描述.

定义 4.21(逆象的定义) 设 $f: S \to T$ 是从一个集合 S 到另一个集合 T 的函数，如果 Y 是 T 的一个子集，则 Y 在 f 下的逆象(用 $f^{-1}(Y)$ 表示)定义为 S 被 f 映射到 Y 的最大子集，即

$$f^{-1}(Y)=\{x: x \in S \quad 且 \quad f(x) \in Y\}.$$

注 如果 f 有反函数 f^{-1}，则 Y 在 f 下的逆象与 Y 在 f^{-1} 下的象是相同的，所以在这种情况下记号 $f^{-1}(Y)$ 不会造成歧义. 注意当 $A \subseteq B \subseteq T$ 时也有 $f^{-1}(A) \subseteq f^{-1}(B)$.

定理 4.22 设 $f: S \to T$ 是从 S 到 T 的函数，如果 $X \subseteq S$，$Y \subseteq T$，则有：

a) $X=f^{-1}(Y)$ 蕴涵着 $f(X) \subseteq Y$；

b) $Y=f(X)$ 蕴涵着 $X \subseteq f^{-1}(Y)$.

定理 4.22 的证明是符号 $f^{-1}(Y)$ 和 $f(X)$ 的定义的直接翻译，留给读者. 应该注意到，在一般情况下，不能断言 $Y=f(X)$ 蕴涵着 $X=f^{-1}(Y)$. (见图 4-3 中的例子.)

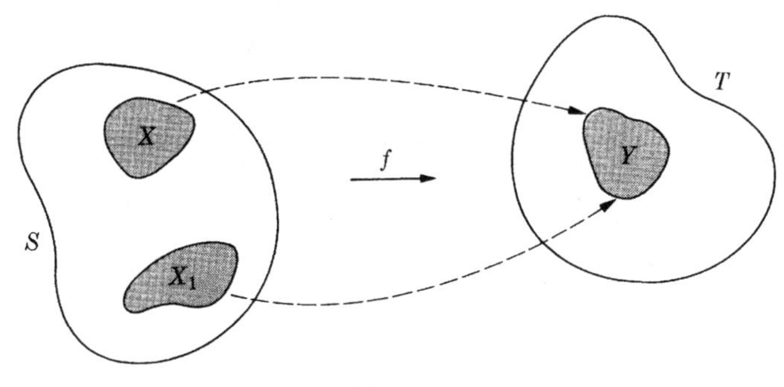

图 4-3 81

注意，也可以把定理 4.22 中的叙述表示如下：

$$f[f^{-1}(Y)] \subseteq Y, \quad X \subseteq f^{-1}[f(X)].$$

还应注意对 T 所有的子集 A 和 B 都有 $f^{-1}(A \cup B)=f^{-1}(A) \cup f^{-1}(B)$.

定理 4.23 设 $f: S \to T$ 是从一个度量空间 (S, d_S) 到另一个度量空间 (T, d_T) 的函数，则 f 在 S 上连续，当且仅当对 T 中的每一个开集 Y，逆象 $f^{-1}(Y)$ 是 S 中的开集.

证明 设 f 在 S 上连续，Y 是 T 内的开集，并设 p 是 $f^{-1}(Y)$ 的任意一点. 我们将证明 p 是 $f^{-1}(Y)$ 的内点. 设 $y=f(p)$. 由于 Y 是开集，所以对于某个 $\varepsilon>0$ 有 $B_T(y; \varepsilon) \subseteq Y$. 因为 f 在 p 点是连续的，所以有 $\delta>0$ 使得 $f(B_S(p; \delta)) \subseteq B_T(y; \varepsilon)$，因此有

$$B_S(p; \delta) \subseteq f^{-1}[f(B_S(p; \delta))] \subseteq f^{-1}[B_T(y; \varepsilon)] \subseteq f^{-1}(Y),$$

所以 p 是 $f^{-1}(Y)$ 的一个内点.

反之，假定对于 T 内的每一个开子集 Y，$f^{-1}(Y)$ 都是 S 内的开集. 在 S 内选取 p 点

并设 $y=f(p)$. 我们将证明 f 在 p 点连续. 对于每一个 $\varepsilon>0$, 球 $B_T(y;\varepsilon)$ 在 T 内都是开的, 所以 $f^{-1}(B_T(y;\varepsilon))$ 在 S 内是开的. 现在, $p\in f^{-1}(B_T(y;\varepsilon))$, 所以有 $\delta>0$ 使得 $B_S(p;\delta)\subseteq f^{-1}(B_T(y;\varepsilon))$. 于是有 $f(B_S(p;\delta))\subseteq B_T(y;\varepsilon)$, 所以 f 在 p 点连续. ■

定理 4.24 设 $f: S\to T$ 是从一个度量空间 (S, d_S) 到另一个度量空间 (T, d_T) 的函数, 则 f 在 S 上连续, 当且仅当对于 T 中的每一个闭集 Y, 逆象 $f^{-1}(Y)$ 是 S 中的闭集.

证明 如果 Y 是 T 中的闭集, 则 $T-Y$ 是 T 中的开集, 且有

$$f^{-1}(T-Y)=S-f^{-1}(Y).$$

现在应用定理 4.23 即可. ■

例 在连续映射下开集的象未必是开的. 一个简单的反例是常数函数, 它把整个 S 映为 $\mathbf{R}^1$ 内的一个点. 类似地, 在连续映射下闭集的象未必是闭的. 例如, 实值函数 $f(x)=\arctan x$ 把 $\mathbf{R}^1$ 映到开区间 $(-\pi/2, \pi/2)$.

4.13 紧集上的连续函数

下面一个定理表明, 紧集的连续象仍为紧集, 这是连续函数的另一个整体性质.

定理 4.25 设 $f: S\to T$ 是从一个度量空间 (S, d_S) 到另一个度量空间 (T, d_T) 的函数. 如果 f 在 S 的一个紧子集 X 上连续, 则象 $f(X)$ 是 T 的一个紧子集. 特别地,
82 $f(X)$ 在 T 内是闭的和有界的.

证明 设 F 是 $f(X)$ 的一个开覆盖, 所以 $f(X)\subseteq\bigcup_{A\in F}A$. 我们将证明有有限个集合 A 能覆盖 $f(X)$. 因为 f 在度量子空间 (X, d_S) 上是连续的, 所以应用定理 4.23 可以断定每个集合 $f^{-1}(A)$ 在 (X, d_S) 内都是开的. 集合 $f^{-1}(A)$ 形成 X 的一个开覆盖, 因为 X 是紧的, 所以它们中有有限个能覆盖 X, 比方说 $X\subseteq f^{-1}(A_1)\cup\cdots\cup f^{-1}(A_p)$. 因此

$$\begin{aligned}f(X)\subseteq f[f^{-1}(A_1)\cup\cdots\cup f^{-1}(A_p)]&=f[f^{-1}(A_1)]\cup\cdots\cup f[f^{-1}(A_p)]\\&\subseteq A_1\cup\cdots\cup A_p,\end{aligned}$$

所以 $f(X)$ 是紧的. 作为定理 3.38 的一个推论, 我们看到 $f(X)$ 是闭的和有界的. ■

定义 4.26 函数 $\boldsymbol{f}: S\to\mathbf{R}^k$ 在 S 上称为是有界的, 如果有一个正数 M 使得对于 S 内的一切 x 都有 $\|\boldsymbol{f}(x)\|\leqslant M$.

因为 $\boldsymbol{f}$ 在 S 上有界当且仅当 $\boldsymbol{f}(S)$ 是 $\mathbf{R}^k$ 的有界子集, 所以我们有定理 4.25 的下述推论.

定理 4.27 设 $\boldsymbol{f}: S\to\mathbf{R}^k$ 是从一个度量空间 S 到欧氏空间 $\mathbf{R}^k$ 的函数. 如果 $\boldsymbol{f}$ 在 S 的一个紧子集 X 上是连续的, 则 $\boldsymbol{f}$ 在 X 上是有界的.

这个定理对于实值函数有着重要的含义. 如果 f 是实值函数并且在 X 上有界, 则 $f(X)$ 是 $\mathbf{R}$ 的一个有界子集, 所以它有上确界 $\sup f(X)$ 和下确界 $\inf f(X)$. 并且

$$\inf f(X)\leqslant f(x)\leqslant\sup f(X),\qquad\text{对于 } X \text{ 内的每一个 } x.$$

下面一个定理表明, 如果 X 是紧的, 则连续函数 f 实际上能取到值 $\sup f(X)$ 和 $\inf f(X)$.

定理 4.28 设 $f: S\to\mathbf{R}$ 是从一个度量空间 S 到欧氏空间 $\mathbf{R}$ 的实值函数, 假定 f 在 S 的一个紧子集 X 上是连续的, 则在 X 中存在点 p 和 q 使得

$$f(p)=\inf f(X),\qquad f(q)=\sup f(X).$$

注 因为对于 X 中的一切 x 都有 $f(p)\leqslant f(x)\leqslant f(q)$，所以 $f(p)$ 和 $f(q)$ 这两个数分别称为 f 在 X 上的绝对的或整体的最小值和最大值.

证明 定理 4.25 表明 $f(X)$ 是 $\mathbf{R}$ 的一个闭的有界子集. 设 $m=\inf f(X)$，则 m 附贴于 $f(X)$，而且，因为 $f(X)$ 是闭的，所以 $m\in f(X)$，从而对于 X 内的某个 p 有 $m=f(p)$. 类似可知对于 X 内的某个 q 有 $f(q)=\sup f(X)$. ■

定理 4.29 设 $f: S\to T$ 是从一个度量空间 (S, d_S) 到另一个度量空间 (T, d_T) 的函数. 假定 f 在 S 上是 1-1 的，所以反函数 f^{-1} 存在. 如果 S 是紧的，且 f 在 S 上是连续的，则 f^{-1} 在 $f(S)$ 上是连续的.

证明 按照定理 4.24(应用于 f^{-1})，我们只需证明对于 S 内的每一个闭集 X，它的 83
象 $f(X)$ 在 T 内是闭的. (注意 $f(X)$ 是 X 在 f^{-1} 下的逆象.)因为 X 是闭的且 S 是紧的，所以 X 是紧的(由定理 3.39)，所以 $f(X)$ 是紧的(由定理 4.25)，从而 $f(X)$ 是闭的(由定理 3.38). 这就完成了证明. ■

例 这个例子表明 S 的紧性是定理 4.29 的本质部分. 设 $S=[0, 1)$ 具有 $\mathbf{R}^1$ 的通常的度量，考虑由

$$f(x)=e^{2\pi i x},\qquad \text{对于 } 0\leqslant x<1$$

定义的复值函数 f. 这是一个把半开区间 $[0, 1)$ 映射到复平面内的单位圆 $|z|=1$ 的 1-1 连续映射. 然而，f^{-1} 在点 $f(0)$ 不是连续的. 例如，如果 $x_n=1-1/n$，则序列 $\{f(x_n)\}$ 收敛于 $f(0)$，但是 $\{x_n\}$ 在 S 内不收敛.

4.14 拓扑映射(同胚)

定义 4.30 设 $f: S\to T$ 是从一个度量空间 (S, d_S) 到另一个度量空间 (T, d_T) 的函数. 假定 f 在 S 上是 1-1 的，所以反函数 f^{-1} 存在. 如果 f 在 S 上是连续的，而且 f^{-1} 在 $f(S)$ 上也是连续的，则称 f 为拓扑映射或同胚，而把度量空间 (S, d_S) 和 $(f(S), d_T)$ 说成是同胚的.

如果 f 是一个同胚映射，则 f^{-1} 也是同胚映射. 定理 4.23 表明，同胚映射把 S 的开子集映到 $f(S)$ 的开子集上，它也把 S 的闭子集映到 $f(S)$ 的闭子集上.

集合的在每一个拓扑映射下保持不变的性质称为拓扑性质. 因此，开的、闭的或紧的这样的性质都是拓扑性质.

同胚映射的一个重要例子是等距映射. 这是一个在 S 上 1-1 且保持度量的函数，即对于 S 内的一切点 x 和 y 有

$$d_T(f(x), f(y))=d_S(x, y).$$

如果从 (S, d_S) 到 $(f(S), d_T)$ 有一个等距映射，这两个度量空间就称为是等距的.

拓扑映射在空间曲线的理论中特别重要，例如，一条简单弧是一个区间的拓扑象，而简单闭曲线是圆的拓扑象.

4.15　波尔查诺定理

本节介绍著名的波尔查诺定理，这是关于在 **R** 内的紧区间$[a, b]$上连续的实值函数的一个整体性质的定理. 如果 f 的图像在 a 点位于 x 轴的上方，而在 b 点位于 x 轴的下方，则波尔查诺定理断言，该图像必定在当中某点与 x 轴相交. 我们的证明将基于连续
84 函数的一个称为保号性的整体性质.

定理 4.31　设 f 在 **R** 内的一个区间上定义. 假定 f 在 S 内的一点 c 处连续且 $f(c)\neq 0$，则有一个 1-球 $B(c; \delta)$使得 $f(x)$在 $B(c; \delta)\cap S$ 内有与 $f(c)$相同的符号.

证明　假定 $f(c)>0$. 对于每一个 $\varepsilon>0$ 有 $\delta>0$ 使得

$$f(c)-\varepsilon<f(x)<f(c)+\varepsilon, \quad \text{只要 } x\in B(c; \delta)\cap S.$$

取相应于 $\varepsilon=f(c)/2$(这个 ε 是正的)的 δ，则有

$$\frac{1}{2}f(c)<f(x)<\frac{3}{2}f(c), \quad \text{只要 } x\in B(c; \delta)\cap S,$$

所以 $f(x)$在 $B(c; \delta)\cap S$ 内有与 $f(c)$相同的符号. 如果 $f(c)<0$，则证明是类似的，此时取 $\varepsilon=-\frac{1}{2}f(c)$. ■

定理 4.32(波尔查诺)　设 f 是 **R** 内的紧区间$[a, b]$上的实值连续函数，并假定 $f(a)$与 $f(b)$有相反的符号，即假定 $f(a)f(b)<0$，则在开区间(a, b)内至少有一个点 c 使得 $f(c)=0$.

证明　为明确起见，假定 $f(a)>0$，$f(b)<0$. 设

$$A=\{x: x\in[a, b] \text{ 且 } f(x)\geqslant 0\}.$$

那么因为 $a\in A$，所以 A 是非空的，而且 A 以 b 为上界. 设 $c=\sup A$，则 $a<c<b$. 我们将证明 $f(c)=0$.

如果 $f(c)\neq 0$，则有一个 1-球 $B(c; \delta)$，f 在其中有与 $f(c)$相同的符号. 如果 $f(c)>0$，则有点 $x>c$ 使 $f(x)>0$，这与 c 的定义相矛盾；如果 $f(c)<0$，则 $c-\delta/2$ 对于 A 是一个上界，这又与 c 的定义相矛盾，所以必定有 $f(c)=0$. ■

从波尔查诺定理可以很容易对连续函数导出介值定理.

定理 4.33　假定 f 是 **R** 内的紧区间 S 上的实值连续函数. 设在 S 内有两个点 $\alpha<\beta$ 使得 $f(\alpha)\neq f(\beta)$，则 f 在区间(α, β)内能取到在 $f(\alpha)$和 $f(\beta)$之间的每一个值.

证明　设 k 是在 $f(\alpha)$和 $f(\beta)$之间的一个数，对由等式 $g(x)=f(x)-k$ 在$[\alpha, \beta]$上定义的函数 g 应用波尔查诺定理即可. ■

这个介值定理连同定理 4.28 一起，蕴涵着紧区间 S 在实值函数下的连续象是紧区间

$$[\inf f(S), \sup f(S)].$$

(如果 f 是 S 上的常数，这将是一个退化的区间.)下一节把这个性质推广到度量空间的更
85 一般的情况.

4.16　连通性

本节叙述连通性的概念及其与连续性的关系.

定义 4.34 度量空间 S 称为是不连通的，如果 $S=A\cup B$，其中 A 与 B 是 S 内的不相交的非空开集. 我们称 S 是连通的，如果它不是不连通的.

注 度量空间 S 的一个子集 X 称为是连通的，如果把它看作 S 的一个度量子空间时，它是一个连通的度量空间.

例

1. 具有通常的欧几里得度量的度量空间 $S=\mathbf{R}-\{0\}$ 是不连通的，因为它是两个不相交的非空开集的并集——正实数集和负实数集的并集.

2. $\mathbf{R}$ 内的每个开区间都是连通的. 这可以在 3.4 节中作为定理 3.11 的一个推论来证明.

3. 如果把有理数集合 $\mathbf{Q}$ 看作欧氏空间 $\mathbf{R}^1$ 的一个度量子空间，那么它是不连通的. 事实上，$\mathbf{Q}=A\cup B$，其中 A 由所有 $<\sqrt{2}$ 的有理数组成，B 由所有 $>\sqrt{2}$ 的有理数组成. 类似地，$\mathbf{Q}$ 内的每个球都是不连通的.

4. 每一个度量空间 S 都包含非空连通子集. 事实上，对于 S 内的每个 p，集合 $\{p\}$ 是连通的.

为了把连通性和连续性联系起来，我们引进二值函数的概念.

定义 4.35 在度量空间 S 上连续的实值函数 f 称为在 S 上是二值的，如果 $f(S)\subseteq\{0, 1\}$.

换句话说，一个二值函数就是一个只以 0 和 1 为可能的值的连续函数. 可以认为这是一个从 S 到度量空间 $T=\{0, 1\}$ 的连续函数，其中 T 有离散度量. 我们记得离散度量空间 T 的每一个子集在 T 内都既是开的又是闭的.

定理 4.36 度量空间 S 是连通的，当且仅当 S 上的每一个二值函数都是常数.

证明 假定 S 是连通的，设 f 是 S 上的一个二值函数. 我们必须证明 f 是常数. 设 $A=f^{-1}(\{0\})$ 和 $B=f^{-1}(\{1\})$ 是子集 $\{0\}$ 和 $\{1\}$ 的逆象. 因为 $\{0\}$ 和 $\{1\}$ 都是离散度量空间 $\{0, 1\}$ 的开子集，所以 A 和 B 在 S 内都是开的. 因此，$S=A\cup B$，其中 A 和 B 是不相交的开集. 但是因为 S 是连通的，所以要么 A 是空集且 $B=S$，要么 B 是空集且 $A=S$. 在每一种情况下 f 在 S 上都是常数.

反过来，假定 S 是不连通的，从而 $S=A\cup B$，其中 A 和 B 是 S 的互不相交的非空开子集. 我们将举出 S 上的一个二值函数，它不是常数. 设

$$f(x)=\begin{cases}0, & \text{当 } x\in A,\\ 1, & \text{当 } x\in B.\end{cases}$$ 86

因为 A 和 B 都是非空的，所以 f 能取到 0 和 1 这两个值，所以 f 不是常数. f 在 S 上也是连续的，因为 $\{0, 1\}$ 的每一个开子集的逆象在 S 中都是开的. ■

下面我们证明连通集的连续象是连通的.

定理 4.37 设 $f: S\to M$ 是从一个度量空间 S 到另一个度量空间 M 的函数. 设 X 是 S 的一个连通子集. 如果 f 在 X 上是连续的，则 $f(X)$ 是 M 的一个连通子集.

证明 设 g 是 $f(X)$ 上的一个二值函数. 我们将证明 g 是常数. 考虑在 X 上由等

式 $h(x)=g(f(x))$ 定义的复合函数 h，则 h 在 X 上是连续的而且仅能取值 0 和 1，所以 h 在 X 上是二值的．因为 X 是连通的，所以 h 在 X 上是常数而这蕴涵着 g 在 $f(X)$ 上是常数．因此 $f(X)$ 是连通的．■

例　因为 $\mathbf{R}^1$ 内的区间 X 是连通的，所以每一个连续象 $f(X)$ 都是连通的．如果 f 是实值的，则象 $f(X)$ 是另一个区间．如果 f 在 $\mathbf{R}^n$ 内取值，则象 $f(X)$ 称为 $\mathbf{R}^n$ 中的一条曲线．因而，$\mathbf{R}^n$ 中的每条曲线都是连通的．

作为定理 4.37 的一个推论，我们有波尔查诺定理的下述推广．

定理 4.38（对于实连续函数的介值定理）　设 f 是 $\mathbf{R}^n$ 的一个连通子集 S 上的实值连续函数．如果 f 在 S 内取到两个不同的值，比方说是 a 和 b，则对于介于 a 和 b 之间的每一个实数 c，在 S 内都存在点 $\mathbf{x}$ 使得 $f(\mathbf{x})=c$．

证明　象 $f(S)$ 是 $\mathbf{R}^1$ 的一个连通子集．因此，$f(S)$ 是一个包含 a 和 b 的区间（见练习 4.38）．如果某个介于 a 与 b 之间的值 c 不在 $f(S)$ 内，则 $f(S)$ 将是不连通的．■

4.17　度量空间的分支

本节证明每一个度量空间 S 都可以被用唯一的方法表示成称为分支的一些连通的"片断"的并集．首先我们证明下述定理：

定理 4.39　设 F 是由度量空间 S 的连通子集构成的一个集族，交集 $T=\bigcap\limits_{A\in F}A$ 是非空的，则并集 $U=\bigcup\limits_{A\in F}A$ 是连通的．

证明　因为 $T\neq\varnothing$，所以 T 内有某个 t．设 f 是 U 上的一个二值函数．我们将证明对于 U 内的所有的 x 都有 $f(x)=f(t)$，从而 f 在 U 上是常数．如果 $x\in U$，则对 F 内的某个 A 有 $x\in A$．因为 A 是连通的，所以 f 在 A 上是常数，而且因为 $t\in A$，所以 $f(x)=f(t)$．■

度量空间 S 内的每一个点 x 都至少属于 S 的一个连通子集，例如 $\{x\}$．按照定理 4.39，所有包含 x 的连通子集的并集也是连通的．我们称这个并集为 S 的一个分支，
87 记为 $U(x)$．因此，$U(x)$ 是 S 的包含 x 的最大的连通子集．

定理 4.40　度量空间 S 的每个点都属于 S 的一个唯一确定的分支．换句话说，S 的分支形成一族不相交的集合，它们的并集就是 S．

证明　两个不同的分支不能包含同一点 x；否则（按照定理 4.39）它们的并集将是包含 x 的一个更大的连通集．■

4.18　弧连通性

本节介绍一个特殊的性质，称为弧连通性．欧氏空间 $\mathbf{R}^n$ 中的某些（但不是全部）连通集具有这一性质．

定义 4.41　$\mathbf{R}^n$ 内的一个集合 S 称为是弧连通的，如果对于 S 内的任意两点 $\mathbf{a}$ 和 $\mathbf{b}$ 都有连续函数 $\mathbf{f}$：$[0,1]\to S$ 使得

$$\mathbf{f}(0)=\mathbf{a},\qquad \mathbf{f}(1)=\mathbf{b}.$$

注　一个这样的函数称为从 $\boldsymbol{a}$ 到 $\boldsymbol{b}$ 的一条路．如果 $\boldsymbol{f}(0)\neq\boldsymbol{f}(1)$，则$[0,\ 1]$在 $\boldsymbol{f}$ 下的象称为一条连接 $\boldsymbol{a}$ 和 $\boldsymbol{b}$ 的弧．这样，S 是弧连通的，如果 S 内的每一对不同的点都能被位于 S 内的一条弧连接起来．弧连通的集合也称为是顺向连通的．如果对于 $0\leqslant t\leqslant 1$ 有 $\boldsymbol{f}(t)=t\boldsymbol{b}+(1-t)\boldsymbol{a}$，则连接 $\boldsymbol{a}$ 和 $\boldsymbol{b}$ 的曲线称为一条线段．

例

1. $\mathbf{R}^n$ 内的每个凸集都是弧连通的，因为连接这样的集合的两点的线段位于这个集合内．特别地，每一个 n-球都是弧连通的．

2. 图 4-4 中的集合(两个相切的闭圆盘的并集)是弧连通的．

3. 图 4-5 中的集合由曲线 $y=\sin(1/x)(0<x\leqslant 1)$上的点和水平线段 $-1\leqslant x\leqslant 0$ 上的点组成．这个集合是连通的，但不是弧连通的(练习 4.46)．

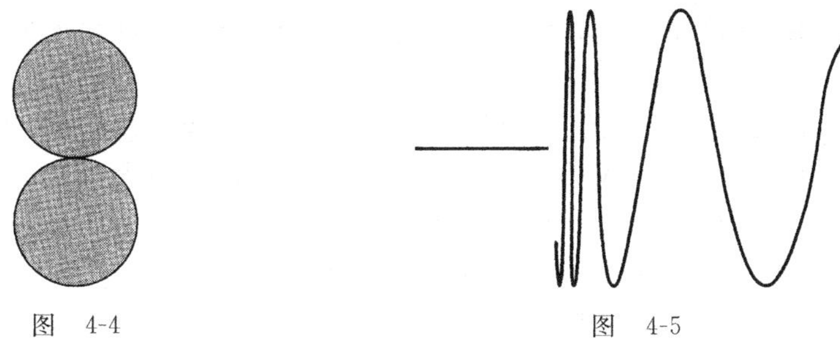

图　4-4　　　　图　4-5　88

下面一个定理描述了弧连通性与连通性之间的关系．

定理 4.42　$\mathbf{R}^n$ 内的每一个弧连通集 S 都是连通的．

证明　设 g 在 S 上是二值的，我们将证明 g 在 S 上是常数．选取 S 内的一点 $\boldsymbol{a}$．如果 $\boldsymbol{x}\in S$，则用位于 S 内的一条弧 Γ 把 $\boldsymbol{a}$ 与 $\boldsymbol{x}$ 连接起来．因为 Γ 是连通的，所以 g 在 Γ 上是常数，所以 $g(\boldsymbol{x})=g(\boldsymbol{a})$．但是因为 $\boldsymbol{x}$ 是 S 内的任意一点，这表明 g 在 S 上是常数，所以 S 是连通的．■

我们已经注意到，存在连通的集合不是弧连通的．然而，这两个概念对于开集是等价的．

定理 4.43　$\mathbf{R}^n$ 中每个开的连通集都是弧连通的．

证明　设 S 是 $\mathbf{R}^n$ 内的一个开的连通集合，并假定 $\boldsymbol{x}\in S$．我们将证明 $\boldsymbol{x}$ 与 S 内的每一点 $\boldsymbol{y}$ 都可以用一条位于 S 内的弧连接起来．设 A 表示 S 的由可以被如此连接到 $\boldsymbol{x}$ 的点构成的子集，并设 $B=S-A$．于是 $S=A\cup B$，其中 A 与 B 是不相交的．我们将证明 A 与 B 在 $\mathbf{R}^n$ 内都是开的．

假定 $\boldsymbol{a}\in A$ 且有一条位于 S 内的弧(比方说是 Γ)把 $\boldsymbol{a}$ 连接到 $\boldsymbol{x}$．因为 $\boldsymbol{a}\in S$ 且 S 是开的，所以有一个 n-球 $B(\boldsymbol{a})\subseteq S$．$B(\boldsymbol{a})$内的每个 $\boldsymbol{y}$ 都可以被一条线段(在 S 内)连接到 $\boldsymbol{a}$ 从而被 Γ 连接到 $\boldsymbol{x}$．这样，如果 $\boldsymbol{y}\in B(\boldsymbol{a})$，则 $\boldsymbol{y}\in A$．这就是说 $B(\boldsymbol{a})\subseteq A$，从而 A 是开的．

为了说明 B 也是开的，假定 $\boldsymbol{b}\in B$，则有一个 n-球 $B(\boldsymbol{b})\subseteq S$，因为 S 是开的．但是如果 $B(\boldsymbol{b})$内的一点 $\boldsymbol{y}$ 能被一条位于 S 内的弧(比方说是 Γ')连接到 $\boldsymbol{x}$，则 $\boldsymbol{b}$ 点本身也能先

从 $\boldsymbol{b}$ 连接到 $\boldsymbol{y}$(用 $B(\boldsymbol{b})$内的一条线段)，再用 Γ'连接到 $\boldsymbol{x}$. 但是因为 $\boldsymbol{b}\notin A$，所以 $B(\boldsymbol{b})$没有点能在 A 内. 这就是说 $B(\boldsymbol{b})\subseteq B$，所以 B 是开的.

于是我们有了一个分解式 $S=A\cup B$，其中 A 和 B 是 $\mathbf{R}^n$ 内不相交的开集. 而且，A 不是空的，因为 $\boldsymbol{x}\in A$. 因为 S 是连通的，所以 B 必定是空的，所以 $S=A$. 现在 A 明显是弧连通的，因为它的任意两点可以先分别连接到 $\boldsymbol{x}$ 从而被适当地连接起来. 这就说明 S 是弧连通的. ■

注　一条路 $\boldsymbol{f}$：$[0, 1]\to S$ 称为是折线，如果$[0, 1]$在 $\boldsymbol{f}$ 下的象是有限条线段的并集. 利用在证明定理 4.43 时所用过的论述同样可以证明，$\mathbf{R}^n$ 中的每一个开的连通集都是折线连通的. 即该集内的每一对点都可以被位于该集内的一条折线连接起来.

定理 4.44　$\mathbf{R}^n$ 中的每一个开集都能且只能用一种方法表示成可数个不相交的开的连通集的并集.

证明　按照定理 4.40，S 的分支形成一个不相交的集族，它们的并集是 S. S 的每一个分支都是开的，因为如果 $\boldsymbol{x}\in T$，则有一个 n-球 $B(\boldsymbol{x})$被包含在 S 内. 因为 $B(\boldsymbol{x})$是连通的，$B(\boldsymbol{x})\subseteq T$，所以 T 是开的. 按照林德勒夫覆盖定理(定理 3.28)，S 的分支形成一个可数族，而且，按照定理 4.40，分解为分支的方法是唯一的. ■

89 **定义 4.45**　$\mathbf{R}^n$ 中的一个集合称为一个区域，如果它是一个开的连通集与该集合的全部或部分边界点(也可以不包括边界点)的并集. 如果不包括边界点，则这个区域称为开区域；如果包括全部边界点，则这个区域称为闭区域.

注　某些作者用区域这个术语代替开区域，特别是在复平面内.

4.19　一致连续性

假设 f 在一个度量空间(S, d_S)上有定义，在另一个度量空间(T, d_T)内取值，并假定 f 在 S 的一个子集 A 上连续. 那么，给定 A 内任意一点 p 和任意的$\varepsilon>0$，有 $\delta>0$(依赖于 p 和ε)使得如果 $x\in A$，则有

$$d_T(f(x), f(p))<\varepsilon, \quad 只要\ d_S(x, p)<\delta.$$

一般来说，我们不能期待对于一个固定的ε，δ 的同一个值能同样好地适用于 A 内的每一个点 p. 然而，这种情况是可能发生的. 发生时这个函数就称为在 A 上是一致连续的.

定义 4.46　设 f：$S\to T$ 是从一个度量空间(S, d_S)到另一个度量空间(T, d_T)的函数. f 称为在 S 的一个子集 A 上是一致连续的，如果下述条件成立：

对于每一个$\varepsilon>0$，存在 $\delta>0$(只依赖于ε)使得如果 $x\in A$ 且 $p\in A$，就有

$$d_T(f(x), f(p))<\varepsilon, \quad 只要\ d_S(x, p)<\delta. \tag{6}$$

为了强调在 A 上连续和在 A 上一致连续的区别，我们考虑下述实值函数的例子.

例

1. 设对于 $x>0$ 有 $f(x)=1/x$，并取 $A=(0, 1]$. 这个函数在 A 上是连续的，但在 A 上不是一致连续的. 为了证明这一点，设$\varepsilon=10$，并假设能找到一个 $\delta(0<\delta<1)$满足

定义的条件. 取 $x=\delta$，$p=\delta/11$，可得 $|x-p|<\delta$ 以及

$$|f(x)-f(p)|=\frac{11}{\delta}-\frac{1}{\delta}=\frac{10}{\delta}>10.$$

因而，对于这两个点将总是有 $|f(x)-f(p)|>10$，这与一致连续的定义相矛盾.

2. 设 $f(x)=x^2$，$x\in\mathbf{R}^1$，并像上例一样取 $A=(0,1]$. 这个函数在 A 上是一致连续的. 为了证明这一点，注意有

$$|f(x)-f(p)|=|x^2-p^2|=|(x-p)(x+p)|<2|x-p|.$$

如果 $|x-p|<\delta$，则 $|f(x)-f(p)|<2\delta$. 因此，一旦给定 ε，只需取 $\delta=\varepsilon/2$ 就能保证对于满足条件 $|x-p|<\delta$ 的每一对 x、p 有 $|f(x)-f(p)|<\varepsilon$. 这就表明 f 在 A 上是一致连续的. 90

一个有益的练习是证明例 2 中的函数在 $\mathbf{R}^1$ 上不是一致连续的.

4.20 一致连续性与紧集

集合 A 上的一致连续性蕴涵着在 A 上的连续性(读者应该验证这一点). 如果 A 是紧集，则其逆命题也成立.

定理 4.47(海涅) 设 $f: S\to T$ 是从一个度量空间 (S, d_S) 到另一个度量空间 (T, d_T) 的函数. 设 A 是 S 的一个紧子集，并假定 f 在 A 上是连续的，则 f 在 A 上是一致连续的.

证明 设给定了 $\varepsilon>0$，于是 A 中的每一个点 a 都与一个球 $B_S(a; r)$ 相联系，其中 r 依赖于 a，使得

$$d_T(f(x), f(a))<\frac{\varepsilon}{2},\qquad \text{只要 } x\in B_S(a; r)\cap A.$$

考虑由半径为 $r/2$ 的球 $B_S(a; r/2)$ 构成的集族，这族球覆盖 A，而且因为 A 是紧的，所以这些球中有有限个也覆盖 A，比方说

$$A\subseteq\bigcup_{k=1}^{m}B_S\left(a_k; \frac{r_k}{2}\right).$$

在任何一个两倍半径的球 $B_S(a_k; r_k)$ 中，我们有

$$d_T(f(x), f(a_k))<\frac{\varepsilon}{2},\qquad \text{只要 } x\in B_S(a_k; r_k)\cap A.$$

设 δ 是 $r_1/2, \cdots, r_m/2$ 这些数中最小的一个，我们将证明这个 δ 满足一致连续性定义中的要求.

为此，考虑 A 中的两个点，比方说是 x 和 p，满足条件 $d_S(x, p)<\delta$. 按照上面进行的讨论，有某个球 $B_S(a_k; r_k/2)$ 包含 x，所以

$$d_T(f(x), f(a_k))<\frac{\varepsilon}{2}.$$

由三角不等式可得

$$d_S(p, a_k)\leqslant d_S(p, x)+d_S(x, a_k)<\delta+\frac{r_k}{2}\leqslant\frac{r_k}{2}+\frac{r_k}{2}=r_k.$$

因而，$p \in B_S(a_k; r_k) \cap S$，所以也有 $d_T(f(p), f(a_k)) < \varepsilon/2$. 再次使用三角不等式就可以发现

$$d_T(f(x), f(p)) \leqslant d_T(f(x), f(a_k)) + d_T(f(a_k), f(p)) < \frac{\varepsilon}{2} + \frac{\varepsilon}{2} = \varepsilon.$$

91 这就完成了证明. ■

4.21 压缩的不动点定理

设 $f: S \to S$ 是从度量空间(S, d)到它自身的函数. S 中的一个点 p 称为 f 的不动点，如果 $f(p)=p$. 函数 f 称为是对 S 的一个压缩，如果存在一个正数 $\alpha<1$(称为压缩常数)使得对于 S 内的一切 x，y 都有

$$d(f(x), f(y)) \leqslant \alpha d(x, y). \tag{7}$$

显然，任何度量空间中的压缩在 S 上都是一致连续的.

定理 4.48(不动点定理)　*完备度量空间 S 中的一个压缩有唯一的不动点 p.*

证明　如果 p 和 p' 是两个不动点，则式(7)蕴涵着 $d(p, p') \leqslant \alpha d(p, p')$，所以 $d(p, p')=0$，从而 $p=p'$. 因而 f 最多有一个不动点.

为了证明它有一个不动点，在 S 内任取一点 x 并考虑迭代序列：

$$x, \quad f(x), \quad f(f(x)), \cdots$$

即按下述公式递推地定义一个序列$\{p_n\}$：

$$p_0 = x, \quad p_{n+1} = f(p_n), \quad n=0, 1, 2, \cdots$$

我们将证明，$\{p_n\}$收敛于 f 的一个不动点. 先证明$\{p_n\}$是一个柯西序列. 由式(7)我们有

$$d(p_{n+1}, p_n) = d(f(p_n), f(p_{n-1})) \leqslant \alpha d(p_n, p_{n-1}),$$

所以，按归纳法可得

$$d(p_{n+1}, p_n) \leqslant \alpha^n d(p_1, p_0) = c\alpha^n,$$

其中 $c=d(p_1, p_0)$. 利用三角不等式，对于 $m>n$ 可得

$$d(p_m, p_n) \leqslant \sum_{k=n}^{m-1} d(p_{k+1}, p_k) \leqslant c\sum_{k=n}^{m-1} \alpha^k = c\frac{\alpha^n - \alpha^m}{1-\alpha} < \frac{c}{1-\alpha}\alpha^n.$$

因为当 $n\to\infty$ 时 $\alpha^n \to 0$，所以这个不等式表明$\{p_n\}$是一个柯西序列. 但是 S 是完备的，所以 S 内有一个 p 使得 $p_n \to p$. 根据 f 的连续性，

$$f(p) = f(\lim_{n\to\infty} p_n) = \lim_{n\to\infty} f(p_n) = \lim_{n\to\infty} p_{n+1} = p,$$

所以 p 是 f 的一个不动点. 这就完成了定理的证明. ■

分析学中有许多重要的存在性定理容易从不动点定理推导出来. 在练习 7.36 和 7.37 中给出了例子. 参考文献 4.4 给出了对于数值分析的应用.

4.22 实值函数的间断点

92 本章其余各节专门介绍在 **R** 的子区间上定义的实值函数的特性.

设 f 在一个区间(a, b)上有定义，假定 $c \in [a, b)$. 如果当 x 通过比 c 大的值趋向于 c 时 $f(x) \to A$，我们就说 A 是 f 在 c 点的*右极限*，并写作

$$\lim_{x \to c+} f(x) = A.$$

右极限 A 也可以用 $f(c+)$ 来表示．用 $\varepsilon-\delta$ 语言来说，这表明对于每一个 $\varepsilon>0$ 都有 $\delta>0$ 使得

$$|f(x)-f(c+)|<\varepsilon, \quad 只要 c<x<c+\delta<b.$$

注意 f 不需要在 c 点本身有定义．如果 f 在 c 点有定义且 $f(c+)=f(c)$，我们就说 f 在 c 点是*右连续的*．

如果 $c\in(a, b]$，则在 c 点处的左极限和左边的连续性可以类似地定义．

如果 $a<c<b$，则 f 在 c 点连续，当且仅当

$$f(c)=f(c+)=f(c-).$$

如果 f 在 c 点不连续，我们就说 c 是 f 的一个*间断点*(或*不连续点*)．这种情况满足下述条件之一：

a) $f(c+)$ 或 $f(c-)$ 二者中有一个不存在．

b) $f(c+)$ 与 $f(c-)$ 二者都存在但是不相等．

c) $f(c+)$ 与 $f(c-)$ 二者都存在并且 $f(c+)=f(c-)\neq f(c)$．

在(c)的情况下，c 点称为*可去间断点*，因为在 c 点重新把 f 的值定义为 $f(c+)=f(c-)$ 就可以去掉这个间断点．在(a)和(b)的情况下，称 c 为*不可去间断点*，因为在 c 点对 f 重新定义不能去掉这个间断点．

定义 4.49 *设 f 在闭区间 $[a, b]$ 上有定义．如果在某个内点 c 处 $f(c+)$ 和 $f(c-)$ 都存在，则*

a) $f(c)-f(c-)$ 称为 f 在 c 点的左跃变．

b) $f(c+)-f(c)$ 称为 f 在 c 点的右跃变．

c) $f(c+)-f(c-)$ 称为 f 在 c 点的跃变．

如果这三个数中有任何一个异于 0，则称 c 为 f 的一个跃变间断点．

对于端点 a 和 b，只考虑单侧跃变，即在 a 点只考虑右跃变 $f(a+)-f(a)$，而在 b 点只考虑左跃变 $f(b)-f(b-)$．

例

1. 由当 $x\neq 0$ 时 $f(x)=x/|x|$ 及 $f(0)=A$ 定义的函数 f 在 0 处有一个跃变间断点，而不论 A 取什么值．这里 $f(0+)=1$，$f(0-)=-1$．(见图 4-6.)

2. 由当 $x\neq 0$ 时 $f(x)=1$ 及 $f(0)=0$ 定义的函数 f 在 0 处有一个可去的跃变间断点．在这种情况下 $f(0+)=f(0-)=1$． 93

3. 由当 $x\neq 0$ 时 $f(x)=1/x$ 及 $f(0)=A$ 定义的函数 f 在 0 处有一个不可去间断点．在这种情况下 $f(0+)$ 和 $f(0-)$ 都不存在．(见图 4-7.)

4. 由当 $x\neq 0$ 时 $f(x)=\sin(1/x)$ 及 $f(0)=A$ 定义的函数 f 在 0 处有一个不可去间断点，因为 $f(0+)$ 和 $f(0-)$ 都不存在．(见图 4-8.)

5. 由当 $x\neq 0$ 时 $f(x)=x\sin(1/x)$ 及 $f(0)=1$ 定义的函数 f 在 0 处有一个可去的跃变间断点，因为 $f(0+)=f(0-)=0$．(见图 4-9.)

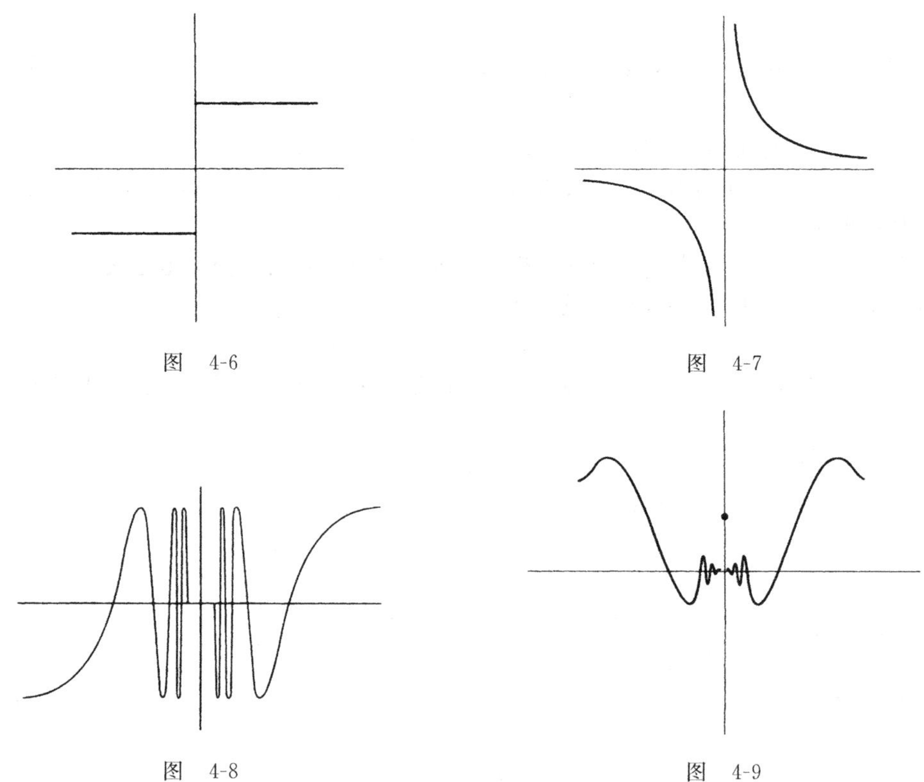

图　4-6　　　　图　4-7

图　4-8　　　　图　4-9

4.23　单调函数

定义 4.50　设 f 是定义在 $\mathbf{R}$ 的一个子集 S 上的实值函数. f 称为在 S 上是递增的(或是不递减的)，如果对于 S 内的每一对点 x 和 y 都有

$$x < y \quad \text{蕴涵着} \quad f(x) \leqslant f(y).$$

如果 $x<y$ 蕴涵着 $f(x)<f(y)$，则称 f 在 S 上是严格递增的. (递减函数可以类似地定义.)一个函数在 S 上称为是单调的，如果它在 S 上是递增的或递减的.

如果 f 是一个递增函数，则 $-f$ 是一个递减函数. 由此，在很多涉及单调函数的情况下，仅考虑递增函数就够了.

94 我们将证明，紧区间上的单调函数总是有有限的右极限和左极限. 因此它们的间断点(如果有的话)必定是跃变间断点.

定理 4.51　如果 f 在$[a, b]$上是递增的，则对于(a, b)内的每一个点 c，$f(c+)$和 $f(c-)$都存在，而且有

$$f(c-) \leqslant f(c) \leqslant f(c+).$$

在端点有

$$f(a) \leqslant f(a+) \quad \text{和} \quad f(b-) \leqslant f(b).$$

证明　设 $A=\{f(x): a<x<c\}$. 因为 f 是递增的，所以这个集合是以 $f(c)$为上界

的. 设 $\alpha=\sup A$，则 $\alpha\leqslant f(c)$，我们将证明 $f(c-)$ 存在且等于 α.

为此必须证明对于每一个 $\varepsilon>0$ 有 $\delta>0$ 使得

$$c-\delta<x<c \quad \text{蕴涵着} \quad |f(x)-\alpha|<\varepsilon.$$

但是由于 $\alpha=\sup A$，所以有 A 的一个元素 $f(x_1)$ 使得 $\alpha-\varepsilon<f(x_1)\leqslant\alpha$. 由于 f 是递增的，所以对于 (x_1, c) 内的每一个 x 也有 $\alpha-\varepsilon<f(x)\leqslant\alpha$，从而 $|f(x)-\alpha|<\varepsilon$. 因此，数 $\delta=c-x_1$ 有所要求的性质. ($f(c+)$ 存在且 $\geqslant f(c)$ 的证明是类似的，只是对于端点要做一些平凡的修改.) ■

当然，对于递减函数有相应的定理，读者自己应能叙述出来.

定理 4.52 设 f 在 $\mathbf{R}$ 内的一个集合 S 上是严格递增的，则 f^{-1} 存在，而且它在 $f(S)$ 上是严格递增的.

证明 由于 f 在 S 上是严格递增的，所以它在 S 上是 1-1 的，所以 f^{-1} 存在. 为了证明 f^{-1} 是严格递增的，设 $y_1<y_2$ 是 $f(S)$ 内的两个点，并设 $x_1=f^{-1}(y_1)$，$x_2=f^{-1}(y_2)$，不可能有 $x_1\geqslant x_2$，否则将也有 $y_1\geqslant y_2$，于是唯一的可能是

$$x_1<x_2,$$

这说明 f^{-1} 是严格递增的. ■

由定理 4.52 和定理 4.29 可以给出：

定理 4.53 设 f 在一个紧区间 $[a, b]$ 上是严格递增的和连续的，则 f^{-1} 在 $[f(a), f(b)]$ 上是连续的和严格递增的.

注 定理 4.53 告诉我们，连续的严格递增的函数是拓扑映射. 反过来，从一个区间 $[a, b]$ 到一个区间 $[c, d]$ 的每一个拓扑映射必定是严格单调函数. 对这个事实的验证对于读者将是一个有益的练习(练习 4.62). 95

练习

序列的极限

4.1 证明关于在 $\mathbf{C}$ 内的序列的下述论断：

a) $z^n\to 0$，当 $|z|<1$；$\{z^n\}$ 发散，当 $|z|>1$.

b) 如果 $z_n\to 0$ 且 $\{c_n\}$ 有界，则 $\{c_nz_n\}\to 0$.

c) $z^n/n!\to 0$，对于每一个复数 z.

d) 如果 $a_n=\sqrt{n^2+2}-n$，则 $a_n\to 0$.

4.2 如果对于一切 $n\geqslant 1$ 都有 $a_{n+2}=(a_{n+1}+a_n)/2$，求证 $a_n\to(a_1+2a_2)/3$. 提示：$a_{n+2}-a_{n+1}=(a_n-a_{n+1})/2$.

4.3 如果 $0<x_1<1$，且对一切 $n\geqslant 1$ 都有 $x_{n+1}=1-\sqrt{1-x_n}$，证明 $\{x_n\}$ 是一个以 0 为极限的递减序列，并证明 $x_{n+1}/x_n\to 1/2$.

4.4 两个正整数序列 $\{a_n\}$ 和 $\{b_n\}$ 按如下方式递归地定义：取 $a_1=b_1=1$，对于 $n\geqslant 2$，分别为方程

$$a_n+b_n\sqrt{2}=(a_{n-1}+b_{n-1}\sqrt{2})^2$$

中的有理部和无理部. 证明对于 $n\geqslant 2$ 有 $a_n^2-2b_n^2=1$. 推导出 $a_n/b_n\to\sqrt{2}$(通过大于 $\sqrt{2}$ 的值)，$2b_n/a_n\to\sqrt{2}$(通过小于 $\sqrt{2}$ 的值).

4.5 一个实序列$\{x_n\}$对于$n\geqslant 1$满足$7x_{n+1}=x_n^3+6$. 如果$x_1=\frac{1}{2}$，试证明该序列递增并求出其极限. 若$x_1=\frac{3}{2}$或$x_1=\frac{5}{2}$，情况如何？

4.6 若对于一切$n\geqslant 1$都有$|a_n|<2$及$|a_{n+2}-a_{n+1}|\leqslant\frac{1}{8}|a_{n+1}^2-a_n^2|$，证明$\{a_n\}$收敛.

4.7 在度量空间(S,d)中，假定$x_n\to x$，$y_n\to y$. 证明$d(x_n,y_n)\to d(x,y)$.

4.8 试证明在紧度量空间(S,d)中，S内的每一个序列都有子序列在S内收敛. 这个性质也蕴涵着S是紧的，但是不要求你证明这一点.（证明见参考文献 4.2 或 4.3.）

4.9 设A是度量空间S的一个子集. 如果A是完备的，证明A是闭的. 如果S是完备的，证明此命题的逆命题也成立.

函数的极限

注：从练习 4.10 到练习 4.28，全部函数都是实值的.

4.10 设f在开区间(a,b)上定义并假定$x\in(a,b)$. 考虑两个结论

a) $\lim\limits_{h\to 0}|f(x+h)-f(x)|=0$;　　b) $\lim\limits_{h\to 0}|f(x+h)-f(x-h)|=0$.

证明(a)总是蕴涵(b)，并给出一个(b)成立但(a)不成立的例子.

4.11 设f在$\mathbf{R}^2$上定义，如果

$$\lim_{(x,y)\to(a,b)} f(x,y)=L$$

以及一维的极限$\lim\limits_{x\to a}f(x,y)$及$\lim\limits_{y\to b}f(x,y)$都存在，证明

96 $$\lim_{x\to a}[\lim_{y\to b}f(x,y)]=\lim_{y\to b}[\lim_{x\to a}f(x,y)]=L.$$

现在考虑下述在$\mathbf{R}^2$上定义的函数f：

a) $f(x,y)=\dfrac{x^2-y^2}{x^2+y^2}$，　　若$(x,y)\neq(0,0)$；$f(0,0)=0$.

b) $f(x,y)=\dfrac{(xy)^2}{(xy)^2+(x-y)^2}$，　　若$(x,y)\neq(0,0)$；$f(0,0)=0$.

c) $f(x,y)=\dfrac{1}{x}\sin(xy)$，　　若$x\neq 0$；$f(0,y)=y$.

d) $f(x,y)=\begin{cases}(x+y)\sin(1/x)\sin(1/y) & 若 x\neq 0 且 y\neq 0,\\ 0, & 若 x=0 或 y=0.\end{cases}$

e) $f(x,y)=\begin{cases}\dfrac{\sin x-\sin y}{\tan x-\tan y}, & 若 \tan x\neq\tan y,\\ \cos^3 x, & 若 \tan x=\tan y.\end{cases}$

在上述每一个例子中，确定下述极限是否存在，并求出那些存在的极限的值：

$$\lim_{x\to 0}[\lim_{y\to 0}f(x,y)];\quad \lim_{y\to 0}[\lim_{x\to 0}f(x,y)];\quad \lim_{(x,y)\to(0,0)}f(x,y).$$

4.12 如果$x\in[0,1]$，证明下面的极限存在：

$$\lim_{m\to\infty}[\lim_{n\to\infty}\cos^{2n}(m!\,\pi x)]$$

并且该极限的值是 0 或 1，取决于x是无理数还是有理数.

实值函数的连续性

4.13 设f^-在$[a,b]$上连续且当x是有理数时$f(x)=0$. 证明对于$[a,b]$内的每一个x都有$f(x)=0$.

4.14 设f在$\mathbf{R}^n$内的点$\boldsymbol{a}=(a_1,a_2,\cdots,a_n)$处连续，保持$a_2,a_3,\cdots,a_n$不动而由等式

$$g(x)=f(x,a_2,\cdots,a_n)$$

定义一个新的一元实变量函数 g. 证明 g 在点 $x=a_1$ 处连续.（有时叙述为：n 元连续函数分别对每个变量连续.）

4.15 用一个例子表明练习 4.14 中的命题的逆命题一般是不正确的.

4.16 设 f，g 和 h 在[0，1]上定义如下：

$$f(x)=g(x)=h(x)=0,\quad \text{只要 } x \text{ 是无理数；}$$
$$f(x)=1 \text{ 而 } g(x)=x,\quad \text{只要 } x \text{ 是有理数；}$$
$$h(x)=1/n,\quad \text{如果 } x \text{ 是有理数 } m/n\text{(最简分数)；}$$
$$h(0)=1.$$

证明 f 在[0，1]内任何地方都不是连续的，g 仅在 $x=0$ 处是连续的，h 仅在[0，1]内的无理点处是连续的.

4.17 对于[0，1]内的每一个 x，当 x 是有理数时设 $f(x)=x$，当 x 是无理数时设 $f(x)=1-x$. 证明：

a)对于[0，1]内的一切 x 都有 $f(f(x))=x$.

b)对于[0，1]内的一切 x 都有 $f(x)+f(1-x)=1$. 97

c)f 仅在点 $x=\frac{1}{2}$ 处是连续的.

d)f 取到 0 和 1 之间的每一个值.

e)对于[0，1]内的一切 x 和 y，$f(x+y)-f(x)-f(y)$ 都是有理数.

4.18 设 f 在 $\mathbf{R}$ 上定义，并假定在 $\mathbf{R}$ 内至少存在一个点 x_0 使得 f 在该点连续. 再假定 f 对于 $\mathbf{R}$ 内的每一个 x 和 y 都满足等式

$$f(x+y)=f(x)+f(y).$$

证明存在一个常数 a 使得对于一切 x 都有 $f(x)=ax$.

4.19 设 f 在$[a,b]$上连续，并定义 g 如下：$g(a)=f(a)$，且对于 $a<x\leqslant b$，设 $g(x)$ 是 f 在子区间$[a,x]$上的最大值，证明 g 在$[a,b]$上连续.

4.20 设 f_1，…，f_m 是定义在 $\mathbf{R}^n$ 内的一个集合 S 上的 m 个实值函数. 假定每一个 f_k 在 S 的点 $\boldsymbol{a}$ 处连续. 定义一个新函数 f 如下：对于 S 内的每个 $\boldsymbol{x}$，$f(\boldsymbol{x})$ 是 $f_1(\boldsymbol{x})$，…，$f_m(\boldsymbol{x})$ 这 m 个数的最大值，讨论 f 在 $\boldsymbol{a}$ 点的连续性.

4.21 设 $f: S\to\mathbf{R}$ 在 $\mathbf{R}^n$ 内的一个开集 S 上连续，假定 $\boldsymbol{p}\in S$ 且 $f(\boldsymbol{p})>0$. 证明有一个 n-球 $B(\boldsymbol{p}, r)$，使得对于该球内的每一个 $\boldsymbol{x}$ 都有 $f(\boldsymbol{x})>0$.

4.22 设 f 在 $\mathbf{R}$ 内的一个闭集 S 上有定义且连续. 设

$$A=\{x: x\in S \quad \text{且} \quad f(x)=0\}.$$

证明 A 是 $\mathbf{R}$ 的一个闭子集.

4.23 给定一个函数 $f: \mathbf{R}\to\mathbf{R}$，在 $\mathbf{R}^2$ 内定义两个集合 A 和 B 如下：

$$A=\{(x,y): y<f(x)\},\quad B=\{(x,y): y>f(x)\}.$$

证明 f 在 $\mathbf{R}$ 上连续当且仅当 A 与 B 二者都是 $\mathbf{R}^2$ 的开子集.

4.24 设 f 在 $\mathbf{R}$ 内的一个紧区间 S 上有定义且有界. 如果 $T\subseteq S$，则把

$$\Omega_f(T)=\sup\{f(x)-f(y): x\in T,\ y\in T\}$$

这个数称为 f 在 T 上的振幅(或跨度). 如果 $x\in S$，则 f 在 x 点的振幅定义为数

$$\omega_f(x)=\lim_{h\to 0+}\Omega_f(B(x;h)\cap S).$$

证明这个极限总是存在的，而且 $\omega_f(x)=0$ 当且仅当 f 在 x 点连续.

4.25 设 f 在紧区间$[a,b]$上连续. 假设 f 在 x_1 有一个局部极大值，在 x_2 有一个局部极大值. 证明在 x_1 与 x_2 之间必有第三个点，f 在该点处有局部极小值.

注：说 f 在 x_1 有一个局部极大值，意思是有一个 1-球 $B(x_1)$ 使得对于 $B(x_1)\cap[a, b]$ 内的一切 x 都有 $f(x)\leqslant f(x_1)$. 局部极小值类似地定义.

4.26 设 f 是一个实值函数，在 $[0, 1]$ 上连续，具有下述性质：对每一个实数 y，或者在 $[0, 1]$ 内没有 x 满足 $f(x)=y$，或者恰有一个这样的 x. 证明 f 在 $[0, 1]$ 上是严格单调的.

4.27 设 f 是定义在 $[0, 1]$ 上的一个函数，它有下述性质：对于每一个实数 y，或者在 $[0, 1]$ 内没有 x
98 满足 $f(x)=y$，或者在 $[0, 1]$ 内恰有两个 x 值满足 $f(x)=y$.

a)证明 f 在 $[0, 1]$ 上不可能是连续的.

b)构造出一个具有以上性质的函数 f.

c)证明具有这种性质的任何函数在 $[0, 1]$ 上都有无穷多个间断点.

4.28 在下述每一种情况下，给出一个在 S 上连续的函数 f 的例子，并使 $f(S)=T$，或者说明为什么不可能有这样的 f：

a) $S=(0, 1)$，　　$T=(0, 1]$.

b) $S=(0, 1)$，　　$T=(0, 1)\cup(1, 2)$.

c) $S=\mathbf{R}^1$，　　$T=$有理数集.

d) $S=[0, 1]\cup[2, 3]$，　　$T=\{0, 1\}$.

e) $S=[0, 1]\times[0, 1]$，　　$T=\mathbf{R}^2$.

f) $S=[0, 1]\times[0, 1]$，　　$T=(0, 1)\times(0, 1)$.

g) $S=(0, 1)\times(0, 1)$，　　$T=\mathbf{R}^2$.

在度量空间内的连续性

在练习 4.29 至练习 4.33 中，假定 $f: S\to T$ 是从度量空间 (S, d_S) 到另一个度量空间 (T, d_T) 的函数.

4.29 证明 f 在 S 上连续当且仅当对于 T 的每一个子集 B 有

$$f^{-1}(\operatorname{int}B)\subseteq\operatorname{int}f^{-1}(B).$$

4.30 证明 f 在 S 上连续当且仅当对于 S 的每一个子集 A 有

$$f(\overline{A})\subseteq\overline{f(A)}.$$

4.31 证明 f 在 S 上连续当且仅当 f 在 S 的每一个紧子集上连续. 提示：如果在 S 内有 $x_n\to p$，则集合 $\{p, x_1, x_2, \cdots\}$ 是紧的.

4.32 一个函数 $f: S\to T$ 称为 S 上的一个闭映射，如果对于 S 的每一个闭子集 A，它的象 $f(A)$ 在 T 内是闭的. 证明 f 在 S 上是连续的和闭的，当且仅当对于 S 的每一个子集 A 都有 $f(\overline{A})=\overline{f(A)}$.

4.33 在某个度量空间 S 中给出一个连续函数 f 和一个柯西序列 $\{x_n\}$ 的例子，使得 $\{f(x_n)\}$ 不是 T 内的柯西序列.

4.34 证明 $\mathbf{R}^1$ 内的区间 $(-1, 1)$ 是同胚于 $\mathbf{R}^1$ 的. 这表明无论有界性还是完备性都不是拓扑性质.

4.35 9.7 节包含一个在 $[0, 1]$ 上连续的函数 f 的例子，对这个函数 f 有 $f([0, 1])=[0, 1]\times[0, 1]$. 证明这样的 f 在 $[0, 1]$ 上不可能是 1-1 的.

连通性

4.36 证明一个度量空间 S 是不连通的，当且仅当 S 有一个非空子集 A，$A\neq S$，它在 S 内既是开的又是闭的.

4.37 证明一个度量空间 S 是连通的，当且仅当 S 的在 S 内既是开的又是闭的子集只有空集和 S 本身.

99 4.38 证明 $\mathbf{R}$ 的连通子集只能是(a)空集，(b)单点集，(c)区间(开的，闭的，半开的或无穷的).

4.39 设 X 是一个度量空间 S 的一个连通子集. 设 Y 是 S 的一个子集使得 $X\subseteq Y\subseteq\overline{X}$，其中 $\overline{X}$ 是 X 的闭包. 证明 Y 也是连通的. 特别地，这表明 $\overline{X}$ 是连通的.

4.40 如果 x 是度量空间 S 内的一个点，设 $U(x)$ 是 S 的包含 x 的分支. 证明 $U(x)$ 在 S 内是闭的.

4.41 设 S 是 $\mathbf{R}$ 的一个开子集. 按照定理 3.11，S 是由 $\mathbf{R}$ 内的开区间构成的可数不相交集族的并集. 证明这些开区间中的每一个都是度量子空间 S 的一个分支. 说明为什么这与练习 4.40 不矛盾.

4.42 给定 $\mathbf{R}^m$ 内的一个紧集 S，它具有下述性质：对于 S 内的每一对点 $\boldsymbol{a}$ 和 $\boldsymbol{b}$ 以及每一个 $\varepsilon>0$，在 S 内存在有限点集 $\{\boldsymbol{x}_0, \boldsymbol{x}_1, \cdots, \boldsymbol{x}_n\}$，其中 $\boldsymbol{x}_0=\boldsymbol{a}$，$\boldsymbol{x}_n=\boldsymbol{b}$，使得对于 $k=1, 2, \cdots, n$ 有

$$\|\boldsymbol{x}_k-\boldsymbol{x}_{k-1}\|<\varepsilon.$$

证明 S 是连通的，或证明 S 不是连通的.

4.43 证明一个度量空间 S 是连通的，当且仅当它的每一个非空正常子集有非空的边界.

4.44 证明 $\mathbf{R}^n$ 的每一个凸子集是连通的.

4.45 给定一个函数 $\boldsymbol{f}: \mathbf{R}^n\to\mathbf{R}^m$，它在 $\mathbf{R}^n$ 上是 1-1 的和连续的. 如果 A 在 $\mathbf{R}^n$ 内是开的和不连通的，证明 $\boldsymbol{f}(A)$ 在 $\boldsymbol{f}(\mathbf{R}^n)$ 内是开的和不连通的.

4.46 设 $A=\{(x, y): 0<x\leqslant 1, y=\sin(1/x)\}$，$B=\{(x, y): y=0, -1\leqslant x\leqslant 0\}$，并设 $S=A\cup B$. 证明 S 是连通的但不是弧连通的.（见 4.18 节图 4-5.）

4.47 设 $F=\{F_1, F_2, \cdots\}$ 是 $\mathbf{R}^n$ 内的一个由连通紧集组成的可数族，对于每个 $k\geqslant 1$ 都有 $F_{k+1}\subseteq F_k$. 证明交集 $\bigcap_{k=1}^{\infty} F_k$ 是连通的和闭的.

4.48 设 S 是 $\mathbf{R}^n$ 内的一个开的连通集，T 是 $\mathbf{R}^n-S$ 的一个分支. 证明 R^n-T 是连通的.

4.49 设 (S, d) 是一个连通的度量空间，它不是有界的. 证明对于 S 内的每一个 a 和每一个 $r>0$，集合 $\{x: d(x, a)=r\}$ 都是非空的.

一致连续性

4.50 证明在 S 上一致连续的函数在 S 上也是连续的.

4.51 如果对于 $\mathbf{R}$ 内的 x 有 $f(x)=x^2$，证明 f 在 $\mathbf{R}$ 上不是一致连续的.

4.52 假定 f 在 $\mathbf{R}^n$ 内的一个有界集上是一致连续的，证明 f 在 S 上必定是有界的.

4.53 设 $\boldsymbol{f}$ 是定义在 $\mathbf{R}^n$ 内的一个集合 S 上的函数，并假定 $\boldsymbol{f}(S)\subseteq\mathbf{R}^m$. 设 $\boldsymbol{g}$ 定义在 $\boldsymbol{f}(S)$ 上其值在 $\mathbf{R}^k$ 内，并设 $\boldsymbol{h}$ 表示由 $\boldsymbol{h}(x)=\boldsymbol{g}[\boldsymbol{f}(x)]$（当 $\boldsymbol{x}\in S$）定义的复合函数. 如果 $\boldsymbol{f}$ 在 S 上一致连续，$\boldsymbol{g}$ 在 $\boldsymbol{f}(S)$ 上一致连续，证明 $\boldsymbol{h}$ 在 S 上一致连续.

4.54 假定 $f: S\to T$ 在 S 上是一致连续的，其中 S 和 T 是度量空间. 如果 $\{x_n\}$ 是 S 内的任一柯西序列，证明 $\{f(x_n)\}$ 是 T 内的一个柯西序列.（与练习 4.33 对照.） 100

4.55 设 $f: S\to T$ 是从一个度量空间 S 到另一个度量空间 T 的函数. 假定 f 在 S 的一个子集 A 上是一致连续的，并且 T 是完备的. 证明 f 到 $\overline{A}$ 有唯一的在 $\overline{A}$ 上一致连续的开拓.

4.56 在度量空间 (S, d) 中，设 A 是 S 的一个非空子集. 对于 S 内的每一个 x，由等式

$$f_A(x)=\inf\{d(x, y): y\in A\}$$

定义一个函数 $f_A: S\to\mathbf{R}$. 数 $f_A(x)$ 称为 x 到 A 的距离.

a)证明 f_A 在 S 上是一致连续的.

b)证明 $\overline{A}=\{x: x\in S \text{ 且 } f_A(x)=0\}$.

4.57 在度量空间 (S, d) 中，设 A 和 B 是 S 的不相交的闭子集. 证明存在 S 的不相交的开子集 U 和 V 使得 $A\subseteq U$，$B\subseteq V$. 提示：用练习 4.56 的记号，设 $g(x)=f_A(x)-f_B(x)$，并考虑 $g^{-1}(-\infty, 0)$ 及 $g^{-1}(0, +\infty)$.

间断点

4.58 确定在 $\mathbf{R}^1$ 上按下列方程定义的函数 f 的间断点的位置，并进行分类：

a) $f(x)=(\sin x)/x$　　若 $x\neq 0$，$f(0)=0$.

b) $f(x)=\mathrm{e}^{1/x}$　　若 $x\neq 0$，$f(0)=0$.

c) $f(x)=e^{1/x}+\sin(1/x)$　若 $x\neq 0$，$f(0)=0$.

d) $f(x)=1/(1-e^{1/x})$　若 $x\neq 0$，$f(0)=0$.

4.59　在 $\mathbf{R}^2$ 内确定练习 4.11 中各函数不连续的点的位置.

单调函数

4.60　设 f 在开区间 (a, b) 内定义，并假定对于 (a, b) 内的每一个内点 x 存在一个 1-球 $B(x)$，f 在该 1-球内递增. 证明 f 在 (a, b) 内自始至终是递增函数.

4.61　设 f 在紧区间 $[a, b]$ 上连续，并假定 f 在任何内点处没有局部极大值和局部极小值.（见练习 4.25 后的注.）证明 f 在 $[a, b]$ 上必定是单调的.

4.62　如果 f 在 $[a, b]$ 上是 1-1 的和连续的，证明 f 在 $[a, b]$ 上必定是严格单调的. 即证明 $[a, b]$ 到某一个区间 $[c, d]$ 上的每一个拓扑映射必定是严格单调的.

4.63　设 f 是定义在 $[a, b]$ 上的一个递增函数，并设 $x_1, \cdots, x_n$ 是此区间内的 n 个点使得 $a<x_1<x_2<\cdots<x_n<b$.

a) 证明 $\sum_{k=1}^{n}\left[f(x_k+)-f(x_k-)\right]\leqslant f(b-)-f(a+)$.

b) 从 (a) 部分推断出 f 的间断点集是可数的.

c) 证明 f 在 $[a, b]$ 的每一个开的子区间内有连续点.

4.64　在 $\mathbf{R}$ 内的一个集合 S 上给出一个有定义且严格递增的函数 f 的例子，使得 f^{-1} 在 $f(S)$ 上不是连
101 续的.

4.65　设 f 在 $\mathbf{R}$ 的一个子集 S 上是严格递增的. 假定它的象 $f(S)$ 有下述性质之一：a) $f(S)$ 是开的；b) $f(S)$ 是连通的；c) $f(S)$ 是闭的. 证明 f 在 S 上必定是连续的.

度量空间和不动点

4.66　设 $B(S)$ 表示由所有在一个非空集合 S 上定义且有界的实值函数构成的集合. 如果 $f\in B(S)$，设

$$\|f\|=\sup_{x\in S}|f(x)|.$$

则数 $\|f\|$ 称为 f 的“上确界范数”.

a) 证明公式 $d(f, g)=\|f-g\|$ 在 $B(S)$ 上定义一个度量.

b) 证明度量空间 $(B(S), d)$ 是完备的. 提示：如果 $\{f_n\}$ 是 $B(S)$ 内的一个柯西序列，证明对于 S 内的每一个 x，$\{f_n(x)\}$ 是实数的柯西序列.

4.67　参阅练习 4.66，设 $C(S)$ 表示 $B(S)$ 的由全体在 S 上连续且有界的函数组成的子集，现在 S 是一个度量空间.

a) 证明 $C(S)$ 是 $B(S)$ 的一个闭子集.

b) 证明度量子空间 $C(S)$ 是完备的.

4.68　参照不动点定理（定理 4.48）的证明中的记号：

a) 证明 $d(p, p_n)\leqslant d(x, f(x))\alpha^n/(1-\alpha)$.

在数值计算中非常有用的这个不等式对于 p_n 到不动点 p 的距离提供了一个估计，在 (b) 中给出了一个例子.

b) 取 $f(x)=\frac{1}{2}(x+2/x)$，$S=[1, +\infty)$. 证明 f 是 S 的一个压缩，压缩常数 $\alpha=\frac{1}{2}$，不动点为 $p=\sqrt{2}$. 从 $x=p_0=1$ 开始形成序列 $\{p_n\}$ 并证明 $|p_n-\sqrt{2}|\leqslant 2^{-n}$.

4.69　用反例证明压缩的不动点定理在下述两种情况下都未必成立：a) 底度量空间不是完备的；b) 压缩常数 $\alpha\geqslant 1$.

4.70　设 $f: S\to S$ 是一个从完备的度量空间 (S, d) 到其自身的函数. 假定有一个收敛于 0 的实数序列

$\{\alpha_n\}$对于一切 $n\geqslant 1$ 和 S 内的一切 x，y 都有 $d(f^n(x), f^n(y))\leqslant\alpha_n d(x, y)$，其中 f^n 是 f 的第 n 个叠代，即

$$f^1(x)=f(x),\qquad f^{n+1}(x)=f(f^n(x)),\qquad \text{对于 } n\geqslant 1.$$

证明 f 有唯一的不动点. 提示：对于一个适当的 m，对 f^m 应用不动点定理.

4.71 设 f：$S\to S$ 是从度量空间(S, d)到自身的函数，使得只要 $x\neq y$ 就有

$$d(f(x), f(y))<d(x, y).$$

a)证明 f 最多有一个不动点，并给出一个没有不动点的这样的函数的例子.

b)如果 S 是紧的，证明 f 恰有一个不动点. 提示：证明 $g(x)=d(x, f(x))$在 S 上达到它的最小值.

c)给出一个 S 是紧的而 f 在其中不是压缩的例子. 102

4.72 假定 f 满足练习 4.71 中的条件. 如果 $x\in S$，对于 $n\geqslant 0$，设 $p_0=x$，$p_{n+1}=f(p_n)$，$c_n=d(p_n, p_{n+1})$.

a)证明$\{c_n\}$是一个递减序列，并设 $c=\lim c_n$.

b)假定有一个子序列$\{p_{k(n)}\}$收敛于 S 内一点 q，证明

$$c=d(q, f(q))=d(f(q), f[f(q)]).$$

推证 q 是 f 的一个不动点，且有 $p_n\to q$.

参考文献

4.1 Boas, R. P., *A Primer of Real Functions*. Carus Monograph No. 13. Wiley, New York, 1960.

4.2 Gleason, A., *Fundamentals of Abstract Analysis*. Addison-Wesley, Reading, 1966.

4.3 Simmons, G. F., *Introduction to Topology and Modern Analysis*. McGraw-Hill, New York, 1963.

4.4 Todd, J., *Survey of Numerical Analysis*. McGraw-Hill, New York, 1962. 103

第5章 导　　数

5.1 引言

本章论述导数这个微分学的中心概念. 从两个不同类型的问题，即求运动的质点的瞬时速度的物理问题和求曲线在一个给定点处的切线的几何问题，都能相当自然地引出导数的概念. 这里，我们不准备关心导数在力学和几何中的应用，而仅限于研究导数的一般性质.

本章主要讨论一元实变量函数的导数，特别是在 **R** 内的区间上定义的实值函数的导数. 本章也会简要地讨论一元实变量的向量值函数的导数和偏导数，因为这些论题不涉及新思想. 这些材料中有许多已为读者从初等微积分中所熟悉. 对多元函数的导数理论更详细的讨论请参见第 12 章.

本章最后一部分讨论单复变量复值函数的导数.

5.2 导数的定义

如果 f 在开区间 (a, b) 上定义，则对于 (a, b) 内的两个不同的点 x 和 c 可以构成差商

$$\frac{f(x)-f(c)}{x-c}.$$

我们保持 c 不动，而研究当 $x \to c$ 时这个商的性状.

定义 5.1 设 f 在开区间 (a, b) 上定义，并假定 $c \in (a, b)$，则称 f 在 c 点是可微的，只要极限

$$\lim_{x \to c} \frac{f(x)-f(c)}{x-c}$$

存在. 这个极限用 $f'(c)$ 表示，称为 f 在 c 点的导数.

104 这个极限过程定义了一个新的函数 f'，它的定义域由 (a, b) 内 f 可微的那些点组成. 函数 f' 称为 f 的一阶导数. 类似地，f 的 n 阶导数(记为 $f^{(n)}$)定义为 $f^{(n-1)}$ 的一阶导数，$n=2, 3, \cdots$. (按照定义，除非 $f^{(n-1)}$ 在一个开区间上有定义，否则就不考虑 $f^{(n)}$.) 读者可能很熟悉的其他记号有

$$f'(c) = \mathrm{D}f(c) = \frac{\mathrm{d}f}{\mathrm{d}x}(c) = \left.\frac{\mathrm{d}y}{\mathrm{d}x}\right|_{x=c} \quad (\text{其中 } y=f(x))$$

和一些类似的记号. 函数 f 本身有时可以写成 $f^{(0)}$. 从 f 计算出 f' 的过程称为微分.

5.3 导数与连续性

利用下面的定理能够把某些关于导数的定理转化为关于连续性的定理.

定理 5.2 如果 f 在 (a, b) 上定义且在 (a, b) 内的一点 c 处可微，则有一个函数 f^* (依赖于 f 和 c)在 c 点连续，且对于 (a, b) 内的一切 x 都有等式

$$f(x)-f(c)=(x-c)f^*(x), \tag{1}$$

而且 $f^*(c)=f'(c)$. 反之，如果有一个函数 f^* 在 c 点连续且满足(1)式，则 f 在 c 点可微且有 $f'(c)=f^*(c)$.

证明　如果 $f'(c)$存在，设 f^* 在(a, b)上定义如下：

$$f^*(x)=\frac{f(x)-f(c)}{x-c}\qquad 当\ x\neq c,\quad f^*(c)=f'(c),$$

则 f^* 在 c 点连续，而且(1)式对于(a, b)内的一切 x 都成立.

反之，如果(1)式对于某个在 c 点连续的 f^* 成立，则除以 $x-c$ 并令 $x\to c$ 可知 $f'(c)$ 存在且等于 $f^*(c)$. ■

作为(1)式的一个直接的推论可得：

定理 5.3　如果 f 在 c 点可微，则 f 在 c 点连续.

证明　在(1)式中令 $x\to c$ 即可. ■

注　方程(1)有一个几何解释可以帮助我们增加对它的含义的认识. 因为 f^* 在 c 点连续，所以如果 x 离 c 很近，则 $f^*(x)$ 几乎等于 $f^*(c)=f'(c)$. 在(1)式中用 $f'(c)$代替 $f^*(x)$可得等式

$$f(x)=f(c)+f'(c)(x-c),$$

此式当 $x-c$ 很小时近似地是正确的. 换句话说，如果 f 在 c 点可微，则 f 在 c 点附近近似地是一个线性函数(见图 5-1)，微分学经常用到函数的这个几何性质. 105

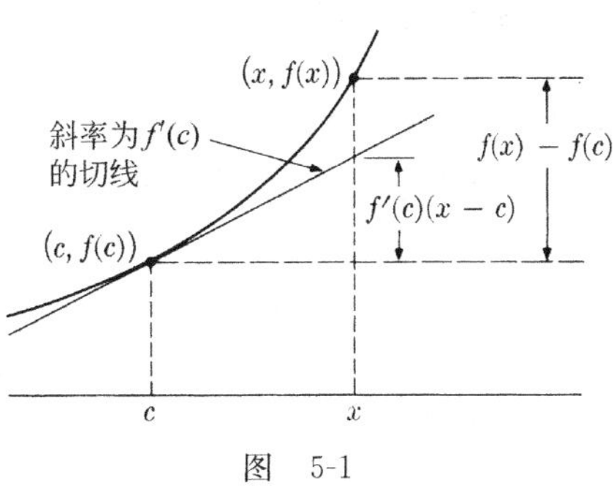

图　5-1

5.4　导数代数

下面这个定理给出了通常对两个函数的和、差、积、商进行微分的公式.

定理 5.4　假定 f 和 g 在(a, b)上定义且在 c 点可微，则 $f+g$，$f-g$ 和 $f\cdot g$ 也在 c 点可微. 如果 $g(c)\neq 0$，则 f/g 也在 c 点可微. 它们在 c 点的导数由下列公式给出：

a) $(f\pm g)'(c)=f'(c)\pm g'(c)$.

b) $(f\cdot g)'(c)=f(c)g'(c)+f'(c)g(c)$.

c) $(f/g)'(c)=\dfrac{g(c)f'(c)-f(c)g'(c)}{g(c)^2}$，　如果 $g(c)\neq 0$.

证明　我们来证明(b)式. 利用定理 5.2，可以写

$$f(x)=f(c)+(x-c)f^*(x),\qquad g(x)=g(c)+(x-c)g^*(x).$$

于是有

$$f(x)g(x)-f(c)g(c)=(x-c)[f(c)g^*(x)+f^*(x)g(c)]+(x-c)^2f^*(x)g^*(x).$$

除以 $x-c$ 并令 $x\to c$，则可得(b)式. 其他等式的证明是类似的. ■

从定义立即可以看出，如果 f 在(a, b)上是常数，则在(a, b)上有 $f'=0$. 此外，如果 $f(x)=x$，则对于一切 x 有 $f'(x)=1$. 定理 5.4 的重复应用告诉我们，如果 $f(x)=$

x^n(n 是一个正整数)，则对于一切 x 都有 $f'(x)=nx^{n-1}$. 再次应用定理 5.4 可知每个多项式在 $\mathbf{R}$ 内到处都有导数，每个有理函数在它有定义的地方都有导数.

5.5 链式法则

106 对复合函数进行微分运算的所谓的链式法则是一个深入得多的结果.

定理 5.5(链式法则) 设 f 在一个开区间 S 上定义，g 在 $f(S)$上定义，考虑由方程

$$(g\circ f)(x)=g[f(x)]$$

定义在 S 上的复合函数 $g\circ f$，假定 S 内有一点 c 使得 $f(c)$是 $f(S)$的内点. 如果 f 在 c 点可微，且 g 在 $f(c)$可微，则 $g\circ f$ 在 c 点可微，且有

$$(g\circ f)'(c)=g'[f(c)]f'(c).$$

证明 利用定理 5.2，对于 S 内的一切 x 都可以写

$$f(x)-f(c)=(x-c)f^*(x),$$

其中 f^* 在 c 点连续且 $f^*(c)=f'(c)$. 类似地，对于在 $f(S)$的某个包含 $f(c)$的开子集 T 内的一切 y 都有

$$g(y)-g[f(c)]=[y-f(c)]g^*(y),$$

其中 g^* 在 $f(c)$连续，而且 $g^*[f(c)]=g'[f(c)]$.

在 S 内选取 x 使得 $y=f(x)\in T$，则有

$$g[f(x)]-g[f(c)]=[f(x)-f(c)]g^*[f(x)]=(x-c)f^*(x)g^*[f(x)]. \tag{2}$$

按照复合函数的连续性定理，

$$g^*[f(x)]\to g^*[f(c)]=g'[f(c)],\qquad 当\ x\to c.$$

于是，在(2)式中除以 $x-c$ 并让 $x\to c$，可得要证的等式

$$\lim_{x\to c}\frac{g[f(x)]-g[f(c)]}{x-c}=g'[f(c)]f'(c).$$ ■

5.6 单侧导数和无穷导数

到目前为止，f 在 c 点有导数这种说法的意思一直是 c 是一个区间的内点，f 在该点有定义，且 $f'(c)$的定义式中的极限是有限的. 为了讨论在区间端点处的导数，我们需要适当地拓展思路. 也可以考虑引进无穷的导数，以便使导数的通常作为切线的斜率的几何解释在切线碰巧是竖直的情况下依然有效. 在这种情况下不能证明 f 在 c 点是连续的. 所以我们明确地要求它是连续的.

定义 5.6 设 f 在闭区间 S 上定义，并假定 f 在 S 内的 c 点处连续. 则称 f 在 c 点有右导数，如果右极限

107

$$\lim_{x\to c+}\frac{f(x)-f(c)}{x-c}$$

作为一个有限值存在，或者这个极限是 $+\infty$ 或 $-\infty$. 该极限用 $f'_+(c)$表示. 左导数用 $f'_-(c)$表示，可类似地定义. 此外，如果 c 是 S 的一个内点，而且 f 在 c 点的右导数和左导数都是 $+\infty$，我们就说 f 有导数 $f'(c)=+\infty$. (导数 $f'(c)=-\infty$ 可以类似地定义.)

显然，函数 f 在内点 c 处有(有限的或无限的)导数，当且仅当 $f'_+(c)=f'_-(c)$，此时

$f'_+(c)=f'_-(c)=f'(c)$.

图 5-2 描绘出了上述某些概念. 在点 x_1 有 $f'_+(x_1)=-\infty$. 在点 x_2 左导数是 0 而右导数是 -1. 还有 $f'(x_3)=-\infty$，$f'_-(x_4)=-1$，$f'_+(x_4)=+1$，$f'(x_6)=+\infty$ 和 $f'_-(x_7)=2$. 在 x_5 点没有导数(单侧的或双侧的)，因为 f 在那里不连续.

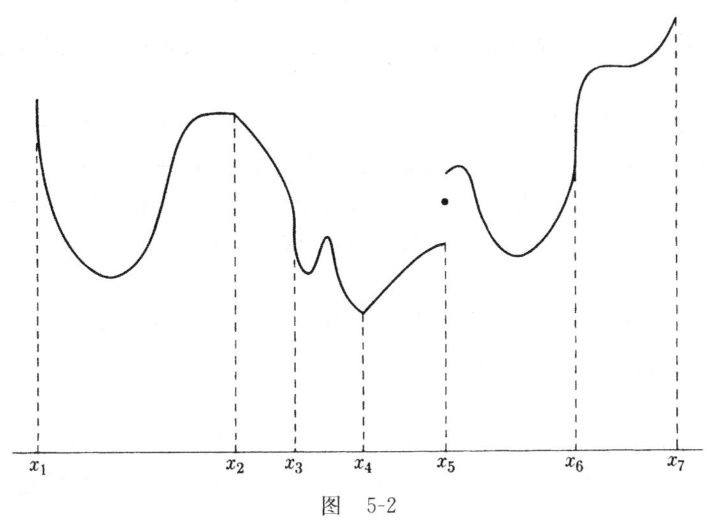

图　5-2

5.7　具有非零导数的函数

定理 5.7　设 f 在开区间(a, b)上定义，并假定对于(a, b)内的某个点 c 有 $f'(c)>0$ 或 $f'(c)=+\infty$，则有一 1-球 $B(c)\subseteq(a, b)$，在此球内

$$f(x)>f(c),\quad 当\ x>c\ 且\ f(x)<f(c),\quad 当\ x<c.$$

证明　如果 $f'(c)$是有限的正数，可以写

$$f(x)-f(c)=(x-c)f^*(x),$$

其中 f^* 在 c 点连续，并且 $f^*(c)=f'(c)>0$. 按照连续函数的保号性，有一 1-球 $B(c)\subseteq(a, b)$，$f^*(x)$在此球内与 $f^*(c)$同号，这就表明 $f(x)-f(c)$与 $x-c$ 同号. 108

如果 $f'(c)=+\infty$，则有一 1-球 $B(c)$，在此球内有

$$\frac{f(x)-f(c)}{x-c}>1,\quad 只要\ x\neq c.$$

在此球内，这个商仍是正的，所以可得出与前述同样的结论. ■

当然，如果在(a, b)的某个内点 c 处有 $f'(c)<0$ 或 $f'(c)=-\infty$，则有一个与定理 5.7 类似的结果成立.

5.8　零导数与局部极值

定义 5.8　设 f 是定义在度量空间 M 的子集 S 上的实值函数，并假定 $a\in S$，则说 f 在 a 点有一个局部极大值，如果有一个球 $B(a)$使得对于 $B(c)\cap S$ 内的一切 x 都有

$$f(x)\leqslant f(a).$$

如果对于 $B(c)\cap S$ 内的一切 x 都有 $f(x)\geqslant f(a)$，则说 f 在 a 点有局部极小值.

> **注**　在 a 点的局部极大值是 f 在子集 $B(a)\cap S$ 上的绝对最大值. 如果 f 在 a 点有绝对最大值，则 a 也是一个局部极大值点. 但是，f 可能在 S 内的几个点上都有局部极大值，而在整个集合 S 上却没有绝对最大值.

下面这个定理表明了在内点处的零导数与局部极值(局部极大值或局部极小值)之间的联系.

定理 5.9　设 f 在开区间 (a, b) 上有定义，并假定 f 在 (a, b) 的一个内点 c 处有局部极大值或局部极小值. 如果 f 在 c 点有(有限的或无穷的)导数，则 $f'(c)$ 必定为 0.

证明　如果 $f'(c)$ 是正的或是 $+\infty$，则因为定理 5.7，f 在 c 点不能有局部极值. 类似地，$f'(c)$ 也不能是负的或 $-\infty$. 然而，因为在 c 点有导数，所以唯一的可能就是 $f'(c)=0$. ■

定理 5.9 的逆命题不成立. 一般地说，只知道 $f'(c)=0$ 不足以确定 f 在 c 点是否有极值. 事实上，它可能哪一种极值也没有，以 $f(x)=x^3$ 和 $c=0$ 为例可以验证这一点. 在这种情况下，$f'(0)=0$，但 f 在 0 的每一个邻域内都是递增的.

更进一步地应该强调指出，f 可能在 c 点有局部极值而没有等于 0 的 $f'(c)$. 例如，$f(x)=|x|$ 在 $x=0$ 处有最小值，但是它在 0 点没有导数. 定理 5.9 假定 f 在 c 点有(有限的或无穷的)导数. 这个定理还假定 c 是 (a, b) 的一个内点. 例如 $f(x)=x$，其中 $a\leqslant$
109 $x\leqslant b$，f 在端点处取到它的最大值和最小值，但 $f'(x)$ 在 (a, b) 内永不为零.

5.9　罗尔定理

在几何上明显可以看出，在一个区间 $[a, b]$ 的两个端点处与 x 轴相交的一条足够"光滑"的曲线一定在 a 与 b 之间的某处有一个"转向点". 对这个事实的准确叙述称为罗尔定理.

定理 5.10(罗尔)　假定 f 在开区间 (a, b) 的每个点上都有(有限的或无穷的)导数，并假定 f 在两个端点 a 和 b 上都是连续的. 如果 $f(a)=f(b)$，则至少有一个内点 c 使得 $f'(c)=0$.

证明　假定 f' 在 (a, b) 内永不为 0，我们将得到矛盾. 因为 f 在一个紧集上连续，所以它在 $[a, b]$ 内的某处达到它的最大值 M 和最小值 m. 不会在内点处达到一个极值(否则 f' 将在该点为 0)，所以最大值和最小值都在端点处达到. 因为 $f(a)=f(b)$，所以 $m=M$，因此 f 在 $[a, b]$ 上是常数. 这与 f' 在 (a, b) 上永不为 0 矛盾. 所以对于 (a, b) 内的某个 c 有 $f'(c)=0$. ■

5.10　微分中值定理

定理 5.11(中值定理)　假定 f 在开区间 (a, b) 的每一点都有(有限的或无穷的)导数，并假定 f 在两个端点 a 和 b 都连续，则在 (a, b) 内有一点 c 使得

$$f(b)-f(a)=f'(c)(b-a).$$

在几何上，这个定理表示，连接两点 A 和 B 的一条充分光滑的曲线有一条切线的斜

率与弦 AB 的斜率相同. 我们将从一个用对称的方式涉及 f 和 g 这两个函数的更一般的定理来推出定理 5.11.

定理 5.12(一般的中值定理)　设 f 和 g 是两个函数，它们每一个都在开区间 (a, b) 的每个点上有(有限的或无穷的)导数，而且都在端点 a 和 b 处连续. 再假定没有内点 x 使得 $f'(x)$ 与 $g'(x)$ 二者同为无穷，则对于某个内点 c 有

$$f'(c)[g(b)-g(a)]=g'(c)[f(b)-f(a)].$$

注　当 $g(x)=x$ 时，这个定理便给出定理 5.11.

证明　设 $h(x)=f(x)[g(b)-g(a)]-g(x)[f(b)-f(a)]$，则如果 $f'(x)$ 与 $g'(x)$ 二者都是有限的，$h'(x)$ 就是有限的，如果 $f'(x)$ 或 $g'(x)$ 恰有一个是无穷的，$h'(x)$ 就是无穷的.（定理的假设中已排除了 $f'(x)$ 与 $g'(x)$ 二者都是无穷的情况.）还有，h 在端点连续，且 $h(a)=h(b)=f(a)g(b)-g(a)f(b)$. 按照罗尔定理，对于某个内点有 $h'(c)=0$，这就证明了所做的断言. ■ 110

注　读者应参看在 xy 平面上用参数方程 $x=g(t)$ 和 $y=f(t)$ $(a\leqslant t\leqslant b)$ 描述的曲线给出定理 5.12 的几何解释.

还有一种推广不要求在端点处的连续性.

定理 5.13　设 f 和 g 是两个函数，它们在 (a, b) 的每个点上都有(有限的或无穷的)导数. 在端点处假定极限 $f(a+)$，$g(a+)$，$f(b-)$ 和 $g(b-)$ 都作为有限值存在. 再假定没有一个内点 x 使得 $f'(x)$ 和 $g'(x)$ 二者同为无穷，则对某个内点 c 有

$$f'(c)[g(b-)-g(a+)]=g'(c)[f(b-)-f(a+)].$$

证明　在 $[a, b]$ 上定义新函数 F 和 G 如下：

$$F(x)=f(x),\quad G(x)=g(x),\quad \text{若 } x\in(a, b);$$

$$F(a)=f(a+),\quad G(a)=g(a+),\quad F(b)=f(b-),\quad G(b)=g(b-).$$

则 F 和 G 在 $[a, b]$ 上连续，我们可以把定理 5.12 应用于 F 和 G，从而得到所期待的结论. ■

下面的结果是中值定理的一个直接推论。

定理 5.14　假定 f 在开区间 (a, b) 的每一个点上都有(有限的或无穷的)导数，而且 f 在端点 a 和 b 处连续.

a) 如果 f' 在 (a, b) 内只取正的(有限的或无穷的)值，则 f 在 $[a, b]$ 上严格递增.

b) 如果 f' 在 (a, b) 内只取负的(有限的或无穷的)值，则 f 在 $[a, b]$ 上严格递减.

c) 如果 f' 在 (a, b) 内处处为零，则 f 在 $[a, b]$ 上是常数.

证明　选取 $x<y$ 并对 $[a, b]$ 的子区间 $[x, y]$ 应用中值定理可得

$$f(y)-f(x)=f'(c)(y-x),\quad \text{其中 } c\in(x, y).$$

定理的全部结论立刻都可以从这个方程得出. ■

把定理 5.14(c) 应用于 $f-g$ 可得：

推论 5.15　如果 f 和 g 在 $[a, b]$ 上连续且在 (a, b) 内有相等的有限导数，则 $f-g$ 在 $[a, b]$ 上是常数.

5.11 导函数的介值定理

111 在定理 4.33 中我们证明了在紧区间$[a,b]$上连续的函数 f 能取到它在该区间上的最大值和最小值之间的每一个值. 特别地，f 能取到在 $f(a)$和 $f(b)$之间的每一个值. 现在我们将对导函数证明类似的结果.

定理 5.16(导函数的介值定理) 假定 f 在紧区间$[a,b]$上定义，且在每一个内点处有(有限的或无穷的)导数. 再假定 f 在端点处有有限的单侧导数 $f'_+(a)$与 $f'_-(b)$，$f'_+(a)\neq f'_-(b)$. 则如果 c 是介于 $f'_+(a)$和 $f'_-(b)$之间的一个实数，那么至少存在一个内点 x 使得 $f'(x)=c$.

证明 定义一个新函数 g 如下：

$$g(x)=\frac{f(x)-f(a)}{x-a},\qquad 若\ x\neq a;\qquad g(a)=f'_+(a).$$

则 g 在闭区间$[a,b]$上连续. 由连续函数的介值定理，g 在(a,b)内部能取到介于 $f'_+(a)$和$[f(b)-f(a)]/(b-a)$之间的每一个值. 按照中值定理，只要$x\in(a,b)$，对于(a,x)内的某点 k 就有 $g(x)=f'(k)$. 因而 f'在(a,b)内部能取到介于 $f'_+(a)$和$[f(b)-f(a)]/(b-a)$之间的每一个值. 把类似的讨论应用于由

$$h(x)=\frac{f(x)-f(b)}{x-b},\qquad 当\ x\neq b;\qquad h(b)=f'_-(b)$$

定义的函数 h，则 f'在(a,b)内部能取到介于$[f(b)-f(a)]/(b-a)$与 $f'_-(b)$之间的每一个值. 把这些结果结合起来，我们看到，f'在(a,b)内部能取到介于 $f'_+(a)$与 $f'_-(b)$之间的每一个值，这就证明了定理. ■

注 当 $f'_+(a)$与 $f'_-(b)$这两个单侧导数之一或二者都是无穷时，定理 5.16 仍然成立. 在这种情况下的证明可以从考虑由等式 $g(x)=f(x)-cx\ (x\in[a,b])$定义的辅助函数 g 给出，细节留给读者.

这个介值定理表明，导函数在不取 0 值的区间内不能变号. 因此，对于定理 5.14 的(a)和(b)有下述强化：

定理 5.17 假定 f 在(a,b)上有(有限的或无穷的)导数，且在端点 a 和 b 处连续. 如果对于(a,b)内的一切 x 都有 $f'(x)\neq 0$，则 f 在$[a,b]$上是严格单调的.

这个介值定理还表明，单调的导函数必定是连续的.

定理 5.18 假定 f'存在且在开区间(a,b)上单调，则 f'在(a,b)上连续.

证明 假定 f'在(a,b)内的某个点 c 处有间断点，我们将得出矛盾. 选取(a,b)的
112 一个闭子区间$[\alpha,\beta]$使 c 包含于它的内部. 因为 f'在$[\alpha,\beta]$上是单调的，所以它在 c 点的间断点必定是跃变间断点(根据定理 4.51). 因此 f'取不到介于 $f'(\alpha)$和 $f'(\beta)$之间的某个值，这与导函数的介值定理相矛盾. ■

5.12 带余项的泰勒公式

如前所述，如果 f 在 c 点可微，则 f 在 c 点附近近似是一个线性函数. 也就是说，

当 $x-c$ 很小时，等式

$$f(x)=f(c)+f'(c)(x-c)$$

近似是正确的．泰勒定理告诉我们，更一般地，如果 f 有 n 阶导数，则 f 可以被 $n-1$ 次多项式逼近．此外，泰勒定理还对于由这个逼近所造成的误差给出了一个有用的表达式．

定理 5.19（泰勒）　设 f 在开区间 (a, b) 内到处都有有限的 n 阶导数 $f^{(n)}$，并且假定 $f^{(n-1)}$ 在闭区间 $[a, b]$ 上连续．假定 $c\in[a, b]$，则对于 $[a, b]$ 内的每一点 x，$x\neq c$，在连接 x 与 c 的区间内存在点 x_1 使得

$$f(x)=f(c)+\sum_{k=1}^{n-1}\frac{f^{(k)}(c)}{k!}(x-c)^k+\frac{f^{(n)}(x_1)}{n!}(x-c)^n.$$

泰勒定理将作为一般的中值定理的一个直接推广的推论而得到．

定理 5.20　设 f 和 g 二函数在开区间 (a, b) 内有有限的 n 阶导数 $f^{(n)}$ 和 $g^{(n)}$，在闭区间 $[a, b]$ 内有连续的 $n-1$ 阶导数．假定 $c\in[a, b]$，则对于 $[a, b]$ 内的每一个点 x，$x\neq c$，在连接 x 与 c 的区间内都存在点 x_1，使得

$$\left[f(x)-\sum_{k=0}^{n-1}\frac{f^{(k)}(c)}{k!}(x-c)^k\right]g^{(n)}(x_1)=f^{(n)}(x_1)\left[g(x)-\sum_{k=0}^{n-1}\frac{g^{(k)}(c)}{k!}(x-c)^k\right].$$

注　在 $g(x)=(x-c)^n$ 的特殊情况下，对于 $0\leqslant k\leqslant n-1$ 有 $g^{(k)}(c)=0$ 和 $g^{(n)}(x)=n!$，于是此定理就化成了泰勒定理．

证明　为简单起见，假定 $c<b$，而 $x>c$．保持 x 不动，对于 $[c, x]$ 内的每一个 t 定义新函数 F 与 G 如下：

$$F(t)=f(t)+\sum_{k=1}^{n-1}\frac{f^{(k)}(t)}{k!}(x-t)^k,$$

$$G(t)=g(t)+\sum_{k=1}^{n-1}\frac{g^{(k)}(t)}{k!}(x-t)^k,$$

则 F 和 G 在闭区间 $[c, x]$ 上连续，在开区间 (c, x) 内有有限的导数．所以定理 5.12 可以应用，可以写 113

$$F'(x_1)[G(x)-G(c)]=G'(x_1)[F(x)-F(c)],\qquad 其中\ x_1\in(c, x).$$

此式可化为等式

$$F'(x_1)[g(x)-G(c)]=G'(x_1)[f(x)-F(c)],\tag{a}$$

这是因为 $G(x)=g(x)$，$F(x)=f(x)$．现在，如果我们计算定义 $F(t)$ 的和式的导数，记住该和式中的每一项都是一个乘积，就可以发现除了一项之外其余各项都被消掉，只剩下

$$F'(t)=\frac{(x-t)^{n-1}}{(n-1)!}f^{(n)}(t).$$

类似可得

$$G'(t)=\frac{(x-t)^{n-1}}{(n-1)!}g^{(n)}(t).$$

令 $t=x_1$ 并代入(a)式就可以得到本定理的公式. ■

5.13 向量值函数的导数

设 $\boldsymbol{f}$：$(a, b)\to\mathbf{R}^n$ 是定义在 $\mathbf{R}$ 内的开区间(a, b)上的向量值函数，则 $\boldsymbol{f}=(f_1, \cdots, f_n)$，其中每一个分量 f_k 都是定义在(a, b)上的实值函数. 我们说 $\boldsymbol{f}$ 在(a, b)内的一点 c 处可微，如果每一个分量 f_k 在 c 点都可微，并定义

$$\boldsymbol{f}'(c)=(f_1'(c), \cdots, f_n'(c)).$$

换句话说，导数 $\boldsymbol{f}'(c)$是由对 $\boldsymbol{f}$ 的每一个分量在 c 点微分而得到的. 从定义可以看出，微分法的许多定理对于向量值函数也成立是不足为奇的. 例如，如果 $\boldsymbol{f}$ 与 $\boldsymbol{g}$ 是在 c 点可微的向量值函数，λ 是在 c 点可微的实值函数，则和 $\boldsymbol{f}+\boldsymbol{g}$，乘积 $\lambda\boldsymbol{f}$ 以及点积 $\boldsymbol{f}\cdot\boldsymbol{g}$ 在 c 点都是可微的，且有

$$(\boldsymbol{f}+\boldsymbol{g})'(c)=\boldsymbol{f}'(c)+\boldsymbol{g}'(c),$$
$$(\lambda\boldsymbol{f})'(c)=\lambda'(c)\boldsymbol{f}(c)+\lambda(c)\boldsymbol{f}'(c),$$
$$(\boldsymbol{f}\cdot\boldsymbol{g})'(c)=\boldsymbol{f}'(c)\cdot\boldsymbol{g}(c)+\boldsymbol{f}(c)\cdot\boldsymbol{g}'(c).$$

考虑分量容易证明这些结果. 用同样的方法可以证明，对于复合函数的微分也有链式法则. 如果 $\boldsymbol{f}$ 是向量值的，u 是实值的，则由 $\boldsymbol{g}(x)=\boldsymbol{f}[u(x)]$给出的复合函数 $\boldsymbol{g}$ 是向量值的. 链式法则叙述的是

$$\boldsymbol{g}'(c)=\boldsymbol{f}'[u(c)]u'(c),$$

114 如果 $\boldsymbol{f}$ 的定义域包含 $u(c)$的一个邻域，而且 $u'(c)$和 $\boldsymbol{f}'[u(c)]$二者都存在.

如定理 5.11 中所述的中值定理对于向量值函数不成立. 例如，如果对于一切实数 t 定义$\boldsymbol{f}(t)=(\cos t, \sin t)$，则有

$$\boldsymbol{f}(2\pi)-\boldsymbol{f}(0)=\mathbf{0},$$

但 $\boldsymbol{f}'(t)$永不为零. 事实上，对于一切 t 都有$\|\boldsymbol{f}'(t)\|=1$. 适用于向量值函数的修改后的中值定理在第 12 章给出(定理 12.8).

5.14 偏导数

设 S 是欧氏空间 $\mathbf{R}^n$ 内的一个开集，f：$S\to\mathbf{R}$ 是定义在 S 上的一个实值函数. 如果 $\boldsymbol{x}=(x_1, \cdots, x_n)$与 $\boldsymbol{c}=(c_1, \cdots, c_n)$是 S 的两个点，它们相应的坐标除了第 k 个之外是相等的，也就是说，如果对于 $i\neq k$ 有 $x_i=c_i$ 且 $x_k\neq c_k$，则我们可以考虑极限

$$\lim_{x_k\to c_k}\frac{f(\boldsymbol{x})-f(\boldsymbol{c})}{x_k-c_k}.$$

当这个极限存在时，称其为 f 关于第 k 个坐标的偏导数，并记为

$$\mathrm{D}_k f(\boldsymbol{c}),\quad f_k(\boldsymbol{c}),\quad \frac{\partial f}{\partial x_k}(\boldsymbol{c}),$$

或使用与之类似的表达式. 我们将使用记号 $\mathrm{D}_k f(\boldsymbol{c})$.

这个过程可以生成 n 个函数 $\mathrm{D}_1 f$，$\mathrm{D}_2 f$，…，$\mathrm{D}_n f$，它们在 S 内那些相应的极限存在的点上定义.

偏微分实际上不是一个新概念，我们只是每次都把 $f(x_1, \cdots, x_n)$ 当作一个一元函数处理，而使其他分量保持不动．也就是说，如果引进一个函数 g 定义为

$$g(x_k)=f(c_1, \cdots, c_{k-1}, x_k, c_{k+1}, \cdots, c_n),$$

则偏导数 $\mathrm{D}_k f(\boldsymbol{c})$ 与通常的导数 $g'(c_k)$ 就是完全相同的．这就是通常所说的对 f 关于第 k 个变量微分，而保持其他变量不动．

在把一个概念从 $\mathbf{R}^1$ 推广到 $\mathbf{R}^n$ 的时候，我们希望保持其在一维情况下的重要性质．例如，在一维情况下，导数在 c 点的存在性蕴涵着在 c 点的连续性．所以，似乎可以期待对于多元函数也有一个导数的概念，使它也蕴涵连续性．偏导数不具备这样的性质．一个 n 元函数可以在一点关于每一个变量都有偏导数，可是在该点不是连续的．我们以下面这个二元函数为例说明这一点：

$$f(x, y)=\begin{cases}x+y, & \text{若 } x=0 \text{ 或 } y=0, \\ 1, & \text{其他情况.}\end{cases}$$ 115

偏导数 $\mathrm{D}_1 f(0, 0)$ 和 $\mathrm{D}_2 f(0, 0)$ 都存在．事实上，

$$\mathrm{D}_1 f(0, 0)=\lim_{x \to 0} \frac{f(x, 0)-f(0, 0)}{x-0}=\lim_{x \to 0} \frac{x}{x}=1.$$

而且，类似地有 $\mathrm{D}_2 f(0, 0)=1$．另一方面，这个函数在 $(0, 0)$ 点显然是不连续的．

关于每一个变量的偏导数各自的存在性，蕴涵着关于每一个变量各自的连续性．但是，正如我们刚刚看到的，这未必蕴涵着同时关于所有变量的连续性．偏导数所带来的困难在于，它们的定义本身迫使我们一次只能考虑一个变量．偏导数给出的是一个函数在每个坐标轴方向上的变化率．有一个更一般的导数概念不限制我们去考虑坐标轴的特定方向．这一点将在第 12 章详细研究．

本节的目的只是介绍偏导数的概念，因为在第 12 章之前偶尔会用到它们．

如果 f 在一个开集 S 上有偏导数 $\mathrm{D}_1 f, \mathrm{D}_2 f, \cdots, \mathrm{D}_n f$，则我们也可以考虑它们的偏导数，称为二阶偏导数．我们把 $\mathrm{D}_k f$ 关于第 r 个变量的偏导数写为 $\mathrm{D}_{r,k} f$．于是，

$$\mathrm{D}_{r, k} f=\mathrm{D}_r(\mathrm{D}_k f).$$

可以类似地定义更高阶的偏导数．其他的记号有：

$$\mathrm{D}_{r, k} f=\frac{\partial^2 f}{\partial x_r \partial x_k}, \quad \mathrm{D}_{p, q, r} f=\frac{\partial^3 f}{\partial x_p \partial x_q \partial x_r}.$$

5.15　复变函数的微分

本节将简要地讨论定义在复平面的子集上的复值函数的导数．这样的函数当然是向量值函数，它们的定义域和值域都是 $\mathbf{R}^2$ 的子集．第 4 章关于向量值函数的极限和连续性的全部思想都可以特别地应用于复变函数．然而，在复数集合 $\mathbf{C}$ 与 n 维向量集合 $\mathbf{R}^n$（当 $n>2$ 时）之间有一个本质的差异在这里发挥重要的作用．在复数系内有加、减、乘、除四种代数运算，这些运算满足实数系成立的大多数“通常的”代数法则，特别地，它们满足第 1 章中列出的实数的前 5 条公理．（公理 6 至公理 10 涉及复数中不可能存在的序关系 $<$．）任何满足公理 1 至公理 5 的代数系统都称为域．（对于域的详尽的讨论，见参考文 116

献 1.4.）在 $\mathbf{R}^n$（$n>2$）内无法引入乘法和除法使得 $\mathbf{R}^n$ 成为包含 $\mathbf{C}$ 的域[㊀]. 然而，因为在 $\mathbf{C}$ 内除法是可能的，所以我们能作出像在 $\mathbf{R}$ 内定义导数时所用的基本的差商 $[f(z)-f(c)]/(z-c)$，而在 $\mathbf{C}$ 内应当怎样定义导数现在也就变得很明了了.

定义 5.21 设 f 是定义在 $\mathbf{C}$ 内的开集 S 上的复值函数，并假定 $c\in S$，则称 f 在 c 点是可微的，如果极限

$$\lim_{z\to c}\frac{f(z)-f(c)}{z-c}=f'(c)$$

存在.

这个极限过程在 S 的那些使 $f'(z)$ 存在的点 z 定义了一个新的复值函数 f'. 更高阶的导数 f''，f'''，…当然也可以类似地定义.

下面的叙述对于定义在开集 S 上的复值函数现在可以用与在实数的情况下完全相同的方法来证明：

a）f 在 c 点可微，当且仅当有一个在 c 点连续的函数 f^* 使得对于 S 内的一切 z 都有

$$f(z)-f(c)=(z-c)f^*(z),$$

并且 $f^*(c)=f'(c)$.

注 若设 $g(z)=f^*(z)-f'(c)$，则(a)中的方程可变形为

$$f(z)=f(c)+f'(c)(z-c)+g(z)(z-c),$$

其中当 $z\to c$ 时，$g(z)\to 0$. 此式称为 f 的一阶泰勒公式.

b）如果 f 在 c 点是可微的，则 f 在 c 点是连续的.

c）如果两个函数 f 与 g 都在 c 点有导数，则它们的和、差、积、商在 c 点也有导数而且由通常的公式（如定理 5.4 中所示）给出. 在 f/g 的情况必须假定 $g(c)\neq 0$.

d）链式法则成立，也就是说，我们有

$$(g\circ f)'(c)=g'[f(c)]f'(c),$$

如果 g 的定义域包含 $f(c)$ 的一个邻域，而且 $f'(c)$ 与 $g'[f(c)]$ 二者都存在.

117 当 $f(z)=z$ 时，对于 $\mathbf{C}$ 内的一切 z，$f'(z)=1$. 当 $f(z)=z^n$ 时（n 是一个正整数），重复地使用(c)可得 $f'(z)=nz^{n-1}$. 此式当 n 是负整数时也成立，假定 $z\neq 0$. 因而，我们可以用在初等微积分中同样的方法来计算复多项式及复有理函数的导数.

5.16 柯西-黎曼方程

如果 f 是一个单复变量的复值函数，则可以把每一个函数值写成这样的形式：

㊀ 例如，如果可能在 $\mathbf{R}^3$ 内定义乘法使得 $\mathbf{R}^3$ 成为一个包含 $\mathbf{C}$ 的域，则可以进行如下论证：对于 $\mathbf{R}^3$ 内的每一个 $\boldsymbol{x}$，向量 1，$\boldsymbol{x}$，$\boldsymbol{x}^2$，$\boldsymbol{x}^3$ 将是线性相关的（见参考文献 5.1 的 p. 558）. 因此对于 $\mathbf{R}^3$ 中每一个 $\boldsymbol{x}$，形如 $a_0+a_1\boldsymbol{x}+a_2\boldsymbol{x}^2+a_3\boldsymbol{x}^3=\mathbf{0}$ 的关系式将能成立，其中 a_0，a_1，a_2，a_3 都是实数. 但是每一个实系数三次多项式都是一个实系数线性多项式与一个实系数二次多项式的积. 这样的多项式的根只能要么是实数要么是复数.

$$f(z)=u(z)+\mathrm{i}v(z),$$

其中 u 和 v 是单复变量的实值函数. 当然也可以把 u 和 v 作为二元实变量实值函数来考虑，于是可以写作

$$f(z)=u(x,\ y)+\mathrm{i}v(x,\ y),\qquad 若\ z=x+\mathrm{i}y.$$

在两种情况下我们都写 $f=u+\mathrm{i}v$，并把 u 和 v 分别称为 f 的实部和虚部. 例如，在复指数函数 f 由

$$f(z)=\mathrm{e}^z=\mathrm{e}^x\cos y+\mathrm{i}\mathrm{e}^x\sin y$$

定义的情况下，实部和虚部由

$$u(x,\ y)=\mathrm{e}^x\cos y,\qquad v(x,\ y)=\mathrm{e}^x\sin y$$

给出. 类似地，当 $f(z)=z^2=(x+\mathrm{i}y)^2$ 时，可求得

$$u(x,\ y)=x^2-y^2,\qquad v(x,\ y)=2xy.$$

在下面的定理中我们将看到，导数 f' 的存在性给实部 u 和虚部 v 加上了相当严格的限制.

定理 5.22 设 $f=u+\mathrm{i}v$ 在 $\mathbf{C}$ 内的一个开集 S 上定义. 如果 $f'(c)$ 对于 S 内的某个点 c 存在，则偏导数 $\mathrm{D}_1u(c)$，$\mathrm{D}_2u(c)$，$\mathrm{D}_1v(c)$ 和 $\mathrm{D}_2v(c)$ 也都存在，且有

$$f'(c)=\mathrm{D}_1u(c)+\mathrm{i}\mathrm{D}_1v(c),\tag{3}$$

$$f'(c)=\mathrm{D}_2v(c)-\mathrm{i}\mathrm{D}_2u(c),\tag{4}$$

特别地，这蕴涵着

$$\mathrm{D}_1u(c)=\mathrm{D}_2v(c),\qquad \mathrm{D}_1v(c)=-\mathrm{D}_2u(c).$$

注 最后这两个方程通常称为柯西-黎曼方程，通常见到的形式为

$$\frac{\partial u}{\partial x}=\frac{\partial v}{\partial y},\qquad \frac{\partial v}{\partial x}=-\frac{\partial u}{\partial y}.$$

证明 因为 $f'(c)$ 存在，所以有一个定义在 S 上的函数 f^* 使得

$$f(z)-f(c)=(z-c)f^*(z),\tag{5}$$ 118

其中 f^* 在 c 点连续，且有 $f^*(c)=f'(c)$. 记

$$z=x+\mathrm{i}y,\qquad c=a+\mathrm{i}b,\qquad f^*(z)=A(z)+\mathrm{i}B(z),$$

其中 $A(z)$ 和 $B(z)$ 都是实的. 注意当 $z\to c$ 时有 $A(z)\to A(c)$ 和 $B(z)\to B(c)$. 只考虑 S 内的那些 $y=b$ 的 z 并取(5)的实部和虚部可得

$$u(x,\ b)-u(a,\ b)=(x-a)A(x+\mathrm{i}b),\qquad v(x,\ b)-v(a,\ b)=(x-a)B(x+\mathrm{i}b).$$

除以 $x-a$ 并令 $x\to a$ 可得

$$\mathrm{D}_1u(c)=A(c),\qquad \mathrm{D}_1v(c)=B(c).$$

因为 $f'(c)=A(c)+\mathrm{i}B(c)$，这就证明了(3)式.

类似地，只考虑 S 内的那些 $x=a$ 的 z 可得

$$\mathrm{D}_2v(c)=A(c),\qquad \mathrm{D}_2u(c)=-B(c),$$

这就证明了(4)式. ■

在下面这个定理中给出了柯西-黎曼方程的应用.

定理 5.23 设 $f=u+\mathrm{i}v$ 是在以 $(a,\ b)$ 为中心的一个开圆盘 D 内到处有导数的函数.

如果 u，v 或 $|f|$ 中有任何一个在 D 上是常数[⊖]，则 f 在 D 上是常数. 如果对于 D 内的一切 z 都有 $f'(z)=0$，则 f 也是常数.

证明　假设 u 在 D 上是常数. 于是柯西-黎曼方程表明在 D 上有 $\mathrm{D}_2 v=\mathrm{D}_1 v=0$. 应用两次一维的中值定理可知，对于在 b 与 y 之间的某个 y' 有

$$v(x,\ y)-v(x,\ b)=(y-b)\mathrm{D}_2 v(x,\ y')=0,$$

而且，对于在 a 与 x 之间的某个 x' 有

$$v(x,\ b)-v(a,\ b)=(x-a)\mathrm{D}_1 v(x',\ b)=0.$$

所以对于 D 内的一切 $(x,\ y)$ 都有 $v(x,\ y)=v(a,\ b)$，所以 v 在 D 上是常数. 类似地讨论可知，如果 v 是常数，则 u 也是常数.

现在假设 $|f|$ 在 D 上是常数，则 $|f|^2=u^2+v^2$ 在 D 上是常数. 取偏导数可得

$$u\mathrm{D}_1 u+v\mathrm{D}_1 v=0, \qquad u\mathrm{D}_2 u+v\mathrm{D}_2 v=0.$$

按柯西-黎曼方程，上面第二个方程可写为

$$v\mathrm{D}_1 u-u\mathrm{D}_1 v=0.$$

把这个方程与上面第一个方程联立消去 $\mathrm{D}_1 v$ 可得到 $(u^2+v^2)\mathrm{D}_1 u=0$. 如果 $u^2+v^2=0$，则
119 $u=v=0$，从而 $f=0$. 如果 $u^2+v^2\neq 0$，则 $\mathrm{D}_1 u=0$. 所以 u 是常数，从而 f 是常数.

最后，如果在 D 上 $f'=0$，则偏导数 $\mathrm{D}_1 v$ 和 $\mathrm{D}_2 v$ 在 D 上都是零. 再次像在本证明的第一部分中所做的那样，便可知 f 在 D 上是常数. ■

定理 5.22 告诉我们，函数 $f=u+\mathrm{i}v$ 在 c 点有导数的一个必要条件是四个偏导数 $\mathrm{D}_1 u$，$\mathrm{D}_2 u$，$\mathrm{D}_1 v$，$\mathrm{D}_2 v$ 在 c 点都存在而且满足柯西-黎曼方程. 然而，此条件并不是充分的，考虑下例可以看到这一点.

例　设 u 和 v 定义如下：

$$u(x,\ y)=\frac{x^3-y^3}{x^2+y^2}\quad \text{如果}(x,\ y)\neq(0,\ 0), \quad u(0,\ 0)=0,$$

$$v(x,\ y)=\frac{x^3+y^3}{x^2+y^2}\quad \text{如果}(x,\ y)\neq(0,\ 0), \quad v(0,\ 0)=0.$$

容易看出 $\mathrm{D}_1 u(0,\ 0)=\mathrm{D}_1 v(0,\ 0)=1$，$\mathrm{D}_2 u(0,\ 0)=-\mathrm{D}_2 v(0,\ 0)=-1$，所以柯西-黎曼方程在 $(0,\ 0)$ 点成立. 然而，函数 $f=u+\mathrm{i}v$ 在 $z=0$ 处不可能有导数. 事实上，对于 $x=0$，导数定义式中的差商变为

$$\frac{f(z)-f(0)}{z-0}=\frac{-y+\mathrm{i}y}{\mathrm{i}y}=1+\mathrm{i},$$

但对于 $x=y$，它变成

$$\frac{f(z)-f(0)}{z-0}=\frac{x\mathrm{i}}{x+\mathrm{i}x}=\frac{1+\mathrm{i}}{2},$$

因此 $f'(0)$ 不可能存在.

在第 12 章我们将证明，如果 u 和 v 的偏导数在 c 点的某个邻域内是连续的，则柯西-黎曼方程对于建立 $f=u+\mathrm{i}v$ 在 c 点的导数的存在性确实是充分的. 为了说明如何在实践

⊖ 这里 $|f|$ 表示在 z 点的值为 $|f(z)|$ 的函数.

中使用这个结果，我们将求出指数函数的导数．设 $f(z)=e^z=u+iv$，则有

$$u(x, y)=e^x\cos y, \quad v(x, y)=e^x\sin y,$$

从而

$$D_1u(x, y)=e^x\cos y=D_2v(x, y), \qquad D_2u(x, y)=-e^x\sin y=-D_1v(x, y).$$

因为这些偏导数在 $\mathbf{R}^2$ 处处连续且满足柯西-黎曼方程，所以导数 $f'(z)$ 对于一切 z 都存在．为了计算这个导数，利用定理 5.22 可得

$$f'(z)=e^x\cos y+ie^x\sin y=f(z).$$

这样，指数函数是它自己的导数(像在实的情况中一样)． 120

练习

实值函数

在下述练习中，在必要的地方假定已知初等三角函数、指数函数和对数函数的微分公式．

5.1　称函数 f 在 c 点满足 α 阶的利普希茨条件，如果存在一个正数 M(它可能依赖于 c)和一个 1-球 $B(c)$使得

$$|f(x)-f(c)|<M|x-c|^{\alpha},$$

只要 $x\in B(c)$，$x\neq c$．

a)证明满足 α 阶的利普希茨条件的函数当 $\alpha>0$ 时在 c 点是连续的，当 $\alpha>1$ 时在 c 点是有导数的．

b)给出一个函数的例子，使其在 c 点满足 1 阶的利普希茨条件而 $f'(c)$不存在．

5.2　在下列每一种情况下，确定函数 f 递增或递减的区间，并在每一个 f 有定义的集合内求出最大值和最小值(如果有的话)．

a) $f(x)=x^3+ax+b$，　$x\in\mathbf{R}$.

b) $f(x)=\log(x^2-9)$，　$|x|>3$.

c) $f(x)=x^{2/3}(x-1)^4$，　$0\leqslant x\leqslant 1$.

d) $f(x)=(\sin x)/x$，　如果 $x\neq 0$，$f(0)=1$，$0\leqslant x\leqslant \pi/2$.

5.3　求出一个最低可能次数的多项式 f 使得

$$f(x_1)=a_1, \quad f(x_2)=a_2, \quad f'(x_1)=b_1, \quad f'(x_2)=b_2,$$

其中 $x_1\neq x_2$，而且 a_1，a_2，b_1，b_2 是给定的实数．

5.4　定义 f 为 $f(x)=e^{-1/x^2}$，如果 $x\neq 0$，$f(0)=0$．证明

a) f 对于一切 x 都是连续的．

b) $f^{(n)}$ 对于一切 x 都是连续的，而且 $f^{(n)}(0)=0$，其中 $n=1, 2, \cdots$.

5.5　定义 f，g 和 h 为 $f(0)=g(0)=h(0)=0$，且当 $x\neq 0$ 时，$f(x)=\sin(1/x)$，$g(x)=x\sin(1/x)$，$h(x)=x^2\sin(1/x)$．证明

a) $f'(x)=-1/x^2\cos(1/x)$，如果 $x\neq 0$；$f'(0)$不存在．

b) $g'(x)=\sin(1/x)-1/x\cos(1/x)$，如果 $x\neq 0$；$g'(0)$不存在．

c) $h'(x)=2x\sin(1/x)-\cos(1/x)$，如果 $x\neq 0$；$h'(0)=0$；$\lim\limits_{x\to 0}h'(x)$不存在．

5.6　对于两个函数 f 与 g 的乘积 h 的 n 阶导数推导出莱布尼茨公式：

$$h^{(n)}(x)=\sum_{k=0}^{n}\binom{n}{k}f^{(k)}(x)g^{(n-k)}(x), \qquad 其中\binom{n}{k}=\frac{n!}{k!\,(n-k)!}.$$

5.7　设 f 和 g 是两个对于 $\mathbf{R}$ 内的一切 x 都有定义且有有限的三阶导数 $f'''(x)$和 $g'''(x)$的函数．如果对

121 于一切 x 都有 $f(x)g(x)=1$，证明在(a)、(b)、(c)和(d)中的关系式在分母不为零的点上成立：

a) $f'(x)/f(x)+g'(x)/g(x)=0$.

b) $f''(x)/f'(x)-2f'(x)/f(x)-g''(x)/g'(x)=0$.

c) $\dfrac{f'''(x)}{f'(x)}-3\dfrac{f'(x)g''(x)}{f(x)g'(x)}-3\dfrac{f''(x)}{f(x)}-\dfrac{g'''(x)}{g'(x)}=0$.

d) $\dfrac{f'''(x)}{f'(x)}-\dfrac{3}{2}\left(\dfrac{f''(x)}{f'(x)}\right)^2=\dfrac{g'''(x)}{g'(x)}-\dfrac{3}{2}\left(\dfrac{g''(x)}{g'(x)}\right)^2$.

注：(d)式左边的表达式称为 f 在 x 点的施瓦茨导数.

e)证明 f 与 g 有同样的施瓦茨导数，如果

$$g(x)=[af(x)+b]/[cf(x)+d]，其中\ ad-bc\neq 0.$$

提示：如果 $c\neq 0$，可以写 $(af+b)/(cf+d)=(a/c)+(bc-ad)/[c(cf+d)]$，再应用(d)式.

5.8 设 f_1，f_2，g_1，g_2 四个函数在 (a, b) 内有导数. 用行列式定义 F 为

$$F(x)=\begin{vmatrix} f_1(x) & f_2(x) \\ g_1(x) & g_2(x) \end{vmatrix}，\quad 如果\ x\in(a, b).$$

a)证明 $F'(x)$ 对于 (a, b) 内的每一个 x 都存在，且有

$$F'(x)=\begin{vmatrix} f_1'(x) & f_2'(x) \\ g_1(x) & g_2(x) \end{vmatrix}+\begin{vmatrix} f_1(x) & f_2(x) \\ g_1'(x) & g_2'(x) \end{vmatrix}.$$

b)对于 n 阶行列式叙述并证明更一般的结果.

5.9 给定 n 个函数 f_1，…，f_n，它们每一个在 (a, b) 内都有 n 阶导数. 一个函数 W 称为 f_1，…，f_n 的朗斯基函数，定义为：对于 (a, b) 内的每一个 x，$W(x)$ 是一个 n 阶行列式的值，这个行列式中的第 k 行第 m 列上的元素是 $f_m^{(k-1)}(x)$，其中 $k=1, 2, \cdots, n$，$m=1, 2, \cdots, n$. [$f_m^{(0)}(x)$ 表示 $f_m(x)$.]

a)证明 $W'(x)$ 可由在定义 $W(x)$ 的行列式中把最后一行代之以 n 阶导数 $f_1^{(n)}(x)$，…，$f_n^{(n)}(x)$ 而得到.

b)假定存在 n 个常数 c_1，…，c_n 不全为零，使得对于 (a, b) 内的每一个 x 都有 $c_1f_1(x)+\cdots+c_nf_n(x)=0$. 证明对于 (a, b) 内的每一个 x 都有 $W(x)=0$.

注：满足这样的关系的函数集合称为 (a, b) 上的一个线性相关的集合.

c)朗斯基函数在 (a, b) 上恒等于零是 f_1，…，f_n 线性相关的必要条件，但不是充分条件. 证明：在两个函数的情况下，如果朗斯基函数在 (a, b) 上恒为零而两个函数之一在 (a, b) 内不为零，

122 则这两个函数形成 (a, b) 内线性相关的集合.

中值定理

5.10 给定一个函数 f 在 (a, b) 内定义且有有限的导数，而且 $\lim\limits_{x\to b^-}f(x)=+\infty$. 证明：$\lim\limits_{x\to b^-}f'(x)$ 要么不存在，要么是无穷的.

5.11 证明中值定理中的公式可以写为：

$$\frac{f(x+h)-f(x)}{h}=f'(x+\theta h),$$

其中 $0<\theta<1$. 在下述各种情况下作为 x 与 h 的函数确定 θ：

a) $f(x)=x^2$，　　b) $f(x)=x^3$，

c) $f(x)=e^x$，　　d) $f(x)=\log x$，　$x>0$.

保持 $x\neq 0$ 不动，在每一种情况下求 $\lim\limits_{h\to 0}\theta$.

5.12　在定理 5.20 中取 $f(x)=3x^4-2x^3-x^2+1$ 和 $g(x)=4x^3-3x^2-2x$. 证明：如果 $0<x\leqslant 1$，则 $f'(x)/g'(x)$ 永不等于商 $[f(1)-f(0)]/[g(1)-g(0)]$. 如何解释其与 $n=1$ 时从定理 5.20 可得到的

$$\frac{f(b)-f(a)}{g(b)-g(a)}=\frac{f'(x_1)}{g'(x_1)},\quad a<x_1<b$$

这一等式的矛盾？

5.13　在定理 5.20 的下述每一种特殊情况下，取 $n=1$，$c=a$，$x=b$，证明 $x_1=(a+b)/2$.

a) $f(x)=\sin x$，　$g(x)=\cos x$；　　b) $f(x)=e^x$，　$g(x)=e^{-x}$.

你能找出由这样的一对函数 f 与 g 组成的一般函数类，使 x_1 总是 $(a+b)/2$，且使(a)，(b)两例在此类之中吗？

5.14　给定一个函数 f 在半开区间 $0<x\leqslant 1$ 内定义且有有限的导数 f'，并有 $|f'(x)|<1$. 对于 $n=1$，2，3，…定义 $a_n=f(1/n)$，证明 $\lim\limits_{n\to\infty}a_n$ 存在. 提示：柯西条件.

5.15　假定 f 在开区间 (a,b) 的每个点都有有限的导数，再假定对于某个内点 c，$\lim\limits_{x\to c}f'(x)$ 存在而且是有限的. 证明这个极限值必定是 $f'(c)$.

5.16　设 f 在 (a,b) 上连续且在 (a,b) 内除了 c 点外处处都有有限的导数 f'. 如果 $\lim\limits_{x\to c}f'(x)$ 存在且值为 A，证明 $f'(c)$ 必定也存在，且其值为 A.

5.17　设 f 在 $[0,1]$ 上连续，$f(0)=0$，$f'(x)$ 对于 $(0,1)$ 内的每个 x 都是有限的. 证明：如果 f' 在 $(0,1)$ 上是一个递增函数，则由等式 $g(x)=f(x)/x$ 定义的函数 g 在 $(0,1)$ 上也是递增的.

5.18　假定 f 在 (a,b) 内有有限的导数，在 $[a,b]$ 上连续且 $f(a)=f(b)=0$. 证明：对于每一个实数 λ，在 (a,b) 内都有某个 c 使得 $f'(c)=\lambda f(c)$. 提示：对于一个依赖于 λ 的适当的函数 g，把罗尔定理应用于 $g(x)f(x)$.

5.19　假定 f 在 $[a,b]$ 上连续，并且在开区间 (a,b) 内有有限的二阶导数 f''. 假定连接 $A=(a,f(a))$ 与 $B=(b,f(b))$ 两点的线段与 f 的图像在异于 A 和 B 的第三点 P 处相交. 证明对于 (a,b) 内的某点 c 有 $f''(c)=0$. 123

5.20　如果 f 在 $[a,b]$ 内有有限的三阶导数 f'''，而且

$$f(a)=f'(a)=f(b)=f'(b)=0,$$

证明对于 (a,b) 内的某点 c 有 $f'''(c)=0$.

5.21　假定 f 在开区间 $(0,1)$ 内是非负的，而且有有限的三阶导数 f'''. 如果对于 $(0,1)$ 内的至少两个 x 值有 $f(x)=0$，证明对于 $(0,1)$ 内的某点 c 有 $f'''(c)=0$.

5.22　假定 f 在某个区间 $(a,+\infty)$ 内有有限的导数.

a) 如果当 $x\to+\infty$ 时 $f(x)\to 1$，$f'(x)\to c$，证明 $c=0$.

b) 如果当 $x\to+\infty$ 时 $f'(x)\to 1$，证明当 $x\to+\infty$ 时 $f(x)/x\to 1$.

c) 如果当 $x\to+\infty$ 时 $f'(x)\to 0$，证明当 $x\to+\infty$ 时 $f(x)/x\to 0$.

5.23　设 h 是一个固定的正数. 证明没有一个函数 f 同时满足下述三个条件：$f'(x)$ 对于 $x\geqslant 0$ 存在；$f'(0)=0$；对于 $x>0$ 有 $f'(x)\geqslant h$.

5.24　如果 $h>0$ 且 $f'(x)$ 对于 $(a-h,a+h)$ 内的每一个 x 都存在(而且是有限的)，假设 f 在 $[a-h,a+h]$ 上连续，证明有：

a) $\dfrac{f(a+h)-f(a-h)}{h}=f'(a+\theta h)+f'(a-\theta h)$，　$0<\theta<1$.

b) $\dfrac{f(a+h)-2f(a)+f(a-h)}{h}=f'(a+\lambda h)-f'(a-\lambda h)$，　$0<\lambda<1$.

c)如果 $f''(a)$存在，证明

$$f''(a)=\lim_{h\to 0}\frac{f(a+h)-2f(a)+f(a-h)}{h^2}.$$

d)给出一个例子，使(c)中的商的极限存在，但是 $f''(a)$不存在.

5.25 设 f 在(a,b)内有有限的导数并假定 $c\in(a,b)$. 考虑下述条件：对于每一个 $\varepsilon>0$ 都有 1-球 $B(c;\delta)$，它的半径 δ 仅依赖于 ε 而不依赖于 c，使得只要 $x\in B(c;\delta)$而且 $x\neq c$，就有

$$\left|\frac{f(x)-f(c)}{x-c}-f'(c)\right|<\varepsilon.$$

证明：如果上述条件在(a,b)内恒成立，则 f'在(a,b)上连续.

5.26 假定 f 在(a,b)内有有限的导数，在$[a,b]$上连续，对于$[a,b]$内的一切 x 都有 $a\leqslant f(x)\leqslant b$，而且对于$(a,b)$内的一切 x 都有 $|f'(x)|\leqslant\alpha<1$. 证明 f 在$[a,b]$内有唯一的不动点.

5.27 给出一对函数 f 与 g 的例子，它们在$(0,1)$内有有限的导数，$g'(x)$永不为零，使得

$$\lim_{x\to 0}\frac{f(x)}{g(x)}=0,$$

124 但是$\lim\limits_{x\to 0}f'(x)/g'(x)$不存在.

5.28 证明下述定理：

设 f 与 g 两个函数在(a,b)内有有限的 n 阶导数. 对(a,b)内的某个内点 c，假定有 $f(c)=f'(c)=\cdots=f^{(n-1)}(c)=0$ 及 $g(c)=g'(c)=\cdots=g^{(n-1)}(c)=0$，但是 $g^{(n)}(x)$在(a,b)内永不为零. 证明

$$\lim_{x\to c}\frac{f(x)}{g(x)}=\frac{f^{(n)}(c)}{g^{(n)}(c)}.$$

注：未假定 $f^{(n)}$ 和 $g^{(n)}$ 在 c 点处连续. 提示：设

$$F(x)=f(x)-\frac{(x-c)^{n-1}f^{(n-1)}(c)}{(n-1)!},$$

类似地定义 G，把定理 5.20 应用于 F 与 G 这两个函数.

5.29 证明泰勒定理中的公式也可以写成下面的形式：

$$f(x)=\sum_{k=0}^{n-1}\frac{f^{(k)}(c)}{k!}(x-c)^k+\frac{(x-c)(x-x_1)^{n-1}}{(n-1)!}f^{(n)}(x_1),$$

其中 x_1 是连接 x 和 c 的区间的内点. 设 $1-\theta=(x-x_1)/(x-c)$. 证明 $0<\theta<1$，并推导出如下形式的余项(柯西余项)：

$$\frac{(1-\theta)^{n-1}(x-c)^n}{(n-1)!}f^{(n)}[\theta x+(1-\theta)c].$$

提示：在定理 5.20 的证明中取 $G(t)=g(t)=t$.

向量值函数

5.30 如果向量值函数 $\boldsymbol{f}$ 在 c 点是可微的，证明

$$\boldsymbol{f}'(c)=\lim_{h\to 0}\frac{1}{h}[\boldsymbol{f}(c+h)-\boldsymbol{f}(c)].$$

反之，如果这个极限存在，证明 $\boldsymbol{f}$ 在 c 点是可微的.

5.31 设向量值函数 $\boldsymbol{f}$ 在(a,b)的每个点上都是可微的，而且它有常数范数$\|\boldsymbol{f}\|$. 证明在(a,b)上有 $\boldsymbol{f}(t)\cdot\boldsymbol{f}'(t)=0$.

5.32 设向量值函数 $\boldsymbol{f}$ 永不为零，导数 $\boldsymbol{f}'$存在且在 $\mathbf{R}$ 上连续. 如果有一个实函数 λ 使得对于一切 t 都有 $\boldsymbol{f}'(t)=\lambda(t)\boldsymbol{f}(t)$，证明有一个正的实函数 u 和一个常向量 $\boldsymbol{c}$ 使得对于一切 t 都有 $\boldsymbol{f}(t)=u(t)\boldsymbol{c}$.

偏导数

5.33　考虑在 $\mathbf{R}^2$ 上按下述公式定义的函数 f：

$$f(x, y)=\frac{xy}{x^2+y^2} \quad 如果(x, y)\neq(0, 0), \quad f(0, 0)=0.$$

证明偏导数 $D_1 f(x, y)$和 $D_2 f(x, y)$对于 $\mathbf{R}^2$ 内的每一点(x, y)都存在，并求出这些偏导数用 x 和 y 明确地表示的表达式. 再证明 f 在$(0, 0)$点不是连续的. 125

5.34　设 f 在 $\mathbf{R}^2$ 上定义如下：

$$f(x, y)=y\frac{x^2-y^2}{x^2+y^2} \quad 如果(x, y)\neq(0, 0), \quad f(0, 0)=0.$$

当 f 在原点的一阶和二阶偏导数存在的时候，计算它们的值.

复值函数

5.35　设 S 是 $\mathbf{C}$ 内的一个开集，S^* 是由复共轭 $\bar{z}$ 组成的集合，其中 $z\in S$. 如果 f 在 S 上定义，则 g 在 S^* 上定义为 $g(\bar{z})=\overline{f(z)}$，这是 $f(z)$的复共轭. 如果 f 在 c 点是可微的，证明 g 在 $\bar{c}$ 点是可微的，而且 $g'(\bar{c})=\overline{f'(c)}$.

5.36　i)在下面每一个例子里令 $f=u+iv$，求出 $u(x, y)$与 $v(x, y)$的显式表达式：

a) $f(z)=\sin z$，　　b) $f(z)=\cos z$，

c) $f(z)=|z|$，　　d) $f(z)=\bar{z}$，

e) $f(z)=\arg z\ (z\neq 0)$，　　f) $f(z)=\operatorname{Log} z\ (z\neq 0)$，

g) $f(z)=e^{z^2}$，　　h) $f(z)=z^{\alpha}$　(α 是复数，$z\neq 0$).

(这些函数如第 1 章所指出的那样定义.)

ii)证明 u 和 v 对于 z 的下述各值满足柯西-黎曼方程：在(a)、(b)、(g)中的一切 z；在(c)、(d)、(e)中没有 z；在(f)、(h)中除了实数 $z\leqslant 0$ 之外的一切 z. (在(h)中，如果 α 是非负整数，则柯西-黎曼方程对于一切 z 成立；如果 α 是负整数，则柯西-黎曼方程对于一切 $z\neq 0$ 成立.)

iii)在(a)、(b)、(f)、(g)、(h)中，假定导数 $f'(z)$存在，计算 $f'(z)$.

5.37　记 $f=u+iv$，并假定 f 在一个以$(0, 0)$为中心的开圆盘 D 的每一个点处都有导数. 如果 au^2+bv^2 在 D 上对于某两个不全为 0 的实数 a 和 b 是常数，证明 f 在 D 上是常数.

参考文献

5.1　Apostol, T. M., *Calculus*, Vol. 1, 2nd ed. Xerox, Waltham, 1967.

5.2　Chaundy, T. W., *The Differential Calculus*. Clarendon Press, Oxford, 1935. 126

第6章 有界变差函数与可求长曲线

6.1 引言

第 4 章曾导出单调函数的某些基本性质. 本章准备讨论有界变差函数，这是一类与单调函数紧密相关的函数. 我们将看到，这些函数与有有限弧长的曲线(可求长曲线)密切地联系着，它们也在下一章的黎曼-斯蒂尔切斯积分理论中发挥作用.

6.2 单调函数的性质

定理 6.1 设 f 是在$[a, b]$上定义的递增函数，并设 x_0，x_1，…，x_n 是符合

$$a=x_0<x_1<x_2<\cdots<x_n=b$$

的 $n+1$ 个点. 于是有不等式

$$\sum_{k=1}^{n-1}[f(x_k+)-f(x_k-)]\leqslant f(b)-f(a).$$

证明 假定 $y_k\in(x_k, x_{k+1})$. 对于 $1\leqslant k\leqslant n-1$，我们有 $f(x_k+)\leqslant f(y_k)$ 和 $f(y_{k-1})\leqslant f(x_k-)$，所以有 $f(x_k+)-f(x_k-)\leqslant f(y_k)-f(y_{k-1})$. 如果把这些不等式相加，则右边的和合并为 $f(y_{n-1})-f(y_0)$. 因为 $f(y_{n-1})-f(y_0)\leqslant f(b)-f(a)$，所以这就完成了证明. ■

差值 $f(x_k+)-f(x_k-)$当然是 f 在 x_k 点的跃变. 上述定理告诉我们，对于由(a, b)内的 x_k 构成的每一个有限点集，在这些点上的跃变的和总是以 $f(b)-f(a)$为界. 此结果可用于下面定理的证明.

定理 6.2 如果 f 在$[a, b]$上单调，则 f 的间断点集是可数集.

证明 假定 f 是递增的，并设 S_m 是在(a, b)内的一些点的集合，f 在这些点上的跃变超过 $1/m$，$m>0$. 如果 $x_1<x_2<\cdots<x_{n-1}$ 在 S_m 内，则定理 6.1 告诉我们

127 $$\frac{n-1}{m}\leqslant f(b)-f(a).$$

这表明 S_m 必定是一个有限集. 但是 f 在(a, b)内的间断点集是并集 $\bigcup_{m=1}^{\infty}S_m$ 的一个子集，因此是可数的.（如果 f 是递减的，则上述讨论可以应用于$-f$.） ■

6.3 有界变差函数

定义 6.3 如果$[a, b]$是一个紧区间，则满足不等式

$$a=x_0<x_1\cdots<x_{n-1}<x_n=b$$

的点集

$$P=\{x_0, x_1, \cdots, x_n\}$$

称为$[a, b]$的一个划分. 区间$[x_{k-1}, x_k]$称为 P 的第 k 个子区间，并记 $\Delta x_k=x_k-$

x_{k-1}，所以有 $\sum_{k=1}^{n}\Delta x_k=b-a$. 由$[a, b]$的所有可能划分构成的集记为$\mathcal{P}[a, b]$.

定义 6.4　设 f 在$[a, b]$上定义. 如果 $P=\{x_0, x_1, \cdots, x_n\}$是$[a, b]$的一个划分，记 $\Delta f_k=f(x_k)-f(x_{k-1})$，$k=1, 2, \cdots, n$. 如果存在一个正数 M 使得

$$\sum_{k=1}^{n}|\Delta f_k|\leqslant M$$

对于$[a, b]$的全部划分都成立，则称 f 在$[a, b]$上是有界变差函数.

下面两个定理提供了有界变差函数的例子.

定理 6.5　如果 f 在$[a, b]$上单调，则 f 在$[a, b]$上是有界变差函数.

证明　设 f 是递增的，则对于$[a, b]$的每一个划分都有 $\Delta f_k\geqslant 0$，因此有

$$\sum_{k=1}^{n}|\Delta f_k|=\sum_{k=1}^{n}\Delta f_k=\sum_{k=1}^{n}[f(x_k)-f(x_{k-1})]=f(b)-f(a).$$ ■

定理 6.6　如果 f 在$[a, b]$上连续，f'存在且在该区间内有界，譬如对于(a, b)内的一切 x 都有$|f'(x)|\leqslant A$，则 f 在$[a, b]$上是有界变差函数.

证明　应用中值定理，我们有

$$\Delta f_k=f(x_k)-f(x_{k-1})=f'(t_k)(x_k-x_{k-1}),\qquad \text{其中 } t_k\in(x_{k-1}, x_k).$$

这意味着

$$\sum_{k=1}^{n}|\Delta f_k|=\sum_{k=1}^{n}|f'(t_k)|\Delta x_k\leqslant A\sum_{k=1}^{n}\Delta x_k=A(b-a).$$ ■

定理 6.7　如果 f 在$[a, b]$上是有界变差函数，譬如对于$[a, b]$的全部划分都有$\sum|\Delta f_k|\leqslant M$，则 f 在$[a, b]$上是有界的. 事实上对于$[a, b]$内的一切 x 都有

$$|f(x)|\leqslant|f(a)|+M.$$ 128

证明　假定 $x\in(a, b)$. 利用特殊的划分 $P=\{a, x, b\}$可得

$$|f(x)-f(a)|+|f(b)-f(x)|\leqslant M.$$

这意味着$|f(x)-f(a)|\leqslant M$，$|f(x)|\leqslant|f(a)|+M$. 如果 $x=a$ 或$x=b$，则不等式同样成立. ■

例

1. 容易构造一个非有界变差的连续函数. 例如，设 $x\neq 0$ 时 $f(x)=x\cos\{\pi/(2x)\}$，$f(0)=0$，则 f 在$[0, 1]$上连续. 但是如果考虑把$[0, 1]$分成 $2n$ 个子区间的划分

$$P=\left\{0, \frac{1}{2n}, \frac{1}{2n-1}, \cdots, \frac{1}{3}, \frac{1}{2}, 1\right\},$$

则容易计算得到

$$\sum_{k=1}^{2n}|\Delta f_k|=\frac{1}{2n}+\frac{1}{2n}+\frac{1}{2n-2}+\frac{1}{2n-2}+\cdots+\frac{1}{2}+\frac{1}{2}=1+\frac{1}{2}+\cdots+\frac{1}{n}.$$

这不是对于一切 n 都有界，因为级数 $\sum_{n=1}^{\infty}(1/n)$ 发散. 在这个例子里，导数 f'在$(0, 1)$内存在，但 f'在$(0, 1)$上不是有界的. 但是，f'在任何不包含原点的紧区间上是有界的，所以 f 在任何不包含原点的紧区间上是有界变差函数.

2. 当 $x\neq 0$ 时 $f(x)=x^2\cos(1/x)$，$f(0)=0$，这是一个与例 1 类似的例子. 这个 f 在$[0,1]$上是有界变差函数，因为 f'在$[0,1]$上有界. 事实上，$f'(0)=0$，而对于 $x\neq 0$，$f'(x)=\sin(1/x)+2x\cos(1/x)$，于是对于$[0,1]$内的一切 x 都有 $|f'(x)|\leqslant 3$.

3. f'有界不是 f 为有界变差函数的必要条件. 例如，设 $f(x)=x^{1/3}$，这个函数在每一个有限区间上是单调的(从而是有界变差函数). 然而当 $x\to 0$ 时 $f'(x)\to+\infty$.

6.4 全变差

定义 6.8 设 f 在$[a,b]$上是有界变差函数，并设$\sum(P)$表示$[a,b]$的划分 $P=\{x_0,x_1,\cdots,x_n\}$所对应的和式 $\sum\limits_{k=1}^{n}|\Delta f_k|$，则称

$$V_f(a,b)=\sup\left\{\sum(P):P\in\mathscr{P}[a,b]\right\}$$

为 f 在区间$[a,b]$上的全变差.

注 当不至于产生误解时，我们将用 V_f 代替 $V_f(a,b)$.

因为 f 在$[a,b]$上是有界变差函数，所以数 V_f 是有限的. 而且 $V_f\geqslant 0$，因为每一个
129 和式$\sum(P)\geqslant 0$. 此外，$V_f(a,b)=0$ 当且仅当 f 在$[a,b]$上是常数.

定理 6.9 假定 f 与 g 在$[a,b]$上是有界变差函数，则它们的和、差、积在$[a,b]$上也是有界变差函数，而且有

$$V_{f\pm g}\leqslant V_f+V_g \quad 和 \quad V_{f\cdot g}\leqslant AV_f+BV_g,$$

其中

$$A=\sup\{|g(x)|:x\in[a,b]\},\quad B=\sup\{|f(x)|:x\in[a,b]\}.$$

证明 设 $h(x)=f(x)g(x)$. 对于$[a,b]$的每个划分 P，我们有

$$\begin{aligned}|\Delta h_k|=|f(x_k)g(x_k)-f(x_{k-1})g(x_{k-1})|&=|[f(x_k)g(x_k)-f(x_{k-1})g(x_k)]\\&+[f(x_{k-1})g(x_k)-f(x_{k-1})g(x_{k-1})]|\leqslant A|\Delta f_k|+B|\Delta g_k|.\end{aligned}$$

这意味着 h 是有界变差函数且 $V_h\leqslant AV_f+BV_g$. 对于和与差的证明更简单，从略. ■

注 上述定理中没有包含商，这是因为有界变差函数的倒数未必是有界变差的. 例如，如果当 $x\to x_0$ 时 $f(x)\to 0$，则 $1/f$ 在任何包含 x_0 的区间上将不是有界的，从而(按照定理 6.7)$1/f$ 在这样的区间上不可能是有界变差函数. 为了把定理 6.9 推广到商式，排除那些取值可以任意接近于零的函数就行了.

定理 6.10 设 f 在$[a,b]$上是有界变差函数，且假定 f 有界离开零，即假定存在一个正数 m 使得对于$[a,b]$内的一切 x 都有 $0<m\leqslant|f(x)|$，则 $g=1/f$ 在$[a,b]$上也是有界变差函数，而且 $V_g\leqslant V_f/m^2$.

证明

$$|\Delta g_k|=\left|\frac{1}{f(x_k)}-\frac{1}{f(x_{k-1})}\right|=\left|\frac{\Delta f_k}{f(x_k)f(x_{k-1})}\right|\leqslant\frac{|\Delta f_k|}{m^2}.$$ ■

6.5 全变差的可加性

在上面两个定理中区间$[a, b]$保持不动而$V_f(a, b)$作为f的函数来考虑. 如果我们保持f不动而把全变差作为区间$[a, b]$的函数来研究，则可以证明下述的可加性.

定理 6.11 设f在$[a, b]$上是有界变差函数，并假定$c\in(a, b)$，则f在$[a, c]$和$[c, b]$上都是有界变差函数，且有

$$V_f(a, b)=V_f(a, c)+V_f(c, b).$$

证明 我们先证明f在$[a, c]$和$[c, b]$上都是有界变差函数. 设P_1是$[a, c]$的一个划分，P_2是$[c, b]$的一个划分，则$P_0=P_1\cup P_2$是$[a, b]$的一个划分. 如果$\sum(P)$表示相应于划分P(适当的区间的)的和式$\sum|\Delta f_k|$，则可以写

$$\sum(P_1)+\sum(P_2)=\sum(P_0)\leqslant V_f(a, b). \tag{1}$$ 130

这表示和式$\sum(P_1)$和$\sum(P_2)$都以$V_f(a, b)$为界，而且说明f在$[a, c]$和$[c, b]$上都是有界变差函数. 由定理 1.15，从(1)式还可以得到不等式

$$V_f(a, c)+V_f(c, b)\leqslant V_f(a, b),$$

为了得到相反的不等式，设$P=\{x_0, x_1, \cdots, x_n\}\in\mathcal{P}[a, b]$，并设$P_0=P\cup\{c\}$是增加$c$点而得到的(可能是新的)划分. 如果$c\in[x_{k-1}, x_k]$，则有

$$|f(x_k)-f(x_{k-1})|\leqslant|f(x_k)-f(c)|+|f(c)-f(x_{k-1})|,$$

从而$\sum(P)\leqslant\sum(P_0)$. 现在$P_0$在$[a, c]$内的点确定了$[a, c]$的一个划分$P_1$，在$[c, b]$内的点确定了$[c, b]$的一个划分$P_2$. 相应于所有这些划分的和式由下面的关系式联系着：

$$\sum(P)\leqslant\sum(P_0)=\sum(P_1)+\sum(P_2)\leqslant V_f(a, c)+V_f(c, b).$$

所以，$V_f(a, c)+V_f(c, b)$对于每个和式$\sum(P)$都是一个上界. 因为这个上界不可能小于上确界，所以必有

$$V_f(a, b)\leqslant V_f(a, c)+V_f(c, b),$$

这就完成了证明. ■

6.6 在$[a, x]$上作为x的函数的全变差

现在我们让函数f和区间的左端点保持不动而研究作为右端点的函数的全变差. 可加性对于这个函数蕴涵着重要的推论.

定理 6.12 设f在$[a, b]$上为有界变差函数，设V在$[a, b]$上定义为：当$a<x\leqslant b$时$V(x)=V_f(a, x)$，$V(a)=0$，则

i)V在$[a, b]$上是一个递增函数.

ii)$V-f$在$[a, b]$上是一个递增函数.

证明 如果$a<x<y\leqslant b$，则可写$V_f(a, y)=V_f(a, x)+V_f(x, y)$. 这意味着$V(y)-V(x)=V_f(x, y)\geqslant 0$，于是$V(x)\leqslant V(y)$，(i)成立.

为了证明(ii)，设当$x\in[a, b]$时$D(x)=V(x)-f(x)$，则如果$a\leqslant x<y\leqslant b$，就有

$$D(y)-D(x)=V(y)-V(x)-[f(y)-f(x)]=V_f(x, y)-[f(y)-f(x)].$$

但是从$V_f(x, y)$的定义可知

$$f(y)-f(x)\leqslant V_f(x,\ y),$$

这说明 $D(y)-D(x)\geqslant 0$，因而(ii)成立. ■

131 **注** 对于某些函数 f，全变差 $V_f(a,\ x)$可以表示成为一个积分(见练习 7.20).

6.7 有界变差函数表示为递增函数之差

有界变差函数的下述简单而优雅的特性是定理 6.12 的一个推论.

定理 6.13 设 f 在$[a,\ b]$上定义，则 f 在$[a,\ b]$上为有界变差函数，当且仅当 f 可以被表示为两个递增函数之差.

证明 如果 f 在$[a,\ b]$上为有界变差函数，则可写成 $f=V-D$，其中 V 是定理 6.12 中的函数，而 $D=V-f$. V 与 D 二者在$[a,\ b]$上都是递增函数.

逆命题可以立即从定理 6.5 和 6.9 得到. ■

一个有界变差函数表示为两个递增函数之差的表示式不是唯一的. 如果 $f=f_1-f_2$，其中 f_1 与 f_2 是递增的，则也有 $f=(f_1+g)-(f_2+g)$，其中 g 是任意一个递增函数，于是我们就得到了 f 的一个新的表示式. 如果 g 是严格递增的，则 f_1+g 与 f_2+g 将也是严格递增的. 因此，如果在定理 6.13 中把“递增”代之以“严格递增”，定理仍然成立.

6.8 有界变差连续函数

定理 6.14 设 f 在$[a,\ b]$上为有界变差函数，当 $x\in(a,\ b]$时设 $V(x)=V_f(a,\ x)$，并设 $V(a)=0$，则 f 的每一个连续点也是 V 的连续点. 逆命题也成立.

证明 因为 V 是单调的，所以右极限 $V(x+)$和左极限 $V(x-)$对于$(a,\ b)$内的每个点都存在. 由定理 6.13，同样的结论对于 $f(x+)$和 $f(x-)$也成立.

如果 $a<x<y\leqslant b$，则(按照 $V_f(x,\ y)$的定义)有

$$0\leqslant|f(y)-f(x)|\leqslant V(y)-V(x).$$

令 $y\to x$，可得

$$0\leqslant|f(x+)-f(x)|\leqslant V(x+)-V(x).$$

类似地，有 $0\leqslant|f(x)-f(x-)|\leqslant V(x)-V(x-)$. 这些不等式蕴涵着 V 的连续点也是 f 的连续点.

为了证明逆命题，设 f 在$(a,\ b)$内的 c 点处连续，则给定 $\varepsilon>0$，存在 $\delta>0$ 使得 $0<|x-c|<\delta$ 蕴涵着 $|f(x)-f(c)|<\varepsilon/2$. 对于同一个 ε，也存在$[c,\ b]$的一个划分 P，譬如说是

$$P=\{x_0,\ x_1,\ \cdots,\ x_n\},\quad x_0=c,\quad x_n=b,$$

使得

132 $$V_f(c,\ b)-\frac{\varepsilon}{2}<\sum_{k=1}^{n}|\Delta f_k|.$$

对 P 添加更多的点只能使和 $\sum|\Delta f_k|$ 的值增加，因此我们可以假定 $0<x_1-x_0<\delta$. 这说明

$$|\Delta f_1| = |f(x_1) - f(c)| < \frac{\varepsilon}{2},$$

而上面的不等式现在变成

$$V_f(c,\ b) - \frac{\varepsilon}{2} < \frac{\varepsilon}{2} + \sum_{k=2}^{n} |\Delta f_k| \leqslant \frac{\varepsilon}{2} + V_f(x_1,\ b),$$

因为$\{x_1,\ x_2,\ \cdots,\ x_n\}$是$[x_1,\ b]$的一个划分．于是我们有

$$V_f(c,\ b) - V_f(x_1,\ b) < \varepsilon.$$

但是

$$0 \leqslant V(x_1) - V(c) = V_f(a,\ x_1) - V_f(a,\ c) = V_f(c,\ x_1) = V_f(c,\ b) - V_f(x_1,\ b) < \varepsilon.$$

这样我们就证明了

$$0 < x_1 - c < \delta \quad \text{蕴涵着} \quad 0 \leqslant V(x_1) - V(c) < \varepsilon.$$

因此$V(c+)=V(c)$得证．类似的讨论可给出$V(c-)=V(c)$．因而该定理对于$[a,\ b]$的全部内点得证．(对于端点需作一些平凡的修改.) ■

把定理 6.14 和定理 6.13 结合起来，可叙述为以下定理．

定理 6.15 *设 f 在$[a,\ b]$上连续，则 f 在$[a,\ b]$上为有界变差函数，当且仅当 f 能被表示成为两个递增函数之差．*

注 *如果用“严格递增”来代替“递增”，该定理也成立．*

当然，由定理 6.13，有界变差函数的间断点(如果有的话)必定是跃变间断点．此外，定理 6.2 告诉我们，有界变差函数的间断点构成一个可数集．

6.9 曲线与路

设 $\boldsymbol{f}$：$[a,\ b]\to\mathbf{R}^n$ 是在 $\mathbf{R}$ 内的紧区间$[a,\ b]$上连续的向量值函数．当 t 取遍$[a,\ b]$时，函数值 $\boldsymbol{f}(t)$在 $\mathbf{R}^n$ 内描绘出一个点集，称为 $\boldsymbol{f}$ 的图或称为由 $\boldsymbol{f}$ 表示的曲线．一条曲线是 $\mathbf{R}^n$ 的一个紧的连通子集，因为它是一个紧区间的连续象．这个函数 $\boldsymbol{f}$ 本身称为一条路．

把一条曲线想象成由一个运动着的质点描绘出的轨迹常常是有益的．把区间$[a,\ b]$想象成一个时间间隔，而向量 $\boldsymbol{f}(t)$具体说明该质点在时刻 t 时的位置．在做这样解释的时候，函数 $\boldsymbol{f}$ 本身称为一个运动． 133

不同的路可能描绘出同一条曲线．例如，下面两个复值函数

$$f(t) = \mathrm{e}^{2\pi i t}, \qquad g(t) = \mathrm{e}^{-2\pi i t}, \qquad 0 \leqslant t \leqslant 1,$$

每个都能描绘出单位圆 $x^2+y^2=1$，但是圆上的点被这两个函数沿着相反的方向画出．同样这个圆被函数 $h(t)=\mathrm{e}^{10\pi i t}$ $(0\leqslant t\leqslant 1)$描绘五次．

6.10 可求长的路与弧长

下面我们要介绍曲线的弧长的概念，其思想是用内接多边形逼近曲线，这是从古代几何学家那里学来的方法．直觉告诉我们，任何内接多边形的长度不会超过曲线的长度(因为两点间以直线为最短路)，所以曲线的长度应当是它的所有内接多边形的长度的一

个上界. 所以，把曲线的长度定义为它所有可能的内接多边形的长度的最小上界看来是很自然的.

对于实际遇到的多数曲线，这给出了弧长的一个有用的定义. 然而，如我们即将看到的，有一些曲线的内接多边形的长度没有上界. 因此，有必要把曲线分为两类：有长度的一类和没有长度的一类. 前一类称为可求长的，后一类称为不可求长的.

我们现在正式地描述这些思想.

设 $\boldsymbol{f}:[a, b]\to\mathbf{R}^n$ 是 $\mathbf{R}^n$ 中的一条路. 对于$[a, b]$的由

$$P=\{t_0, t_1, \cdots, t_m\}$$

给出的任一划分，$\boldsymbol{f}(t_0)$，$\boldsymbol{f}(t_1)$，…，$\boldsymbol{f}(t_m)$这些点是一个内接多边形的顶点.（一个例子如图 6-1 所示.）这个多边形的长度记为$\Lambda_f(P)$，定义为

$$\Lambda_f(P)=\sum_{k=1}^{m}\|\boldsymbol{f}(t_k)-\boldsymbol{f}(t_{k-1})\|.$$

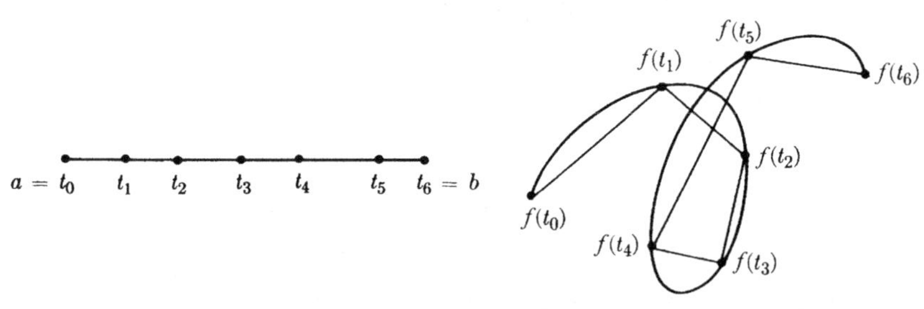

图　6-1

134 **定义 6.16**　如果由$\Lambda_f(P)$这些数构成的集合对于$[a, b]$的全部划分是有界的，则称路 $\boldsymbol{f}$ 是可求长的，它的弧长记为$\Lambda_f(a, b)$，由方程

$$\Lambda_f(a, b)=\sup\{\Lambda_f(P): P\in\mathcal{P}[a, b]\}$$

定义. 如果由$\Lambda_f(P)$这些数构成的集合是无界的，则 $\boldsymbol{f}$ 称为是不可求长的.

容易叙述全部可求长曲线的性质.

定理 6.17　考虑一条路 $\boldsymbol{f}:[a, b]\to\mathbf{R}^n$，分量为 $\boldsymbol{f}=(f_1, \cdots, f_n)$，则 $\boldsymbol{f}$ 是可求长的，当且仅当每一个分量 f_k 在$[a, b]$上是有界变差函数. 如果 $\boldsymbol{f}$ 是可求长的，则有不等式

$$V_k(a, b)\leqslant\Lambda_f(a, b)\leqslant V_1(a, b)+\cdots+V_n(a, b)\quad(k=1, 2, \cdots, n),\tag{2}$$

其中 $V_k(a, b)$表示 f_k 在$[a, b]$上的全变差.

证明　如果 $P=\{t_0, t_1, \cdots, t_m\}$是$[a, b]$的一个划分，则对于每一个 k 有

$$\sum_{i=1}^{m}|f_k(t_i)-f_k(t_{i-1})|\leqslant\Lambda_f(P)\leqslant\sum_{i=1}^{m}\sum_{j=1}^{n}|f_j(t_i)-f_j(t_{i-1})|,\tag{3}$$

定理的全部论断都容易从(3)式得出. ■

例

1. 如我们在早些时候曾经注意到的，由 $f(x)=x\cos\{\pi/(2x)\}$(当 $x\neq 0$)及 $f(0)=0$ 给出的函数在$[0, 1]$上连续但不是有界变差函数，因而它的图是一条不可求长的曲线.

2. 可以证明(练习 7.21)，如果 $\boldsymbol{f}'$在$[a, b]$上连续，则 $\boldsymbol{f}$ 是可求长的，而且它的弧长可以表示为一个积分，

$$\Lambda_f(a, b)=\int_a^b \|\boldsymbol{f}'(t)\| \mathrm{d}t.$$

6.11 弧长的可加性及连续性性质

设 $\boldsymbol{f}=(f_1, \cdots, f_n)$是在$[a, b]$上定义的可求长的路，则每个分量 f_k 在$[a, b]$的每个子区间$[x, y]$上是有界变差函数. 本节我们保持 $\boldsymbol{f}$ 不动而研究作为区间$[x, y]$的函数的弧长 $\Lambda_f(x, y)$. 首先我们证明一个可加性性质.

定理 6.18 如果 $c\in(a, b)$，则有

$$\Lambda_f(a, b)=\Lambda_f(a, c)+\Lambda_f(c, b).$$

证明 把 c 点添加到$[a, b]$的划分 P 内，可得$[a, c]$的一个划分 P_1 和$[c, b]$的一个划分 P_2 使得

$$\Lambda_f(P)\leqslant\Lambda_f(P_1)+\Lambda_f(P_2)\leqslant\Lambda_f(a, c)+\Lambda_f(c, b).$$

这意味着 $\Lambda_f(a, b)\leqslant\Lambda_f(a, c)+\Lambda_f(c, b)$. 为了得到相反的不等式，设 P_1 和 P_2 分别是$[a, c]$和$[c, b]$的任意的划分，则

$$P=P_1\cup P_2$$ 135

是$[a, b]$的一个划分，对于这个划分有

$$\Lambda_f(P_1)+\Lambda_f(P_2)=\Lambda_f(P)\leqslant\Lambda_f(a, b).$$

因为全部的和 $\Lambda_f(P_1)+\Lambda_f(P_2)$的上确界是和 $\Lambda_f(a, c)+\Lambda_f(c, b)$(见定理 1.15)，所以定理得证. ■

定理 6.19 考虑定义在$[a, b]$上的一条可求长的路 $\boldsymbol{f}$. 如果 $x\in(a, b]$，设 $s(x)=\Lambda_f(a, x)$，并设 $s(a)=0$，则有

i)如此定义的函数 s 在$[a, b]$上是递增的和连续的.

ii)如果$[a, b]$没有子区间使得 $\boldsymbol{f}$ 在其上是常数，则 s 在$[a, b]$上是严格递增的.

证明 如果 $a\leqslant x<y\leqslant b$，则定理 6.18 蕴涵着 $s(y)-s(x)=\Lambda_f(x, y)\geqslant 0$. 这就证明了 s 在$[a, b]$上是递增的. 进而，我们有 $s(y)-s(x)>0$，除非 $\Lambda_f(x, y)=0$. 但是，按照不等式(2)，$\Lambda_f(x, y)=0$ 蕴涵着对于每个 k 都有 $V_k(x, y)=0$，而这蕴涵着 $\boldsymbol{f}$ 在$[x, y]$上是常数. 于是(ii)得证.

为了证明 s 是连续的，再次使用不等式(2)可以写

$$0\leqslant s(y)-s(x)=\Lambda_f(x, y)\leqslant\sum_{k=1}^{n}V_k(x, y).$$

如果令 $y\to x$，则可发现每一项 $V_k(x, y)\to 0$ 从而 $s(x)=s(x+)$. 类似地有 $s(x)=s(x-)$. ■

6.12 路的等价性与参数变换

本节叙述有同样图的一类路. 设 $\boldsymbol{f}$：$[a, b]\to\mathbf{R}^n$ 是 $\mathbf{R}^n$ 内的一条路. 设 u：$[c, d]\to[a, b]$是在$[c, d]$上连续、严格单调且以$[a, b]$为值域的一个实值函数，则对于 $c\leqslant t\leqslant$

d 由

$$\boldsymbol{g}(t)=\boldsymbol{f}[u(t)]$$

给出的复合函数 $\boldsymbol{g}=\boldsymbol{f}\circ u$ 是与 $\boldsymbol{f}$ 有同样图的一条路．有如此关系的两条路 $\boldsymbol{f}$ 与 $\boldsymbol{g}$ 称为是等价的．它们被说成是提供了同一条曲线的不同的参数表达式．函数 u 被说成是定义了参数的一个替换．

设 C 表示两条等价路 $\boldsymbol{f}$ 与 $\boldsymbol{g}$ 的共同的图．如果 u 是严格递增的，我们就说 $\boldsymbol{f}$ 和 $\boldsymbol{g}$ 沿同样的方向描绘出 C．如果 u 是严格递减的，我们就说 $\boldsymbol{f}$ 和 $\boldsymbol{g}$ 沿相反的方向描绘出 C．在第一种情况下，u 称为是保持定向的；在第二种情况下，u 称为是反转定向的．

定理 6.20　设 $\boldsymbol{f}:[a,b]\to\mathbf{R}^n$ 和 $\boldsymbol{g}:[c,d]\to\mathbf{R}^n$ 是 $\mathbf{R}^n$ 内的两条路，它们每一条在各自的定义域上都是 1-1 的，则 $\boldsymbol{f}$ 与 $\boldsymbol{g}$ 是等价的当且仅当它们有同样的图．

136 **证明**　等价的路必须有同样的图．为了证明逆命题，假定 $\boldsymbol{f}$ 与 $\boldsymbol{g}$ 有同样的图．因为 $\boldsymbol{f}$ 在紧集 $[a,b]$ 上是 1-1 的和连续的，所以定理 4.29 告诉我们 $\boldsymbol{f}^{-1}$ 存在而且在它的图上连续．定义 $u(t)=\boldsymbol{f}^{-1}[\boldsymbol{g}(t)]$，当 $t\in[c,d]$．则 u 在 $[c,d]$ 上连续且 $\boldsymbol{g}(t)=\boldsymbol{f}[u(t)]$．读者可以验证 u 是严格单调的，从而 $\boldsymbol{f}$ 与 $\boldsymbol{g}$ 是等价的路．■

练习

有界变差函数

6.1　确定下列函数中哪个在 $[0,1]$ 上是有界变差函数：

a) $f(x)=x^2\sin(1/x)$ 当 $x\neq0$，$f(0)=0$．

b) $f(x)=\sqrt{x}\sin(1/x)$ 当 $x\neq0$，$f(0)=0$．

6.2　一个定义在 $[a,b]$ 上的函数 f 称为在 $[a,b]$ 上满足阶数为 $\alpha>0$ 的一致的利普希茨条件，如果存在一个常数 $M>0$ 使得对于 $[a,b]$ 内的一切 x 和 y 都有 $|f(x)-f(y)|<M|x-y|^\alpha$．（可与练习 5.1 相对照．）

a) 如果 f 是一个这样的函数，证明 $\alpha>1$ 蕴涵着 f 在 $[a,b]$ 上是常数，而 $\alpha=1$ 蕴涵着 f 在 $[a,b]$ 上是有界变差函数．

b) 给出一个在 $[a,b]$ 上满足阶数 $\alpha<1$ 的一致的利普希茨条件的函数 f 的例子，使它在 $[a,b]$ 上不是有界变差函数．

c) 给出一个在 $[a,b]$ 上是有界变差函数的例子，使它在 $[a,b]$ 上不满足一致的利普希茨条件．

6.3　证明多项式 f 在每一个紧区间 $[a,b]$ 上都是有界变差函数．如果导数 f' 的零点是已知的，叙述一种求出 f 在 $[a,b]$ 上的全变差的方法．

6.4　定义在区间 $[a,b]$ 上的实值函数所成的非空集合 S 称为函数的线性空间，如果它有下述两个性质：

a) 如果 $f\in S$，则对于每一个实数 c 都有 $cf\in S$．

b) 如果 $f\in S$ 且 $g\in S$，则 $f+g\in S$．

定理 6.9 表明在 $[a,b]$ 上的全体有界变差函数所成的集合 V 是一个线性空间．如果 S 是任意一个包含 $[a,b]$ 上的全体单调函数的线性空间，证明 $V\subseteq S$．这个事实可以描述为：有界变差函数形成包含全体单调函数的最小线性空间．

6.5　设 f 是定义在 $[0,1]$ 上的实值函数使得 $f(0)>0$，$f(x)\neq x$（对于一切 x），以及 $f(x)\leqslant f(y)$（只要 $x\leqslant y$）．设 $A=\{x: f(x)>x\}$，证明 $\sup A\in A$ 且 $f(1)>1$．

6.6　如果 f 在 $\mathbf{R}^1$ 内处处有定义，则 f 称为在 $(-\infty,+\infty)$ 上是有界变差函数，当 f 在每一个有限区间上是有界变差函数，而且存在一个正数 M 使得对于一切紧区间$[a, b]$都有 $V_f(a, b)<M$. 此时把 f 在$(-\infty, +\infty)$上的全变差定义为全体 $V_f(a, b)$的上确界，其中$-\infty<a<b<+\infty$，并用 $V_f(-\infty, +\infty)$表示. 类似的定义也可以应用于半开的无穷区间$[a, +\infty)$和$(-\infty, b]$.

a)对于无穷区间$(-\infty, +\infty)$叙述并证明与定理 6.7、6.9、6.10、6.11 和 6.12 类似的定理. 137

b)证明：如果把“单调”用“有界且单调”代替，则定理 6.5 对于$(-\infty, +\infty)$成立. 叙述并证明定理 6.13 的一个类似的修改.

6.7 假定 f 在$[a, b]$上是有界变差函数，并设

$$P=\{x_0, x_1, \cdots, x_n\}\in \mathscr{P}[a, b].$$

如通常那样，记 $\Delta f_k=f(x_k)-f(x_{k-1})$，$k=1, 2, \cdots, n$. 定义

$$A(P)=\{k : \Delta f_k>0\},\quad B(P)=\{k : \Delta f_k<0\}.$$

则分别把

$$p_f(a, b)=\sup\left\{\sum_{k\in A(P)}\Delta f_k : P\in \mathscr{P}[a, b]\right\}$$

和

$$n_f(a, b)=\sup\left\{\sum_{k\in B(P)}|\Delta f_k| : P\in \mathscr{P}[a, b]\right\}$$

称为 f 在$[a, b]$上的正变差和负变差. 对于(a, b)内的每个 x，设 $V(x)=V_f(a, x)$，$p(x)=p_f(a, x)$，$n(x)=n_f(a, x)$，并设 $V(a)=p(a)=n(a)=0$. 证明：

a)$V(x)=p(x)+n(x)$.

b)$0\leqslant p(x)\leqslant V(x)$和 $0\leqslant n(x)\leqslant V(x)$.

c)p 和 n 在$[a, b]$上是递增的.

d)$f(x)=f(a)+p(x)-n(x)$，此式给出定理 6.13 的另一个证明.

e)$2p(x)=V(x)+f(x)-f(a)$，$2n(x)=V(x)-f(x)+f(a)$.

f)f 的每个连续点也是 p 和 n 的连续点.

曲线

6.8 设 f 与 g 是如下定义的复值函数：

$$f(t)=e^{2\pi it}\quad 当\ t\in[0, 1],\qquad g(t)=e^{2\pi it}\quad 当\ t\in[0, 2].$$

a)证明 f 与 g 有同样的图，但按照 6.12 节的定义不是等价的.

b)证明 g 的长度是 f 的长度的 2 倍.

6.9 设 $\boldsymbol{f}$ 是定义在$[a, b]$上的一条长为 L 的可求长的路，并假定 $\boldsymbol{f}$ 在$[a, b]$的任何子区间上不为常数. 设 s 表示由$s(x)=\Lambda_f(a, x)$当 $a<x\leqslant b$ 和 $s(a)=0$ 给出的弧长函数.

a)证明 s^{-1} 存在且在$[0, L]$上连续.

b)定义 $\boldsymbol{g}(t)=\boldsymbol{f}[s^{-1}(t)]$当 $t\in[0, L]$，证明 $\boldsymbol{g}$ 等价于 $\boldsymbol{f}$. 因为 $\boldsymbol{f}(t)=\boldsymbol{g}[s(t)]$，所以说函数 $\boldsymbol{g}$ 提供了 $\boldsymbol{f}$ 的图的一个以弧长为参数的表示式.

6.10 设 f 与 g 是定义在$[a, b]$上的两个有界变差实值连续函数，对于(a, b)内的每一个 x 都有 $0<f(x)<g(x)$，$f(a)=g(a)$，$f(b)=g(b)$. 设复值函数 h 在$[a, 2b-a]$上定义如下：

$$h(t)=t+\mathrm{i}f(t),\qquad 若\ a\leqslant t\leqslant b,$$

$$h(t)=2b-t+\mathrm{i}g(2b-t),\qquad 若\ b\leqslant t\leqslant 2b-a.$$ 138

a)证明 h 可描绘出一条可求长曲线 Γ.

b)用略图说明 f、g 和 h 之间的几何关系.

c)证明点集

$$S=\{(x, y) : a\leqslant x\leqslant b,\ f(x)\leqslant y\leqslant g(x)\}$$

是 $\mathbf{R}^2$ 内以曲线 Γ 为边界的区域.

d)设复值函数 H 在$[a, 2b-a]$上定义如下：

$$H(t)=t-\frac{\mathrm{i}}{2}[g(t)-f(t)], \qquad 若 a\leqslant t\leqslant b,$$

$$H(t)=t+\frac{\mathrm{i}}{2}[g(2b-t)-f(2b-t)], \qquad 若 b\leqslant t\leqslant 2b-a.$$

证明 H 可描绘出一条可求长曲线 Γ_0，它是下面区域的边界：

$$S_0=\{(x, y): a\leqslant x\leqslant b, f(x)-g(x)\leqslant 2y\leqslant g(x)-f(x)\}.$$

e)证明 S_0 以 x 轴作为一条对称轴.（区域 S_0 称为 S 关于 x 轴的对称化.）

f)证明 Γ_0 的长度不超过 Γ 的长度.

绝对连续函数

定义在$[a, b]$上的实值函数 f 称为在$[a, b]$上是绝对连续的，如果对于每一个 $\varepsilon>0$ 都有 $\delta>0$ 使得对于$[a, b]$的任何 n 个不连接的开子区间(a_k, b_k)，$n=1, 2, \cdots$，只要这些子区间长度之和 $\sum_{k=1}^{n}(b_k-a_k)$ 小于 δ，就有

$$\sum_{k=1}^{n}|f(b_k)-f(a_k)|<\varepsilon$$

绝对连续函数是在勒贝格(Lebesgue)积分和微分理论中出现的. 下面的练习给出它们的某些初等性质.

6.11 证明$[a, b]$上的每一个绝对连续函数在$[a, b]$上都是连续的有界变差函数.

注：存在连续的有界变差函数不是绝对连续函数.

6.12 证明 f 是绝对连续的，如果它在$[a, b]$上满足1阶一致的利普希茨条件.（见练习6.2.）

6.13 如果 f 与 g 在$[a, b]$上是绝对连续的，证明下列各函数在$[a, b]$上也是绝对连续的：$|f|$，cf（c 是常数），$f+g$，$f\cdot g$；还有 f/g，如果 g 有界离开零[㊀].

参考文献

6.1 **Apostol, T. M., *Calculus*, Vol. 1, 2nd ed. Xerox, Waltham, 1967.**

6.2 **Natanson, I. P., *Theory of Functions of a Real Variable*, Vol. 1, rev. ed. Leo F.**
139 **Boron, translator. Ungar, New York, 1961.**

㊀ 参阅定理6.10的说明. ——译者注

第 7 章　黎曼-斯蒂尔切斯积分

7.1 引言

微积分主要处理两类几何问题：求一条曲线的切线和求一条曲线下面的一个区域的面积. 第一个问题由称为*微分*的一个极限过程来研究；第二个问题由另一个极限过程——*积分*——来研究，我们现在就转向对积分的研究.

读者可以回忆一下初等微积分，为了求出定义在$[a, b]$上的一个正函数 f 的图像下面的区域的面积，我们把区间$[a, b]$划分为有限个子区间，譬如说 n 个，其中第 k 个子区间的长度为 Δx_k，然后考虑形为 $\sum_{k=1}^{n} f(t_k)\Delta x_k$ 的和，其中 t_k 是第k 个子区间内的某个点. 这样的一个和是用一些矩形对面积的一种逼近. 如果 f 在$[a, b]$内的性质足够好(例如，是连续的)，则我们希望当让 $n\to\infty$ 从而不断地使子区间越来越精细时，该和趋向于一个极限. 粗略地说，这就是黎曼定义的定积分 $\int_a^b f(x)\mathrm{d}x$ 所涉及的内容. (精确的定义将在下面给出.)

导数和积分这两个概念是用完全不同的方法引入的，因此二者有密切的联系是一个非常值得注意的事实. 如果我们把一个连续函数 f 的定积分作为它的上限的函数来考虑，譬如设

$$F(x)=\int_a^x f(t)\mathrm{d}t,$$

则 F 有导数，且 $F'(x)=f(x)$. 这个重要的结果表明，在某种意义上，微分与积分是两种互逆的运算.

本章将详细地研究积分过程. 实际上我们将考虑一个比黎曼的定义更一般的概念，这就是*黎曼-斯蒂尔切斯积分*，它涉及两个函数 f 与 α. 适用于这样的积分的记号是 $\int_a^b f(x)\mathrm{d}\alpha(x)$，或某些与之类似的记号，而通常的黎曼积分则是黎曼-斯蒂尔切斯积分在 $\alpha(x)=x$ 时的特殊情况. 当 α 有连续的导数时，该定义中的斯蒂尔切斯积分 $\int_a^b f(x)\mathrm{d}\alpha(x)$ 就变成黎曼积分 $\int_a^b f(x)\alpha'(x)\mathrm{d}x$. 然而，当 α 不可微或者即使当α 不连续时，斯蒂尔切斯积分也有意义. 事实上，正是在处理*不连续的* α 的时候，斯蒂尔切斯积分的重要性才变得越发的明显. 只要选取一个适当的不连续的 α，任何有限和或无穷和都 140
能表示成为斯蒂尔切斯积分，而求和法与通常的黎曼积分都将变成这个更为一般的过程的一些特殊情况. 物理学中的涉及质量分布的问题(有些地方的分布是离散的，有些地方的分布是连续的)也能用斯蒂尔切斯积分处理. 在概率的数学理论中，这个积分是非常有用的工具，它能同时处理连续的和离散的随机变量.

在第 10 章中我们将讨论黎曼积分的另一种推广，称为*勒贝格积分*.

7.2 记号

为下面叙述的简洁起见，我们先对本章将要用到的记号和术语做一些交代．我们将考虑一个紧区间$[a, b]$，而且，除非另有说明，所有用 f、g、α、β 等字母表示的函数都假定是在$[a, b]$上有定义且有界的实值函数．复值函数将在 7.27 节处理，而向无界函数和无穷区间的推广将在第 10 章中讨论．

像在第 6 章一样，$[a, b]$的一个划分是一个有限点集，譬如说是

$$P=\{x_0, x_1, \cdots, x_n\},$$

使得 $a=x_0<x_1<\cdots<x_{n-1}<x_n=b$．$[a, b]$的一个划分 P' 称为比 P 细(或是 P 的一次加细)，如果 $P\subseteq P'$，也可以写为 $P'\supseteq P$．符号 $\Delta\alpha_k$ 表示差 $\Delta\alpha_k=\alpha(x_k)-\alpha(x_{k-1})$，使得

$$\sum_{k=1}^{n}\Delta\alpha_k=\alpha(b)-\alpha(a).$$

由$[a, b]$的所有可能的划分构成的集合用$\mathscr{P}[a, b]$表示．

一个划分 P 的范数是 P 的最大子区间的长度，用$\|P\|$表示．应注意

$$P'\supseteq P \quad 蕴涵着 \quad \|P'\|\leqslant\|P\|.$$

这就是说，划分的加细会使它的范数减小，但是该命题的逆命题不成立．

7.3 黎曼-斯蒂尔切斯积分的定义

定义 7.1　设 $P=\{x_0, x_1, \cdots, x_n\}$是$[a, b]$的一个划分，$t_k$ 是子区间$[x_{k-1}, x_k]$内的一点．形如

$$S(P, f, \alpha)=\sum_{k=1}^{n}f(t_k)\Delta\alpha_k$$

的和式称为 f 关于 α 的黎曼-斯蒂尔切斯和．如果存在一个数 A 具有下述性质：对于每一个 $\varepsilon>0$，都存在$[a, b]$的一个划分 P_ε 使得对于每一个比 P_ε 细的划分和$[x_{k-1}, x_k]$内的每一个点 t_k 都有$|S(P, f, \alpha)-A|<\varepsilon$，我们就说 f 在$[a, b]$上关于 α 黎曼可积，并简
141 写为“$f\in R(\alpha)[a, b]$”．

当这样的数 A 存在的时候，它是唯一确定的，记为$\int_a^b f\mathrm{d}\alpha$ 或$\int_a^b f(x)\mathrm{d}\alpha(x)$．此时我们也说黎曼-斯蒂尔切斯积分$\int_a^b f\mathrm{d}\alpha$ 存在．函数 f 和 α 分别叫作被积函数和积分函数．在 $\alpha(x)=x$ 的特殊情况下，我们用 $S(P, f)$ 代替 $S(P, f, \alpha)$，并用 $f\in R$ 来代替 $f\in R(\alpha)$，这时的积分就称为黎曼积分，并用$\int_a^b f\mathrm{d}x$ 或$\int_a^b f(x)\mathrm{d}x$ 来表示．$\int_a^b f(x)\mathrm{d}\alpha(x)$ 的数值只依赖于 f、α、a 和 b，而不依赖于字母 x．字母 x 是一个“哑变量”，它可以用任何其他适当的记号来代替．

注　这是黎曼-斯蒂尔切斯积分的几个被普遍接受的定义当中的一个．在练习 7.3 中叙述了另外一种(但不是等价的)定义．

7.4 线性性质

容易证明黎曼-斯蒂尔切斯积分对于被积函数和积分函数二者都是线性的，这在下面两个定理中加以介绍.

定理 7.2 如果在$[a,b]$上有$f\in R(\alpha)$及$g\in R(\alpha)$，则在$[a,b]$上有$c_1f+c_2g\in R(\alpha)$(对于任意的两个常数c_1和c_2)，而且有

$$\int_a^b(c_1f+c_2g)\mathrm{d}\alpha=c_1\int_a^b f\mathrm{d}\alpha+c_2\int_a^b g\mathrm{d}\alpha.$$

证明 设$h=c_1f+c_2g$. 给定$[a,b]$的一个划分，可以写

$$\begin{aligned}S(P,h,\alpha)&=\sum_{k=1}^n h(t_k)\Delta\alpha_k=c_1\sum_{k=1}^n f(t_k)\Delta\alpha_k+c_2\sum_{k=1}^n g(t_k)\Delta\alpha_k\\&=c_1S(P,f,\alpha)+c_2S(P,g,\alpha).\end{aligned}$$

给定$\varepsilon>0$，选取P'_ε使得$P\supseteq P'_\varepsilon$蕴涵$\left|S(P,f,\alpha)-\int_a^b f\mathrm{d}\alpha\right|<\varepsilon$，并选取$P''_\varepsilon$使得$P\supseteq P''_\varepsilon$蕴涵$\left|S(P,g,\alpha)-\int_a^b g\mathrm{d}\alpha\right|<\varepsilon$. 如果我们取$P_\varepsilon=P'_\varepsilon\cup P''_\varepsilon$，则对于比$P_\varepsilon$细的$P$有

$$\left|S(P,h,\alpha)-c_1\int_a^b f\mathrm{d}\alpha-c_2\int_a^b g\mathrm{d}\alpha\right|\leqslant|c_1|\varepsilon+|c_2|\varepsilon,$$

这就证明了本定理. ■

定理 7.3 如果在$[a,b]$上有$f\in R(\alpha)$及$f\in R(\beta)$，则在$[a,b]$上有$f\in R(c_1\alpha+c_2\beta)$(对于任意的两个常数$c_1$和$c_2$)，而且

$$\int_a^b f\mathrm{d}(c_1\alpha+c_2\beta)=c_1\int_a^b f\mathrm{d}\alpha+c_2\int_a^b f\mathrm{d}\beta.$$

本定理的证明与定理 7.2 的证明相仿，留为练习.

与上面两个定理多少有些类似的一个结果告诉我们，黎曼-斯蒂尔切斯积分关于积分区间也是可加的. 142

定理 7.4 假定$c\in(a,b)$. 如果(1)式的三个积分中有两个存在，则第三个也存在，而且有

$$\int_a^c f\mathrm{d}\alpha+\int_c^b f\mathrm{d}\alpha=\int_a^b f\mathrm{d}\alpha. \tag{1}$$

证明 如果P是$[a,b]$上的一个划分使得$c\in P$，设

$$P'=P\cap[a,c],\quad P''=P\cap[c,b]$$

分别表示$[a,c]$和$[c,b]$相应的划分. 对于这些划分的黎曼-斯蒂尔切斯和由下面的等式联系着：

$$S(P,f,\alpha)=S(P',f,\alpha)+S(P'',f,\alpha).$$

假定$\int_a^c f\mathrm{d}\alpha$和$\int_c^b f\mathrm{d}\alpha$存在，则给定$\varepsilon>0$，$[a,c]$有一个划分$P'_\varepsilon$使得

$$\left|S(P',f,\alpha)-\int_a^c f\mathrm{d}\alpha\right|<\frac{\varepsilon}{2}\quad\text{只要 }P'\text{ 比 }P'_\varepsilon\text{ 细},$$

并且$[c, b]$有一个划分P''_ε使得

$$\left|S(P'', f, \alpha)-\int_c^b f\,\mathrm{d}\alpha\right|<\frac{\varepsilon}{2}\quad \text{只要 } P'' \text{ 比 } P''_\varepsilon \text{ 细}.$$

于是$P_\varepsilon=P'_\varepsilon\cup P''_\varepsilon$是$[a, b]$的一个划分，使得$P$比$P_\varepsilon$细蕴涵$P'\supseteq P'_\varepsilon$和$P''\supseteq P''_\varepsilon$. 因此，如果$P$比$P_\varepsilon$细，我们就能把上述结果结合起来得到不等式

$$\left|S(P, f, \alpha)-\int_a^c f\,\mathrm{d}\alpha-\int_c^b f\,\mathrm{d}\alpha\right|<\varepsilon.$$

这就证明$\int_a^b f\,\mathrm{d}\alpha$存在且等于$\int_a^c f\,\mathrm{d}\alpha+\int_c^b f\,\mathrm{d}\alpha$. 读者不难验证，在其余情况下，可以用类似的讨论证明本定理. ■

利用数学归纳法可以证明，对于把$[a, b]$分解成有限个子区间有类似的结果.

注　用上面这种类型的讨论不能证明只要$\int_a^b f\,\mathrm{d}\alpha$存在，积分$\int_a^c f\,\mathrm{d}\alpha$就存在. 然而这个结论是正确的. 对于有界变差积分函数α，这个事实稍后将在定理 7.25 中加以证明.

定义 7.5　如果$a<b$，只要$\int_a^b f\,\mathrm{d}\alpha$存在，就定义$\int_b^a f\,\mathrm{d}\alpha=-\int_a^b f\,\mathrm{d}\alpha$，并且定义$\int_a^a f\,\mathrm{d}\alpha=0$.

现在可以把定理 7.4 中的等式写成

143
$$\int_a^b f\,\mathrm{d}\alpha+\int_b^c f\,\mathrm{d}\alpha+\int_c^a f\,\mathrm{d}\alpha=0.$$

7.5　分部积分法

在黎曼-斯蒂尔切斯积分的被积函数和积分函数之间存在着一种值得注意的联系. $\int_a^b f\,\mathrm{d}\alpha$的存在性蕴涵着$\int_a^b \alpha\,\mathrm{d}f$的存在性，其逆命题也成立. 此外，在这两个积分之间有一种非常简单的关系.

定理 7.6　如果$f\in R(\alpha)[a, b]$，则有$\alpha\in R(f)[a, b]$，而且

$$\int_a^b f(x)\,\mathrm{d}\alpha(x)+\int_a^b \alpha(x)\,\mathrm{d}f(x)=f(b)\alpha(b)-f(a)\alpha(a).$$

注　这个为积分提供了一类交换法则的等式称为分部积分公式.

证明　设给定了$\varepsilon>0$. 因为$\int_a^b f\,\mathrm{d}\alpha$存在，所以有$[a, b]$的划分$P_\varepsilon$使得对于每一个比$P_\varepsilon$细的划分$P'$有

$$\left|S(P', f, \alpha)-\int_a^b f\,\mathrm{d}\alpha\right|<\varepsilon. \tag{2}$$

考虑积分$\int_a^b \alpha\,\mathrm{d}f$的任意一个黎曼-斯蒂尔切斯和，譬如说

$$S(P, \alpha, f)=\sum_{k=1}^{n}\alpha(t_k)\Delta f_k=\sum_{k=1}^{n}\alpha(t_k)f(x_k)-\sum_{k=1}^{n}\alpha(t_k)f(x_{k-1}),$$

其中 P 比 P_ε 细. 记 $A=f(b)\alpha(b)-f(a)\alpha(a)$，我们有恒等式

$$A=\sum_{k=1}^{n} f(x_k)\alpha(x_k)-\sum_{k=1}^{n} f(x_{k-1})\alpha(x_{k-1}).$$

将最后这两个式子相减可得

$$A-S(P,\alpha,f)=\sum_{k=1}^{n} f(x_k)[\alpha(x_k)-\alpha(t_k)]+\sum_{k=1}^{n} f(x_{k-1})[\alpha(t_k)-\alpha(x_{k-1})].$$

等号右边的两个和式可以结合起来成为形如 $S(P',f,\alpha)$的一个和式，其中 P'是由把所取的点 x_k 和 t_k 放到一起而得到的$[a,b]$的那个划分. 于是 P'比 P 细，从而 P'比 P_ε 细. 因此不等式(2)成立，而且这表明，只要 P 比 P_ε 细，就有

$$\left|A-S(P,\alpha,f)-\int_a^b f\,\mathrm{d}\alpha\right|<\varepsilon,$$

这恰恰是说 $\int_a^b \alpha\,\mathrm{d}f$ 存在，而且其值等于 $A-\int_a^b f\,\mathrm{d}\alpha$. ■

7.6 黎曼-斯蒂尔切斯积分中的变量替换

定理 7.7 设 $f\in R(\alpha)[a,b]$，并设 g 是定义在一个以 c 和 d 为端点的区间 S 上的严格单调的连续函数. 假定 $a=g(c)$，$b=g(d)$. 设 h 和 β 是如下定义的两个复合函数： 144

$$h(x)=f[g(x)],\quad \beta(x)=\alpha[g(x)],\quad 如果\ x\in S.$$

则在 S 上有 $h\in R(\beta)$，而且有 $\int_a^b f\,\mathrm{d}\alpha=\int_c^d h\,\mathrm{d}\beta$，即

$$\int_{g(c)}^{g(d)} f(t)\,\mathrm{d}\alpha(t)=\int_c^d f[g(x)]\,\mathrm{d}\{\alpha[g(x)]\}.$$

证明 为明确起见，设 g 在 S 上是严格递增的.（这意味着 $c<d$.）于是 g 是 1-1 的，而且它有定义在$[a,b]$上的严格递增的连续的反函数 g^{-1}. 因而，对于$[c,d]$的每一个划分 $P=\{y_0,\cdots,y_n\}$，相应地有且仅有一个$[a,b]$的划分 $P'=\{x_0,\cdots,x_n\}$满足 $x_k=g(y_k)$. 事实上，可以写

$$P'=g(P)\quad 及\quad P=g^{-1}(P').$$

进而，P 的一个加细生成 P'的一个相应的加细，反过来也成立.

如果给定了 $\varepsilon>0$，则有$[a,b]$的划分 P'_ε 使得 P'比 P'_ε 细蕴涵 $\left|S(P',f,\alpha)-\int_a^b f\,\mathrm{d}\alpha\right|<\varepsilon$. 设 $P_\varepsilon=g^{-1}(P'_\varepsilon)$是$[c,d]$的相应的划分，并设 $P=\{y_0,\cdots,y_n\}$是$[c,d]$的一个比 P_ε 细的划分. 作黎曼-斯蒂尔切斯和

$$S(P,h,\beta)=\sum_{k=1}^{n} h(u_k)\Delta\beta_k,$$

其中 $u_k\in[y_{k-1},y_k]$，$\Delta\beta_k=\beta(y_k)-\beta(y_{k-1})$. 如果令 $t_k=g(u_k)$和 $x_k=g(y_k)$，则 $P'=\{x_0,\cdots,x_n\}$是$[a,b]$的一个比 P'_ε 细的划分. 此外还将有

$$S(P,h,\beta)=\sum_{k=1}^{n} f[g(u_k)]\{\alpha[g(y_k)]-\alpha[g(y_{k-1})]\}$$

$$= \sum_{k=1}^{n} f(t_k)\{\alpha(x_k) - \alpha(x_{k-1})\} = S(P', f, \alpha),$$

因为 $t_k \in [x_{k-1}, x_k]$. 因此，$\left|S(P, h, \beta) - \int_a^b f \mathrm{d}\alpha\right| < \varepsilon$，定理得证. ■

注 特别地，此定理可以应用于黎曼积分，即在 $\alpha(x)=x$ 的情况下，此定理中的黎曼-斯蒂尔切斯积分成为黎曼积分. 以后将会证明对于黎曼积分有同一类型的另一个定理，其中不要求 g 是单调的.（见定理 7.36.）

7.7 化为黎曼积分

下面一个定理告诉我们，只要 α 有连续的导数 α'，就可以在积分 $\int_a^b f(x)\mathrm{d}\alpha(x)$ 中用
145 $\alpha'(x)\mathrm{d}x$ 来代替 $\mathrm{d}\alpha(x)$.

定理 7.8 假定 $f \in R(\alpha)[a, b]$，并假定 α 在 $[a, b]$ 上有连续的导数 α'，则黎曼积分 $\int_a^b f(x)\alpha'(x)\mathrm{d}x$ 存在，且有

$$\int_a^b f(x)\mathrm{d}\alpha(x) = \int_a^b f(x)\alpha'(x)\mathrm{d}x.$$

证明 设 $g(x)=f(x)\alpha'(x)$ 并考虑黎曼和

$$S(P, g) = \sum_{k=1}^{n} g(t_k)\Delta x_k = \sum_{k=1}^{n} f(t_k)\alpha'(t_k)\Delta x_k.$$

同样的划分 P 以及对 t_k 的同样的选取可以构成黎曼-斯蒂尔切斯和

$$S(P, f, \alpha) = \sum_{k=1}^{n} f(t_k)\Delta\alpha_k.$$

应用中值定理，可以写

$$\Delta\alpha_k = \alpha'(v_k)\Delta x_k, \quad 其中\ v_k \in (x_{k-1}, x_k),$$

因此可得

$$S(P, f, \alpha) - S(P, g) = \sum_{k=1}^{n} f(t_k)[\alpha'(v_k) - \alpha'(t_k)]\Delta x_k.$$

因为 f 是有界的，所以对于在 $[a, b]$ 内的一切 x 都有 $|f(x)| \leqslant M$，其中 $M>0$. α' 在 $[a, b]$ 上的连续性蕴涵它在 $[a, b]$ 上的一致连续性. 所以，如果给定 $\varepsilon>0$，就存在 $\delta>0$（仅依赖于 ε）使得

$$0 \leqslant |x-y| < \delta \quad 蕴涵 \quad |\alpha'(x) - \alpha'(y)| < \frac{\varepsilon}{2M(b-a)}.$$

如果我们取一个划分 P'_ε 满足范数 $\|P'_\varepsilon\| < \delta$，则对于任何更细的划分 P，在前面的等式中将有 $|\alpha'(v_k) - \alpha'(t_k)| < \varepsilon/[2M(b-a)]$. 因此对于这样的 P 有

$$|S(P, f, \alpha) - S(P, g)| < \frac{\varepsilon}{2}.$$

另一方面，因为 $f \in R(\alpha)[a, b]$，所以存在划分 P''_ε 使得 P 比 P''_ε 细蕴涵

$$\left|S(P,\ f,\ \alpha)-\int_a^b f\,\mathrm{d}\alpha\right|<\frac{\varepsilon}{2}.$$

把最后两个不等式结合起来可以看到，当 P 比 $P_\varepsilon=P'_\varepsilon\cup P''_\varepsilon$ 细时，将有 $\left|S(P,\ g)-\int_a^b f\,\mathrm{d}\alpha\right|<\varepsilon$，这就证明了本定理. ■

注　在定理 7.35 中将证明一个不要求 α' 的连续性的更强的结果. 146

7.8　阶梯函数作为积分函数

如果 α 在 $[a,\ b]$ 上恒为常数，则积分 $\int_a^b f\,\mathrm{d}\alpha$ 存在且其值为 0，因为每一个和 $S(P,\ f,\ \alpha)=0$. 然而，如果 α 除了在一点有跳跃的不连续性之外是常数，则积分 $\int_a^b f\,\mathrm{d}\alpha$ 未必存在，而且，即使该积分存在，其值也未必为 0. 这种情况在下一定理中得到更完整的叙述.

定理 7.9　给定 $a<c<b$. 在 $[a,\ b]$ 上定义 α 如下：$\alpha(a)$、$\alpha(c)$、$\alpha(b)$ 这三个值是任意的；

$$\alpha(x)=\alpha(a)\quad 若\ a\leqslant x<c,$$
$$\alpha(x)=\alpha(b)\quad 若\ c<x\leqslant b.$$

设 f 在 $[a,\ b]$ 上按这样一种方式定义，即 f 与 α 这两个函数当中至少有一个在 c 点是左连续的，而且至少有一个在 c 点是右连续的，则 $f\in R(\alpha)[a,\ b]$，且有

$$\int_a^b f\,\mathrm{d}\alpha=f(c)[\alpha(c+)-\alpha(c-)].$$

注　当 $c=a$ 时，只要把 $\alpha(c-)$ 改为 $\alpha(c)$，结果也成立；对于 $c=b$，把 $\alpha(c+)$ 改为 $\alpha(c)$，结果也成立. 稍后我们将证明(定理 7.29)，如果 f 与 α 二者在 c 点从右边或从左边都是不连续的，则积分不存在.

证明　如果 $c\in P$，则和式 $S(P,\ f,\ \alpha)$ 中的每一项(除了由被 c 分开的两个子区间形成的两项之外)都是 0. 譬如说

$$S(P,\ f,\ \alpha)=f(t_{k-1})[\alpha(c)-\alpha(c-)]+f(t_k)[\alpha(c+)-\alpha(c)],$$

其中 $t_{k-1}\leqslant c\leqslant t_k$. 也可以把这个等式写为下面的形式：

$$\Delta=[f(t_{k-1})-f(c)][\alpha(c)-\alpha(c-)]+[f(t_k)-f(c)][\alpha(c+)-\alpha(c)],$$

其中 $\Delta=S(P,\ f,\ \alpha)-f(c)[\alpha(c+)-\alpha(c-)]$. 因而有

$$|\Delta|\leqslant|f(t_{k-1})-f(c)|\,|\alpha(c)-\alpha(c-)|+|f(t_k)-f(c)|\,|\alpha(c+)-\alpha(c)|.$$

如果 f 在 c 点是连续的，则对于每一个 $\varepsilon>0$ 都有 $\delta>0$ 使得 $\|P\|<\delta$ 蕴涵

$$|f(t_{k-1})-f(c)|<\varepsilon\quad 和\quad |f(t_k)-f(c)|<\varepsilon.$$

在这种情况下，我们得到不等式

$$|\Delta|\leqslant\varepsilon|\alpha(c)-\alpha(c-)|+\varepsilon|\alpha(c+)-\alpha(c)|.$$

但是这个不等式不论 f 在 c 点是否连续都是成立的. 例如，如果 f 在 c 点从右边及从左

147 边都是不连续的，则有 $\alpha(c)=\alpha(c-)$ 和 $\alpha(c)=\alpha(c+)$，我们得到 $\Delta=0$. 另一方面，如果 f 在 c 点从左边是连续的而从右边是不连续的，则必有 $\alpha(c)=\alpha(c+)$，可得 $|\Delta|\leqslant\varepsilon|\alpha(c)-\alpha(c-)|$. 类似地，如果 f 在 c 点从右边是连续的而从左边是不连续的，则有 $\alpha(c)=\alpha(c-)$ 及 $|\Delta|\leqslant\varepsilon|\alpha(c+)-\alpha(c)|$. 因此上面最后一个不等式在每一种情况下都成立，这就证明了本定理. ■

例 定理7.9告诉我们，黎曼-斯蒂尔切斯积分的值可以随 f 在一个点上的值的改变而改变. 下面这个例子表明，积分的存在性也可以被这样的改变而影响. 设

$$\alpha(x)=0,\quad 若\ x\neq 0;\ \alpha(0)=-1;$$
$$f(x)=1,\quad 若\ -1\leqslant x\leqslant +1.$$

在这种情况下，由定理7.9可得 $\int_{-1}^{1} f\mathrm{d}\alpha=0$. 但是如果重新定义 f 使得 $f(0)=2$ 及 $f(x)=1$，当 $x\neq 0$，则容易看出 $\int_{-1}^{1} f\mathrm{d}\alpha$ 将不存在. 事实上，当 P 是包含 0 作为一个分点的划分时，可求得

$$S(P,f,\alpha)=f(t_k)[\alpha(x_k)-\alpha(0)]+f(t_{k-1})[\alpha(0)-\alpha(x_{k-2})]=f(t_k)-f(t_{k-1}),$$

其中 $x_{k-2}\leqslant t_{k-1}\leqslant 0\leqslant t_k\leqslant x_k$. 这个和的值是 0、1 或 -1，取决于对 t_k 和 t_{k-1} 的选取. 因此在这种情况下 $\int_{-1}^{1} f\mathrm{d}\alpha$ 不存在. 然而，在一个黎曼积分 $\int_a^b f(x)\mathrm{d}x$ 中，f 的值可以在有限个点上改变，既不影响它的存在性，又不影响积分的值. 为了证明这一点，只需考虑这样一种情况，即对于 $[a,b]$ 内的一切 x，除了一个点(譬如说 $x=c$)之外，都有 $f(x)=0$，对于这样一个函数，明显有 $|S(P,f)|\leqslant|f(c)|\,\|P\|$. 因为 $\|P\|$ 可以任意小，所以 $\int_a^b f(x)\mathrm{d}x=0$.

7.9 黎曼-斯蒂尔切斯积分化为有限和

在定理7.9中的积分函数 α 是称为阶梯函数的一个重要的函数类的一个特殊情况. 阶梯函数在一个区间上除了有限个跃变间断点之外，都是常数.

定义 7.10(阶梯函数) 定义在 $[a,b]$ 上的函数 α 称为阶梯函数，如果有一个划分

$$a=x_1<x_2<\cdots<x_n=b$$

使得 α 在每一个开的子区间 (x_{k-1},x_k) 上都是常数. 数 $\alpha(x_k+)-\alpha(x_k-)$ 称为 α 在 x_k 点的跃变，如果 $1<k<n$. α 在 x_1 点的跃变是 $\alpha(x_1+)-\alpha(x_1)$，α 在 x_n 点的跃变是 $\alpha(x_n)-\alpha(x_n-)$.

阶梯函数可以在黎曼-斯蒂尔切斯积分与有限和之间建立起联系.

定理 7.11(黎曼-斯蒂尔切斯积分化为有限和) 设 α 是定义在 $[a,b]$ 上的一个阶梯函数，它在 x_k 点的跃变为 α_k，其中 $x_1,\cdots,x_n$ 如在定义7.10中所述. 设 f 在 $[a,b]$ 上
148 按这样一种方式来定义，即 f 与 α 二者在每一个 x_k 点不同时从右边或从左边不连续. 则 $\int_a^b f\mathrm{d}\alpha$ 存在，且有

$$\int_a^b f(x)\mathrm{d}\alpha(x)=\sum_{k=1}^n f(x_k)\alpha_k.$$

证明　按定理 7.4，$\int_a^b f\mathrm{d}\alpha$ 可以被写成在定理 7.9 中所考虑的那种类型的积分和. ■

最简单的阶梯函数之一是最大整数函数. 最大整数函数在 x 点的值是小于或等于 x 的最大整数，记为 $[x]$. 因此，$[x]$ 是满足不等式 $[x]\leqslant x<[x]+1$ 的唯一整数.

定理 7.12　每一个有限和都能写成一个黎曼-斯蒂尔切斯积分. 事实上，给定一个有限和 $\sum_{k=1}^n a_k$，在 $[0, n]$ 上定义 f 如下：

$$f(x)=a_k,\qquad \text{若 } k-1<x\leqslant k\ (k=1, 2, \cdots, n);\qquad f(0)=0.$$

则有

$$\sum_{k=1}^n a_k=\sum_{k=1}^n f(k)=\int_0^n f(x)\mathrm{d}[x],$$

其中 $[x]$ 是 $\leqslant x$ 的最大整数.

证明　最大整数函数是一个阶梯函数，它在每个整数点上从右边连续且跃变为 1. 函数 f 在点 1，2，…，n 从左边连续，于是应用定理 7.11 即可. ■

7.10　欧拉求和公式

为了描述黎曼-斯蒂尔切斯积分的用处，我们来导出称为欧拉求和公式的一个著名的公式. 该公式把一个函数在区间 $[a, b]$ 上的积分同该函数在 $[a, b]$ 内的整数点上的值的和联系在一起. 该公式有时可用于用和来逼近积分，或者反过来，用积分来估计某些和的值.

定理 7.13（欧拉求和公式）　如果 f 在 $[a, b]$ 上有连续的导数 f'，则有

$$\sum_{a<n\leqslant b} f(n)=\int_a^b f(x)\mathrm{d}x+\int_a^b f'(x)((x))\mathrm{d}x+f(a)((a))-f(b)((b)),$$

其中 $((x))=x-[x]$. 当 a 和 b 都是整数时，该式变为

$$\sum_{n=a}^b f(n)=\int_a^b f(x)\mathrm{d}x+\int_a^b f'(x)\left(x-[x]-\frac{1}{2}\right)\mathrm{d}x+\frac{f(a)+f(b)}{2}.$$

注　$\sum_{a<n\leqslant b}$ 表示从 $n=[a]+1$ 到 $n=[b]$ 求和. 149

证明　应用定理 7.6（分部积分法），我们有

$$\int_a^b f(x)\mathrm{d}(x-[x])+\int_a^b (x-[x])\mathrm{d}f(x)=f(b)(b-[b])-f(a)(a-[a]).$$

因为最大整数函数在整数点 $[a]+1$，$[a]+2$，…，$[b]$ 上的跃变为 1，所以可以写

$$\int_a^b f(x)\mathrm{d}[x]=\sum_{a<n\leqslant b} f(n).$$

把此式和前面的等式结合起来，立即可以得到定理的结论. ■

7.11　单调递增的积分函数、上积分与下积分

现在，黎曼-斯蒂尔切斯积分理论的进一步发展将是对于单调递增的积分函数的研究. 稍后我们将会看到(在定理 7.24 中)，出于多种目的，对于这种积分函数理论的研究，正像对于研究有界变差的积分函数的理论那样普遍.

当 α 递增时，在黎曼-斯蒂尔切斯和式中出现的差 $\Delta\alpha_k$ 都是非负的. 这个简单的事实在黎曼-斯蒂尔切斯积分理论的发展中起着极其重要的作用. 为了下面叙述简洁起见，我们将使用缩略语"$\alpha\nearrow$于$[a, b]$"表示"α 在$[a, b]$上是递增的".

如前文所述，为了求出在一个函数 f 的图像下面的区域的面积，我们考虑黎曼和$\sum f(t_k)\Delta x_k$ 作为用一些矩形对所求面积的逼近. 这样的和也相当自然地在某些要求对它们的解答使用积分的物理问题中出现. 对这些问题的另一种近似法是依靠黎曼上和与黎曼下和. 例如，在求面积时，我们可以考虑用和$\sum M_k\Delta x_k$ 和$\sum m_k\Delta x_k$ 从"上方"及"下方"的逼近，其中 M_k 和 m_k 分别表示函数值在第 k 个子区间内的上确界和下确界. 几何
150 直观告诉我们，上和至少会有我们所求的面积那么大，而下和不可能超过所求的面积(见图 7-1). 于是自然要问：这些上和的最小可能值是什么？这引导我们考虑全部上和的下确界，它是一个称为 f 的上积分的数. 下积分类似地定义为全部下和的上确界. 对于一些函数(例如连续函数)，这两种积分都将等于 $\int_a^b f(x)\mathrm{d}x$. 然而，一般来说，这两种积分会是不同的，于是，找到函数应满足的条件以保证上积分和下积分相等，就变成了一个重要的问题. 现在我们就对于黎曼-斯蒂尔切斯积分来讨论这一类型的问题.

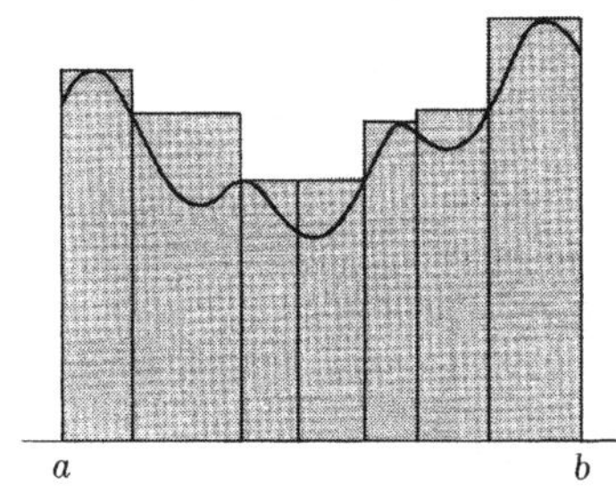

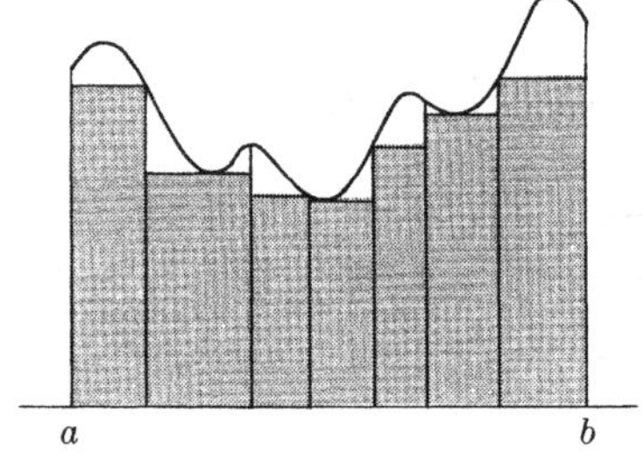

图 7-1

定义 7.14　设 P 是$[a, b]$的一个划分，并设

$$M_k(f)=\sup\{f(x): x\in[x_{k-1}, x_k]\},$$
$$m_k(f)=\inf\{f(x): x\in[x_{k-1}, x_k]\}.$$

数

$$U(P, f, \alpha)=\sum_{k=1}^{n}M_k(f)\Delta\alpha_k \quad 和 \quad L(P, f, \alpha)=\sum_{k=1}^{n}m_k(f)\Delta\alpha_k$$

分别称为 f 关于 α 对划分 P 的斯蒂尔切斯上和与下和.

注　总会有 $m_k(f)\leqslant M_k(f)$. 如果 $\alpha\nearrow$于$[a, b]$，则 $\Delta\alpha_k\geqslant 0$，所以也可以写

$m_k(f)\Delta\alpha_k \leqslant M_k(f)\Delta\alpha_k$，由此可知下和不会超过上和．进而，如果 $t_k \in [x_{k-1}, x_k]$，则有

$$m_k(f) \leqslant f(t_k) \leqslant M_k(f).$$

所以，当 $\alpha \nearrow$ 时，我们有不等式

$$L(P, f, \alpha) \leqslant S(P, f, \alpha) \leqslant U(P, f, \alpha)$$

它把上和及下和与黎曼-斯蒂尔切斯和联系起来．这些不等式在随后的资料中会经常用到，而当 α 不是递增函数时，这些不等式未必成立．

下面这个定理表明，对于递增的 α 来说，划分加细使下和增大，使上和减小．

定理 7.15 假定 $\alpha \nearrow$ 于 $[a, b]$，则

i) 如果 P' 比 P 细，则有

$$U(P', f, \alpha) \leqslant U(P, f, \alpha) \quad 和 \quad L(P', f, \alpha) \geqslant L(P, f, \alpha).$$

ii) 对于任意两个划分 P_1 和 P_2 有

$$L(P_1, f, \alpha) \leqslant U(P_2, f, \alpha).$$ 151

证明 对于(i)，当 P' 比 P 恰恰多一个点(譬如说是 c 点)时能证明就够了．如果 c 在 P 的第 i 个子区间内，可以写

$$U(P', f, \alpha) = \sum_{\substack{k=1 \\ k \neq i}}^{n} M_k(f)\Delta\alpha_k + M'[\alpha(c) - \alpha(x_{i-1})] + M''[\alpha(x_i) - \alpha(c)],$$

其中 M' 和 M'' 表示 f 在 $[x_{i-1}, c]$ 和 $[c, x_i]$ 内的上确界．但是，因为

$$M' \leqslant M_i(f), \qquad M'' \leqslant M_i(f),$$

所以有 $U(P', f, \alpha) \leqslant U(P, f, \alpha)$．(对于下和的不等式可以用类似的方式证明．)

为了证明(ii)，设 $P = P_1 \cup P_2$，则有

$$L(P_1, f, \alpha) \leqslant L(P, f, \alpha) \leqslant U(P, f, \alpha) \leqslant U(P_2, f, \alpha).$$ ■

注 由此定理还可得(对于递增的 α)

$$m[\alpha(b) - \alpha(a)] \leqslant L(P_1, f, \alpha) \leqslant U(P_2, f, \alpha) \leqslant M[\alpha(b) - \alpha(a)],$$

其中 M 和 m 表示 f 在 $[a, b]$ 上的上确界和下确界．

定义 7.16 假定 $\alpha \nearrow$ 于 $[a, b]$，f 关于 α 的斯蒂尔切斯上积分定义为

$$\bar{\int_a^b} f \mathrm{d}\alpha = \inf\{U(P, f, \alpha) : P \in \mathscr{P}[a, b]\}.$$

斯蒂尔切斯下积分类似地定义为

$$\underline{\int_a^b} f \mathrm{d}\alpha = \sup\{L(P, f, \alpha) : P \in \mathscr{P}[a, b]\}.$$

注 有时把上积分和下积分分别写为 $\bar{I}(f, \alpha)$ 和 $\underline{I}(f, \alpha)$．在 $\alpha(x) = x$ 的特殊情况下，上和与下和分别用 $U(P, f)$ 与 $L(P, f)$ 表示，分别称为黎曼上和与黎曼下和．相应的积分用 $\bar{\int_a^b} f(x)\mathrm{d}x$ 和 $\underline{\int_a^b} f(x)\mathrm{d}x$ 表示，分别称之为黎曼上积分与黎曼下积分，它们是由 J. G. Darboux(1875)最先引入的．

定理 7.17　假定 $\alpha\nearrow$于$[a, b]$，则 $\underline{I}(f, \alpha)\leqslant\overline{I}(f, \alpha)$.

证明　如果给定了 $\varepsilon>0$，则存在划分 P_1 使得

$$U(P_1, f, \alpha)<\overline{I}(f, \alpha)+\varepsilon.$$

由定理 7.15 可知，$\overline{I}(f, \alpha)+\varepsilon$ 是所有下和 $L(P, f, \alpha)$ 的一个上界．因此，$\underline{I}(f, \alpha)\leqslant\overline{I}(f, \alpha)+\varepsilon$，而且，因为 ε 是任意的，所以这蕴涵 $\underline{I}(f, \alpha)\leqslant\overline{I}(f, \alpha)$. ■

例　容易给出一个 $\underline{I}(f, \alpha)<\overline{I}(f, \alpha)$ 的例子．设 $\alpha(x)=x$ 且在$[0, 1]$上定义 f 如下：

152 $$f(x)=1,\quad \text{若 } x \text{ 是有理数；}\quad f(x)=0,\quad \text{若 } x \text{ 是无理数}.$$

于是对于$[0, 1]$的每一个划分 P 都有 $M_k(f)=1$ 和 $m_k(f)=0$，因为每一个子区间都既包含有理数又包含无理数．因此，对于一切 P 都有 $U(P, f)=1$ 和 $L(P, f)=0$．由此，对于$[a, b]=[0, 1]$可得

$$\overline{\int_a^b} f\,\mathrm{d}x=1,\quad \underline{\int_a^b} f\,\mathrm{d}x=0.$$

注意，如果当 x 是有理数时 $f(x)=0$，当 x 是无理数时 $f(x)=1$，则同样的结果仍然成立.

7.12　上积分及下积分的可加性与线性性质

上积分与下积分具有积分的许多性质．例如，如果 $a<c<b$，则有

$$\overline{\int_a^b} f\,\mathrm{d}\alpha=\overline{\int_a^c} f\,\mathrm{d}\alpha+\overline{\int_c^b} f\,\mathrm{d}\alpha,$$

而且对于下积分也有同样的等式．然而，也有一些等式对于积分成立，但是对于上积分及下积分，必须变成不等式．例如，我们有

$$\overline{\int_a^b}(f+g)\,\mathrm{d}\alpha\leqslant\overline{\int_a^b} f\,\mathrm{d}\alpha+\overline{\int_a^b} g\,\mathrm{d}\alpha,$$

和

$$\underline{\int_a^b}(f+g)\,\mathrm{d}\alpha\geqslant\underline{\int_a^b} f\,\mathrm{d}\alpha+\underline{\int_a^b} g\,\mathrm{d}\alpha.$$

读者容易验证这些论断．（见练习 7.11.）

7.13　黎曼条件

如果我们期待上积分与下积分相等，则必须也期待上和可以任意接近于下和．因此有理由寻求这样一些函数 f，使差 $U(P, f, \alpha)-L(P, f, \alpha)$ 能够任意小.

定义 7.18　称 f 在$[a, b]$上满足关于 α 的黎曼条件，如果对于每一个 $\varepsilon>0$ 都存在划分 P_ε 使得 P 比 P_ε 细蕴涵着

$$0\leqslant U(P, f, \alpha)-L(P, f, \alpha)<\varepsilon.$$

定理 7.19　假定 $\alpha\nearrow$于$[a, b]$，则下面三种说法是等价的：

153 i) $f\in R(\alpha)[a, b]$.

ii) f 在 $[a, b]$ 上满足关于 α 的黎曼条件.

iii) $\underline{I}(f, \alpha)=\bar{I}(f, \alpha)$.

证明　我们将证明，由(i)可以推出(ii)，由(ii)可以推出(iii)，由(iii)可以推出(i). 假定(i)成立，如果 $\alpha(b)=\alpha(a)$，则(ii)成立是平凡的，所以我们可以假定 $\alpha(a)<\alpha(b)$. 给定 $\varepsilon>0$，选取 P_ε 使得对于任何更细的 P 和在 $[x_{k-1}, x_k]$ 内对 t_k 和 t'_k 的一切选择都有

$$\left|\sum_{k=1}^{n} f(t_k)\Delta\alpha_k - A\right| < \frac{\varepsilon}{3}, \qquad \left|\sum_{k=1}^{n} f(t'_k)\Delta\alpha_k - A\right| < \frac{\varepsilon}{3},$$

其中 $A=\int_a^b f \mathrm{d}\alpha$. 把这两个不等式结合起来可得

$$\left|\sum_{k=1}^{n}[f(t_k)-f(t'_k)]\Delta\alpha_k\right| < \frac{2}{3}\varepsilon.$$

因为 $M_k(f)-m_k(f)=\sup\{f(x)-f(x'): x$ 与 x' 在 $[x_{k-1}, x_k]$ 内$\}$，由此可知，对于每一个 $h>0$，可以选取 t_k 和 t'_k 使得

$$f(t_k)-f(t'_k) > M_k(f)-m_k(f)-h.$$

相应于 $h=\frac{1}{3}\varepsilon/[\alpha(b)-\alpha(a)]$，可以写

$$\begin{aligned} U(P, f, \alpha)-L(P, f, \alpha) &= \sum_{k=1}^{n}[M_k(f)-m_k(f)]\Delta\alpha_k \\ &< \sum_{k=1}^{n}[f(t_k)-f(t'_k)]\Delta\alpha_k + h\sum_{k=1}^{n}\Delta\alpha_k < \varepsilon. \end{aligned}$$

所以，由(i)可以推出(ii).

其次，假定(ii)成立. 如果给定了 $\varepsilon>0$，则存在划分 P_ε 使得 P 比 P_ε 细蕴涵着 $U(P, f, \alpha)<L(P, f, \alpha)+\varepsilon$. 因此，对于这样的 P，我们有

$$\bar{I}(f, \alpha) \leqslant U(P, f, \alpha) < L(P, f, \alpha)+\varepsilon \leqslant \underline{I}(f, \alpha)+\varepsilon.$$

这就是说，对于每一个 $\varepsilon>0$ 都有 $\bar{I}(f, \alpha)\leqslant\underline{I}(f, \alpha)+\varepsilon$. 因而有 $\bar{I}(f, \alpha)\leqslant\underline{I}(f, \alpha)$. 但是，按照定理 7.17，我们也有相反的不等式，因此从(ii)可以推出(iii).

最后，假定 $\bar{I}(f, \alpha)=\underline{I}(f, \alpha)$，并用 A 表示它们共同的值，我们将证明 $\int_a^b f\mathrm{d}\alpha$ 存在且等于 A. 给定 $\varepsilon>0$，选取 P'_ε 使得对于比 P'_ε 细的一切 P 都有 $U(P, f, \alpha)<\bar{I}(f, \alpha)+\varepsilon$. 再选取 P''_ε 使得对于比 P''_ε 细的一切 P 都有

$$L(P, f, \alpha) > \underline{I}(f, \alpha)-\varepsilon.$$

如果 $P_\varepsilon=P'_\varepsilon\cup P''_\varepsilon$，则对于比 P_ε 细的每一个 P 都可以写

$$\underline{I}(f, \alpha)-\varepsilon < L(P, f, \alpha) \leqslant S(P, f, \alpha) \leqslant U(P, f, \alpha) < \bar{I}(f, \alpha)+\varepsilon.$$

但是，因为 $\underline{I}(f, \alpha)=\bar{I}(f, \alpha)=A$，这表明只要 P 比 P_ε 细，就有 $|S(P, f, \alpha)-A|<\varepsilon$. 这说明 $\int_a^b f\mathrm{d}\alpha$ 存在且等于 A，于是本定理的证明全部完成. ■ 154

7.14 比较定理

定理 7.20 假定 $\alpha\nearrow$于$[a,b]$. 如果在$[a,b]$上有 $f\in R(\alpha)$及 $g\in R(\alpha)$，且对于$[a,b]$内的一切 x 都有 $f(x)\leqslant g(x)$，则有

$$\int_a^b f(x)\mathrm{d}\alpha(x)\leqslant\int_a^b g(x)\mathrm{d}\alpha(x).$$

证明 对于每一个划分 P，相应的黎曼-斯蒂尔切斯和满足

$$S(P,f,\alpha)=\sum_{k=1}^{n}f(t_k)\Delta\alpha_k\leqslant\sum_{k=1}^{n}g(t_k)\Delta\alpha_k=S(P,g,\alpha),$$

因为 $\alpha\nearrow$于$[a,b]$. 由此容易得到定理的结论. ■

特别地，此定理蕴涵着只要在$[a,b]$上有 $g(x)\geqslant 0$ 及 $\alpha\nearrow$于$[a,b]$，就有 $\int_a^b g(x)\mathrm{d}\alpha(x)\geqslant 0$.

定理 7.21 假定 $\alpha\nearrow$于$[a,b]$. 如果有 $f\in R(\alpha)[a,b]$，则也有$|f|\in R(\alpha)[a,b]$，且有不等式

$$\left|\int_a^b f(x)\mathrm{d}\alpha(x)\right|\leqslant\int_a^b|f(x)|\mathrm{d}\alpha(x).$$

证明 用定义 7.14 的记号，可以写

$$M_k(f)-m_k(f)=\sup\{f(x)-f(y):x,\ y\text{ 在}[x_{k-1},x_k]\text{ 内}\}.$$

因为不等式$||f(x)|-|f(y)||\leqslant|f(x)-f(y)|$总是成立的，由此可得

$$M_k(|f|)-m_k(|f|)\leqslant M_k(f)-m_k(f).$$

此式两边同时乘以 $\Delta\alpha_k$ 并对 k 求和，则对于$[a,b]$的每一个划分 P 都可得

$$U(P,|f|,\alpha)-L(P,|f|,\alpha)\leqslant U(P,f,\alpha)-L(P,f,\alpha).$$

应用黎曼条件可知$|f|\in R(\alpha)[a,b]$. 本定理中的不等式可由在定理 7.20 中取 $g=|f|$而得到. ■

注 定理 7.21 的逆命题不成立. (见练习 7.12.)

定理 7.22 假定 $\alpha\nearrow$于$[a,b]$. 如果有 $f\in R(\alpha)[a,b]$，则也有 $f^2\in R(\alpha)[a,b]$.

证明 用定义 7.14 的记号，我们有

$$M_k(f^2)=[M_k(|f|)]^2,\qquad m_k(f^2)=[m_k(|f|)]^2.$$

所以可以写

$$M_k(f^2)-m_k(f^2)=[M_k(|f|)+m_k(|f|)][M_k(|f|)-m_k(|f|)]$$

155
$$\leqslant 2M[M_k(|f|)-m_k(|f|)],$$

其中 M 是$|f|$在$[a,b]$上的一个上界. 应用黎曼条件可得结论. ■

定理 7.23 假定 $\alpha\nearrow$于$[a,b]$. 如果在$[a,b]$上有 $f\in R(\alpha)$及 $g\in R(\alpha)$，则乘积 $f\cdot g\in R(\alpha)[a,b]$.

证明 把定理 7.22 用于下述恒等式即可:

$$2f(x)g(x)=[f(x)+g(x)]^2-[f(x)]^2-[g(x)]^2.$$ ■

7.15 有界变差的积分函数

在定理 6.13 中我们发现，$[a, b]$上每一个有界变差函数 α 都可以表示成两个单调递增的函数之差. 如果 $\alpha=\alpha_1-\alpha_2$ 是这样的一种分解，而且在$[a, b]$上有 $f\in R(\alpha_1)$和 $f\in R(\alpha_2)$，则由线性性质在$[a, b]$上有 $f\in R(\alpha)$. 然而，此命题的逆命题并不总是成立. 如果在$[a, b]$上有 $f\in R(\alpha)$，则很可能是选取了单调递增的函数 α_1 和 α_2 使得 $\alpha=\alpha_1-\alpha_2$，但积分 $\int_a^b f\mathrm{d}\alpha_1$ 与$\int_a^b f\mathrm{d}\alpha_2$ 无一存在. 当然，这一困难是由于分解式 $\alpha=\alpha_1-\alpha_2$ 不唯一造成的. 然而，可以证明，至少有一个分解式能使上述命题的逆命题成立，就是当 α_1 是 α 的全变差且 $\alpha_2=\alpha_1-\alpha$ 的时候. (回忆定义 6.8.)

定理 7.24 假定 α 在$[a, b]$上是有界变差函数. 设 $V(x)$在 $a<x\leqslant b$ 时表示 α 在$[a, x]$上的全变差，并设 $V(a)=0$. 设 f 在$[a, b]$上定义且有界. 于是，如果有 $f\in R(\alpha)[a, b]$，则也有 $f\in R(V)[a, b]$.

证明 如果 $V(b)=0$，则 V 是常数，本定理的结果是平凡的. 因此，假定 $V(b)>0$. 再假定当 $x\in[a, b]$时有 $|f(x)|\leqslant M$. 因为 V 是递增的，所以我们只需验证 f 在$[a, b]$上满足关于 V 的黎曼条件.

给定 $\varepsilon>0$，选取 P_ε 使得对于任何更细的 P 和在$[x_{k-1}, x_k]$内任意选取的点 t_k 与 t'_k 都有

$$\left|\sum_{k=1}^{n}[f(t_k)-f(t'_k)]\Delta\alpha_k\right|<\frac{\varepsilon}{4},\qquad V(b)<\sum_{k=1}^{n}|\Delta\alpha_k|+\frac{\varepsilon}{4M}.$$

对于比 P_ε 细的 P，我们将建立两个不等式

$$\sum_{k=1}^{n}[M_k(f)-m_k(f)](\Delta V_k-|\Delta\alpha_k|)<\frac{\varepsilon}{2},$$

和

$$\sum_{k=1}^{n}[M_k(f)-m_k(f)]|\Delta\alpha_k|<\frac{\varepsilon}{2},$$

利用可加性，由这两个不等式可导出 $U(P, f, V)-L(P, f, V)<\varepsilon$. 156

为了证明上述第一个不等式，我们注意到 $\Delta V_k-|\Delta\alpha_k|\geqslant 0$，因而有

$$\sum_{k=1}^{n}[M_k(f)-m_k(f)](\Delta V_k-|\Delta\alpha_k|)\leqslant 2M\sum_{k=1}^{n}(\Delta V_k-|\Delta\alpha_k|)$$

$$=2M\left(V(b)-\sum_{k=1}^{n}|\Delta\alpha_k|\right)<\frac{\varepsilon}{2}.$$

为了证明上述第二个不等式，设

$$A(P)=\{k:\Delta\alpha_k\geqslant 0\},\qquad B(P)=\{k:\Delta\alpha_k<0\},$$

并设 $h=\frac{1}{4}\varepsilon/V(b)$. 如果 $k\in A(P)$，选取 t_k 和 t'_k 使得

$$f(t_k)-f(t'_k)>M_k(f)-m_k(f)-h;$$

但是如果 $k\in B(P)$，则选取 t_k 和 t'_k 使得 $f(t'_k)-f(t_k)>M_k(f)-m_k(f)-h$. 于是

可得

$$\sum_{k=1}^{n}[M_k(f)-m_k(f)]|\Delta\alpha_k|<\sum_{k\in A(P)}[f(t_k)-f(t'_k)]|\Delta\alpha_k|$$
$$+\sum_{k\in B(P)}[f(t'_k)-f(t_k)]|\Delta\alpha_k|+h\sum_{k=1}^{n}|\Delta\alpha_k|$$
$$=\sum_{k=1}^{n}[f(t_k)-f(t'_k)]\Delta\alpha_k+h\sum_{k=1}^{n}|\Delta\alpha_k|$$
$$<\frac{\varepsilon}{4}+hV(b)=\frac{\varepsilon}{4}+\frac{\varepsilon}{4}=\frac{\varepsilon}{2}.$$

由此可知有 $f\in R(V)[a,b]$. ■

注　该定理(连同定理 6.12 一起)使我们能够把关于有界变差的积分函数的黎曼-斯蒂尔切斯积分的理论化为关于递增的积分函数的情况. 于是黎曼条件变得可用，而且它在与之有关的研究中成为一个特别有用的工具. 作为第一项应用，我们将得出一个与定理 7.4 密切相关的结果.

定理 7.25　设 α 在 $[a,b]$ 上是有界变差函数，并假定 $f\in R(\alpha)[a,b]$，则在 $[a,b]$ 的每一个子区间 $[c,d]$ 上都有 $f\in R(\alpha)$.

证明　设 $V(x)$ 表示 α 在 $[a,x]$ 上的全变差，$V(a)=0$. 则有 $\alpha=V-(V-\alpha)$，其中 V 与 $V-\alpha$ 二者在 $[a,b]$ 上都是递增的(定理 6.12). 由定理 7.24，$f\in R(V)[a,b]$，从而 $f\in R(V-\alpha)[a,b]$. 因此，如果该定理对于递增的积分函数成立，在 $[c,d]$ 上就有
157 $f\in R(V)$ 及 $f\in R(V-\alpha)$，所以有 $f\in R(\alpha)[c,d]$.

因而，只需证明该定理当 $\alpha\nearrow$ 于 $[a,b]$ 时成立. 按照定理 7.4，只需证明积分 $\int_a^c f\mathrm{d}\alpha$ 和 $\int_a^d f\mathrm{d}\alpha$ 当中的每一个都存在. 假定 $a<c<b$. 如果 P 是 $[a,x]$ 的一个划分，设 $\Delta(P,x)$ 表示与区间 $[a,x]$ 相关联的上和与下和之间的差

$$\Delta(P,x)=U(P,f,\alpha)-L(P,f,\alpha).$$

因为 $f\in R(\alpha)[a,b]$，所以黎曼条件成立. 因此，如果给定了 $\varepsilon>0$，就存在 $[a,b]$ 的一个划分 P_ε 使得如果 P 比 P_ε 细，就有 $\Delta(P,b)<\varepsilon$. 我们可以假定 $c\in P_\varepsilon$，P_ε 在 $[a,c]$ 内的点形成了 $[a,c]$ 的一个划分 P'_ε. 如果 P' 是 $[a,c]$ 的比 P'_ε 细的划分，则 $P=P'\cup P_\varepsilon$ 是 $[a,b]$ 的一个由 P' 的点和 P_ε 在 $[c,b]$ 内的那些点组成的划分. 现在，由 $\Delta(P',c)$ 定义的和中只包含由 $\Delta(P,b)$ 定义的和的各项中的一部分. 因为每一项都是 $\geqslant 0$ 的，而且 P 比 P_ε 细，所以有

$$\Delta(P',c)\leqslant\Delta(P,b)<\varepsilon.$$

这就是说，P' 比 P'_ε 细蕴涵 $\Delta(P',c)<\varepsilon$. 于是，f 在 $[a,c]$ 上满足黎曼条件并且 $\int_a^c f\mathrm{d}\alpha$ 存在. 当然可以用同样的讨论证明 $\int_a^d f\mathrm{d}\alpha$ 存在，于是由定理 7.4 可知 $\int_c^d f\mathrm{d}\alpha$ 存在. ■

下面这个定理是定理 7.23、定理 7.21 和定理 7.25 的一个应用.

定理 7.26　假定在$[a, b]$上有$f\in R(\alpha)$及$g\in R(\alpha)$，其中$\alpha\nearrow$于$[a, b]$. 定义

$$F(x)=\int_a^x f(t)\mathrm{d}\alpha(t)$$

和

$$G(x)=\int_a^x g(t)\mathrm{d}\alpha(t),\qquad 若\ x\in[a, b].$$

则在$[a, b]$上有$f\in R(G)$及$g\in R(F)$，而且乘积$f\cdot g\in R(\alpha)[a, b]$，还有

$$\int_a^b f(x)g(x)\mathrm{d}\alpha(x)=\int_a^b f(x)\mathrm{d}G(x)=\int_a^b g(x)\mathrm{d}F(x).$$

证明　由定理 7.23 可知积分$\int_a^b f\cdot g\mathrm{d}\alpha$存在. 对于$[a, b]$的每一个划分，我们有

$$S(P, f, G)=\sum_{k=1}^n f(t_k)\int_{x_{k-1}}^{x_k} g(t)\mathrm{d}\alpha(t)=\sum_{k=1}^n\int_{x_{k-1}}^{x_k} f(t_k)g(t)\mathrm{d}\alpha(t),$$

和

$$\int_a^b f(x)g(x)\mathrm{d}\alpha(x)=\sum_{k=1}^n\int_{x_{k-1}}^{x_k} f(t)g(t)\mathrm{d}\alpha(t).$$ 158

因而，如果$M_g=\sup\{|g(x)|: x\in[a, b]\}$，就有

$$\begin{aligned}\left|S(P, f, G)-\int_a^b f\cdot g\mathrm{d}\alpha\right|&=\left|\sum_{k=1}^n\int_{x_{k-1}}^{x_k}\{f(t_k)-f(t)\}g(t)\mathrm{d}\alpha(t)\right|\\&\leqslant M_g\sum_{k=1}^n\int_{x_{k-1}}^{x_k}|f(t_k)-f(t)|\mathrm{d}\alpha(t)\\&\leqslant M_g\sum_{k=1}^n\int_{x_{k-1}}^{x_k}[M_k(f)-m_k(f)]\mathrm{d}\alpha(t)\\&=M_g\{U(P, f, \alpha)-L(P, f, \alpha)\}.\end{aligned}$$

因为$f\in R(\alpha)$，所以对于每一个$\varepsilon>0$都有划分P_ε使得P比P_ε细蕴涵$U(P, f, \alpha)-L(P, f, \alpha)<\varepsilon$. 这就证明了在$[a, b]$上有$f\in R(G)$而且$\int_a^b f\cdot g\mathrm{d}\alpha=\int_a^b f\mathrm{d}G$. 可以用类似的讨论证明在$[a, b]$上有$g\in R(F)$而且$\int_a^b f\cdot g\mathrm{d}\alpha=\int_a^b g\mathrm{d}F$. ■

注　当α在$[a, b]$上是有界变差函数时，定理 7.26 也成立.

7.16　黎曼-斯蒂尔切斯积分存在的充分条件

在前面多数定理中我们都假定了某些积分存在，然后研究它们的性质. 读者自然要问：什么时候这些积分存在？下面将得到两个有用的充分条件.

定理 7.27　如果f在$[a, b]$上连续，α在$[a, b]$上是有界变差函数，则$f\in R(\alpha)[a, b]$.

注　按照定理 7.6，交换此定理的假设中f与α的位置，可以得到第二个充分条件.

证明　只需当 $\alpha\nearrow$ 且 $\alpha(a)<\alpha(b)$ 时证明该定理. f 在 $[a, b]$ 上的连续性蕴涵一致连续性，所以如果给定了 $\varepsilon>0$，就可以找到 $\delta>0$（仅依赖于 ε），使得 $|x-y|<\delta$ 蕴涵 $|f(x)-f(y)|<\varepsilon/A$，其中 $A=2[\alpha(b)-\alpha(a)]$. 如果 P_ε 是一个划分，其范数 $\|P_\varepsilon\|<\delta$，则对于比 P_ε 细的 P 必有

$$M_k(f)-m_k(f)\leqslant\varepsilon/A,$$

因为 $M_k(f)-m_k(f)=\sup\{f(x)-f(y): x$ 与 y 在 $[x_{k-1}, x_k]$ 内$\}$. 把这个不等式两边分别乘以 $\Delta\alpha_k$ 并求和，可得

$$U(P, f, \alpha)-L(P, f, \alpha)\leqslant\frac{\varepsilon}{A}\sum_{k=1}^{n}\Delta\alpha_k=\frac{\varepsilon}{2}<\varepsilon,$$

于是我们看到黎曼条件成立. 所以有 $f\in R(\alpha)[a, b]$. ■

对于 $\alpha(x)=x$ 的特殊情况，定理 7.27 和定理 7.6 给出下述推论：

定理 7.28　下述每一个条件都是黎曼积分 $\int_a^b f(x)\mathrm{d}x$ 存在的充分条件：

a) f 在 $[a, b]$ 上是连续函数.

159 b) f 在 $[a, b]$ 上是有界变差函数.

7.17　黎曼-斯蒂尔切斯积分存在的必要条件

当 α 在 $[a, b]$ 上是有界变差函数时，f 连续是 $\int_a^b f\mathrm{d}\alpha$ 存在的充分条件. 然而，f 在 $[a, b]$ 上自始至终连续绝不是必要的. 例如，在定理 7.9 中我们发现，当 α 是阶梯函数时，f 在 $[a, b]$ 内可以被相当任意地定义，只要它在 α 的间断点上连续即可. 下面这个定理告诉我们，如果要使积分存在，就必须避免从右边或者从左边的共同的间断点.

定理 7.29　假定 $\alpha\nearrow$ 于 $[a, b]$，且 $a<c<b$. 进一步假定 α 与 f 二者在 $x=c$ 处从右边都是不连续的，即假定存在一个 $\varepsilon>0$ 使得对于每一个 $\delta>0$，在区间 $(c, c+\delta)$ 中都有 x 和 y 的值满足

$$|f(x)-f(c)|\geqslant\varepsilon \quad 及 \quad |\alpha(y)-\alpha(c)|\geqslant\varepsilon.$$

于是积分 $\int_a^b f(x)\mathrm{d}\alpha(x)$ 不可能存在. 如果 α 和 f 在 c 点都是从左边不连续的，则这个积分也不可能存在.

证明　设 P 是 $[a, b]$ 的一个划分，它以 c 作为一个分点，作出上和与下和之差

$$U(P, f, \alpha)-L(P, f, \alpha)=\sum_{k=1}^{n}[M_k(f)-m_k(f)]\Delta\alpha_k.$$

如果第 i 个子区间以 c 作为它的左端点，则有

$$U(P, f, \alpha)-L(P, f, \alpha)\geqslant[M_i(f)-m_i(f)][\alpha(x_i)-\alpha(c)],$$

因为这个和的每一项都是 $\geqslant 0$ 的. 如果 c 是 α 与 f 二者的一个共同的从右边不连续的点，我们可以假定选取的点 x_i 使得 $\alpha(x_i)-\alpha(c)\geqslant\varepsilon$. 进而，定理的假设蕴涵 $M_i(f)-m_i(f)\geqslant\varepsilon$. 于是，

$$U(P, f, \alpha)-L(P, f, \alpha)\geqslant\varepsilon^2,$$

从而黎曼条件不能得到满足.（如果 c 是 α 与 f 二者的一个共同的从左边不连续的点，论证是类似的.） ■

7.18 黎曼-斯蒂尔切斯积分的中值定理

尽管积分在许多问题中都会出现，但是相对而言几乎没有几种情况下能够得出积分的准确值. 然而，经常是对积分作一个估计而不是求出它的准确值就够用了. 本节的中值定理在进行这样的估计时是特别有用的.

定理 7.30（黎曼-斯蒂尔切斯积分第一中值定理） 假定 $\alpha\nearrow$ 于 $[a, b]$ 且 $f\in R(\alpha)[a,$
$b]$. 设 M 和 m 分别表示集合 $\{f(x): x\in[a, b]\}$ 的上确界和下确界，则存在一个实数 c 160
满足 $m\leqslant c\leqslant M$ 使得

$$\int_a^b f(x)\mathrm{d}\alpha(x)=c\int_a^b \mathrm{d}\alpha(x)=c[\alpha(b)-\alpha(a)].$$

特别地，如果 f 在 $[a, b]$ 上连续，则对于 $[a, b]$ 内的某个 x_0 有 $c=f(x_0)$.

证明 如果 $\alpha(a)=\alpha(b)$，则两边都是 0，定理成立是平凡的. 因而我们假定 $\alpha(a)<\alpha(b)$. 由于所有的上和与下和都满足

$$m[\alpha(b)-\alpha(a)]\leqslant L(P, f, \alpha)\leqslant U(P, f, \alpha)\leqslant M[\alpha(b)-\alpha(a)],$$

所以积分 $\int_a^b f\mathrm{d}\alpha$ 必定位于这同样的界限之间. 因而，商 $c=\left(\int_a^b f\mathrm{d}\alpha\right)\Big/\left(\int_a^b \mathrm{d}\alpha\right)$ 位于 m 与 M 之间. 当 f 在 $[a, b]$ 上连续时，由介值定理可知对于在 $[a, b]$ 内的某个 x_0 有 $c=f(x_0)$. ■

第二中值定理可以用分部积分法从第一中值定理导出.

定理 7.31（黎曼-斯蒂尔切斯积分第二中值定理） 假定 α 在 $[a, b]$ 上连续，$f\nearrow$ 于 $[a, b]$，则在 $[a, b]$ 内存在一点 x_0 使得

$$\int_a^b f(x)\mathrm{d}\alpha(x)=f(a)\int_a^{x_0}\mathrm{d}\alpha(x)+f(b)\int_{x_0}^b \mathrm{d}\alpha(x).$$

证明 由定理 7.6，我们有

$$\int_a^b f(x)\mathrm{d}\alpha(x)=f(b)\alpha(b)-f(a)\alpha(a)-\int_a^b \alpha(x)\mathrm{d}f(x).$$

把定理 7.30 应用于该式等号右边的积分，可得

$$\int_a^b f(x)\mathrm{d}\alpha(x)=f(a)[\alpha(x_0)-\alpha(a)]+f(b)[\alpha(b)-\alpha(x_0)],$$

其中 $x_0\in[a, b]$. 这正是我们所要证明的结论. ■

7.19 积分作为区间的函数

如果 $f\in R(\alpha)[a, b]$，而且 α 是有界变差函数，则（由定理 7.25）积分 $\int_a^x f\mathrm{d}\alpha$ 对于 $[a, b]$ 内的每一点 x 都存在，而且可以作为 x 的函数来研究. 现在可以得到这个函数的某些性质.

定理 7.32 设 α 在 $[a, b]$ 上是有界变差函数，并假定 $f\in R(\alpha)[a, b]$. F 由等式

161 $$F(x)=\int_a^x f\mathrm{d}\alpha, \quad 若\ x\in[a,b]$$

定义. 于是我们有

i) F 在 $[a,b]$ 上是有界变差函数.

ii) α 的每一个连续点也是 F 的连续点.

iii) 如果 $\alpha\nearrow$ 于 $[a,b]$，则导数 $F'(x)$ 在 (a,b) 内的每个使 $\alpha'(x)$ 存在且 f 连续的点上存在. 对这样的 x 有

$$F'(x)=f(x)\alpha'(x).$$

证明 只需假定 $\alpha\nearrow$ 于 $[a,b]$. 如果 $x\neq y$，则由定理 7.30 可得

$$F(y)-F(x)=\int_x^y f\mathrm{d}\alpha=c[\alpha(y)-\alpha(x)],$$

其中 $m\leqslant c\leqslant M$（用定理 7.30 的记号）. (i) 和 (ii) 的结论立即可由此等式得出. 为了证明 (iii)，将此式两边除以 $y-x$，并注意当 $y\to x$ 时有 $c\to f(x)$ 即可. ■

把定理 7.32 和定理 7.26 结合起来可以得到下面的定理，该定理把乘积 $f\cdot g$ 的黎曼积分转变为带有连续的有界变差积分函数的黎曼-斯蒂尔切斯积分 $\int_a^b f\mathrm{d}G$.

定理 7.33 设在 $[a,b]$ 上有 $f\in R$ 和 $g\in R$，

$$F(x)=\int_a^x f(t)\mathrm{d}t, \quad G(x)=\int_a^x g(t)\mathrm{d}t \quad 若\ x\in[a,b].$$

则 F 与 G 是 $[a,b]$ 上的有界变差连续函数，而且，在 $[a,b]$ 上有 $f\in R(G)$ 和 $g\in R(F)$ 以及

$$\int_a^b f(x)g(x)\mathrm{d}x=\int_a^b f(x)\mathrm{d}G(x)=\int_a^b g(x)\mathrm{d}F(x).$$

证明 定理 7.32 的 (i)、(ii) 两部分表明 F 和 G 是 $[a,b]$ 上的有界变差连续函数. 在定理 7.26 中取 $\alpha(x)=x$ 可以推出这些积分的存在性以及 $\int_a^b f(x)g(x)\mathrm{d}x$ 的两个表达式. ■

注 当 $\alpha(x)=x$ 时，有时把定理 7.32 中的 (iii) 称为积分学第一基本定理，它说明在 f 的每一个连续点上都有 $F'(x)=f(x)$. 与之相伴的一个结果称为积分学第二基本定理，在下一节介绍.

7.20 积分学第二基本定理

下面这个定理说明怎样对一个导函数进行积分.

定理 7.34（积分学第二基本定理） 假定 $f\in R[a,b]$. 设 g 是定义在 $[a,b]$ 上的一

162 个函数，g' 在 (a,b) 内存在，而且对于 (a,b) 内的每一个 x 都有

$$g'(x)=f(x).$$

在区间 $[a,b]$ 的端点处假定 $g(a+)$ 和 $g(b-)$ 都存在，而且满足条件

$$g(a)-g(a+)=g(b)-g(b-).$$

则有

$$\int_a^b f(x)\mathrm{d}x = \int_a^b g'(x)\mathrm{d}x = g(b) - g(a).$$

证明 对$[a, b]$的每一个划分可以写出

$$g(b)-g(a)=\sum_{k=1}^{n}[g(x_k)-g(x_{k-1})]=\sum_{k=1}^{n}g'(t_k)\Delta x_k=\sum_{k=1}^{n}f(t_k)\Delta x_k,$$

其中 t_k 是由微分学中值定理在(x_{k-1}, x_k)内确定的一个点. 但是，对于给定的 $\varepsilon>0$，这个划分可以被取到足够细，使得

$$\left|g(b)-g(a)-\int_a^b f(x)\mathrm{d}x\right|=\left|\sum_{k=1}^{n}f(t_k)\Delta x_k-\int_a^b f(x)\mathrm{d}x\right|<\varepsilon,$$

这就证明了定理. ■

积分学第二基本定理与定理 7.33 结合起来可以给出定理 7.8 的下述强化.

定理 7.35 假定 $f\in R[a, b]$. 设 α 是一个在$[a, b]$上连续的函数，它的导数 α' 在$[a, b]$上是黎曼可积的，则下面两个积分存在且相等：

$$\int_a^b f(x)\mathrm{d}\alpha(x)=\int_a^b f(x)\alpha'(x)\mathrm{d}x.$$

证明 按照积分学第二基本定理，对于$[a, b]$内的每个 x 有

$$\alpha(x)-\alpha(a)=\int_a^x \alpha'(t)\mathrm{d}t.$$

在定理 7.33 中取 $g=\alpha'$ 就可以得到定理 7.35. ■

注 在练习 7.34 中叙述了一个相关的结果.

7.21 黎曼积分的变量替换

关于在积分中进行变量替换的定理 7.7 中的公式 $\int_a^b f\,\mathrm{d}\alpha=\int_c^d h\,\mathrm{d}\beta$，当 $\alpha(x)=x$ 且 g 是一个有连续的导数 g' 的严格单调函数时，取下面的形式：

$$\int_{g(c)}^{g(d)} f(x)\mathrm{d}x=\int_c^d f[g(t)]g'(t)\mathrm{d}t,$$ 163

当 $f\in R[a, b]$时此式成立. 当 f 是连续函数时，我们可以用定理 7.32 去掉对 g 的单调性的限制. 事实上，我们有下述定理：

定理 7.36(黎曼积分中的变量替换) 假定 g 在区间$[c, d]$上有连续的导数 g'. 设 f 在 $g([c, d])$上连续，且用如下等式定义 F：

$$F(x)=\int_{g(c)}^{x} f(t)\mathrm{d}t,\qquad 若\ x\in g([c, d]).$$

则对于$[c, d]$内的每个 x，积分 $\int_c^x f[g(t)]g'(t)\mathrm{d}t$ 存在，而且其值为 $F[g(x)]$. 特别地，我们有

$$\int_{g(c)}^{g(d)} f(x)\mathrm{d}x=\int_c^d f[g(t)]g'(t)\mathrm{d}t.$$

证明 因为 g' 和复合函数 $f\circ g$ 二者在$[c, d]$上都是连续的，所以所求证的积分存

在．在$[c，d]$上定义 G 如下：

$$G(x)=\int_c^x f[g(t)]g'(t)\mathrm{d}t.$$

我们将证明 $G(x)=F[g(x)]$．按照定理 7.32，我们有

$$G'(x)=f[g(x)]g'(x),$$

而且，按照链式法则，$F[g(x)]$的导数也是 $f[g(x)]g'(x)$，因为 $F'(x)=f(x)$．因而 $G(x)-F[g(x)]$是一个常数．但是，当 $x=c$ 时可得$G(c)=0$ 和 $F[g(c)]=0$，所以这个常数必定是 0．因此对于$[c，d]$内的一切 x 都有 $G(x)=F[g(x)]$．特别地，当 $x=d$ 时，我们得到 $G(d)=F[g(d)]$，这就是定理中的最后一个等式．■

注　某些教科书在证明上述定理时增加了一个假设条件，即 g'在$[c，d]$上永不为 0．这个条件，当然，蕴涵着 g 的单调性．上述证明表明，该条件不是必需的．应当注意到，因为 g 在$[c，d]$上
164 是连续的，所以 $g([c，d])$是一个包含着连接 $g(c)$与 $g(d)$的区间．特别地，该结果当 $g(c)=g(d)$时成立，这使得此定理在应用时特别有用．(对于一个容许的 g 见图 7-2.)

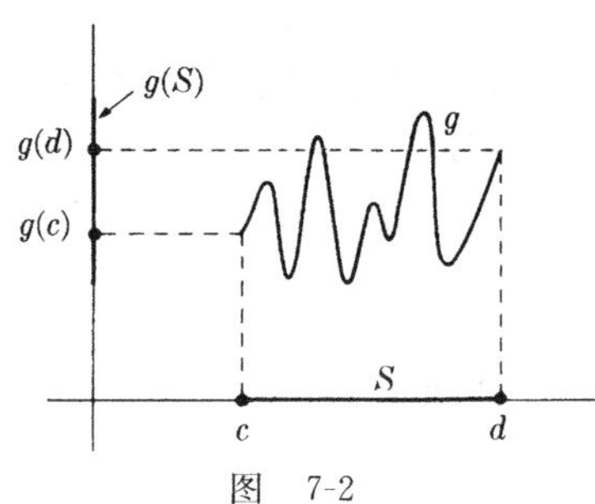

图　7-2

实际上，定理 7.36 还有一个更一般的表述，它不要求 f 或是 g'的连续性，但是可以想象，它的证明更难．假定 $h\in R[c，d]$，而且 $x\in[c，d]$，设 $g(x)=\int_a^x h(t)\mathrm{d}t$，其中 a 是$[c，d]$内的一个固定点．于是，如果在 $g([c，d])$上有 $f\in R$，则积分$\int_c^d f[g(t)]h(t)\mathrm{d}t$ 存在，而且有

$$\int_{g(c)}^{g(d)} f(x)\mathrm{d}x=\int_c^d f[g(t)]h(t)\mathrm{d}t.$$

这看来是在黎曼积分中进行变量替换的最一般的定理．(该定理的证明参见 H. Kestelman，*Mathematical Gazette*，45(1961)，pp. 17-23.)定理 7.36 是该定理当 h 在$[c，d]$上连续、f 在 $g([c，d])$上连续的特殊情况．

7.22　黎曼积分第二中值定理

定理 7.37　设 g 在$[a，b]$上连续，$f\nearrow$于$[a，b]$．设 A 和 B 是两个实数，它们满足不等式

$$A\leqslant f(a+)\quad 和\quad B\geqslant f(b-).$$

则在$[a，b]$内存在一点 x_0 使得

i) $\int_a^b f(x)g(x)\mathrm{d}x=A\int_a^{x_0} g(x)\mathrm{d}x+B\int_{x_0}^b g(x)\mathrm{d}x.$

特别地，如果对于$[a，b]$内的一切 x 都有 $f(x)\geqslant 0$，则有

ii) $\int_a^b f(x)g(x)\mathrm{d}x=B\int_{x_0}^b g(x)\mathrm{d}x,\qquad$ 其中 $x_0\in[a，b]$.

注　(ii)称为博内(Bonnet)定理.

证明　如果 $\alpha(x)=\int_a^x g(t)\mathrm{d}t$，则 $\alpha'=g$，可以应用定理 7.31，于是得到

$$\int_a^b f(x)g(x)\mathrm{d}x = f(a)\int_a^{x_0} g(x)\mathrm{d}x + f(b)\int_{x_0}^b g(x)\mathrm{d}x.$$

这就证明了(i)式，只要 $A=f(a)$，$B=f(b)$. 现在，如果 A 与 B 是满足 $A\leqslant f(a+)$ 和 $B\geqslant f(b-)$ 的任意两个实数，我们就可以在端点 a 和 b 处重新定义 f 使得 $f(a)=A$，$f(b)=B$. 这个修改过的 f 在 $[a, b]$ 上仍然是递增的，而且，如我们以前曾经注意到的，在有限个点上改变 f 的值不影响黎曼积分的值.（当然，(i)中的点 x_0 将依赖于对 A 与 B 的选取.）取 $A=0$，就可以从(i)推出(ii). ■ 165

7.23　依赖于一个参数的黎曼-斯蒂尔切斯积分

定理 7.38　设 f 在矩形

$$Q=\{(x, y): a\leqslant x\leqslant b, c\leqslant y\leqslant d\}$$

的每个点 (x, y) 处连续. 假定 α 在 $[a, b]$ 上是有界变差函数，并且设 F 是 $[c, d]$ 上由下面的等式定义的函数：

$$F(y)=\int_a^b f(x, y)\mathrm{d}\alpha(x).$$

则 F 在 $[c, d]$ 上连续. 换句话说，如果 $y_0\in[c, d]$，则有

$$\lim_{y\to y_0}\int_a^b f(x, y)\mathrm{d}\alpha(x)=\int_a^b \lim_{y\to y_0} f(x, y)\mathrm{d}\alpha(x)=\int_a^b f(x, y_0)\mathrm{d}\alpha(x).$$

证明　假定 $\alpha\nearrow$ 于 $[a, b]$. 因为 Q 是一个紧集，所以 f 在 Q 上是一致连续的. 因此，给定 $\varepsilon>0$，存在 $\delta>0$（仅依赖于 ε）使得对于 Q 内的每一对满足 $|z-z'|<\delta$ 的点 $z=(x, y)$ 与 $z'=(x', y')$ 有 $|f(x, y)-f(x', y')|<\varepsilon$. 如果 $|y-y'|<\delta$，则有

$$|F(y)-F(y')|\leqslant\int_a^b |f(x, y)-f(x, y')|\mathrm{d}\alpha(x)\leqslant\varepsilon[\alpha(b)-\alpha(a)].$$

这就建立了 F 在 $[c, d]$ 上的连续性. ■

当然，当 $\alpha(x)=x$ 时，该定理就变成了涉及一个参数的黎曼积分的连续性的定理. 然而，如果我们使用定理 7.26，则可以对于黎曼积分导出一个比通过简单地设 $\alpha(x)=x$ 而得到的更加有用的结果.

定理 7.39　如果 f 在矩形 $[a, b]\times[c, d]$ 上连续，$g\in R[a, b]$，则由等式

$$F(y)=\int_a^b g(x)f(x, y)\mathrm{d}x$$

定义的函数 F 在 $[c, d]$ 上连续. 即如果 $y_0\in[c, d]$，则有

$$\lim_{y\to y_0}\int_a^b g(x)f(x, y)\mathrm{d}x=\int_a^b g(x)f(x, y_0)\mathrm{d}x.$$

证明　如果 $G(x)=\int_a^x g(t)\mathrm{d}t$，则定理 7.26 表明 $F(y)=\int_a^b f(x, y)\mathrm{d}G(x)$. 然后应用定理 7.38 即可. ■ 166

7.24　积分号下的微分法

定理 7.40　设 $Q=\{(x,\ y):\ a\leqslant x\leqslant b,\ c\leqslant y\leqslant d\}$. 假定 α 在 $[a,\ b]$ 上是有界变差函数，而且假定对于 $[c,\ d]$ 内的每一个固定的 y，积分

$$F(y)=\int_a^b f(x,\ y)\mathrm{d}\alpha(x)$$

都存在. 如果偏导数 $\mathrm{D}_2 f$ 在 Q 上是连续的，则导数 $F'(y)$ 对于 $(c,\ d)$ 内的每一个 y 都存在，而且由下面的等式给出：

$$F'(y)=\int_a^b \mathrm{D}_2 f(x,\ y)\mathrm{d}\alpha(x).$$

注　特别地，当 $g\in R[a,\ b]$ 且 $\alpha(x)=\int_a^x g(t)\mathrm{d}t$ 时，我们得到

$$F(y)=\int_a^b g(x)f(x,\ y)\mathrm{d}x \quad 和 \quad F'(y)=\int_a^b g(x)\mathrm{D}_2 f(x,\ y)\mathrm{d}x.$$

证明　如果 $y_0\in(c,\ d)$ 且 $y\neq y_0$，则有

$$\frac{F(y)-F(y_0)}{y-y_0}=\int_a^b \frac{f(x,\ y)-f(x,\ y_0)}{y-y_0}\mathrm{d}\alpha(x)=\int_a^b \mathrm{D}_2 f(x,\ \bar{y})\mathrm{d}\alpha(x),$$

其中 $\bar{y}$ 介于 y 与 y_0 之间. 由于 $\mathrm{D}_2 f$ 在 Q 上是连续的，所以用在定理 7.38 的证明中所进行的讨论可得本定理的结论. ■

7.25　交换积分次序

定理 7.41　设 $Q=\{(x,\ y):\ a\leqslant x\leqslant b,\ c\leqslant y\leqslant d\}$. 假定 α 在 $[a,\ b]$ 上是有界变差函数，β 在 $[c,\ d]$ 上是有界变差函数，f 在 Q 上是连续函数. 如果 $(x,\ y)\in Q$，定义

$$F(y)=\int_a^b f(x,\ y)\mathrm{d}\alpha(x), \qquad G(x)=\int_c^d f(x,\ y)\mathrm{d}\beta(y).$$

则有 $F\in R(\beta)[c,\ d]$，$G\in R(\alpha)[a,\ b]$，而且有

$$\int_c^d F(y)\mathrm{d}\beta(y)=\int_a^b G(x)\mathrm{d}\alpha(x).$$

换句话说，我们可以交换积分次序如下：

$$\int_a^b\left[\int_c^d f(x,\ y)\mathrm{d}\beta(y)\right]\mathrm{d}\alpha(x)=\int_c^d\left[\int_a^b f(x,\ y)\mathrm{d}\alpha(x)\right]\mathrm{d}\beta(y).$$

证明　按照定理 7.38，F 在 $[c,\ d]$ 上连续，从而有 $F\in R(\beta)[c,\ d]$. 类似可知，$G\in R(\alpha)[a,\ b]$. 为了证明这两个积分相等，只需考虑 $\alpha\nearrow$ 于 $[a,\ b]$ 和 $\beta\nearrow$ 于 $[c,\ d]$ 的
167 情况.

按照一致连续性，给定 $\varepsilon>0$，存在 $\delta>0$ 使得对于 Q 内每一对满足 $|z-z'|<\delta$ 的点 $z=(x,\ y)$ 与 $z'=(x',\ y')$ 有

$$|f(x,\ y)-f(x',\ y')|<\varepsilon.$$

现在我们用把 $[a,\ b]$ 和 $[c,\ d]$ 中的每一个都划分成 n 等份的方法把 Q 划分成 n^2 个相等的

矩形，其中选取 n 使得

$$\frac{(b-a)}{n}<\frac{\delta}{\sqrt{2}}, \qquad \frac{(d-c)}{n}<\frac{\delta}{\sqrt{2}}.$$

对于 $k=0, 1, 2, \cdots, n$，记

$$x_k=a+\frac{k(b-a)}{n}, \qquad y_k=c+\frac{k(d-c)}{n},$$

则有

$$\int_a^b\left(\int_c^d f(x, y)\mathrm{d}\beta(y)\right)\mathrm{d}\alpha(x)=\sum_{k=0}^{n-1}\sum_{j=0}^{n-1}\int_{x_k}^{x_{k+1}}\left(\int_{y_j}^{y_{j+1}} f(x, y)\mathrm{d}\beta(y)\right)\mathrm{d}\alpha(x).$$

对上式右边应用两次定理 7.30，双重求和将变为

$$\sum_{k=0}^{n-1}\sum_{j=0}^{n-1} f(x'_k, y'_j)[\beta(y_{j+1})-\beta(y_j)][\alpha(x_{k+1})-\alpha(x_k)],$$

其中(x'_k, y'_j)在以(x_k, y_j)和(x_{k+1}, y_{j+1})为相对顶点的矩形 $Q_{k,j}$ 内. 类似地，可以得到

$$\int_c^d\left(\int_a^b f(x, y)\mathrm{d}\alpha(x)\right)\mathrm{d}\beta(y)=\sum_{k=0}^{n-1}\sum_{j=0}^{n-1} f(x''_k, y''_j)[\beta(y_{j+1})-\beta(y_j)][\alpha(x_{k+1})-\alpha(x_k)],$$

其中$(x''_k, y''_j)\in Q_{k,j}$. 但是$|f(x'_k, y'_j)-f(x''_k, y''_j)|<\varepsilon$，因而有

$$\begin{aligned}\left|\int_a^b G(x)\mathrm{d}\alpha(x)-\int_c^d F(y)\mathrm{d}\beta(y)\right|&<\varepsilon\sum_{j=0}^{n-1}[\beta(y_{j+1})-\beta(y_j)]\sum_{k=0}^{n-1}[\alpha(x_{k+1})-\alpha(x_k)]\\&=\varepsilon[\beta(d)-\beta(c)][\alpha(b)-\alpha(a)].\end{aligned}$$

因为 ε 是任意的，所以此式蕴涵这两个积分相等. ■

定理 7.41 与定理 7.26 一起可以对黎曼积分给出下面的结果. 168

定理 7.42 设 f 在矩形$[a, b]\times[c, d]$上连续. 如果 $g\in R[a, b]$，$h\in R[c, d]$，则有

$$\int_a^b\left[\int_c^d g(x)h(y)f(x, y)\mathrm{d}y\right]\mathrm{d}x=\int_c^d\left[\int_a^b g(x)h(y)f(x, y)\mathrm{d}x\right]\mathrm{d}y.$$

证明 设 $\alpha(x)=\int_a^x g(u)\mathrm{d}u$，$\beta(y)=\int_c^y h(v)\mathrm{d}v$，应用定理 7.26 和定理 7.41 即可. ■

7.26 黎曼积分存在性的勒贝格准则

每一个连续函数都是黎曼可积的. 然而，连续的确不是必要的，因为我们已经知道当 f 在$[a, b]$上是有界变差函数时，$f\in R$. 特别地，f 可以是一个单调函数，它的间断点集是可数集，可是积分 $\int_a^b f(x)\mathrm{d}x$ 还是存在. 实际上，有一些黎曼可积函数，它们各自的间断点构成一个不可数集.（参阅练习 7.32.）因此自然要问：一个函数可以有“多少个”间断点仍然可以保证它是黎曼可积的？关于这个问题的权威性的定理是由勒贝格发现的，本节将证明这一定理. 勒贝格定理背后的思想，是由检查黎曼条件以查看黎曼条件对 f 的间断点集所加的限制的种类而揭示出来的.

黎曼上和与黎曼下和的差由

$$\sum_{k=1}^{n}[M_k(f)-m_k(f)]\Delta x_k$$

给出，粗略地说，f 是可积的，当且仅当这个和可以任意小. 把这个和一分为二，譬如分成 S_1+S_2，其中 S_1 来自仅包含 f 的连续点的子区间，S_2 由其余各项组成. 在 S_1 中，每一个差值 $M_k(f)-m_k(f)$ 都可以由于连续性而很小，而且这样的项可以大量存在却仍能保持 S_1 很小. 然而，在 S_2 中，差值 $M_k(f)-m_k(f)$ 未必很小，但是由于它们是有界的(譬如以 M 为界)，我们有 $|S_2|<M\sum\Delta x_k$，所以如果对应于 S_2 的子区间的长度之和很小，S_2 也将很小. 因而我们可以期待，可积函数的间断点集可以被总长度很小的一些区间所覆盖.

这是勒贝格定理的中心思想. 为了更准确地系统阐述这一思想，我们引进零测度集的概念.

定义 7.43　一个实数集合 S 称为测度为零，如果对于每一个 $\varepsilon>0$，S 都有由开区间构成的可数覆盖，其中所有区间长度之和小于 ε.

如果这些区间用 (a_k, b_k) 表示，则该定义要求

169

$$S\subseteq\bigcup_k(a_k, b_k)\quad 与\quad \sum_k(b_k-a_k)<\varepsilon. \tag{3}$$

如果这个区间族是有限的，则(3)中的角标取遍一个有限集. 如果这个集族是可数无限的，则 k 从1取到 ∞，而那些区间长度的和是一个无穷级数的和，由下式给出：

$$\sum_{k=1}^{\infty}(b_k-a_k)=\lim_{N\to\infty}\sum_{k=1}^{N}(b_k-a_k).$$

除了这个定义之外，我们还需要一个关于零测度集的结果.

定理 7.44　设 F 是 $\mathbf{R}$ 内的一个可数的集族，譬如

$$F=\{F_1, F_2, \cdots\},$$

其中每个集合都是零测度集. 于是它们的并集

$$S=\bigcup_{k=1}^{\infty}F_k$$

也是零测度集.

证明　给定 $\varepsilon>0$，有一个由开区间构成的对 F_k 的可数覆盖，此覆盖中的区间的长度之和小于 $\varepsilon/2^k$. 所有这些覆盖的并集本身是一个由开区间构成的对 S 的可数覆盖，其中全部区间长度的和小于

$$\sum_{k=1}^{\infty}\frac{\varepsilon}{2^k}=\varepsilon.$$ ■

例　因为仅由一个点组成的集合是零测度集，由此可知 $\mathbf{R}$ 的每一个可数子集都是零测度集. 特别地，有理数集合是零测度集. 然而，有不可数的集合也是零测度集.（见练习7.32.）

下面我们介绍振幅的概念.

定义 7.45　设 f 在一个区间 S 上定义且有界. 如果 $T\subseteq S$，则数

$$\Omega_f(T)=\sup\{f(x)-f(y): x\in T,\ y\in T\}$$

称为 f 在 T 上的振幅. f 在 x 点的振幅定义为下面这个数:

$$\omega_f(x)=\lim_{h\to 0+}\Omega_f(B(x;h)\cap S).$$

注 上式中的极限总是存在，因为 $\Omega_f(B(x;h)\cap S)$ 是 h 的一个递减函数. 事实上，$T_1\subseteq T_2$ 蕴涵 $\Omega_f(T_1)\leqslant\Omega_f(T_2)$. 还有，$\omega_f(x)=0$，当且仅当 f 在 x 点连续(练习 4.24).

下面这个定理告诉我们，如果在一个紧区间 $[a,b]$ 的每一个点上都有 $\omega_f(x)<\varepsilon$，则对于一切足够小的子区间 T 都有 $\Omega_f(T)<\varepsilon$.

定理 7.46 设 f 在 $[a,b]$ 上定义且有界，给定 $\varepsilon>0$. 假定对于 $[a,b]$ 内的每一个 x 170
都有 $\omega_f(x)<\varepsilon$，则存在 $\delta>0$(仅依赖于 ε)使得对于每一个闭的子区间 $T\subseteq[a,b]$，只要 T 的长度小于 δ，就有 $\Omega_f(T)<\varepsilon$.

证明 对于 $[a,b]$ 内的每个 x 存在 1-球 $B_x=B(x;\delta_x)$ 使得

$$\Omega_f(B_x\cap[a,b])<\omega_f(x)+[\varepsilon-\omega_f(x)]=\varepsilon.$$

由所有直径减半的球 $B(x;\delta_x/2)$ 构成的集合形成 $[a,b]$ 的一个开覆盖. 由紧性，这些球中有有限个(譬如说是 k 个)可以覆盖 $[a,b]$. 设它们的半径分别是 $\delta_1/2,\cdots,\delta_k/2$，并设 δ 是这 k 个数中最小的一个. 当区间 T 的长度 $<\delta$ 时，则 T 至少被这些球中的一个(譬如说是 $B(x_p;\delta_p/2)$)部分地覆盖. 然而，球 $B(x_p;\delta_p)$ 完全覆盖 T(因为 $\delta_p\geqslant 2\delta$). 此外，在 $B(x_p;\delta_p)\cap[a,b]$ 中 f 的振幅小于 ε. 由此可得 $\Omega_f(T)<\varepsilon$，证毕. ■

定理 7.47 设 f 在 $[a,b]$ 上定义且有界，对于每一个 $\varepsilon>0$ 定义集合 J_ε 如下:

$$J_\varepsilon=\{x: x\in[a,b],\quad \omega_f(x)\geqslant\varepsilon\}.$$

则 J_ε 是闭集.

证明 设 x 是 J_ε 的一个聚点. 如果 $x\notin J_\varepsilon$，则有 $\omega_f(x)<\varepsilon$. 于是有 1-球 $B(x)$ 使得

$$\Omega_f(B(x)\cap[a,b])<\varepsilon.$$

这样就没有 $B(x)$ 的点属于 J_ε，这与 x 是 J_ε 的一个聚点的假设相矛盾. 因此 $x\in J_\varepsilon$，从而 J_ε 是闭集. ■

定理 7.48(黎曼可积性的勒贝格准则) 设 f 在 $[a,b]$ 上定义且有界，D 表示 f 在 $[a,b]$ 内的间断点集. 于是，$f\in R[a,b]$，当且仅当 D 是零测度集.

证明 (必要性)首先假定 D 不是零测度集，我们来证明 f 不是可积的. 可以把 D 写为可数个集合的并集

$$D=\bigcup_{r=1}^{\infty}D_r,$$

其中

$$D_r=\left\{x: \omega_f(x)\geqslant\frac{1}{r}\right\}.$$

如果 $x\in D$，则 $\omega_f(x)>0$，所以 D 是集合 $D_r(r=1,2,\cdots)$ 的并集.

如果 D 不是零测度集，则(由定理 7.44)有某个集合 D_r 不是零测度集. 因此，有某

个 $\varepsilon>0$ 使得由开区间构成的覆盖 D_r 的每一个可数族中各区间的长度之和 $\geqslant\varepsilon$. 对于 $[a, b]$ 的任何划分 P 有

171 $$U(P, f)-L(P, f)=\sum_{k=1}^{n}[M_k(f)-m_k(f)]\Delta x_k=S_1+S_2\geqslant S_1,$$

其中 S_1 所包含的各项都来自含有 D 的点的子区间，S_2 包含其余各项. 来自 S_1 的开区间覆盖 D_r，可能有 D_r 的一个有限子集除外，而这例外的子集是零测度集，所以这些开区间的长度之和至少是 ε. 此外，在这些区间中，我们有

$$M_k(f)-m_k(f)\geqslant\frac{1}{r}\quad 从而\ S_1\geqslant\frac{\varepsilon}{r}.$$

这表明对于每一个划分 P 都有

$$U(P, f)-L(P, f)\geqslant\frac{\varepsilon}{r},$$

所以黎曼条件不能满足，从而 f 是不可积的. 换句话说，如果 $f\in R$，则 D 是零测度集.

(充分性)现在假定 D 是零测度集，我们要证明黎曼条件能得到满足. 仍然写 $D=\bigcup_{r=1}^{\infty}D_r$，其中 D_r 是由满足条件 $\omega_f(x)\geqslant 1/r$ 的点 x 组成的集合. 由于 $D_r\subseteq D$，于是每一个 D_r 都是零测度集，所以 D_r 可以被一些开区间覆盖，这些开区间的长度之和 $<1/r$. 由于 D_r 是紧的(定理 7.47)，所以这些区间中的有限个区间覆盖 D_r. 这有限个区间的并集是一个开集，我们把它记为 A_r. 它的余集 $B_r=[a, b]-A_r$ 是 $[a, b]$ 的有限个闭子区间的并集. 设 I 是 B_r 的一个有代表性的子区间. 如果 $x\in I$，则 $\omega_f(x)<1/r$，所以，按照定理 7.46，有一个 $\delta>0$(仅依赖于 r)使得 I 可以被进一步分为有限个长度 $<\delta$ 的子区间 T，$\Omega_f(T)<1/r$. 所有这些子区间的端点确定 $[a, b]$ 的一个划分 P_r. 如果 P 比 P_r 细，就可以写

$$U(P, f)-L(P, f)=\sum_{k=1}^{n}[M_k(f)-m_k(f)]\Delta x_k=S_1+S_2,$$

其中 S_1 包含的那些项来自包含 D_r 的点的子区间，S_2 包含其余各项. 在 S_2 的第 k 项中，我们有

$$M_k(f)-m_k(f)<\frac{1}{r}\quad 从而\ S_2<\frac{b-a}{r}.$$

因为 A_r 覆盖所有对 S_1 有贡献的区间，所以有

$$S_1\leqslant\frac{M-m}{r},$$

其中 M 和 m 是 f 在 $[a, b]$ 上的上确界和下确界. 因而有

$$U(P, f)-L(P, f)<\frac{M-m+b-a}{r}.$$

因为此式对于每一个 $r\geqslant 1$ 都成立，所以黎曼条件成立，因此有 $f\in R[a, b]$. ■

172 **注**　一个性质被说成在 $\mathbf{R}^1$ 的一个子集 S 上几乎处处成立，如果它在 S 上除了一个零测度集之外处处成立. 这样，勒贝格定理表述的就是，一个在紧区间 $[a,$

$b]$上有界的函数 f 在$[a, b]$上黎曼可积，当且仅当 f 在$[a, b]$上几乎处处连续.

下面的叙述(其中某些曾在本章前面证明过)是勒贝格定理的直接推论.

定理 7.49 a)如果 f 在$[a, b]$上是有界变差函数，则有 $f\in R[a, b]$.

b)如果 $f\in R[a, b]$，则对每一个子区间$[c, d]\subset[a, b]$有 $f\in R[c, d]$，在$[a, b]$上有$|f|\in R$和$f^2\in R$. 而且，只要 $g\in R[a, b]$，就有 $f\cdot g\in R[a, b]$.

c)如果在$[a, b]$上有 $f\in R$ 和 $g\in R$，则 $f/g\in R[a, b]$，只要 g 有界离开零[㊀].

d)如果在$[a, b]$上 f 与 g 是有相同的间断点的有界函数，则 $f\in R[a, b]$，当且仅当 $g\in R[a, b]$.

e)设 $g\in R[a, b]$，而且对于$[a, b]$内的一切 x 都假定有 $m\leqslant g(x)\leqslant M$. 如果 f 在$[m, M]$上是连续的，则由 $h(x)=f[g(x)]$定义的复合函数 h 在$[a, b]$上是黎曼可积的.

注 如果只假定 $f\in R[m, M]$，则(e)的结论未必成立.(见练习 7.29.)

7.27 复值黎曼-斯蒂尔切斯积分

形如 $\int_a^b f\mathrm{d}\alpha$ 的黎曼-斯蒂尔切斯积分(其中 f 与 α 是在一个区间$[a, b]$上定义且有界的复值函数)在复变函数理论中非常重要，可以用与我们在实数情况下使用过的相同的定义方法来介绍它们. 事实上，当 f 与 α 是复值函数时，定义 7.1 也是有意义的. 只需把用于构建黎曼-斯蒂尔切斯和的乘积 $f(t_k)[\alpha(x_k)-\alpha(x_{k-1})]$之和理解成复数的乘积之和即可. 因为复数也满足为实数所满足的交换律、结合律和分配律，所以复值积分也具有实值积分所具有的许多性质是不足为怪的. 特别地，当 f 与 α 是复值函数时，定理 7.2、定理 7.3、定理 7.4、定理 7.6 和定理 7.7(以及它们的证明)都(逐字逐句地)成立.(在定理 7.2 和定理 7.3 中，常数 c_1 和 c_2 不可以是复数.)此外，我们有下述定理，它实际上可以把复数的斯蒂尔切斯积分的理论化为实数的情况.

定理 7.50 设 $f=f_1+\mathrm{i}f_2$ 与 $\alpha=\alpha_1+\mathrm{i}\alpha_2$ 是定义在一个区间$[a, b]$上的复值函数，则有

$$\int_a^b f\mathrm{d}\alpha=\left(\int_a^b f_1\mathrm{d}\alpha_1-\int_a^b f_2\mathrm{d}\alpha_2\right)+\mathrm{i}\left(\int_a^b f_2\mathrm{d}\alpha_1+\int_a^b f_1\mathrm{d}\alpha_2\right),$$

只要等号右边的四个积分都存在. 173

定理 7.50 的证明可以直接从定义得出，留给读者.

应用这个定理可以使我们能够把实积分的多数重要的性质推广到复积分的情况. 例如，在定理 7.32 中建立起来的微分与积分之间的联系，对于复积分依然成立，只需简单地用分量定义诸如连续、可微和有界变差这样一些概念，像对于向量值函数所做的那样. 这样，我们说复值函数 $\alpha=\alpha_1+\mathrm{i}\alpha_2$ 在$[a, b]$上是有界变差函数，如果每一个分量 α_1 与 α_2

㊀ 参阅定理 6.10 的说明. ——译者注

在$[a, b]$上都是有界变差函数. 类似地，导数$\alpha'(t)$由等式$\alpha'(t)=\alpha'_1(t)+i\alpha'_2(t)$定义，只要导数$\alpha'_1(t)$和$\alpha'_2(t)$都存在. (单侧导数也用同样的方法定义.) 按照这样的理解，当f与α是复值函数时，定理 7.32 和 7.34(积分学的两个基本定理)二者仍然成立. 它们的证明可以从实函数的情况直接使用定理 7.50 而得到.

我们将在第 16 章再回到复值的积分，那时将更详细地研究单复变量函数.

练习

黎曼-斯蒂尔切斯积分

7.1　直接从定义 7.1 证明$\int_a^b \mathrm{d}\alpha(x)=\alpha(b)-\alpha(a)$.

7.2　如果$f\in \mathbf{R}(\alpha)[a, b]$，而且对于在$[a, b]$上单调的每一个$f$都有$\int_a^b f\mathrm{d}\alpha=0$，证明$\alpha$在$[a, b]$上必定是常数.

7.3　一个黎曼-斯蒂尔切斯积分的下述定义经常在文献中使用：我们说f关于α是可积的，如果存在一个实数A具有这样的性质，即对于每一个$\varepsilon>0$都存在$\delta>0$使得对于$[a, b]$的每一个满足范数$\|P\|<\delta$的划分P和在$[x_{k-1}, x_k]$内选取的每一个t_k都有$|S(P, f, \alpha)-A|<\varepsilon$.

a) 证明如果$\int_a^b f\mathrm{d}\alpha$按照这种定义存在，则按照定义 7.1 它也存在，且两个积分相等.

b) 对于$a\leqslant x<c$设$f(x)=\alpha(x)=0$，对于$c<x\leqslant b$设$f(x)=\alpha(x)=1$，设$f(c)=0$，$\alpha(c)=1$. 证明$\int_a^b f\mathrm{d}\alpha$按照定义 7.1 存在，但是按照这第二个定义不存在.

7.4　按照定义 7.1 如果有$f\in R$，证明$\int_a^b f(x)\mathrm{d}x$按照练习 7.3 中的定义也存在. (对照练习 7.3(b).)

提示：设$I=\int_a^b f(x)\mathrm{d}x$，$M=\sup\{|f(x)|: x\in[a, b]\}$. 给定$\varepsilon>0$，选取$P_\varepsilon$使得$U(P_\varepsilon, f)<I+\frac{\varepsilon}{2}$(7.11 节的记号). 设$N$是$P_\varepsilon$中分点的个数，并设$\delta=\varepsilon/(2MN)$. 如果$\|P\|<\delta$，写

$$U(P, f)=\sum M_k(f)\Delta x_k=S_1+S_2,$$

其中S_1是由P的不包含P_ε的点的那些子区间所形成的各项的和，S_2是其余各项的和. 于是有

174 $$S_1\leqslant U(P_\varepsilon, f)<I+\varepsilon/2, \quad S_2\leqslant NM\|P\|<NM\delta=\varepsilon/2,$$

由此可得$U(P, f)<I+\varepsilon$. 类似地，对于某个δ'可得

$$L(P, f)>I-\varepsilon, \quad 当\ \|P\|<\delta'.$$

因而当$\|P\|<\min(\delta, \delta')$时有$|S(P, f)-I|<\varepsilon$.

7.5　设$\{a_n\}$是一个实数序列. 对于$x\geqslant 0$定义

$$A(x)=\sum_{n\leqslant x}a_n=\sum_{n=1}^{[x]}a_n,$$

其中$[x]$是不超过x的最大整数，并且把空的求和理解为零. 设f在区间$1\leqslant x\leqslant a$内有连续的导数. 用斯蒂尔切斯积分推导出下述公式：

$$\sum_{n\leqslant a}a_n f(n)=-\int_1^a A(x)f'(x)\mathrm{d}x+A(a)f(a).$$

7.6　用欧拉求和公式或用斯蒂尔切斯积分的分部积分法推导出下述各恒等式：

a) $\sum_{k=1}^{n}\frac{1}{k^s}=\frac{1}{n^{s-1}}+s\int_1^n\frac{[x]}{x^{s+1}}\mathrm{d}x \quad 当\ s\neq 1.$

b) $\sum_{k=1}^{n} \frac{1}{k} = \log n - \int_1^n \frac{x-[x]}{x^2}\mathrm{d}x + 1.$

7.7　假定 f' 在 $[1, 2n]$ 上连续. 用欧拉求和公式或分部积分法证明

$$\sum_{k=1}^{2n}(-1)^k f(k) = \int_1^{2n} f'(x)([x]-2[x/2])\mathrm{d}x.$$

7.8　当 x 不为整数时设 $\varphi_1(x)=x-[x]-\frac{1}{2}$，当 x 为整数时设 $\varphi_1(x)=0$. 再设 $\varphi_2(x)=\int_0^x \varphi_1(t)\mathrm{d}t$. 如果 f'' 在 $[1, n]$ 上连续，证明由欧拉求和公式可推出

$$\sum_{k=1}^{n} f(k) = \int_1^n f(x)\mathrm{d}x - \int_1^n \varphi_2(x)f''(x)\mathrm{d}x + \frac{f(1)+f(n)}{2}.$$

7.9　在练习 7.8 中取 $f(x)=\log x$，证明

$$\log n! = \left(n+\frac{1}{2}\right)\log n - n + 1 + \int_1^n \frac{\varphi_2(t)}{t^2}\mathrm{d}t.$$

7.10　如果 $x\geqslant 1$，设 $\pi(x)$ 表示 $\leqslant x$ 的素数的个数，即

$$\pi(x) = \sum_{p\leqslant x} 1,$$

其中求和对于 $\leqslant x$ 的全部素数 p 进行. 素数定理表述为

$$\lim_{x\to\infty}\pi(x)\frac{\log x}{x} = 1.$$ 175

该定理通常用研究由

$$\vartheta(x) = \sum_{p\leqslant x}\log p$$

给定的一个相关函数 ϑ 的办法来证明，其中的求和还是对于 $\leqslant x$ 的全部素数 p 进行. 函数 π 与 ϑ 都是在素数处有跃变的阶梯函数. 本练习说明了如何把黎曼-斯蒂尔切斯积分用于建立这两个函数的联系.

a) 如果 $x\geqslant 2$，证明 $\pi(x)$ 和 $\vartheta(x)$ 可以表示为下述黎曼-斯蒂尔切斯积分：

$$\vartheta(x) = \int_{3/2}^x \log t\,\mathrm{d}\pi(t),\qquad \pi(x) = \int_{3/2}^x \frac{1}{\log t}\mathrm{d}\vartheta(t).$$

注：下限可以用开区间 $(1, 2)$ 内的任何数代替.

b) 如果 $x\geqslant 2$，用分部积分法证明

$$\vartheta(x) = \pi(x)\log x - \int_2^x \frac{\pi(t)}{t}\mathrm{d}t,$$

$$\pi(x) = \frac{\vartheta(x)}{\log x} + \int_2^x \frac{\vartheta(t)}{t\log^2 t}\mathrm{d}t.$$

可以用这些等式证明素数定理等价于关系式 $\lim\limits_{x\to\infty}\vartheta(x)/x=1$.

7.11　如果 $\alpha\nearrow$ 于 $[a, b]$，证明有

a) $\overline{\int_a^b} f\mathrm{d}\alpha = \overline{\int_a^c} f\mathrm{d}\alpha + \overline{\int_c^b} f\mathrm{d}\alpha\quad(a<c<b).$

b) $\overline{\int_a^b}(f+g)\mathrm{d}\alpha \leqslant \overline{\int_a^b} f\mathrm{d}\alpha + \overline{\int_a^b} g\mathrm{d}\alpha.$

c) $\underline{\int_a^b}(f+g)\mathrm{d}\alpha \geqslant \underline{\int_a^b} f\mathrm{d}\alpha + \underline{\int_a^b} g\mathrm{d}\alpha.$

7.12　给出定义在 $[a, b]$ 上的一个有界函数 f 和一个递增函数 α 的例子，使得 $|f|\in R(\alpha)$，但是 $\int_a^b f\mathrm{d}\alpha$

不存在.

7.13　设 α 在 $[a, b]$ 上是一个有界变差连续函数. 假定 $g\in R(\alpha)[a, b]$, 并当 $x\in[a, b]$ 时定义 $\beta(x)=\int_a^x g(t)\mathrm{d}\alpha(t)$. 证明

a)如果 $f\nearrow$ 于 $[a, b]$, 则在 $[a, b]$ 内存在一点 x_0 使得

$$\int_a^b f\mathrm{d}\beta = f(a)\int_a^{x_0} g\mathrm{d}\alpha + f(b)\int_{x_0}^b g\mathrm{d}\alpha.$$

b)此外, 如果 f 在 $[a, b]$ 上连续, 则有

176 $$\int_a^b f(x)g(x)\mathrm{d}\alpha(x) = f(a)\int_a^{x_0} g\mathrm{d}\alpha + f(b)\int_{x_0}^b g\mathrm{d}\alpha.$$

7.14　假定 $f\in R(\alpha)[a, b]$, 其中 α 在 $[a, b]$ 上是有界变差函数. 设 $V(x)$ 对于 $(a, b]$ 内的每个 x 表示 α 在 $[a, x]$ 上的全变差, 并设 $V(a)=0$. 证明

$$\left|\int_a^b f\mathrm{d}\alpha\right| \leqslant \int_a^b |f|\mathrm{d}V \leqslant MV(b),$$

其中 M 是 $|f|$ 在 $[a, b]$ 上的一个上界. 特别地, 当 $\alpha(x)=x$ 时, 此不等式变成

$$\left|\int_a^b f(x)\mathrm{d}x\right| \leqslant M(b-a).$$

7.15　设 $\{\alpha_n\}$ 是 $[a, b]$ 上的有界变差函数序列. 假定存在一个定义在 $[a, b]$ 上的函数 α 使得当 $n\to\infty$ 时, $\alpha-\alpha_n$ 在 $[a, b]$ 上的全变差趋向于 0. 再假定对于每一个 $n=1, 2, \cdots$ 都有 $\alpha(a)=\alpha_n(a)=0$. 如果 f 在 $[a, b]$ 上连续, 证明

$$\lim_{n\to\infty}\int_a^b f(x)\mathrm{d}\alpha_n(x) = \int_a^b f(x)\mathrm{d}\alpha(x).$$

7.16　如果在 $[a, b]$ 上有 $f\in R(\alpha)$, $f^2\in R(\alpha)$, $g\in R(\alpha)$ 和 $g^2\in R(\alpha)$, 证明

$$\frac{1}{2}\int_a^b\left[\int_a^b\begin{vmatrix} f(x) & g(x)\\ f(y) & g(y)\end{vmatrix}^2\mathrm{d}\alpha(y)\right]\mathrm{d}\alpha(x)$$
$$=\left(\int_a^b f^2(x)\mathrm{d}\alpha(x)\right)\left(\int_a^b g^2(x)\mathrm{d}\alpha(x)\right)-\left(\int_a^b f(x)g(x)\mathrm{d}\alpha(x)\right)^2.$$

当 $\alpha\nearrow$ 于 $[a, b]$ 时, 推导出柯西-施瓦茨不等式

$$\left(\int_a^b f(x)g(x)\mathrm{d}\alpha(x)\right)^2 \leqslant \left(\int_a^b f^2(x)\mathrm{d}\alpha(x)\right)\left(\int_a^b g^2(x)\mathrm{d}\alpha(x)\right).$$

(与练习 1.23 比较.)

7.17　假定在 $[a, b]$ 上有 $f\in R(\alpha)$, $g\in R(\alpha)$ 和 $f\cdot g\in R(\alpha)$, 证明

$$\frac{1}{2}\int_a^b\left[\int_a^b(f(y)-f(x))(g(y)-g(x))\mathrm{d}\alpha(y)\right]\mathrm{d}\alpha(x)$$
$$=(\alpha(b)-\alpha(a))\int_a^b f(x)g(x)\mathrm{d}\alpha(x)-\left(\int_a^b f(x)\mathrm{d}\alpha(x)\right)\left(\int_a^b g(x)\mathrm{d}\alpha(x)\right).$$

如果 $\alpha\nearrow$ 于 $[a, b]$, 则当 f 与 g 在 $[a, b]$ 上都递增(或都递减)时, 推导出不等式

$$\left(\int_a^b f(x)\mathrm{d}\alpha(x)\right)\left(\int_a^b g(x)\mathrm{d}\alpha(x)\right) \leqslant (\alpha(b)-\alpha(a))\int_a^b f(x)g(x)\mathrm{d}\alpha(x)$$

177 证明当 f 在 $[a, b]$ 上递增而 g 在 $[a, b]$ 上递减时, 相反的不等式成立.

黎曼积分

7.18　假定 $f\in R[a, b]$, 用练习 7.4 证明极限

$$\lim_{n\to\infty}\frac{b-a}{n}\sum_{k=1}^{n} f\left(a+k\,\frac{b-a}{n}\right)$$

存在，且其值等于 $\int_a^b f(x)\mathrm{d}x$. 推导出

$$\lim_{n\to\infty}\sum_{k=1}^{n}\frac{n}{k^2+n^2}=\frac{\pi}{4},\qquad \lim_{n\to\infty}\sum_{k=1}^{n}(n^2+k^2)^{-1/2}=\log(1+\sqrt{2}).$$

7.19 定义

$$f(x)=\left(\int_0^x \mathrm{e}^{-t^2}\,\mathrm{d}t\right)^2,\qquad g(x)=\int_0^1\frac{\mathrm{e}^{-x^2(t^2+1)}}{t^2+1}\mathrm{d}t.$$

a)证明对于一切 x 都有 $g'(x)+f'(x)=0$，并推导出 $g(x)+f(x)=\pi/4$.

b)用(a)的结果证明

$$\lim_{x\to\infty}\int_0^x \mathrm{e}^{-t^2}\,\mathrm{d}t=\frac{1}{2}\sqrt{\pi}.$$

7.20 假定 $g\in R[a,\ b]$并当 $x\in[a,\ b]$时定义 $f(x)=\int_a^x g(t)\mathrm{d}t$. 证明积分$\int_a^x|g(t)|\mathrm{d}t$ 给出 f 在$[a,\ x]$上的全变差.

7.21 设 $\boldsymbol{f}=(f_1,\ \cdots,\ f_n)$是一个向量值函数，它在$[a,\ b]$上有连续的导函数 $\boldsymbol{f}'$. 证明由 $\boldsymbol{f}$ 描绘出的曲线的长度为

$$\Lambda_f(a,\ b)=\int_a^b\|\boldsymbol{f}'(t)\|\mathrm{d}t.$$

7.22 如果 $f^{(n+1)}$在$[a,\ x]$上连续，定义

$$I_n(x)=\frac{1}{n!}\int_a^x(x-t)^n f^{(n+1)}(t)\mathrm{d}t.$$

a)证明

$$I_{k-1}(x)-I_k(x)=\frac{f^{(k)}(a)(x-a)^k}{k!},\qquad k=1,\ 2,\ \cdots,\ n.$$

b)用(a)的结果把泰勒公式(定理 5.19)中的余项表示成一个积分.

7.23 设 f 在$[0,\ a]$上连续. 如果 $x\in[0,\ a]$，定义 $f_0(x)=f(x)$，并设

$$f_{n+1}(x)=\frac{1}{n!}\int_0^x(x-t)^n f(t)\mathrm{d}t,\qquad n=0,\ 1,\ 2,\ \cdots$$

a)证明 f_n 的 n 阶导数存在，且等于 f.

b)证明下述费克特(M. Fekete)定理：f 在$[0,\ a]$内符号改变的次数不少于有序的数集

$$f(a),\ f_1(a),\ \cdots,\ f_n(a)$$

中符号改变的次数.(提示：用数学归纳法.) 178

c)用(b)的结果证明下述费耶(L. Fejér)定理：f 在$[0,\ a]$内符号改变的次数不少于有序的数集

$$f(0),\qquad \int_0^a f(t)\mathrm{d}t,\qquad \int_0^a tf(t)\mathrm{d}t,\qquad \cdots,\qquad \int_0^a t^n f(t)\mathrm{d}t$$

中符号改变的次数.

7.24 设 f 是$[a,\ b]$内的一个正的连续函数. 设 M 表示 f 在$[a,\ b]$上的最大值. 证明

$$\lim_{n\to\infty}\left(\int_a^b f^n(x)\mathrm{d}x\right)^{1/n}=M.$$

7.25 一个二元实变函数 f 对于单位正方形 $0\leqslant x\leqslant 1$，$0\leqslant y\leqslant 1$ 内的每个点$(x,\ y)$定义如下：

$$f(x,\ y)=\begin{cases}1, & \text{若 } x \text{ 是有理数},\\ 2y, & \text{若 } x \text{ 是无理数}.\end{cases}$$

a)计算 $\overline{\int_0^1} f(x,\ y)\mathrm{d}x$ 和$\underline{\int_0^1} f(x,\ y)\mathrm{d}x$，用 y 表示计算结果.

b)证明积分 $\int_0^1 f(x, y)\mathrm{d}y$ 对于每一个固定的 x 存在，并对于 $0\leqslant x\leqslant 1$，$0\leqslant t\leqslant 1$ 计算用 x 和 t 表示的积分 $\int_0^t f(x, y)\mathrm{d}y$.

c)设 $F(x)=\int_0^1 f(x, y)\mathrm{d}y$. 证明 $\int_0^1 F(x)\mathrm{d}x$ 存在，并求出它的值.

7.26　设 f 在[0, 1]上定义如下：$f(0)=0$；如果 $2^{-n-1}<x\leqslant 2^{-n}$，$n=0, 1, 2, \cdots$，则 $f(x)=2^{-n}$.

a)给出 $\int_0^1 f(x)\mathrm{d}x$ 存在的两个理由.

b)设 $F(x)=\int_0^x f(t)\mathrm{d}t$. 证明对于 $0<x\leqslant 1$ 有

$$F(x)=xA(x)-\frac{1}{3}A^2(x),$$

其中 $A(x)=2^{-[-\log x/\log 2]}$，$[y]$是不超过 y 的最大整数.

7.27　假定 f 有导数，该导数单调递减，且对于$[a, b]$内的一切 x 都有 $f'(x)\geqslant m>0$. 证明

$$\left|\int_a^b \cos f(x)\mathrm{d}x\right|\leqslant\frac{2}{m}.$$

提示：用 $f'(x)$乘和除被积函数，并使用定理 7.37(ii).

7.28　给定一个递减的实数序列$\{G(n)\}$使得当 $n\to\infty$ 时 $G(n)\to 0$. 用$\{G(n)\}$在[0, 1]上定义一个函数 f 如下：$f(0)=1$；如果 x 是无理数，则 $f(x)=0$；如果 x 是有理数 m/n(最简分数)，则 $f(m/n)=G(n)$. 在[0, 1]内的每个 x 点计算振幅 $\omega_f(x)$，并证明 $f\in R[0, 1]$.

7.29　设 f 如在练习 7.28 中那样定义，$G(n)=1/n$. 设当 $0<x\leqslant 1$ 时 $g(x)=1$，$g(0)=0$. 证明，由 $h(x)=g[f(x)]$定义的复合函数 h 在[0, 1]上不是黎曼可积函数，虽然在[0, 1]上既有 $f\in R$ 又有 $g\in R$.

7.30　用勒贝格定理证明定理 7.49.

7.31　用勒贝格定理证明，如果在$[a, b]$上有 $f\in R$ 和 $g\in R$，而且对于$[a, b]$内的全部 x 都有 $f(x)\geqslant m>0$，则由

$$h(x)=f(x)^{g(x)}$$

179　定义的 h 在$[a, b]$上是黎曼可积的.

7.32　设 $I=[0, 1]$，并设 $A_1=I-(1/3, 2/3)$是 I 的一个子集，它是由去掉 I 的位于中间一个三分之一开区间内的那些点得到的，即 $A_1=\left[0, \frac{1}{3}\right]\cup\left[\frac{2}{3}, 1\right]$. 设 A_2 是 A_1 的一个子集，它由去掉 $\left[0, \frac{1}{3}\right]$的和$\left[\frac{2}{3}, 1\right]$的中间的三分之一开区间得到. 继续这个过程来定义 A_3，A_4，…. 集合 $C=\bigcap\limits_{n=1}^{\infty}A_n$ 称为康托尔集. 证明：

a)C 是测度为 0 的紧集.

b)$x\in C$，当且仅当 $x=\sum\limits_{n=1}^{\infty}a_n 3^{-n}$，其中每一个 a_n 或者是 0，或者是 2.

c)C 是不可数的.

d)设当 $x\in C$ 时 $f(x)=1$，当 $x\notin C$ 时 $f(x)=0$. 证明 $f\in R[0, 1]$.

7.33　本练习列出了 π^2 是无理数的证明要点(应归于尼文(Ivan Niven)). 设 $f(x)=x^n(1-x)^n/n!$. 证明：

a)当 $0<x<1$ 时，$0<f(x)<1/n!$.

b)每一个 k 阶导数 $f^{(k)}(0)$和 $f^{(k)}(1)$都是整数.

现在假定 $\pi^2=\frac{a}{b}$，其中 a 和 b 都是正整数，并设

$$F(x)=b^n\sum_{k=0}^{n}(-1)^k f^{(2k)}(x)\pi^{2n-2k}.$$

证明：

c)$F(0)$和 $F(1)$是整数.

d)$\pi^2a^nf(x)\sin\pi x=\frac{\mathrm{d}}{\mathrm{d}x}\{F'(x)\sin\pi x-\pi F(x)\cos\pi x\}$.

e) $F(1)+F(0)=\pi a^n\int_0^1 f(x)\sin\pi x\,\mathrm{d}x$.

f)当 n 充分大时，在(e)中使用(a)的结论，可推导出 $0<F(1)+F(0)<1$. 此结果与(c)矛盾，因而表明 π^2(从而 π)是无理数.

7.34　给定一个实值函数 α，它在区间$[a, b]$上连续，在(a, b)上有有限的有界导数 α'. 设 f 在$[a, b]$上定义且有界，并假定两个积分

$$\int_a^b f(x)\mathrm{d}\alpha(x)\quad 和\quad \int_a^b f(x)\alpha'(x)\mathrm{d}x$$

都存在. 证明这两个积分相等.（并未假设 α'是连续的.）

7.35　证明下述定理. 此定理蕴涵积分为正的函数其本身必定在某个区间上是正的. 假定在$[a, b]$上有 $f\in R$ 和 $0\leqslant f(x)\leqslant M$，其中 $M>0$. 设 $I=\int_a^b f(x)\mathrm{d}x$，$h=\frac{1}{2}I/(M+b-a)$，并假设 $I>0$. 则集合 $T=\{x: f(x)\geqslant h\}$包含有限个区间，这些区间长度的和至少是 h. 提示：设 P 是$[a, b]$的一个划分，使得每一个黎曼和 $S(P, f)=\sum_{k=1}^{n}f(t_k)\Delta x_k$ 都满足 $S(P, f)>I/2$. 把 $S(P, f)$分成两部分，$S(P, f)=\sum_{k\in A}+\sum_{k\in B}$，其中

$$A=\{k:[x_{k-1}, x_k]\subseteq T\},\quad B=\{k:k\notin A\}.$$

如果 $k\in A$，则使用不等式 $f(t_k)\leqslant M$；如果 $k\in B$，则选取 t_k 使得 $f(t_k)<h$. 推导出 $\sum_{k\in A}\Delta x_k>h$. 180

积分方程和微分方程的存在性定理

下述练习说明了如何把压缩的不动点定理(定理 4.48)用于证明某些积分方程和微分方程解的存在性定理. 用 $C[a, b]$表示由全部在$[a, b]$上连续的实函数组成并以

$$d(f, g)=\|f-g\|=\max_{a\leqslant x\leqslant b}|f(x)-g(x)|$$

为度量的度量空间. 我们记得 $C[a, b]$是一个完备度量空间(练习 4.67).

7.36　给定一个在 $C[a, b]$内的函数 g 和一个在矩形 $Q=[a, b]\times[a, b]$上的连续函数 K，考虑在 $C[a, b]$上由方程

$$T(\varphi)(x)=g(x)+\lambda\int_a^b K(x, t)\varphi(t)\mathrm{d}t$$

定义的函数 T，其中 λ 是一个给定的常数.

a)证明 T 把 $C[a, b]$映射到自身.

b)如果在 Q 上有 $|K(x, y)|\leqslant M$，其中 $M>0$，而且 $|\lambda|<M^{-1}(b-a)^{-1}$，证明 T 是 $C[a, b]$的一个压缩，因而有一个不动点 φ，它是积分方程 $\varphi(x)=g(x)+\lambda\int_a^b K(x, t)\varphi(t)\mathrm{d}t$ 的一个解.

7.37　假定 f 在一个矩形 $Q=[a-h, a+h]\times[b-k, b+k]$上连续，其中 $h>0$，$k>0$.

a)设 φ 是一个在$[a-h, a+h]$上连续的函数，使得对于$[a-h, a+h]$内的一切 x 都有$(x, \varphi(x))\in Q$. 如果 $0<c\leqslant h$，证明 φ 在$(a-c, a+c)$上满足微分方程 $y'=f(x, y)$和初始条件 $\varphi(a)=b$，当且仅当 φ 在$(a-c, a+c)$上满足积分方程

$$\varphi(x)=b+\int_a^x f(t, \varphi(t))\mathrm{d}t.$$

b)假定在 Q 上有 $|f(x, y)|\leqslant M$，其中 $M>0$，并设 $c=\min\{h, k/M\}$. 设 S 表示由$[a-c, a+c]$上满足条件 $|\varphi(x)-b|\leqslant Mc$ 的全部函数 φ 组成的 $C[a-c, a+c]$的一个度量子空间. 证明 S 是 $C[a-c, a+c]$的一个闭子空间，从而 S 本身也是一个完备度量空间.

c)证明在 S 上由方程

$$T(\varphi)(x)=b+\int_a^x f(t, \varphi(t))\mathrm{d}t$$

定义的函数 T 把 S 映射为自身.

d)现在假定 f 对于 Q 内的每一对点(x, y)和(x, z)满足形如

$$|f(x, y)-f(x, z)|\leqslant A|y-z|$$

的利普希茨条件，其中 $A>0$. 证明如果 $h<1/A$，则 T 是 S 的一个压缩. 对于 $h<1/A$ 推证微
181 分方程 $y'=f(x, y)$在$(a-c, a+c)$上恰有一个解 $y=\varphi(x)$使得 $\varphi(a)=b$.

参考文献

7.1 Hildebrandt, T. H., *Introduction to the Theory of Integration.* Academic Press, New York, 1963.

7.2 Kestelman, H., *Modern Theories of Integration.* Oxford University Press, Oxford, 1937.

7.3 Rankin, R. A., *An Introduction to Mathematical Analysis.* Pergamon Press, Oxford, 1963.

7.4 Rogosinski, W. W., *Volume and Integral.* Wiley, New York, 1952.

7.5 Shilov, G. E., and Gurevich, B. L., *Integral, Measure and Derivative: A Unified*
182 *Approach.* R. Silverman, translator. Prentice-Hall, Englewood Cliffs, 1966.

第 8 章　无穷级数与无穷乘积

8.1　引言

本章对于无穷级数和无穷乘积理论给出简要的介绍，所涉及的仅仅是各项均为实数或复数的特殊的无穷序列．收敛序列的问题已经在第 4 章介绍一般的度量空间时讨论过了．本章将回顾第 4 章的某些概念，把它们应用于具有通常的欧几里得度量的 **C** 中的序列．

8.2　收敛的复数序列与发散的复数序列

定义 8.1　**C** 中的一个点列 $\{a_n\}$ 称为是收敛的，如果 **C** 中有一个点 p 具有下述性质：对于每一个 $\varepsilon>0$，都有整数 N(依赖于 ε)使得

$$|a_n-p|<\varepsilon \quad 只要\ n\geqslant N.$$

如果 $\{a_n\}$ 收敛于 p，我们写作 $\lim\limits_{n\to\infty}a_n=p$，并称 p 是这个序列的极限．如果一个序列不是收敛的，就称其为发散的．

C 中的一个序列如果满足柯西条件，则称其为柯西序列．所谓柯西条件就是，对于每一个 $\varepsilon>0$ 都有整数 N 使得

$$|a_n-a_m|<\varepsilon \quad 只要\ n\geqslant N\ 且\ m\geqslant N.$$

因为 **C** 是一个完备度量空间，所以从第 4 章可知，**C** 中的一个序列是收敛序列，当且仅当它是一个柯西序列．

当我们不知道一个序列收敛到的具体的值时，柯西条件对于确立该序列的收敛性特别有用．

每一个收敛序列都是有界的(定理 4.3)，因此无界的序列必定是发散的．

如果一个序列 $\{a_n\}$ 收敛于 p，则每一个子序列 $\{a_{k_n}\}$ 也收敛于 p(定理 4.5)．

一个各项都是实数的序列 $\{a_n\}$ 称为发散到 $+\infty$，如果对于每一个 $M>0$ 都有一个整数 N(依赖于 M)使得

$$a_n>M \quad 只要\ n\geqslant N.$$

这种情况可以写作 $\lim\limits_{n\to\infty}a_n=+\infty$.

如果 $\lim\limits_{n\to\infty}(-a_n)=+\infty$，则可以写作 $\lim\limits_{n\to\infty}a_n=-\infty$，并说 $\{a_n\}$ 发散到 $-\infty$．当然，有许多发散的实值序列既不发散到 $+\infty$，也不发散到 $-\infty$．例如，序列 $\{(-1)^n(1+1/n)\}$
发散，但是并不发散到 $+\infty$ 或 $-\infty$.

8.3　实值序列的上极限与下极限

定义 8.2　设 $\{a_n\}$ 是一个实数序列，假定有一个实数 U 满足下面两个条件：

i) 对于每一个 $\varepsilon>0$ 都存在整数 N 使得 $n>N$ 蕴涵

$$a_n < U + \varepsilon.$$

ii)给定 $\varepsilon>0$ 和 $m>0$，存在整数 $n>m$ 使得

$$a_n > U - \varepsilon.$$

则 U 称为 $\{a_n\}$ 的上极限(上极限英文为 limit superior 或 upper limit)，并记为

$$U = \limsup_{n\to\infty} a_n.$$

条件(i)蕴涵集合 $\{a_1, a_2, \cdots\}$ 上有界. 如果该集合不是上有界的，则定义

$$\limsup_{n\to\infty} a_n = +\infty.$$

如果该集合是上有界的但不是下有界的，而且 $\{a_n\}$ 没有有限的上极限，则我们说 $\limsup_{n\to\infty} a_n = -\infty$. $\{a_n\}$ 的下极限(limit inferior 或者 lower limit)定义为

$$\liminf_{n\to\infty} a_n = -\limsup_{n\to\infty} b_n, \qquad 其中\ b_n = -a_n, \qquad n = 1, 2, \cdots$$

注　条件(i)表明，该序列的充分远的所有项都位于 $U+\varepsilon$ 的左边，条件(ii)表明有无穷多项位于 $U-\varepsilon$ 的右边. 显然，不可能有多于一个的 U 既满足条件(i)又满足条件(ii). 在扩充的实数系 $\mathbf{R}^*$ 内每一个实数序列都有一个上极限和一个下极限. (见练习 8.1.)

读者应能给出下述定理的证明.

定理 8.3　设 $\{a_n\}$ 是实数序列，则有

a) $\liminf_{n\to\infty} a_n \leqslant \limsup_{n\to\infty} a_n$.

b)该序列收敛，当且仅当 $\limsup_{n\to\infty} a_n$ 和 $\liminf_{n\to\infty} a_n$ 都是有限的而且相等，在这种情况下有 $\lim_{n\to\infty} a_n = \liminf_{n\to\infty} a_n = \limsup_{n\to\infty} a_n$.

c)该序列发散到 $+\infty$，当且仅当 $\liminf_{n\to\infty} a_n = \limsup_{n\to\infty} a_n = +\infty$.

184 d)该序列发散到 $-\infty$，当且仅当 $\liminf_{n\to\infty} a_n = \limsup_{n\to\infty} a_n = -\infty$.

注　对于一个序列，当 $\liminf_{n\to\infty} a_n \neq \limsup_{n\to\infty} a_n$ 时，就说它摆动或振动.

定理 8.4　假定对于每个 $n=1, 2, \cdots$ 都有 $a_n \leqslant b_n$，则有

$$\liminf_{n\to\infty} a_n \leqslant \liminf_{n\to\infty} b_n \qquad 和 \qquad \limsup_{n\to\infty} a_n \leqslant \limsup_{n\to\infty} b_n.$$

例

1. $a_n = (-1)^n(1+1/n)$，　$\liminf_{n\to\infty} a_n = -1$，　$\limsup_{n\to\infty} a_n = +1$.
2. $a_n = (-1)^n$，　$\liminf_{n\to\infty} a_n = -1$，　$\limsup_{n\to\infty} a_n = +1$.
3. $a_n = (-1)^n n$，　$\liminf_{n\to\infty} a_n = -\infty$，　$\limsup_{n\to\infty} a_n = +\infty$.
4. $a_n = n^2 \sin^2\left(\frac{1}{2} n\pi\right)$，　$\liminf_{n\to\infty} a_n = 0$，　$\limsup_{n\to\infty} a_n = +\infty$.

8.4　单调的实数序列

定义 8.5　设 $\{a_n\}$ 是实数序列，如果对于 $n=1, 2, \cdots$ 有 $a_n \leqslant a_{n+1}$，我们就说该序列

是递增的，并记为 $a_n\nearrow$；如果对于一切 n 都有 $a_n\geqslant a_{n+1}$，我们就说该序列是递减的，并记为 $a_n\searrow$. 一个序列称为是单调的，如果它是递增的，或者它是递减的.

单调序列的收敛或发散特别容易确定. 事实上，我们有以下定理：

定理 8.6 单调的序列收敛，当且仅当它有界.

证明 如果 $a_n\nearrow$，则有 $\lim\limits_{n\to\infty}a_n=\sup\{a_n：n=1，2，\cdots\}$. 如果 $a_n\searrow$，则有 $\lim\limits_{n\to\infty}a_n=\inf\{a_n：n=1，2，\cdots\}$. ■

8.5 无穷级数

设 $\{a_n\}$ 是一个给定的实数序列或复数序列，用它构成一个新的序列 $\{s_n\}$ 如下：

$$s_n=a_1+\cdots+a_n=\sum_{k=1}^{n}a_k\quad(n=1，2，\cdots).\tag{1}$$

定义 8.7 有序的序列对 $(\{a_n\}，\{s_n\})$ 称为一个无穷级数，数 s_n 称为该级数的第 n 个部分和. 该级数称为收敛或发散，取决于 $\{s_n\}$ 是收敛的或发散的. 下列记号用于表示由(1)式定义的级数：

$$a_1+a_2+\cdots+a_n+\cdots,\qquad a_1+a_2+a_3+\cdots,\qquad \sum_{k=1}^{\infty}a_k.$$

注 在 $\sum\limits_{k=1}^{\infty}a_k$ 当中使用的字母 k 是一个“哑变量”，它可以被任何其他适当的符号所代替. 如果 p 是一个非负整数，则形如 $\sum\limits_{n=p}^{\infty}b_n$ 的记号应该被理解为表示
$\sum\limits_{n=1}^{\infty}a_n$，其中 $a_n=b_{n+p-1}$. 在不至于产生误解时，可以写作 $\sum b_n$ 而不写作 185
$\sum\limits_{n=p}^{\infty}b_n$.

如果由(1)式定义的序列 $\{s_n\}$ 收敛于 s，则把数 s 称为该级数的和，并写为

$$s=\sum_{k=1}^{\infty}a_k.$$

这样一来，对于收敛的级数来说，符号 $\sum a_k$ 既可以表示这个级数，又可以表示这个级数的和.

例 如果 x 有无限小数展开式 $x=a_0.a_1a_2\cdots$(见 1.17 节)，则级数 $\sum\limits_{k=0}^{\infty}a_k10^{-k}$ 收敛于 x.

定理 8.8 设 $a=\sum a_n$ 和 $b=\sum b_n$ 是两个收敛的级数，则对于每一对常数 α 和 β，级数 $\sum(\alpha a_n+\beta b_n)$ 都收敛于和 $\alpha a+\beta b$. 即

$$\sum_{n=1}^{\infty}(\alpha a_n+\beta b_n)=\alpha\sum_{n=1}^{\infty}a_n+\beta\sum_{n=1}^{\infty}b_n.$$

证明

$$\sum_{k=1}^{n}(\alpha a_k+\beta b_k)=\alpha\sum_{k=1}^{n}a_k+\beta\sum_{k=1}^{n}b_k.$$

■

定理 8.9　假定对于每一个 $n=1, 2, \cdots$ 都有 $a_n \geqslant 0$，则 $\sum a_n$ 收敛，当且仅当它的部分和序列是上有界的.

证明　设 $s_n = a_1 + \cdots + a_n$，则 $s_n \nearrow$，所以应用定理 8.6 即可. ■

定理 8.10（迭嵌级数）　设 $\{a_n\}$ 与 $\{b_n\}$ 是两个序列，对于 $n=1, 2, \cdots$ 都有 $a_n = b_{n+1} - b_n$，则 $\sum a_n$ 收敛当且仅当 $\lim\limits_{n\to\infty} b_n$ 存在，在这种情况下

$$\sum_{n=1}^{\infty} a_n = \lim_{n\to\infty} b_n - b_1.$$

证明

$$\sum_{k=1}^{n} a_k = \sum_{k=1}^{n} (b_{k+1} - b_k) = b_{n+1} - b_1.$$ ■

定理 8.11（适用于级数的柯西条件）　级数 $\sum a_n$ 收敛，当且仅当对于每一个 $\varepsilon > 0$ 都存在整数 N 使得 $n > N$ 蕴涵对于每个 $p=1, 2, \cdots$ 都有

$$|a_{n+1} + \cdots + a_{n+p}| < \varepsilon \tag{2}$$

证明　设 $s_n = \sum\limits_{k=1}^{n} a_k$，可以写 $s_{n+P} - s_n = a_{n+1} + \cdots + a_{n+p}$，然后应用定理 4.8 和定理 4.6 即可. ■

在(2)式中取 $p=1$ 可以发现 $\lim\limits_{n\to\infty} a_n = 0$ 是 $\sum a_n$ 收敛的一个必要条件. 以 $a_n = 1/n$ 为例可以看到这个条件不是充分的. 当在(2)式中令 $n=2^m$ 且 $p=2^m$ 时可得

$$a_{n+1} + \cdots + a_{n+p} = \frac{1}{2^m+1} + \cdots + \frac{1}{2^m+2^m} \geqslant \frac{2^m}{2^m+2^m} = \frac{1}{2},$$

186 因此当 $\varepsilon \leqslant 1/2$ 时柯西条件不能得到满足，所以级数 $\sum\limits_{n=1}^{\infty} 1/n$ 发散. 这个级数称为调和级数.

8.6　插入括号和去掉括号

定义 8.12　设 p 是一个函数，它的定义域是正整数集合，它的值域是正整数集的一个子集，使得

i) $p(n) < p(m)$，若 $n < m$.

ii) 设 $\sum a_n$ 和 $\sum b_n$ 是两个有如下关系的级数：

$$b_1 = a_1 + a_2 + \cdots + a_{p(1)},$$

$$b_{n+1} = a_{p(n)+1} + a_{p(n)+2} + \cdots + a_{p(n+1)}, \quad n = 1, 2, \cdots$$

于是我们就说 $\sum b_n$ 是由 $\sum a_n$ 插入括号得到的，并说 $\sum a_n$ 是由 $\sum b_n$ 去掉括号得到的.

定理 8.13　如果 $\sum a_n$ 收敛于 s，则由 $\sum a_n$ 插入括号而得到的每一个级数 $\sum b_n$ 也收敛于 s.

证明　设 $\sum a_n$ 和 $\sum b_n$ 有(ii)所示的关系，并记 $s_n = \sum\limits_{k=1}^{n} a_k$，$t_n = \sum\limits_{k=1}^{n} b_k$，则 $\{t_n\}$ 是 $\{s_n\}$ 的一个子序列. 事实上 $t_n = s_{p(n)}$. 所以 $\{s_n\}$ 收敛于 s 蕴涵 $\{t_n\}$ 收敛于 s. ■

去掉括号可能破坏收敛性. 为了看清这一点，考虑每一项都是 0 的级数 $\sum b_n$（它显然

是收敛的). 设 $p(n)=2n$，并设 $a_n=(-1)^n$，则(i)和(ii)都成立，但是$\sum a_n$ 发散.

如果我们进一步对$\sum a_n$ 和 p 加以限制，则括号是能够被去掉的.

定理 8.14 设$\sum a_n$ 和$\sum b_n$ 有定义 8.12 中那样的关系. 假定存在常数 $M>0$ 使得 $p(n+1)-p(n)<M$ 对于一切 n 都成立，并假定$\lim\limits_{n\to\infty}a_n=0$，则$\sum a_n$ 收敛当且仅当$\sum b_n$ 收敛，在这种情况下，它们的和是相同的.

证明 如果$\sum a_n$ 收敛，则结果可从定理 8.13 得到. 全部难点都在于逆推导. 设

$$s_n=a_1+\cdots+a_n,\qquad t_n=b_1+\cdots+b_n,\qquad t=\lim_{n\to\infty}t_n.$$

设给定 $\varepsilon>0$，并选取 N 使得 $n>N$ 蕴涵

$$|t_n-t|<\frac{\varepsilon}{2}\quad 和\quad |a_n|<\frac{\varepsilon}{2M}.$$

如果 $n>p(N)$，则可以找到 $m\geqslant N$ 使得 $N\leqslant p(m)\leqslant n<p(m+1)$. (为什么?)对于这样的 n，我们有

$$s_n=a_1+\cdots+a_{p(m+1)}-(a_{n+1}+a_{n+2}+\cdots+a_{p(m+1)})=t_{m+1}-(a_{n+1}+a_{n+2}+\cdots+a_{p(m+1)}),$$ 187

由此可得

$$\begin{aligned}|s_n-t|&\leqslant|t_{m+1}-t|+|a_{n+1}+a_{n+2}+\cdots+a_{p(m+1)}|\\&\leqslant|t_{m+1}-t|+|a_{p(m)+1}|+|a_{p(m)+2}|+\cdots+|a_{p(m+1)}|\\&<\frac{\varepsilon}{2}+(p(m+1)-p(m))\frac{\varepsilon}{2M}<\frac{\varepsilon}{2}+\frac{\varepsilon}{2}=\varepsilon.\end{aligned}$$

这就证明了$\lim\limits_{n\to\infty}s_n=t$. ■

8.7 交错级数

定义 8.15 如果对于每一个 n 都有 $a_n>0$，则级数 $\sum\limits_{n=1}^{\infty}(-1)^{n+1}a_n$ 称为交错级数.

定理 8.16 如果$\{a_n\}$是一个递减且收敛于 0 的序列，则交错级数$\sum(-1)^{n+1}a_n$ 收敛. 如果 s 表示交错级数的和，s_n 表示它的部分和，则有不等式

$$0<(-1)^n(s-s_n)<a_{n+1},\qquad n=1,2,\cdots \tag{3}$$

注 不等式(3)告诉我们，当我们用 s_n 来“逼近” s 时，所产生的误差与被忽略掉的第一项有同样的符号，而且小于该项的绝对值.

证明 我们在$\sum(-1)^{n+1}a_n$ 中插入括号，把每两项结为一组. 这就是说，取 $p(n)=2n$，按照定义 8.12 构成一个新的级数$\sum b_n$，满足

$$b_1=a_1-a_2,\quad b_2=a_3-a_4,\quad \cdots,\quad b_n=a_{2n-1}-a_{2n}.$$

因为 $a_n\to 0$ 且 $p(n+1)-p(n)=2$，所以定理 8.14 告诉我们，如果$\sum b_n$ 收敛，则$\sum(-1)^{n+1}a_n$ 收敛. 但是$\sum b_n$ 是一个非负项的级数(因为 $a_n\searrow$)，而且它的部分和是上有界的，因为

$$\sum_{k=1}^{n}b_k=a_1-(a_2-a_3)-\cdots-(a_{2n-2}-a_{2n-1})-a_{2n}<a_1.$$

因而$\sum b_n$收敛，所以$\sum(-1)^{n+1}a_n$也收敛.

不等式(3)是下列关系式的一个推论：

$$(-1)^n(s-s_n)=\sum_{k=1}^{\infty}(-1)^{k+1}a_{n+k}=\sum_{k=1}^{\infty}(a_{n+2k-1}-a_{n+2k})>0,$$

和

188 $$(-1)^n(s-s_n)=a_{n+1}-\sum_{k=1}^{\infty}(a_{n+2k}-a_{n+2k+1})<a_{n+1}.$$ ■

8.8 绝对收敛与条件收敛

定义 8.17 级数$\sum a_n$称为绝对收敛，如果$\sum|a_n|$收敛. $\sum a_n$称为条件收敛，如果$\sum a_n$收敛，但是$\sum|a_n|$发散.

定理 8.18 $\sum a_n$绝对收敛隐含着收敛.

证明 把柯西条件应用于不等式

$$|a_{n+1}+\cdots+a_{n+p}|\leqslant|a_{n+1}|+\cdots+|a_{n+p}|.$$ ■

为了说明逆命题不成立，考虑例子

$$\sum_{n=1}^{\infty}\frac{(-1)^{n+1}}{n}$$

按照定理 8.16，这个交错级数收敛. 但是它不是绝对收敛的.

定理 8.19 设$\sum a_n$是一个给定的各项均为实值的级数，并定义

$$p_n=\frac{|a_n|+a_n}{2},\qquad q_n=\frac{|a_n|-a_n}{2},\qquad n=1,2,\cdots. \tag{4}$$

于是

i)如果$\sum a_n$是条件收敛的，则$\sum p_n$与$\sum q_n$都是发散的.

ii)如果$\sum|a_n|$收敛，则$\sum p_n$与$\sum q_n$都是收敛的，且有

$$\sum_{n=1}^{\infty}a_n=\sum_{n=1}^{\infty}p_n-\sum_{n=1}^{\infty}q_n.$$

注 如果$a_n\geqslant 0$，则有$p_n=a_n$和$q_n=0$；如果$a_n\leqslant 0$，则有$q_n=-a_n$和$p_n=0$.

证明 我们有$a_n=p_n-q_n$，$|a_n|=p_n+q_n$. 为了证明(i)，假定$\sum a_n$收敛而$\sum|a_n|$发散. 如果$\sum q_n$收敛，则$\sum p_n$也收敛(按定理 8.8)，因为$p_n=a_n+q_n$. 类似地，如果$\sum p_n$收敛，$\sum q_n$也收敛. 因此，如果$\sum p_n$或$\sum q_n$中有一个收敛，二者就必定都收敛，而且可以推出$\sum|a_n|$收敛，因为$|a_n|=p_n+q_n$. 这与前面的假定相矛盾，从而说明(i)成立.

为了证明(ii)，直接使用(4)式及定理 8.8 即可. ■

8.9 复级数的实部与虚部

设$\sum c_n$是复数项的级数，$c_n=a_n+\mathrm{i}b_n$，其中a_n和b_n都是实数. 级数$\sum a_n$和$\sum b_n$分别称为$\sum c_n$的实部和虚部. 在涉及复级数的情况下，通常宜分别处理它的实部和虚部.
189 当然，$\sum a_n$和$\sum b_n$二者都收敛蕴涵着$\sum c_n$收敛. 反之，$\sum c_n$收敛蕴涵着$\sum a_n$和$\sum b_n$二

者都收敛. 以上对于绝对收敛也成立. 然而，当$\sum c_n$是条件地收敛的时候，$\sum a_n$和$\sum b_n$当中有一个(但不是两个)可能是绝对收敛的.（见练习 8.19.）

如果$\sum c_n$绝对收敛，我们就能够把定理 8.19 的第(ii)部分分别应用于它的实部和虚部，得到分解式

$$\sum c_n=\sum(p_n+\mathrm{i}u_n)-\sum(q_n+\mathrm{i}v_n),$$

其中$\sum p_n$、$\sum q_n$、$\sum u_n$、$\sum v_n$都是收敛的非负项级数.

8.10 正项级数收敛性的检验法

定理 8.20(比较检验法) 如果对于$n=1, 2, \cdots$都有$a_n>0$和$b_n>0$，而且存在正的常数c和N使得对于$n\geqslant N$有

$$a_n<cb_n,$$

则$\sum b_n$收敛蕴涵$\sum a_n$收敛.

证明 如果$\sum b_n$的部分和是有界的，则$\sum a_n$的部分和是有界的. 按照定理 8.9，这就完成了证明. ■

定理 8.21(极限比较检验法) 假定对于$n=1, 2, \cdots$都有$a_n>0$和$b_n>0$，并假定

$$\lim_{n\to\infty}\frac{a_n}{b_n}=1,$$

则$\sum a_n$收敛当且仅当$\sum b_n$收敛.

证明 存在N使得当$n\geqslant N$时有$\frac{1}{2}<a_n/b_n<\frac{3}{2}$. 于是，应用定理 8.20 两次，本定理可得证. ■

注 如果$\lim\limits_{n\to\infty}a_n/b_n=c$，而且$c\neq 0$，则定理 8.21 的结论也成立. 如果$\lim\limits_{n\to\infty}a_n/b_n=0$，则只能断定$\sum b_n$收敛蕴涵$\sum a_n$收敛.

8.11 几何级数

为了有效地使用比较检验法，我们必须掌握某些具有已知的敛散性的级数的例子. 相比较而言，几何级数是最重要的级数之一.

定理 8.22 如果$|x|<1$，则级数$1+x+x^2+\cdots$收敛，其和为$1/(1-x)$. 如果$|x|\geqslant 1$，则该级数发散.

证明 $(1-x)\sum\limits_{k=0}^{n}x^k=\sum\limits_{k=0}^{n}(x^k-x^{k+1})=1-x^{n+1}$. 当$|x|<1$时，可求得$\lim\limits_{n\to\infty}x^{n+1}=0$. 如果$|x|\geqslant 1$，则该级数的通项不趋向于零，因而该级数不可能收敛. ■ 190

8.12 积分检验法

应用积分检验法可以非常简单地得出一些级数的敛散性.

定理 8.23(积分检验法) 设f是定义在$[1, +\infty)$上的正的递减函数且有$\lim\limits_{x\to+\infty}f(x)=0$. 对于$n=1, 2, \cdots$定义

$$s_n=\sum_{k=1}^{n}f(k),\qquad t_n=\int_1^n f(x)\mathrm{d}x,\qquad d_n=s_n-t_n.$$

则有

i) $0<f(n+1)\leqslant d_{n+1}\leqslant d_n\leqslant f(1)$，对于 $n=1,2,\cdots$

ii) $\lim\limits_{n\to\infty}d_n$ 存在.

iii) $\sum\limits_{n=1}^{\infty}f(n)$ 收敛，当且仅当序列 $\{t_n\}$ 收敛.

iv) $0\leqslant d_k-\lim\limits_{n\to\infty}d_n\leqslant f(k)$，对于 $k=1,2,\cdots$

证明　为了证明(i)，注意

$$t_{n+1}=\int_1^{n+1}f(x)\mathrm{d}x=\sum_{k=1}^{n}\int_k^{k+1}f(x)\mathrm{d}x\leqslant\sum_{k=1}^{n}\int_k^{k+1}f(k)\mathrm{d}x=\sum_{k=1}^{n}f(k)=s_n.$$

这蕴涵 $f(n+1)=s_{n+1}-s_n\leqslant s_{n+1}-t_{n+1}=d_{n+1}$，于是我们得到

$$0<f(n+1)\leqslant d_{n+1}.$$

但是我们还有

$$\begin{aligned}d_n-d_{n+1}=t_{n+1}-t_n-(s_{n+1}-s_n)&=\int_n^{n+1}f(x)\mathrm{d}x-f(n+1)\\&\geqslant\int_n^{n+1}f(n+1)\mathrm{d}x-f(n+1)=0,\end{aligned}\tag{5}$$

因而有 $d_{n+1}\leqslant d_n\leqslant d_1=f(1)$. 这就证明了(i). 但是现在显然(i)蕴涵(ii)而(ii)蕴涵(iii).

为了证明(iv)，再次使用(5)式可以写

$$0\leqslant d_n-d_{n+1}\leqslant\int_n^{n+1}f(n)\mathrm{d}x-f(n+1)=f(n)-f(n+1).$$

对 n 求和可得

$$0\leqslant\sum_{n=k}^{\infty}(d_n-d_{n+1})\leqslant\sum_{n=k}^{\infty}(f(n)-f(n+1)),\qquad 当\ k\geqslant 1.$$

191 求这些迭嵌级数之和，可得(iv)的结果. ■

注　设 $D=\lim\limits_{n\to\infty}d_n$，则(i)蕴涵 $0\leqslant D\leqslant f(1)$，而(iv)给出

$$0\leqslant\sum_{k=1}^{n}f(k)-\int_1^n f(x)\mathrm{d}x-D\leqslant f(n).\tag{6}$$

在用积分逼近某些有限和时，这个不等式极为有用.

8.13　大 O 记号和小 o 记号

定义 8.24　给定两个序列 $\{a_n\}$ 和 $\{b_n\}$ 使得对于一切 n 都有 $b_n\geqslant 0$. 我们写

$$a_n=O(b_n)\quad（读作“a_n 等于大欧 b_n”），$$

如果存在一个常数 $M>0$ 使得对于一切 n 都有 $|a_n|\leqslant Mb_n$. 我们写

$$a_n=o(b_n)\quad 当\ n\to\infty\quad（读作“a_n 等于小欧 b_n”），$$

如果 $\lim\limits_{n\to\infty}a_n/b_n=0$.

注 形如 $a_n=c_n+O(b_n)$ 的等式表示 $a_n-c_n=O(b_n)$. 类似地, $a_n=c_n+o(b_n)$ 表示 $a_n-c_n=o(b_n)$. 这个记号的好处在于它使我们能够用等式来代替某些不等式. 例如, 由(6)式可得

$$\sum_{k=1}^{n}f(k)=\int_{1}^{n}f(x)\mathrm{d}x+D+O(f(n)). \tag{7}$$

例 1 设定理 8.23 中的 $f(x)=1/x$, 我们可求得 $t_n=\log n$ 因而 $\sum 1/n$ 发散. 然而, (ii)可以建立极限

$$\lim_{n\to\infty}\left(\sum_{k=1}^{n}\frac{1}{k}-\log n\right)$$

的存在性. 此极限值是著名的欧拉常数, 通常用 C(或用 γ)来表示, 于是等式(7)变为

$$\sum_{k=1}^{n}\frac{1}{k}=\log n+C+O\left(\frac{1}{n}\right). \tag{8}$$

例 2 设定理 8.23 中的 $f(x)=x^{-s}$, $s\neq 1$. 可以发现当 $s>1$ 时 $\sum n^{-s}$ 收敛, 当 $s<1$ 时 $\sum n^{-s}$ 发散. 当 $s>1$ 时, 这个级数定义了一个重要的函数, 称为黎曼 ζ 函数:

$$\zeta(s)=\sum_{n=1}^{\infty}\frac{1}{n^s}\qquad(s>1).$$

对于 $s>0$, $s\neq 1$, 应用(7)式可以写

$$\sum_{k=1}^{n}\frac{1}{k^s}=\frac{n^{1-s}-1}{1-s}+C(s)+O\left(\frac{1}{n^s}\right),$$

其中 $C(s)=\lim\limits_{n\to\infty}\left(\sum\limits_{k=1}^{n}k^{-s}-(n^{1-s}-1)/(1-s)\right)$. 192

8.14 比值检验法和根检验法

定理 8.25(比值检验法) 给定非零复数项级数 $\sum a_n$, 设

$$r=\liminf_{n\to\infty}\left|\frac{a_{n+1}}{a_n}\right|,\qquad R=\limsup_{n\to\infty}\left|\frac{a_{n+1}}{a_n}\right|.$$

于是

a) 如果 $R<1$, 则级数 $\sum a_n$ 绝对收敛.

b) 如果 $r>1$, 则级数 $\sum a_n$ 发散.

c) 如果 $r\leqslant 1\leqslant R$, 则由此检验法不能得出确定的结论.

证明 假定 $R<1$, 选取 x 使得 $R<x<1$. R 的定义蕴涵存在 N 使得当 $n\geqslant N$ 时有 $|a_{n+1}/a_n|<x$. 因为 $x=x^{n+1}/x^n$, 所以这表明

$$\frac{|a_{n+1}|}{x^{n+1}}<\frac{|a_n|}{x^n}\leqslant\frac{|a_N|}{x^N},\qquad 若\ n\geqslant N,$$

于是当 $n\geqslant N$ 时有 $|a_n|\leqslant cx^n$, 其中 $c=|a_N|x^{-N}$. 现在应用比较检验法可以得出(a)的结论.

为了证明(b), 我们注意到 $r>1$ 蕴涵对于某个 N 及所有的 $n\geqslant N$ 有 $|a_{n+1}|>|a_n|$, 于是不可能有 $\lim\limits_{n\to\infty}a_n=0$.

为了证明(c)，考虑两个例子$\sum n^{-1}$和$\sum n^{-2}$. 在两种情况下都有$r=R=1$，但是$\sum n^{-1}$发散，而$\sum n^{-2}$收敛. ■

定理 8.26(根检验法) 给定复数项级数$\sum a_n$，设

$$\rho = \limsup_{n\to\infty} \sqrt[n]{|a_n|}.$$

于是

a) 如果$\rho<1$，则级数$\sum a_n$绝对收敛.

b) 如果$\rho>1$，则级数$\sum a_n$发散.

c) 如果$\rho=1$，则由此检验法不能得出确定的结论.

证明 假定$\rho<1$，选取x使得$\rho<x<1$. ρ的定义蕴涵存在N使得对于$n\geq N$有$|a_n|<x^n$. 于是由比较检验法知$\sum|a_n|$收敛. 这就证明了(a).

为了证明(b)，我们注意到$\rho>1$蕴涵无穷多次地有$|a_n|>1$，于是不可能有$\lim\limits_{n\to\infty} a_n=0$.

最后，(c)可以由在定理8.25中所用的同样的例子来证明. ■

注 根检验法比比值检验法更"强有力". 就是说，只要根检验法不能得出确定的结论，比值检验法便也不能得出确定的结论. 但是有的例子比值检验法无效，而根检验法却能得出确定的结论.（见练习8.4.）

8.15 狄利克雷检验法和阿贝尔检验法

193 上一节的各种检验法帮助我们确定的都是复数项级数的绝对收敛性. 确定可能不绝对收敛的级数的收敛性的检验法也是很重要的. 为此，本节介绍的检验法是特别有用的，它们全都依赖于阿贝尔(Abel)部分求和公式(下一个定理中的等式(9)).

定理 8.27 如果$\{a_n\}$和$\{b_n\}$是两个复数序列，定义

$$A_n = a_1 + \cdots + a_n.$$

则有恒等式

$$\sum_{k=1}^{n} a_k b_k = A_n b_{n+1} - \sum_{k=1}^{n} A_k (b_{k+1} - b_k). \tag{9}$$

因而，如果级数$\sum\limits_{k=1}^{\infty} A_k(b_{k+1}-b_k)$与序列$\{A_n b_{n+1}\}$都收敛，则$\sum\limits_{k=1}^{\infty} a_k b_k$收敛.

证明 记$A_0=0$，则有

$$\sum_{k=1}^{n} a_k b_k = \sum_{k=1}^{n} (A_k - A_{k-1}) b_k = \sum_{k=1}^{n} A_k b_k - \sum_{k=1}^{n} A_k b_{k+1} + A_n b_{n+1}.$$

第二个论断立即可以从这个恒等式得出. ■

注 公式(9)类似于黎曼-斯蒂尔切斯积分的分部积分公式.

定理 8.28(狄利克雷检验法) 设$\sum a_n$是一个复数项级数，它的部分和形成一个有界序列. 设$\{b_n\}$是一个收敛于0的递减序列. 于是，$\sum a_n b_n$收敛.

证明　设 $A_n=a_1+\cdots+a_n$，并假定对于一切 n 都有 $|A_n|\leqslant M$. 于是

$$\lim_{n\to\infty}A_nb_{n+1}=0.$$

因而，为了证明 $\sum a_nb_n$ 是收敛的，只需证明 $\sum A_k(b_{k+1}-b_k)$ 是收敛的. 因为 $b_n\searrow$，所以有

$$|A_k(b_{k+1}-b_k)|\leqslant M(b_k-b_{k+1}).$$

但是级数 $\sum(b_{k+1}-b_k)$ 是一个收敛的迭嵌级数，因此由比较检验法可知 $\sum A_k(b_{k+1}-b_k)$ 绝对收敛. ■

定理 8.29（阿贝尔检验法）　如果 $\sum a_n$ 收敛，而且 $\{b_n\}$ 是一个单调的收敛序列，则级数 $\sum a_nb_n$ 收敛.

证明　$\sum a_n$ 与 $\{b_n\}$ 的收敛性保证了极限 $\lim_{n\to\infty}A_nb_{n+1}$ 的存在性，其中 $A_n=a_1+\cdots+a_n$. 而且 $\{A_n\}$ 是一个有界序列，本定理证明的其余部分与定理 8.28 的证明类似.（与上述检验法类似的两个进一步的检验法在练习 8.27 中给出.） ■ 194

8.16　几何级数 $\sum z^n$ 在单位圆 $|z|=1$ 上的部分和

为了有效地使用狄利克雷检验法，我们必须熟悉几个部分和有界的级数. 当然，所有收敛的级数的部分和序列都是有界的. 下面这个定理给出了一个发散级数的例子，它的部分和也是有界的. 这就是几何级数 $\sum z^n$，$|z|=1$，也就是 $z=e^{ix}$，其中 x 是实数. 这个级数的部分和公式在傅里叶级数理论中非常重要.

定理 8.30　对于每一个实数 $x\neq 2m\pi$（m 是一个整数），我们有

$$\sum_{k=1}^{n}e^{ikx}=e^{ix}\frac{1-e^{inx}}{1-e^{ix}}=\frac{\sin(nx/2)}{\sin(x/2)}e^{i(n+1)x/2}. \tag{10}$$

注　从这个恒等式可以得到下面的估计式：

$$\left|\sum_{k=1}^{n}e^{ikx}\right|\leqslant\frac{1}{|\sin(x/2)|}. \tag{11}$$

证明

$$(1-e^{ix})\sum_{k=1}^{n}e^{ikx}=\sum_{k=1}^{n}(e^{ikx}-e^{i(k+1)x})=e^{ix}-e^{i(n+1)x}.$$

由此式可以建立(10)式中的第一个等式.（10)式中第二个等式可以从下面的恒等式得到：

$$e^{ix}\frac{1-e^{inx}}{1-e^{ix}}=\frac{e^{inx/2}-e^{-inx/2}}{e^{ix/2}-e^{-ix/2}}e^{i(n+1)x/2}.$$ ■

注　考虑(10)式的实部和虚部，可得

$$\sum_{k=1}^{n}\cos kx=\sin\frac{nx}{2}\cos(n+1)\frac{x}{2}\Big/\sin\frac{x}{2}=-\frac{1}{2}+\frac{1}{2}\sin(2n+1)\frac{x}{2}\Big/\sin\frac{x}{2}, \tag{12}$$

$$\sum_{k=1}^{n}\sin kx=\sin\frac{nx}{2}\sin(n+1)\frac{x}{2}\Big/\sin\frac{x}{2}. \tag{13}$$

利用(10)式，我们也可以写

195
$$\sum_{k=1}^{n} e^{i(2k-1)x} = e^{-ix}\sum_{k=1}^{n} e^{ik(2x)} = \frac{\sin nx}{\sin x}e^{inx}, \tag{14}$$

这是一个对每一个 $x \neq m\pi$（m 是整数）成立的恒等式．取(14)式的实部和虚部可得

$$\sum_{k=1}^{n}\cos(2k-1)x = \frac{\sin 2nx}{2\sin x}, \tag{15}$$

$$\sum_{k=1}^{n}\sin(2k-1)x = \frac{\sin^2 nx}{\sin x}. \tag{16}$$

在傅里叶级数理论中会遇到公式(12)至(16)．

8.17 级数的重排

我们记得 $\mathbf{Z}^+$ 表示正整数集合，即 $\mathbf{Z}^+=\{1, 2, 3, \cdots\}$．

定义 8.31 设 f 是一个函数，它的定义域是 $\mathbf{Z}^+$，值域也是 $\mathbf{Z}^+$，而且假定 f 在 $\mathbf{Z}^+$ 上是 1-1 的．设 $\sum a_n$ 和 $\sum b_n$ 是两个级数，满足

$$b_n = a_{f(n)} \quad 对\ n=1, 2, \cdots \tag{17}$$

则称 $\sum b_n$ 是 $\sum a_n$ 的一个重排．

注 等式(17)蕴涵 $a_n = b_{f^{-1}(n)}$，因而 $\sum a_n$ 也是 $\sum b_n$ 的一个重排．

定理 8.32 设 $\sum a_n$ 是一个绝对收敛的级数，其和为 s，则 $\sum a_n$ 的每一个重排也绝对收敛，其和为 s．

证明 设 $\{b_n\}$ 由(17)式定义，则

$$|b_1|+\cdots+|b_n| = |a_{f(1)}|+\cdots+|a_{f(n)}| \leqslant \sum_{k=1}^{\infty}|a_k|,$$

所以 $\sum|b_n|$ 的部分和是有界的，因此 $\sum b_n$ 绝对收敛．

为了证明 $\sum b_n = s$，设 $t_n = b_1+\cdots+b_n$，$s_n = a_1+\cdots+a_n$．给定 $\varepsilon>0$，选取 N 使得 $|s_N - s|<\varepsilon/2$ 而且使得 $\sum_{k=1}^{\infty}|a_{N+k}|\leqslant\varepsilon/2$．于是有

$$|t_n - s| \leqslant |t_n - s_N| + |s_N - s| < |t_n - s_N| + \frac{\varepsilon}{2}.$$

选取 M 使得 $\{1, 2, \cdots, N\}\subseteq\{f(1), f(2), \cdots, f(M)\}$．于是 $n>M$ 蕴涵 $f(n)>N$，而且对于这样的 n 有

$$|t_n - s_N| = |b_1+\cdots+b_n-(a_1+\cdots+a_N)| = |a_{f(1)}+\cdots+a_{f(n)}-(a_1+\cdots+a_N)|$$
$$\leqslant |a_{N+1}|+|a_{N+2}|+\cdots \leqslant \frac{\varepsilon}{2},$$

因为在相减的过程中 $a_1, a_2, \cdots, a_N$ 这些项全部消去了，所以，$n>M$ 蕴涵 $|t_n - s|<\varepsilon$，
196 这表明 $\sum b_n = s$． ■

8.18 关于条件收敛级数的黎曼定理

在定理 8.32 中关于绝对收敛的假设是很重要的．黎曼发现，任何条件收敛的实数项

级数可以重排成为收敛到任何预先指定的和的级数，这个绝妙事实是下述定理的一个推论.

定理 8.33 设$\sum a_n$是一个条件收敛的实值项级数，设x和y是在闭区间$[-\infty, +\infty]$内给定的两个数，$x \leqslant y$. 于是存在$\sum a_n$的一个重排$\sum b_n$使得

$$\liminf_{n\to\infty} t_n = x \quad 和 \quad \limsup_{n\to\infty} t_n = y,$$

其中$t_n = b_1 + \cdots + b_n$.

证明 去掉级数中等于0的项不影响级数的敛散性，因而我们可以假定$\sum a_n$的每一项都不是0. 设p_n表示$\sum a_n$的第n个正项，$-q_n$表示$\sum a_n$的第n个负项，则$\sum p_n$和$\sum q_n$都是发散的正项级数.（为什么?）其次，构造两个实数序列，譬如说是$\{x_n\}$和$\{y_n\}$，使得

$$\lim_{n\to\infty} x_n = x, \quad \lim_{n\to\infty} y_n = y, \quad x_n < y_n, \quad y_1 > 0.$$

现在这个证明的思想就相当简单了. 取恰好够多的(譬如是k_1个)正项使得

$$p_1 + \cdots + p_{k_1} > y_1,$$

随之取恰好够多的(譬如是r_1个)负项使得

$$p_1 + \cdots + p_{k_1} - q_1 - \cdots - q_{r_1} < x_1.$$

然后进一步地取恰好够多的正项使得

$$p_1 + \cdots + p_{k_1} - q_1 - \cdots - q_{r_1} + p_{k_1+1} + \cdots + p_{k_2} > y_2,$$

随之进一步地取恰好够多的负项使得满足不等式

$$p_1 + \cdots + p_{k_1} - q_1 - \cdots - q_{r_1} + p_{k_1+1} + \cdots + p_{k_2} - q_{r_1+1} - \cdots - q_{r_2} < x_2.$$

这些步骤是可能的，因为$\sum p_n$和$\sum q_n$都是发散的正项级数. 如果按照这样的方法把这个过程继续下去，我们明显地可以得到$\sum a_n$的一个重排. 我们留给读者去证明这个重排的部分和有上极限y和下极限x. ■

8.19 子级数

定义 8.34 设f是一个函数，它的定义域是$\mathbf{Z}^+$，值域是$\mathbf{Z}^+$的一个无限子集，并假定f在$\mathbf{Z}^+$上是1-1的. 设$\sum a_n$和$\sum b_n$是两个级数，使得 197

$$b_n = a_{f(n)}, \quad 若 n \in \mathbf{Z}^+,$$

则称$\sum b_n$是$\sum a_n$的一个子级数.

定理 8.35 如果$\sum a_n$绝对收敛，则$\sum a_n$的每一个子级数$\sum b_n$也绝对收敛. 此外，我们有

$$\left|\sum_{n=1}^{\infty} b_n\right| \leqslant \sum_{n=1}^{\infty} |b_n| \leqslant \sum_{n=1}^{\infty} |a_n|.$$

证明 给定n，设N是集合$\{f(1), \cdots, f(n)\}$中的最大整数，则有

$$\left|\sum_{k=1}^{n} b_k\right| \leqslant \sum_{k=1}^{n} |b_k| \leqslant \sum_{k=1}^{N} |a_k| \leqslant \sum_{k=1}^{\infty} |a_k|.$$

不等式$\sum_{k=1}^{n} |b_k| \leqslant \sum_{k=1}^{\infty} |a_k|$蕴涵$\sum b_n$绝对收敛. ■

定理 8.36 设$\{f_1, f_2, \cdots\}$是一个可数的函数族，其中每一个函数都定义在$\mathbf{Z}^+$上，而且有下述性质：

a)每个f_n在$\mathbf{Z}^+$上都是1-1的.

b)值域$f_n(\mathbf{Z}^+)$是$\mathbf{Z}^+$的一个子集Q_n.

c)$\{Q_1, Q_2, \cdots\}$是一族不相交的集合，它们的并集是$\mathbf{Z}^+$. 设$\sum a_n$是一个绝对收敛的级数，并且定义

$$b_k(n) = a_{f_k(n)}, \quad n \in \mathbf{Z}^+, \quad k \in \mathbf{Z}^+.$$

于是：

i)对于每个k，$\sum_{n=1}^{\infty} b_k(n)$是$\sum a_n$的一个绝对收敛的子级数.

ii)如果$s_k = \sum_{n=1}^{\infty} b_k(n)$，则级数$\sum_{k=1}^{\infty} s_k$绝对收敛，而且与$\sum_{k=1}^{\infty} a_k$有同样的和.

证明 定理8.35蕴涵(i). 为了证明(ii)，设$t_k = |s_1| + \cdots + |s_k|$，则

$$t_k \leqslant \sum_{n=1}^{\infty} |b_1(n)| + \cdots + \sum_{n=1}^{\infty} |b_k(n)| = \sum_{n=1}^{\infty} (|b_1(n)| + \cdots + |b_k(n)|)$$

$$= \sum_{n=1}^{\infty} (|a_{f_1(n)}| + \cdots + |a_{f_k(n)}|).$$

但是$\sum_{n=1}^{\infty} (|a_{f_1(n)}| + \cdots + |a_{f_k(n)}|) \leqslant \sum_{n=1}^{\infty} |a_n|$ 这就证明$\sum |s_k|$的部分和有界，从而$\sum |s_k|$绝对收敛.

为了求出$\sum s_k$的和，我们这样做：给定$\varepsilon > 0$，选取N使得只要$n \geqslant N$就有

198

$$\sum_{k=1}^{\infty} |a_k| - \sum_{k=1}^{n} |a_k| < \frac{\varepsilon}{2}. \tag{18}$$

选取足够多的函数$f_1, \cdots, f_r$使得每一项$a_1, a_2, \cdots, a_N$都在和式

$$\sum_{n=1}^{\infty} a_{f_1(n)} + \cdots + \sum_{n=1}^{\infty} a_{f_r(n)}$$

中的某个位置上出现，数r依赖于N，因此也依赖与ε. 如果$n > r$而且$n > N$，则有

$$\left| s_1 + s_2 + \cdots + s_n - \sum_{k=1}^{n} a_k \right| \leqslant |a_{N+1}| + |a_{N+2}| + \cdots < \frac{\varepsilon}{2}, \tag{19}$$

因为$a_1, a_2, \cdots, a_N$这些项在减法的计算过程中都消掉了. 现在(18)式蕴涵

$$\left| \sum_{k=1}^{\infty} a_k - \sum_{k=1}^{n} a_k \right| < \frac{\varepsilon}{2}.$$

把此式与(19)式结合起来可得

$$\left| s_1 + \cdots + s_n - \sum_{k=1}^{\infty} a_k \right| < \varepsilon,$$

如果$n > r$，$n > N$. 这就完成了(ii)的证明. ■

8.20 二重序列

定义 8.37 以 $\mathbf{Z}^+\times\mathbf{Z}^+$ 为定义域的函数称为二重序列.

注 我们将仅对实值的或复值的二重序列感兴趣.

定义 8.38 如果 $a\in\mathbf{C}$，我们写 $\lim\limits_{p,q\to\infty}f(p,\ q)=a$，并说二重序列 f 收敛于 a，假定下述条件被满足：对于每一个 $\varepsilon>0$，存在 N 使得只要 $p>N$ 和 $q>N$ 二条件都具备，就有 $|f(p,\ q)-a|<\varepsilon$.

定义 8.39 假定 $\lim\limits_{p,q\to\infty}f(p,\ q)=a$. 对于每一个固定的 p，假定极限 $\lim\limits_{q\to\infty}f(p,\ q)$ 都存在，则极限 $\lim\limits_{p\to\infty}(\lim\limits_{q\to\infty}f(p,\ q))$ 也存在，且其值为 a.

注 为了区分 $\lim\limits_{p,q\to\infty}f(p,\ q)$ 与 $\lim\limits_{p\to\infty}(\lim\limits_{q\to\infty}f(p,\ q))$，前者称为二重极限，后者称为累次极限.

证明 设 $F(p)=\lim\limits_{q\to\infty}f(p,\ q)$. 给定 $\varepsilon>0$，选取 N_1 使得

$$|f(p,\ q)-a|<\frac{\varepsilon}{2},\qquad \text{若 } p>N_1 \text{ 而且 } q>N_1. \tag{20}$$

对于每一个 p 可以选取 N_2 使得

$$|F(p)-f(p,\ q)|<\frac{\varepsilon}{2},\qquad \text{若 } q>N_2. \tag{21}$$

199

(注意 N_2 依赖于 p 以及 ε.) 对于每一个 $p>N_1$ 选取 N_2，然后选取一个固定的 q 使它既大于 N_1，又大于 N_2，则(20)式与(21)式都成立，从而

$$|F(p)-a|<\varepsilon,\qquad \text{若 } p>N_1.$$

因此 $\lim\limits_{p\to\infty}F(p)=a$. ■

注 如果将 p 和 q 的位置互换，则类似的结果成立.

这样，二重极限 $\lim\limits_{p,q\to\infty}f(p,\ q)$ 的存在和 $\lim\limits_{q\to\infty}f(p,\ q)$ 的存在就蕴涵累次极限

$$\lim_{p\to\infty}(\lim_{q\to\infty}f(p,\ q))$$

存在. 下面的例子表明，定理 8.39 的逆命题不成立.

例 设

$$f(p,\ q)=\frac{pq}{p^2+q^2},\quad p=1,\ 2,\ \cdots,\quad q=1,\ 2,\ \cdots.$$

则 $\lim\limits_{q\to\infty}f(p,\ q)=0$，从而 $\lim\limits_{p\to\infty}(\lim\limits_{q\to\infty}f(p,\ q))=0$. 但是当 $p=q$ 时 $f(p,\ q)=\dfrac{1}{2}$，当 $p=2q$ 时 $f(p,\ q)=\dfrac{2}{5}$，显然此例中的二重极限不可能存在.

引进一致收敛的概念可以建立定理 8.39 的一个适当的逆命题(这将在下一章定理 9.16 中完成.)

描述二重序列性质的进一步的例子在练习8.28中给出.

8.21　二重级数

定义 8.40　设 f 是一个二重序列，s 是由等式

$$s(p, q)=\sum_{m=1}^{p}\sum_{n=1}^{q}f(m, n)$$

定义的二重序列，则序列偶(f, s)称为二重级数，并用符号 $\sum_{m, n}f(m, n)$表示，或者更简洁地，用$\sum f(m, n)$表示. 这个二重级数称为收敛到它的和 a，如果

$$\lim_{p, q\to\infty}s(p, q)=a.$$

每个数 $f(m, n)$都称为这个二重级数的一项，而每一个 $s(p, q)$都是一个部分和. 如果$\sum f(m, n)$只含正项，则容易证明它收敛当且仅当它的部分和的集合有界.（见练习8.29.）我们说$\sum f(m, n)$绝对收敛，如果$\sum|f(m, n)|$收敛. 定理8.18对于二重级

200 数成立.（见练习8.29.）

8.22　二重级数的重排定理

定义 8.41　设 f 是一个二重序列，g 是一个在 $\mathbf{Z}^+$ 上定义且以 $\mathbf{Z}^+\times\mathbf{Z}^+$ 为值域的1-1函数. 设 G 是一个由

$$G(n)=f[g(n)]\quad 当\ n\in\mathbf{Z}^+$$

定义的序列，则称 g 是二重序列 f 到序列 G 的一个重排.

定理 8.42　设$\sum f(m, n)$是一个给定的二重级数，g 是二重序列 f 到序列 G 的一个重排，于是

a) $\sum G(n)$绝对收敛，当且仅当$\sum f(m, n)$绝对收敛.

假定$\sum f(m, n)$绝对收敛，其和为 S，则进一步有：

b) $\sum_{n=1}^{\infty}G(n)=S$.

c) $\sum_{n=1}^{\infty}f(m, n)$ 和 $\sum_{m=1}^{\infty}f(m, n)$ 都是绝对收敛的.

d) 如果 $A_m=\sum_{n=1}^{\infty}f(m, n)$，$B_n=\sum_{m=1}^{\infty}f(m, n)$，则级数$\sum A_m$ 和$\sum B_n$ 都绝对收敛，而且和都是 S. 即

$$\sum_{m=1}^{\infty}\sum_{n=1}^{\infty}f(m, n)=\sum_{n=1}^{\infty}\sum_{m=1}^{\infty}f(m, n)=S.$$

证明　设 $T_k=|G(1)|+\cdots+|G(k)|$，并设

$$S(p, q)=\sum_{m=1}^{p}\sum_{n=1}^{q}|f(m, n)|.$$

于是，对于每个 k 都存在数偶(p, q)使得 $T_k\leqslant S(p, q)$，并且反过来，对于每一个数偶(p, q)都存在整数 r 使得$S(p, q)\leqslant T_r$. 这些不等式告诉我们，$\sum|G(n)|$的部分和有

界，当且仅当$\sum|f(m, n)|$的部分和有界．这就证明了(a)．

现在假定$\sum|f(m, n)|$收敛．在证明(b)之前，我们先证明级数$\sum G(n)$的和不依赖于从f构建G时所使用的函数g．为此，设h是二重序列f到序列H的另一个重排，则有

$$G(n)=f[g(n)] \quad 和 \quad H(n)=f[h(n)].$$

这说明$G(n)=H[k(n)]$，其中$k(n)=h^{-1}[g(n)]$．因为k是$\mathbf{Z}^+$到$\mathbf{Z}^+$上的1-1映射，级数$\sum H(n)$是$\sum G(n)$的一个重排，从而有同样的和．用S'表示这个共同的和，我们稍后将证明$S'=S$．

现在我们注意到(c)中的每一个级数都是$\sum G(n)$的子级数，从而(c)可以从(a)得到．应用定理8.36可以断定$\sum A_m$绝对收敛，其和为S'．$\sum B_n$也有同样的情况．剩下就是要
证明$S'=S$． 201

为此，设$T=\lim\limits_{p,q\to\infty}S(p, q)$．给定$\varepsilon>0$，选取$N$使得只要$p>N$且$q>N$就有$0\leqslant T-S(p, q)<\varepsilon/2$．现在写

$$t_k=\sum_{n=1}^{k}G(n), \qquad s(p, q)=\sum_{m=1}^{p}\sum_{n=1}^{q}f(m, n).$$

选取M使得t_M包含满足条件

$$1\leqslant m\leqslant N+1, \qquad 1\leqslant n\leqslant N+1$$

的每一项$f(m, n)$．于是$t_M-s(N+1, N+1)$是$f(m, n)$的既有$m>N$又有$n>N$的项之和．因而，如果$n\geqslant M$，则有

$$|t_n-s(N+1, N+1)|\leqslant T-S(N+1, N+1)<\frac{\varepsilon}{2}.$$

类似地有

$$|S-s(N+1, N+1)|\leqslant T-S(N+1, N+1)<\frac{\varepsilon}{2}.$$

这样，给定$\varepsilon>0$，我们总是能找到M使得$|t_n-S|<\varepsilon$，只要$n\geqslant M$．因为$\lim\limits_{n\to\infty}t_n=S'$，由此可得$S'=S$． ■

注　级数$\sum\limits_{m=1}^{\infty}\sum\limits_{n=1}^{\infty}f(m, n)$和$\sum\limits_{n=1}^{\infty}\sum\limits_{m=1}^{\infty}f(m, n)$称为“累次级数”，两个累次级数都收敛并不意味着它们相等．例如，假定

$$f(m, n)=\begin{cases}1, & 若\ m=n+1,\ n=1, 2, \cdots,\\ -1, & 若\ m=n-1,\ n=1, 2, \cdots,\\ 0, & 其他情况\end{cases}$$

则有

$$\sum_{m=1}^{\infty}\sum_{n=1}^{\infty}f(m, n)=-1, \qquad 但是 \qquad \sum_{n=1}^{\infty}\sum_{m=1}^{\infty}f(m, n)=1.$$

8.23　累次级数相等的一个充分条件

定理 8.43　设 f 是一个复值二重序列. 假定 $\sum_{n=1}^{\infty} f(m, n)$ 对于每一个固定的 m 绝对收敛，而且

$$\sum_{m=1}^{\infty}\sum_{n=1}^{\infty} |f(m, n)|$$

收敛，于是

a)二重级数 $\sum_{m, n} f(m, n)$ 绝对收敛.

202 b)级数 $\sum_{m=1}^{\infty} f(m, n)$ 对于每个 n 绝对收敛.

c)两个累次级数 $\sum_{n=1}^{\infty}\sum_{m=1}^{\infty} f(m, n)$ 和 $\sum_{m=1}^{\infty}\sum_{n=1}^{\infty} f(m, n)$ 都绝对收敛，而且有

$$\sum_{m=1}^{\infty}\sum_{n=1}^{\infty} f(m, n) = \sum_{n=1}^{\infty}\sum_{m=1}^{\infty} f(m, n) = \sum_{m, n} f(m, n).$$

证明　设 g 是二重序列 f 到 G 的一个重排，则 $\sum G(n)$ 绝对收敛，因为 $\sum |G(n)|$ 的全部部分和以 $\sum_{m=1}^{\infty}\sum_{n=1}^{\infty} |f(m, n)|$ 为界. 按照定理 8.42(a)，二重级数 $\sum_{m, n} f(m, n)$ 绝对收敛，而且(b)和(c)的论断也可以从定理 8.42 得到. ■

作为定理 8.43 的一个应用，我们来证明下述关于二重级数 $\sum_{m, n} f(m, n)$ 的定理，在该定理中二重级数的各项可以因式分解成为一个 m 的函数乘以一个 n 的函数.

定理 8.44　设 $\sum a_m$ 和 $\sum b_n$ 是两个绝对收敛的级数，它们的和分别为 A 和 B. 设 f 是一个由等式

$$f(m, n) = a_m b_n, \qquad \text{如果}(m, n) \in \mathbf{Z}^+ \times \mathbf{Z}^+$$

定义的二重序列，则 $\sum_{m, n} f(m, n)$ 绝对收敛，其和为 AB.

证明　我们有

$$\sum_{m=1}^{\infty} |a_m| \sum_{n=1}^{\infty} |b_n| = \sum_{m=1}^{\infty}\left(|a_m| \sum_{n=1}^{\infty} |b_n|\right) = \sum_{m=1}^{\infty}\sum_{n=1}^{\infty} |a_m||b_n|.$$

因而，按照定理 8.43，二重级数 $\sum_{m, n} a_m b_n$ 绝对收敛，其和为 AB. ■

8.24　级数的乘法

给定两个级数 $\sum a_n$ 和 $\sum b_n$，我们总是可以构成二重级数 $\sum f(m, n)$，其中 $f(m, n) = a_m b_n$. 对于 f 的每一个到序列 G 的重排 g，我们进一步可以得到一个级数 $\sum G(n)$. 按从有限和类推的方法，似乎自然可以想到以 $\sum f(m, n)$ 或 $\sum G(n)$ 作为 $\sum a_n$ 和 $\sum b_n$ 的“乘积”，而且定理 8.44 证明，当两个给定的级数 $\sum a_n$ 和 $\sum b_n$ 都绝对收敛时，“乘积”这

个术语是适当的．然而，如果$\sum a_n$或$\sum b_n$是条件收敛的，则不能保证$\sum f(m, n)$或$\sum G(n)$是收敛的．此外，即使这两个级数当中有一个确实收敛，其和也未必是AB．收敛性及级数的和将依赖于重排g．对g的不同选择也许会导致该乘积有不同的值．有一个非常重要的情形是各项$f(m, n)$在乘积$\sum G(n)$当中"对角地"排列，然后插入括号把使$m+n$有一个固定值的这些项$a_m b_n$归为一组．这种乘积称为柯西乘积，定义如下： 203

定义 8.45　给定两个级数$\sum_{n=0}^{\infty} a_n$和$\sum_{n=0}^{\infty} b_n$，定义

$$c_n = \sum_{k=0}^{n} a_k b_{n-k}, \qquad n = 0, 1, 2, \cdots \tag{22}$$

级数$\sum_{n=0}^{\infty} c_n$称为$\sum a_n$和$\sum b_n$的柯西乘积．

注　柯西乘积是在将两个幂级数相乘时非常自然地出现的．（见练习 8.33.）

因为有定理 8.44 和定理 8.13，$\sum a_n$和$\sum b_n$这两个级数的绝对收敛性蕴涵它们的柯西乘积的收敛性，其值为

$$\sum_{n=0}^{\infty} c_n = \left(\sum_{n=0}^{\infty} a_n\right)\left(\sum_{n=0}^{\infty} b_n\right). \tag{23}$$

如果$\sum a_n$和$\sum b_n$都是条件收敛的，该等式可能不成立．（见练习 8.32.）然而，我们可以证明，只要$\sum a_n$和$\sum b_n$中至少有一个是绝对收敛的，则(23)式成立．

定理 8.46（梅尔滕斯）　假定$\sum_{n=0}^{\infty} a_n$绝对收敛，其和为A，并假定$\sum_{n=0}^{\infty} b_n$收敛，其和为B，则这两个级数的柯西乘积收敛，其和为AB．

证明　定义$A_n = \sum_{k=0}^{n} a_k$，$B_n = \sum_{k=0}^{n} b_k$，$C_n = \sum_{k=0}^{n} c_k$，其中c_k由(22)式给出．设$d_n = B - B_n$，$e_n = \sum_{k=0}^{n} a_k d_{n-k}$，则有

$$C_p = \sum_{n=0}^{p} \sum_{k=0}^{n} a_k b_{n-k} = \sum_{n=0}^{p} \sum_{k=0}^{p} f_n(k), \tag{24}$$

其中

$$f_n(k) = \begin{cases} a_k b_{n-k}, & \text{若 } n \geqslant k, \\ 0, & \text{若 } n < k. \end{cases}$$

于是(24)式变成

$$\begin{aligned} C_p &= \sum_{k=0}^{p} \sum_{n=0}^{p} f_n(k) = \sum_{k=0}^{p} \sum_{n=k}^{p} a_k b_{n-k} = \sum_{k=0}^{p} a_k \sum_{m=0}^{p-k} b_m = \sum_{k=0}^{p} a_k B_{p-k} \\ &= \sum_{k=0}^{p} a_k (B - d_{p-k}) = A_p B - e_p. \end{aligned}$$

为了完成本定理的证明，只需证明当$p \to \infty$时$e_p \to 0$．序列$\{d_n\}$收敛到 0，因为$B = \sum b_n$．选取$M > 0$使得对于一切n都有$|d_n| \leqslant M$，并设$K = \sum_{n=0}^{\infty} |a_n|$．给定$\varepsilon > 0$，选取$N$使

得 $n>N$ 蕴涵 $|d_n|<\varepsilon/(2K)$，而且还使得

204
$$\sum_{n=N+1}^{\infty}|a_n|<\frac{\varepsilon}{2M}.$$

于是，对于 $p>2N$，我们可以写

$$|e_p|\leqslant\sum_{k=0}^{N}|a_kd_{p-k}|+\sum_{k=N+1}^{p}|a_kd_{p-k}|\leqslant\frac{\varepsilon}{2K}\sum_{k=0}^{N}|a_k|+M\sum_{k=N+1}^{p}|a_k|$$

$$\leqslant\frac{\varepsilon}{2K}\sum_{k=0}^{\infty}|a_k|+M\sum_{k=N+1}^{\infty}|a_k|<\frac{\varepsilon}{2}+\frac{\varepsilon}{2}=\varepsilon.$$

这就证明了当 $p\to\infty$ 时 $e_p\to 0$，从而当 $p\to\infty$ 时 $C_p\to AB$. ■

下一章将证明一个与本定理相关的定理(归于阿贝尔)，在该定理中并不假定绝对收敛性.（见定理 9.32.）

另外一种乘积称为狄利克雷乘积，在数论中特别重要. 我们取 $a_0=b_0=0$，而且用公式

$$c_n=\sum_{d\mid n}a_db_{n/d},\quad n=1,2,\cdots \tag{25}$$

代替用(22)式定义的 c_n，其中 $\sum_{d\mid n}$ 表示对 n 的全部正因子(包括 1 和 n)求和. 例如，$c_6=a_1b_6+a_2b_3+a_3b_2+a_6b_1$，而 $c_7=a_1b_7+a_7b_1$. 与梅尔滕斯(Mertens)定理类似的结论对于这种乘积也成立. 狄利克雷乘积是在将狄利克雷级数相乘时自然地出现的.（见练习 8.34.）

8.25 切萨罗可求和性

定义 8.47 设 s_n 表示级数 $\sum a_n$ 的第 n 个部分和，$\{\sigma_n\}$ 是由

$$\sigma_n=\frac{s_1+\cdots+s_n}{n},\qquad n=1,2,\cdots \tag{26}$$

定义的算术平均值序列. 如果 $\{\sigma_n\}$ 收敛，则说级数 $\sum a_n$ 是可切萨罗求和(或可(C，1)求和)的. 如果 $\lim\limits_{n\to\infty}\sigma_n=S$，则 S 称为 $\sum a_n$ 的切萨罗和(或(C，1)和)，并记为

$$\sum a_n=S\quad(\mathrm{C},1).$$

例 1 设 $a_n=z^n$，$|z|=1$，$z\neq 1$，则有

$$s_n=\frac{1}{1-z}-\frac{z^n}{1-z},\qquad \sigma_n=\frac{1}{1-z}-\frac{1}{n}\frac{z(1-z^n)}{(1-z)^2}.$$

从而有

$$\sum_{n=1}^{\infty}z^{n-1}=\frac{1}{1-z}\quad(\mathrm{C},1).$$

特别地，有

205
$$\sum_{n=1}^{\infty}(-1)^{n-1}=\frac{1}{2}\quad(\mathrm{C},1).$$

例 2 设 $a_n=(-1)^{n+1}n$. 在这种情况下可得

$$\lim_{n\to\infty}\sup\sigma_n=\frac{1}{2},\qquad \lim_{n\to\infty}\inf\sigma_n=0,$$

因而$\sum(-1)^{n+1}n$不是可(C, 1)求和的.

定理 8.48 如果一个级数收敛，其和为 S，则该级数可(C, 1)求和，其切萨罗和为 S.

证明 设 s_n 表示该级数的第 n 个部分和，用(26)式定义 σ_n，并引进 $t_n=s_n-S$，$\tau_n=\sigma_n-S$，于是我们有

$$\tau_n=\frac{t_1+\cdots+t_n}{n},\tag{27}$$

我们必须证明当 $n\to\infty$ 时 $\tau_n\to0$. 选取 $A>0$ 使得对于每一个 n 都有 $|t_n|\leqslant A$. 给定 $\varepsilon>0$，选取 N 使得只要 $n>N$ 就有 $|t_n|<\varepsilon$. 在(27)式中取 $n>N$ 可得

$$|\tau_n|\leqslant\frac{|t_1|+\cdots+|t_N|}{n}+\frac{|t_{N+1}|+\cdots+|t_n|}{n}<\frac{NA}{n}+\varepsilon.$$

于是可得 $\lim_{n\to\infty}\sup|\tau_n|\leqslant\varepsilon$. 因为 ε 是任意的，由此可得 $\lim_{n\to\infty}|\tau_n|=0$. ■

注 我们实际上已经证明了如果一个序列$\{s_n\}$收敛，则它的算术平均值序列$\{\sigma_n\}$也收敛，而且事实上收敛于同一极限.

切萨罗求和法只是可以用于对无穷级数指定一个“和”的一大类“可求和性方法”中的一种. 定理 8.48 和例 1(在定义 8.47 之后)表明，切萨罗方法比通常的收敛性有更宽广的范围. 可求和性方法的理论是一个重要而且迷人的课题，我们现在还不能进入到这个课题当中去. 对于该课题的出色的叙述，读者可参阅 Hardy 的 *Divergent Series* 一书(参考文献 8.1). 以后我们会看到，(C, 1)可求和性在傅里叶级数理论中发挥着重要的作用. (见定理 11.15.)

8.26 无穷乘积

本节对无穷乘积理论进行简要的介绍.

定义 8.49 给定一个实数项或复数项的序列$\{u_n\}$，设

$$p_1=u_1,\quad p_2=u_1u_2,\quad p_n=u_1u_2\cdots u_n=\prod_{k=1}^{n}u_k.\tag{28}$$

则有序的序列偶$(\{u_n\},\{p_n\})$称为一个无穷乘积(或简称为一个乘积). 数 p_n 称为该乘积的第 n 个部分乘积，u_n 称为该乘积的第 n 个因子. 下列记号可用于表示由(28)式定义的乘积： 206

$$u_1u_2\cdots u_n\cdots,\qquad \prod_{n=1}^{\infty}u_n.\tag{29}$$

注 符号 $\prod_{n=N+1}^{\infty}u_n$ 表示 $\prod_{n=1}^{\infty}u_{N+n}$. 当不至于产生误解时我们也写作$\prod u_n$.

与无穷级数类似，如果$\{p_n\}$收敛，称乘积(29)为收敛似乎是很自然的. 然而，这个

定义是不适宜的，因为按照这样的定义，有一个因子等于零的每一个乘积都将收敛，而不论其余的因子有什么性质．下面的定义实际上是更有用的．

定义 8.50　给定一个无穷乘积 $\prod_{n=1}^{\infty} u_n$，设 $p_n=\prod_{k=1}^{n} u_k$．

a)如果有无穷多个因子 u_n 是零，我们就说该乘积发散到零．

b)如果没有因子 u_n 是零，那么若存在一个数 $p\neq 0$ 使得 $\{p_n\}$ 收敛到 p，则我们说该乘积收敛．在这种情况下，p 称为该乘积的值，并写作 $p=\prod_{n=1}^{\infty} u_n$．如果 $\{p_n\}$ 收敛到零，我们说该乘积发散到零．

c)如果存在一个 N 使得当 $n>N$ 时 $u_n\neq 0$，假如 $\prod_{n=N+1}^{\infty} u_n$ 像在(b)中所述那样收敛，那么我们说 $\prod_{n=1}^{\infty} u_n$ 收敛．在这种情况下，乘积 $\prod_{n=1}^{\infty} u_n$ 的值是

$$u_1 u_2 \cdots u_N \prod_{n=N+1}^{\infty} u_n.$$

d) $\prod_{n=1}^{\infty} u_n$ 称为发散，如果它不像在(b)或(c)中所述的那样收敛．

注　一个收敛的无穷乘积的值可以是零，但是这种情况当且仅当有有限个因子为零时发生．一个无穷乘积的收敛性不受插入或去掉有限个零因子或非零因子影响．正是这个事实使得定义 8.50 使用起来非常方便．

例　$\prod_{n=1}^{\infty}(1+1/n)$ 和 $\prod_{n=2}^{\infty}(1-1/n)$ 都是发散的．在第一种情况下 $p_n=n+1$，而在第二种情况下 $p_n=1/n$．

定理 8.51(适用于无穷乘积的柯西条件)　无穷乘积 $\prod u_n$ 收敛，当且仅当对于每个 $\varepsilon>0$ 都存在 N 使得只要 $n>N$ 就有

$$|u_{n+1}u_{n+2}\cdots u_{n+k}-1|<\varepsilon,\quad k=1,2,3,\cdots \tag{30}$$

证明　假定乘积 $\prod u_n$ 收敛，我们可以假定没有 u_n 是零(如必要可去掉几项)．设 $p_n=u_1\cdots u_n$，$p=\lim_{n\to\infty} p_n$．于是 $p\neq 0$，从而存在 $M>0$ 使得 $|p_n|>M$．现在 $\{p_n\}$ 满足适用于序列的柯西条件．因而，给定 $\varepsilon>0$，有 N 使得只要 $n>N$ 就对于 $k=1,2,\cdots$ 有
207 $|p_{n+k}-p_n|<\varepsilon M$．除以 $|p_n|$ 便得到(30)式．

现在假定条件(30)成立，于是 $n>N$ 蕴涵 $u_n\neq 0$．(为什么?)在(30)中取 $\varepsilon=\frac{1}{2}$，设 N_0 是相应的 N，并在 $n>N_0$ 时设 $q_n=u_{N_0+1}u_{N_0+2}\cdots u_n$，于是(30)式蕴涵 $\frac{1}{2}<|q_n|<\frac{3}{2}$．因而，如果 $\{q_n\}$ 收敛，则它不能收敛到零．为了证明 $\{q_n\}$ 确实收敛，设 $\varepsilon>0$ 是任意的，并把(30)式写作

$$\left|\frac{q_{n+k}}{q_n}-1\right|<\varepsilon,$$

由此式可得$|q_{n+k}-q_n|<\varepsilon|q_n|<\frac{3}{2}\varepsilon$. 于是，$\{q_n\}$满足适用于序列的柯西条件从而知其收敛. 这表明乘积$\prod u_n$收敛. ■

注　在(30)式中取$k=1$可以发现$\prod u_n$收敛蕴涵$\lim\limits_{n\to\infty}u_n=1$. 为此，无穷乘积的因子常被写为$u_n=1+a_n$. 这样，$\prod(1+a_n)$收敛蕴涵$\lim\limits_{n\to\infty}a_n=0$.

定理 8.52　假定对于每一个n都有$a_n>0$，则乘积$\prod(1+a_n)$收敛当且仅当级数$\sum a_n$收敛.

证明　该证明部分地建立在下面不等式的基础上：

$$1+x\leqslant e^x. \tag{31}$$

尽管(31)式对于一切实数x都成立，但是我们仅对$x\geqslant 0$需要此式. 当$x>0$时，(31)式是中值定理的一个简单推论. 由中值定理可得

$$e^x-1=xe^{x_0},\qquad 其中\ 0<x_0<x.$$

因为$e^{x_0}\geqslant 1$，所以从这个等式立即可以得出(31)式.

现在设$s_n=a_1+a_2+\cdots+a_n$，$p_n=(1+a_1)(1+a_2)\cdots(1+a_n)$. $\{s_n\}$和$\{p_n\}$这两个序列都是递增的，所以为了证明本定理，只需证明$\{s_n\}$有界当且仅当$\{p_n\}$有界.

首先，明显有不等式$p_n>s_n$. 其次，在(31)式中取$x=a_k$，其中$k=1, 2, \cdots, n$，并相乘，可得$p_n<e^{s_n}$. 于是$\{s_n\}$有界当且仅当$\{p_n\}$有界. 注意，$\{p_n\}$不可能收敛到零，因为每个$p_n\geqslant 1$. 注意也有

$$p_n\to+\infty,\qquad 若\quad s_n\to+\infty.$$ ■

定义 8.53　如果$\prod(1+|a_n|)$是收敛的，那么乘积$\prod(1+a_n)$称为是绝对收敛的.

定理 8.54　$\prod(1+a_n)$绝对收敛蕴涵收敛.

证明　利用柯西条件以及不等式

$$|(1+a_{n+1})(1+a_{n+2})\cdots(1+a_{n+k})-1|\leqslant(1+|a_{n+1}|)(1+|a_{n+2}|)\cdots(1+|a_{n+k}|)-1.$$ ■ 208

注　定理 8.52 告诉我们，$\prod(1+a_n)$绝对收敛当且仅当$\sum a_n$绝对收敛. 在练习 8.43 中我们给出了$\prod(1+a_n)$收敛而$\sum a_n$发散的例子.

有一个与定理 8.52 类似的结果叙述如下：

定理 8.55　假定对每个n都有$a_n\geqslant 0$，则乘积$\prod(1-a_n)$收敛，当且仅当级数$\sum a_n$收敛.

证明　$\sum a_n$收敛蕴涵$\prod(1-a_n)$绝对收敛(从而收敛).

为了证明逆命题，假定$\sum a_n$发散. 如果$\{a_n\}$不收敛到零，则$\prod(1-a_n)$也发散，因而我们可以假定当$n\to\infty$时有$a_n\to 0$. 若必要可以去掉一些项，所以可以假定每一项$a_n\leqslant\frac{1}{2}$，从而每个因子$1-a_n\geqslant\frac{1}{2}$(因而$\neq 0$). 设

$$p_n=(1-a_1)(1-a_2)\cdots(1-a_n),\qquad q_n=(1+a_1)(1+a_2)\cdots(1+a_n).$$

因为我们有

$$(1-a_k)(1+a_k)=1-a_k^2\leqslant 1,$$

所以可以写 $p_n\leqslant 1/q_n$. 但是在定理 8.52 的证明当中，我们注意到当 $\sum a_n$ 发散时有 $q_n\to+\infty$，因而当 $n\to\infty$ 时有 $p_n\to 0$，而且，由定义 8.50 的(b)可知 $\prod(1-a_n)$ 发散到 0. ■

8.27　对于黎曼 ζ 函数的欧拉乘积

我们以一个欧拉定理来结束本章. 该定理把黎曼 ζ 函数 $\zeta(s)=\sum_{n=1}^{\infty}n^{-s}$ 表示成一个在所有的素数上展开的无穷乘积.

定理 8.56　设 p_k 表示第 k 个素数，于是，如果 $s>1$，就有

$$\zeta(s)=\sum_{n=1}^{\infty}\frac{1}{n^s}=\prod_{k=1}^{\infty}\frac{1}{1-p_k^{-s}}.$$

该乘积绝对收敛.

证明　我们考虑部分乘积 $P_m=\prod_{k=1}^{m}(1-p_k^{-s})^{-1}$ 并证明当 $m\to\infty$ 时 $P_m\to\zeta(s)$. 把每个因子写成一个几何级数可得

$$P_m=\prod_{k=1}^{m}\left(1+\frac{1}{p_k^s}+\frac{1}{p_k^{2s}}+\cdots\right),$$

这是有限个绝对收敛级数的乘积. 当把这些级数乘在一起并按照递增的分母重排各项时，可得另一个绝对收敛的级数，其一般项是

209

$$\frac{1}{p_1^{a_1 s}p_2^{a_2 s}\cdots p_m^{a_m s}}=\frac{1}{n^s},\qquad 其中\ n=p_1^{a_1}\cdots p_m^{a_m},$$

而且每个 $a_i\geqslant 0$. 因此我们有

$$P_m=\sum_1\frac{1}{n^s},$$

其中 $\sum_1$ 是对于全部素因子都 $\leqslant p_m$ 的那些 n 求和. 按照唯一因数分解定理(定理 1.9)，每一个这样的 n 在 $\sum_1$ 中出现一次而且仅出现一次. 从 $\zeta(s)$ 减去 P_m 可得

$$\zeta(s)-P_m=\sum_{n=1}^{\infty}\frac{1}{n^s}-\sum_1\frac{1}{n^s}=\sum_2\frac{1}{n^s},$$

其中 $\sum_2$ 是对于全部素因子中至少有一个 $>p_m$ 的那些 n 求和. 因为这些 n 位于 $>p_m$ 的整数当中，因而有

$$|\zeta(s)-P_m|\leqslant\sum_{n>p_m}\frac{1}{n^s}.$$

当 $m\to\infty$ 时最后一个和趋向于 0，因为 $\sum n^{-s}$ 收敛，所以 $P_m\to\zeta(s)$.

为了证明该乘积绝对收敛，我们运用定理 8.52. 该乘积形如 $\prod(1+a_k)$，其中

$$a_k=\frac{1}{p_k^s}+\frac{1}{p_k^{2s}}+\cdots$$

级数$\sum a_k$绝对收敛，因为它受$\sum n^{-s}$控制. 所以$\prod(1+a_k)$也绝对收敛. ■

练习

序列

8.1 a)给定一个上有界的实值序列$\{a_n\}$，设$u_n=\sup\{a_k: k\geqslant n\}$，则$u_n\searrow$从而$U=\lim\limits_{n\to\infty}u_n$要么是有限的，要么是$-\infty$. 证明

$$U=\limsup_{n\to\infty}a_n=\lim_{n\to\infty}(\sup\{a_k: k\geqslant n\}).$$

b)类似地，如果$\{a_n\}$是下有界的，证明

$$V=\liminf_{n\to\infty}a_n=\lim_{n\to\infty}(\inf\{a: k\geqslant n\}).$$

如果U和V是有限的，证明：

c)存在$\{a_n\}$的子序列收敛到U，存在子序列收敛到V.

d)如果$U=V$，则$\{a_n\}$的每一个子序列都收敛到U.

8.2 给定两个下有界的实值序列$\{a_n\}$和$\{b_n\}$. 证明：

a)$\limsup\limits_{n\to\infty}(a_n+b_n)\leqslant\limsup\limits_{n\to\infty}a_n+\limsup\limits_{n\to\infty}b_n$. 210

b)$\limsup\limits_{n\to\infty}(a_nb_n)\leqslant(\limsup\limits_{n\to\infty}a_n)(\limsup\limits_{n\to\infty}b_n)$，如果对于一切$n$都有$a_n>0$，$b_n>0$，而且$\limsup\limits_{n\to\infty}a_n$和$\limsup\limits_{n\to\infty}b_n$二者都是有限的或都是无穷的.

8.3 证明定理8.3和8.4.

8.4 如果每一个$a_n>0$，证明

$$\liminf_{n\to\infty}\frac{a_{n+1}}{a_n}\leqslant\liminf_{n\to\infty}\sqrt[n]{a_n}\leqslant\limsup_{n\to\infty}\sqrt[n]{a_n}\leqslant\limsup_{n\to\infty}\frac{a_{n+1}}{a_n}.$$

8.5 设$a_n=n^n/n!$. 证明$\lim\limits_{n\to\infty}a_{n+1}/a_n=\mathrm{e}$，并用练习8.4推导出

$$\lim_{n\to\infty}\frac{n}{(n!)^{1/n}}=\mathrm{e}.$$

8.6 设$\{a_n\}$是一个实值序列，并设$\sigma_n=(a_1+\cdots+a_n)/n$. 证明

$$\liminf_{n\to\infty}a_n\leqslant\liminf_{n\to\infty}\sigma_n\leqslant\limsup_{n\to\infty}\sigma_n\leqslant\limsup_{n\to\infty}a_n.$$

8.7 如果a_n分别由下面各式给出，求$\limsup\limits_{n\to\infty}a_n$和$\liminf\limits_{n\to\infty}a_n$.

a)$\cos n$，　　b)$\left(1+\frac{1}{n}\right)\cos n\pi$，　　c)$n\sin\frac{n\pi}{3}$，

d)$\sin\frac{n\pi}{2}\cos\frac{n\pi}{2}$，　　e)$(1-)^n n/(1+n)^n$，　　f)$\frac{n}{3}-\left[\frac{n}{3}\right]$.

注：在(f)中，$[x]$表示$\leqslant x$的最大整数.

8.8 设$a_n=2\sqrt{n}-\sum\limits_{k=1}^{n}1/\sqrt{k}$. 证明序列$\{a_n\}$收敛到位于区间$1<p<2$内的一个极限$p$.

在从练习8.9到8.14的每个练习中，证明实值序列$\{a_n\}$收敛. 假定所给定的条件对于一切$n\geqslant1$成立. 在练习8.10到8.14当中，证明$\{a_n\}$有所指出的极限L.

8.9 $|a_n|\leqslant2$，$|a_{n+2}-a_{n+1}|\leqslant\frac{1}{8}|a_{n+1}^2-a_n^2|$.

8.10 $a_1\geqslant0$，$a_2\geqslant0$，$a_{n+2}=(a_na_{n+1})^{1/2}$，$L=(a_1a_2^2)^{1/3}$.

8.11　$a_1=2$，$a_2=8$，$a_{2n+1}=\frac{1}{2}(a_{2n}+a_{2n+1})$，$a_{2n+2}=\frac{a_{2n}a_{2n-1}}{a_{2n+1}}$，$L=4$.

8.12　$a_1=-\frac{3}{2}$，$3a_{n+1}=2+a_n^3$，$L=1$. 修改 a_1 使 $L=-2$.

8.13　$a_1=3$，$a_{n+1}=\frac{3(1+a_n)}{3+a_n}$，$L=\sqrt{3}$.

8.14　$a_n=\frac{b_{n+1}}{b_n}$，其中 $b_1=b_2=1$，$b_{n+2}=b_n+b_{n+1}$，$L=\frac{1+\sqrt{5}}{2}$.

211　提示：证明 $b_{n+2}b_n-b_{n+1}^2=(-1)^{n+1}$，并推出 $|a_n-a_{n+1}|<n^{-2}$，若 $n>4$.

级数

8.15　检验收敛性(p 和 q 表示固定的实数).

a) $\sum_{n=1}^{\infty}n^3\mathrm{e}^{-n}$，　b) $\sum_{n=2}^{\infty}(\log n)^p$，

c) $\sum_{n=1}^{\infty}p^n n^p\quad(p>0)$，　d) $\sum_{n=2}^{\infty}\frac{1}{n^p-n^q}\quad(0<q<p)$，

e) $\sum_{n=1}^{\infty}n^{-1-1/n}$，　f) $\sum_{n=1}^{\infty}\frac{1}{p^n-q^n}\quad(0<q<p)$，

g) $\sum_{n=1}^{\infty}\frac{1}{n\log(1+1/n)}$，　h) $\sum_{n=2}^{\infty}\frac{1}{(\log n)^{\log n}}$，

i) $\sum_{n=3}^{\infty}\frac{1}{n\log n(\log\log n)^p}$，　j) $\sum_{n=3}^{\infty}\left(\frac{1}{\log\log n}\right)^{\log\log n}$，

k) $\sum_{n=1}^{\infty}(\sqrt{1+n^2}-n)$，　l) $\sum_{n=2}^{\infty}n^p\left(\frac{1}{\sqrt{n-1}}-\frac{1}{\sqrt{n}}\right)$，

m) $\sum_{n=1}^{\infty}(\sqrt[n]{n}-1)^n$，　n) $\sum_{n=1}^{\infty}n^p(\sqrt{n+1}-2\sqrt{n}+\sqrt{n-1})$.

8.16　设 $S=\{n_1, n_2, \cdots\}$表示由在十进制表示中不涉及 0 的那些正整数组成的集合.（例如，$7\in S$，但是 $101\notin S$.）证明 $\sum_{k=1}^{\infty}1/n_k$ 收敛，而且其和小于 90.

8.17　给定整数 a_1，a_2，…使得 $1\leqslant a_n\leqslant n-1$，$n=2$，3，…. 证明级数 $\sum_{n=1}^{\infty}a_n/n!$ 的和是有理数当且仅当存在一个整数 N 使得对于一切 $n\geqslant N$ 都有 $a_n=n-1$. 提示：对于充分性，证明 $\sum_{n=2}^{\infty}(n-1)/n!$ 是一个和为 1 的迭嵌级数.

8.18　设 p 和 q 是固定的整数，$p\geqslant q\geqslant 1$，并设

$$x_n=\sum_{k=qn+1}^{pn}\frac{1}{k},\qquad s_n=\sum_{k=1}^{n}\frac{(-1)^{k+1}}{k}.$$

a)利用公式(8)证明 $\lim_{n\to\infty}x_n=\log(p/q)$.

b)当 $q=1$，$p=2$ 时，证明 $s_{2n}=x_n$，并推导出

$$\sum_{n=1}^{\infty}\frac{(-1)^{n+1}}{n}=\log 2.$$

c)对(b)中的级数进行重排，交错地写 p 个正项随后 q 个负项，利用(a)证明这个重排有和

$$\log 2+\frac{1}{2}\log(p/q).$$

d)求出 $\sum_{n=1}^{\infty}(-1)^{n+1}(1/(3n-2)-1/(3n-1))$的和.

8.19 设 $c_n=a_n+\mathrm{i}b_n$，其中 $a_n=(-1)^n/\sqrt{n}$，$b_n=1/n^2$. 证明$\sum c_n$ 是条件收敛的. 212

8.20 利用定理 8.23 推导出下述公式：

a) $\sum_{k=1}^{n}\frac{\log k}{k}=\frac{1}{2}\log^2 n+A+O\left(\frac{\log n}{n}\right)$ （A 是常数）.

b) $\sum_{k=2}^{n}\frac{1}{k\log k}=\log(\log n)+B+O\left(\frac{1}{n\log n}\right)$ （B 是常数）.

8.21 如果 $0<a\leqslant 1$ 时，$s>1$，定义 $\zeta(s, a)=\sum_{n=0}^{\infty}(n+a)^{-s}$.

a)证明这个级数对于 $s>1$ 绝对收敛，并证明

$$\sum_{h=1}^{k}\zeta\left(s,\ \frac{h}{k}\right)=k^s\zeta(s),\quad k=1,2,\cdots,$$

其中 $\zeta(s)=\zeta(s, 1)$是黎曼 ζ 函数

b)当 $s>1$ 时，证明 $\sum_{n=1}^{\infty}(-1)^{n-1}/n^s=(1-2^{1-s})\zeta(s)$.

8.22 已给定一个收敛的级数$\sum a_n$，其中每一个 $a_n\geqslant 0$. 证明如果 $p>\frac{1}{2}$，则$\sum\sqrt{a_n}\,n^{-p}$ 收敛. 对于 $p=\frac{1}{2}$给出一个反例.

8.23 给定$\sum a_n$ 发散. 证明$\sum na_n$ 也发散.

8.24 给定$\sum a_n$ 收敛，其中每个 $a_n>0$. 证明

$$\sum(a_na_{n+1})^{1/2}$$

也收敛. 证明如果$\{a_n\}$是单调的，则逆命题也成立.

8.25 给定$\sum a_n$ 绝对收敛. 证明下列每个级数也绝对收敛：

a)$\sum a_n^2$，　　b)$\sum\frac{a_n}{1+a_n}$(如果没有 $a_n=-1$)，　　c)$\sum\frac{a_n^2}{1+a_n^2}$.

8.26 确定使下面的级数收敛的 x 的全部实数值：

$$\sum_{n=1}^{\infty}\left(1+\frac{1}{2}+\cdots+\frac{1}{n}\right)\frac{\sin nx}{n}.$$

8.27 证明下列论断：

a)如果$\sum a_n$ 收敛，$\sum(b_n-b_{n+1})$绝对收敛，则$\sum a_nb_n$ 收敛.

b)如果$\sum a_n$ 有有界的部分和，且$\sum(b_n-b_{n+1})$绝对收敛，假定当 $n\to\infty$时，$b_n\to 0$，则$\sum a_nb_n$ 收敛.

二重序列与二重级数

8.28 研究由下面各式定义的二重序列的两个累次极限与二重极限的存在性：

a)$f(p, q)=\frac{1}{p+q}$，　　b)$f(p, q)=\frac{p}{p+q}$， 213

c)$f(p, q)=\frac{(-1)^p p}{p+q}$，　　d)$f(p, q)=(-1)^{p+q}\left(\frac{1}{p}+\frac{1}{q}\right)$，

e) $f(p, q)=\dfrac{(-1)^p}{q}$，　　　　f) $f(p, q)=(-1)^{p+q}$，

g) $f(p, q)=\dfrac{\cos p}{q}$，　　　　h) $f(p, q)=\dfrac{p}{q^2}\sum_{n=1}^{q}\sin\dfrac{n}{p}$.

答案：在(a)、(d)、(e)、(g)中二重极限存在．在(a)、(b)、(h)中两个累次极限都存在．在(c)、(e)中只有一个累次极限存在．在(d)、(f)中没有一个累次极限存在．

8.29　证明下述论断：

a)正项二重级数收敛，当且仅当由部分和组成的集合有界．

b)二重级数绝对收敛可保证收敛．

c) $\sum_{m,n}e^{-(m^2+n^2)}$ 收敛．

8.30　假定二重级数 $\sum_{m,n}a(n)x^{mn}$ 对于 $|x|<1$ 绝对收敛，记其和为 $S(x)$．证明下面的每一个级数对于 $|x|<1$ 也绝对收敛，且和为 $S(x)$：

$$\sum_{n=1}^{\infty}a(n)\frac{x^n}{1-x^n},\qquad \sum_{n=1}^{\infty}A(n)x^n,\qquad 其中\ A(n)=\sum_{d\mid n}a(d).$$

8.31　如果 α 是实数，证明二重级数 $\sum_{m,n}(m+\mathrm{i}n)^{-\alpha}$ 绝对收敛当且仅当 $\alpha>2$.

提示：设 $s(p, q)=\sum_{m=1}^{p}\sum_{n=1}^{q}|m+\mathrm{i}n|^{-\alpha}$．集合

$$\{m+\mathrm{i}n : m=1, 2, \cdots, p, n=1, 2, \cdots, p\}$$

由 p^2 个复数组成，其中有一个的绝对值是$\sqrt{2}$，有三个满足 $|1+2\mathrm{i}|\leqslant|m+\mathrm{i}n|\leqslant 2\sqrt{2}$，有五个满足 $|1+3\mathrm{i}|\leqslant|m+\mathrm{i}n|\leqslant 3\sqrt{2}$，等等．从几何上检验这个事实，并推导出不等式

$$2^{-\alpha/2}\sum_{n=1}^{p}\frac{2n-1}{n^{\alpha}}\leqslant s(p, p)\leqslant\sum_{n=1}^{p}\frac{2n-1}{(n^2+1)^{\alpha/2}}.$$

8.32　a)证明 $\sum_{n=0}^{\infty}(-1)^{n+1}/\sqrt{n+1}$ 与它自己的柯西乘积是一个发散级数．

b)证明 $\sum_{n=0}^{\infty}(-1)^{n+1}/(n+1)$ 与它自己的柯西乘积是级数

$$2\sum_{n=1}^{\infty}\frac{(-1)^{n+1}}{n+1}\left(1+\frac{1}{2}+\cdots+\frac{1}{n}\right).$$

这个级数收敛吗？为什么？

8.33　给定两个绝对收敛的幂级数，譬如说是 $\sum_{n=0}^{\infty}a_nx^n$ 和 $\sum_{n=0}^{\infty}b_nx^n$，它们的和函数分别为 $A(x)$ 和

214　$B(x)$．证明 $\sum_{n=0}^{\infty}c_nx^n=A(x)B(x)$，其中 $c_n=\sum_{k=0}^{n}a_kb_{n-k}$.

8.34　形如 $\sum_{n=1}^{\infty}a_n/n^s$ 的级数称为狄利克雷级数．给定两个绝对收敛的狄利克雷级数，譬如说 $\sum_{n=1}^{\infty}a_n/n^s$ 和 $\sum_{n=1}^{\infty}b_n/n^s$，它们的和函数分别为 $A(s)$ 和 $B(s)$．证明 $\sum_{n=1}^{\infty}c_n/n^s=A(s)B(s)$，其中 $c_n=\sum_{d\mid n}a_db_{n/d}$.

8.35　如果 $\zeta(s)=\sum_{n=1}^{\infty}1/n^s$，$s>1$，证明 $\zeta^2(s)=\sum_{n=1}^{\infty}d(n)/n^s$，其中 $d(n)$是 n 的正因数的个数(包括

1 和 n).

切萨罗可求和性

8.36　证明下列每个级数有(C, 1)和 0：

a) $1-1-1+1+1-1-1+1+1---++\cdots$.

b) $\frac{1}{2}-1+\frac{1}{2}+\frac{1}{2}-1+\frac{1}{2}+\frac{1}{2}-1++-\cdots$.

c) $\cos x+\cos 3x+\cos 5x+\cdots$($x$ 是实数，$x\neq m\pi$).

8.37　给定一个级数 $\sum a_n$，设

$$s_n=\sum_{k=1}^{n}a_k,\quad t_n=\sum_{k=1}^{n}ka_k,\quad \sigma_n=\frac{1}{n}\sum_{k=1}^{n}s_k.$$

证明：

a) $t_n=(n+1)s_n-n\sigma_n$.

b) 如果 $\sum a_n$ 是可(C, 1)求和的，则 $\sum a_n$ 收敛当且仅当 $n\to\infty$ 时 $t_n=o(n)$.

c) $\sum a_n$ 是可(C, 1)求和的，当且仅当 $\sum_{n=1}^{\infty}t_n/n(n+1)$ 收敛.

8.38　给定一个单调的正项序列 $\{a_n\}$ 使得 $\lim_{n\to\infty}a_n=0$.

设

$$s_n=\sum_{k=1}^{n}a_k,\quad u_n=\sum_{k=1}^{n}(-1)^k a_k,\quad v_n=\sum_{k=1}^{n}(-1)^k s_k.$$

证明：

a) $v_n=\frac{1}{2}u_n+(-1)^n s_n/2$.

b) $\sum_{n=1}^{\infty}(-1)^n s_n$ 是可(C, 1)求和的，其切萨罗和为 $\frac{1}{2}\sum_{n=1}^{\infty}(-1)^n a_n$.

c) $\sum_{n=1}^{\infty}(-1)^n\left(1+\frac{1}{2}+\cdots+1/n\right)=-\log\sqrt{2}\quad$ (C, 1).

无穷乘积

8.39　确定下列无穷乘积是否收敛，求出每个收敛的乘积的值.

a) $\prod_{n=2}^{\infty}\left(1-\frac{2}{n(n+1)}\right)$，　　b) $\prod_{n=2}^{\infty}(1-n^{-2})$，

c) $\prod_{n=2}^{\infty}\frac{n^3-1}{n^3+1}$　　d) $\prod_{n=0}^{\infty}(1+z^{2^n})$　若 $|z|<1$.

8.40　如果收敛的级数 $\sum a_n$ 的每一个部分和 s_n 都不是零，而且该级数的和本身也不是零，证明无穷乘积 $a_1\prod_{n=2}^{\infty}(1+a_n/s_{n-1})$ 收敛，其值为 $\sum_{n=1}^{\infty}a_n$.　215

8.41　通过建立下列恒等式并对级数求和求下列乘积的值：

a) $\prod_{n=2}^{\infty}\left(1+\frac{1}{2^n-2}\right)=2\sum_{n=1}^{\infty}2^{-n}$.　　b) $\prod_{n=2}^{\infty}\left(1+\frac{1}{n^2-1}\right)=2\sum_{n=1}^{\infty}\frac{1}{n(n+1)}$.

8.42　确定使乘积 $\prod_{n=1}^{\infty}\cos(x/2^n)$ 收敛的全部实数 x，并在该乘积收敛时求出它的值.

8.43　a) 对于 $n=1, 2, \cdots$，设 $a_n=(-1)^n/\sqrt{n}$，证明 $\prod(1+a_n)$ 发散，但是 $\sum a_n$ 收敛.

b) 对于 $n=1, 2, \cdots$，设 $a_{2n-1}=-1/\sqrt{n}$，$a_{2n}=1/\sqrt{n}+1/n$. 证明 $\prod(1+a_n)$ 收敛，但是 $\sum a_n$

发散.

8.44 假定对于每个 $n=1, 2, \cdots$ 都有 $a_n \geqslant 0$. 还假定对于 $n=1, 2, \cdots$ 有

$$a_{2n+2} < a_{2n+1} < \frac{a_{2n}}{1+a_{2n}}.$$

证明 $\prod_{k=1}^{\infty}(1+(-1)^k a_k)$ 收敛，当且仅当 $\sum_{k=1}^{\infty}(-1)^k a_k$ 收敛.

8.45 一个复值序列 $\{f(n)\}$ 称为是乘性的，如果 $f(1)=1$，而且当 m 和 n 互素时有 $f(mn)=f(m)f(n)$.（见 1.7 节.）该序列称为是完全乘性的，如果 $f(1)=1$，且对于一切 m 和 n 有 $f(mn)=f(m)f(n)$.

a) 如果 $\{f(n)\}$ 是乘性的，而且级数 $\sum f(n)$ 绝对收敛，证明

$$\sum_{n=1}^{\infty} f(n) = \prod_{k=1}^{\infty}\{1+f(p_k)+f(p_k^2)+\cdots\},$$

其中 p_k 表示第 k 个素数，乘积是绝对收敛的.

b) 此外，如果 $\{f(n)\}$ 是完全乘性的，证明(a)中的公式变成

$$\sum_{n=1}^{\infty} f(n) = \prod_{k=1}^{\infty}\frac{1}{1-f(p_k)}.$$

注意，对于 $\zeta(s)$ 的欧拉乘积(定理 8.56)是 $f(n)=n^{-s}$ 的特殊情况.

8.46 本练习列出了公式 $\zeta(2)=\pi^2/6$ 的一个简单证明的要点. 从对于 $0<x<\pi/2$ 成立的不等式 $\sin x < x < \tan x$ 开始，对每个数取倒数并平方可得

$$\cot^2 x < \frac{1}{x^2} < 1+\cot^2 x.$$

现在令 $x=k\pi/(2m+1)$，其中 k 和 m 是整数，$1\leqslant k\leqslant m$，并对 k 求和可得

216 $$\sum_{k=1}^{m}\cot^2\frac{k\pi}{2m+1} < \frac{(2m+1)^2}{\pi^2}\sum_{k=1}^{m}\frac{1}{k^2} < m+\sum_{k=1}^{m}\cot^2\frac{k\pi}{2m+1}.$$

利用练习 1.49(c)中的公式推导出不等式

$$\frac{m(2m-1)\pi^2}{3(2m+1)^2} < \sum_{k=1}^{m}\frac{1}{k^2} < \frac{2m(m+1)\pi^2}{3(2m+1)^2}.$$

现在令 $m\to\infty$ 则可得 $\zeta(2)=\pi^2/6$.

8.47 利用与练习 8.46 中列出的类似的论据证明 $\zeta(4)=\pi^4/90$.

参考文献

8.1 Hardy, G. H., *Divergent Series*. Oxford University Press, Oxford, 1949.

8.2 Hirschmann, I. I., *Infinite Series*. Holt, Rinehart and Winston, New York, 1962.

8.3 Knopp, K., *Theory and Application of Infinite Series*, 2nd ed. R. C. Young, trans-
217 lator. Hafner, New York, 1948.

第9章 函数序列

9.1 函数序列的点态收敛性

本章处理各项为实值函数或复值函数的序列$\{f_n\}$，这些实值函数或复值函数在实线$\mathbf{R}$上或在复平面$\mathbf{C}$内有共同的定义域. 对于在这个定义域中的每一个x，我们可以构成一个新的序列$\{f_n(x)\}$，它的各项是相应的函数值. 设S表示由使这第二个序列收敛的x组成的集合. 由等式

$$f(x)=\lim_{n\to\infty}f_n(x), \quad x\in S$$

定义的函数f称为序列$\{f_n\}$的**极限函数**，而且我们说$\{f_n\}$在集合S上**点态地收敛到**f.

我们在本章主要讨论下述类型的问题：如果序列$\{f_n\}$的每一个函数都有某种性质，诸如连续性、可微性或者可积性，那么在极限状态下该性质转移到极限函数上是什么情况？例如，如果每个函数f_n在c点都是连续的，那么极限函数f在c点也是连续的吗？我们将会看到，一般来说，结论是否定的. 事实上，我们将会发现，点态收敛性通常不足以把上面提到的性质中的任何一个从各项f_n转移到极限函数f. 于是我们希望研究较强的、确实能保持这些性质的收敛方法. 这些方法中最重要的一个就是**一致收敛**.

在介绍一致收敛的概念之前，我们用另一种方式描述一下所要考虑的一个基本问题. 当问及每个f_n在c点的连续性是否蕴涵极限函数f在c点的连续性的时候，实际上就是在问等式

$$\lim_{x\to c}f_n(x)=f_n(c)$$

是否蕴涵等式

$$\lim_{x\to c}f(x)=f(c). \tag{1}$$

但是(1)式也可以写为

$$\lim_{x\to c}\lim_{n\to\infty}f_n(x)=\lim_{n\to\infty}\lim_{x\to c}f_n(x). \tag{2}$$

所以，关于连续性的问题变为：是否能够交换(2)式中的极限符号？我们将看到，一般是不能交换的. 首先，(1)式中的极限未必存在. 其次，即使该极限存在，它也未必等于 218
$f(c)$. 在第8章中，在与累次级数有关的研究中我们遇到过类似的情况，当时我们发现$\sum_{m=1}^{\infty}\sum_{n=1}^{\infty}f(m,n)$未必等于$\sum_{n=1}^{\infty}\sum_{m=1}^{\infty}f(m,n)$.

是否可以交换两个极限过程的次序这个一般性的问题在数学分析中总是一次又一次地出现. 我们将会发现，对于有效地交换某些极限的次序来说，一致收敛是一个相当有效的充分条件，但是它并没有对这个问题提供完全的答案. 我们将会遇到一些这样的例子：在这些例子中，虽然序列不是一致收敛的，但是两个极限的次序可以被交换.

9.2 实值函数序列的例子

下面的例子描述了在构建一个实值函数序列的极限函数的时候可能会出现的一些

情况.

例 1　一个连续函数序列带有一个不连续的极限函数. 当 $x\in\mathbf{R}$，$n=1, 2, \cdots$时设 $f_n(x)=x^{2n}/(1+x^{2n})$. 该序列中几项的图形如图 9-1 所示. 此例中 $\lim\limits_{n\to\infty}f_n(x)$对于每一个实数 x 存在，而极限函数 f 由下式给出：

$$f(x)=\begin{cases}0, & 若\ |x|<1,\\ \dfrac{1}{2}, & 若\ |x|=1,\\ 1, & 若\ |x|>1.\end{cases}$$

每个 f_n 在 $\mathbf{R}$ 上都是连续的，但是 f 在 $x=1$ 和 $x=-1$ 处是不连续的.

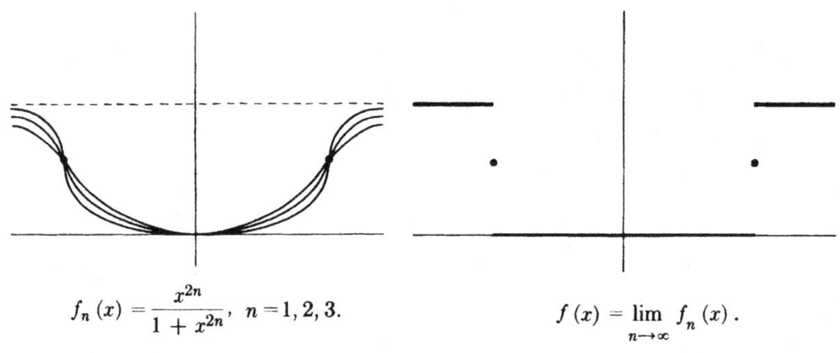

图　9-1

例 2　一个$\lim\limits_{n\to\infty}\int_0^1 f_n(x)\,\mathrm{d}x\neq\int_0^1\lim\limits_{n\to\infty}f_n(x)\mathrm{d}x$ 的函数序列. 当 $x\in\mathbf{R}$，$n=1, 2, \cdots$时设 $f_n(x)=n^2x(1-x)^n$. 如果 $0\leqslant x\leqslant 1$，则极限函数 $f(x)=\lim\limits_{n\to\infty}f_n(x)$存在且等于 0.（见图 9-2.）因而 $\int_0^1 f(x)\mathrm{d}x=0$. 但是

$$\int_0^1 f_n(x)\mathrm{d}x=n^2\int_0^1 x(1-x)^n\mathrm{d}x=n^2\int_0^1(1-t)t^n\mathrm{d}t$$

219

$$=\frac{n^2}{n+1}-\frac{n^2}{n+2}=\frac{n^2}{(n+1)(n+2)}$$

所以$\lim\limits_{n\to\infty}\int_0^1 f_n(x)\mathrm{d}x=1$. 换句话说，这些积分的极限不等于极限函数的积分. 因而“极限”运算与“积分”运算是不能交换的.

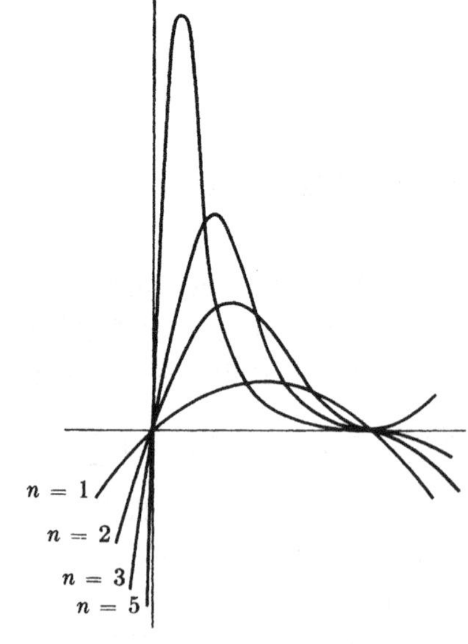

图　9-2

例 3　一个可微函数序列$\{f_n\}$，其极限函数为常数 0，$\{f'_n\}$发散. 当 $x\in\mathbf{R}$，$n=1, 2, \cdots$时设 $f_n(x)=(\sin nx)/\sqrt{n}$，则对于每个 x 都有$\lim\limits_{n\to\infty}f_n(x)=0$. 但 $f'_n(x)=\sqrt{n}\cos nx$，所以

$\lim\limits_{n\to\infty} f_n'(x)$对于任何 x 都不存在.（见图 9-3.）

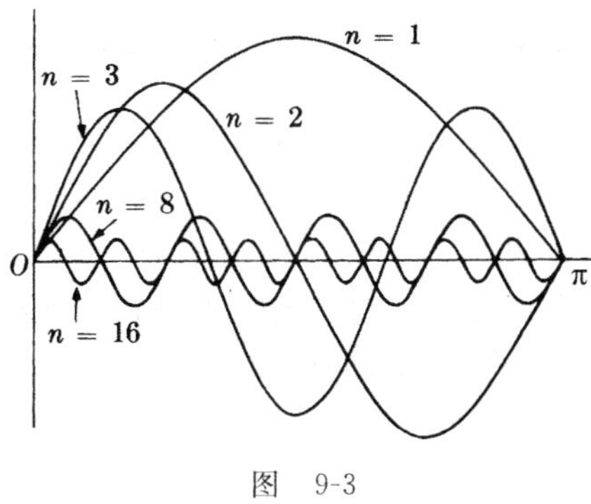

图 9-3

9.3 一致收敛的定义

设$\{f_n\}$是一个在集合 S 上点态地收敛到一个极限函数 f 的函数序列. 这表明，对于在 S 内的每一个点 x 和每一个 $\varepsilon>0$ 都存在 N(依赖于 x 和 ε 二者)使得

$$n > N \quad 蕴涵 \quad |f_n(x)-f(x)|<\varepsilon.$$ 220

如果同样的 N 对于在 S 内的每一个点都适用，则该收敛称为在 S 上是一致的. 也就是说，我们有

定义 9.1 函数序列$\{f_n\}$称为在集合 S 上一致地收敛于 f，如果对于每一个 $\varepsilon>0$ 都存在 N(仅依赖于 ε)使得只要 $n>N$，就对于 S 内的每一个 x 都有

$$|f_n(x)-f(x)|<\varepsilon.$$

用符号来表示则写为

$$f_n \to f \quad 一致于\ S.$$

当序列$\{f_n\}$的每一项都是实值函数的时候，一致收敛有一个有用的几何解释. 不等式$|f_n(x)-f(x)|<\varepsilon$ 等价于两个不等式

$$f(x)-\varepsilon<f_n(x)<f(x)+\varepsilon. \tag{3}$$

如果(3)式对于所有的 $n>N$ 及 S 内的一切 x 都成立，则表明 f_n 的整个图形(即集合$\{(x, y): y=f_n(x), x\in S\}$)位于一个高度为 2ε 的“带状区域”之内，这个带状区域对称地位于 f 的图形附近.（见图 9-4.）

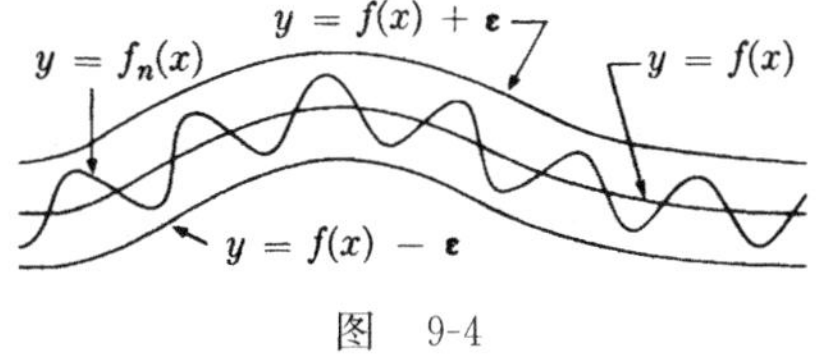

图 9-4

序列$\{f_n\}$称为在 S 上是一致有界的，如果存在一个常数 $M>0$ 使得对于 S 内的一切 x 和所有的 n 都有$|f_n(x)|\leqslant M$. 数 M 对于$\{f_n\}$称为一致界. 如果每一个函数都是有界的，而且 $f_n\to f$ 在 S 上是一致的，则容易证明$\{f_n\}$在 S 上是一致有界的.（见练习 9.1.）这个结果经常使得我们能够判断一个序列不是一致收敛的. 例如，看一下图 9-2 立即可以得知例 2 中的序列在包含原点的一个邻域的任何子集上不可能一致收敛. 然而，该例中的收敛在不包含原点的每一个紧子区间上都是一致的.

9.4 一致收敛与连续性

定理 9.2 假定 $f_n \to f$ 一致于 S. 如果在 S 的一个点 c 处每个 f_n 都是连续的，则极限函数 f 在 c 点也是连续的.

注 如果 c 是 S 的一个聚点，则该定理蕴涵着

221 $$\lim_{x \to c}\lim_{n \to \infty} f_n(x) = \lim_{n \to \infty}\lim_{x \to c} f_n(x).$$

证明 如果 c 是 S 的一个孤立点，则 f 在 c 点是自动连续的. 于是，假定 c 是 S 的一个聚点. 按照假设，对于每一个 $\varepsilon>0$ 都有 M 使得只要 $n \geqslant M$，就对于 S 内的每一个 x 都有

$$|f_n(x)-f(x)|<\frac{\varepsilon}{3}.$$

因为 f_M 在 c 点是连续的，所以有一个邻域 $B(c)$ 使得只要 $x \in B(c) \cap S$ 就有

$$|f_M(x)-f_M(c)|<\frac{\varepsilon}{3}.$$

但是

$$|f(x)-f(c)| \leqslant |f(x)-f_M(x)|+|f_M(x)-f_M(c)|+|f_M(c)-f(c)|.$$

如果 $x \in B(c) \cap S$，则上式右边的每一项都小于 $\varepsilon/3$，从而 $|f(x)-f(c)|<\varepsilon$. 定理得证. ■

注 对于把连续性从函数序列中的每一项传递到极限函数而言，$\{f_n\}$ 的一致收敛是充分而不必要的. 在(9.2节)例2中，我们有一个有连续的极限函数但不一致收敛的连续函数序列.

9.5 一致收敛的柯西条件

定理 9.3 设 $\{f_n\}$ 是定义在集合 S 上的函数序列. 于是，存在一个函数 f 使得 $f_n \to f$ 一致于 S，当且仅当下述条件(称为柯西条件)得到满足：对于每一个 ε 都存在 N 使得只要 $m>N$ 且 $n>N$，就对于 S 内的每个 x 都有

$$|f_m(x)-f_n(x)|<\varepsilon.$$

证明 假定 $f_n \to f$ 一致于 S，于是，给定 $\varepsilon>0$，我们可以找到 N 使得只要 $n \geqslant N$，就对于 S 内的一切 x 都有 $|f_n(x)-f(x)|<\varepsilon/2$. 取 $m>n$，也有 $|f_m(x)-f(x)|<\varepsilon/2$，从而对于 S 内的一切 x 都有 $|f_m(x)-f_n(x)|<\varepsilon$.

反过来，假定柯西条件得到满足，则对于 S 内的每个 x，序列 $\{f_n(x)\}$ 都是收敛的. 设当 $x \in S$ 时 $f(x)=\lim_{n \to \infty} f_n(x)$. 我们要证明 $f_n \to f$ 一致于 S. 如果给定 $\varepsilon>0$，可以选取 N 使得只要 $n>N$，就对于每一个 $k=1, 2, \cdots$ 和 S 内的每一个 x 都有 $|f_n(x)-f_{n+k}(x)|<\varepsilon/2$. 由此可得 $\lim_{k \to \infty}|f_n(x)-f_{n+k}(x)|=|f_n(x)-f(x)| \leqslant \varepsilon/2$. 从而，只要 $n>N$，就对于 S 内的每一个 x 都有 $|f_n(x)-f(x)|<\varepsilon$. 这就证明了 $f_n \to f$ 一致于 S. ■

注 点态收敛性及一致收敛性可以在度量空间的更一般环境中描述. 如果 f_n 与

f 是从一个非空集合 S 到一个度量空间(T, d_T)的函数，我们说 $f_n \to f$ 一致于 S，如果对于每一个 ε 都有 N(仅依赖于 ε)使得只要 $n \geqslant N$，就对 S 内的每一个 x 都有

$$d_T(f_n(x), f(x)) < \varepsilon.$$ 222

定理 9.3 在这个更一般的环境中成立，而且，如果 S 是一个度量空间，则定理 9.2 也成立. 适当地用度量 d_S 和 d_T 代替上述证明中的欧几里得度量，则同样的证明也能通过. 因为我们主要对于定义在 **R** 或 **C** 的子集上的实值函数或复值函数感兴趣，所以除了下面这个例子之外，我们将不再进一步讨论这种推广.

例 考虑由一个非空集合 S 上的全部有界实值函数构成的度量空间$(B(S), d)$，其度量为 $d(f, g) = \|f-g\|$，其中 $\|f\| = \sup_{x \in S} |f(x)|$ 是上确界范数. (见练习 4.66.) 于是在度量空间$(B(S), d)$中 $f_n \to f$，当且仅当 $f_n \to f$ 一致于 S. 换句话说，在 S 上一致收敛与在度量空间$(B(S), d)$中的通常的收敛是一样的.

9.6 无穷函数级数的一致收敛

定义 9.4 给定一个定义在集合 S 上的函数序列$\{f_n\}$. 对于在 S 内的每一个 x，设

$$s_n(x) = \sum_{k=1}^{n} f_k(x) \quad (n = 1, 2, \cdots). \tag{4}$$

如果存在一个函数 f 使得 $s_n \to f$ 一致于 S，我们就说级数 $\sum f_n(x)$ 在 S 上一致收敛，并写为

$$\sum_{n=1}^{\infty} f_n(x) = f(x) \quad 一致于\ S.$$

定理 9.5(关于级数一致收敛的柯西条件) 无穷级数 $\sum f_n(x)$ 在 S 上一致收敛，当且仅当对于每个 $\varepsilon > 0$ 都有 N 使得只要 $n > N$ 就对于每个 $p = 1, 2, \cdots$ 和 S 内的每个 x 都有

$$\left| \sum_{k=n+1}^{n+p} f_k(x) \right| < \varepsilon.$$

证明 按(4)式定义 s_n 并应用定理 9.3. ■

定理 9.6(魏尔斯特拉斯 M-检验法) 设$\{M_n\}$是一个由非负的数组成的序列，对于 $n = 1, 2, \cdots$ 及 S 内的每个 x 有

$$0 \leqslant |f_n(x)| \leqslant M_n.$$

于是，如果 $\sum M_n$ 收敛，则 $\sum f_n(x)$ 在 S 上一致收敛.

证明 应用定理 8.11 和定理 9.5，并结合使用不等式

$$\left| \sum_{k=n+1}^{n+p} f_k(x) \right| \leqslant \sum_{k=n+1}^{n+p} M_k.$$ ■

定理 9.7 假定 $\sum f_n(x) = f(x)$(在 S 上一致). 如果每个 f_n 在 S 的一点 x_0 处都是连续的，则 f 在 x_0 点也是连续的. 223

证明 按(4)式定义 s_n. 每个 f_n 在 x_0 点连续蕴涵 s_n 在 x_0 点连续，于是由定理 9.2 立即可以得出结论. ■

注 如果 x_0 是 S 的一个聚点，则本定理使我们能够交换极限与无穷求和的位

置，如下式所示：

$$\lim_{x \to x_0} \sum_{n=1}^{\infty} f_n(x) = \sum_{n=1}^{\infty} \lim_{x \to x_0} f_n(x).$$

9.7　一条填满空间的曲线

我们可以应用定理9.7构造出一条填满空间的曲线．这是$\mathbf{R}^2$中的一条通过单位正方形$[0,1]\times[0,1]$的每一个点的连续曲线．Peano(1890)最先给出了一条这样的曲线的例子．此处介绍的例子应归于 I. J. Schoenberg(*Bulletin of the American Mathematical Society*，1938)，可以把它叙述如下：

设ϕ按下述公式在区间$[0,2]$上定义：

$$\phi(t)=\begin{cases} 0, & \text{若 } 0\leqslant t\leqslant \frac{1}{3}\text{，或者 } \frac{5}{3}\leqslant t\leqslant 2, \\ 3t-1, & \text{若 } \frac{1}{3}\leqslant t\leqslant \frac{2}{3}, \\ 1, & \text{若 } \frac{2}{3}\leqslant t\leqslant \frac{4}{3}, \\ -3t+5, & \text{若 } \frac{4}{3}\leqslant t\leqslant \frac{5}{3}. \end{cases}$$

用等式

$$\phi(t+2)=\phi(t)$$

把ϕ的定义延拓到$\mathbf{R}$的全部点，这使得ϕ成为以2为周期的函数．(ϕ的图形如图9-5所示．)

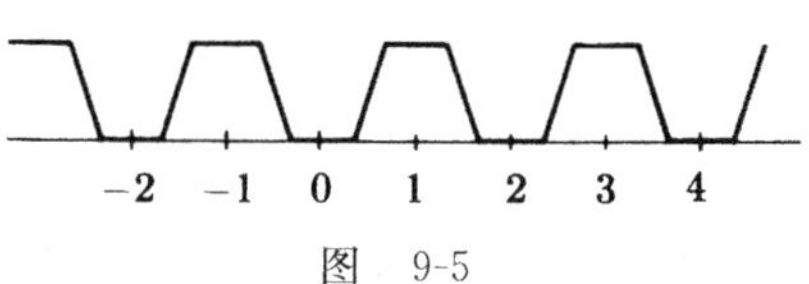

图　9-5

现在用下面的方程定义两个函数f_1和f_2：

$$f_1(t)=\sum_{n=1}^{\infty}\frac{\phi(3^{2n-2}t)}{2^n},\qquad f_2(t)=\sum_{n=1}^{\infty}\frac{\phi(3^{2n-1}t)}{2^n}.$$

这两个级数对于每个实数t都绝对收敛，而且它们在$\mathbf{R}$上一致收敛．事实上，因为对于一切t都有$|\phi(t)|\leqslant 1$，取$M_n=2^{-n}$则可以应用魏尔斯特拉斯M-检验法．因为ϕ在$\mathbf{R}$上连续，所以由定理9.7可知f_1和f_2在$\mathbf{R}$上也是连续的．设$f=(f_1, f_2)$，并设Γ表示单位区间$[0,1]$在f下的象．我们将证明Γ“填满”单位正方形，即$\Gamma=[0,1]\times[0,1]$.

224　首先，对于每个t显然有$0\leqslant f_1(t)\leqslant 1$和$0\leqslant f_2(t)\leqslant 1$，因为$\sum_{n=1}^{\infty}2^{-n}=1$．因而$\Gamma$是单位正方形的一个子集．其次，需要证明只要$(a,b)\in[0,1]\times[0,1]$，就有$(a,b)\in\Gamma$．为此，我们把$a$和$b$用二进制写出来，也就是说，把$a$和$b$写为

$$a=\sum_{n=1}^{\infty}\frac{a_n}{2^n},\qquad b=\sum_{n=1}^{\infty}\frac{b_n}{2^n},$$

其中每个a_n和每个b_n或者是0，或者是1．(见练习1.22.)现在设

$$c=2\sum_{n=1}^{\infty}\frac{c_n}{3^n},\quad \text{其中 } c_{2n-1}=a_n,\quad c_{2n}=b_n,\quad n=1,2,\cdots$$

明显有 $0\leqslant c\leqslant 1$，因为 $2\sum\limits_{n=1}^{\infty}3^{-n}=1$. 我们将证明 $f_1(c)=a$ 及 $f_2(c)=b$.

如果能证明

$$\phi(3^k c)=c_{k+1},\qquad 对于每一个\ k=0,\ 1,\ 2,\ \cdots, \tag{5}$$

则可得到 $\phi(3^{2n-2}c)=c_{2n-1}=a_n$ 和 $\phi(3^{2n-1}c)=c_{2n}=b_n$，而这将给出 $f_1(c)=a$，$f_2(c)=b$. 为了证明(5)式，我们写

$$3^k c=2\sum_{n=1}^{k}\frac{c_n}{3^{n-k}}+2\sum_{n=k+1}^{\infty}\frac{c_n}{3^{n-k}}=一个偶数的整数+d_k,$$

其中 $d_k=2\sum\limits_{n=1}^{\infty}c_{n+k}/3^n$. 因为 ϕ 以 2 为周期，由此可得

$$\phi(3^k c)=\phi(d_k).$$

如果 $c_{k+1}=0$，则有 $0\leqslant d_k\leqslant 2\sum\limits_{n=2}^{\infty}3^{-n}=1/3$，从而 $\phi(d_k)=0$. 因此在这种情况下可得 $\phi(3^k c)=c_{k+1}$. 剩下的只需考虑 $c_{k+1}=1$ 的情况. 此时我们可得 $2/3\leqslant d_k\leqslant 1$，从而 $\phi(d_k)=1$. 于是在一切情况下都有 $\phi(3^k c)=c_{k+1}$，这就证明了 $f_1(c)=a$，$f_2(c)=b$. 因而 Γ 能填满单位正方形.

9.8 一致收敛与黎曼-斯蒂尔切斯积分

定理 9.8 设 α 在 $[a, b]$ 上是有界变差函数，假定序列 $\{f_n\}$ 的每一项都是实值函数，使得对于每一个 $n=1, 2, \cdots$ 都有 $f_n\in R(\alpha)[a, b]$. 假定 $f_n\to f$ 一致于 $[a, b]$ 并定义 $g_n(x)=\int_a^x f_n(t)\mathrm{d}\alpha(t)$，当 $x\in[a, b]$，$n=1, 2, \cdots$. 于是我们有

a) $f\in R(\alpha)[a, b]$.

b) $g_n\to g$ 一致于 $[a, b]$，其中 $g(x)=\int_a^x f(t)\mathrm{d}\alpha(t)$.

注 本定理的结论蕴涵对于 $[a, b]$ 内的每一个 x 都可以写

$$\lim_{n\to\infty}\int_a^x f_n(t)\mathrm{d}\alpha(t)=\int_a^x\lim_{n\to\infty}f_n(t)\mathrm{d}\alpha(t).$$

这个性质经常描述为：一致收敛的序列可以被逐项积分. 225

证明 我们可以假定 α 是递增的，$\alpha(a)<\alpha(b)$. 为了证明(a)，我们将证明 f 在 $[a, b]$ 上满足关于 α 的黎曼条件.（见定理 7.19.）

给定 $\varepsilon>0$，选取 N 使得对于 $[a, b]$ 中的一切 x 都有

$$|f(x)-f_N(x)|<\frac{\varepsilon}{3[\alpha(b)-\alpha(a)]}.$$

于是，对于 $[a, b]$ 的每一个划分 P，可得(使用定义 7.14 的记号)

$$|U(P, f-f_N, \alpha)|\leqslant\frac{\varepsilon}{3}\quad 和\quad |L(P, f-f_N, \alpha)|\leqslant\frac{\varepsilon}{3},$$

对于这个 N，选取 P_ε 使得只要 P 比 P_ε 细，就有 $U(P, f_N, \alpha)-L(P, f_N, \alpha)<\varepsilon/3$.

于是对于这样的 P 我们有

$$\begin{aligned}U(P, f, \alpha)-L(P, f, \alpha) &\leqslant U(P, f-f_N, \alpha)-L(P, f-f_N, \alpha)+\\&\quad U(P, f_N, \alpha)-L(P, f_N, \alpha)\\&<|U(P, f-f_N, \alpha)|+|L(P, f-f_N, \alpha)|+\frac{\varepsilon}{3}\leqslant\varepsilon.\end{aligned}$$

这就证明了(a). 为了证明(b)，设 $\varepsilon>0$ 已给定，选取 N 使得对于一切 $n>N$ 及 $[a, b]$ 内的每一个 t 都有

$$|f_n(t)-f(t)|<\frac{\varepsilon}{2[\alpha(b)-\alpha(a)]}.$$

如果 $x\in[a, b]$，则有

$$|g_n(x)-g(x)|\leqslant\int_a^x|f_n(t)-f(t)|\,\mathrm{d}\alpha(t)\leqslant\frac{\alpha(x)-\alpha(a)}{\alpha(b)-\alpha(a)}\frac{\varepsilon}{2}\leqslant\frac{\varepsilon}{2}<\varepsilon.$$

这就证明 $g_n\to g$ 一致于 $[a, b]$. ■

定理 9.9 设 α 在 $[a, b]$ 上是有界变差函数，并假定 $\sum f_n(x)=f(x)$ (一致于 $[a, b]$)，其中每个 f_n 都是实值函数使得 $f_n\in R(\alpha)[a, b]$. 于是有

a) $f\in R(\alpha)[a, b]$.

b) $\displaystyle\int_a^x\sum_{n=1}^{\infty}f_n(t)\,\mathrm{d}\alpha(t)=\sum_{n=1}^{\infty}\int_a^x f_n(t)\,\mathrm{d}\alpha(t)$ (一致于 $[a, b]$).

证明 把定理 9.8 应用于部分和序列. ■

注 本定理可以描述为：一致收敛的级数可以被逐项积分.

9.9 可以被逐项积分的非一致收敛序列

226 如同在下面的例子中看到的，对于逐项积分而言，一致收敛是充分条件，但不是必要条件.

例 设 $f_n(x)=x^n$，当 $0\leqslant x\leqslant 1$. (见图 9-6.)极限函数 f 在 $[0, 1)$ 内的值为 0，而 $f(1)=1$. 因为这是一个连续函数序列而极限函数不连续，所以该序列在 $[0, 1]$ 上不是一致收敛的. 然而在此例中，逐项积分可以导致正确的结果. 事实上，我们有

$$\int_0^1 f_n(x)\,\mathrm{d}x=\int_0^1 x^n\,\mathrm{d}x=\frac{1}{n+1}\to 0 \text{ 当 } n\to\infty,$$

所以 $\lim\limits_{n\to\infty}\int_0^1 f_n(x)\,\mathrm{d}x=\int_0^1 f(x)\,\mathrm{d}x=0$.

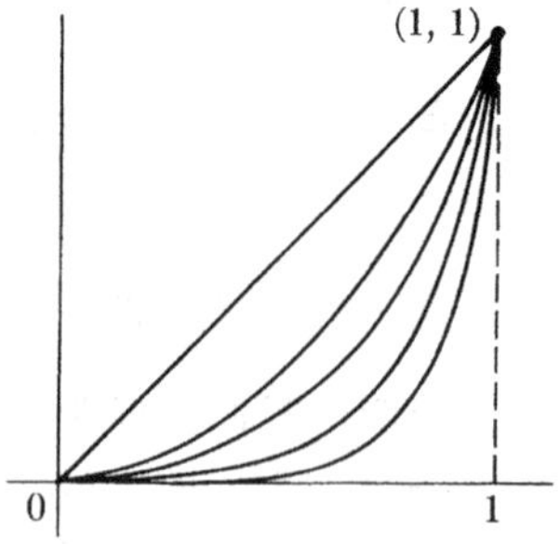

图 9-6

上例中的序列虽然在 $[0, 1]$ 上不一致收敛，但是它在 $[0, 1]$ 的任何一个不包含 1 的闭子区间上是一致收敛的. 下面一个定理是在这类例子中允许逐项积分的一个一般性的结果. 增加了的部分是我们假定 $\{f_n\}$ 在 $[a, b]$ 上一致有界，而且假定极限函数 f 是可积的.

定义 9.10 一个函数序列 $\{f_n\}$ 称为在 T 上是有界收敛的，如果 $\{f_n\}$ 在 T 上是点态

收敛的而且是一致有界的.

定理 9.11 设$\{f_n\}$在$[a, b]$是有界收敛序列. 假定每个$f_n\in R[a, b]$，而且极限函数$f\in R[a, b]$. 再假定$[a, b]$有一个划分P，譬如说是

$$P=\{x_0, x_1, \cdots, x_m\},$$

使得在不包含这些x_k中任何一点的每一个子区间$[c, d]$上，序列$\{f_n\}$一致收敛于f，于是，我们有

$$\lim_{n\to\infty}\int_a^b f_n(t)\mathrm{d}t=\int_a^b \lim_{n\to\infty} f_n(t)\mathrm{d}t=\int_a^b f(t)\mathrm{d}t. \tag{6}$$

证明 因为f是有界的而且$\{f_n\}$是一致有界的，所以存在正数M使得对于$[a, b]$内的一切x及一切$n\geqslant 1$有$|f(x)|\leqslant M$及$|f_n(x)|\leqslant M$. 给定$\varepsilon>0$使得$2\varepsilon<\|P\|$，设$h=\varepsilon/(2m)$，其中m是P的子区间的个数，并考虑$[a, b]$的由

$$P'=\{x_0, x_0+h, x_1-h, x_1+h, \cdots, x_{m-1}-h, x_{m-1}+h, x_m-h, x_m\}$$

给出的一个新的划分P'. 因为$|f-f_n|$在$[a, b]$上是可积的，而且以$2M$为界，所以 227
$|f-f_n|$在区间

$$[x_0, x_0+h], [x_1-h, x_1+h], \cdots, [x_{m-1}-h, x_{m-1}+h], [x_m-h, x_m]$$

上取的积分之和至多是$2M(2mh)=2M\varepsilon$. $[a, b]$的其余部分(称之为S)是有限个闭区间的并集，在其中每一个闭区间内$\{f_n\}$都一致收敛到f. 因此，存在整数N(仅依赖于ε)使得对于S内的一切x都有

$$|f(x)-f_n(x)|<\varepsilon \quad 只要\ n\geqslant N.$$

于是$|f-f_n|$在S的这些区间上的积分之和至多是$\varepsilon(b-a)$. 所以

$$\int_a^b |f(x)-f_n(x)|\mathrm{d}x\leqslant(2M+b-a)\varepsilon \quad 只要\ n\geqslant N.$$

这就证明当$n\to\infty$时$\int_a^b f_n(x)\mathrm{d}x\to\int_a^b f(x)\mathrm{d}x$. ■

有一个更强的归功于阿尔泽拉的定理不需要任何关于一致收敛的假设.

定理 9.12(阿尔泽拉) 假定$\{f_n\}$在$[a, b]$上是有界收敛的，并假定f_n在$[a, b]$上是黎曼可积的. 再假定极限函数f在$[a, b]$上是黎曼可积的，则有

$$\lim_{n\to\infty}\int_a^b f_n(x)\mathrm{d}x=\int_a^b \lim_{n\to\infty} f_n(x)\mathrm{d}x=\int_a^b f(x)\mathrm{d}x. \tag{7}$$

可以想象，阿尔泽拉定理的证明比定理 9.11 的证明更难. 在这里不准备给出该定理的证明. 在下一章我们将证明一个关于勒贝格积分的定理，那个定理包含阿尔泽拉定理作为一个特殊情况. (见定理 10.29.)

注 容易给出一个黎曼可积函数序列$\{f_n\}$有界收敛，而极限函数f不黎曼可积的例子. 如果$\{r_1, r_2, \cdots\}$表示由$[0, 1]$内的有理数构成的集合，对于全部$k=1, 2, \cdots, n$，当$x=r_k$时定义$f_n(x)$的值为 1，在其他情况下定义$f_n(x)=0$. 于是对于每个n，积分$\int_0^1 f_n(x)\mathrm{d}x=0$，但是点态极限函数$f$在$[0, 1]$上不是黎曼可积的.

9.10 一致收敛与微分

按照与定理9.2和定理9.8类似的方式，人们也许会期待下述结果成立：如果$f_n \to f$一致于$[a,\ b]$，而且f_n'对于每一个n都存在，则f'存在且$f_n' \to f'$一致于$[a,\ b]$. 然而，9.2节的例3表明此命题不可能成立. 虽然例3中的序列$\{f_n\}$在$\mathbf{R}$上一致收敛，但是序列$\{f_n'\}$在$\mathbf{R}$上甚至不是点态收敛的. 例如，$\{f_n'(0)\}$发散，因为$f_n'(0)=\sqrt{n}$. 因此对于微分
228 而言，与定理9.2和定理9.8类似的结果必定要取一种不同的形式.

定理9.13 假定$\{f_n\}$的每一项都是实值函数，它们在开区间$(a,\ b)$的每个点上都有有限的导数，假定$(a,\ b)$内至少有一点x_0使序列$\{f_n(x_0)\}$收敛，再假定存在一个函数g使得$f_n' \to g$一致于$(a,\ b)$，则：

a)存在一个函数f使得$f_n \to f$一致于$(a,\ b)$.

b)对于$(a,\ b)$内的每个x，导数$f'(x)$存在且等于$g(x)$.

证明 假定$c \in (a,\ b)$，定义一个新的序列$\{g_n\}$如下：

$$g_n(x)=\begin{cases}\dfrac{f_n(x)-f_n(c)}{x-c}, & 若\ x \neq c, \\ f_n'(c), & 若\ x=c. \end{cases} \tag{8}$$

如此定义的序列$\{g_n\}$依赖于对c的选择. 可以从定理的假设推知序列$\{g_n(c)\}$收敛，因为$g_n(c)=f_n'(c)$. 我们将证明$\{g_n\}$在$(a,\ b)$上一致收敛. 如果$x \neq c$，我们有

$$g_n(x)-g_m(x)=\frac{h(x)-h(c)}{x-c}, \tag{9}$$

其中$h(x)=f_n(x)-f_m(x)$. 现在$h'(x)$对于$(a,\ b)$内的每个x都存在且其值为$f_n'(x)-f_m'(x)$. 在(9)式中应用中值定理可得

$$g_n(x)-g_m(x)=f_n'(x_1)-f_m'(x_1), \tag{10}$$

其中x_1位于x与c之间. 因为$\{f_n'\}$在$(a,\ b)$上一致收敛(按照假设)，我们可以用(10)式与柯西条件(定理9.3)一起推出$\{g_n\}$在$(a,\ b)$上一致收敛.

现在能说明$\{f_n\}$在$(a,\ b)$上一致收敛了. 我们构造相应于特殊点$c=x_0$的特殊序列$\{g_n\}$，这里的x_0就是假定的使$\{f_n(x_0)\}$收敛的点. 从(8)式可以写

$$f_n(x)=f_n(x_0)+(x-x_0)g_n(x),$$

这是一个对于$(a,\ b)$内的每个x都成立的等式. 因而我们有

$$f_n(x)-f_m(x)=f_n(x_0)-f_m(x_0)+(x-x_0)[g_n(x)-g_m(x_0)].$$

由这个等式并借助于柯西条件可以建立$\{f_n\}$在$(a,\ b)$上的一致收敛性. 这就证明了(a).

为了证明(b)，先回到由(8)式对于$(a,\ b)$内的任意一点c定义的序列$\{g_n\}$，并设$G(x)=\lim\limits_{n\to\infty}g_n(x)$. f_n'存在这一假设的意思是$\lim\limits_{x\to c}g_n(x)=g_n(c)$. 换句话说，每个$g_n$在$c$点都是连续的. 因为$g_n \to G$一致于$(a,\ b)$，所以极限函数$G$在$c$点也是连续的. 这表明

229 $$G(c)=\lim_{x\to c}G(x), \tag{11}$$

该极限的存在性是要证的结论的一部分. 此外，对于$x \neq c$，我们有

$$G(x)=\lim_{n\to\infty}g_n(x)=\lim_{n\to\infty}\frac{f_n(x)-f_n(c)}{x-c}=\frac{f(x)-f(c)}{x-c}.$$

于是，(11)式说明导数 $f'(c)$存在且等于 $G(c)$. 但是

$$G(c)=\lim_{n\to\infty}g_n(c)=\lim_{n\to\infty}f'_n(c)=g(c),$$

因而有 $f'(c)=g(c)$. 因为 c 是(a, b)内的任意一点，这就证明了(b). ■

用级数的语言重述定理 9.13 可得

定理 9.14 假定每个 f_n 都是定义在(a, b)上的实值函数，导数 $f'_n(x)$对于(a, b)内的每个 x 都存在. 假定在(a, b)内至少有一个点 x_0 使级数$\sum f_n(x_0)$收敛. 进一步假定存在一个函数 g 使得$\sum f'_n(x)=g(x)$(一致于(a, b)). 于是：

a)存在一个函数 f 使得$\sum f_n(x)=f(x)$(一致于(a, b)).

b)如果 $x\in[a, b]$，则导数 $f'(x)$存在且等于$\sum f'_n(x)$.

9.11 级数一致收敛的充分条件

一致收敛级数的重要性在前面一些定理中得到了广泛的叙述. 因此人们自然希望寻找一些简单的方法检验级数的一致收敛性而不必在每一种情况下都使用一致收敛的定义. 在定理 9.6 中曾经叙述过一种这样的检验法，即魏尔斯特拉斯 M-检验法. 当 M-检验法不适用时，有其他几种检验法可能是有用的，其中之一类似于定理 8.28.

定理 9.15(一致收敛的狄利克雷检验法) 设 $F_n(x)$表示级数$\sum f_n(x)$的第 n 个部分和，其中每个 f_n 都是定义在集合 S 上的复值函数. 假定$\{F_n\}$在 S 上是一致有界的. 设$\{g_n\}$是一个实值函数序列，对于 S 内的每个 x 和每个 $n=1, 2, \cdots$ 都有 $g_{n+1}(x)\leqslant g_n(x)$，并假定 $g_n\to 0$ 一致于 S. 于是级数$\sum f_n(x)g_n(x)$在 S 上一致收敛.

证明 设 $s_n(x)=\sum_{k=1}^{n}f_k(x)g_k(x)$. 按部分求和公式我们有

$$s_n(x)=\sum_{k=1}^{n}F_k(x)(g_k(x)-g_{k+1}(x))+g_{n+1}(x)F_n(x),$$

由此，如果 $n>m$，则可写

$$s_n(x)-s_m(x)=\sum_{k=m+1}^{n}F_k(x)(g_k(x)-g_{k+1}(x))+g_{n+1}(x)F_n(x)-g_{m+1}(x)F_m(x).$$ 230

因此，如果 M 是$\{F_n\}$的一致界，则有

$$\begin{aligned}|s_n(x)-s_m(x)|&\leqslant M\sum_{k=m+1}^{n}(g_k(x)-g_{k+1}(x))+Mg_{n+1}(x)+Mg_{m+1}(x)\\&=M(g_{m+1}(x)-g_{n+1}(x))+Mg_{n+1}(x)+Mg_{m+1}(x)\\&=2Mg_{m+1}(x).\end{aligned}$$

因为 $g_n\to 0$ 一致于 S，所以此不等式(连同柯西条件一起)蕴涵$\sum f_n(x)g_n(x)$在 S 上一致收敛. ■

用一种类似的方式对定理 8.29(阿贝尔检验法)加以推广以导出一个一致收敛检验法，这对读者来说应该没有困难(练习 9.13).

例　设 $F_n(x)=\sum_{k=1}^{n}e^{ikx}$. 在上一章(见定理8.30)我们导出了不等式 $|F_n(x)|\leqslant 1/|\sin(x/2)|$，该不等式对于每一个实数 $x\neq 2m\pi$(m 是整数)成立. 因此，如果 $0<\delta<\pi$，则有估计式

$$|F_n(x)|\leqslant 1/\sin(\delta/2)\quad 当\ \delta\leqslant x\leqslant 2\pi-\delta.$$

于是，$\{F_n\}$在区间$[\delta, 2\pi-\delta]$上是一致有界的. 如果$\{g_n\}$满足定理9.15的条件，就可以断定级数$\sum g_n(x)e^{inx}$在$[\delta, 2\pi-\delta]$上一致收敛. 特别地，如果取 $g_n(x)=1/n$，而且 $0<\delta<\pi$，这就建立了级数

$$\sum_{n=1}^{\infty}\frac{e^{inx}}{n}$$

在$[\delta, 2\pi-\delta]$上的一致收敛性. 应注意在这种情况下用魏尔斯特拉斯 M-检验法不能证明一致收敛性，因为$|e^{inx}|=1$.

9.12　一致收敛与二重序列

作为一致收敛的一个不同类型的应用，我们来推导关于二重序列的下述定理，可以把该定理看作是定理8.39的逆定理.

定理 9.16　设 f 是一个二重序列，$\mathbf{Z}^+$ 表示正整数集合. 对于每个 $n=1, 2, \cdots$ 在 $\mathbf{Z}^+$ 上定义函数 g_n 如下：

$$g_n(m)=f(m, n),\qquad m\in\mathbf{Z}^+.$$

假定 $g_n\to g$ 一致于 $\mathbf{Z}^+$，其中 $g(m)=\lim_{n\to\infty}f(m, n)$. 如果累次极限 $\lim_{m\to\infty}(\lim_{n\to\infty}f(m, n))$ 存在，则二重极限 $\lim_{m,n\to\infty}f(m, n)$ 也存在，且有同样的值.

证明　给定 $\varepsilon>0$，选取 N_1 使得只要 $n>N_1$，就对于 $\mathbf{Z}^+$ 内的每个 m 有

231 $$|f(m, n)-g(m)|<\frac{\varepsilon}{2}.$$

设 $a=\lim_{m\to\infty}(\lim_{n\to\infty}f(m, n))=\lim_{m\to\infty}g(m)$. 对于这同一个 ε，选取 N_2 使得只要 $m>N_2$ 就有 $|g(m)-a|<\varepsilon/2$. 于是，如果 N 是 N_1 和 N_2 中较大的那个，则只要 $m>N$ 且 $n>N$，就有 $|f(m, n)-a|<\varepsilon$. 换句话说，我们有 $\lim_{m,n\to\infty}f(m, n)=a$. ■

9.13　平均收敛

本节中的函数可以是实值函数或复值函数.

定义 9.17　设$\{f_n\}$是定义在$[a, b]$上的黎曼可积函数序列，假定 $f\in R[a, b]$. 序列$\{f_n\}$称为在$[a, b]$上平均收敛到 f，并写为

$$\underset{n\to\infty}{\mathrm{l.i.m.}}\, f_n=f\quad 于[a, b],$$

如果

$$\lim_{n\to\infty}\int_a^b|f_n(x)-f(x)|^2\,dx=0.$$

如果不等式 $|f(x)-f_n(x)|<\varepsilon$ 对于 $[a, b]$ 内的每一个 x 都成立，则有 $\int_a^b |f(x)-f_n(x)|^2 \mathrm{d}x \leqslant \varepsilon^2(b-a)$. 因而，$\{f_n\}$ 在 $[a, b]$ 上一致收敛到 f 蕴涵着平均收敛，假定每个 f_n 在 $[a, b]$ 上都是黎曼可积的. 一个相当出乎人们意料的事实是，平均收敛未必蕴涵在该区间的任何一个点上的点态收敛. 可以从下面的例子中看出这一点：对于每个整数 $n\geqslant 0$，把区间 $[0, 1]$ 分成 2^n 个相等的子区间，并设 $\boldsymbol{I}_{2^n+k}$ 表示右端点是 $(k+1)/2^n$ 的子区间，其中 $k=0, 1, 2, \cdots, 2^n-1$. 这就得出了由 $[0, 1]$ 的子区间构成的一个集族 $\{I_1, I_2, \cdots\}$，其中最初的几个是：

$$I_1=[0, 1], \qquad I_2=\left[0, \frac{1}{2}\right], \qquad I_3=\left[\frac{1}{2}, 1\right],$$

$$I_4=\left[0, \frac{1}{4}\right], \qquad I_5=\left[\frac{1}{4}, \frac{1}{2}\right], \qquad I_6=\left[\frac{1}{2}, \frac{3}{4}\right],$$

等等. 在 $[0, 1]$ 上定义 f_n 如下：

$$f_n(x)=\begin{cases}1, & \text{若 } x\in I_n, \\ 0, & \text{若 } x\in[0, 1]-I_n.\end{cases}$$

于是 $\{f_n\}$ 平均收敛到 0，因为 $\int_0^1 |f_n(x)|^2 \mathrm{d}x$ 是 I_n 的长度，并且当 $n\to\infty$ 时，该长度趋向于 0. 另一方面，对于 $[0, 1]$ 内的每个 x，我们有

$$\limsup_{n\to\infty} f_n(x)=1 \quad \text{和} \quad \liminf_{n\to\infty} f_n(x)=0.$$

(为什么?)因而，$\{f_n(x)\}$ 对于 $[0, 1]$ 内的任何 x 都不收敛.

下面一个定理描述了平均收敛的重要性. 232

定理 9.18 假定在 $[a, b]$ 上 $\underset{n\to\infty}{\mathrm{l.i.m.}}\, f_n=f$. 如果 $g\in R[a, b]$，定义

$$h(x)=\int_a^x f(t)g(t)\mathrm{d}t, \qquad h_n(x)=\int_a^x f_n(t)g(t)\mathrm{d}t,$$

其中 $x\in[a, b]$. 则 $h_n\to h$ 一致于 $[a, b]$.

证明 本证明基于不等式

$$0\leqslant\left(\int_a^x |f(t)-f_n(t)||g(t)|\mathrm{d}t\right)^2\leqslant\left(\int_a^x |f(t)-f_n(t)|^2\mathrm{d}t\right)\left(\int_a^x |g(t)|^2\mathrm{d}t\right), \tag{12}$$

它是关于积分的柯西-施瓦茨不等式的直接应用. (见练习 7.16 对于柯西-施瓦茨不等式的说明及其证明梗概.)给定 $\varepsilon>0$，可以选取 N 使得只要 $n>N$，就有

$$\int_a^b |f(t)-f_n(t)|^2\mathrm{d}t<\frac{\varepsilon^2}{A}, \tag{13}$$

其中 $A=1+\int_a^b |g(t)|^2\mathrm{d}t$. 把(13)式代入(12)式中可以发现，只要 $n>N$，对于 $[a, b]$ 内的每一个 x 都有 $0\leqslant|h(x)-h_n(x)|<\varepsilon$. ■

这个定理在傅里叶级数理论中特别有用(见定理 11.16.). 下述推广也很有意义.

定理 9.19 假定在 $[a, b]$ 上 $\underset{n\to\infty}{\mathrm{l.i.m.}}\, f_n=f$ 及 $\underset{n\to\infty}{\mathrm{l.i.m.}}\, g_n=g$，定义

$$h(x)=\int_a^x f(t)g(t)\mathrm{d}t, \qquad h_n(x)=\int_a^x f_n(t)g_n(t)\mathrm{d}t,$$

其中 $x\in[a, b]$. 则 $h_n\to h$ 一致于$[a, b]$.

证明　我们有

$$h_n(x)-h(x)=\int_a^x(f-f_n)(g-g_n)\mathrm{d}t+\left(\int_a^x f_n g\,\mathrm{d}t-\int_a^x fg\,\mathrm{d}t\right)+\left(\int_a^x fg_n\,\mathrm{d}t-\int_a^x fg\,\mathrm{d}t\right).$$

应用柯西-施瓦茨不等式，我们可以写

$$0\leqslant\left(\int_a^x|f-f_n||g-g_n|\mathrm{d}t\right)^2\leqslant\left(\int_a^b|f-f_n|^2\mathrm{d}t\right)\left(\int_a^b|g-g_n|^2\mathrm{d}t\right).$$

233 本定理的证明现在是定理9.18的一个简单的推论. ■

9.14　幂级数

形如

$$a_0+\sum_{n=1}^{\infty}a_n(z-z_0)^n,$$

或者更简洁地写为

$$\sum_{n=0}^{\infty}a_n(z-z_0)^n \tag{14}$$

的无穷级数，称为 $z-z_0$ 的幂级数. 这里 z，z_0 和 $a_n(n=1, 2, \cdots)$都是复数. 每一个幂级数(14)联系着一个圆盘，称之为收敛圆盘，级数对于此圆盘内部的每一个 z 绝对收敛，对于此圆盘外部的每一个 z 发散. 此圆盘的圆心在 z_0 点，它的半径称为幂级数的收敛半径.（在极端情况下，收敛半径可以是0或者$+\infty$.）下面一个定理建立了收敛圆盘的存在性并给我们提供了一种计算收敛半径的方法.

定理9.20　给定一个幂级数 $\sum_{n=0}^{\infty}a_n(z-z_0)^n$，设

$$\lambda=\limsup_{n\to\infty}\sqrt[n]{|a_n|},\qquad r=\frac{1}{\lambda},$$

其中当 $\lambda=+\infty$ 时 $r=0$，当 $\lambda=0$ 时 $r=+\infty$. 于是该级数当 $|z-z_0|<r$ 时绝对收敛，当 $|z-z_0|>r$ 时发散. 而且，该级数在收敛圆盘内部的每一个紧子集上一致收敛.

证明　应用根检验法(定理8.26)，我们有

$$\limsup_{n\to\infty}\sqrt[n]{|a_n(z-z_0)^n|}=\frac{|z-z_0|}{r},$$

因此$\sum a_n(z-z_0)^n$ 当 $|z-z_0|<r$ 时绝对收敛，当 $|z-z_0|>r$ 时发散.

为了证明第二个论断，只需注意到，如果 T 是收敛圆盘的一个紧子集，则 T 内有一点 p 使得 $z\in T$ 蕴涵

$$|z-z_0|\leqslant|p-z_0|<r.$$

因而，对于 T 内的每个 z 都有 $|a_n(z-z_0)^n|\leqslant|a_n(p-z_0)^n|$，于是可以应用魏尔斯特拉斯 M-检验法. ■

注　如果极限$\lim\limits_{n\to\infty}|a_n/a_{n+1}|$存在(或如果此极限为$+\infty$)，它的值也等于幂级数(14)的收敛半径.（见练习9.30.）

例 1 $\sum_{n=0}^{\infty} z^n$ 与 $\sum_{n=1}^{\infty} z^n/n^2$ 这两个幂级数有同样的收敛半径，即 $r=1$. 在收敛圆盘的边界上，第一个幂级数无处收敛，第二个幂级数处处收敛. 234

例 2 级数 $\sum_{n=1}^{\infty} z^n/n$ 的收敛半径 $r=1$，但是它在 $z=1$ 处不收敛. 然而，由狄利克雷检验法(定理 8.28)可知它在收敛圆盘边界的其他点上处处收敛.

这些例子说明了为什么定理 9.20 没有对幂级数在它的收敛圆盘的边界上的性质作出任何论断.

定理 9.21 假定幂级数 $\sum_{n=0}^{\infty} a_n(z-z_0)^n$ 对于 $B(z_0;\ r)$ 内的每个 z 都收敛，则由等式

$$f(z)=\sum_{n=0}^{\infty} a_n(z-z_0)^n, \quad z\in B(z_0;\ r) \tag{15}$$

定义的函数 f 在 $B(z_0;\ r)$ 上连续.

证明 因为 $B(z_0;\ r)$ 内的每个点都属于 $B(z_0;\ r)$ 的某个紧子集，所以本定理的结论立即可以从定理 9.7 推出. ■

注 (15) 中的级数称为在 $B(z_0;\ r)$ 内表示 f，它也称为 f 在 z_0 附近的幂级数展开式. 有幂级数展开式的函数在收敛圆盘的内部是连续的. 然而，在收敛圆盘内部成立的论断远不止这一点. 我们稍后将会证明，这样的函数在收敛圆盘内部有每一阶的导数. 其证明要用到下述定理：

定理 9.22 假定 $\sum a_n(z-z_0)^n$ 当 $z\in B(z_0;\ r)$ 时收敛. 假设已知等式

$$f(z)=\sum_{n=0}^{\infty} a_n(z-z_0)^n$$

对于 $B(z_0;\ r)$ 的某个开子集 S 内的每一点 z 都成立. 于是，对于 S 内的每一点 z_1，存在一个邻域 $B(z_1;\ R)\subseteq S$，f 在此邻域中有形如

$$f(z)=\sum_{k=0}^{\infty} b_k(z-z_1)^k \tag{16}$$

的幂级数展开式，其中

$$b_k=\sum_{n=k}^{\infty}\binom{n}{k}a_n(z_1-z_0)^{n-k} \qquad (k=0,\ 1,\ 2,\ \cdots). \tag{17}$$

证明 如果 $z\in S$，则有

$$\begin{aligned} f(z)&=\sum_{n=0}^{\infty} a_n(z-z_0)^n=\sum_{n=0}^{\infty} a_n(z-z_1+z_1-z_0)^n \\ &=\sum_{n=0}^{\infty} a_n\sum_{k=0}^{n}\binom{n}{k}(z-z_1)^k(z_1-z_0)^{n-k}=\sum_{n=0}^{\infty}\sum_{k=0}^{\infty} c_n(k), \end{aligned}$$ 235

其中

$$c_n(k)=\begin{cases}\dbinom{n}{k}a_n(z-z_1)^k(z_1-z_0)^{n-k}, & 若\ k\leqslant n,\\ 0, & 若\ k>n.\end{cases}$$

现在选取 R 使得 $B(z_1;\ R)\subseteq S$，并假定 $z\in B(z_1;\ R)$. 于是累次级数 $\sum\limits_{n=0}^{\infty}\sum\limits_{k=0}^{\infty}c_n(k)$ 绝对收敛，因为

$$\sum_{n=0}^{\infty}\sum_{k=0}^{\infty}|c_n(k)|=\sum_{n=0}^{\infty}|a_n|(|z-z_1|+|z_1-z_0|)^n=\sum_{n=0}^{\infty}|a_n|(z_2-z_0)^n, \tag{18}$$

其中

$$z_2=z_0+|z-z_1|+|z_1-z_0|.$$

但是

$$|z_2-z_0|<R+|z_1-z_0|\leqslant r,$$

由此可知(18)式中的级数收敛. 因而，按照定理 8.43，我们可以交换求和的次序从而得到

$$f(z)=\sum_{k=0}^{\infty}\sum_{n=0}^{\infty}c_n(k)=\sum_{k=0}^{\infty}\sum_{n=k}^{\infty}\binom{n}{k}a_n(z-z_1)^k(z_1-z_0)^{n-k}=\sum_{k=0}^{\infty}b_k(z-z_1)^k,$$

其中 b_k 由(17)式给出. 这就完成了本定理的证明. ■

注　从该定理的证明过程中可以看出，我们可以使用满足条件

$$B(z_1;\ R)\subseteq S \tag{19}$$

的任何 $R>0$.

定理 9.23　假定 $\sum a_n(z-z_0)^n$ 对于 $B(z_0;\ r)$内的每一个 z 收敛，则由等式

$$f(z)=\sum_{n=0}^{\infty}a_n(z-z_0)^n,\quad z\in B(z_0;\ r) \tag{20}$$

定义的函数 f 对于 $B(z_0;\ r)$内的每个 z 都有导数 $f'(z)$，该导数由下式给出：

$$f'(z)=\sum_{n=1}^{\infty}na_n(z-z_0)^{n-1}. \tag{21}$$

注　(20)式和(21)式中的幂级数有同样的收敛半径.

证明　假定 $z_1\in B(z_0;\ r)$，并在 z_1 附近把 f 展开成幂级数，如(16)式中所示. 于是，如果 $z\in B(z_1;\ R)$，$z\neq z_1$，则有

236

$$\frac{f(z)-f(z_1)}{z-z_1}=b_1+\sum_{k=1}^{\infty}b_{k+1}(z-z_1)^k. \tag{22}$$

按照连续性，当 $z\to z_1$ 时，(22)式的右边趋向于 b_1. 于是 $f'(z_1)$存在且等于 b_1. 用(17)式计算 b_1 可得

$$b_1=\sum_{n=1}^{\infty}na_n(z_1-z_0)^{n-1}.$$

因为 z_1 是 $B(z_0;\ r)$的任意一点，所以这就证明了(21)式. 这两个级数有同样的收敛半

径，因为当 $n\to\infty$ 时 $\sqrt[n]{n}\to 1$. ■

注 重复应用(21)式可知，对于每个 $k=1, 2, \cdots$，导数 $f^{(k)}(z)$ 在 $B(z_0; r)$ 内存在，而且由下面的级数给出：

$$f^{(k)}(z)=\sum_{n=k}^{\infty}\frac{n!}{(n-k)!}a_n(z-z_0)^{n-k}. \tag{23}$$

如果在(23)式中取 $z=z_0$，则可得重要的公式

$$f^{(k)}(z_0)=k!\ a_k \quad (k=1, 2, \cdots). \tag{24}$$

这个等式告诉我们，如果两个幂级数 $\sum a_n(z-z_0)^n$ 和 $\sum b_n(z-z_0)^n$ 在一个邻域 $B(z_0; r)$ 内表示同一个函数，则对于每一个 n 都有 $a_n=b_n$. 也就是说，函数 f 在一个给定的点 z_0 附近的幂级数的展开式是唯一确定的(前提是如果它存在)，并由等式

$$f(z)=\sum_{n=0}^{\infty}\frac{f^{(n)}(z_0)}{n!}(z-z_0)^n$$

给出，该展开式对于收敛圆盘内的每个 z 都成立.

9.15 幂级数的乘法

定理 9.24 在原点附近给定了两个幂级数展开式，譬如说是

$$f(z)=\sum_{n=0}^{\infty}a_nz^n, \qquad 若\ z\in B(0; r),$$

和

$$g(z)=\sum_{n=0}^{\infty}b_nz^n, \qquad 若\ z\in B(0; R).$$

则乘积 $f(z)g(z)$ 由幂级数

$$f(z)g(z)=\sum_{n=0}^{\infty}c_nz^n, \qquad 若\ z\in B(0; r)\cap B(0; R)$$

给出，其中

$$c_n=\sum_{k=0}^{n}a_kb_{n-k} \quad (n=0, 1, 2, \cdots).$$ 237

证明 所给的两个级数的柯西乘积是

$$\sum_{n=0}^{\infty}\left(\sum_{k=0}^{n}a_kz^kb_{n-k}z^{n-k}\right)=\sum_{n=0}^{\infty}c_nz^n,$$

于是本定理的结论可以从定理 8.46(梅尔滕斯定理)推出. ■

注 如果这两个级数恒等，则可得

$$f(z)^2=\sum_{n=0}^{\infty}c_nz^n,$$

其中 $c_n=\sum_{k=0}^{n}a_ka_{n-k}=\sum_{m_1+m_2=n}a_{m_1}a_{m_2}$. 记号 $\sum_{m_1+m_2=n}$ 表示求和是对于全部和为 n 的

非负整数 m_1 和 m_2 进行的. 类似地，对于任何整数 $p>0$，我们有

$$f(z)^p=\sum_{n=0}^{\infty}c_n(p)z^n,$$

其中

$$c_n(p)=\sum_{m_1+\cdots+m_p=n}a_{m_1}\cdots a_{m_p}.$$

9.16 代入定理

定理 9.25 在原点附近给定了两个幂级数展开式，譬如说是

$$f(z)=\sum_{n=0}^{\infty}a_nz^n,\quad z\in B(0;\ r),$$

和

$$g(z)=\sum_{n=0}^{\infty}b_nz^n,\quad z\in B(0;\ R).$$

如果对于 $B(0;\ R)$ 内的一个固定的 z 有 $\sum_{n=0}^{\infty}|b_nz^n|<r$，则对于这个 z 可以写

$$f[g(z)]=\sum_{k=0}^{\infty}c_kz^k,$$

其中系数 c_k 是按照下面的方法得到的：由等式

$$g^n(z)=\left(\sum_{k=0}^{\infty}b_kz^k\right)^n=\sum_{k=0}^{\infty}b_k(n)z^k$$

定义各数 $b_k(n)$，然后对于 $k=0,1,2,\cdots$ 令 $c_k=\sum_{n=0}^{\infty}a_nb_k(n)$.

注 级数 $\sum_{k=0}^{\infty}c_kz^k$ 是在 f 的幂级数展开式中用 $g(z)$ 的幂级数代替 z，然后按 z 的
238 升幂顺序重排各项而形式地生成的幂级数.

证明 按照假设，我们可以选取 z 使得 $\sum_{n=0}^{\infty}|b_nz^n|<r$. 对于这个 z 我们有 $|g(z)|<r$，因此可以写

$$f[g(z)]=\sum_{n=0}^{\infty}a_ng(z)^n=\sum_{n=0}^{\infty}\sum_{k=0}^{\infty}a_nb_k(n)z^k.$$

如果可以交换求和的次序，则有

$$f[g(z)]=\sum_{k=0}^{\infty}\left(\sum_{n=0}^{\infty}a_nb_k(n)\right)z^k=\sum_{k=0}^{\infty}c_kz^k,$$

这就是要证明的结论. 为了证明确实可以交换求和的次序，我们将建立级数

$$\sum_{n=0}^{\infty}\sum_{k=0}^{\infty}|a_nb_k(n)z^k|=\sum_{n=0}^{\infty}|a_n|\sum_{k=0}^{\infty}|b_k(n)z^k|\tag{25}$$

的收敛性. 现在每一个数 $b_k(n)$ 都是一个形如

$$b_k(n)=\sum_{m_1+\cdots+m_n=k} b_{m_1}\cdots b_{m_n}$$

的有限和，因而$|b_k(n)|\leqslant \sum\limits_{m_1+\cdots+m_n=k}|b_{m_1}|\cdots|b_{m_n}|$. 另一方面，我们有

$$\left(\sum_{k=0}^{\infty}|b_k|z^k\right)^n=\sum_{k=0}^{\infty}B_k(n)z^k,$$

其中$B_k(n)=\sum\limits_{m_1+\cdots+m_n=k}|b_{m_1}|\cdots|b_{m_n}|$. 回到(25)式，我们有

$$\sum_{n=0}^{\infty}|a_n|\sum_{k=0}^{\infty}|b_k(n)z^k|\leqslant\sum_{n=0}^{\infty}|a_n|\sum_{k=0}^{\infty}B_k(n)|z^k|=\sum_{n=0}^{\infty}|a_n|\left(\sum_{k=0}^{\infty}|b_kz^k|\right)^n,$$

这就建立了(25)式的收敛性. ■

9.17 幂级数的倒数

作为代入定理的一个应用，我们将证明z的幂级数的倒数还是z的幂级数，只要常数项不为0.

定理 9.26 假定我们有

$$p(z)=\sum_{n=0}^{\infty}p_nz^n,\qquad 若\ z\in B(0;\ h),$$

其中$p(0)\neq 0$. 于是存在一个邻域$B(0;\ \delta)$，p的倒数在此邻域中有形如

$$\frac{1}{p(z)}=\sum_{n=0}^{\infty}q_nz^n$$

的幂级数展开式. 进一步还有$q_0=1/p_0$. 239

证明 不失一般性，我们可以假定$p_0=1$.（为什么?）于是$p(0)=1$. 设$P(z)=1+\sum\limits_{n=1}^{\infty}|p_nz^n|$，其中$z\in B(0;\ h)$. 按照连续性，存在邻域$B(0;\ \delta)$使得$|P(z)-1|<1$，其中$z\in B(0;\ \delta)$. 于是定理的结论可由应用定理 9.25 及下面的等式得到：

$$f(z)=\frac{1}{1-z}=\sum_{n=0}^{\infty}z^n\quad 和\quad g(z)=1-p(z)=\sum_{n=1}^{\infty}p_nz^n.$$ ■

9.18 实的幂级数

如果x，x_0和a_n都是实数，则级数$\sum a_n(x-x_0)^n$称为实的幂级数. 它的收敛圆盘交实轴于一个区间$(x_0-r,\ x_0+r)$，称为收敛区间.

每个实的幂级数都定义了一个实值的和函数，它在收敛区间内的每个x点上的值由

$$f(x)=\sum_{n=0}^{\infty}a_n(x-x_0)^n$$

给出. 该级数称为在收敛区间内表示f，并称为f在x_0附近的一个幂级数展开式.

在这里我们关心两个问题：

1)给定级数，找出和函数f的性质.

2)给定一个函数f，看它是否可以用一个幂级数来表示.

结果是只有相当特殊的函数才有幂级数展开式．不过，有幂级数展开式的函数类包括大量在实践中产生的例子，所以对它们的研究非常重要．

问题(1)可以用我们对于复的幂级数已经证明了的那些定理来回答．幂级数对于开的收敛区间$(x_0-r,\ x_0+r)$内的每个x绝对收敛，而且在收敛区间的每一个紧子集上一致收敛．因为幂级数的每一项都在**R**上连续，所以和函数f在收敛区间的每一个紧子集上连续，从而f在$(x_0-r,\ x_0+r)$上连续．

因为一致收敛，所以定理9.9告诉我们，可以在收敛区间内部的每一个紧子区间上对幂级数逐项积分．这样一来，对于$(x_0-r,\ x_0+r)$内的每一个x都有

$$\int_{x_0}^{x} f(t)\,\mathrm{d}t=\sum_{n=0}^{\infty} a_n\int_{x_0}^{x}(t-x_0)^n\,\mathrm{d}t=\sum_{n=0}^{\infty}\frac{a_n}{n+1}(x-x_0)^{n+1}.$$

被积的幂级数与积分所得的幂级数有相同的收敛半径．

240 和函数在收敛区间内有每一阶导数，这些导数可以由对级数逐项微分得到．此外，$f^{(n)}(x_0)=n!a_n$，所以和函数可以由幂级数

$$f(x)=\sum_{n=0}^{\infty}\frac{f^{(n)}(x_0)}{n!}(x-x_0)^n \tag{26}$$

来表示．

现在我们转到问题(2)．假定给出了一个定义在某个开区间$(x_0-r,\ x_0+r)$上的实值函数f，并假定f在该区间内有每一阶导数．于是我们当然能够构建出在(26)式右边的幂级数．该级数除了$x=x_0$以外对于任何x收敛吗？如果收敛，它的和函数与$f(x)$相等吗？一般来说，对于这两个问题的回答都是“否”．（见练习9.33中的反例．）肯定地回答这两个问题的一个必要且充分的条件在下一节借助于泰勒公式(定理5.19)给出．

9.19　由函数生成的泰勒级数

定义9.27　设f是定义在**R**内的一个区间I上的实值函数．如果f在I的每个点上有每一阶导数，我们就写$f\in C^{\infty}$于I．

如果在点c的某个邻域有$f\in C^{\infty}$，则幂级数

$$\sum_{n=0}^{\infty}\frac{f^{(n)}(c)}{n!}(x-c)^n$$

称为由f在点c附近生成的泰勒级数．为了表示是f生成的这个级数，我们写

$$f(x)\sim\sum_{n=0}^{\infty}\frac{f^{(n)}(c)}{n!}(x-c)^n.$$

我们感兴趣的问题是：什么时候我们可以用等号＝代替符号～？泰勒公式告诉我们，如果在闭区间$[a,\ b]$上$f\in C^{\infty}$，而且$c\in[a,\ b]$，则对于$[a,\ b]$内的每一个x和每一个n有

$$f(x)=\sum_{k=0}^{n-1}\frac{f^{(k)}(c)}{k!}(x-c)^k+\frac{f^{(n)}(x_1)}{n!}(x-c)^n, \tag{27}$$

其中x_1是在x与c之间的某个点．点x_1依赖于x和c，也依赖于n．于是泰勒级数收敛到$f(x)$的一个必要且充分的条件是

$$\lim_{n\to\infty}\frac{f^{(n)}(x_1)}{n!}(x-c)^n=0. \tag{28}$$

在实践中处理这个极限可能相当困难，因为未知点 x_1 的位置. 然而，在某些情况下，可以对于 $f^{(n)}(x_1)$得到一个适当的上界，从而可以证明该极限是零. 因为对于一切 A，当 241
$n\to\infty$时，$A^n/n!\ \to 0$，所以如果有一个正常数 M 使得对于$[a,\ b]$内的一切 x 都有

$$|f^{(n)}(x)|\leqslant M^n,$$

则等式(28)将肯定成立. 换句话说，函数 f 的泰勒级数收敛，如果 n 阶导数 $f^{(n)}$ 增长得不比某个正数的 n 次幂快. 这在下面的定理中得到更正式的表述.

定理 9.28　假定 $f\in C^{\infty}$ 于$[a,\ b]$，并设 $c\in[a,\ b]$. 假设有一个邻域 $B(c)$和一个正常数 M(它可能依赖于 c)使得对于 $B(c)\cap[a,\ b]$内的每一个 x 和每一个 $n=1,\ 2,\ \cdots$都有$|f^{(n)}(x)|\leqslant M^n$，则对于 $B(c)\cap[a,\ b]$内的每一个 x 都有

$$f(x)=\sum_{n=0}^{\infty}\frac{f^{(n)}(c)}{n!}(x-c)^n.$$

9.20　伯恩斯坦定理

本节将证明由伯恩斯坦(S. Bernstein)阐述的关于 f 的泰勒级数收敛性的另一个充分条件. 为了简化该条件的证明，我们先得出泰勒公式的另一种形式，它把误差项用一个积分表示出来.

定理 9.29　假设 f 在某个包含 c 的开区间 I 内有 $n+1$ 阶连续导数，而且对于 I 内的 x 用等式

$$f(x)=\sum_{k=0}^{n}\frac{f^{(k)}(c)}{k!}(x-c)^k+E_n(x) \tag{29}$$

定义 $E_n(x)$，则 $E_n(x)$也可以由下面的积分给出：

$$E_n(x)=\frac{1}{n!}\int_c^x(x-t)^nf^{(n+1)}(t)\mathrm{d}t. \tag{30}$$

证明　本证明对 n 使用归纳法. 对于 $n=1$ 我们有

$$E_1(x)=f(x)-f(c)-f'(c)(x-c)=\int_c^x[f'(t)-f'(c)]\mathrm{d}t=\int_c^xu(t)\mathrm{d}v(t),$$

其中 $u(t)=f'(t)-f'(c)$，$v(t)=t-x$. 进行分部积分可以得出

$$\int_c^xu(t)\mathrm{d}v(t)=u(x)v(x)-u(c)v(c)-\int_c^xv(t)\mathrm{d}u(t)=\int_c^x(x-t)f''(t)\mathrm{d}t.$$

这就对于 $n=1$ 证明了(30)式. 现在假设(30)式对于 n 成立，我们来证明(30)式对于 $n+1$ 成立. 从(29)式我们有

$$E_{n+1}(x)=E_n(x)-\frac{f^{(n+1)}(c)}{(n+1)!}(x-c)^{n+1}.$$ 242

把 $E_n(x)$写成一个积分并注意$(x-c)^{n+1}=(n+1)\int_c^x(x-t)^n\mathrm{d}t$，可得

$$E_{n+1}(x)=\frac{1}{n!}\int_c^x(x-t)^nf^{(n+1)}(t)\mathrm{d}t-\frac{f^{(n+1)}(c)}{n!}\int_c^x(x-t)^n\mathrm{d}t$$

$$=\frac{1}{n!}\int_c^x (x-t)^n[f^{(n+1)}(t)-f^{(n+1)}(c)]\mathrm{d}t=\frac{1}{n!}\int_c^x u(t)\mathrm{d}v(t),$$

其中 $u(t)=f^{(n+1)}(t)-f^{(n+1)}(c)$，$v(t)=-(x-t)^{n+1}/(n+1)$. 进行分部积分可得

$$E_{n+1}(x)=-\frac{1}{n!}\int_c^x v(t)\mathrm{d}u(t)=\frac{1}{(n+1)!}\int_c^x (x-t)^{n+1}f^{(n+2)}(t)\mathrm{d}t.$$

这就证明了(30)式. ■

注　用变量替换 $t=x+(c-x)u$ 可以把(30)式中的积分变形为

$$E_n(x)=\frac{(x-c)^{n+1}}{n!}\int_0^1 u^n f^{(n+1)}[x+(c-x)u]\mathrm{d}u. \tag{31}$$

定理 9.30(伯恩斯坦)　假设 f 及其一切导数在一个紧区间 $[b, b+r]$ 上都是非负的. 于是，如果 $b\leqslant x<b+r$，则泰勒级数

$$\sum_{k=0}^{\infty}\frac{f^{(k)}(b)}{k!}(x-b)^k$$

收敛到 $f(x)$.

证明　利用平移，可以假设 $b=0$. 如果 $x=0$，则结果是平凡的，所以假设 $0<x<r$. 利用带有余项的泰勒公式可以写

$$f(x)=\sum_{k=0}^{n}\frac{f^{(k)}(0)}{k!}x^k+E_n(x). \tag{32}$$

我们将证明误差项满足不等式

$$0\leqslant E_n(x)\leqslant\left(\frac{x}{r}\right)^{n+1}f(r). \tag{33}$$

这蕴涵当 $n\to\infty$ 时 $E_n(x)\to 0$，因为当 $0<x<r$ 时 $(x/r)^{n+1}\to 0$.

为了证明(33)式，我们用(31)式并取 $c=0$，对于 $[0, r]$ 内的每一个 x 可得

$$E_n(x)=\frac{x^{n+1}}{n!}\int_0^1 u^n f^{(n+1)}(x-xu)\mathrm{d}u,$$

如果 $x\neq 0$，设

243

$$F_n(x)=\frac{E_n(x)}{x^{n+1}}=\frac{1}{n!}\int_0^1 u^n f^{(n+1)}(x-xu)\mathrm{d}u.$$

函数 $f^{(n+1)}$ 在 $[0, r]$ 上是单调递增的，因为它的导数是非负的. 因此，当 $0\leqslant u\leqslant 1$ 时有

$$f^{(n+1)}(x-xu)=f^{(n+1)}[x(1-u)]\leqslant f^{(n+1)}[r(1-u)],$$

这蕴涵当 $0<x\leqslant r$ 时 $F_n(x)\leqslant F_n(r)$. 换句话说，有 $E_n(x)/x^{n+1}\leqslant E_n(r)/r^{n+1}$，或者

$$E_n(x)\leqslant\left(\frac{x}{r}\right)^{n+1}E_n(r). \tag{34}$$

在(32)式中令 $x=r$，可得 $E_n(r)\leqslant f(r)$，因为和式中的每一项都是非负的. 在(34)式中使用这个结果就可以得到(33)式，这样就完成了证明. ■

9.21　二项式级数

作为描述伯恩斯坦定理用途的一个例子，我们将得到下面一个展开式，称为二项

式级数：

$$(1+x)^a=\sum_{n=0}^{\infty}\binom{a}{n}x^n,\qquad 若 -1<x<1, \tag{35}$$

其中 a 是任意一个实数，$\binom{a}{n}=a(a-1)\cdots(a-n+1)/n!$. 伯恩斯坦定理在本例中不能直接应用. 但是我们可以按下述方式进行证明：设 $f(x)=(1-x)^{-c}$，其中 $c>0$，$x<1$，则有

$$f^{(n)}(x)=c(c+1)\cdots(c+n-1)(1-x)^{-c-n},$$

因而对于每个 n 都有 $f^{(n)}(x)\geqslant 0$，只要 $x<1$. 取 $b=-1$，$r=2$，应用伯恩斯坦定理可知，$f(x)$ 在点 $b=-1$ 附近有幂级数展开式对于 $-1\leqslant x\leqslant 1$ 收敛. 因此，按照定理 9.22，$f(x)$ 在 0 点附近也有幂级数展开式 $f(x)=\sum\limits_{k=0}^{\infty}f^{(k)}(0)x^k/k!$ 对于 $-1<x<1$ 收敛. 但是 $f^{(k)}(0)=\binom{-c}{k}(-1)^k k!$，所以有

$$\frac{1}{(1-x)^c}=\sum_{k=0}^{\infty}\binom{-c}{k}(-1)^k x^k,\qquad 若 -1<x<1. \tag{36}$$

在(36)式中用 $-a$ 代替 c，用 $-x$ 代替 x，可以发现(35)式对于每一个 $a<0$ 成立. 而现在利用逐次积分的方法可以把(35)式推广到全体实数 a.

当然，如果 a 是一个正整数，譬如说 $a=m$，则对于 $n>m$ 有 $\binom{m}{n}=0$，(35)式就化成了一个有限和(二项式定理).

9.22 阿贝尔极限定理

如果 $-1<x<1$，则对几何级数

$$\frac{1}{1-x}=\sum_{n=0}^{\infty}x^n$$ 244

进行积分可得级数展开式

$$\log(1-x)=-\sum_{n=1}^{\infty}\frac{x^n}{n}, \tag{37}$$

该式对于 $-1<x<1$ 也成立. 如果在(37)式的右边令 $x=-1$，可得一个收敛的交错级数，即 $\sum(-1)^{n+1}/n$. 是否可以在(37)式的左边也令 $x=-1$? 下面这个定理用肯定的方式回答了这个问题.

定理 9.31(阿贝尔极限定理) 假设有

$$f(x)=\sum_{n=0}^{\infty}a_n x^n,\qquad 若 -r<x<r. \tag{38}$$

如果该级数在 $x=r$ 时也收敛，则极限 $\lim\limits_{x\to r-}f(x)$ 存在，且有

$$\lim_{x\to r-}f(x)=\sum_{n=0}^{\infty}a_n r^n.$$

证明 为叙述简单起见，假设 $r=1$(这相当于改变比例尺). 于是对于 $-1<x<1$ 有 $f(x)=\sum a_nx^n$，而且 $\sum a_n$ 收敛. 记 $f(1)=\sum_{n=0}^{\infty}a_n$. 我们要证明 $\lim_{x\to 1-}f(x)=f(1)$，或者，换句话说，要证明 f 在 $x=1$ 处是从左边连续的.

如果用几何级数乘以 $f(x)$ 的级数，则利用定理 9.24 可得

$$\frac{1}{1-x}f(x)=\sum_{n=0}^{\infty}c_nx^n,\qquad 其中\ c_n=\sum_{k=0}^{n}a_k.$$

于是有

$$f(x)-f(1)=(1-x)\sum_{n=0}^{\infty}[c_n-f(1)]x^n,\qquad 若\ -1<x<1. \tag{39}$$

按照假设，$\lim_{n\to\infty}c_n=f(1)$. 因而，给定 $\varepsilon>0$，可以找到 N 使得只要 $n\geqslant N$ 就有 $|c_n-f(1)|<\varepsilon/2$. 如果把(39)中的和式分成两部分，则可得

$$f(x)-f(1)=(1-x)\sum_{n=0}^{N-1}[c_n-f(1)]x^n+(1-x)\sum_{n=N}^{\infty}[c_n-f(1)]x^n. \tag{40}$$

设 M 表示 $|c_n-f(1)|(n=0,1,2,\cdots,N-1)$ 这 N 个数中最大的一个. 如果 $0<x<1$，则由(40)可得

$$|f(x)-f(1)|\leqslant(1-x)NM+(1-x)\frac{\varepsilon}{2}\sum_{n=N}^{\infty}x^n$$

245

$$=(1-x)NM+(1-x)\frac{\varepsilon}{2}\frac{x^N}{1-x}<(1-x)NM+\frac{\varepsilon}{2}.$$

现在设 $\delta=\varepsilon/2NM$. 于是 $0<1-x<\delta$ 蕴涵 $|f(x)-f(1)|<\varepsilon$，这表明 $\lim_{x\to 1-}f(x)=f(1)$. 这就完成了证明. ■

例 可以在(37)式中令 $x=-1$ 而得到

$$\log 2=\sum_{n=1}^{\infty}\frac{(-1)^{n+1}}{n}.$$

(见练习 8.18 对此公式的另一种推导方法.)

作为阿贝尔极限定理的一个应用，我们能推导出关于级数乘法的下述结果：

定理 9.32 设 $\sum_{n=0}^{\infty}a_n$ 和 $\sum_{n=0}^{\infty}b_n$ 是两个收敛的级数，$\sum_{n=0}^{\infty}c_n$ 表示它们的柯西乘积. 如果 $\sum_{n=0}^{\infty}c_n$ 收敛，则有

$$\sum_{n=0}^{\infty}c_n=\left(\sum_{n=0}^{\infty}a_n\right)\left(\sum_{n=0}^{\infty}b_n\right).$$

注 这个结果与定理 8.46 类似，只是没有假定所给的两个级数中的任何一个是绝对收敛的. 但是，我们假定了它们的柯西乘积收敛.

证明 $\sum a_nx^n$ 和 $\sum b_nx^n$ 这两个幂级数对于 $x=1$ 都收敛，因而它们在邻域 $B(0;1)$ 内收敛. 运用定理 9.24，保持 $|x|<1$，并记

$$\sum_{n=0}^{\infty} c_n x^n = \left(\sum_{n=0}^{\infty} a_n x^n\right)\left(\sum_{n=0}^{\infty} b_n x^n\right),$$

现在令 $x \to 1-$，并应用阿贝尔极限定理即可. ■

9.23 陶伯定理

阿贝尔极限定理的逆命题一般来说不成立. 也就是说，如果 f 由(38)式给定，则极限 $f(r-)$ 可能存在，但是级数 $\sum a_n r^n$ 还是可能不收敛. 例如，取 $a_n = (-1)^n$，则当 $-1<x<1$ 时，$f(x)=1/(1+x)$，而且当 $x \to 1-$ 时 $f(x) \to 1/2$. 但是 $\sum(-1)^n$ 发散. 陶伯(A. Tauber)(1897)发现，如果对系数 a_n 进一步加以限制，则可以得到阿贝尔极限定理的一个逆定理. 现在已经知道了大量的此类结果，它们都称为陶伯定理. 这些定理中最简单的一个(有时候称为陶伯第一定理的)是下面这个定理：

定理 9.33(陶伯) 设对于 $-1<x<1$ 有 $f(x)=\sum_{n=0}^{\infty} a_n x^n$，并假定 $\lim_{n\to\infty} n a_n = 0$. 如果 $x \to 1-$ 时 $f(x) \to S$，则 $\sum_{n=0}^{\infty} a_n$ 收敛，其和为 S.

证明 设 $n\sigma_n = \sum_{k=0}^{n} k|a_k|$，则当 $n \to \infty$ 时 $\sigma_n \to 0$.（见定理 8.48 下面的注.）而且，如果 $x_n = 1-1/n$，则 $\lim_{n\to\infty} f(x_n) = S$. 于是，给定 $\varepsilon>0$，可以取到 N 使得只要 $n \geqslant N$，就有 246

$$|f(x_n)-S| < \frac{\varepsilon}{3}, \qquad \sigma_n < \frac{\varepsilon}{3}, \qquad n|a_n| < \frac{\varepsilon}{3}.$$

现在设 $s_n = \sum_{k=0}^{n} a_k$，则对于 $-1<x<1$ 可以写

$$s_n - S = f(x) - S + \sum_{k=0}^{n} a_k(1-x^k) - \sum_{k=n+1}^{\infty} a_k x^k.$$

现在保持 x 在 $(0, 1)$ 内，则对于每一个 k 都有

$$(1-x^k) = (1-x)(1+x+\cdots+x^{k-1}) \leqslant k(1-x),$$

因而，如果 $n \geqslant N$ 且 $0<x<1$，就有

$$|s_n - S| \leqslant |f(x)-S| + (1-x)\sum_{k=0}^{n} k|a_k| + \frac{\varepsilon}{3n(1-x)}.$$

取 $x = x_n = 1-1/n$ 可得 $|s_n - S| < \varepsilon/3 + \varepsilon/3 + \varepsilon/3 = \varepsilon$. 这就完成了证明. ■

注 另一个陶伯定理见练习 9.37.

练习

一致收敛

9.1 假定 $f_n \to f$ 一致于 S，并假定每个 f_n 在 S 上都是有界的. 证明 $\{f_n\}$ 在 S 上是一致有界的.

9.2 定义两个序列 $\{f_n\}$ 和 $\{g_n\}$ 如下：

$$f_n(x) = x\left(1+\frac{1}{n}\right), \qquad 若\ x \in \mathbf{R}, \quad n = 1, 2, \cdots,$$

$$g_n(x)=\begin{cases}\dfrac{1}{n}, & \text{若 } x=0 \text{ 或 } x \text{ 是无理数},\\ b+\dfrac{1}{n}, & \text{若 } x \text{ 是有理数，譬如说 } x=\dfrac{a}{b}, \quad b>0.\end{cases}$$

设 $h_n(x)=f_n(x)g_n(x)$.

a)证明$\{f_n\}$和$\{g_n\}$在每一个有界区间上都一致收敛.

b)证明$\{h_n\}$在任何有界区间上不一致收敛.

9.3　假定 $f_n\to f$ 一致于 S，$g_n\to g$ 一致于 S.

a)证明 $f_n+g_n\to f+g$ 一致于 S.

b)设 $x\in S$ 时 $h_n(x)=f_n(x)g_n(x)$，$h(x)=f(x)g(x)$. 练习 9.2 表明，论断 $h_n\to h$ 一致于 S 一
247 般来说是不正确的. 证明如果每个 f_n 和每个 g_n 在 S 上都是有界的，则该论断是正确的.

9.4　假定 $f_n\to f$ 一致于 S，并假设有一个常数 $M>0$ 使得对于 S 内的一切 x 和一切 n 都有 $|f_n(x)|\leqslant M$. 设 g 在圆盘 $B(0;M)$ 的闭包上连续，并定义 $h_n(x)=g[f_n(x)]$，$h(x)=g[f(x)]$，当 $x\in S$. 证明 $h_n\to h$ 一致于 S.

9.5　a)设 $f_n(x)=1/(nx+1)$，当 $0<x<1$，$n=1, 2, \cdots$ 时证明$\{f_n\}$在$(0, 1)$上点态收敛，但是不一致收敛.

b)设 $g_n(x)=x/(nx+1)$，当 $0<x<1$，$n=1, 2, \cdots$ 时证明 $g_n\to 0$ 一致于$(0, 1)$.

9.6　设 $f_n(x)=x^n$. 序列$\{f_n\}$在$[0, 1]$上点态收敛，但不一致收敛. 设 g 在$[0, 1]$上连续，且 $g(1)=0$. 证明序列$\{g(x)x^n\}$在$[0, 1]$上一致收敛.

9.7　假定 $f_n\to f$ 一致于 S，而且每个 f_n 都在 S 上连续. 当 $x\in S$ 时，设$\{x_n\}$是 S 内的一个点列使得 $x_n\to x$，证明 $f_n(x_n)\to f(x)$.

9.8　设$\{f_n\}$是定义在一个紧集 S 上的连续函数序列，并假定$\{f_n\}$在 S 上点态收敛到极限函数 f. 证明 $f_n\to f$ 一致于 S，当且仅当下面两个条件成立：

i)极限函数 f 在 S 上连续.

ii)对于每个 $\varepsilon>0$，都存在 $m>0$ 和 $\delta>0$，使得对于 S 内的一切 x 和全部 $k=1, 2, \cdots$，只要 $n>m$ 和 $|f_k(x)-f(x)|<\delta$ 就有 $|f_{k+n}(x)-f(x)|<\varepsilon$.

提示：为了证明(i)和(ii)的充分性，证明对于 S 内的每一个 x_0 有一个邻域 $B(x_0)$ 和一个整数 k(依赖于 x_0)使得

$$|f_k(x)-f(x)|<\delta, \qquad \text{若 } x\in B(x_0).$$

按照紧性，整数的一个有限集，譬如说是 $A=\{k_1, \cdots, k_r\}$，有这样的性质，即对于 S 中的每个 x，有 A 中的某个 k 满足 $|f_k(x)-f(x)|<\delta$. 一致收敛是此事实的一个简单推论.

9.9　a)利用练习 9.8 证明下述迪尼(Dini)定理：如果$\{f_n\}$是在一个紧集 S 上点态收敛到一个连续的极限函数 f 的实值连续函数序列，而且对于 S 内的每个 x 和每一个 $n=1, 2, \cdots$ 都有 $f_n(x)\geqslant f_{n+1}(x)$，则 $f_n\to f$ 一致于 S.

b)利用练习 9.5(a)中的序列证明 S 的紧性在迪尼定理中是必不可少的.

9.10　设对于实数 x 和 $n\geqslant 1$ 有 $f_n(x)=n^c x(1-x^2)^n$. 证明$\{f_n\}$在$[0, 1]$上对于每一个实数 c 点态收敛. 确定使此收敛在$[0, 1]$上是一致收敛的那些 c 以及在$[0, 1]$上逐项积分可导致正确结果的那些 c 的值.

9.11　证明$\sum x^n(1-x)$在$[0, 1]$上点态收敛但不一致收敛，而$\sum(-1)^n x^n(1-x)$在$[0, 1]$上一致收敛. 这表明$\sum f_n(x)$一致收敛及$\sum|f_n(x)|$点态收敛未必蕴涵$\sum|f_n(x)|$一致收敛.

9.12　假定对于 T 内的每一个 x 和每一个 $n=1, 2, \cdots$ 都有 $g_{n+1}(x)\leqslant g_n(x)$，并假定 $g_n\to 0$ 一致于 T.

证明$\sum(-1)^{n+1}g_n(x)$在 T 上一致收敛.

9.13 证明关于一致收敛的阿贝尔检验法：设$\{g_n\}$是一个实值函数序列使得对于 T 内的每一个 x 和每一个 $n=1,2,\cdots$都有 $g_{n+1}(x)\leqslant g_n(x)$，如果$\{g_n\}$在 T 上一致有界且$\sum f_n(x)$在 T 上一致收敛，则$\sum f_n(x)g_n(x)$在 T 上也一致收敛. 248

9.14 设当 $x\in\mathbf{R}$ 时 $f_n(x)=x/(1+nx^2)$，$n=1,2,\cdots$，求出序列$\{f_n\}$的极限函数 f 和序列$\{f_n'\}$的极限函数 g.

a)证明 $f'(x)$对于每一个 x 都存在但是 $f'(0)\neq g(0)$. 对 x 的什么值有 $f'(x)=g(x)$?

b)在 $\mathbf{R}$ 的什么样的子区间上 $f_n\to f$ 是一致的?

c)在 $\mathbf{R}$ 的什么样的子区间上 $f_n'\to g$ 是一致的?

9.15 设当 $x\in\mathbf{R}$ 时 $f_n(x)=(1/n)\mathrm{e}^{-n^2x^2}$，$n=1,2,\cdots$，证明 $f_n\to 0$ 一致于 $\mathbf{R}$，$f_n'\to 0$ 点态于 $\mathbf{R}$，但是在包含原点的任何区间上$\{f_n'\}$的收敛不是一致的.

9.16 设$\{f_n\}$是定义在$[0,1]$上的实值连续函数序列，并假定 $f_n\to f$ 一致于$[0,1]$. 证明下式成立或不成立：

$$\lim_{n\to\infty}\int_0^{1-1/n}f_n(x)\mathrm{d}x=\int_0^1 f(x)\mathrm{d}x.$$

9.17 来自 Slobbovia 的一些数学家认为黎曼积分太复杂，所以他们用 Slobbovia 积分代替黎曼积分，定义如下：如果 f 是定义在$[0,1]$内的有理数集合 $\mathbf{Q}$ 上的函数，则 f 的 Slobbovia 积分(用 $S(f)$ 表示)定义为极限

$$S(f)=\lim_{n\to\infty}\frac{1}{n}\sum_{k=1}^{n}f\left(\frac{k}{n}\right),$$

只要这个极限存在. 设$\{f_n\}$是一个函数序列，$S(f_n)$对于每一个 n 存在，而且 $f_n\to f$ 一致于 $\mathbf{Q}$，证明$\{S(f_n)\}$收敛及 $S(f)$存在，而且当 $n\to\infty$时 $S(f_n)\to S(f)$.

9.18 设当 $0\leqslant x\leqslant 1$ 时 $f_n(x)=1/(1+n^2x^2)$，$n=1,2,\cdots$，证明$\{f_n\}$在$[0,1]$上点态收敛但不一致收敛. 是否可以对它逐项积分?

9.19 证明当 $\alpha>1/2$ 时 $\sum\limits_{n=1}^{\infty}x/n^{\alpha}(1+nx^2)$ 在 $\mathbf{R}$ 内的每一个有限区间上一致收敛. 它在 $\mathbf{R}$ 上一致收敛吗?

9.20 证明级数$\sum\limits_{n=1}^{\infty}((-1)^n/\sqrt{n})\sin(1+(x/n))$在 $\mathbf{R}$ 的每一个紧子集上一致收敛.

9.21 证明级数 $\sum\limits_{n=0}^{\infty}(x^{2n+1}/(2n+1)-x^{n+1}/(2n+2))$在$[0,1]$上点态收敛但不一致收敛.

9.22 证明如果 $\sum\limits_{n=1}^{\infty}|a_n|$收敛，则$\sum\limits_{n=1}^{\infty}a_n\sin nx$ 和$\sum\limits_{n=1}^{\infty}a_n\cos nx$ 在 $\mathbf{R}$ 上一致收敛.

9.23 设$\{a_n\}$是一个正项递减序列. 证明级数$\sum a_n\sin nx$ 在 $\mathbf{R}$ 上一致收敛，当且仅当 $n\to\infty$时 $na_n\to 0$.

9.24 给定一个收敛级数$\sum\limits_{n=1}^{\infty}a_n$，证明狄利克雷级数$\sum\limits_{n=1}^{\infty}a_n n^{-s}$ 在半无穷区间 $0\leqslant s<+\infty$ 上一致收敛. 用此结果证明$\lim\limits_{s\to 0+}\sum\limits_{n=1}^{\infty}a_n n^{-s}=\sum\limits_{n=1}^{\infty}a_n$. 249

9.25 证明级数$\zeta(s)=\sum\limits_{n=1}^{\infty}n^{-s}$ 在每一个半无穷区间 $1+h\leqslant s<+\infty$ 上一致收敛，其中 $h>0$. 证明等式

$$\zeta'(s)=-\sum_{n=1}^{\infty}\frac{\log n}{n^s}$$

对于每一个 $s>1$ 成立，并对于 k 阶导数 $\zeta^{(k)}(s)$ 得出一个类似的公式.

平均收敛

9.26　设 $f_n(x)=n^{3/2}xe^{-n^2x^2}$. 证明 $\{f_n\}$ 在 $[-1, 1]$ 上点态收敛到 0，但是在 $[-1, 1]$ 上 $\underset{n\to\infty}{\text{l.i.m.}} f_n\neq 0$.

9.27　假定 $\{f_n\}$ 在 $[a, b]$ 上点态收敛到 f，在 $[a, b]$ 上 $\underset{n\to\infty}{\text{l.i.m.}} f_n=g$. 证明如果 f 和 g 都在 $[a, b]$ 上连续，则 $f=g$.

9.28　设 $0\leqslant x\leqslant\pi$ 时 $f_n(x)=\cos^n x$.

a)证明在 $[0, \pi]$ 上 $\underset{n\to\infty}{\text{l.i.m.}} f_n=0$，但是 $\{f_n(\pi)\}$ 不收敛.

b)证明 $\{f_n\}$ 在 $[0, \pi/2]$ 上点态收敛但不一致收敛.

9.29　设 $0\leqslant x\leqslant 1/n$ 或 $2/n\leqslant x\leqslant 1$ 时，$f_n(x)=0$，而当 $1/n<x<2/n$ 时，设 $f_n(x)=n$. 证明 $\{f_n\}$ 在 $[0, 1]$ 上点态收敛到 0，但是在 $[0, 1]$ 上 $\underset{n\to\infty}{\text{l.i.m.}} f_n\neq 0$.

幂级数

9.30　如果 r 是 $\sum a_n(z-z_0)^n$ 的收敛半径，其中每一个 $a_n\neq 0$，证明

$$\liminf_{n\to\infty}\left|\frac{a_n}{a_{n+1}}\right|\leqslant r\leqslant\limsup_{n\to\infty}\left|\frac{a_n}{a_{n+1}}\right|.$$

9.31　已知幂级数 $\sum_{n=0}^{\infty}a_nz^n$ 的收敛半径是 2，求出下列各级数的收敛半径：

a) $\sum_{n=0}^{\infty}a_n^kz^n$，　　b) $\sum_{n=0}^{\infty}a_nz^{kn}$，　　c) $\sum_{n=0}^{\infty}a_nz^{n^2}$.

在(a)和(b)中，k 是固定的正整数.

9.32　已知幂级数 $\sum_{n=0}^{\infty}a_nx^n$ 的系数由一个形如

$$a_n+Aa_{n-1}+Ba_{n-2}=0\quad(n=2, 3, \cdots)$$

的等式联系着. 证明对于任何使这个幂级数收敛的 x，该幂级数的和为

$$\frac{a_0+(a_1+Aa_0)x}{1+Ax+Bx^2}.$$

9.33　设 $x\neq 0$ 时 $f(x)=e^{-1/x^2}$，$f(0)=0$.

a)证明 $f^{(n)}(0)$ 对于一切 $n\geqslant 1$ 存在.

250　b)证明在 0 附近由 f 生成的泰勒级数在 $\mathbf{R}$ 上处处收敛，但它仅在原点处表示 f.

9.34　证明二项式级数 $(1+x)^{\alpha}=\sum_{n=0}^{\infty}\binom{\alpha}{n}x^n$ 在点 $x=\pm 1$ 上有下述性质：

a)当 $x=-1$ 时，该级数对于 $\alpha\geqslant 0$ 收敛，对于 $\alpha<0$ 发散.

b)当 $x=1$ 时，该级数对于 $\alpha\leqslant -1$ 发散，对于在区间 $-1<\alpha<0$ 内的 α 条件收敛，对于 $\alpha\geqslant 0$ 绝对收敛.

9.35　证明如果 $\sum a_n$ 收敛，则 $\sum a_nx^n$ 在 $[0, 1]$ 上一致收敛. 用这个事实给出阿贝尔极限定理的另一个证明.

9.36　如果每个 $a_n\geqslant 0$ 且 $\sum a_n$ 发散，证明当 $x\to 1-$ 时 $\sum a_nx^n\to+\infty$.（假定 $\sum a_nx^n$ 对于 $|x|<1$ 收敛.）

9.37　如果每个 $a_n\geqslant 0$，而且 $\lim_{x\to 1-}\sum a_nx^n$ 存在并等于 A，证明 $\sum a_n$ 收敛，其和为 A.（与定理 9.33 比较.）

9.38　对于每个实数 t 定义 $f_t(x)=xe^{xt}/(e^x-1)$，当 $x\in\mathbf{R}$，$x\neq 0$，$f_t(0)=1$.

a)证明有一个圆盘 $B(0; \delta)$，f_t 在此圆盘中可以表示为 x 的一个幂级数.

b)用等式

$$f_t(x)=\sum_{n=0}^{\infty}P_n(t)\frac{x^n}{n!},\qquad 若\ x\in B(0;\delta)$$

定义 $P_0(t)$，$P_1(t)$，$P_2(t)$，…，并用恒等式

$$\sum_{n=0}^{\infty}P_n(t)\frac{x^n}{n!}=\mathrm{e}^{tx}\sum_{n=0}^{\infty}P_n(0)\frac{x^n}{n!}$$

证明 $P_n(t)=\sum_{k=0}^{n}\binom{n}{k}P_k(0)t^{n-k}$. 这表明每个函数 P_n 都是一个多项式. 这些多项式称为伯努利(Bernoulli)多项式. 数 $B_n=P_n(0)(n=0,1,2\cdots)$称为伯努利数. 推导出下述进一步的性质：

c)$B_0=1$，$B_1=-\frac{1}{2}$，　$\sum_{k=0}^{n-1}\binom{n}{k}B_k=0$，若 $n=2,3,\cdots$

d)$P_n'(t)=nP_{n-1}(t)$，若 $n=1,2,\cdots$

e)$P_n(t+1)-P_n(t)=nt^{n-1}$，若 $n=1,2,\cdots$

f)$P_n(1-t)=(-1)^nP_n(t)$

g)$B_{2n+1}=0$，若 $n=1,2,\cdots$

h)$1^n+2^n+\cdots+(k-1)^n=\frac{P_{n+1}(k)-P_{n+1}(0)}{n+1}\qquad(n=2,3,\cdots)$.

参考文献

9.1 Hardy, G. H., *Divergent Series*. Oxford Univ. Press, Oxford, 1949.

9.2 Hirschmann, I. I., *Infinite Series*. Holt, Rinehart and Winston, New York, 1962.

9.3 Knopp, K., *Theory and Application of Infinite Series*, 2nd ed. R. C. Young, translator. Hafner, New York, 1948. 251

第 10 章　勒贝格积分

10.1　引言

黎曼积分$\int_a^b f(x)\mathrm{d}x$，就像在第 7 章中所陈述的那样，是目的很明确的，它叙述起来很简单，而且对于初等微积分的所有需要都是有用的. 然而，这种积分不能满足高等分析的全部要求. 本章将讨论黎曼积分的一种扩展，称为*勒贝格积分*. 勒贝格积分允许用更一般的函数作为被积函数，能够同时处理有界函数和无界函数，并且使我们能够用更一般的集合去代替区间$[a, b]$.

勒贝格积分也给出了一些更令人满意的收敛性定理. 如果一个函数序列$\{f_n\}$在区间$[a, b]$上点态地收敛于一个极限函数 f，那么可以期待在一种最少的附加假设下断定

$$\lim_{n\to\infty}\int_a^b f_n(x)\mathrm{d}x=\int_a^b f(x)\mathrm{d}x$$

这种类型的最终结果是勒贝格的*控制收敛定理*，它允许逐项积分，只要序列$\{f_n\}$中的每一项都是勒贝格可积的，而且这个序列由一个勒贝格可积函数所控制. （见定理 10.27.）在这里勒贝格积分是必不可少的，该定理对于黎曼积分不成立.

在黎曼的积分方法中，积分区间被划分成有限个子区间. 在勒贝格的积分方法中，积分区间被划分成更一般类型的集合，这些集合称为*可测集*. 在 1902 年发表的一篇经典的论文“Integrale, longueur aire”中，勒贝格给出了点集的测度的定义，并用这一概念阐述了他的新型积分.

从勒贝格的早期工作开始，测度理论和积分理论经历了很多总结和修改. 杨(Young)、丹尼尔(Daniell)、里斯(Riesz)、斯通(Stone)以及其他人的工作表明，勒贝格积分可以通过一种不依赖于测度理论而是直接着眼于函数及其积分的方法来引入. 本章采用这种方法，就像在参考文献 10.10 中所概括的那样. 唯一需要的出自测度理论的概念是*零测度集*，有时也把它说成*测度为零的集合*，这是在第 7 章曾介绍过的一种简单的思
252 想. 稍后，我们将简洁地指出测度理论可以如何借助勒贝格积分而得到发展.

10.2　阶梯函数的积分

这里所用的方法是首先对阶梯函数定义积分，然后对于一个较大的函数类(称为上函数)来定义，这个较大的函数类中包含了某些递增的阶梯函数序列的极限函数，最后对于一个更大的函数类，即勒贝格可积函数类来定义.

我们回顾一个定义在紧区间$[a, b]$上的函数 s，它称为阶梯函数，如果$[a, b]$有一个划分 $P=\{x_0, x_1, \cdots, x_n\}$使得 s 在每一个开的子区间上都是常数，譬如说

$$s(x)=c_k,\quad x\in(x_{k-1}, x_k).$$

阶梯函数在每一个子区间$[x_{k-1}, x_k]$上都是黎曼可积的，而且在这个子区间上的积分由

$$\int_{x_{k-1}}^{x_k} s(x)\mathrm{d}x = c_k(x_k - x_{k-1})$$

给出，而不管 s 在端点上的值是多少．因此 s 在$[a, b]$上的黎曼积分等于下式中的和：

$$\int_a^b s(x)\mathrm{d}x = \sum_{k=1}^{n} c_k(x_k - x_{k-1}). \tag{1}$$

注　如果以等式(1)作为阶梯函数的勒贝格积分的定义，则勒贝格理论的展开可以不必预先了解黎曼积分的知识．需要注意的是在(1)中的和是不依赖于对 P 的选择的，只要 s 在 P 形成的开子区间上是常数．

宜去掉对阶梯函数的定义域在紧的方面的限制．

定义 10.1　用 I 来表示一个一般的区间(有界的、无界的、开的、闭的或者半开的)．一个函数 s 称为 I 上的一个阶梯函数，如果 I 有一个紧子区间$[a, b]$使得 s 在$[a, b]$上是一个阶梯函数，而当 $x \in I - [a, b]$ 时 $s(x)=0$. s 在 I 上的积分用$\int_I s(x)\mathrm{d}x$ 或者$\int_I s$ 来表示，定义为 s 在$[a, b]$上的积分，就像(1)式所给出的那样．

当然，s 可能在许多紧区间$[a, b]$外面的值都是 0，但是 s 的积分是不依赖于对$[a, b]$的选择的．

两个阶梯函数的和以及乘积也是阶梯函数．以下关于阶梯函数积分的性质是很容易利用前面的定义推导出来的：

$$\int_I (s+t) = \int_I s + \int_I t; \quad \int_I cs = c\int_I s, \qquad \text{对任意常数 } c;$$

$$\int_I s \leqslant \int_I t, \qquad \text{若 } s(x) \leqslant t(x)\text{，对于 } I \text{ 内的所有 } x. $$ 253

另外，如果 I 能被表示为有限个子区间的并集，譬如说 $I = \bigcup_{r=1}^{p} [a_r, b_r]$，其中任何两个子区间都没有公共的内点，则有

$$\int_I s(x)\mathrm{d}x = \sum_{r=1}^{p} \int_{a_r}^{b_r} s(x)\mathrm{d}x.$$

10.3　单调的阶梯函数序列

定义在集合 S 上的实值函数序列$\{f_n\}$称为在 S 上是递增的，如果对于 S 内的一切 x 及全部 n 有

$$f_n(x) \leqslant f_{n+1}(x).$$

递减序列是满足与上式相反的不等式的序列．

注　我们提醒读者，$\mathbf{R}$ 的一个子集 T 被说成测度为 0，如果对于每一个 $\varepsilon>0$，T 都可以被一个可数的区间族所覆盖，这个区间族中全部区间的长度之和小于 ε．如果某个性质在 S 上除了一个测度为 0 的集合(称为零测度集)之外处处成立，那么我们就说这个性质在集合 S 上几乎处处成立(写作 a. e. 于 S)．

记号　如果$\{f_n\}$在集合 S 上是一个递增的函数序列，使得在 S 上几乎处处有$f_n \to f$，则我们用下面的记号来表示：

$$f_n \nearrow f \quad \text{a.e 于} S.$$

类似地，记号 $f_n \searrow f$　a.e. 于 S 表示$\{f_n\}$在 S 上是一个递减序列，它在 S 上几乎处处收敛于 f.

下一个定理是关于一个一般的区间 I 上的递减的阶梯函数序列的.

定理 10.2　设$\{s_n\}$是一个递减的非负阶梯函数序列，使得 $s_n \searrow 0$　a.e. 于区间 I. 于是

$$\lim_{n\to\infty}\int_I s_n = 0.$$

证明　证明的思想是对区间 I 进行分解，把 s_n 的积分写成

$$\int_I s_n = \int_A s_n + \int_B s_n,$$

其中 A，B 中的每一个都是有限个区间的并集. 集合 A 的选择是使得当 n 足够大时，它所含的区间上的被积函数很小. 在集合 B 所含的区间上，被积函数未必小，但是 B 所含的区间长度的总和很小. 为了实现这个思想，我们如下进行.

有一个紧区间$[a, b]$，s_1 在$[a, b]$之外为 0. 因为对于 I 内所有的 x 有

$$0 \leqslant s_n(x) \leqslant s_1(x),$$

254 所以在$[a, b]$之外每一个 s_n 均为 0. 现在 s_n 在$[a, b]$的某个划分的每一个开子区间上都是常数. 用 D_n 表示由这些子区间的端点所成的集合，并且设 $D = \bigcup_{n=1}^{\infty} D_n$. 因为每一个 D_n 都是有限集，所以 D 是可数集，而且它的测度为 0. 用 E 表示由区间$[a, b]$内的不使序列$\{s_n\}$收敛于 0 的点所成的集合. 按照假设，E 的测度为零，所以集合

$$F = D \cup E$$

的测度也为零. 因此，如果给定 $\varepsilon>0$，就可以用由开区间 F_1，F_2，…构成的一个可数的区间族来覆盖 F，这些区间的长度之和小于 ε.

现在假设 $x \in [a, b]-F$. 于是 $x \notin E$，所以当 $n\to\infty$时，$s_n(x)\to 0$. 因此有一个整数 $N=N(x)$使得 $s_N(x)<\varepsilon$. 而且，$x \notin D$，所以 x 是 s_N 的某个常数区间的内点. 因此，有一个开区间 $B(x)$使得对于 $B(x)$中所有的 t 都有 $s_N(t)<\varepsilon$. 因为$\{s_n\}$是递减的，所以对于一切 $n \geqslant N$ 和 $B(x)$内的一切 t 也有

$$s_n(t) < \varepsilon. \tag{2}$$

当 x 取遍$[a, b]-F$ 时，由此得到的全部区间 $B(x)$组成的集合与区间 F_1，F_2，…一起形成$[a, b]$的一个开覆盖. 因为$[a, b]$是紧集，所以存在有限的子覆盖，譬如说

$$[a, b] \subseteq \bigcup_{i=1}^{p} B(x_i) \cup \bigcup_{r=1}^{q} F_r.$$

设 N_0 表示整数 $N(x_1)$，…，$N(x_p)$中的最大值. 从(2)式可以看出，对于一切 $n \geqslant N_0$ 和 $\bigcup_{i=1}^{p} B(x_i)$ 内的一切 t，都有

$$s_n(t)<\varepsilon. \tag{3}$$

现在定义 A 和 B 如下：

$$B=\bigcup_{r=1}^{q} F_r, \qquad A=[a, b]-B.$$

于是 A 是有限个不相交的区间的并集，并且有

$$\int_I s_n=\int_a^b s_n=\int_A s_n+\int_B s_n.$$

首先我们估计在 B 上的积分. 设 M 为 s_1 在$[a, b]$上的一个上界，因为$\{s_n\}$是递减的，所以对于$[a, b]$内的一切 x 都有 $s_n(x)\leqslant s_1(x)\leqslant M$. 在 B 内的区间长度之和小于ε，所以有

$$\int_B s_n\leqslant M\varepsilon.$$

其次我们估计在 A 上的积分. 因为 $A\subseteq\bigcup_{i=1}^{p} B(x_i)$，所以不等式(3)表明，当 $x\in A$ 且 $n\geqslant N_0$ 时有 $s_n(x)<\varepsilon$. 在 A 内的区间长度之和不超过 $b-a$，所以有估计

$$\int_A s_n\leqslant(b-a)\varepsilon \quad 当\ n\geqslant N_0.$$ 255

这两个估计一起可以给出$\int_I s_n\leqslant(M+b-a)\varepsilon$，当 $n\geqslant N_0$，而这就表明$\lim\limits_{n\to\infty}\int_I s_n=0$.

■

定理 10.3 设$\{t_n\}$是区间 I 上的一个阶梯函数序列，使得

a)有一个函数 f 使得$t_n\nearrow f$ a. e. 于 I，

和

b)序列 $\left\{\int_I t_n\right\}$ 收敛.

则对于使 $t(x)\leqslant f(x)$a. e. 于 I 的任何阶梯函数 t，有

$$\int_I t\leqslant\lim_{n\to\infty}\int_I t_n. \tag{4}$$

证明 在 I 上定义一个新的非负阶梯函数序列$\{s_n\}$如下：

$$s_n(x)=\begin{cases}t(x)-t_n(x) & 当\ t(x)\geqslant t_n(x),\\ 0 & 当\ t(x)<t_n(x).\end{cases}$$

注意 $s_n(x)=\max\{t(x)-t_n(x), 0\}$. 现在$\{s_n\}$在 I 上是递减的，因为$\{t_n\}$在 I 上是递增的，而且 $s_n(x)\to\max\{t(x)-f(x), 0\}$a. e. 于 I. 但是 $t(x)\leqslant f(x)$a. e. 于 I，所以 $s_n\searrow 0$a. e. 于 I. 因此，由定理 10.2 可得$\lim\limits_{n\to\infty}\int_I s_n=0$. 但是对于 I 内的一切 x 都有$s_n(x)\geqslant t(x)-t_n(x)$，所以

$$\int_I s_n\geqslant\int_I t-\int_I t_n.$$

现在令 $n\to\infty$就可以得到(4)式. ■

10.4　上函数及其积分

设 $S(I)$ 表示由区间 I 上的全部阶梯函数组成的集合. 勒贝格积分已经对于 $S(I)$ 内的全部函数都有了定义，现在我们将把这个定义扩充到一个较大的函数类 $U(I)$ 上，它包含某些递增的阶梯函数序列的极限函数. 这个函数类中的函数称为上函数，它们的定义如下：

定义 10.4　定义在区间 I 上的实值函数 f 称为 I 上的一个上函数并记为 $f\in U(I)$，如果存在一个递增的阶梯函数序列 $\{s_n\}$ 使得

a) $s_n \nearrow f$　a.e. 于 I；

和

b) $\lim\limits_{n\to\infty}\int_I s_n$ 是有限的.

这时称序列 $\{s_n\}$ 生成 f. f 在 I 上的积分定义为如下的等式：

256 $$\int_I f=\lim_{n\to\infty}\int_I s_n. \tag{5}$$

注　因为 $\left\{\int_I s_n\right\}$ 是一个递增的实数序列，所以条件(b) 等价于说 $\left\{\int_I s_n\right\}$ 是上有界的.

下面的定理表明(5)式中积分的定义是有明确意义的.

定理 10.5　假定 $f\in U(I)$，并设 $\{s_n\}$ 和 $\{t_m\}$ 是生成 f 的两个函数序列，则有

$$\lim_{n\to\infty}\int_I s_n=\lim_{m\to\infty}\int_I t_m.$$

证明　序列 $\{t_m\}$ 满足定理 10.3 中的假设(a)和(b)，并且对于每一个 n 都有

$$s_n(x)\leqslant f(x)\quad \text{a.e. 于 } I,$$

所以由(4)式可得

$$\int_I s_n\leqslant\lim_{m\to\infty}\int_I t_m.$$

因为此式对于每一个 n 都成立，所以有

$$\lim_{n\to\infty}\int_I s_n\leqslant\lim_{m\to\infty}\int_I t_m.$$

把序列 $\{t_m\}$ 与 $\{s_n\}$ 交换，则同样的讨论可以得到相反的不等式并完成证明. ■

容易看出，每一个阶梯函数都是一个上函数，而且它们的作为由(5)式给出的积分和在 10.2 节中作为较早的定义所给出的是同样的. 关于上函数积分的进一步性质将在下面的定理中叙述.

定理 10.6　假设 $f\in U(I)$ 且 $g\in U(I)$，则有：

a) $(f+g)\in U(I)$ 且

$$\int_I(f+g)=\int_I f+\int_I g.$$

b) 对于每一个常数 $c\geqslant 0$ 有 $cf\in U(I)$，且有

$$\int_I cf = c\int_I f.$$

c)如果 $f(x)\leqslant g(x)$ a. e. 于 I，则有$\int_I f\leqslant\int_I g$.

注 在(b)中要求 $c\geqslant 0$ 是必要的. 有一些 $f\in U(I)$但是$-f\notin U(I)$的例子(见练习 10.4). 然而，如果 $f\in U(I)$且 $s\in S(I)$，则有 $f-s\in U(I)$，因为 $f-s=f+(-s)$.

证明 (a)和(b)是阶梯函数相应性质的简单推论. 为了证明(c)，设$\{s_m\}$是一个生成 f 的序列，$\{t_n\}$是一个生成 g 的序列. 于是 $s_m\nearrow f$ a. e. 于 I 且 $t_n\nearrow g$ a. e. 于 I，而且 257

$$\lim_{m\to\infty}\int_I s_m=\int_I f,\qquad \lim_{n\to\infty}\int_I t_n=\int_I g.$$

但是对于每一个 m，我们有

$$s_m(x)\leqslant f(x)\leqslant g(x)=\lim_{n\to\infty}t_n(x)\quad \text{a. e 于} I.$$

因此，由定理 10.3，

$$\int_I s_m\leqslant\lim_{n\to\infty}\int_I t_n=\int_I g.$$

现在，令 $m\to\infty$就可以得到(c)的结论. ■

下面的定理叙述了(c)的一个重要推论.

定理 10.7 如果 $f\in U(I)$，$g\in U(I)$，且 $f(x)=g(x)$ a. e. 于 I，则有$\int_I f=\int_I g$.

证明 我们在 I 上几乎处处有两个不等式 $f(x)\leqslant g(x)$和 $g(x)\leqslant f(x)$，所以由定理 10.6(c) 可以得到$\int_I f\leqslant\int_I g$ 和$\int_I g\leqslant\int_I f$. ■

定义 10.8 设 f 和 g 是定义在区间 I 上的实值函数. 我们定义两个函数 $\max(f, g)$和 $\min(f, g)$，对于 I 内的每一个 x 其值分别为 $\max\{f(x), g(x)\}$和 $\min\{f(x), g(x)\}$.

读者很容易验证最大函数和最小函数的下述性质：

a) $\max(f, g)+\min(f, g)=f+g$，

b) $\max(f+h, g+h)=\max(f, g)+h$，$\min(f+h, g+h)=\min(f, g)+h$.

如果 $f_n\nearrow f$ a. e. 于 I，且 $g_n\nearrow g$ a. e. 于 I，则有

c) $\max(f_n, g_n)\nearrow\max(f, g)$ a. e 于 I，$\min(f_n, g_n)\nearrow\min(f, g)$ a. e. 于 I.

定理 10.9 如果 $f\in U(I)$，$g\in U(I)$，则 $\max(f, g)\in U(I)$，$\min(f, g)\in U(I)$.

证明 设$\{s_n\}$和$\{t_n\}$分别为生成 f 和 g 的阶梯函数序列，并设 $u_n=\max(s_n, t_n)$，$v_n=\min(s_n, t_n)$. 则 u_n 和 v_n 是阶梯函数，使得 $u_n\nearrow\max(f, g)$ a. e. 于 I，$v_n\nearrow\min(f, g)$ a. e. 于 I.

为了证明 $\min(f, g)\in U(I)$，只需证明序列$\left\{\int_I v_n\right\}$是上有界的. 但是 $v_n=\min(s_n, t_n)\leqslant f$ a. e. 于 I，所以$\int_I v_n\leqslant\int_I f$. 因此序列$\left\{\int_I v_n\right\}$收敛. 序列$\left\{\int_I u_n\right\}$也是

收敛的，因为由性质(a)，$u_n=s_n+t_n-v_n$，因此可得

$$\int_I u_n=\int_I s_n+\int_I t_n-\int_I v_n\to\int_I f+\int_I g-\int_I \min(f,\ g). \qquad ■$$

258 下面这个定理描述了这种积分关于积分区间的加法性质.

定理 10.10 设区间 I 是两个子区间的并，譬如说 $I=I_1\cup I_2$，其中 I_1 与 I_2 没有公共的内点.

a)如果 $f\in U(I)$且 $f\geqslant 0$a.e. 于 I，则 $f\in U(I_1)$，$f\in U(I_2)$，而且

$$\int_I f=\int_{I_1} f+\int_{I_2} f. \tag{6}$$

b)假定 $f_1\in U(I_1)$，$f_2\in U(I_2)$，并设 f 在 I 上定义如下：

$$f(x)=\begin{cases}f_1(x), & 若\ x\in I_1,\\ f_2(x), & 若\ x\in I-I_1.\end{cases}$$

则 $f\in U(I)$，且

$$\int_I f=\int_{I_1} f_1+\int_{I_2} f_2.$$

证明 如果$\{s_n\}$是一个在 I 上生成 f 的递增的阶梯函数序列，对于 I 内的每个 x 设 $s_n^+(x)=\max\{s_n(x),\ 0\}$，那么$\{s_n^+\}$是一个在 I 上生成 f 的非负递增的阶梯函数序列(因为 $f\geqslant 0$)．此外，对于 I 的每一个子区间 J，我们有$\int_J s_n^+\leqslant\int_I s_n^+\leqslant\int_I f$，所以$\{s_n^+\}$在 J 上生成 f，并且有

$$\int_I s_n^+=\int_{I_1} s_n^++\int_{I_2} s_n^+,$$

所以令 $n\to\infty$可以得出(a)．对(b)的证明作为练习留给读者. ■

注 对于可以表示为有限个两两无公共内点的子区间的并集的区间有相应的定理(可以用归纳法证明).

10.5 黎曼可积函数作为上函数的例子

下面的定理表明上函数类包括全部黎曼可积函数.

定理 10.11 设 f 在紧区间$[a,\ b]$上定义且有界，假设 f 在$[a,\ b]$上几乎处处连续．于是 $f\in U([a,\ b])$，f 作为 $U([a,\ b])$ 内的一个函数，它的积分等于黎曼积分$\int_a^b f(x)\mathrm{d}x$.

证明 设 $P_n=\{x_0,\ x_1,\ \cdots,\ x_{2^n}\}$是把$[a,\ b]$划分为 2^n 个区间长度为$(b-a)/2^n$ 的相等的子区间的划分．P_{n+1} 的子区间则是把 P_n 的子区间二等分得到的．设

259 $$m_k=\inf\{f(x):\ x\in[x_{k-1},\ x_k]\},\qquad 1\leqslant k\leqslant 2^n,$$

并在$[a,\ b]$上定义阶梯函数 s_n 如下：

$$s_n(x)=m_k,\qquad 若\ x_{k-1}<x\leqslant x_k;\qquad s_n(a)=m_1.$$

于是对于$[a,\ b]$内的全部 x 都有 $s_n(x)\leqslant f(x)$．另外，$\{s_n\}$是递增的，因为 f 在$[x_{k-1},$

x_k]的一个子区间上的下确界不会小于它在区间$[x_{k-1}, x_k]$上的下确界.

接下来，我们证明在使 f 连续的每一个内点上有 $s_n(x) \to f(x)$. 因为 f 在区间$[a, b]$上的间断点集的测度为零，所以这将表明在$[a, b]$上几乎处处有 $s_n \to f$. 如果 f 在 x 点连续，则对于每一个 $\varepsilon > 0$ 都有 δ(依赖于 x 和 ε)，使得只要 $x-\delta < y < x+\delta$，就有 $f(x)-\varepsilon < f(y) < f(x)+\varepsilon$. 设 $m(\delta)=\inf\{f(y): y\in(x-\delta, x+\delta)\}$，则有 $f(x)-\varepsilon \leqslant m(\delta)$所以 $f(x)\leqslant m(\delta)+\varepsilon$. 某个划分 P_N 有一个子区间$[x_{k-1}, x_k]$包含 x 并位于区间$(x-\delta, x+\delta)$之内. 因此，

$$s_N(x)=m_k \leqslant f(x) \leqslant m(\delta)+\varepsilon \leqslant m_k+\varepsilon = s_N(x)+\varepsilon.$$

但是对于所有的 n 有 $s_n(x)\leqslant f(x)$，对于所有的 $n\geqslant N$ 有 $s_N(x)\leqslant s_n(x)$. 因此，

$$s_n(x) \leqslant f(x) \leqslant s_n(x)+\varepsilon, \quad n \geqslant N,$$

这表明当 $n\to\infty$时 $s_n(x)\to f(x)$.

积分序列$\left\{\int_a^b s_n\right\}$收敛，因为它是一个递增序列，而且以 $M(b-a)$ 为上界，其中 $M=\sup\{f(x): x\in[a, b]\}$. 此外，还有

$$\int_a^b s_n = \sum_{k=1}^{2n} m_k(x_k - x_{k-1}) = L(P_n, f),$$

其中$L(P_n, f)$是一个黎曼下和. 因为一个递增序列的极限等于它的上确界，所以积分序列$\left\{\int_a^b s_n\right\}$收敛于 f 在区间$[a, b]$上的积分. $\left(\text{黎曼积分}\int_a^b f(x)\mathrm{d}x\text{ 存在，因为有勒贝格检验法，即定理 7.48.}\right)$ ■

注　上面已经提到过，存在函数 $f\in U(I)$使得$-f\notin U(I)$. 因此函数类 $U(I)$确实比 I 上的黎曼可积函数类大，因为如果在 I 上有 $f\in R$，则在 I 上也有 $-f\in R$.

10.6　一般区间上的勒贝格可积函数类

如果 u 和 v 是上函数，则 $u-v$ 的差未必是上函数. 我们希望通过扩大可积函数类的方法来消除这个不令人满意的性质.

定义 10.12　我们用 $L(I)$表示由具有 $f=u-v$ 这种形式的全部函数 f 所组成的集合，其中 $u\in U(I), v\in U(I)$. 在 $L(I)$中的每一个函数 f 称为在 I 上是勒贝格可积的，它的积分由下面的等式定义：

$$\int_I f = \int_I u - \int_I v. \tag{7}$$ 260

如果 $f\in L(I)$，则把 f 写成两个上函数的差 $u-v$ 的方式可能不止一种. 下面的定理表明 f 的积分不依赖于对 u 和 v 的选择.

定理 10.13　设 u, v, u_1, v_1 为 $U(I)$中的函数，使得 $u-v=u_1-v_1$. 于是有

$$\int_I u - \int_I v = \int_I u_1 - \int_I v_1. \tag{8}$$

证明　函数 $u+v_1$ 和 u_1+v 都在 $U(I)$ 中，而且 $u+v_1=u_1+v$. 因此，根据定理 10.6(a)，我们有$\int_I u+\int_I v_1=\int_I u_1+\int_I v$，此式证明(8)式成立. ■

注　如果在扩充实数系 $\mathbf{R}^*$ 中区间 I 有端点 a 和 b，其中 $a\leqslant b$，也可以把勒贝格积分$\int_I f$ 写作

$$\int_a^b f \quad 或 \quad \int_a^b f(x)\mathrm{d}x.$$

我们还定义$\int_b^a f=-\int_a^b f$.

如果$[a, b]$是一个紧区间，则在$[a, b]$上黎曼可积的每一个函数都在 $U([a, b])$内，因此也在 $L([a, b])$内.

10.7　勒贝格积分的基本性质

定理 10.14　假定 $f\in L(I)$，$g\in L(I)$，则有：

a) 对于每一个实数 a 和 b，有$(af+bg)\in L(I)$，而且

$$\int_I (af+bg)=a\int_I f+b\int_I g.$$

b) $\int_I f\geqslant 0$，　若 $f(x)\geqslant 0$ a. e 于 I.

c) $\int_I f\geqslant \int_I g$，　若 $f(x)\geqslant g(x)$ a. e 于 I.

d) $\int_I f=\int_I g$，　若 $f(x)=g(x)$ a. e 于 I.

证明　(a)很容易从定理 10.6 得到. 为证明(b)，我们写 $f=u-v$，其中 $u\in U(I)$，$v\in U(I)$，那么 $u(x)\geqslant v(x)$ a. e. 于 I，因此，由定理 10.6c)，我们有$\int_I u\geqslant\int_I v$，因此可得

$$\int_I f=\int_I u-\int_I v\geqslant 0.$$

把(b)应用于 $f-g$，可以得到(c). 应用(c)两次，可以得到(d). ■

定义 10.15　如果 f 是实值函数，它的正的部分用 f^+ 表示，它的负的部分用 f^- 表示，分别由下面的等式来定义：

261 $$f^+=\max(f, 0), \qquad f^-=\max(-f, 0).$$

注意 f^+ 和 f^- 都是非负函数，而且

$$f=f^+-f^-, \qquad |f|=f^++f^-.$$

例子如图 10-1 所示.

定理 10.16　如果 f 和 g 均在 $L(I)$ 中，则函数 f^+，f^-，$|f|$，$\max(f, g)$，$\min(f, g)$也在 $L(I)$中，并且有

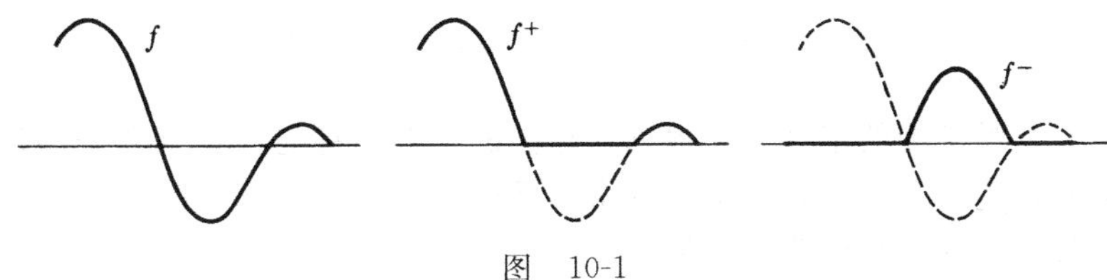

图　10-1

$$\left|\int_I f\right| \leqslant \int_I |f|. \tag{9}$$

证明　设 $f=u-v$，其中 $u\in U(I)$，$v\in U(I)$，则有

$$f^+=\max(u-v,\ 0)=\max(u,\ v)-v.$$

但是由定理 10.9，$\max(u,\ v)\in U(I)$，$v\in U(I)$，所以 $f^+\in L(I)$. 因为 $f^-=f^+-f$，所以可以得到 $f^-\in L(I)$. 最后，由于 $|f|=f^++f^-$，所以 $|f|\in L(I)$.

因为对于 I 内一切 x 都有 $-|f(x)|\leqslant f(x)\leqslant|f(x)|$，所以我们有

$$-\int_I |f|\leqslant\int_I f\leqslant\int_I |f|,$$

此式证明(9)式成立. 可以使用下面的关系式完成最后的证明：

$$\max(f,\ g)=\frac{1}{2}(f+g+|f-g|),\qquad \min(f,\ g)=\frac{1}{2}(f+g-|f-g|).$$ ■

下面的定理描述了当对积分区间进行平移、拉伸或收缩或关于原点的反射时勒贝格积分的情况. 我们将使用下面的记号，其中 c 表示任意实数.

$$I+c=\{x+c:\ x\in I\},\qquad cI=\{cx:\ x\in I\}.$$

定理 10.17　假设 $f\in L(I)$，则有：

a)平移下的不变性. 如果对于 $I+c$ 中的 x 有 $g(x)=f(x-c)$，则 $g\in L(I+c)$，而且

$$\int_{I+c} g=\int_I f.$$

b)在拉伸或收缩下的情况. 如果对于 cI 中的 x 有 $g(x)=f(x/c)$，其中 $c>0$，则 $g\in L(cI)$，

而且

$$\int_{cI} g=c\int_I f.$$ 262

c)反射下的不变性. 如果对于 $-I$ 中的 x 有 $g(x)=f(-x)$，则 $g\in L(-I)$，而且

$$\int_{-I} g=\int_I f.$$

注　如果 I 有端点 $a<b$，其中 a 和 b 都在扩充实数系 $\mathbf{R}^*$ 中，则(a)中的公式也可以写为

$$\int_{a+c}^{b+c} f(x-c)\,\mathrm{d}x=\int_a^b f(x)\,\mathrm{d}x.$$

性质(b)和(c)可以被合并为包含正的 c 值和负的 c 值的一个公式：

$$\int_{ca}^{cb} f(x/c)\mathrm{d}x = |c| \int_a^b f(x)\mathrm{d}x, \quad c \neq 0.$$

证明　证明这种类型的定理的过程总是相同的. 首先针对阶梯函数来验证这个定理，其次对上函数验证这个定理，最后对勒贝格可积函数验证这个定理. 在每一步的讨论中结论都是很直接的，因此我们略去细节. ■

定理 10.18　设区间 I 是两个子区间的并，譬如 $I=I_1 \cup I_2$，其中 I_1 和 I_2 没有公共的内点.

a)如果 $f\in L(I)$，则 $f\in L(I_1)$，$f\in L(I_2)$，而且

$$\int_I f = \int_{I_1} f + \int_{I_2} f.$$

b)假设 $f_1\in L(I_1)$，$f_2\in L(I_2)$，而且 f 在区间 I 上定义如下：

$$f(x)=\begin{cases} f_1(x), & 若\ x \in I_1, \\ f_2(x), & 若\ x \in I - I_1. \end{cases}$$

则 $f \in L(I)$ 且 $\int_I f = \int_{I_1} f_1 + \int_{I_2} f_2$.

证明　记 $f=u-v$，其中 $u\in U(I)$，$v\in U(I)$，则 $u=u^+-u^-$，$v=v^+-v^-$，所以 $f=u^+ + v^- -(u^- + v^+)$. 现在把定理 10.10 分别应用于非负函数 $u^+ + v^-$ 和 $u^- + v^+$，就可以推出(a). (b)的证明留给读者. ■

注　对于一个可以表示为有限个两两没有公共内点的子区间的并集的区间，定理 10.18 有一个推广. 读者可以自己把它叙述出来.

我们以两个以后会用到的逼近性质来结束本节. 第一个逼近性质告诉我们，每一个勒贝格可积函数 f 都等于一个上函数 u 减去一个积分很小的非负的上函数 v. 第二个逼近
263 性质告诉我们，每一个勒贝格可积函数 f 等于一个阶梯函数 s 加上一个积分很小的可积函数 g. 更确切地说，我们有：

定理 10.19　假定 $f\in L(I)$，并设给定了 $\varepsilon>0$，则有：

a)在 $U(I)$ 中存在函数 u 和 v 使得 $f=u-v$，其中 v 在区间 I 上几乎处处是非负的，而且 $\int_I v < \varepsilon$.

b) 在 $L(I)$ 中存在一个阶梯函数 s 和一个函数 g，使得 $f=s+g$，其中 $\int_I |g| < \varepsilon$.

证明　因为 $f \in L(I)$，所以可以写 $f=u_1-v_1$，其中 u_1 与 v_1 都在 $U(I)$ 中. 设 $\{t_n\}$ 是一个生成 v_1 的序列. 因为 $\int_I t_n \to \int_I v_1$，所以可以选取 N 使得 $0\leqslant \int_I (v_1 - t_N) < \varepsilon$. 现在设 $v=v_1-t_N$ 及 $u=u_1-t_N$，则 u 和 v 二者都在 $U(I)$ 中，且 $u-v=u_1-v_1=f$. 此外，v 在 I 上几乎处处是非负的，且 $\int_I v < \varepsilon$. 这就证明了(a).

为证明(b)我们按(a)的结论在 $U(I)$ 中选择 u 和 v，使得 $v\geqslant 0$ a. e. 于 I，

$$f=u-v \quad 且 \quad 0\leqslant \int_I v < \frac{\varepsilon}{2}.$$

现在选择一个阶梯函数 s 使得 $0\leqslant\int_I(u-s)<\varepsilon/2$. 于是

$$f=u-v=s+(u-s)-v=s+g,$$

其中 $g=(u-s)-v$. 因此 $g\in L(I)$且

$$\int_I|g|\leqslant\int_I|u-s|+\int_I|v|<\frac{\varepsilon}{2}+\frac{\varepsilon}{2}=\varepsilon.$$ ■

10.8 勒贝格积分和零测度集

本节中的定理表明勒贝格可积函数在零测度集上的情况不影响它的积分.

定理 10.20 设 f 在 I 上定义，如果 $f=0$ a.e. 于 I，则 $f\in L(I)$，且$\int_I f=0$.

证明 对于 I 内的一切 x，设 $s_n(x)=0$. 则$\{s_n\}$是一个递增阶梯函数序列，且在 I 上处处收敛于 0. 因此$\{s_n\}$在 I 上几乎处处收敛于 f. 因为$\int_I s_n=0$，所以序列$\left\{\int_I s_n\right\}$收敛. 因此 f 是一个上函数，所以 $f\in L(I)$，且$\int_I f=\lim\limits_{n\to\infty}\int_I s_n=0$. ■

定理 10.21 设 f 和 g 在 I 上定义，如果 $f\in L(I)$，且 $f=g$ a.e. 于 I，则 $g\in L(I)$ 且$\int_I f=\int_I g$.

证明 对 $f-g$ 应用定理 10.20，则 $f-g\in L(I)$，且$\int_I(f-g)=0$. 因此 $g=f-(f-g)\in L(I)$，且$\int_I g=\int_I f-\int_I(f-g)=\int_I f$. ■

例 在区间[0，1]上定义 f 如下：

$$f(x)=\begin{cases}1, & \text{若 } x \text{ 是有理数},\\ 0, & \text{若 } x \text{ 是无理数}.\end{cases}$$ 264

则 $f=0$ a.e. 于[0，1]，所以 f 在区间[0，1]上是勒贝格可积的，且它的勒贝格积分为 0. 在第 7 章中已经注意到，这个函数在区间[0，1]上不是黎曼可积的.

注 从定理 10.21 可以想到一种对于在 I 上几乎处处有定义的函数的积分的定义. 如果 g 是一个这样的函数，且 $g(x)=f(x)$ a.e. 于 I，其中 $f\in L(I)$，我们就说 $g\in L(I)$，并且

$$\int_I g=\int_I f.$$

10.9 莱维单调收敛定理

下面转向关于单调函数序列的逐项积分的收敛定理. 我们从莱维(Beppo Levi)的一个著名定理的三种形式开始. 第一种形式关于阶梯函数序列，第二种形式关于上函数序列，第三种形式关于勒贝格可积函数序列. 虽然这些定理都是对递增函数序列叙述的，但对于递减函数序列也有相应的结果.

定理 10.22(关于阶梯函数的莱维定理)　设$\{s_n\}$是一个阶梯函数序列，使得

a) $\{s_n\}$在区间 I 上是递增的，并且

b) $\lim\limits_{n\to\infty}\int_I s_n$ 存在.

则$\{s_n\}$在 I 上几乎处处收敛于一个 $U(I)$ 内的极限函数 f，且有

$$\int_I f=\lim_{n\to\infty}\int_I s_n.$$

证明　不失一般性，假定阶梯函数 s_n 是非负的.（否则，考虑序列$\{s_n-s_1\}$. 如果定理对于$\{s_n-s_1\}$成立，那么对于$\{s_n\}$也成立.）设 D 是 I 内的使$\{s_n(x)\}$发散的 x 的集合，并设 $\varepsilon>0$ 是给定的. 下面我们通过证明 D 可以被一个可数的区间族所覆盖(这个区间族中区间长度之和小于 ε)来证明 D 的测度为零.

因为序列$\left\{\int_I s_n\right\}$收敛，所以它以某个正常数 M 为界. 设

$$t_n(x)=\left[\frac{\varepsilon}{2M}s_n(x)\right],\quad x\in I,$$

其中$[y]$表示小于或等于 y 的最大整数. 则$\{t_n\}$是递增的阶梯函数序列，且每一个函数值 $t_n(x)$均为非负整数.

如果$\{s_n(x)\}$收敛，则$\{s_n(x)\}$有界，所以$\{t_n(x)\}$有界，而且由于每一个 $t_n(x)$均为整数，所以对于所有充分大的 n 有 $t_{n+1}(x)=t_n(x)$.

如果$\{s_n(x)\}$发散，则$\{t_n(x)\}$也发散，且对于无穷多个 n 的值有 $t_{n+1}(x)-t_n(x)\geqslant 1$. 设

265 $$D_n=\{x: x\in I,\quad t_{n+1}(x)-t_n(x)\geqslant 1\}.$$

则 D_n 为有限个区间的并集，这些区间的长度的和用$|D_n|$来表示. 现在有

$$D\subseteq\bigcup_{n=1}^{\infty}D_n,$$

所以如果证明了$\sum\limits_{n=1}^{\infty}|D_n|<\varepsilon$，那么就表明 D 的测度为零.

为此，我们在 I 上对非负阶梯函数 $t_{n+1}-t_n$ 积分，可以得到下面的不等式：

$$\int_I(t_{n+1}-t_n)\geqslant\int_{D_n}(t_{n+1}-t_n)\geqslant\int_{D_n}1=|D_n|.$$

因此对于每个 $m\geqslant 1$，有

$$\sum_{n=1}^{m}|D_n|\leqslant\sum_{n=1}^{m}\int_I(t_{n+1}-t_n)=\int_I t_{m+1}-\int_I t_1\leqslant\int_I t_{m+1}\leqslant\frac{\varepsilon}{2M}\int_I s_{m+1}\leqslant\frac{\varepsilon}{2}.$$

因此$\sum\limits_{n=1}^{\infty}|D_n|\leqslant\varepsilon/2<\varepsilon$，所以 D 的测度为零.

这就证明了$\{s_n\}$在区间 I 上几乎处处收敛. 设

$$f(x)=\begin{cases}\lim\limits_{n\to\infty}s_n(x), & 若\ x\in I-D,\\ 0, & 若\ x\in D.\end{cases}$$

则 f 在区间 I 上处处有定义，且在 I 上几乎处处有 $s_n \to f$. 因此，$f \in U(I)$，且 $\int_I f = \lim_{n\to\infty}\int_I s_n$. ■

定理 10.23(关于上函数的莱维定理) 设 $\{f_n\}$ 是一个上函数序列，使得

a) $\{f_n\}$ 在一个区间 I 上几乎处处是递增的，

并且

b) $\lim_{n\to\infty}\int_I f_n$ 存在.

则 $\{f_n\}$ 在区间 I 上几乎处处收敛于一个 $U(I)$ 内的极限函数 f，且有

$$\int_I f = \lim_{n\to\infty}\int_I f_n.$$

证明 对于每一个 k，有一个生成 f_k 的递增的阶梯函数序列 $\{s_{n,k}\}$. 用等式

$$t_n(x) = \max\{s_{n,1}(x),\ s_{n,2}(x),\ \cdots,\ s_{n,n}(x)\}$$

在 I 上定义一个新的阶梯函数 t_n，则 $\{t_n\}$ 在 I 上是递增的，因为

$$t_{n+1}(x) = \max\{s_{n+1,1}(x),\ \cdots,\ s_{n+1,n+1}(x)\} \geqslant \max\{s_{n,1}(x),\ \cdots,\ s_{n,n+1}(x)\}$$

$$\geqslant \max\{s_{n,1}(x),\ \cdots,\ s_{n,n}(x)\} = t_n(x).$$ 266

但是 $s_{n,k}(x) \leqslant f_k(x)$，而且 $\{f_k\}$ 在 I 上几乎处处递增，所以在 I 上几乎处处有

$$t_n(x) \leqslant \max\{f_1(x),\ \cdots,\ f_n(x)\} = f_n(x). \tag{10}$$

因此，由定理 10.6(c)可得

$$\int_I t_n \leqslant \int_I f_n. \tag{11}$$

但由(b)可知，$\left\{\int_I f_n\right\}$ 是上有界的，因此递增序列 $\left\{\int_I t_n\right\}$ 也是上有界的，因而收敛. 由关于阶梯函数的莱维定理，$\{t_n\}$ 在 I 上几乎处处收敛于 $U(I)$ 内的一个极限函数 f，而且 $\int_I f = \lim_{n\to\infty}\int_I t_n$. 接下来证明在 I 上几乎处处有 $f_n \to f$.

$t_n(x)$ 的定义蕴涵，对于所有的 $k \leqslant n$ 和 I 内的一切 x 都有 $s_{n,k}(x) \leqslant t_k(x)$. 令 $n \to \infty$，在 I 上几乎处处可得

$$f_k(x) \leqslant f(x). \tag{12}$$

因此，递增序列 $\{f_k(x)\}$ 在 I 上几乎处处以 $f(x)$ 为上界，所以它在 I 上几乎处处收敛于一个极限函数 g，这个极限函数在 I 上几乎处处满足 $g(x) \leqslant f(x)$. 但是(10)式表明在 I 上几乎处处有 $t_n(x) \leqslant f_n(x)$，所以设 $n \to \infty$，可以在 I 上几乎处处得到 $f(x) \leqslant g(x)$. 换句话说，在 I 上几乎处处有

$$\lim_{n\to\infty} f_n(x) = f(x).$$

最后，我们来证明 $\int_I f = \lim_{n\to\infty}\int_I f_n$. 在(11)式中令 $n \to \infty$，可得

$$\int_I f \leqslant \lim_{n\to\infty}\int_I f_n. \tag{13}$$

现在，对(12)式积分，再次运用定理 10.6(c) 可得$\int_I f_k \leqslant \int_I f$．令 $k \to \infty$ 可得$\lim\limits_{k\to\infty}\int_I f_k \leqslant \int_I f$．此结果和(13)式一起可以完成证明． ■

注 上函数类$U(I)$是通过一定的过程由阶梯函数类$S(I)$构建的，可以称此过程为P．莱维定理表明，当把P应用于$U(I)$时，它给出的还是$U(I)$中的函数．下面这个定理表明，当把P应用于$L(I)$时，它给出的还是$L(I)$中的函数．

定理 10.24（关于勒贝格可积函数序列的莱维定理） 设$\{f_n\}$是$L(I)$中的一个函数序列，使得

a)$\{f_n\}$在I上几乎处处是递增的，

并且

267 b)$\lim\limits_{n\to\infty}\int_I f_n$ 存在．

则$\{f_n\}$在I上几乎处处收敛于$L(I)$内的一个极限函数f，而且有

$$\int_I f = \lim_{n\to\infty}\int_I f_n.$$

我们将从一个等价的关于函数级数的结果来推出这个定理．

定理 10.25（关于勒贝格可积函数级数的莱维定理） 设$\{g_n\}$是$L(I)$中的一个函数序列，使得

a)每一个g_n在I上几乎处处是非负的，

并且

b)级数$\sum\limits_{n=1}^{\infty}\int_I g_n$ 收敛．

则级数$\sum\limits_{n=1}^{\infty} g_n$ 在I上几乎处处收敛于$L(I)$内的一个和函数g，且有

$$\int_I g = \int_I \sum_{n=1}^{\infty} g_n = \sum_{n=1}^{\infty}\int_I g_n. \tag{14}$$

证明 因为$g_n \in L(I)$，所以定理 10.19 告诉我们，对于每一个$\varepsilon > 0$，可以写

$$g_n = u_n - v_n,$$

其中$u_n \in U(I)$，$v_n \in U(I)$，$v_n \geqslant 0$ a.e. 于I，且$\int_I v_n < \varepsilon$．选取相应于$\varepsilon = \left(\frac{1}{2}\right)^n$的$u_n$和$v_n$，则

$$u_n = g_n + v_n,\qquad \text{其中}\int_I v_n < \left(\frac{1}{2}\right)^n.$$

关于$\int_I v_n$ 的不等式确保级数$\sum\limits_{n=1}^{\infty}\int_I v_n$ 收敛．现在 $u_n \geqslant 0$ a.e. 于I，所以部分和

$$U_n(x) = \sum_{k=1}^{n} u_k(x)$$

构成一个在 I 上几乎处处递增的上函数序列 $\{U_n\}$. 因为

$$\int_I U_n = \int_I \sum_{k=1}^{n} u_k = \sum_{k=1}^{n} \int_I u_k = \sum_{k=1}^{n} \int_I g_k + \sum_{k=1}^{n} \int_I v_k,$$

所以积分序列 $\left\{\int_I U_n\right\}$ 收敛，因为级数 $\sum_{k=1}^{\infty} \int_I g_k$ 和 $\sum_{k=1}^{\infty} \int_I v_k$ 都收敛. 因此，由关于上函数的莱维定理，序列 $\{U_n\}$ 在 I 上几乎处处收敛于一个 $U(I)$ 内的极限函数 U，且 $\int_I U = \lim_{n\to\infty} \int_I U_n$. 但是

$$\int_I U_n = \sum_{k=1}^{n} \int_I u_k,$$ 268

所以

$$\int_I U = \sum_{k=1}^{\infty} \int_I u_k.$$

类似地，由

$$V_n(x) = \sum_{k=1}^{n} v_k(x)$$

给出的部分和序列 $\{V_n\}$ 在 I 上几乎处处收敛于 $U(I)$ 内的一个极限函数 V，且有

$$\int_I V = \sum_{k=1}^{\infty} \int_I v_k.$$

因此 $U-V\in L(I)$，而且序列 $\left\{\sum_{k=1}^{n} g_k\right\} = \{U_n - V_n\}$ 在 I 上几乎处处收敛于 $U-V$. 设 $g=U-V$，则 $g\in L(I)$ 而且

$$\int_I g = \int_I U - \int_I V = \sum_{k=1}^{\infty} \int_I (u_k - v_k) = \sum_{k=1}^{\infty} \int_I g_k.$$

这就完成了定理 10.25 的证明. ■

定理 10.24 的证明 假定 $\{f_n\}$ 满足定理 10.24 的假设. 设 $g_1 = f_1$，$g_n = f_n - f_{n-1}$ $(n\geqslant 2)$，使得

$$f_n = \sum_{k=1}^{n} g_k.$$

对 $\{g_n\}$ 应用定理 10.25 可知 $\sum_{n=1}^{\infty} g_n$ 在 I 上几乎处处收敛于 $L(I)$ 内的一个和函数 g，而且等式(14) 成立. 因此在 I 上几乎处处有 $f_n \to g$，且 $\int_I g = \lim_{n\to\infty} \int_I f_n$. ■

在下面这个关于级数的莱维定理中，没有假定级数的各项都是非负的.

定理 10.26 设 $\{g_n\}$ 是 $L(I)$ 中的一个函数序列，使得级数

$$\sum_{n=1}^{\infty} \int_I |g_n|$$

是收敛的，则级数$\sum_{n=1}^{\infty} g_n$在 I 上几乎处处收敛于 $L(I)$ 内的一个和函数 g，而且有

$$\int_I \sum_{n=1}^{\infty} g_n = \sum_{n=1}^{\infty} \int_I g_n.$$

证明 记 $g_n = g_n^+ - g_n^-$，对于序列$\{g_n^+\}$和$\{g_n^-\}$分别应用定理 10.25. ■

269 下面的例子描述了关于序列的莱维定理的使用.

例 1 对于 $x>0$ 设 $f(x)=x^s$，$f(0)=0$. 证明勒贝格积分$\int_0^1 f(x)\mathrm{d}x$ 存在，且当 $s>-1$ 时，其值为 $1/(s+1)$.

解 如果 $s\geqslant 0$，则 f 有界且在区间$[0, 1]$上黎曼可积，其黎曼积分值为 $1/(s+1)$.

如果 $s<0$，则 f 在$[0, 1]$上无界，因而它在$[0, 1]$上不是黎曼可积的. 定义一个函数序列$\{f_n\}$如下：

$$f_n(x)=\begin{cases} x^s, & 若\ x\geqslant 1/n, \\ 0, & 若\ 0\leqslant x<1/n. \end{cases}$$

则$\{f_n\}$是递增的，且在$[0, 1]$上处处有 $f_n \to f$. 每一个 f_n 在$[0, 1]$上都是黎曼可积的从而是勒贝格可积的，而且

$$\int_0^1 f_n(x)\mathrm{d}x = \int_{1/n}^1 x^s \mathrm{d}x = \frac{1}{s+1}\left(1-\frac{1}{n^{s+1}}\right).$$

如果 $s+1>0$，则序列$\left\{\int_0^1 f_n\right\}$收敛于 $1/(s+1)$. 因此，关于序列的莱维定理表明，$\int_0^1 f$ 存在且等于 $1/(s+1)$.

例 2 同样类型的讨论表明勒贝格积分$\int_0^1 \mathrm{e}^{-x} x^{y-1}\mathrm{d}x$ 对于每一个实数 $y>0$ 存在. 这个积分在后面讨论伽马(Gamma)函数时将会用到.

10.10 勒贝格控制收敛定理

莱维定理有许多重要的推论. 首要的一个就是勒贝格控制收敛定理，它是勒贝格积分理论的奠基石.

定理 10.27(勒贝格控制收敛定理) 设$\{f_n\}$是区间 I 上的一个勒贝格可积函数序列. 假定

a)$\{f_n\}$在 I 上几乎处处收敛于一个极限函数 f，

并且

b)在 $L(I)$ 内有一个非负函数 g 使得对于一切 $n\geqslant 1$ 都有

$$|f_n(x)|\leqslant g(x) \quad \text{a. e. 于 } I.$$

则极限函数 $f\in L(I)$，序列$\left\{\int_I f_n\right\}$收敛，而且

$$\int_I f = \lim_{n\to\infty}\int_I f_n. \tag{15}$$

注 性质(b)可以描述为，序列$\{f_n\}$在区间 I 上几乎处处被 g 控制.

证明 证明的思想是希望得出如下形式的上界和下界：

$$g_n(x) \leqslant f_n(x) \leqslant G_n(x) \tag{16}$$ 270

其中$\{g_n\}$在 I 上几乎处处递增而$\{G_n\}$在 I 上几乎处处递减，并且都趋向于极限函数 f. 然后用莱维定理证明 $f \in L(I)$ 和$\int_I f = \lim_{n\to\infty}\int_I g_n = \lim_{n\to\infty}\int_I G_n$，由此可以得到(15)式.

为了构造$\{g_n\}$和$\{G_n\}$，我们重复运用关于$L(I)$中的序列的莱维定理. 首先定义一个序列$\{G_{n,1}\}$如下：

$$G_{n,1}(x) = \max\{f_1(x), f_2(x), \cdots, f_n(x)\}.$$

按照定理 10.16，每个函数$G_{n,1} \in L(I)$，而且序列$\{G_{n,1}\}$在 I 上递增. 因为在 I 上几乎处处有$|G_{n,1}(x)| \leqslant g(x)$，所以有

$$\left|\int_I G_{n,1}\right| \leqslant \int_I |G_{n,1}| \leqslant \int_I g. \tag{17}$$

因此递增数列$\left\{\int_I G_{n,1}\right\}$以$\int_I g$为上界，所以$\lim_{n\to\infty}\int_I G_{n,1}$存在. 按照莱维定理，序列$\{G_{n,1}\}$在 I 上几乎处处收敛于$L(I)$内的一个函数G_1，而且

$$\int_I G_1 = \lim_{n\to\infty}\int_I G_{n,1} \leqslant \int_I g.$$

因为有(17)式，所以还有不等式$-\int_I g \leqslant \int_I G_1$. 注意如果 x 是 I 中的一个点满足$G_{n,1}(x) \to G_1(x)$，则我们还有

$$G_1(x) = \sup\{f_1(x), f_2(x), \cdots\}.$$

用同样的方法，对于每一个固定的$r \geqslant 1$，当$n \geqslant r$时设

$$G_{n,r}(x) = \max\{f_r(x), f_{r+1}(x), \cdots, f_n(x)\},$$

则序列$\{G_{n,r}\}$在 I 上几乎处处递增且收敛于$L(I)$内的一个极限函数G_r，满足

$$-\int_I g \leqslant \int_I G_r \leqslant \int_I g.$$

而且，在使$G_{n,r}(x) \to G_r(x)$成立的点，有

$$G_r(x) = \sup\{f_r(x), f_{r+1}(x), \cdots\},$$

所以

$$f_r(x) \leqslant G_r(x) \quad \text{a.e. 于 } I.$$

现在我们考查序列$\{G_n(x)\}$的性质. 因为$A \subseteq B$蕴涵$\sup A \leqslant \sup B$，所以序列$\{G_r(x)\}$在 I 上几乎处处递减因而几乎处处收敛. 接下来证明$G_n(x) \to f(x)$，只要

$$\lim_{n\to\infty} f_n(x) = f(x). \tag{18}$$

如果(18)式成立，则对于每一个$\varepsilon > 0$，有整数 N 使得对于所有的$n \geqslant N$有

$$f(x) - \varepsilon < f_n(x) < f(x) + \varepsilon.$$ 271

因此，如果$m \geqslant N$，则有

$$f(x) - \varepsilon \leqslant \sup\{f_m(x), f_{m+1}(x), \cdots\} \leqslant f(x) + \varepsilon.$$

换句话说，

$$m \geqslant N \quad \text{蕴涵} \quad f(x) - \varepsilon \leqslant G_m(x) \leqslant f(x) + \varepsilon,$$

而这蕴涵着

$$\lim_{m\to\infty}G_m(x)=f(x)\quad \text{a.e. 于 } I. \tag{19}$$

另一方面，递减数列 $\left\{\int_I G_n\right\}$ 是以 $-\int_I g$ 为下界的，所以它是收敛的. 由(19)式和莱维定理可以知道 $f\in L(I)$，并且

$$\lim_{n\to\infty}\int_I G_n=\int_I f.$$

当 $n\geqslant r$ 时对于序列

$$g_{n,r}(x)=\min\{f_r(x),\ f_{r+1}(x),\ \cdots,\ f_n(x)\}$$

进行同样的讨论可知序列$\{g_{n,r}\}$递减且几乎处处收敛于 $L(I)$ 内的一个极限函数 g_r，其中

$$g_r(x)=\inf\{f_r(x),\ f_{r+1}(x),\ \cdots\}\quad \text{a.e. 于 } I.$$

并且在 I 上几乎处处有 $g_r(x)\leqslant f_r(x)$、$\{g_r\}$递增、$\lim\limits_{n\to\infty}g_n(x)=f(x)$，且

$$\lim_{n\to\infty}\int_I g_n=\int_I f.$$

因为(16)式在 I 上几乎处处成立，所以有$\int_I g_n\leqslant\int_I f_n\leqslant\int_I G_n$. 令 $n\to\infty$ 可知$\left\{\int_I f_n\right\}$收敛，且有

$$\lim_{n\to\infty}\int_I f_n=\int_I f.$$

■

10.11　勒贝格控制收敛定理的应用

第一个应用是有关级数的逐项积分的，这是一个与关于级数的莱维定理相伴的结果.

定理 10.28　设$\{g_n\}$是 $L(I)$ 中的一个函数序列，使得

a)每一个 g_n 在 I 上几乎处处是非负的，

并且

272 b) 级数 $\sum\limits_{n=1}^{\infty}g_n$ 在 I 上几乎处处收敛于一个函数 g，g 是以 $L(I)$ 中的一个函数为上界的.

则 $g\in L(I)$，级数 $\sum\limits_{n=1}^{\infty}\int_I g_n$ 收敛，而且有

$$\int_I\sum_{n=1}^{\infty}g_n=\sum_{n=1}^{\infty}\int_I g_n.$$

证明　设

$$f_n(x)=\sum_{k=1}^{n}g_k(x),\qquad x\in I.$$

则在 I 上几乎处处有 $f_n\to g$，而且$\{f_n\}$在 I 上几乎处处被 $L(I)$ 中的作为 g 的上界的那个函数所控制. 因此，由勒贝格控制收敛定理，$g\in L(I)$，序列 $\left\{\int_I f_n\right\}$ 收敛，而且$\int_I g=\lim\limits_{n\to\infty}\int_I f_n$. 这就证明了本定理. ■

下一个应用，有时称为勒贝格有界收敛定理，涉及一个有界的区间.

定理 10.29 设 I 是一个有界区间. 假定 $\{f_n\}$ 是 $L(I)$ 中的一个函数序列，它在 I 上几乎处处有界收敛，就是说，假定有一个极限函数 f 和一个正常数 M，使得在 I 上几乎处处有

$$\lim_{n\to\infty} f_n(x)=f(x) \quad \text{和} \quad |f_n(x)|\leqslant M,$$

则 $f\in L(I)$，且 $\lim\limits_{n\to\infty}\int_I f_n=\int_I f$.

证明 对于 I 内的一切 x 及 $g(x)=M$ 应用定理 10.27，则可知 $g\in L(I)$，因为 I 是一个有界区间. ■

注 定理 10.29 的一个特殊情况是前面叙述过的阿尔泽拉(Arzela)定理(定理 9.12). 如果 $\{f_n\}$ 在一个紧区间 $[a, b]$ 上是有界收敛的黎曼可积函数序列，则每一个 $f_n\in L([a, b])$，极限函数 $f\in L([a, b])$，而且有

$$\lim_{n\to\infty}\int_a^b f_n=\int_a^b f.$$

如果极限函数 f 是黎曼可积的(就像在阿尔泽拉定理中假定的那样)，则勒贝格积分 $\int_a^b f$ 与黎曼积分 $\int_a^b f(x)\mathrm{d}x$ 是一样的.

下面的定理通常用于证明函数是勒贝格可积的.

定理 10.30 设 $\{f_n\}$ 是 $L(I)$ 中的一个函数序列，它在 I 上几乎处处收敛于一个极限函数 f. 假定在 $L(I)$ 中有一个非负函数 g，使得

$$|f(x)|\leqslant g(x) \quad \text{a. e. 于 } I.$$

则 $f\in L(I)$.

证明 在 I 上定义一个新的函数序列 $\{g_n\}$ 如下：

$$g_n=\max\{\min(f_n, g), -g\}.$$ 273

从几何上看，函数 g_n 是从 f_n 出发，切掉 f_n 的在 g 以上的图像和在 $-g$ 以下的图像来得到的，如图 10-2 所示. 于是在 I 上几乎处处有 $|g_n(x)|\leqslant g(x)$. 容易验证在 I 上几乎处处有 $g_n\to f$. 因此，由勒贝格控制收敛定理，$f\in L(I)$. ■

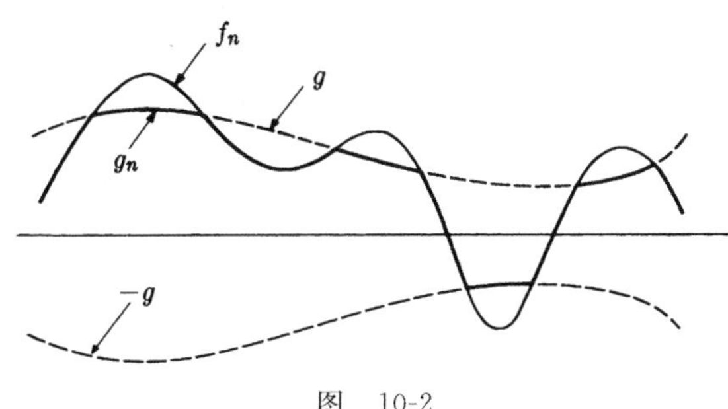

图 10-2

10.12 无界区间上的勒贝格积分作为有界区间上的积分的极限

定理 10.31 设 f 在半无穷区间 $I=[a, +\infty)$ 上有定义. 假定对于每一个 $b\geqslant a$，f

在紧区间$[a, b]$上是勒贝格可积的，而且存在一个正常数 M，使得对于每一个 $b \geqslant a$ 都有

$$\int_a^b |f| \leqslant M. \tag{20}$$

则 $f \in L(I)$，极限 $\lim\limits_{b \to +\infty} \int_a^b f$ 存在，且

$$\int_a^{+\infty} f = \lim_{b \to +\infty} \int_a^b f. \tag{21}$$

证明　设$\{b_n\}$是任意一个递增的实数序列满足 $b_n \geqslant a$，使得 $\lim\limits_{n \to \infty} b_n = +\infty$. 在 I 上定义一个序列$\{f_n\}$如下：

$$f_n(x) = \begin{cases} f(x), & \text{若 } a \leqslant x \leqslant b_n, \\ 0, & \text{其他}. \end{cases}$$

每一个 $f_n \in L(I)$(按定理10.18)，且在 I 上有 $f_n \to f$. 因此，在 I 上有 $|f_n| \to |f|$. 但是 $|f_n|$ 是递增的，而且由(20)式可知，序列 $\left\{\int_I |f_n|\right\}$ 是以 M 为上界的. 因此 $\lim\limits_{n \to \infty} \int_I |f_n|$ 存在. 按照莱维定理，极限函数 $|f| \in L(I)$. 现在在 I 上每个 $|f_n| \leqslant |f|$ 且 $f_n \to f$，所以按照勒贝格控制收敛定理，$f \in L(I)$，$\lim\limits_{n \to \infty} \int_I f_n = \int_I f$. 因此，对于所有递增趋向于 $+\infty$ 的序列$\{b_n\}$，有

$$\lim_{n \to \infty} \int_a^{b_n} f = \int_a^{+\infty} f,$$

274 这就完成了本定理的证明. ■

当然，对于区间$(-\infty, a]$也有相应的定理，该定理断言，如果对于一切 $c \leqslant a$ 都有 $\int_c^a |f| \leqslant M$，则有

$$\int_{-\infty}^a f = \lim_{c \to -\infty} \int_c^a f.$$

如果对于一切满足条件 $c \leqslant b$ 的实数c 和b 都有$\int_c^b |f| \leqslant M$，则这两个定理结合在一起表明 $f \in L(\mathbf{R})$，而且

$$\int_{-\infty}^{+\infty} f = \lim_{c \to -\infty} \int_c^a f + \lim_{b \to +\infty} \int_a^b f.$$

例 1　对于$\mathbf{R}$内的一切 x 设 $f(x) = 1/(1+x^2)$. 我们将证明 $f \in L(\mathbf{R})$，且$\int_{\mathbf{R}} f = \pi$. 现在 f 是非负的，而且如果 $c \leqslant b$，则有

$$\int_c^b f = \int_c^b \frac{\mathrm{d}x}{1+x^2} = \arctan b - \arctan c \leqslant \pi.$$

因此，$f \in L(\mathbf{R})$，而且

$$\int_{-\infty}^{+\infty} f = \lim_{c \to -\infty} \int_c^0 \frac{\mathrm{d}x}{1+x^2} + \lim_{b \to +\infty} \int_0^b \frac{\mathrm{d}x}{1+x^2} = \frac{\pi}{2} + \frac{\pi}{2} = \pi.$$

例 2　在这个例子中，(21)式右边的极限存在，但是 $f \notin L(I)$. 设 $I = [0, +\infty)$并

在 I 上定义 f 如下：

$$f(x)=\frac{(-1)^n}{n},\qquad \text{若 } n-1\leqslant x<n,\qquad n=1,\ 2,\ \cdots$$

如果 $b>0$，设 $m=[b]$为小于或等于 b 的最大整数，则有

$$\int_0^b f=\int_0^m f+\int_m^b f=\sum_{n=1}^{m}\frac{(-1)^n}{n}+\frac{(b-m)(-1)^{m+1}}{m+1}.$$

当 $b\to+\infty$时，最后一项$\to 0$，我们得到

$$\lim_{b\to+\infty}\int_0^b f=\sum_{n=1}^{\infty}\frac{(-1)^n}{n}=-\log 2.$$

现在假设 $f\in L(I)$，则会得出矛盾. 设 f_n 定义如下：

$$f_n(x)=\begin{cases}|f(x)|, & \text{若 } 0\leqslant x\leqslant n,\\ 0, & \text{若 } x>n.\end{cases}$$

则$\{f_n\}$是递增的，且在 I 上处处有 $f_n(x)\to|f(x)|$. 因为 $f\in L(I)$，所以也有$|f|\in L(I)$. 但是在 I 上处处有$|f_n(x)|\leqslant|f(x)|$，所以由勒贝格控制收敛定理可知序列$\left\{\int_I f_n\right\}$收敛. 但是这是一个矛盾，因为

$$\int_I f_n=\int_0^n|f|=\sum_{k=1}^{n}\frac{1}{k}\to+\infty,\qquad \text{若 } n\to\infty.$$ 275

10.13 反常黎曼积分

定义 10.32 如果对于每一个 $b\geqslant a$，f 在$[a,\ b]$上都是黎曼可积的，而且极限

$$\lim_{b\to+\infty}\int_a^b f(x)\mathrm{d}x$$

存在，则称 f 在$[a,\ +\infty)$上是反常黎曼可积的，f 的反常黎曼积分用$\int_a^{+\infty}f(x)\mathrm{d}x$ 或 $\int_a^{\infty}f(x)\mathrm{d}x$ 表示，由下面的等式定义：

$$\int_a^{+\infty}f(x)\mathrm{d}x=\lim_{b\to+\infty}\int_a^b f(x)\mathrm{d}x.$$

在上一节的例 2 中，反常黎曼积分$\int_0^{+\infty}f(x)\mathrm{d}x$存在，但 f 在$[0,\ +\infty)$上不是勒贝格可积的. 这个例子与下面的定理是相反的.

定理 10.33 假定对于每一个 $b\geqslant a$，f 在$[a,\ b]$上是黎曼可积的，并且假定有一个正常数 M 使得对于每一个$b\geqslant a$ 有，

$$\int_a^b|f(x)|\mathrm{d}x\leqslant M \tag{22}$$

则 f 和$|f|$在$[a,\ +\infty)$上都是反常黎曼可积的. 而且，f 在$[a,\ +\infty)$上是勒贝格可积的，其勒贝格积分等于其反常黎曼积分.

证明 设 $F(b)=\int_a^b|f(x)|\mathrm{d}x$，则 F 是一个以M 为上界的递增函数，所以 $\lim\limits_{b\to+\infty}F(b)$

存在. 因此 $|f|$ 在 $[a, +\infty)$ 上是反常黎曼可积的. 因为

$$0 \leqslant |f(x)| - f(x) \leqslant 2|f(x)|,$$

所以极限

$$\lim_{b \to +\infty} \int_a^b \{|f(x)| - f(x)\} \mathrm{d}x$$

也存在. 因此极限 $\lim_{b \to +\infty} \int_a^b f(x) \mathrm{d}x$ 存在. 这证明 f 在区间 $[a, +\infty)$ 上是反常黎曼可积的. 现在可以用不等式(22)和定理10.31推知 f 在 $[a, +\infty)$ 上是勒贝格可积的, 而且它的勒贝格积分等于其反常黎曼积分. ■

注　对于形如

276

$$\int_{-\infty}^b f(x) \mathrm{d}x = \lim_{a \to -\infty} \int_a^b f(x) \mathrm{d}x, \qquad \int_a^c f(x) \mathrm{d}x = \lim_{b \to c-} \int_a^b f(x) \mathrm{d}x$$

和

$$\int_c^b f(x) \mathrm{d}x = \lim_{a \to c+} \int_a^b f(x) \mathrm{d}x,$$

的反常黎曼积分有相应的结果, 读者自己应能叙述出来.

如果积分 $\int_{-\infty}^a f(x) \mathrm{d}x$ 和 $\int_a^{+\infty} f(x) \mathrm{d}x$ 都存在, 我们就说积分 $\int_{-\infty}^{+\infty} f(x) \mathrm{d}x$ 存在, 它的值定义为前二者的和:

$$\int_{-\infty}^{+\infty} f(x) \mathrm{d}x = \int_{-\infty}^a f(x) \mathrm{d}x + \int_a^{+\infty} f(x) \mathrm{d}x.$$

如果积分 $\int_{-\infty}^{+\infty} f(x) \mathrm{d}x$ 存在, 它的值也等于对称的极限

$$\lim_{b \to +\infty} \int_{-b}^b f(x) \mathrm{d}x.$$

然而, 重要的是应意识到, 这个对称的极限在 $\int_{-\infty}^{+\infty} f(x) \mathrm{d}x$ 不存在的时候也有可能存在(例如, 对于一切 x 取 $f(x)=x$). 在这种情况下, 这个对称的极限称为 $\int_{-\infty}^{+\infty} f(x) \mathrm{d}x$ 的柯西主值. 因此, $\int_{-\infty}^{+\infty} x \mathrm{d}x$ 有柯西主值0, 但是这个积分不存在.

例1　设 $f(x) = \mathrm{e}^{-x} x^{y-1}$, 其中 y 是一个固定的实数. 因为当 $x \to +\infty$ 时, $\mathrm{e}^{-x/2} x^{y-1} \to 0$, 所以有常数 M 使得对于一切 $x \geqslant 1$ 都有 $\mathrm{e}^{-x/2} x^{y-1} \leqslant M$. 于是 $\mathrm{e}^{-x} x^{y-1} \leqslant M \mathrm{e}^{-x/2}$, 所以有

$$\int_1^b |f(x)| \mathrm{d}x \leqslant M \int_0^b \mathrm{e}^{-x/2} \mathrm{d}x = 2M(1 - \mathrm{e}^{-b/2}) < 2M.$$

因此积分 $\int_1^{+\infty} \mathrm{e}^{-x} x^{y-1} \mathrm{d}x$ 对于每一个实数 y 不论是作为反常黎曼积分, 还是作为勒贝格积分都存在.

例2　伽马函数积分. 把例1中的积分与10.9节例2中的积分 $\int_0^1 \mathrm{e}^{-x} x^{y-1} \mathrm{d}x$ 相加, 可以

发现勒贝格积分

$$\Gamma(y)=\int_0^{+\infty} \mathrm{e}^{-x} x^{y-1} \mathrm{d} x$$

对于每个 $y>0$ 都存在. 如此定义的函数 Γ 称为伽马函数. 下面的例 4 表明了它和黎曼 ζ 函数的关系.

注 第 7 章中很多关于黎曼积分的定理可以转化为关于反常黎曼积分的定理. 为了说明某些推广可以直接采用的方法，我们考虑分部积分公式：

$$\int_a^b f(x) g'(x) \mathrm{d} x=f(b) g(b)-f(a) g(a)-\int_a^b g(x) f'(x) \mathrm{d} x .$$

因为 b 在这个等式的三项中出现，所以当 $b \rightarrow+\infty$ 时，要考虑三个极限. 如果这 277
三个极限中有两个存在，则第三个也存在，而且可以得到公式

$$\int_a^{\infty} f(x) g'(x) \mathrm{d} x=\lim _{b \rightarrow+\infty} f(b) g(b)-f(a) g(a)-\int_a^{\infty} g(x) f'(x) \mathrm{d} x .$$

关于黎曼积分的其他定理可以用大致相同的办法推广到反常黎曼积分. 然而，没有必要进一步给出这些拓展的细节，因为在任何具体的例子中，只要把所要求的定理应用到紧区间 $[a, b]$ 上，再令 $b \rightarrow+\infty$ 就行了.

例 3 函数方程 $\Gamma(y+1)=y \Gamma(y)$. 如果 $0<a<b$，则由分部积分可得

$$\int_a^b \mathrm{e}^{-x} x^y \mathrm{d} x=a^y \mathrm{e}^{-a}-b^y \mathrm{e}^{-b}+y \int_a^b \mathrm{e}^{-x} x^{y-1} \mathrm{d} x .$$

令 $a \rightarrow 0+$，$b \rightarrow+\infty$，可以得到 $\Gamma(y+1)=y \Gamma(y)$.

例 4 黎曼 ζ 函数的积分表示. 黎曼 ζ 函数 ζ 在 $s>1$ 时，由如下等式定义：

$$\zeta(s)=\sum_{n=1}^{\infty} \frac{1}{n^s} .$$

这个例子说明了如何把关于级数的莱维收敛定理运用于推导一个积分表达式

$$\zeta(s) \Gamma(s)=\int_0^{\infty} \frac{x^{s-1}}{\mathrm{e}^x-1} \mathrm{d} x .$$

此式中的积分作为勒贝格积分存在.

在 $\Gamma(s)$ 的积分表达式中进行变量替换 $t=n x$，$n>0$，可得

$$\Gamma(s)=\int_0^{\infty} \mathrm{e}^{-t} t^{s-1} \mathrm{d} t=n^s \int_0^{\infty} \mathrm{e}^{-n x} x^{s-1} \mathrm{d} x .$$

因此，如果 $s>0$，则有

$$n^{-s} \Gamma(s)=\int_0^{\infty} \mathrm{e}^{-n x} x^{s-1} \mathrm{d} x .$$

如果 $s>1$，则级数 $\sum_{n=1}^{\infty} n^{-s}$ 收敛，所以我们有

$$\zeta(s) \Gamma(s)=\sum_{n=1}^{\infty} \int_0^{\infty} \mathrm{e}^{-n x} x^{s-1} \mathrm{d} x ,$$

该式等号右边的级数是收敛的. 因为被积函数是非负的，所以由莱维收敛定理(定

理 10.25）可知，级数 $\sum_{n=1}^{\infty} e^{-nx}x^{s-1}$ 几乎处处收敛于一个在区间$[0, +\infty)$上勒贝格可积的和函数，而且

278

$$\zeta(s)\Gamma(s)=\sum_{n=1}^{\infty}\int_0^{\infty} e^{-nx}x^{s-1}dx=\int_0^{\infty}\sum_{n=1}^{\infty}e^{-nx}x^{s-1}dx.$$

但是如果 $x>0$，则有 $0<e^{-x}<1$，因此

$$\sum_{n=1}^{\infty}e^{-nx}=\frac{e^{-x}}{1-e^{-x}}=\frac{1}{e^x-1},$$

此级数是一个几何级数. 因此有

$$\sum_{n=1}^{\infty}e^{-nx}x^{s-1}=\frac{x^{s-1}}{e^x-1}$$

在$[0, +\infty)$上几乎处处成立，实际上是除了 0 点以外处处成立，所以有

$$\zeta(s)\Gamma(s)=\int_0^{\infty}\sum_{n=1}^{\infty}e^{-nx}x^{s-1}dx=\int_0^{\infty}\frac{x^{s-1}}{e^x-1}dx.$$

10.14 可测函数

在一个区间 I 上勒贝格可积的每一个函数 f 在 I 上几乎处处是某个阶梯函数序列的极限函数，然而它的逆命题是不成立的. 例如，常值函数 $f=1$ 是实线 $\mathbf{R}$ 上的阶梯函数的极限函数，但是此函数并不在 $L(\mathbf{R})$内. 因此，阶梯函数的极限函数类比勒贝格可积函数类要大. 这个较大的类中的函数称为可测函数.

定义 10.34 一个定义在 I 上的函数 f 在 I 上称为可测函数，并记为 $f\in M(I)$，如果在 I 上存在一个阶梯函数序列$\{S_n\}$使得

$$\lim_{n\to\infty}s_n(x)=f(x)\quad \text{a. e. 于 } I.$$

注 如果 f 在 I 上可测，那么 f 在 I 的任意一个子区间上可测.

如我们已经注意到的，$L(I)$内的每一个函数都是 I 上的可测函数，但是逆命题不成立. 下面这个定理提供了一个部分的逆命题.

定理 10.35 如果 $f\in M(I)$，且对于 $L(I)$内的某个非负函数 g 在 I 上几乎处处有 $|f(x)|\leqslant g(x)$，则 $f\in L(I)$.

证明 有一个阶梯函数序列$\{s_n\}$使得在 I 上几乎处处有 $s_n(x)\to f(x)$. 现在可以应用定理 10.30 推出 $f\in L(I)$. ■

推论 1 如果 $f\in M(I)$且$|f|\in L(I)$，则 $f\in L(I)$.

推论 2 如果函数 f 在有界区间 I 上可测且有界，则 $f\in L(I)$.

可测函数进一步的性质将在下面的定理中给出.

定理 10.36 设 φ 是一个在 $\mathbf{R}^2$ 上连续的实值函数，若 $f\in M(I)$且 $g\in M(I)$，在 I 上用等式

279

$$h(x)=\varphi[f(x), g(x)]$$

定义 h，则 $h\in M(I)$. 特别地，$f+g$，$f\cdot g$，$|f|$，$\max(f, g)$，$\min(f, g)$都在

$M(I)$内. 并且，如果在 I 上几乎处处有 $f(x)\neq 0$，则也有 $1/f\in M(I)$.

证明 设$\{s_n\}$和$\{t_n\}$表示在 I 上几乎处处有 $s_n\to f$ 和 $t_n\to g$ 的阶梯函数序列，那么函数 $u_n=\varphi(s_n, t_n)$是阶梯函数，且在 I 上几乎处处有 $u_n\to h$. 因此，$h\in M(I)$. ■

下一个定理表明函数类 $M(I)$不能通过取 $M(I)$中的函数的极限来扩大.

定理 10.37 设 f 在 I 上定义，并假定$\{f_n\}$是 I 上的一个可测函数序列，使得在 I 上几乎处处有 $f_n(x)\to f(x)$，则 f 在 I 上是可测的.

证明 在 $L(I)$内任意选取一个正函数 g，例如，对于 I 内的一切 x 取 $g(x)=1/(1+x^2)$. 对于 I 内的 x，设

$$F_n(x)=g(x)\frac{f_n(x)}{1+|f_n(x)|},$$

则在 I 上几乎处处有

$$F_n(x)\to\frac{g(x)f(x)}{1+|f(x)|}.$$

设 $F(x)=g(x)f(x)/\{1+|f(x)|\}$. 因为每一个 F_n 在 I 上都是可测的，并且对于一切 x 都有 $|F_n(x)|<g(x)$，所以定理 10.35 表明每一个 $F_n\in L(I)$. 并且对于 I 内的一切 x 都有 $|F(x)|<g(x)$，所以由定理 10.30，$F\in L(I)$，从而 $F\in M(I)$. 现在，对于 I 内的一切 x 都有

$$f(x)\{g(x)-|F(x)|\}=f(x)g(x)\left\{1-\frac{|f(x)|}{1+|f(x)|}\right\}=\frac{f(x)g(x)}{1+|f(x)|}=F(x),$$

所以

$$f(x)=\frac{F(x)}{g(x)-|F(x)|}.$$

因而 $f\in M(I)$，因为 F，g 和$|F|$当中的每一个都在 $M(I)$中，而且对于 I 内的一切 x 都有 $g(x)-|F(x)|>0$. ■

注 不可测的函数是存在的，但是上面的定理表明构造一个不可测函数并不容易. 通常应用于可测函数的分析运算都生成可测函数. 因此，我们实际遇到的每一个函数都是可测函数.（非可测函数的一个例子见练习 10.37.） 280

10.15 由勒贝格积分定义的函数的连续性

设 f 是定义在 $\mathbf{R}^2$ 的一个形如 $X\times Y$ 的子集上的二元实值函数，其中 X 与 Y 都是 $\mathbf{R}$ 的一般的子区间. 在分析中很多函数以

$$F(y)=\int_X f(x, y)\mathrm{d}x$$

这种积分形式出现. 我们将介绍三个定理，分别讨论被积函数 f 与积分定义的函数 F 在连续性、可微性及可积性方面的联系. 下面第一个定理是关于连续性的.

定理 10.38 设 X 与 Y 是 $\mathbf{R}$ 的两个子区间，f 是定义在 $X\times Y$ 上的函数，它满足以下条件：

a)对 Y 中的每一个固定的 y，在 X 上由等式

$$f_y(x)=f(x,\ y)$$

定义的函数 f_y 在 X 上是可测的.

b)在 $L(X)$ 内存在一个非负函数 g，使得对于 Y 内的每一个 y 都有

$$|f(x,\ y)|\leqslant g(x) \quad \text{a.e. 于 } X.$$

c)对 Y 中的每一个固定的 y 有

$$\lim_{t\to y}f(x,\ t)=f(x,\ y) \quad \text{a.e. 于 } X.$$

于是勒贝格积分 $\int_X f(x,\ y)\mathrm{d}x$ 对于 Y 中的每一个 y 都存在，而且由等式

$$F(y)=\int_X f(x,\ y)\mathrm{d}x$$

定义的函数 F 在 Y 上连续. 也就是说，如果 $y\in Y$，我们就能得到

$$\lim_{t\to y}\int_X f(x,\ t)\mathrm{d}x=\int_X \lim_{t\to y}f(x,\ t)\mathrm{d}x.$$

证明 因为 f_y 在 X 上可测并且在 X 上几乎处处受 $L(X)$ 内的一个非负函数 g 控制，所以由定理 10.35 可知 $f_y\in L(X)$. 换句话说，勒贝格积分 $\int_X f(x,\ y)\mathrm{d}x$ 对于 Y 内的每一个 y 存在.

现在，在 Y 内选取一个固定的 y，并设 $\{y_n\}$ 是 Y 内任意一个使 $\lim y_n=y$ 的点列. 我
281 们将证明 $\lim F(y_n)=F(y)$. 设 $G_n(x)=f(x,\ y_n)$，每个 $G_n\in L(X)$ 及(c) 表明 $G_n(x)\to f(x,\ y)$ a.e. 于 X. 注意 $F(y_n)=\int_X G_n(x)\mathrm{d}x$. 因为(b) 成立，所以勒贝格控制收敛定理表明序列 $\{F(y_n)\}$ 收敛，并且有

$$\lim_{n\to\infty}F(y_n)=\int_X f(x,\ y)\mathrm{d}x=F(y). \qquad \blacksquare$$

例 1 伽马函数 $\Gamma(y)=\int_0^{+\infty}\mathrm{e}^{-x}x^{y-1}\mathrm{d}x$ 对于每一个 $y>0$ 的连续性. 对于 $X=[0,\ +\infty)$，$Y=(0,\ +\infty)$ 应用定理 10.38. 对于每一个 $y>0$，被积函数作为 x 的函数在 X 上是几乎处处连续的(因而是可测的)，所以(a) 成立. 对每一个固定的 $x>0$，被积函数作为 y 的函数在 Y 上是连续的，所以(c) 成立. 最后我们来验证(b)，不是在 Y 上，而是在每个紧子区间 $[a,\ b]$ 上，$0<a<b$. 对于 $[a,\ b]$ 内的每一个 y，被积函数被函数

$$g(x)=\begin{cases}x^{a-1}, & \text{若 } 0<x\leqslant 1,\\ M\mathrm{e}^{-x/2}, & \text{若 } x\geqslant 1,\end{cases}$$

所控制，其中 M 是某个正常数. 由定理 10.18，g 在 X 上是勒贝格可积的，所以由定理 10.38 可知 Γ 在 $[a,\ b]$ 上是连续的. 但是因为此结果对于每一个子区间都成立，由此可知 Γ 在 $Y=(0,\ +\infty)$ 上是连续的.

例 2 函数

$$F(y)=\int_0^{+\infty}\mathrm{e}^{-xy}\,\frac{\sin x}{x}\mathrm{d}x$$

对于 $y>0$ 的连续性. 在这个例子中，当 $x=0$ 时，商式 $(\sin x)/x$ 用 1 来代替. 设 $X=[0, +\infty)$，$Y=(0, +\infty)$，定理 10.38 的条件(a)和(c)得到满足. 像在例 1 中一样，我们在每一个子区间 $Y_a=[a, +\infty)(a>0)$ 上验证(b). 因为 $|(\sin x)/x|\leqslant 1$，所以对于 $x\geqslant 0$ 被积函数在 Y_a 上被函数

$$g(x)=\mathrm{e}^{-ax}$$

控制. 因为 g 在 X 上是勒贝格可积的，所以 F 在 Y_a 上对于每一个 $a>0$ 连续；因此 F 在 $Y=(0, +\infty)$ 上连续.

为了说明勒贝格控制收敛定理的另一个用途，我们将证明当 $y\to+\infty$ 时 $F(y)\to 0$.

设 $\{y_n\}$ 是任意一个递增的实数序列，满足条件 $y_n\geqslant 1$，且当 $n\to\infty$ 时 $y_n\to+\infty$. 我们将要证明当 $n\to\infty$ 时 $F(y_n)\to 0$. 对于 $x\geqslant 0$ 设

$$f_n(x)=\mathrm{e}^{-xy_n}\frac{\sin x}{x},$$

于是在 $[0, +\infty)$ 上几乎处处有 $\lim\limits_{n\to\infty}f_n(x)=0$，实际上，除 0 之外，对一切 x 都有此结果. 现在，

$$y_n\geqslant 1 \quad 蕴涵 \quad |f_n(x)|\leqslant \mathrm{e}^{-x} \quad 对于一切\ x\geqslant 0.$$

并且每一个 f_n 对于每一个 $b>0$ 在 $[0, b]$ 上都是黎曼可积的，而且

$$\int_0^b |f_n|\leqslant \int_0^b \mathrm{e}^{-x}\,\mathrm{d}x<1.$$ 282

因此，由定理 10.33 可知 f_n 在 $[0, +\infty)$ 上是勒贝格可积的. 因为序列 $\{f_n\}$ 被在 $[0, +\infty)$ 上勒贝格可积的函数 $g(x)=\mathrm{e}^{-x}$ 控制，所以由勒贝格控制收敛定理可知序列 $\left\{\int_0^{+\infty} f_n\right\}$ 收敛，而且

$$\lim_{n\to\infty}\int_0^{+\infty} f_n=\int_0^{+\infty}\lim_{n\to\infty} f_n=0.$$

但是 $\int_0^{+\infty} f_n=F(y_n)$，所以当 $n\to\infty$ 时 $F(y_n)\to 0$，因此，当 $y\to+\infty$ 时 $F(y)\to 0$.

> **注** 在下面的许多资料中，有时需要处理涉及商式 $(\sin x)/x$ 的积分. 当 $x=0$ 时，把这个商式理解为用 1 来代替. 类似地，如果遇到的是形如 $(\sin xy)/x$ 的商式，则当 $x=0$ 时，我们把这个商式理解为用它在 $x\to 0$ 时的极限 y 来代替. 更一般地，如果处理的一个被积函数在积分区间内的某些孤立点上有可去间断点，我们约定，这些间断点是"可以被去掉的"，所用的方法是在这些例外的点上重新定义被积函数. 在被积函数没有定义的点上，我们认为被积函数的值为 0.

10.16 积分号下的微分法

定理 10.39 设 X 与 Y 是 $\mathbf{R}$ 的两个子区间，f 是定义在 $X\times Y$ 上的一个函数，它满足以下条件：

a) 对于 Y 内的每一个固定的 y，由等式 $f_y(x)=f(x, y)$ 在 X 上定义的函数 f_y 在 X 上是可测的，并且对于 Y 内的某个 a 有 $f_a\in L(X)$.

b)对于 $X\times Y$ 的每一个内点 (x, y)，偏导数 $D_2 f(x, y)$ 存在.

c)在 $L(X)$ 内存在一个非负函数 G 使得对于 $X\times Y$ 的全部内点有

$$|D_2 f(x, y)|\leqslant G(x),$$

那么勒贝格积分 $\int_X f(x, y)\mathrm{d}x$ 对于 Y 内的每一个 y 存在，而且由

$$F(y)=\int_X f(x, y)\mathrm{d}x$$

定义的函数 F 在 Y 的每一个内点处是可微的. 此外，它的导数由公式

$$F'(y)=\int_X D_2 f(x, y)\mathrm{d}x$$

给出.

注 通常说导数 $F'(y)$ 是用积分号下的微分法得到的.

证明 我们首先对于 $X\times Y$ 的全部内点 (x, y) 建立不等式

283 $$|f_y(x)|\leqslant |f_a(x)|+|y-a|G(x). \tag{23}$$

由中值定理可知

$$f(x, y)-f(x, a)=(y-a)D_2 f(x, c),$$

其中 c 位于 a 和 y 之间. 因为 $|D_2 f(x, c)|\leqslant G(x)$，这蕴涵

$$|f(x, y)|\leqslant |f(x, a)|+|y-a|G(x),$$

这就证明了(23)式. 因为 f_y 在 X 上是可测的，而且在 X 上几乎处处受 $L(X)$ 内的一个非负函数控制，所以由定理 10.35 可知 $f_y\in L(X)$. 换句话说，积分 $\int_X f(x, y)\mathrm{d}x$ 对于 Y 内的每一个 y 存在.

现在，在 Y 内任取一个点列 $\{y_n\}$ 使得每一个 $y_n\neq y$，但是 $\lim y_n=y$. 在 X 上用等式

$$q_n(x)=\frac{f(x, y_n)-f(x, y)}{y_n-y}$$

定义一个函数序列 $\{q_n\}$. 于是 $q_n\in L(X)$，并且在 X 的每一个内点处有 $q_n(x)\to D_2 f(x, y)$. 按照中值定理我们有 $q_n(x)=D_2 f(x, c_n)$，其中 c_n 介于 y_n 和 y 之间. 因此，由(c)，在 X 上几乎处处有 $|q_n(x)|\leqslant G(x)$. 勒贝格控制收敛定理表明序列 $\left\{\int_X q_n\right\}$ 收敛，积分 $\int_X D_2 f(x, y)\mathrm{d}x$ 存在，而且

$$\lim_{n\to\infty}\int_X q_n=\int_X \lim_{n\to\infty} q_n=\int_X D_2 f(x, y)\mathrm{d}x.$$

但是

$$\int_X q_n=\frac{1}{y_n-y}\int_X\{f(x, y_n)-f(x, y)\}\mathrm{d}x=\frac{F(y_n)-F(y)}{y_n-y}.$$

因为最后这个商式对于一切序列 $\{y_n\}$ 趋向于一个极限，由此可知 $F'(y)$ 存在，且有

$$F'(y)=\lim_{n\to\infty}\int_X q_n=\int_X D_2 f(x, y)\mathrm{d}x.$$

■

例 1 伽马函数的导数. 导数 $\Gamma'(y)$ 对于每一个 $y>0$ 存在，并且由积分

$$\Gamma'(y)=\int_0^{+\infty}\mathrm{e}^{-x}x^{y-1}\log x\,\mathrm{d}x$$

给出，该积分通过对 $\Gamma(y)$ 的积分表达式进行积分号下的微分得到. 这是定理 10.39 的一个推论，因为对于 $[a, b](0<a<b)$ 内的每一个 y，偏导数 $\mathrm{D}_2(\mathrm{e}^{-x}x^{y-1})$ 几乎处处受一个在 $[0, +\infty)$ 上可积的函数 g 控制. 事实上，

$$\mathrm{D}_2(\mathrm{e}^{-x}x^{y-1})=\frac{\partial}{\partial y}(\mathrm{e}^{-x}x^{y-1})=\mathrm{e}^{-x}x^{y-1}\log x,\qquad 若\ x>0,$$ 284

所以，如果 $y\geqslant a$，则偏导数受函数

$$g(x)=\begin{cases}x^{a-1}|\log x|, & 若\ 0<x\leqslant 1,\\ M\mathrm{e}^{-x/2}, & 若\ x>1,\\ 0, & 若\ x=0,\end{cases}$$

控制(除了 0 点之外)，其中 M 是某个正常数. 读者可以很容易地验证 g 在 $[0, +\infty)$ 上是勒贝格可积的.

例 2 求积分

$$F(y)=\int_0^{+\infty}\mathrm{e}^{-xy}\frac{\sin x}{x}\mathrm{d}x$$

的值. 应用定理 10.39 可得，

$$F'(y)=-\int_0^{+\infty}\mathrm{e}^{-xy}\sin x\,\mathrm{d}x,\qquad 若\ y>0.$$

(像在例 1 中一样，我们在每一个区间 $Y_a=[a, +\infty)(a>0)$ 上证明这个结果.) 在这个例子中，黎曼积分 $\int_0^b\mathrm{e}^{-xy}\sin x\,\mathrm{d}x$ 可以用初等微积分的方法计算(用两次分部积分). 对于一切实数 y 有

$$\int_0^b\mathrm{e}^{-xy}\sin x\,\mathrm{d}x=\frac{\mathrm{e}^{-by}(-y\sin b-\cos b)}{1+y^2}+\frac{1}{1+y^2}.\tag{24}$$

令 $b\to+\infty$，可得

$$\int_0^{+\infty}\mathrm{e}^{-xy}\sin x\,\mathrm{d}x=\frac{1}{1+y^2},\qquad 若\ y>0.$$

因此，当 $y>0$ 时有 $F'(y)=-1/(1+y^2)$. 对这个等式积分可得

$$F(y)-F(b)=-\int_b^y\frac{\mathrm{d}t}{1+t^2}=\arctan b-\arctan y,\qquad 对于\ y>0,\ b>0.$$

现在令 $b\to+\infty$，则 $\arctan b\to\pi/2$，$F(b)\to 0$(见 10.15 节例 2)，所以 $F(y)=\pi/2-\arctan y$. 换句话说，我们有

$$\int_0^{+\infty}\mathrm{e}^{-xy}\frac{\sin x}{x}\mathrm{d}x=\frac{\pi}{2}-\arctan y,\qquad 若\ y>0.\tag{25}$$

如果 $y=0$，该等式依然成立，即有公式

$$\int_0^{+\infty}\frac{\sin x}{x}\mathrm{d}x=\frac{\pi}{2}.\tag{26}$$

然而，不能在(25)式中令 $y=0$ 推出此结果，因为我们并没有证明 F 在 0 点连续. 事实上，(26)式中的积分作为反常黎曼积分存在. 作为勒贝格积分它是不存在的.（见练
285 习 10.9).

例 3　公式

$$\int_0^{+\infty}\frac{\sin x}{x}\mathrm{d}x=\lim_{b\to+\infty}\int_0^b\frac{\sin x}{x}\mathrm{d}x=\frac{\pi}{2}$$

的证明. 设$\{g_n\}$是对于一切实数 y 由等式

$$g_n(y)=\int_0^n \mathrm{e}^{-xy}\frac{\sin x}{x}\mathrm{d}x \tag{27}$$

定义的函数序列. 首先我们注意当 $n\to\infty$ 时 $g_n(n)\to 0$，因为

$$|g_n(n)|\leqslant\int_0^n \mathrm{e}^{-xn}\mathrm{d}x=\frac{1}{n}\int_0^{n^2}\mathrm{e}^{-t}\mathrm{d}t<\frac{1}{n}.$$

现在对(27)式微分并运用(24)式可得

$$g_n'(y)=-\int_0^n \mathrm{e}^{-xy}\sin x\,\mathrm{d}x=-\frac{\mathrm{e}^{-ny}(-y\sin n-\cos n)+1}{1+y^2},$$

这是一个对于一切实数 y 都成立的等式. 这表明对于一切 y 都有 $g_n'(y)\to -1/(1+y^2)$，而且

$$|g_n'(y)|\leqslant\frac{\mathrm{e}^{-y}(y+1)+1}{1+y^2},\qquad 对于一切\ y\geqslant 0.$$

因而由

$$f_n(y)=\begin{cases}g_n'(y), & 若\ 0\leqslant y\leqslant n,\\ 0, & 若\ y>n,\end{cases}$$

定义的函数 f_n 在$[0,+\infty)$上是勒贝格可积的，而且它受非负函数

$$g(y)=\frac{\mathrm{e}^{-y}(y+1)+1}{1+y^2}$$

控制. g 在$[0,+\infty)$上也是勒贝格可积的. 因为在$[0,+\infty)$上 $f_n(y)\to -1/(1+y^2)$，所以由勒贝格控制收敛定理可得

$$\lim_{n\to\infty}\int_0^{+\infty}f_n=-\int_0^{+\infty}\frac{\mathrm{d}y}{1+y^2}=-\frac{\pi}{2}.$$

但是我们有

$$\int_0^{+\infty}f_n=\int_0^n g_n'(y)\mathrm{d}y=g_n(n)-g_n(0).$$

令 $n\to\infty$，可得 $g_n(0)\to\pi/2$.

现在如果 $b>0$ 且 $n=[b]$，则有

286 $$\int_0^b\frac{\sin x}{x}\mathrm{d}x=\int_0^n\frac{\sin x}{x}\mathrm{d}x+\int_n^b\frac{\sin x}{x}\mathrm{d}x=g_n(0)+\int_n^b\frac{\sin x}{x}\mathrm{d}x.$$

因为

$$0\leqslant\left|\int_n^b\frac{\sin x}{x}\mathrm{d}x\right|\leqslant\int_n^b\frac{1}{n}\mathrm{d}x=\frac{b-n}{n}\leqslant\frac{1}{n}\to 0,\qquad 若\ b\to+\infty,$$

所以有

$$\lim_{b\to+\infty}\int_0^b \frac{\sin x}{x}\mathrm{d}x=\lim_{n\to\infty}g_n(0)=\frac{\pi}{2}.$$

在第 11 章研究傅里叶级数的时候需要用到这个公式．

10.17 交换积分次序

定理 10.40 设 X 和 Y 是 $\mathbf{R}$ 的两个子区间，k 是一个在 $X\times Y$ 上定义的连续且有界的函数，譬如

$$|k(x, y)|\leqslant M, \qquad \text{对于 } X\times Y \text{ 内的一切}(x, y).$$

假定 $f\in L(X)$，$g\in L(Y)$，则有

a) 对于 Y 内的每个 y，勒贝格积分 $\int_X f(x)k(x, y)\mathrm{d}x$ 存在，而且在 Y 上由等式

$$F(y)=\int_X f(x)k(x, y)\mathrm{d}x$$

定义的函数 F 在 Y 上连续．

b) 对于 X 内的每个 x，勒贝格积分 $\int_Y g(y)k(x, y)\mathrm{d}y$ 存在，而且在 X 上由等式

$$G(x)=\int_Y g(y)k(x, y)\mathrm{d}y$$

定义的函数 G 在 X 上连续．

c) $\int_Y g(y)F(y)\mathrm{d}y$ 和 $\int_X f(x)G(x)\mathrm{d}x$ 这两个勒贝格积分都存在而且相等．即

$$\int_X f(x)\left[\int_Y g(y)k(x, y)\mathrm{d}y\right]\mathrm{d}x=\int_Y g(y)\left[\int_X f(x)k(x, y)\mathrm{d}x\right]\mathrm{d}y. \tag{28}$$

证明 对于 Y 内的每个固定的 y，设 $f_y(x)=f(x)k(x, y)$，则 f_y 在 X 上可测而且满足不等式

$$|f_y(x)|=|f(x)k(x, y)|\leqslant M|f(x)|, \qquad \text{对于 } X \text{ 内的一切 } x.$$

而且，因为 k 在 $X\times Y$ 上连续，所以有

$$\lim_{t\to y}f(x)k(x, t)=f(x)k(x, y), \qquad \text{对于 } X \text{ 内的一切 } x.$$

因而，从定理 10.38 可以推出(a)．用类似的讨论可以证明(b)． 287

现在乘积 $f\cdot G$ 在 X 上可测，而且满足不等式

$$|f(x)G(x)|\leqslant|f(x)|\int_Y|g(y)||k(x, y)|\mathrm{d}y\leqslant M'|f(x)|,$$

其中 $M'=M\int_Y|g(y)|\mathrm{d}y$．由定理 10.35 可知 $f\cdot G\in L(X)$．用类似的讨论可以证明 $g\cdot F\in L(Y)$．

接下来证明(28)式．首先我们注意，如果 f 和 g 都是阶梯函数，则(28)式成立．在这种情况下，f 和 g 在一个紧区间的外部都是 0，所以它们每一个在那个区间上都是黎曼可积的，于是(28)式是定理 7.42 的一个直接推论．

现在我们使用定理 10.19(b)用阶梯函数逼近 f 和 g．如果给定了 $\varepsilon>0$，则有阶梯函

数 s 与 t 使得

$$\int_X |f-s| < \varepsilon, \qquad \int_Y |g-t| < \varepsilon.$$

所以有

$$\int_X f \cdot G = \int_X s \cdot G + A_1, \tag{29}$$

其中

$$|A_1| = \left|\int_X (f-s)\cdot G\right| \leqslant \int_X |f-s| \int_Y |g(y)|\,|k(x, y)|\,\mathrm{d}y < \varepsilon M \int_Y |g|.$$

我们还有

$$G(x) = \int_Y g(y)k(x, y)\mathrm{d}y = \int_Y t(y)k(x, y)\mathrm{d}y + A_2,$$

其中

$$|A_2| = \left|\int_Y (g-t)k(x, y)\mathrm{d}y\right| \leqslant M\int_Y |g-t| < \varepsilon M.$$

因而有

$$\int_X s\cdot G = \int_X s(x)\left[\int_Y t(y)k(x, y)\mathrm{d}y\right]\mathrm{d}x + A_3,$$

其中

$$|A_3| = \left|A_2\int_X s(x)\mathrm{d}x\right| \leqslant \varepsilon M\int_X |s|$$

288

$$\leqslant \varepsilon M\int_X\{|s-f| + |f|\} < \varepsilon^2 M + \varepsilon M\int_X |f|,$$

所以(29)式变为

$$\int_X f\cdot G = \int_X s(x)\left[\int_Y t(y)k(x, y)\mathrm{d}y\right]\mathrm{d}x + A_1 + A_3. \tag{30}$$

类似地可得

$$\int_Y g\cdot F = \int_Y t(y)\left[\int_X s(x)k(x, y)\mathrm{d}x\right]\mathrm{d}y + B_1 + B_3, \tag{31}$$

其中

$$|B_1| < \varepsilon M\int_X |f|, \qquad |B_3| \leqslant \varepsilon M\int_Y |t| < \varepsilon^2 M + \varepsilon M\int_Y |g|.$$

但是(30)式和(31)式右边的累次积分是相等的，所以有

$$\left|\int_X f\cdot G - \int_Y g\cdot F\right| \leqslant |A_1| + |A_3| + |B_1| + |B_3| < 2\varepsilon^2 M + 2\varepsilon M\left\{\int_X |f| + \int_Y |g|\right\}.$$

因为此式对于每一个 $\varepsilon > 0$ 成立，所以有 $\int_X f\cdot G = \int_Y g\cdot F$，这正是所要证明的结论. ■

注　定理 10.40 的一个更一般的说法将在第 15 章用二重积分来证明(见定理 15.6.)

10.18 实线上的可测集

定义 10.41 给定 $\mathbf{R}$ 的任一非空子集 S. 由

$$\chi_S(x)=\begin{cases}1 & \text{当 } x\in S,\\ 0 & \text{当 } x\in \mathbf{R}-S\end{cases}$$

定义的函数 χ_S 称为 S 的特征函数. 如果 S 是空集，则对于一切 x 定义 $\chi_S(x)=0$.

定理 10.42 设 $\mathbf{R}=(-\infty,\ +\infty)$，则有

a) 如果 S 的测度为 0，则 $\chi_S\in L(\mathbf{R})$ 且 $\int_{\mathbf{R}}\chi_S=0$.

b) 如果 $\chi_S\in L(\mathbf{R})$ 且 $\int_{\mathbf{R}}\chi_S=0$，则 S 的测度为 0.

证明 (a)的结论可以由在定理 10.20 中取 $f=\chi_S$ 得出. 为了证明(b)，对于一切 n 设 $f_n=\chi_S$，则有 $|f_n|=\chi_S$，所以

$$\sum_{n=1}^{\infty}\int_{\mathbf{R}}|f_n|=\sum_{n=1}^{\infty}\int_{\mathbf{R}}\chi_S=0.$$ 289

按照关于绝对收敛级数的莱维定理，由此可知级数 $\sum_{n=1}^{\infty}f_n(x)$ 在 $\mathbf{R}$ 上除了一个测度为 0 的集合 T 之外处处收敛. 如果 $x\in S$，则该级数不可能收敛，因为每一项都是 1. 如果 $x\notin S$，则该级数收敛，因为每一项都是 0. 于是 $T=S$，所以 S 的测度为 0. ∎

定义 10.43 $\mathbf{R}$ 的一个子集 S 称为可测集，如果它的特征函数 χ_S 是可测函数. 此外，如果 χ_S 在 $\mathbf{R}$ 上是勒贝格可积的，则集合 S 的测度 $\mu(S)$ 由等式

$$\mu(S)=\int_{\mathbf{R}}\chi_S$$

定义. 如果 χ_S 是可测的但在 $\mathbf{R}$ 上不是勒贝格可积的，则定义 $\mu(S)=+\infty$. 如此定义的函数 μ 称为勒贝格测度.

例

1. 定理 10.42 表明，零测度集 S 是可测的，而且 $\mu(S)=0$.

2. 每一个区间 I(有界的或无界的)都是可测的. 如果 I 是端点为 $a\leqslant b$ 的有界区间，则 $\mu(I)=b-a$. 如果 I 是无界区间，则 $\mu(I)=+\infty$.

3. 如果 A 和 B 都是可测的，而且 $A\subseteq B$，则有 $\mu(A)\leqslant\mu(B)$.

定理 10.44 a) 如果 S 与 T 都是可测的，则 $S-T$ 也是可测的.

b) 如果 S_1，S_2，…都是可测的，则 $\bigcup_{i=1}^{\infty}S_i$ 与 $\bigcap_{i=1}^{\infty}S_i$ 也都是可测的.

证明 为了证明(a)，我们注意到 $S-T$ 的特征函数是 $\chi_S-\chi_S\chi_T$. 为了证明(b)，设

$$U_n=\bigcup_{i=1}^{n}S_i,\qquad V_n=\bigcap_{i=1}^{n}S_i,\qquad U=\bigcup_{i=1}^{\infty}S_i,\qquad V=\bigcap_{i=1}^{\infty}S_i.$$

则有

$$\chi_{U_n}=\max(\chi_{S_1},\ \cdots,\ \chi_{S_n}),\qquad \chi_{V_n}=\min(\chi_{S_1},\ \cdots,\ \chi_{S_n}),$$

所以 U_n 和 V_n 每一个都是可测的．而且 $\chi_U=\lim\limits_{n\to\infty}\chi_{U_n}$，$\chi_V=\lim\limits_{n\to\infty}\chi_{V_n}$．所以 U 和 V 都是可测的．■

定理 10.45 如果 A 和 B 是不相交的可测集，则有

$$\mu(A\cup B)=\mu(A)+\mu(B). \tag{32}$$

证明 设 $S=A\cup B$．因为 A 和 B 是不相交的，所以有

$$\chi_S=\chi_A+\chi_B.$$

假设 χ_S 是可积的．因为 χ_A 和 χ_B 都是可测的并且满足

290 $$0\leqslant\chi_A(x)\leqslant\chi_S(x),\qquad 0\leqslant\chi_B(x)\leqslant\chi_S(x),\qquad \text{对于一切 } x,$$

所以定理 10.35 表明 χ_A 和 χ_B 都是可积的．于是可得

$$\mu(S)=\int_{\mathbf{R}}\chi_S=\int_{\mathbf{R}}\chi_A+\int_{\mathbf{R}}\chi_B=\mu(A)+\mu(B).$$

在这种情况下(32)式成立，等号两边都是有限的．

如果 χ_S 不是可积的，则 χ_A 与 χ_B 中至少有一个不是可积的．在这种情况下(32)式成立，等号两边都是无穷．■

可以用归纳法证明定理 10.45 的下述推广．

定理 10.46 如果$\{A_1, \cdots, A_n\}$是一个有限的不相交可测集族，则有

$$\mu\left(\bigcup_{i=1}^{n}A_i\right)=\sum_{i=1}^{n}\mu(A_i).$$

注 这个性质可描述为勒贝格测度是有限可加的．在下面一个定理中我们将证明：勒贝格测度是可数可加的．

定理 10.47 如果$\{A_1, A_2, \cdots\}$是一个可数的不相交可测集族，则有

$$\mu\left(\bigcup_{i=1}^{\infty}A_i\right)=\sum_{i=1}^{\infty}\mu(A_i). \tag{33}$$

证明 设 $T_n=\bigcup\limits_{i=1}^{n}A_i$，$\chi_n=\chi_{T_n}$，$T=\bigcup\limits_{i=1}^{\infty}A_i$．因为 μ 是有限可加的，所以对于每一个 n 都有

$$\mu(T_n)=\sum_{i=1}^{n}\mu(A_i).$$

我们将证明当 $n\to\infty$ 时 $\mu(T_n)\to\mu(T)$．注意有 $\mu(T_n)\leqslant\mu(T_{n+1})$，所以$\{\mu(T_n)\}$是一个递增序列．

考虑两种情况．如果 $\mu(T)$是有限的，则 χ_T 和每一个 χ_n 都是可积的．而且，序列$\{\mu(T_n)\}$是以 $\mu(T)$为上界的，所以该序列收敛．按照勒贝格控制收敛定理，$\mu(T_n)\to\mu(T)$．

如果 $\mu(T)=+\infty$，则 χ_T 不是可积的．由定理 10.24 可知，要么有某个 χ_n 不是可积的，要么每一个 χ_n 都是可积的，但 $\mu(T_n)\to+\infty$．在每一种情况下(33)式都成立，等号两边都是无穷．■

为了进一步研究测度论及其与积分的关系，读者可以参阅本章末尾所列的参考文献．

10.19 在 R 的任意子集上的勒贝格积分

定义 10.48 设 f 在 $\mathbf{R}$ 的一个可测子集 S 上定义．在 $\mathbf{R}$ 上定义一个新的函数 $\tilde{f}$ 如下：

$$\tilde{f}(x)=\begin{cases}f(x), & 若\ x\in S,\\ 0, & 若\ x\in \mathbf{R}-S.\end{cases}$$ 291

如果 $\tilde{f}$ 在 $\mathbf{R}$ 上是勒贝格可积的，我们就说 f 在 S 上是勒贝格可积的，并记为 $f\in L(S)$．f 在 S 上的积分由等式

$$\int_S f=\int_{\mathbf{R}}\tilde{f}$$

定义．

由这个定义立即可得下列性质：

如果 $f\in L(S)$，则对于 S 的每一个子集 T 有 $f\in L(T)$．

如果 S 的测度是有限的，则 $\mu(S)=\int_S 1$．

下面一个定理描述了勒贝格积分的一种可数可加性，它的证明作为练习留给读者．

定理 10.49 设 $\{A_1, A_2, \cdots\}$ 是 $\mathbf{R}$ 内的一个可数的不相交集族，并设 $S=\bigcup_{i=1}^{\infty} A_i$．设 f 在 S 上有定义．

a)如果 $f\in L(S)$，则对于每个 i 都有 $f\in L(A_i)$，而且

$$\int_S f=\sum_{i=1}^{\infty}\int_{A_i} f.$$

b)如果对于每个 i 都有 $f\in L(A_i)$，而且(a)中的级数收敛，则 $f\in L(S)$，而且(a)中的等式成立．

10.20 复值函数的勒贝格积分

如果 f 是定义在一个区间 I 上的复值函数，则 $f=u+\mathrm{i}v$，其中 u 和 v 是实值函数．我们说 f 在 I 上是勒贝格可积的，如果 u 和 v 二者在 I 上都是勒贝格可积的，并定义

$$\int_I f=\int_I u+\mathrm{i}\int_I v.$$

类似地，f 称为在 I 上可测，如果 u 和 v 二者都在 $M(I)$ 内．

容易验证复值可测函数的和及乘积也是可测的．此外，因为

$$|f|=(u^2+v^2)^{1/2},$$

所以定理 10.36 表明，如果 f 是可测的，则 $|f|$ 也是可测的．

实值函数的勒贝格积分的许多定理都可以推广到复值函数．然而，我们不准备讨论这些推广，因为在任何具体的情况下，把函数写为 $f=u+\mathrm{i}v$ 的形式并对 u 和 v 应用已有的定理通常就足够了．唯一需要明确叙述的结果是下述定理． 292

定理 10.50 如果一个复值函数 f 在 I 上是勒贝格可积的，则 $|f|\in L(I)$，且有

$$\left|\int_I f\right|\leqslant\int_I |f|.$$

证明　记 $f=u+\mathrm{i}v$. 因为 f 是可测的，且 $|f|\leqslant|u|+|v|$，所以定理 10.35 表明 $|f|\in L(I)$.

设 $a=\int_I f$，则 $a=r\mathrm{e}^{\mathrm{i}\theta}$，其中 $r=|a|$. 我们希望证明 $r\leqslant\int_I|f|$. 设

$$b=\begin{cases}\mathrm{e}^{-\mathrm{i}\theta} & \text{若 } r>0\\ 1 & \text{若 } r=0.\end{cases}$$

则 $|b|=1$ 且 $r=ba=b\int_I f=\int_I bf$. 现在把 bf 写为 $bf=U+\mathrm{i}V$，其中 U 和 V 是实的，则有 $\int_I bf=\int_I U$，因为 $\int_I bf$ 是实的. 由此可得

$$r=\int_I bf=\int_I U\leqslant\int_I|U|\leqslant\int_I|bf|=\int_I|f|.$$ ■

10.21　内积与范数

本节介绍内积与范数，它们是在傅里叶级数理论中起重要作用的概念. 傅里叶级数理论将在第 11 章中讨论.

定义 10.51　设 f 与 g 是 $L(I)$ 内的两个实值函数，它们的乘积 $f\cdot g$ 也在 $L(I)$ 内. 于是积分

$$\int_I f(x)g(x)\mathrm{d}x \tag{34}$$

称为 f 与 g 的内积，并用 (f, g) 表示. 如果 $f^2\in L(I)$，则非负数 $(f, f)^{1/2}$（用 $\|f\|$ 表示）称为 f 的 L^2 范数.

注　(34) 中的积分很像定义两个向量 $\boldsymbol{x}=(x_1, \cdots, x_n)$ 与 $\boldsymbol{y}=(y_1, \cdots, y_n)$ 的点积的和 $\sum_{k=1}^{n}x_k y_k$. (34) 中的函数值 $f(x)$ 和 $g(x)$ 充当分量 x_k 和 y_k，而积分代替求和. f 的 L^2 范数类似于一个向量的长度.

下面的定理给出 $L(I)$ 中的函数有 L^2 范数的一个充分条件.

定理 10.52　如果 $f\in L(I)$ 且 f 在 I 上几乎处处有界，则 $f^2\in L(I)$.

证明　因为 $f\in L(I)$，所以 f 在 I 上可测，从而 f^2 在 I 上可测且在 I 上几乎处处满足不
293 等式 $|f(x)|^2\leqslant M|f(x)|$，其中 M 是 $|f|$ 的一个上界. 由定理 10.35 可得 $f^2\in L(I)$. ■

10.22　平方可积函数集合 $L^2(I)$

定义 10.53　我们用 $L^2(I)$ 表示由所有在 I 上使 $f^2\in L(I)$ 的实值可测函数 f 组成的集合. $L^2(I)$ 中的函数称为是平方可积的.

注　集合 $L^2(I)$ 既不比 $L(I)$ 大，也不比 $L(I)$ 小. 例如，由

$$f(x)=x^{-1/2},\qquad \text{对于 } 0<x\leqslant 1,\qquad f(0)=0$$

给出的函数在 $L([0, 1])$ 内，但是不在 $L^2([0, 1])$ 内. 类似地，对于 $x\geqslant 1$ 定义的函数 $g(x)=1/x$ 在 $L^2([1, +\infty))$ 内，但是不在 $L([1, +\infty))$ 内.

定理 10.54 如果 $f\in L^2(I)$ 且 $g\in L^2(I)$，则 $f\cdot g\in L(I)$ 且对于每一个实数 a 和 b 都有 $(af+bg)\in L^2(I)$.

证明 f 与 g 二者都是可测的，所以 $f\cdot g\in M(I)$. 因为

$$|f(x)g(x)|\leqslant\frac{f^2(x)+g^2(x)}{2},$$

所以由定理 10.35 可知 $f\cdot g\in L(I)$. 也有 $(af+bg)\in M(I)$ 及

$$(af+bg)^2=a^2f^2+2abf\cdot g+b^2g^2,$$

所以 $(af+bg)\in L^2(I)$. ■

这样，内积 $(f,\ g)$ 对于 $L^2(I)$ 内的每一对函数 f 与 g 就都有定义. 内积和范数的基本性质在下面这个定理中叙述.

定理 10.55 如果 f，g 与 h 都在 $L^2(I)$ 内，c 是实数，则有

a) $(f,\ g)=(g,\ f)$ 交换性

b) $(f+g,\ h)=(f,\ h)+(g,\ h)$ 线性

c) $(cf,\ g)=c(f,\ g)$ 结合性

d) $\|cf\|=|c|\,\|f\|$ 齐性

e) $|(f,\ g)|\leqslant\|f\|\,\|g\|$ 柯西-施瓦茨不等式

f) $\|f+g\|\leqslant\|f\|+\|g\|$ 三角不等式

证明 从(a)到(d)这几部分都是定义的直接推论. (e)这部分可以立即从不等式

$$\int_I\left[\int_I|f(x)g(y)-g(x)f(y)|^2\mathrm{d}y\right]\mathrm{d}x\geqslant 0$$

推出. 为了证明(f)，可以利用(e)以及关系式

$$\|f+g\|^2=(f+g,\ f+g)=(f,\ f)+2(f,\ g)+(g,\ g)$$ 294

$$=\|f\|^2+\|g\|^2+2(f,\ g).$$ ■

注 可以把内积的概念推广到满足条件 $|f|\in L^2(I)$ 的复值函数 f. 在这种情况下，$(f,\ g)$ 由等式

$$(f,\ g)=\int_I f(x)\overline{g(x)}\,\mathrm{d}x$$

定义，函数上方的横线表示共轭复数. 引进共轭复数是为了使 f 与它自身的内积是一个非负的量，即 $(f,\ f)=\int_I|f|^2$. f 的 L^2 范数与以前一样，是 $\|f\|=(f,\ f)^{1/2}$.

定理 10.55 对于复值函数也成立，只是对于(a)必须用

$$(f,\ g)=\overline{(g,\ f)} \tag{35}$$

进行修改. 这蕴涵对于(b)有下述相应的结果：

$$(f,\ g+h)=\overline{(g+h,\ f)}=\overline{(g,\ f)}+\overline{(h,\ f)}=(f,\ g)+(f,\ h).$$

在(c)和(d)中，常数 c 可以是复数. 从(c)和(35)式可得

$$(f,\ cg)=\bar{c}(f,\ g).$$

柯西-施瓦茨不等式和三角不等式对于复值函数也成立.

10.23　集合 $L^2(I)$ 作为一个半度量空间

在定义 3.32 中，一个度量空间是一个集合 T 连同一个在 $T\times T$ 上定义的非负函数 d，该函数对于 T 内的一切点 x，y，z 满足下列性质：

1. $d(x, x)=0$.
2. $d(x, y)>0$，若 $x\neq y$.
3. $d(x, y)=d(y, x)$.
4. $d(x, y)\leqslant d(x, z)+d(z, y)$.

我们尝试一下用等式

$$d(f, g)=\|f-g\|=\left(\int_I |f-g|^2\right)^{1/2}$$

在同属于 $L^2(I)$ 的两个任意的复值函数之间定义距离 $d(f, g)$，从而把 $L^2(I)$ 转化成为一个度量空间. 函数 $d(f, g)$ 满足性质 1、3 和 4，但是不满足性质 2. 如果 f 与 g 是 $L^2(I)$ 内的两个仅在一个非空的零测度集上不同的函数，则 $f\neq g$，但是在 I 上几乎处处有 $f-g=0$，所以 $d(f, g)=0$.

满足 1、3 和 4 但是不满足 2 的函数 d 称为一个半度量. 集合 $L^2(I)$ 连同半度量 d 一起，称为一个半度量空间.

10.24　关于 $L^2(I)$ 内的函数级数的一个收敛定理

295 下面这个收敛定理类似于关于级数的莱维定理(定理 10.26).

定理 10.56　*设 $\{g_n\}$ 是 $L^2(I)$ 内的一个函数序列，使得级数*

$$\sum_{n=1}^{\infty}\|g_n\|$$

收敛，则函数级数 $\sum_{n=1}^{\infty} g_n$ 在 I 上几乎处处收敛到 $L^2(I)$ 内的一个函数 g，而且有

$$\|g\|=\lim_{n\to\infty}\left\|\sum_{k=1}^{n} g_k\right\|\leqslant\sum_{k=1}^{\infty}\|g_k\|. \tag{36}$$

证明　设 $M=\sum_{n=1}^{\infty}\|g_n\|$. 由推广到有限和的三角不等式可得

$$\left\|\sum_{k=1}^{n}|g_k|\right\|\leqslant\sum_{k=1}^{n}\|g_k\|\leqslant M.$$

这蕴涵

$$\int_I\left(\sum_{k=1}^{n}|g_k(x)|\right)^2\mathrm{d}x=\left\|\sum_{k=1}^{n}|g_k|\right\|^2\leqslant M^2. \tag{37}$$

如果 $x\in I$，设

$$f_n(x)=\left(\sum_{k=1}^{n}|g_k(x)|\right)^2.$$

序列 $\{f_n\}$ 是递增的，每个 $f_n\in L(I)$(因为每个 $g_k\in L^2(I)$)，而且(37)式表明 $\int_I f_n\leqslant$

M^2. 因此序列$\left\{\int_I f_n\right\}$收敛. 按照关于序列的莱维定理(定理 10.24), $L(I)$内有一个函数 f 使得在 I 上几乎处处有 $f_n \to f$, 而且

$$\int_I f = \lim_{n\to\infty}\int_I f_n \leqslant M^2.$$

因此级数$\sum_{k=1}^{\infty} g_k(x)$在 I 上几乎处处绝对收敛. 在使下式中的极限存在的那些点上设

$$g(x) = \lim_{n\to\infty}\sum_{k=1}^{n} g_k(x),$$

并设

$$G_n(x) = \left|\sum_{k=1}^{n} g_k(x)\right|^2.$$

则每个 $G_n \in L(I)$, 且在 I 上几乎处处有 $G_n(x) \to |g(x)|^2$. 并且

$$G_n(x) \leqslant f_n(x) \leqslant f(x) \quad \text{a. e. 于 } I.$$

因此, 按照勒贝格控制收敛定理, $|g|^2 \in L(I)$, 且有

$$\int_I |g|^2 = \lim_{n\to\infty}\int_I G_n. \tag{38}$$ 296

因为 g 是可测的, 所以此式表明 $g \in L^2(I)$. 而且, 我们有

$$\int_I G_n = \int_I \left|\sum_{k=1}^{n} g_k\right|^2 = \left\|\sum_{k=1}^{n} g_k\right\|^2, \qquad \int_I G_n \leqslant \int_I f_n \leqslant M^2,$$

所以由(38)式可得

$$\|g\|^2 = \lim_{n\to\infty}\left\|\sum_{k=1}^{n} g_k\right\|^2 \leqslant M^2,$$

而由此式就可以推出(36)式. ■

10.25 里斯-费希尔定理

用我们刚刚证明了的收敛定理可以证明, 半度量空间 $L^2(I)$中的每一个柯西序列都收敛于一个 $L^2(I)$内的函数. 换句话说, 半度量空间 $L^2(I)$是完备的. 这个结果称为里斯-费希尔定理, 它在傅里叶级数理论中发挥着重要的作用.

定理 10.57 设$\{f_n\}$是由 $L^2(I)$内的复值函数组成的一个柯西序列. 也就是说, 假定对于每一个 $\varepsilon>0$, 都有一个整数 N 使得

$$\|f_m - f_n\| < \varepsilon, \qquad \text{只要 } m \geqslant n \geqslant N. \tag{39}$$

于是在 $L^2(I)$中存在一个函数 f 使得

$$\lim_{n\to\infty}\|f_n - f\| = 0. \tag{40}$$

证明 重复使用(39)式可以得到一个递增的整数序列 $n(1)<n(2)<\cdots$使得

$$\|f_m - f_{n(k)}\| < \frac{1}{2^k}, \qquad \text{只要 } m \geqslant n(k).$$

设 $g_1 = f_{n(1)}$, 并对于 $k \geqslant 2$ 设 $g_k = f_{n(k)} - f_{n(k-1)}$, 于是级数$\sum_{k=1}^{\infty}\|g_k\|$收敛, 因为它受

$$\|f_{n(1)}\|+\sum_{k=2}^{\infty}\|f_{n(k)}-f_{n(k-1)}\|<\|f_{n(1)}\|+\sum_{k=1}^{\infty}\frac{1}{2^k}=\|f_{n(1)}\|+1$$

控制．每个 g_n 都在 $L^2(I)$ 内．于是按照定理 10.56，级数 $\sum_{n=1}^{\infty}g_n$ 在 I 上几乎处处收敛于 $L^2(I)$ 内的一个函数 f．为了完成证明，我们将证明当 $m\to\infty$ 时 $\|f_m-f\|\to 0$．

为此，由三角不等式可得

$$\|f_m-f\|\leqslant\|f_m-f_{n(k)}\|+\|f_{n(k)}-f\|. \tag{41}$$

如果 $m\geqslant n(k)$，则上式右边的第一项小于 $1/2^k$．为了估计第二项，我们注意到

297 $$f-f_{n(k)}=\sum_{r=k+1}^{\infty}\{f_{n(r)}-f_{n(r-1)}\},$$

而且级数 $\sum_{r=k+1}^{\infty}\|f_{n(r)}-f_{n(r-1)}\|$ 收敛．于是可以使用定理 10.56 的不等式(36) 得到

$$\|f-f_{n(k)}\|\leqslant\sum_{r=k+1}^{\infty}\|f_{n(r)}-f_{n(r-1)}\|<\sum_{r=k+1}^{\infty}\frac{1}{2^{r-1}}=\frac{1}{2^{k-1}}.$$

因此，(41)式变成

$$\|f_m-f\|\leqslant\frac{1}{2^{k-1}}+\frac{1}{2^k}=\frac{3}{2^k},\qquad 若\ m\geqslant n(k).$$

因为当 $k\to\infty$ 时 $n(k)\to\infty$，所以这就表明当 $m\to\infty$ 时 $\|f_m-f\|\to 0$．■

注　在本定理的证明过程中我们证明了 $L^2(I)$ 内的每一个柯西函数序列 $\{f_n\}$ 都有一个子序列在 I 上几乎处处点态收敛于 $L^2(I)$ 内的一个极限函数 f．然而，并不能由此推出序列 $\{f_n\}$ 本身在 I 上几乎处处点态收敛于 f．（在 9.13 节叙述过一个反例．）虽然 $\{f_n\}$ 在半度量空间 $L^2(I)$ 中收敛于 f，但是这种收敛与点态收敛是不同的．

练习

上函数

10.1　证明 $\max(f, g)+\min(f, g)=f+g$，而且

$$\max(f+h, g+h)=\max(f, g)+h,\qquad \min(f+h, g+h)=\min(f, g)+h.$$

10.2　设 $\{f_n\}$ 与 $\{g_n\}$ 是在一个区间 I 上递增的函数序列．设 $u_n=\max(f_n, g_n)$，$v_n=\min(f_n, g_n)$．

a) 证明 $\{u_n\}$ 和 $\{v_n\}$ 在 I 上递增．

b) 如果 $f_n\nearrow f$ a. e. 于 I，$g_n\nearrow g$ a. e. 于 I，证明 $u_n\nearrow\max(f, g)$ a. e. 于 I 以及 $v_n\nearrow\min(f, g)$ a. e. 于 I．

10.3　设 $\{s_n\}$ 是一个递增的阶梯函数序列，它在一个区间 I 上点态地收敛于一个极限函数 f．如果 I 是无界的，而且在 I 上几乎处处有 $f(x)\geqslant 1$，证明序列 $\left\{\int_I s_n\right\}$ 发散．

10.4　本练习给出了在区间 $I=[0, 1]$ 上的一个上函数 f 使得 $-f\notin U(I)$ 的例子．设 $\{r_1, r_2, \cdots\}$ 表示在 $[0, 1]$ 内的有理数集合，并设 $I_n=[r_n-4^{-n}, r_n+4^{-n}]\cap I$．当对某个 n 有 $x\in I_n$ 时设 $f(x)=1$，否则就设 $f(x)=0$．

a) 当 $x\in I_n$ 时设 $f_n(x)=1$，当 $x\notin I_n$ 时设 $f_n(x)=0$，并设 $s_n=\max(f_1, \cdots, f_n)$. 证明 $\{s_n\}$ 是一个生成 f 的递增的阶梯函数序列. 这表明 $f\in U(I)$.

b) 证明 $\int_I f\leqslant 2/3$.

c) 如果一个阶梯函数 s 在 I 上满足不等式 $s(x)\leqslant -f(x)$，证明在 I 上几乎处处有 $s(x)\leqslant -1$，从而 $\int_I s\leqslant -1$.

d) 假定 $-f\in U(I)$，用(b)和(c)推出一个矛盾. 298

注：在下列练习中，指定被积函数在无定义的点处的值为 0.

收敛定理

10.5 如果 $f_n(x)=\mathrm{e}^{-nx}-2\mathrm{e}^{-2nx}$，证明

$$\sum_{n=1}^{\infty}\int_0^{\infty} f_n(x)\mathrm{d}x \neq \int_0^{\infty}\sum_{n=1}^{\infty} f_n(x)\mathrm{d}x.$$

10.6 验证下列等式：

a) $\int_0^1 \log\frac{1}{1-x}\mathrm{d}x = \int_0^1\sum_{n=1}^{\infty}\frac{x^n}{n}\mathrm{d}x = \sum_{n=1}^{\infty}\frac{1}{n}\int_0^1 x^n\mathrm{d}x = 1.$

b) $\int_0^1 \frac{x^{p-1}}{1-x}\log\left(\frac{1}{x}\right)\mathrm{d}x = \sum_{n=0}^{\infty}\frac{1}{(n+p)^2}\quad (p>0).$

10.7 证明关于黎曼积分的塔内里(Tannery)收敛定理：给定一个函数序列 $\{f_n\}$ 和一个递增的实数序列 $\{p_n\}$ 使得当 $n\to\infty$ 时 $p_n\to+\infty$. 假定

a) 对于每一个 $b\geqslant a$，$f_n\to f$ 一致于 $[a, b]$.

b) 对于每一个 $b\geqslant a$，f_n 在 $[a, b]$ 上都是黎曼可积的.

c) 在 $[a, +\infty)$ 上几乎处处有 $|f_n(x)|\leqslant g(x)$，其中 g 是非负的，且在 $[a, +\infty)$ 上是反常黎曼可积的.

于是，f 与 $|f|$ 在 $[a, +\infty)$ 上都是反常黎曼可积的，序列 $\left\{\int_a^{p_n} f_n\right\}$ 收敛，而且

$$\int_a^{+\infty} f(x)\mathrm{d}x = \lim_{n\to\infty}\int_a^{p_n} f_n(x)\mathrm{d}x.$$

d) 利用塔内里定理证明

$$\lim_{n\to\infty}\int_0^n\left(1-\frac{x}{n}\right)^n x^p\mathrm{d}x = \int_0^{\infty}\mathrm{e}^{-x}x^p\mathrm{d}x,\qquad 当\ p>-1.$$

10.8 证明法图引理：在 $L(I)$ 内给定一个非负函数序列 $\{f_n\}$ 使得(a) $\{f_n\}$ 在 I 上几乎处处收敛于一个极限函数 f，而且(b) 对于某个 $A>0$ 和一切 n 都有 $\int_I f_n\leqslant A$. 于是极限函数 $f\in L(I)$ 并且 $\int_I f\leqslant A$.

注：这里没有断定 $\left\{\int_I f_n\right\}$ 收敛. (对照定理 10.24.)

提示：设 $g_n(x)=\inf\{f_n(x), f_{n+1}(x), \cdots\}$，则 $g_n\nearrow f$ a.e. 于 I 且 $\int_I g_n\leqslant\int_I f_n\leqslant A$，所以 $\lim_{n\to\infty}\int_I g_n$ 存在且 $\leqslant A$. 现在应用定理 10.24.

反常黎曼积分

10.9 a) 如果 $p>1$，证明积分 $\int_1^{+\infty} x^{-p}\sin x\mathrm{d}x$ 作为反常黎曼积分和勒贝格积分都存在. 提示：用分部积分法. 299

b)如果 $0<p\leqslant 1$，证明(a)中的积分作为反常黎曼积分存在，但是作为勒贝格积分不存在. 提示：设

$$g(x)=\begin{cases}\dfrac{\sqrt{2}}{2x}, & \text{若 } n\pi+\dfrac{\pi}{4}\leqslant x\leqslant n\pi+\dfrac{3\pi}{4}\text{，对于 } n=1,2,\cdots,\\ 0, & \text{其他，}\end{cases}$$

并证明

$$\int_1^{n\pi} x^{-p}\,|\sin x|\,\mathrm{d}x\geqslant\int_\pi^{n\pi} g(x)\,\mathrm{d}x\geqslant\frac{\sqrt{2}}{4}\sum_{k=2}^{n}\frac{1}{k}.$$

10.10　a)用三角恒等式 $\sin 2x=2\sin x\cos x$ 及公式 $\int_0^\infty(\sin x)/x\,\mathrm{d}x=\pi/2$ 证明

$$\int_0^\infty\frac{\sin x\cos x}{x}\mathrm{d}x=\frac{\pi}{4}.$$

b)在(a)中用分部积分法推导出公式

$$\int_0^\infty\frac{\sin^2 x}{x^2}\mathrm{d}x=\frac{\pi}{2}.$$

c)用恒等式 $\sin^2 x+\cos^2 x=1$ 及(b)的结果推导出

$$\int_0^\infty\frac{\sin^4 x}{x^2}\mathrm{d}x=\frac{\pi}{4}.$$

d)用(c)的结果推导出

$$\int_0^\infty\frac{\sin^4 x}{x^4}\mathrm{d}x=\frac{\pi}{3}.$$

10.11　如果 $a>1$，证明积分 $\int_a^{+\infty}x^p(\log x)^q\,\mathrm{d}x$ 作为反常黎曼积分和勒贝格积分，当 $p<-1$ 时对于一切 q 都存在，当 $p=-1$ 时对于 $q<-1$ 存在.

10.12　证明下列每一个积分不论是作为反常黎曼积分还是作为勒贝格积分都存在：

a) $\int_1^\infty\sin^2\frac{1}{x}\mathrm{d}x$，　　b) $\int_0^\infty x^p\mathrm{e}^{-x^q}\,\mathrm{d}x\quad(p>0,\ q>0)$.

10.13　确定下列每一个积分作为反常黎曼积分或勒贝格积分是否存在：

a) $\int_0^\infty\mathrm{e}^{-(t^2+t^{-2})}\,\mathrm{d}t$，　　b) $\int_0^\infty\frac{\cos x}{\sqrt{x}}\mathrm{d}x$，

c) $\int_1^\infty\frac{\log x}{x(x^2-1)^{1/2}}\mathrm{d}x$，　　d) $\int_0^\infty\mathrm{e}^{-x}\sin\frac{1}{x}\mathrm{d}x$，

300 e) $\int_0^1\log x\sin\frac{1}{x}\mathrm{d}x$，　　f) $\int_0^\infty\mathrm{e}^{-x}\log(\cos^2 x)\,\mathrm{d}x$.

10.14　确定使下列勒贝格积分存在的 p 和 q 的值：

a) $\int_0^1 x^p(1-x^2)^q\,\mathrm{d}x$，　　b) $\int_0^\infty x^x\mathrm{e}^{-x^p}\,\mathrm{d}x$，

c) $\int_0^\infty\frac{x^{p-1}-x^{q-1}}{1-x}\mathrm{d}x$，　　d) $\int_0^\infty\frac{\sin(x^p)}{x^q}\mathrm{d}x$，

e) $\int_0^\infty\frac{x^{p-1}}{1+x^q}\mathrm{d}x$，　　f) $\int_\pi^\infty(\log x)^p(\sin x)^{-1/3}\,\mathrm{d}x$.

10.15　证明下列反常黎曼积分有所指出的值(m 和 n 表示正整数)：

a) $\int_0^\infty\frac{\sin^{2n+1}x}{x}\mathrm{d}x=\frac{\pi(2n)!}{2^{2n+1}(n!)^2}$，　　b) $\int_1^\infty\frac{\log x}{x^{n+1}}\mathrm{d}x=n^{-2}$，

c) $\int_0^{\infty} x^n(1+x)^{-n-m-1}\mathrm{d}x = \dfrac{n!\,(m-1)!}{(m+n)!}$.

10.16 已知 f 在$[0, 1]$上黎曼可积，f 以 1 为周期，而且 $\int_0^1 f(x)\mathrm{d}x = 0$. 证明当 $s>0$ 时反常黎曼积分 $\int_1^{+\infty} x^{-s}f(x)\mathrm{d}x$ 存在. 提示：设 $g(x)=\int_1^x f(t)\mathrm{d}t$，并写 $\int_1^b x^{-s}f(x)\mathrm{d}x = \int_1^b x^{-s}\mathrm{d}g(x)$.

10.17 假定对于每一个 $b>a>0$ 都有 $f\in R[a, b]$. 当 $x>0$ 时用等式 $xg(x)=\int_1^x f(t)\mathrm{d}t$ 定义 g，假定极限 $\lim\limits_{x\to+\infty} g(x)$ 存在，并且用 B 表示这个极限. 如果 a 和 b 都是固定的正数，证明

a) $\int_a^b \dfrac{f(x)}{x}\mathrm{d}x = g(b)-g(a)+\int_a^b \dfrac{g(x)}{x}\mathrm{d}x$.

b) $\lim\limits_{T\to+\infty}\int_{aT}^{bT}\dfrac{f(x)}{x}\mathrm{d}x = B\log\dfrac{b}{a}$.

c) $\int_1^{\infty}\dfrac{f(ax)-f(bx)}{x}\mathrm{d}x = B\log\dfrac{a}{b}+\int_a^b\dfrac{f(t)}{t}\mathrm{d}t$.

d) 假定极限 $\lim\limits_{x\to0+} x\int_x^1 f(t)t^{-2}\mathrm{d}t$ 存在，用 A 表示该极限，证明

$$\int_0^1\frac{f(ax)-f(bx)}{x}\mathrm{d}x = A\log\frac{b}{a}-\int_a^b\frac{f(t)}{t}\mathrm{d}t.$$

e)把(c)和(d)结合起来推导出下式：

$$\int_0^{\infty}\frac{f(ax)-f(bx)}{x}\mathrm{d}x = (B-A)\log\frac{a}{b}$$

并用此结果求下列积分的值：

$$\int_0^{\infty}\frac{\cos ax-\cos bx}{x}\mathrm{d}x,\qquad \int_0^{\infty}\frac{\mathrm{e}^{-ax}-\mathrm{e}^{-bx}}{x}\mathrm{d}x.$$ 301

勒贝格积分

10.18 证明下列各积分作为勒贝格积分存在：

a) $\int_0^1\dfrac{x\log x}{(1+x)^2}\mathrm{d}x$，

b) $\int_0^1\dfrac{x^p-1}{\log x}\mathrm{d}x\quad(p>-1)$，

c) $\int_0^1\log x\log(1+x)\mathrm{d}x$，

d) $\int_0^1\dfrac{\log(1-x)}{(1-x)^{1/2}}\mathrm{d}x$.

10.19 假定 f 在$[0, 1]$上连续，$f(0)=0$，$f'(0)$存在. 证明勒贝格积分 $\int_0^1 f(x)x^{-3/2}\mathrm{d}x$ 存在.

10.20 证明在下面(a)和(c)中的积分作为勒贝格积分存在，但是在(b)和(d)中的积分作为勒贝格积分不存在.

a) $\int_0^{\infty} x^2\mathrm{e}^{-x^8\sin^2 x}\mathrm{d}x$，

b) $\int_0^{\infty} x^3\mathrm{e}^{-x^8\sin^2 x}\mathrm{d}x$，

c) $\int_1^{\infty}\dfrac{\mathrm{d}x}{1+x^4\sin^2 x}$，

d) $\int_1^{\infty}\dfrac{\mathrm{d}x}{1+x^2\sin^2 x}$.

提示：对于在点 $n\pi(n=1, 2, 3, \cdots)$ 适当选取的邻域上的积分得出上界和下界.

用积分定义的函数

10.21 确定由使下列各积分作为勒贝格积分存在的实数值 y 组成的集合 S.

a) $\int_0^{\infty}\dfrac{\cos xy}{1+x^2}\mathrm{d}x$，

b) $\int_0^{\infty}(x^2+y^2)^{-1}\mathrm{d}x$，

c) $\int_0^\infty \frac{\sin^2 xy}{x^2}\mathrm{d}x$，　　　d) $\int_0^\infty \mathrm{e}^{-x^2}\cos 2xy\,\mathrm{d}x$.

10.22　当 $y\in\mathbf{R}$ 时设 $F(y)=\int_0^\infty \mathrm{e}^{-x^2}\cos 2xy\,\mathrm{d}x$. 证明 F 满足微分方程 $F'(y)+2yF(y)=0$，并推导出 $F(y)=\frac{1}{2}\sqrt{\pi}\,\mathrm{e}^{-y^2}$.（用在练习 7.19 中导出的结果 $\int_0^\infty \mathrm{e}^{-x^2}\mathrm{d}x=\frac{1}{2}\sqrt{\pi}$.）

10.23　当 $y>0$ 时，设 $F(y)=\int_0^\infty (\sin xy)/x(x^2+1)\mathrm{d}x$. 证明 F 满足微分方程 $F''(y)-F(y)+\pi/2=0$，并推导出 $F(y)=\frac{1}{2}\pi(1-\mathrm{e}^{-y})$. 用这个结果推导对于 $y>0$ 和 $a>0$ 成立的下列等式：

$$\int_0^\infty \frac{\sin xy}{x(x^2+a^2)}\mathrm{d}x=\frac{\pi}{2a^2}(1-\mathrm{e}^{-ay}),\qquad \int_0^\infty \frac{\cos xy}{x^2+a^2}\mathrm{d}x=\frac{\pi\mathrm{e}^{-ay}}{2a},$$

$$\int_0^\infty \frac{x\sin xy}{x^2+a^2}\mathrm{d}x=\frac{\pi}{2}\mathrm{e}^{-ay};\qquad \text{可以使用}\int_0^\infty \frac{\sin x}{x}\mathrm{d}x=\frac{\pi}{2}.$$

10.24　证明 $\int_1^\infty\left[\int_1^\infty f(x,y)\mathrm{d}x\right]\mathrm{d}y\neq\int_1^\infty\left[\int_1^\infty f(x,y)\mathrm{d}y\right]\mathrm{d}x$，如果

302　a) $f(x,y)=\frac{x-y}{(x+y)^3}$.　　　b) $f(x,y)=\frac{x^2-y^2}{(x^2+y^2)^2}$.

10.25　证明在下列各积分中不能交换积分次序：

a) $\int_0^1\left[\int_0^1 \frac{x-y}{(x+y)^3}\mathrm{d}x\right]\mathrm{d}y$，　　　b) $\int_0^1\left[\int_1^\infty (\mathrm{e}^{-xy}-2\mathrm{e}^{-2xy})\mathrm{d}y\right]\mathrm{d}x$.

10.26　当 $(x,y)\neq(0,0)$ 时设 $f(x,y)=\int_0^\infty \mathrm{d}t/[(1+x^2t^2)(1+y^2t^2)]$. 证明（用初等微积分的方法）$f(x,y)=\frac{1}{2}\pi(x+y)^{-1}$. 求累次积分 $\int_0^1\left[\int_0^1 f(x,y)\mathrm{d}x\right]\mathrm{d}y$ 的值以便导出公式：

$$\int_0^\infty \frac{(\arctan x)^2}{x^2}\mathrm{d}x=\pi\log 2.$$

10.27　当 $y\geqslant 0$ 时设 $f(y)=\int_0^\infty (\sin x\cos xy)/x\,\mathrm{d}x$. 证明（用初等微积分的方法）：当 $0\leqslant y<1$ 时 $f(y)=\pi/2$，当 $y>1$ 时 $f(y)=0$. 求积分 $\int_0^a f(y)\mathrm{d}y$ 的值以便导出公式

$$\int_0^\infty \frac{\sin ax\sin x}{x^2}\mathrm{d}x=\begin{cases}\dfrac{\pi a}{2}, & \text{若 } 0\leqslant a\leqslant 1,\\[2mm] \dfrac{\pi}{2}, & \text{若 } a\geqslant 1.\end{cases}$$

10.28　a) 如果 $s>0$ 且 $a>0$，证明级数

$$\sum_{n=1}^\infty \frac{1}{n}\int_a^\infty \frac{\sin 2n\pi x}{x^s}\mathrm{d}x$$

收敛，并证明

$$\lim_{a\to+\infty}\sum_{n=1}^\infty \frac{1}{n}\int_a^\infty \frac{\sin 2n\pi x}{x^s}\mathrm{d}x=0.$$

b) 设 $f(x)=\sum_{n=1}^\infty \sin(2n\pi x)/n$. 证明

$$\int_0^\infty \frac{f(x)}{x^s}\mathrm{d}x=(2\pi)^{s-1}\zeta(2-s)\int_0^\infty \frac{\sin t}{t^s}\mathrm{d}t,\qquad \text{若 } 0<s<1,$$

其中 ζ 表示黎曼 ζ 函数.

10.29 a)对于伽马函数的 n 阶导数推导出公式：

$$\Gamma^{(n)}(x)=\int_0^{\infty}\mathrm{e}^{-t}t^{x-1}(\log t)^n\mathrm{d}t\quad(x>0).$$

b)当 $x=1$ 时，证明可以把这个公式写成下式：

$$\Gamma^{(n)}(1)=\int_0^1(t^2+(-1)^n\mathrm{e}^{t-1/t})\mathrm{e}^{-t}t^{-2}(\log t)^n\mathrm{d}t.$$

c)用(b)的结果证明 $\Gamma^{(n)}(1)$与$(-1)^n$ 有同样的符号.

在练习 10.30 和练习 10.31 中，Γ 表示伽马函数.

10.30 用$\int_0^{\infty}\mathrm{e}^{-x^2}\mathrm{d}x=\frac{1}{2}\sqrt{\pi}$ 这个结果证明 $\Gamma\left(\frac{1}{2}\right)=\sqrt{\pi}$. 对于 $n=0，1，2，\cdots$，证明 $\Gamma(n+1)=n!$

及 $\Gamma\left(n+\frac{1}{2}\right)=(2n)!\sqrt{\pi}/4^n n!$ 303

10.31 a)证明对于 $x>0$ 有级数表达式

$$\Gamma(x)=\sum_{n=0}^{\infty}\frac{(-1)^n}{n!}\frac{1}{n+x}+\sum_{n=0}^{\infty}c_nx^n,$$

其中 $c_n=(1/n!)\int_1^{\infty}t^{-1}\mathrm{e}^{-t}(\log t)^n\mathrm{d}t$. 提示：写$\int_0^{\infty}=\int_0^1+\int_1^{\infty}$，并在每一个积分中使用适当的幂级数展开式.

b)证明幂级数 $\sum_{n=0}^{\infty}c_nz^n$ 对于每一个复数 z 收敛，级数 $\sum_{n=0}^{\infty}[(-1)^n/n!]/(n+z)$ 对于每一个复数 $z\neq 0，-1，-2，\cdots$ 收敛.

10.32 假定 f 对于每一个 $b>0$ 在$[0，b]$上都是有界变差函数，而且 $\lim\limits_{x\to+\infty}f(x)$存在. 用 $f(\infty)$表示这个极限，证明

$$\lim_{y\to 0+}y\int_0^{\infty}\mathrm{e}^{-xy}f(x)\mathrm{d}x=f(\infty).$$

提示：用分部积分法.

10.33 假定 f 在$[0，1]$上是有界变差函数. 证明

$$\lim_{y\to 0+}y\int_0^1x^{y-1}f(x)\mathrm{d}x=f(0+).$$

可测函数

10.34 如果 f 在一个开区间 I 上是勒贝格可积的，而且 $f'(x)$在 I 上几乎处处存在. 证明 f'在 I 上是可测的.

10.35 a)设 s_n 是一个阶梯函数序列使得在 $\mathbf{R}$ 上处处有 $s_n\to f$. 证明对于每一个实数 a 都有

$$f^{-1}((a，+\infty))=\bigcup_{n=1}^{\infty}\bigcap_{k=n}^{\infty}s_k^{-1}\left(\left(a+\frac{1}{n}，+\infty\right)\right).$$

b)如果 f 在 $\mathbf{R}$ 上是可测的，证明对于 $\mathbf{R}$ 的每一个开子集 A，集合 $f^{-1}(A)$都是可测的.

10.36 本练习描述 $\mathbf{R}$ 内的一个不可测集合的例子. 如果 x 和 y 是区间$[0，1]$内的实数，我们说 x 和 y 是等价的，写为 $x\sim y$，只要 $x-y$ 是有理数. 关系$\sim$是一个等价关系，而区间$[0，1]$可以被表示为一些不相交的子集(称为等价类)的并集. 在每一个子集中没有两个不同的点是等价的. 从每个等价类中选取一个点，设 E 是由如此取到的点组成的集合，假设 E 是可测的，则可得到矛盾. 设 $A=\{r_1，r_2，\cdots\}$表示$[-1，1]$内的有理数集合，并设 $E_n=\{r_n+x：x\in E\}$.

a)证明每一个 E_n 是可测的，而且 $\mu(E_n)=\mu(E)$.

b)证明$\{E_1, E_2, \cdots\}$是一个不相交的集族，它的并集包含$[0, 1]$且被$[-1, 2]$所包含.

c)利用(a)与(b)以及勒贝格测度的可数可加性得出矛盾.

10.37　参照练习 10.36，证明特征函数 χ_E 不是可测的. 设 $f=\chi_E-\chi_{I-E}$，其中 $I=[0, 1]$. 证明
304 $|f|\in L(I)$，但是 $f\notin M(I)$.（对照定理 10.35 的推论 1.）

平方可积函数

在从练习 10.38 到练习 10.42 的各练习中，一切函数都假定在 $L^2(I)$ 中. L^2 范数$\|f\|$由公式$\|f\|=\left(\int_I |f|^2\right)^{1/2}$定义.

10.38　如果$\lim_{n\to\infty}\|f_n-f\|=0$，证明$\lim_{n\to\infty}\|f_n\|=\|f\|$.

10.39　如果$\lim_{n\to\infty}\|f_n-f\|=0$且在 I 上几乎处处有$\lim_{n\to\infty}f_n(x)=g(x)$，证明在 I 上几乎处处有 $f(x)=g(x)$.

10.40　如果在一个紧区间 I 上一致地有 $f_n\to f$，而且每个 f_n 在 I 上连续，证明$\lim_{n\to\infty}\|f_n-f\|=0$.

10.41　如果$\lim_{n\to\infty}\|f_n-f\|=0$，证明对于 $L^2(I)$ 内的每一个 g 都有$\lim_{n\to\infty}\int_I f_n\cdot g=\int_I f\cdot g$.

10.42　如果$\lim_{n\to\infty}\|f_n-f\|=0$且$\lim_{n\to\infty}\|g_n-g\|=0$，证明$\lim_{n\to\infty}\int_I f_n\cdot g_n=\int_I f\cdot g$.

参考文献

10.1 Asplund, E., and Bungart, L., *A First Course in Integration*. Holt, Rinehart and Winston, New York, 1966.

10.2 Bartle, R., *The Elements of Integration*. Wiley, New York, 1966.

10.3 Burkill, J. C., *The Lebesgue Integral*. Cambridge University Press, 1951.

10.4 Halmos, P., *Measure Theory*. Van Nostrand, New York, 1950.

10.5 Hawkins, T., *Lebesgue's Theory of Integration: Its Origin and Development*. University of Wisconsin Press, Madison, 1970.

10.6 Hildebrandt, T. H., *Introduction to the Theory of Integration*. Academic Press, New York, 1963.

10.7 Kestelman, H., *Modern Theories of Integration*. Oxford University Press, 1937.

10.8 Korevaar, J., *Mathematical Methods*, Vol. 1. Academic Press, New York, 1968.

10.9 Munroe, M. E., *Measure and Integration*, 2nd ed. Addison-Wesley, Reading, 1971.

10.10 Riesz, F., and Sz.-Nagy, B., *Functional Analysis*. L. Boron, translator. Ungar, New York, 1955.

10.11 Rudin, W., *Principles of Mathematical Analysis*, 2nd ed. McGraw-Hill, New York, 1964.

10.12 Shilov, G. E., and Gurevich, B. L., *Integral, Measure and Derivative: A Unified Approach*. Prentice-Hall, Englewood Cliffs, 1966.

10.13 Taylor, A. E., *General Theory of Functions and Integration*. Blaisdell, New York, 1965.

305 10.14 Zaanen, A. C., *Integration*. North-Holland, Amsterdam, 1967.

第 11 章　傅里叶级数与傅里叶积分

11.1　引言

1807 年，傅里叶断言“任意”函数都能被表示为正弦函数和余弦函数的线性组合，这使他同时代的某些人大吃一惊．这些现在称之为傅里叶级数的线性组合在物理学及工程学中研究一些周期现象(如摆动，以及行星及波的运动)时，已经变成了必不可少的工具．许多重要的数学问题也已经在傅里叶级数的研究中提了出来，而且，一个明显的历史事实是，当代数学分析的许多发展受到寻找这些问题的答案的深刻影响．要想了解这一论题的历史及其对数学发展的影响，可以参阅参考文献 11.1.

11.2　正交函数系

傅里叶级数理论的基本问题在一个更一般的称为正交函数论的学科的建立当中得到了最好的描述．因而我们从介绍关于正交函数的某些术语开始介绍傅里叶级数理论．

注　像在上一章中一样，我们将考虑定义在 $\mathbf{R}$ 的一个一般的子区间 I 上的函数．这个区间可以是有界的、无界的、开的、闭的或者是半开的．用 $L^2(I)$ 表示由所有在 I 上可测且使得 $|f|^2 \in L(I)$ 的复值函数 f 组成的集合．两个这样的函数的内积 (f, g) 由

$$(f, g)=\int_I f(x)\overline{g(x)}\,\mathrm{d}x$$

定义，它总是存在的．非负数 $\|f\|=(f, f)^{1/2}$ 是 f 的 L^2 范数．

定义 11.1　设 $S=\{\varphi_0, \varphi_1, \varphi_2, \cdots\}$ 是 $L^2(I)$ 内的一个函数族．如果

$$(\varphi_n, \varphi_m)=0, \qquad 只要\ m \neq n,$$

则说函数族 S 是 I 上的一个正交系．此外，如果每个 φ_n 的范数都是 1，则说 S 在 I 上是规范正交的．

注　对于每一个正交系，只要每一个 $\|\varphi_n\| \neq 0$，让每个 φ_n 除以它的范数，就可以将其化成一个规范正交系． 306

我们将对一个特殊的三角函数系 $S=\{\varphi_0, \varphi_1, \varphi_2, \cdots\}$ 特别感兴趣，其中，

$$\varphi_0(x)=\frac{1}{\sqrt{2\pi}}, \quad \varphi_{2n-1}(x)=\frac{\cos nx}{\sqrt{\pi}}, \quad \varphi_{2n}(x)=\frac{\sin nx}{\sqrt{\pi}}, \quad 对于\ n=1, 2, \cdots \tag{1}$$

验证 S 在任何长度为 2π 的区间上规范正交是一件很简单的事．(见练习 11.1.)(1)中的函数系由实值函数组成．在每一个长度为 2π 的区间上规范正交的复值函数系由

$$\varphi_n(x)=\frac{\mathrm{e}^{inx}}{\sqrt{2\pi}}=\frac{\cos nx+\mathrm{i}\sin nx}{\sqrt{2\pi}}, \quad n=0, 1, 2, \cdots$$

给出．

11.3 最佳逼近定理

正交函数论中的一个基本问题是用一个规范正交系中的元素的线性组合尽可能接近地逼近 $L^2(I)$中的一个给定的函数 f. 更确切地说，设 $S=\{\varphi_0, \varphi_1, \varphi_2, \cdots\}$在 I 上是规范正交的，并设

$$t_n(x)=\sum_{k=0}^{n} b_k\varphi_k(x),$$

其中 $b_0, b_1, \cdots, b_n$ 是任意的复数. 我们用范数$\|f-t_n\|$作为在用 t_n 逼近 f 时产生的误差的度量. 首要的任务是选择常数 $b_0, b_1, \cdots, b_n$ 使得产生的误差尽可能小. 下面的定理表明对这些常数有唯一的选择可以最小化这个误差.

为了得到定理的结果，我们考虑最有利的情况. 如果 f 已经是 $\varphi_0, \varphi_1, \cdots, \varphi_n$ 的一个线性组合，譬如说

$$f=\sum_{k=0}^{n} c_k\varphi_k,$$

则选取 $t_n=f$ 将使$\|f-t_n\|=0$. 可以按下面的方法确定常数 $c_0, \cdots, c_n$. 作出内积(f, φ_m)，其中 $0\leqslant m\leqslant n$. 利用内积的性质，我们有

$$(f, \varphi_m)=\left(\sum_{k=0}^{n} c_k\varphi_k, \varphi_m\right)=\sum_{k=0}^{n} c_k(\varphi_k, \varphi_m)=c_m,$$

因为当 $k\neq m$ 时$(\varphi_k, \varphi_m)=0$，$(\varphi_m, \varphi_m)=1$. 换句话说，在这种最有利的情况下，对于 $m=0, 1, \cdots, n$ 有 $c_m=(f, \varphi_m)$. 下面的定理表明，常数的这种选择对于 $L^2(I)$内的一
307 切函数都是最好的.

定理 11.2 设$\{\varphi_0, \varphi_1, \varphi_2, \cdots\}$在 I 上是规范正交的，并假定 $f\in L^2(I)$. 在 I 上定义两个函数序列$\{s_n\}$和$\{t_n\}$如下：

$$s_n(x)=\sum_{k=0}^{n} c_k\varphi_k(x), \qquad t_n(x)=\sum_{k=0}^{n} b_k\varphi_k(x),$$

其中

$$c_k=(f, \varphi_k), \qquad k=0, 1, 2, \cdots, \tag{2}$$

$b_0, b_1, b_2, \cdots$是任意的复数. 于是，对于每个 n，我们有

$$\|f-s_n\|\leqslant\|f-t_n\|. \tag{3}$$

此外，(3)中的等号成立，当且仅当对于 $k=0, 1, \cdots, n$ 有 $b_k=c_k$.

证明 我们将从等式

$$\|f-t_n\|^2=\|f\|^2-\sum_{k=0}^{n}|c_k|^2+\sum_{k=0}^{n}|b_k-c_k|^2 \tag{4}$$

推导出(3)式. 明显可知(4)式蕴涵(3)式，因为(4)式的右面对于每个 k 当 $b_k=c_k$ 时取到它的最小值. 为了证明(4)式，注意

$$\|f-t_n\|^2=(f-t_n, f-t_n)=(f, f)-(f, t_n)-(t_n, f)+(t_n, t_n).$$

利用内积的性质可得

$$(t_n,\ t_n)=\left(\sum_{k=0}^{n}b_k\varphi_k,\ \sum_{m=0}^{n}b_m\varphi_m\right)=\sum_{k=0}^{n}\sum_{m=0}^{n}b_k\bar{b}_m(\varphi_k,\ \varphi_m)=\sum_{k=0}^{n}|b_k|^2,$$

和

$$(f,\ t_n)=\left(f,\ \sum_{k=0}^{n}b_k\varphi_k\right)=\sum_{k=0}^{n}\bar{b}_k(f,\ \varphi_k)=\sum_{k=0}^{n}\bar{b}_kc_k.$$

并且有$(t_n,\ f)=\overline{(f,\ t_n)}=\sum\limits_{k=0}^{n}b_k\bar{c}_k$，于是可得

$$\begin{aligned}\|f-t_n\|^2&=\|f\|^2-\sum_{k=0}^{n}\bar{b}_kc_k-\sum_{k=0}^{n}b_k\bar{c}_k+\sum_{k=0}^{n}|b_k|^2\\&=\|f\|^2-\sum_{k=0}^{n}|c_k|^2+\sum_{k=0}^{n}(b_k-c_k)(\bar{b}_k-\bar{c}_k)\\&=\|f\|^2-\sum_{k=0}^{n}|c_k|^2+\sum_{k=0}^{n}|b_k-c_k|^2.\end{aligned}$$

■ 308

11.4 函数相对于一个规范正交系的傅里叶级数

定义 11.3 设$S=\{\varphi_0,\ \varphi_1,\ \varphi_2,\ \cdots\}$在$I$上是规范正交的，并假定$f\in L^2(I)$. 记号

$$f(x)\sim\sum_{n=0}^{\infty}c_n\varphi_n(x)\tag{5}$$

表示c_0，c_1，c_2，…这些数是由公式

$$c_n=(f,\ \varphi_n)=\int_I f(x)\overline{\varphi_n(x)}\mathrm{d}x\quad(n=0,\ 1,\ 2,\ \cdots)\tag{6}$$

给出的. (5)式中的级数称为f相对于S的傅里叶级数，而c_0，c_1，c_2，…这些数称为f相对于S的傅里叶系数.

注 当$I=[0,\ 2\pi]$且S是在(1)中所述的三角函数系时，(5)式中的级数简称为由f生成的傅里叶级数. 此时我们把(5)式写成

$$f(x)\sim\frac{a_0}{2}+\sum_{n=1}^{\infty}(a_n\cos nx+b_n\sin nx)$$

的形式，其中的系数由下面的公式给出：

$$a_n=\frac{1}{\pi}\int_0^{2\pi}f(t)\cos nt\ \mathrm{d}t,\qquad b_n=\frac{1}{\pi}\int_0^{2\pi}f(t)\sin nt\ \mathrm{d}t.\tag{7}$$

在这种情况下，如果$f\in L([0,\ 2\pi])$，则关于a_n和b_n的积分都存在.

11.5 傅里叶系数的性质

定理 11.4 设$\{\varphi_0,\ \varphi_1,\ \varphi_2,\ \cdots\}$在$I$上是规范正交的，假定$f\in L^2(I)$，并假定

$$f(x)\sim\sum_{n=0}^{\infty}c_n\varphi_n(x).$$

于是

a)级数$\sum |c_n|^2$收敛且满足不等式

$$\sum_{n=0}^{\infty} |c_n|^2 \leqslant \|f\|^2 \quad (\text{贝塞尔不等式}). \tag{8}$$

b)等式

309 $$\sum_{n=0}^{\infty} |c_n|^2 = \|f\|^2 \quad (\text{帕塞瓦尔公式})$$

成立，当且仅当我们还有

$$\lim_{n\to\infty} \|f - s_n\| = 0,$$

其中$\{s_n\}$是由

$$s_n(x) = \sum_{k=0}^{n} c_k \varphi_k(x)$$

定义的部分和序列.

证明　在(4)中取$b_k = c_k$，并注意左边是非负的，所以有

$$\sum_{k=0}^{n} |c_k|^2 \leqslant \|f\|^2.$$

由此可以得到(a). 为了证明(b)，再次在(4)中令$b_k = c_k$可得

$$\|f - s_n\|^2 = \|f\|^2 - \sum_{k=0}^{n} |c_k|^2.$$

从这个等式立即可以推出(b). ■

作为定理11.4(a)的一个进一步的推论，我们注意到当$n\to\infty$时傅里叶系数c_n趋向于0(因为$\sum|c_n|^2$收敛). 特别地，当$\varphi_n(x) = e^{inx}/\sqrt{2\pi}$且$I = [0, 2\pi]$时可得

$$\lim_{n\to\infty} \int_0^{2\pi} f(x) e^{-inx}\, dx = 0,$$

从这个结果可以得到重要的公式

$$\lim_{n\to\infty} \int_0^{2\pi} f(x) \cos nx\, dx = \lim_{n\to\infty} \int_0^{2\pi} f(x) \sin nx\, dx = 0. \tag{9}$$

这些公式也是黎曼-勒贝格引理(定理11.6)的特殊情况.

注　帕塞瓦尔公式

$$\|f\|^2 = |c_0|^2 + |c_1|^2 + |c_2|^2 + \cdots$$

类似于$\mathbf{R}^n$中的向量$\boldsymbol{x} = (x_1, \cdots, x_n)$的长度公式

$$\|\boldsymbol{x}\|^2 = x_1^2 + x_2^2 + \cdots + x_n^2.$$

310 这些公式中的每一个都可以认为是关于直角三角形的勾股定理的推广.

11.6　里斯-费希尔定理

定理11.4的(a)的逆命题称为里斯-费希尔定理.

定理11.5　假定$\{\varphi_0, \varphi_1, \cdots\}$在$I$上是规范正交的. 设$\{c_n\}$是使$\sum |c_k|^2$收敛的任意一个复数序列，则在$L^2(I)$中有一个函数$f$使得

a) $(f, \varphi_k)=c_k$ 对每一个 $k\geqslant 0$，

和

b) $\|f\|^2=\sum_{k=0}^{\infty}|c_k|^2$.

证明 设

$$s_n(x)=\sum_{k=0}^{n}c_k\varphi_k(x).$$

我们将证明在 $L^2(I)$ 中有一个函数 f 使得 $(f, \varphi_k)=c_k$，而且

$$\lim_{n\to\infty}\|s_n-f\|=0.$$

于是从定理 11.4 的(b)可以推出定理 11.5 的(b).

首先我们注意 $\{s_n\}$ 是半度量空间 $L^2(I)$ 中的一个柯西序列，因为如果 $m>n$，则有

$$\|s_n-s_m\|^2=\sum_{k=n+1}^{m}\sum_{r=n+1}^{m}c_k\bar{c}_r(\varphi_k, \varphi_r)=\sum_{k=n+1}^{m}|c_k|^2,$$

而且如果 m 和 n 都足够大，则可以使最后一个和小于 ε. 按照定理 10.57，在 $L^2(I)$ 中有一个函数 f 使得

$$\lim_{n\to\infty}\|s_n-f\|=0.$$

为了证明 $(f, \varphi_k)=c_k$，我们注意到如果 $n\geqslant k$，则有 $(s_n, \varphi_k)=c_k$，于是运用柯西-施瓦茨不等式可得

$$|c_k-(f, \varphi_k)|=|(s_n, \varphi_k)-(f, \varphi_k)|=|(s_n-f, \varphi_k)|\leqslant\|s_n-f\|.$$

因为当 $n\to\infty$ 时 $\|s_n-f\|\to 0$，所以这就证明了(a). ■

注 本定理的证明依赖于这样的事实，即半度量空间 $L^2(I)$ 是完备的. 对于平方黎曼可积的函数没有相应的定理. 311

11.7 三角级数的收敛性与表示问题

考虑由一个在区间 $I=[0, 2\pi]$ 上勒贝格可积的函数 f 生成的三角傅里叶级数，譬如说

$$f(x)\sim\frac{a_0}{2}+\sum_{n=1}^{\infty}(a_n\cos nx+b_n\sin nx).$$

这时出现了两个问题. 第一个问题是：这个级数在 I 内的某个点 x 上收敛吗？第二个问题是：如果它在 x 点收敛，它的和是 $f(x)$ 吗？第一个问题称为收敛性问题；第二个问题称为表示问题. 一般地说，对这两个问题的回答都是“否”. 事实上，存在勒贝格可积函数，它们的傅里叶级数处处发散，而且存在连续函数，它们的傅里叶级数在一个不可数的集合上发散.

从傅里叶时代以来，关于这两个问题不断地有大量的文献发表. 许多研究的目标一直是发现为了使傅里叶级数要么在整个区间上收敛，要么在一些特定的点上收敛时 f 应满足的充分条件. 我们稍后将证明，傅里叶级数在一个特定的点上是收敛还是发散仅依赖于函数在该点的任意小的邻域内的性质.（见定理 11.11，黎曼局部化定理.）

傅里叶和狄利克雷在 19 世纪前叶的努力，以及黎曼(Riemann)、利普希茨(Lipschitz)、海涅(Heine)、康托尔(Cantor)、杜布瓦-雷蒙(Du Bois-Reymond)、迪尼(Dini)、若尔当(Jordan)和瓦列-卜辛(de la Vallée-Poussin)在该世纪稍后做出的贡献，导致发现了为建立傅里叶级数在一些特定的点上或是更一般地在整个区间上的收敛性的一个广泛范围内的充分条件.

1902 年勒贝格发现了他的测度和积分的一般理论之后，关于傅里叶级数的研究领域被大大地拓宽了. 从那时起，与此课题相联系的带头人的名字有费耶(Fejér)、霍布森(Hobson)、杨(W. H. Young)、哈代(Hardy)和李特尔伍德(Littlewood). 费耶在 1903 年指出，代替部分和序列 $\{s_n\}$ 而考虑算术平均值序列 $\{\sigma_n\}$，其中

$$\sigma_n(x)=\frac{s_0(x)+s_1(x)+\cdots+s_{n-1}(x)}{n},$$

也许可以对发散的傅里叶级数进行研究. 他建立了这样一个引人注目的定理：在 $[0, 2\pi]$ 内每一个使 $f(x+)$ 和 $f(x-)$ 都存在的点上，序列 $\{\sigma_n(x)\}$ 是收敛的，其极限是 $[f(x+)+f(x-)]/2$，而关于 f 的唯一限制是要求它在 $[0, 2\pi]$ 上勒贝格可积(定理 11.15). 费耶还证明了每一个傅里叶级数不论它是否收敛，都可以进行逐项积分(定理 11.16). 关于傅里叶级数的新近被证明的最引人注目的结果来自一位瑞典数学家卡尔松(Lennart Carleson)，他证明了 $L^2(I)$ 中的函数的傅里叶级数在 I 上几乎处处收敛.
312 (*Acta Mathematica*，**116**(1966)，pp. 135-157.)

本章将推导出傅里叶级数在一个特定的点上收敛的某些充分条件，然后将证明费耶定理. 这些讨论建立在两个基本极限公式的基础之上，我们先来讨论这两个极限公式. 在傅里叶积分理论中也要用到的这两个极限公式处理的是依赖于一个实参数 α 的积分，而我们感兴趣的是这些积分在 $\alpha\to+\infty$ 时的性质. 这两个极限公式中的第一个是(9)式的一个推广，称为黎曼-勒贝格引理.

11.8 黎曼-勒贝格引理

定理 11.6 假定 $f\in L(I)$，则对于每个实数 β 都有

$$\lim_{\alpha\to+\infty}\int_I f(t)\sin(\alpha t+\beta)\,\mathrm{d}t=0. \tag{10}$$

证明 如果 f 是一个紧区间 $[a, b]$ 的特征函数，则该结果是明显的，因为我们有

$$\left|\int_a^b \sin(\alpha t+\beta)\,\mathrm{d}t\right|=\left|\frac{\cos(a\alpha+\beta)-\cos(b\alpha+\beta)}{\alpha}\right|\leqslant\frac{2}{\alpha},\qquad \text{当 } \alpha>0.$$

如果 f 在开区间 (a, b) 上是常数，在 $[a, b]$ 外边是零，则不管怎样定义 $f(a)$ 和 $f(b)$，该结果也成立. 所以当 f 是阶梯函数时(10)式成立. 现在对于每一个勒贝格可积函数 f 就容易证明(10)式了.

如果给定了 $\varepsilon>0$，则存在阶梯函数 s 使得 $\int_I|f-s|<\varepsilon/2$(按定理 10.19(b)). 因为(10)式对于阶梯函数成立，所以有正数 M 使得

$$\left|\int_I s(t)\sin(\alpha t+\beta)\,\mathrm{d}t\right|<\frac{\varepsilon}{2},\qquad \text{若 } \alpha\geqslant M.$$

从而，只要 $\alpha \geqslant M$，就有

$$\left|\int_I f(t)\sin(\alpha t+\beta)\mathrm{d}t\right| \leqslant \left|\int_I (f(t)-s(t))\sin(\alpha t+\beta)\mathrm{d}t\right| + \left|\int_I s(t)\sin(\alpha t+\beta)\mathrm{d}t\right|$$

$$\leqslant \int_I |f(t)-s(t)|\,\mathrm{d}t + \frac{\varepsilon}{2} < \frac{\varepsilon}{2}+\frac{\varepsilon}{2}=\varepsilon.$$

这就完成了黎曼-勒贝格引理的证明. ■

例 取 $\beta=0$ 和 $\beta=\pi/2$，如果 $f\in L(I)$，可得

$$\lim_{\alpha\to+\infty}\int_I f(t)\sin\alpha t\ \mathrm{d}t=\lim_{\alpha\to+\infty}\int_I f(t)\cos\alpha t\ \mathrm{d}t=0.$$ 313

作为黎曼-勒贝格引理的一个应用，我们推导一个在讨论傅里叶积分时将会需要的结果.

定理 11.7 *如果 $f\in L(-\infty, +\infty)$，则有*

$$\lim_{\alpha\to+\infty}\int_{-\infty}^{\infty} f(t)\,\frac{1-\cos\alpha t}{t}\mathrm{d}t=\int_0^{\infty}\frac{f(t)-f(-t)}{t}\mathrm{d}t, \tag{11}$$

只要右边的勒贝格积分存在.

证明 对于每一个固定的 α，(11)式左边的积分作为勒贝格积分存在，因为商$(1-\cos\alpha t)/t$ 在$(-\infty, +\infty)$上连续且有界.（在 $t=0$ 处的商用它在 $t\to 0$ 时的极限 0 来代替.）于是可以写

$$\int_{-\infty}^{\infty} f(t)\,\frac{1-\cos\alpha t}{t}\mathrm{d}t=\int_0^{\infty} f(t)\,\frac{1-\cos\alpha t}{t}\mathrm{d}t+\int_{-\infty}^{0} f(t)\,\frac{1-\cos\alpha t}{t}\mathrm{d}t$$

$$=\int_0^{\infty}[f(t)-f(-t)]\,\frac{1-\cos\alpha t}{t}\mathrm{d}t$$

$$=\int_0^{\infty}\frac{f(t)-f(-t)}{t}\mathrm{d}t-\int_0^{\infty}\frac{f(t)-f(-t)}{t}\cos\alpha t\ \mathrm{d}t.$$

按照黎曼-勒贝格引理，当 $\alpha\to+\infty$时，最后一个积分趋向于 0. ■

11.9 狄利克雷积分

形如 $\int_0^{\delta} g(t)(\sin\alpha t)/t\ \mathrm{d}t$ 的积分(称为狄利克雷积分)在傅里叶级数理论中以及在傅里叶积分理论中都起重要的作用. 被积函数中的函数 g 假定有有限的右极限 $g(0+)=\lim\limits_{t\to 0+} g(t)$，而我们的兴趣在于系统地阐述 g 为保证下面的等式成立所应满足的进一步的条件：

$$\lim_{\alpha\to+\infty}\frac{2}{\pi}\int_0^{\delta} g(t)\,\frac{\sin\alpha t}{t}\mathrm{d}t=g(0+). \tag{12}$$

为了介绍为什么会期待一个像(12)式这样的公式成立的思想，我们首先考虑在$[0, \delta]$上 g 是一个常数($g(t)=g(0+)$)的情况. 这时(12)式是等式 $\int_0^{\infty}(\sin t)/t\ \mathrm{d}t=\pi/2$(见 10.16 节例 3)的一个平凡的推论，因为

$$\int_0^{\delta}\frac{\sin\alpha t}{t}\mathrm{d}t=\int_0^{\alpha\delta}\frac{\sin t}{t}\mathrm{d}t\to\frac{\pi}{2}\quad 当\ \alpha\to+\infty.$$

更一般地，如果 $g\in L([0, \delta])$，$0<\varepsilon<\delta$，则按照黎曼-勒贝格引理，我们有

314
$$\lim_{\alpha\to+\infty}\frac{2}{\pi}\int_{\varepsilon}^{\delta}g(t)\frac{\sin\alpha t}{t}\mathrm{d}t=0,$$
于是(12)式是否成立完全由 g 在靠近 0 点处的局部性质所决定. 因为当 t 距离 0 很近时，$g(t)$几乎等于 $g(0+)$，所以为了证明(12)式，希望不要对 g 加上太多的附加限制. 看起来 g 在 0 点连续足以保证(12)式中的极限存在. 狄利克雷证明了在假定 g 在$[0,\delta]$上只有有限个极大值点或极小值点时，g 在$[0,\delta]$上连续对于证明(12)式是充分的. 后来若尔当在减弱了的限制条件下，即在 g 在$[0,\delta]$上是有界变差函数的条件下证明了(12)式. 然而，所有在 g 在$[0,\delta]$上连续这唯一的假设下证明(12)式的尝试都失败了. 事实上，杜布瓦-雷蒙发现了一个连续函数 g 的例子，对于这个函数，(12)式中的极限不存在. 本节将讨论若尔当的结果和与之有关的属于迪尼的一个定理.

定理 11.8(若尔当)　*如果 g 在$[0,\delta]$上是有界变差函数，则有*
$$\lim_{\alpha\to+\infty}\frac{2}{\pi}\int_{0}^{\delta}g(t)\frac{\sin\alpha t}{t}\mathrm{d}t=g(0+).\tag{13}$$

证明　只需考虑 g 在$[0,\delta]$上递增的情况. 如果 $\alpha>0$ 且 $0<h<\delta$，则有
$$\begin{aligned}\int_{0}^{\delta}g(t)\frac{\sin\alpha t}{t}\mathrm{d}t&=\int_{0}^{h}[g(t)-g(0+)]\frac{\sin\alpha t}{t}\mathrm{d}t+g(0+)\int_{0}^{h}\frac{\sin\alpha t}{t}\mathrm{d}t+\int_{h}^{\delta}g(t)\frac{\sin\alpha t}{t}\mathrm{d}t\\&=I_1(\alpha,h)+I_2(\alpha,h)+I_3(\alpha,h),\end{aligned}\tag{14}$$
其中 $I_i(\alpha,h)(i=1,2,3)$是对于上面相应的三项引进的简单记号. 可以对 $I_3(\alpha,h)$应用黎曼-勒贝格引理(因为积分 $\int_{h}^{\delta}g(t)/t\ \mathrm{d}t$ 存在)，于是当 $\alpha\to+\infty$时可以得到 $I_3(\alpha,h)\to0$. 还有
$$I_2(\alpha,h)=g(0+)\int_{0}^{h}\frac{\sin\alpha t}{t}\mathrm{d}t=g(0+)\int_{0}^{h\alpha}\frac{\sin t}{t}\mathrm{d}t\to\frac{\pi}{2}g(0+),\qquad 当\quad \alpha\to+\infty.$$
其次，选取 $M>0$ 使得对于每一个 $b\geqslant a\geqslant0$ 有 $\left|\int_{a}^{b}(\sin t)/t\ \mathrm{d}t\right|<M$. 由此可知，如果 $\alpha>0$，则对于每一个 $b\geqslant a\geqslant0$，有 $\left|\int_{a}^{b}(\sin\alpha t)/t\ \mathrm{d}t\right|<M$. 现在设 $\varepsilon>0$ 是给定的，在$(0,\delta)$内选取 h 使得$|g(h)-g(0+)|<\varepsilon/(3M)$. 因为
$$g(t)-g(0+)\geqslant0\quad 当\ 0\leqslant t\leqslant h,$$
我们可以在 $I_1(\alpha,h)$中应用博内定理(定理 7.37)而得到

315
$$I_1(\alpha,h)=\int_{0}^{h}[g(t)-g(0+)]\frac{\sin\alpha t}{t}\mathrm{d}t=[g(h)-g(0+)]\int_{c}^{h}\frac{\sin\alpha t}{t}\mathrm{d}t,$$
其中 $c\in[0,h]$. 由 h 的定义可得
$$|I_1(\alpha,h)|=|g(h)-g(0+)|\left|\int_{c}^{h}\frac{\sin\alpha t}{t}\mathrm{d}t\right|<\frac{\varepsilon}{3M}M=\frac{\varepsilon}{3}.\tag{15}$$
对于同一个 h，可以选取 A 使得只要 $\alpha\geqslant A$ 就有
$$|I_3(\alpha,h)|<\frac{\varepsilon}{3}\quad 和\quad \left|I_2(\alpha,h)-\frac{\pi}{2}g(0+)\right|<\frac{\varepsilon}{3}.\tag{16}$$
于是，对于 $\alpha\geqslant A$，可以把(14)、(15)、(16)式结合起来，得到

$$\left|\int_0^{\delta} g(t) \frac{\sin\alpha t}{t} \mathrm{d}t - \frac{\pi}{2} g(0+)\right| < \varepsilon.$$

这就证明了(13)式. ■

由迪尼发现的使(13)式成立的一个不同类型的条件可以叙述如下:

定理 11.9(迪尼) 假定 $g(0+)$ 存在, 并假设对于某个 $\delta>0$, 勒贝格积分

$$\int_0^{\delta} \frac{g(t)-g(0+)}{t} \mathrm{d}t$$

存在, 则有

$$\lim_{\alpha\to+\infty} \frac{2}{\pi}\int_0^{\delta} g(t) \frac{\sin\alpha t}{t} \mathrm{d}t = g(0+).$$

证明 我们有

$$\int_0^{\delta} g(t) \frac{\sin\alpha t}{t} \mathrm{d}t = \int_0^{\delta} \frac{g(t)-g(0+)}{t} \sin\alpha t \ \mathrm{d}t + g(0+)\int_0^{\alpha\delta} \frac{\sin t}{t} \mathrm{d}t.$$

当 $\alpha\to+\infty$ 时, 等号右边的第一项趋向于 0(根据黎曼-勒贝格引理), 而第二项趋向于 $\frac{1}{2}\pi g(0+)$. ■

注 如果对于每一个正数 $a<\delta$ 都有 $g\in L([a, \delta])$, 则容易证明迪尼条件得到满足, 只要 g 在 0 点处满足"右边的"利普希茨条件, 即只要存在两个正的常数 M 和 p 使得对于 $(0, \delta]$ 内的每一个 t 都有

$$|g(t)-g(0+)| < Mt^{p}.$$

(见练习 11.21.) 特别地, 只要 g 在 0 点处有右导数, 利普希茨条件就成立, 其中 $p=1$. 有趣的是, 应注意存在函数满足迪尼条件但是不满足若尔当条件. 类似地, 也有函数满足若尔当条件而不满足迪尼条件(见参考文献 11.10). 316

11.10 傅里叶级数部分和的积分表示

函数 f 称为是周期的且以 $p\neq 0$ 为周期, 如果 f 在 $\mathbf{R}$ 上定义且对于一切 x 都有 $f(x+p)=f(x)$. 下面这个定理把傅里叶级数的部分和通过函数

$$D_n(t) = \frac{1}{2} + \sum_{k=1}^{n} \cos kt = \begin{cases} \dfrac{\sin\left(n+\dfrac{1}{2}\right)t}{2\sin t/2}, & \text{若 } t\neq 2m\pi \quad (m \text{ 是一个整数}), \\ n+\dfrac{1}{2}, & \text{若 } t=2m\pi \quad (m \text{ 是一个整数}). \end{cases} \tag{17}$$

来表示. 在 8.16 节与几何级数的部分和有关的内容中曾讨论过这个公式. 函数 D_n 称为狄利克雷核.

定理 11.10 假定 $f\in L([0, 2\pi])$, 并假设 f 是以 2π 为周期的周期函数. 设 $\{s_n\}$ 表示由 f 生成的傅里叶级数的部分和序列, 譬如说

$$s_n(x) = \frac{a_0}{2} + \sum_{k=1}^{n} (a_k\cos kx + b_k\sin kx), \qquad n=1, 2, \cdots. \tag{18}$$

则我们有积分表示式

$$s_n(x)=\frac{2}{\pi}\int_0^{\pi}\frac{f(x+t)+f(x-t)}{2}\mathrm{D}_n(t)\mathrm{d}t. \tag{19}$$

证明　f 的傅里叶系数由(7)式中的积分给出．把这些积分代入到(18)式中可得

$$\begin{aligned}s_n(x)&=\frac{1}{\pi}\int_0^{2\pi}f(t)\left\{\frac{1}{2}+\sum_{k=1}^{n}(\cos kt\cos kx+\sin kt\sin kx)\right\}\mathrm{d}t\\&=\frac{1}{\pi}\int_0^{2\pi}f(t)\left\{\frac{1}{2}+\sum_{k=1}^{n}\cos k(t-x)\right\}\mathrm{d}t=\frac{1}{\pi}\int_0^{2\pi}f(t)\mathrm{D}_n(t-x)\mathrm{d}t.\end{aligned}$$

因为 f 与 D_n 二者都是以 2π 为周期的周期函数，所以可以用$[x-\pi, x+\pi]$作为积分区间，然后作平移 $u=t-x$ 得到

$$s_n(x)=\frac{1}{\pi}\int_{x-\pi}^{x+\pi}f(t)\mathrm{D}_n(t-x)\mathrm{d}t=\frac{1}{\pi}\int_{-\pi}^{\pi}f(x+u)\mathrm{D}_n(u)\mathrm{d}u.$$

317 利用等式 $D_n(-u)=D_n(u)$可得(19)式.　■

11.11　黎曼局部化定理

公式(19)告诉我们，由 f 生成的傅里叶级数在点 x 处收敛，当且仅当下面的极限存在：

$$\lim_{n\to\infty}\frac{2}{\pi}\int_0^{\pi}\frac{f(x+t)+f(x-t)}{2}\frac{\sin\left(n+\frac{1}{2}\right)t}{2\sin\frac{1}{2}t}\mathrm{d}t, \tag{20}$$

在该极限存在的情况下，该极限的值就是这个级数的和．这个积分本质上是一个在上一节讨论过的狄利克雷积分，只是在分母上出现的是 $2\sin(t/2)$而不是 t．然而，黎曼-勒贝格引理允许我们在(20)式中用 t 代替 $2\sin(t/2)$，既不影响这个极限的存在性，又不影响这个极限的值．更确切地说，黎曼-勒贝格引理蕴涵

$$\lim_{n\to\infty}\frac{2}{\pi}\int_0^{\pi}\left(\frac{1}{t}-\frac{1}{2\sin\frac{1}{2}t}\right)\frac{f(x+t)+f(x-t)}{2}\sin\left(n+\frac{1}{2}\right)t\ \mathrm{d}t=0,$$

因为由等式

$$F(t)=\begin{cases}\dfrac{1}{t}-\dfrac{1}{2\sin\frac{1}{2}t}, & \text{若 } 0<t\leqslant\pi,\\[2ex] 0, & \text{若 } t=0,\end{cases}$$

定义的函数 F 在$[0, \pi]$上连续．因此傅里叶级数的收敛问题就是要找到 f 的能保证极限

$$\lim_{n\to\infty}\frac{2}{\pi}\int_0^{\pi}\frac{f(x+t)+f(x-t)}{2}\frac{\sin\left(n+\frac{1}{2}\right)t}{t}\mathrm{d}t \tag{21}$$

存在的条件. 再次使用黎曼-勒贝格引理可知，我们只需在积分 $\int_0^{\pi}$ 用 $\int_0^{\delta}$ 来代替的时候考虑(21)中的极限，其中 δ 是 $<\pi$ 的任何一个正数，因为当 $n\to\infty$ 时积分 $\int_{\delta}^{\pi}$ 趋向于 0. 因此我们可以把上一节的结果总结成下面的定理：

定理 11.11 假定 $f\in L([0, 2\pi])$，并假设 f 以 2π 为周期，则由 f 生成的傅里叶级数对于一个给定的 x 值收敛，当且仅当下述极限对于某个正数 $\delta<\pi$ 存在：

$$\lim_{n\to\infty}\frac{2}{\pi}\int_0^{\delta}\frac{f(x+t)+f(x-t)}{2}\,\frac{\sin\left(n+\dfrac{1}{2}\right)t}{t}\mathrm{d}t, \tag{22}$$

在该极限存在的情况下，该极限的值就是傅里叶级数的和.

这个定理称为黎曼局部化定理. 该定理告诉我们，一个傅里叶级数在一个特定的点上是收敛还是发散，完全取决于 f 在该点的一个任意小的邻域内的性质. 这个结果是相 318
当令人吃惊的，因为傅里叶级数的系数依赖于生成它的函数在整个区间 $[0, 2\pi]$ 上所取的值.

11.12 傅里叶级数在一个特定的点上收敛的充分条件

假定 $f\in L([0, 2\pi])$，并假设 f 有周期 2π，考虑 $[0, 2\pi]$ 内的一个固定的 x 和一个正数 $\delta<\pi$. 设

$$g(t)=\frac{f(x+t)+f(x-t)}{2}\quad 当\ t\in[0, \delta],$$

并设

$$s(x)=g(0+)=\lim_{t\to 0+}\frac{f(x+t)+f(x-t)}{2},$$

只要该极限存在. 注意，如果 f 在 x 点连续，则 $s(x)=f(x)$.

把定理 11.11 分别与定理 11.8 和定理 11.9 结合起来，可得关于傅里叶级数收敛的下述充分条件.

定理 11.12(若尔当检验法) 如果 f 对于某个 $\delta<\pi$ 在紧区间 $[x-\delta, x+\delta]$ 上是有界变差函数，则极限 $s(x)$ 存在且由 f 生成的傅里叶级数收敛到 $s(x)$.

定理 11.13(迪尼检验法) 如果极限 $s(x)$ 存在，而且勒贝格积分

$$\int_0^{\delta}\frac{g(t)-s(t)}{t}\mathrm{d}t$$

对于某个 $\delta<\pi$ 存在，则由 f 生成的傅里叶级数收敛到 $s(x)$.

11.13 傅里叶级数的切萨罗可求和性

在研究由 f 生成的傅里叶级数的收敛性的时候，函数 f 的连续性并不是一个能得出很多结果的假设. 在 1873 年，杜布瓦-雷蒙给出了一个在整个区间 $[0, 2\pi]$ 上都连续的函数的例子，该函数生成的傅里叶级数在 $[0, 2\pi]$ 的一个不可数的子集上不收敛. 另一方面，对于建立傅里叶级数的切萨罗可求和性而言，函数连续确实是充分的. 下面将讨论

这个结果(归之于费耶)及某些推论.

首先是对于一个傅里叶级数的部分和的算术平均得出一个积分表示.

定理 11.14　假定 $f\in L([0,2\pi])$，并假设 f 是以 2π 为周期的周期函数. 设 s_n 表示由 f 生成的傅里叶级数的第 n 个部分和，并设

319

$$\sigma_n(x)=\frac{s_0(x)+s_1(x)+\cdots+s_{n-1}(x)}{n}\quad(n=1,2,\cdots). \tag{23}$$

则有积分表示式

$$\sigma_n(x)=\frac{1}{n\pi}\int_0^\pi\frac{f(x+t)+f(x-t)}{2}\frac{\sin^2\frac{1}{2}nt}{\sin^2\frac{1}{2}t}\mathrm{d}t. \tag{24}$$

证明　如果运用在(19)式中对于 $s_n(x)$ 给出的积分表示式并作出定义 $\sigma_n(x)$ 的和式，则由 8.16 节的公式(16)立即可以得到要求的结果. ■

注　如果对于在每个点上的值都是 1 的常值函数应用定理 11.14，可以发现对于每个 n 都有 $\sigma_n(x)=s_n(x)=1$，于是(24)式变成

$$\frac{1}{n\pi}\int_0^\pi\frac{\sin^2\frac{1}{2}nt}{\sin^2\frac{1}{2}t}\mathrm{d}t=1. \tag{25}$$

因此，给定任何数 s，我们都可以把(25)式与(24)式结合起来而写成

$$\sigma_n(x)-s=\frac{1}{n\pi}\int_0^\pi\left\{\frac{f(x+t)+f(x-t)}{2}-s\right\}\frac{\sin^2\frac{1}{2}nt}{\sin^2\frac{1}{2}t}\mathrm{d}t. \tag{26}$$

如果能够取到一个 s 的值使得当 $n\to\infty$ 时(26)式右边的积分趋向于 0，则可推知当 $n\to\infty$ 时 $\sigma_n(x)\to s$. 下面这个定理表明，只需取 $s=[f(x+)+f(x-)]/2$ 即可.

定理 11.15(费耶)　假定 $f\in L([0,2\pi])$，并假设 f 是以 2π 为周期的周期函数. 用等式

$$s(x)=\lim_{t\to0+}\frac{f(x+t)+f(x-t)}{2} \tag{27}$$

定义一个函数 s，只要该等式中的极限存在. 于是，对于每一个使 $s(x)$ 有定义的 x，由 f 生成的傅里叶级数是切萨罗可求和的，而且它的(C，1)和是 $s(x)$. 即我们有

$$\lim_{n\to\infty}\sigma_n(x)=s(x),$$

其中 $\{\sigma_n\}$ 是由(23)式定义的算术平均值序列. 此外，如果 f 在 $[0,2\pi]$ 上是连续的，则序列 $\{\sigma_n\}$ 在 $[0,2\pi]$ 上一致收敛到 f.

证明　设 $g_x(t)=[f(x+t)+f(x-t)]/2-s(x)$，只要 $s(x)$ 有定义. 于是当 $t\to0+$ 时，$g_x(t)\to0$. 因而，给定 $\varepsilon>0$，有正数 $\delta<\pi$ 使得 $|g_x(t)|<\varepsilon/2$，只要 $0<t<\delta$. 注意

δ 依赖于 x，也依赖于 ε. 然而，如果 f 在$[0, 2\pi]$上连续，则 f 在$[0, 2\pi]$上一致连续，所以存在 δ 一致地适用于$[0, 2\pi]$内的每一个 x. 现在运用(26)式，并把积分区间分为两个子区间$[0, \delta]$和$[\delta, \pi]$. 在$[0, \delta]$上由(25)式可得

$$\left|\frac{1}{n\pi}\int_0^\delta g_x(t)\frac{\sin^2\frac{1}{2}nt}{\sin^2\frac{1}{2}t}\mathrm{d}t\right| \leqslant \frac{\varepsilon}{2n\pi}\int_0^\pi \frac{\sin^2\frac{1}{2}nt}{\sin^2\frac{1}{2}t}\mathrm{d}t = \frac{\varepsilon}{2}.$$ 320

在$[\delta, \pi]$上有

$$\left|\frac{1}{n\pi}\int_\delta^\pi g_x(t)\frac{\sin^2\frac{1}{2}nt}{\sin^2\frac{1}{2}t}\mathrm{d}t\right| \leqslant \frac{1}{n\pi\sin^2\frac{1}{2}\delta}\int_\delta^\pi |g_x(t)|\mathrm{d}t \leqslant \frac{I(x)}{n\pi\sin^2\frac{1}{2}\delta},$$

其中 $I(x)=\int_0^\pi |g_x(t)|\mathrm{d}t$. 现在选取 N 使得 $I(x)/[N\pi\sin^2(\delta/2)]<\varepsilon/2$，于是只要 $n\geqslant N$，就有

$$|\sigma_n(x)-s(x)| = \left|\frac{1}{n\pi}\int_0^\pi g_x(t)\frac{\sin^2\frac{1}{2}nt}{\sin^2\frac{1}{2}t}\mathrm{d}t\right| < \varepsilon.$$

换句话说，当 $n\to\infty$时有 $\sigma_n(x)\to s(x)$.

如果 f 在$[0, 2\pi]$上连续，则按照周期性，f 在 $\mathbf{R}$ 上有界，因而有 M 使得对于一切 x 和 t 有$|g_x(t)|\leqslant M$，而且可以在以上的讨论中用 πM 代替 $I(x)$. 于是 N 不依赖于 x，从而 $\sigma_n\to s=f$ 一致于$[0, 2\pi]$. ■

11.14 费耶定理的推论

定理 11.16 设 f 在$[0, 2\pi]$上连续且是以 2π 为周期的周期函数. 设$\{s_n\}$表示由 f 生成的傅里叶级数的部分和序列，譬如说

$$f(x)\sim\frac{a_0}{2}+\sum_{n=1}^{\infty}(a_n\cos nx+b_n\sin nx). \tag{28}$$

则我们有

a) $\underset{n\to\infty}{\text{l. i. m.}}\ s_n=f$　于　$[0, 2\pi]$.

b) $\frac{1}{\pi}\int_0^{2\pi}|f(x)|^2\mathrm{d}x=\frac{a_0^2}{2}+\sum_{n=1}^{\infty}(a_n^2+b_n^2)$　(帕塞瓦尔公式).

c) 该傅里叶级数可以被逐项积分，即对于一切 x 都有

$$\int_0^x f(t)\mathrm{d}t=\frac{a_0x}{2}+\sum_{n=1}^{\infty}\int_0^x(a_n\cos nt+b_n\sin nt)\mathrm{d}t,$$

积分所得的级数在每一个区间上都是一致收敛的，即使(28)式中的傅里叶级数发散.

d) 如果(28)式中的傅里叶级数对于某个 x 收敛，则它收敛到 $f(x)$.

证明　应用定理 11.2 中的公式(3)以及 $t_n(x)=\sigma_n(x)=(1/n)\sum_{k=0}^{n-1}s_k(x)$，可以得到不等式

$$\int_0^{2\pi}|f(x)-s_n(x)|^2\mathrm{d}x\leqslant\int_0^{2\pi}|f(x)-\sigma_n(x)|^2\mathrm{d}x. \tag{29}$$

321 但是，因为 $\sigma_n\to f$ 一致于$[0, 2\pi]$，由此可得$\underset{n\to\infty}{\mathrm{l.\ i.\ m.}}\ \sigma_n=f$ 于$[0, 2\pi]$，因而(29)式蕴涵(a). 由定理 11.4，(b)可以从(a)推出. 按照定理 9.18，(c)也可以从(a)推出. 最后，如果$\{s_n(x)\}$对于某个 x 收敛，则$\{\sigma_n(x)\}$必定收敛到同样的极限. 但是因为 $\sigma_n(x)\to f(x)$，所以 $s_n(x)\to f(x)$，这就证明了(d). ■

11.15　魏尔斯特拉斯逼近定理

费耶定理也能用于证明著名的魏尔斯特拉斯定理，该定理叙述了紧区间上的每一个连续函数都能被一个多项式一致逼近. 更确切地，我们有

定理 11.17　如果 f 在紧区间$[a, b]$上是实值连续函数，则对于每一个 $\varepsilon>0$ 都有一个多项式 p(它可能依赖于 ε)使得

$$|f(x)-p(x)|<\varepsilon,\qquad \text{对于}[a, b]\text{ 内的每一个 } x. \tag{30}$$

证明　如果 $t\in[0, \pi]$，就设 $g(t)=f[a+t(b-a)/\pi]$；如果 $t\in[\pi, 2\pi]$，就设 $g(t)=f[a+(2\pi-t)(b-a)/\pi]$，并在$[0, 2\pi]$外部定义 g，使得 g 有周期 2π. 对于在定理中给定的 ε，我们可以应用费耶定理找到一个由形如

$$\sigma(t)=A_0+\sum_{k=1}^{N}(A_k\cos kt+B_k\sin kt)$$

的等式定义的函数 σ，使得对于$[0, 2\pi]$内的每一个 t 都有 $|g(t)-\sigma(t)|<\varepsilon/2$. (注意 N，因而 σ，都依赖于 ε.)因为 σ 是三角函数的一个有限和，所以它在原点附近生成一个在每个有限区间一致收敛的幂级数展开式. 这个幂级数展开式的各个部分和构成一个多项式序列，譬如说是$\{p_n\}$，使得 $p_n\to\sigma$ 一致于$[0, 2\pi]$. 于是，对于同样的 ε，存在 m 使得对于$[0, 2\pi]$内的每个 t 都有

$$|p_m(t)-\sigma(t)|<\frac{\varepsilon}{2}.$$

从而，对于$[0, 2\pi]$内的每个 t 都有

$$|p_m(t)-g(t)|<\varepsilon. \tag{31}$$

现在用公式 $p(x)=p_m[\pi(x-a)/(b-a)]$定义多项式 p，则当令 $t=\pi(x-a)/(b-a)$时，不等式(31)式就变成了(30)式. ■

11.16　其他形式的傅里叶级数

运用公式

$$2\cos nx=\mathrm{e}^{\mathrm{i}nx}+\mathrm{e}^{-\mathrm{i}nx}\qquad \text{和}\qquad 2\mathrm{i}\sin nx=\mathrm{e}^{\mathrm{i}nx}-\mathrm{e}^{-\mathrm{i}nx},$$

由 f 生成的傅里叶级数可以用复指数形式表示为：

$$f(x) \sim \frac{a_0}{2} + \sum_{n=1}^{\infty}(a_n \cos nx + b_n \sin nx) = \frac{a_0}{2} + \sum_{n=1}^{\infty}(\alpha_n e^{inx} + \beta_n e^{-inx}),$$ 322

其中 $\alpha_n=(a_n-ib_n)/2$，$\beta_n=(a_n+ib_n)/2$. 如果令 $\alpha_0=a_0/2$ 和 $\alpha_{-n}=\beta_n$，就可以把指数形式更简洁地写为

$$f(x) \sim \sum_{n=-\infty}^{\infty} \alpha_n e^{inx}.$$

关于系数的公式(7)现在变成

$$\alpha_n = \frac{1}{2\pi}\int_0^{2\pi} f(t) e^{-int} dt \qquad (n=0,\ \pm 1,\ \pm 2,\ \cdots).$$

如果 f 有周期 2π，则积分区间可以用任何其他的长度为 2π 的区间来代替.

更一般地，如果 $f \in L([0,\ p])$，而且 f 有周期 p，则写

$$f(x) \sim \frac{a_0}{2} + \sum_{n=1}^{\infty}\left(a_n \cos\frac{2\pi nx}{p} + b_n \sin\frac{2\pi nx}{p}\right)$$

来表明各系数由公式

$$a_n = \frac{2}{p}\int_0^p f(t)\cos\frac{2\pi nt}{p} dt,$$

$$b_n = \frac{2}{p}\int_0^p f(t)\sin\frac{2\pi nt}{p} dt \quad (n=0,\ 1,\ 2\cdots)$$

给出. 用指数形式可以写

$$f(x) \sim \sum_{n=-\infty}^{\infty} \alpha_n e^{2\pi inx/p},$$

其中

$$\alpha_n = \frac{1}{p}\int_0^p f(t) e^{-2\pi int/p} dt, \qquad 若\ n=0,\ \pm 1,\ \pm 2,\ \cdots.$$

作一个适当的比例尺度改变，对于周期为 2π 的傅里叶级数的全部收敛定理也都能应用于一般的周期 p 的情况.

11.17 傅里叶积分定理

在涉及傅里叶级数的全部收敛定理中都出现的关于周期性的假设并不像第一眼看到它时可能感觉到的那样是一种严格的限制. 如果一个函数 f 原本是定义在一个有限区间(譬如说是$[a,\ b]$)上的，我们总是可以强加上某些种类的周期条件而把 f 的定义延拓到$[a,\ b]$的外部. 例如，如果 $f(a)=f(b)$，就可以要求等式 $f(x+p)=f(x)$对于每一个 x 都成立从而使 f 在$(-\infty,\ +\infty)$上处处有定义，其中 $p=b-a$. (条件 $f(a)=f(b)$总是可以处处使用，因为必要时可以改变 f 在一个端点处的值. 这样做既不会影响计算 f 的傅里叶系数时所用的积分的存在性，又不会影响积分的值.)然而，如果给定的函数已 323
经在$(-\infty,\ +\infty)$上处处有定义了，而且它不是周期函数，则无法得到一个在$(-\infty,\ +\infty)$上处处表示该函数的傅里叶级数. 不过，在这样的情况下，有时这个函数可以用一个无穷积分而不是用一个无穷级数来表示. 在许多方面都与傅里叶级数类似的这些积分

称为傅里叶积分，而给出用这样一个积分来表示一个函数的充分条件的定理称为傅里叶积分定理. 在这一理论中使用的基本工具，像在傅里叶级数中的情况一样，是狄利克雷积分和黎曼-勒贝格引理.

定理 11.18(傅里叶积分定理)　假定 $f\in L(-\infty,+\infty)$. 假设在 $\mathbf{R}$ 内有一点 x 和一个在 x 附近的区间 $[x-\delta, x+\delta]$ 使得要么有下面的(a)，要么有下面的(b)：

a) f 在 $[x-\delta, x+\delta]$ 上是有界变差函数，

b)两个极限 $f(x+)$ 和 $f(x-)$ 都存在，而且两个勒贝格积分

$$\int_0^\delta \frac{f(x+t)-f(x+)}{t}\mathrm{d}t \quad 和 \quad \int_0^\delta \frac{f(x-t)-f(x-)}{t}\mathrm{d}t$$

都存在.

则有公式

$$\frac{f(x+)+f(x-)}{2}=\frac{1}{\pi}\int_0^\infty\left[\int_{-\infty}^\infty f(u)\cos v(u-x)\mathrm{d}u\right]\mathrm{d}v, \tag{32}$$

其中积分 $\int_0^\infty$ 是一个反常黎曼积分.

证明　本定理证明的第一步是建立下面的公式：

$$\lim_{\alpha\to+\infty}\frac{1}{\pi}\int_{-\infty}^\infty f(x+t)\frac{\sin\alpha t}{t}\mathrm{d}t=\frac{f(x+)+f(x-)}{2}. \tag{33}$$

为此，我们把上式左边的积分写成

$$\int_{-\infty}^\infty f(x+t)\frac{\sin\alpha t}{\pi t}\mathrm{d}t=\int_{-\infty}^{-\delta}+\int_{-\delta}^0+\int_0^\delta+\int_\delta^\infty.$$

当 $\alpha\to+\infty$ 时，因为有黎曼-勒贝格引理，所以上式右边的第一个和第四个积分趋向于 0. 在第三个积分中，可以应用定理 11.8 或者定理 11.9(依赖于满足(a)还是(b))以得到

$$\lim_{\alpha\to+\infty}\int_0^\delta f(x+t)\frac{\sin\alpha t}{\pi t}\mathrm{d}t=\frac{f(x+)}{2}.$$

类似地，我们有

324
$$\int_{-\delta}^0 f(x+t)\frac{\sin\alpha t}{\pi t}\mathrm{d}t=\int_0^\delta f(x-t)\frac{\sin\alpha t}{\pi t}\mathrm{d}t\to\frac{f(x-)}{2}, \qquad 当\ \alpha\to+\infty.$$

这样就建立了(33)式. 如果做一个平移，则可得

$$\int_{-\infty}^\infty f(x+t)\frac{\sin\alpha t}{t}\mathrm{d}t=\int_{-\infty}^\infty f(u)\frac{\sin\alpha(u-x)}{u-x}\mathrm{d}u,$$

如果运用初等的公式

$$\frac{\sin\alpha(u-x)}{u-x}=\int_0^\alpha\cos v(u-x)\mathrm{d}v,$$

则(33)式中的极限关系变成

$$\lim_{\alpha\to+\infty}\frac{1}{\pi}\int_{-\infty}^\infty f(u)\left[\int_0^\alpha\cos v(u-x)\mathrm{d}v\right]\mathrm{d}u=\frac{f(x+)+f(x-)}{2}. \tag{34}$$

而我们所要证明的公式是(34)式，只是积分的次序有颠倒. 按定理 10.40，对于每一个 $\alpha>0$ 有

$$\int_0^\alpha\left[\int_{-\infty}^{\infty} f(u)\cos v(u-x)\mathrm{d}u\right]\mathrm{d}v=\int_{-\infty}^{\infty}\left[\int_0^\alpha f(u)\cos v(u-x)\mathrm{d}v\right]\mathrm{d}u,$$

因为余弦函数是处处连续且有界的. 因为(34)式中的极限存在，这就证明了

$$\lim_{\alpha\to+\infty}\frac{1}{\pi}\int_0^\alpha\left[\int_{-\infty}^{\infty} f(u)\cos v(u-x)\mathrm{d}u\right]\mathrm{d}v=\frac{f(x+)+f(x-)}{2}.$$

按定理 10.40，积分 $\int_{-\infty}^{+\infty} f(u)\cos v(u-x)\mathrm{d}u$ 是$[0,\alpha]$上 v 的一个连续函数，所以(32)式中的积分 $\int_0^\infty$ 作为反常黎曼积分存在. 它作为勒贝格积分未必存在. ■

11.18 指数形式的傅里叶积分定理

定理 11.19 如果 f 满足傅里叶积分定理的条件，则有

$$\frac{f(x+)+f(x-)}{2}=\frac{1}{2\pi}\lim_{\alpha\to+\infty}\int_{-\alpha}^{\alpha}\left[\int_{-\infty}^{\infty} f(u)\mathrm{e}^{\mathrm{i}v(u-x)}\mathrm{d}u\right]\mathrm{d}v. \tag{35}$$

证明 设 $F(v)=\int_{-\infty}^{+\infty} f(u)\cos v(u-x)\mathrm{d}u$，则 F 在$(-\infty,+\infty)$上连续，$F(v)=F(-v)$，因此 $\int_{-\alpha}^{0}F(v)\mathrm{d}v=\int_0^\alpha F(-v)\mathrm{d}v=\int_0^\alpha F(v)\mathrm{d}v$. 于是(32)式变成

$$\frac{f(x+)+f(x-)}{2}=\lim_{\alpha\to+\infty}\frac{1}{\pi}\int_0^\alpha F(v)\mathrm{d}v=\lim_{\alpha\to+\infty}\frac{1}{2\pi}\int_{-\alpha}^{\alpha}F(v)\mathrm{d}v. \tag{36}$$ 325

现在在$(-\infty,+\infty)$上用等式

$$G(v)=\int_{-\infty}^{\infty} f(u)\sin v(u-x)\mathrm{d}u$$

定义 G，则 G 处处连续，且有 $G(v)=-G(-v)$. 因而对于每一个 α 有 $\int_{-\alpha}^{\alpha}G(v)\mathrm{d}v=0$，所以 $\lim_{\alpha\to+\infty}\int_{-\alpha}^{\alpha}G(v)\mathrm{d}v=0$. 把此式与(36)式结合起来，我们得到

$$\frac{f(x+)+f(x-)}{2}=\lim_{\alpha\to+\infty}\frac{1}{2\pi}\int_{-\alpha}^{\alpha}\{F(v)+\mathrm{i}G(v)\}\mathrm{d}v.$$

这就是公式(35). ■

11.19 积分变换

数学分析中的许多函数都可以表示为形如

$$g(y)=\int_{-\infty}^{\infty} K(x,y)f(x)\mathrm{d}x \tag{37}$$

的勒贝格积分或反常黎曼积分. 由这种类型的等式(其中 y 可以是实的，也可以是复的)定义的函数 g 称为 f 的积分变换. 在被积函数当中出现的函数 K 称为变换的核.

积分变换在纯数学和应用数学中使用得都非常广泛，它们在解某些边值问题和某些类型的积分方程时尤为有用. 下面列举了几种使用更为普遍的变换：

指数傅里叶变换： $\int_{-\infty}^{\infty}\mathrm{e}^{-\mathrm{i}xy}f(x)\mathrm{d}x.$

傅里叶余弦变换：　　$\int_0^{\infty} \cos xy f(x)\mathrm{d}x$.

傅里叶正弦变换：　　$\int_0^{\infty} \sin xy f(x)\mathrm{d}x$.

拉普拉斯变换：　　$\int_0^{\infty} \mathrm{e}^{-xy} f(x)\mathrm{d}x$.

梅林变换：　　$\int_0^{\infty} x^{y-1} f(x)\mathrm{d}x$.

因为 $\mathrm{e}^{-\mathrm{i}xy}=\cos xy-\mathrm{i}\sin xy$，所以正弦变换和余弦变换只是指数傅里叶变换当函数 f 在负
326 实轴上为 0 的特殊情况. 拉普拉斯变换也和指数傅里叶变换有关系. 如果我们考虑一个复值的 y，譬如说 $y=u+\mathrm{i}v$，其中 u 和 v 都是实的，就可以写

$$\int_0^{\infty} \mathrm{e}^{-xy} f(x)\mathrm{d}x=\int_0^{\infty} \mathrm{e}^{-\mathrm{i}xv}\mathrm{e}^{-xu} f(x)\mathrm{d}x=\int_0^{\infty} \mathrm{e}^{-\mathrm{i}xv}\phi_u(x)\mathrm{d}x,$$

其中 $\phi_u(x)=\mathrm{e}^{-xu}f(x)$. 因而拉普拉斯变换也可以认为是指数傅里叶变换的一种特殊情况.

注　像(37)式这样的等式有时更简洁地写为 $g=\mathcal{K}(f)$ 或 $g=\mathcal{K} f$ 的形式，其中的 $\mathcal{K}$ 表示把 f 变换成 g 的“算子”. 因为这个等式涉及积分，所以算子 $\mathcal{K}$ 称为积分算子. 明显可知 $\mathcal{K}$ 也是线性算子，即

$$\mathcal{K}(a_1 f_1+a_2 f_2)=a_1 \mathcal{K} f_1+a_2 \mathcal{K} f_2,$$

如果 a_1 和 a_2 都是常数. 用傅里叶变换定义的算子经常用 $\mathcal{F}$ 表示，用拉普拉斯变换定义的算子经常用 $\mathcal{L}$ 表示.

指数形式的傅里叶积分定理可以用傅里叶变换表示如下. 设 g 表示 f 的傅里叶变换，使得

$$g(u)=\int_{-\infty}^{\infty} f(t)\mathrm{e}^{-\mathrm{i}tu}\mathrm{d}t. \tag{38}$$

那么在 f 的连续点公式(35)变成

$$f(x)=\lim_{a\to+\infty}\frac{1}{2\pi}\int_{-a}^{a} g(u)\mathrm{e}^{\mathrm{i}xu}\mathrm{d}u, \tag{39}$$

这称为傅里叶变换的*反演公式*. 该公式告诉我们，满足傅里叶积分定理条件的连续函数 f 是被它的傅里叶变换 g 唯一确定的.

注　如果 $\mathcal{F}$ 表示用(38)式定义的算子，则习惯上用 $\mathcal{F}^{-1}$ 表示用(39)式定义的算子. 等式(38)和(39)可以象征性地写为 $g=\mathcal{F} f$ 和 $f=\mathcal{F}^{-1}g$. 反演公式告诉我们怎样去解方程 $g=\mathcal{F} f$，以便用 g 来表示 f.

在继续进一步研究傅里叶变换之前，我们先介绍一个新概念，即两个函数的卷积. 可以把它看作一类特殊的积分变换，这类积分变换中的核函数 $K(x, y)$ 仅依赖于差 $x-y$.

11.20　卷积

定义 11.20　给定两个函数 f 与 g，它们在 $(-\infty, +\infty)$ 上都是勒贝格可积的，设 S

表示 x 的一个集合，勒贝格积分

$$h(x)=\int_{-\infty}^{\infty} f(t)g(x-t)\,\mathrm{d}t \tag{40}$$ 327

对于 S 中的 x 存在．这个积分在 S 上定义一个函数 h，称为 f 与 g 的卷积．我们也用 $h=f*g$ 这种写法来表示这个函数．

注 容易看到(利用一个平移)$f*g=g*f$，只要该积分存在．

一个重要的特殊情况出现在 f 与 g 二者在负实轴上都为 0 的时候．此时，如果 $t>x$，则有 $g(x-t)=0$，于是(40)式变为

$$h(x)=\int_{0}^{x} f(t)g(x-t)\,\mathrm{d}t. \tag{41}$$

明显可知，在这种情况下，卷积在一个区间$[a，b]$的每一个点上都有定义，如果 f 与 g 在$[a，b]$上都是黎曼可积的．但是，如果仅假定 f 与 g 在$[a，b]$上是勒贝格可积的，则结论未必如此．例如，设

$$f(t)=\frac{1}{\sqrt{t}},\qquad g(t)=\frac{1}{\sqrt{1-t}},\qquad 若\ 0<t<1,$$

并且当 $t\leqslant 0$ 或 $t\geqslant 1$ 时设 $f(t)=g(t)=0$．于是 f 在 $t=0$ 处有一个无穷间断点．然而，勒贝格积分 $\int_{-\infty}^{\infty} f(t)\,\mathrm{d}t=\int_0^1 t^{-1/2}\,\mathrm{d}t$ 存在．类似地，勒贝格积分 $\int_{-\infty}^{\infty} g(t)\,\mathrm{d}t=\int_0^1 (1-t)^{-1/2}\,\mathrm{d}t$ 也存在，虽然 g 在 $t=1$ 处有一个无穷间断点．但是，当我们作出在(40)式中相应于 $x=1$ 的卷积积分的时候，可得

$$\int_{-\infty}^{\infty} f(t)g(1-t)\,\mathrm{d}t=\int_0^1 t^{-1}\,\mathrm{d}t.$$

注意 f 与 g 的两个间断点已经"结合"成了一个使卷积积分不存在的间断点．

这个例子表明，在实轴上可能有某些点，(40)式中的积分在这些点上不存在，即便 f 与 g 二者在$(-\infty，+\infty)$上都是勒贝格可积的．我们称这样的点为 h 的"奇点"．容易证明，这样的奇点只是在 f 与 g 二者都有无穷间断点的情况下才能产生．更精确地，我们有下述定理：

定理 11.21 设 $\mathbf{R}=(-\infty，+\infty)$，假定 $f\in L(\mathbf{R})$，$g\in L(\mathbf{R})$，而且 f 或 g 在 $\mathbf{R}$ 上是有界的，则卷积积分

$$h(x)=\int_{-\infty}^{\infty} f(t)g(x-t)\,\mathrm{d}t \tag{42}$$

对于 $\mathbf{R}$ 内的每一个 x 都存在，而且如此定义的函数 h 在 $\mathbf{R}$ 上是有界的．此外，如果有界函数 f 或者 g 在 $\mathbf{R}$ 上是连续的，则 h 在 $\mathbf{R}$ 上也是连续的，而且 $h\in L(\mathbf{R})$． 328

证明 因为 $f*g=g*f$，所以只需考虑 g 有界的情况．假设$|g|\leqslant M$，则有

$$|f(t)g(x-t)|\leqslant M|f(t)|. \tag{43}$$

读者可以验证，对于每个 x，乘积 $f(t)g(x-t)$在 $\mathbf{R}$ 上是 t 的可测函数，所以定理 10.35 表明对 $h(x)$的积分存在．不等式(43)还表明$|h(x)|\leqslant M\int|f|$，所以 h 在 $\mathbf{R}$ 上是有界的．

现在如果 g 在 $\mathbf{R}$ 上也是连续的，则定理 10.40 表明 h 在 $\mathbf{R}$ 上是连续的. 现在对于每一个紧区间$[a, b]$，我们有

$$\int_a^b |h(x)|\mathrm{d}x \leqslant \int_a^b \left[\int_{-\infty}^{\infty} |f(t)||g(x-t)|\mathrm{d}t\right]\mathrm{d}x = \int_{-\infty}^{\infty} |f(t)|\left[\int_a^b |g(x-t)|\mathrm{d}x\right]\mathrm{d}t$$
$$= \int_{-\infty}^{\infty} |f(t)|\left[\int_{a-t}^{b-t} |g(y)|\mathrm{d}y\right]\mathrm{d}t \leqslant \int_{-\infty}^{\infty} |f(t)|\mathrm{d}t\int_{-\infty}^{\infty} |g(y)|\mathrm{d}y,$$

所以，按照定理 10.31，$h \in L(\mathbf{R})$. ■

定理 11.22 设 $\mathbf{R}=(-\infty, +\infty)$. 假定 $f \in L^2(\mathbf{R})$，$g \in L^2(\mathbf{R})$，则卷积积分(42)对于 $\mathbf{R}$ 内的每个 x 存在，而且函数 h 在 $\mathbf{R}$ 上有界.

证明 对于固定的 x，设 $g_x(t)=g(x-t)$，则 g_x 在 $\mathbf{R}$ 上是可测的，而且 $g_x \in L^2(\mathbf{R})$，所以由定理 10.54 可知乘积 $f \cdot g_x \in L(\mathbf{R})$. 换句话说，卷积积分 $h(x)$存在. 现在 $h(x)$是一个内积，$h(x)=(f, g_x)$，于是柯西-施瓦茨不等式表明

$$|h(x)| \leqslant \|f\|\|g_x\| = \|f\|\|g\|,$$

所以 h 在 $\mathbf{R}$ 上有界. ■

11.21　对于傅里叶变换的卷积定理

下面一个定理表明，一个卷积 $f * g$ 的傅里叶变换是 f 的傅里叶变换与 g 的傅里叶变换的乘积. 用算子的记号表示为

$$\mathcal{F}(f * g) = \mathcal{F}(f) \cdot \mathcal{F}(g).$$

329 **定理 11.23** 设 $\mathbf{R}=(-\infty, +\infty)$. 假定 $f \in L(\mathbf{R})$，$g \in L(\mathbf{R})$，而且 f 与 g 当中至少有一个在 $\mathbf{R}$ 上连续且有界. 设 h 表示卷积，$h=f * g$，则对于每一个实数 u 有

$$\int_{-\infty}^{\infty} h(x)\mathrm{e}^{-\mathrm{i}xu}\mathrm{d}x = \left(\int_{-\infty}^{\infty} f(t)\mathrm{e}^{-\mathrm{i}tu}\mathrm{d}t\right)\left(\int_{-\infty}^{\infty} g(y)\mathrm{e}^{-\mathrm{i}yu}\mathrm{d}y\right). \tag{44}$$

此式左边的积分作为勒贝格积分和反常黎曼积分都存在.

证明 假定 g 在 $\mathbf{R}$ 上连续且有界. 设$\{a_n\}$和$\{b_n\}$是两个递增的正实数序列使得 $a_n \to +\infty$和 $b_n \to +\infty$. 在 $\mathbf{R}$ 上定义一个函数序列$\{f_n\}$如下：

$$f_n(t) = \int_{-a_n}^{b_n} \mathrm{e}^{-\mathrm{i}ux} g(x-t)\mathrm{d}x.$$

因为对于一切紧区间$[a, b]$都有

$$\int_a^b |\mathrm{e}^{-\mathrm{i}ux} g(x-t)|\mathrm{d}t \leqslant \int_{-\infty}^{\infty} |g|,$$

所以定理 10.31 表明对于每一个实数 t 都有

$$\lim_{n\to\infty} f_n(t) = \int_{-\infty}^{\infty} \mathrm{e}^{-\mathrm{i}ux} g(x-t)\mathrm{d}x. \tag{45}$$

做平移 $y=x-t$ 可得

$$\int_{-\infty}^{\infty} \mathrm{e}^{-\mathrm{i}ux} g(x-t)\mathrm{d}x = \mathrm{e}^{-\mathrm{i}ut}\int_{-\infty}^{\infty} \mathrm{e}^{-\mathrm{i}uy} g(y)\mathrm{d}y,$$

于是(45)式表明对于一切 t 都有

$$\lim_{n\to\infty} f(t) f_n(t) = f(t)\mathrm{e}^{-\mathrm{i}ut}\left(\int_{-\infty}^{\infty} \mathrm{e}^{-\mathrm{i}uy} g(y)\mathrm{d}y\right).$$

现在 f_n 在 $\mathbf{R}$ 上是连续的(按照定理 10.38)，所以乘积 $f\cdot f_n$ 在 $\mathbf{R}$ 上是可测的. 因为

$$|f(t)f_n(t)|\leqslant|f(t)|\int_{-\infty}^{\infty}|g|,$$

所以乘积 $f\cdot f_n$ 在 $\mathbf{R}$ 上是勒贝格可积的，而且勒贝格控制收敛定理表明

$$\lim_{n\to\infty}\int_{-\infty}^{\infty}f(t)f_n(t)\mathrm{d}t=\left(\int_{-\infty}^{\infty}f(t)\mathrm{e}^{-\mathrm{i}ut}\mathrm{d}t\right)\left(\int_{-\infty}^{\infty}\mathrm{e}^{-\mathrm{i}uy}g(y)\mathrm{d}y\right).\tag{46}$$

但是

$$\int_{-\infty}^{\infty}f(t)f_n(t)\mathrm{d}t=\int_{-\infty}^{\infty}f(t)\left[\int_{-a_n}^{b_n}\mathrm{e}^{-\mathrm{i}ux}g(x-t)\mathrm{d}x\right]\mathrm{d}t.$$ 330

因为由 $k(x,t)=g(x-t)$ 定义的函数 k 在 $\mathbf{R}^2$ 上是连续且有界的，而且积分 $\int_a^b\mathrm{e}^{-\mathrm{i}ux}\mathrm{d}x$ 对于每一个紧区间 $[a,b]$ 存在，所以定理 10.40 使得我们可以交换积分次序得到

$$\int_{-\infty}^{\infty}f(t)f_n(t)\mathrm{d}t=\int_{-a_n}^{b_n}\mathrm{e}^{-\mathrm{i}ux}\left[\int_{-\infty}^{\infty}f(t)g(x-t)\mathrm{d}t\right]\mathrm{d}x=\int_{-a_n}^{b_n}\mathrm{e}^{-\mathrm{i}ux}h(x)\mathrm{d}x.$$

因而，(46)式表明

$$\lim_{n\to\infty}\int_{-a_n}^{b_n}h(x)\mathrm{e}^{-\mathrm{i}ux}\mathrm{d}x=\left(\int_{-\infty}^{\infty}f(t)\mathrm{e}^{-\mathrm{i}ut}\mathrm{d}t\right)\left(\int_{-\infty}^{\infty}g(y)\mathrm{e}^{-\mathrm{i}uy}\mathrm{d}y\right),$$

这就证明了(44)式. (44)式左边的积分作为反常黎曼积分也存在，因为被积函数在 $\mathbf{R}$ 上是连续且有界的，而且对于每一个紧区间 $[a,b]$ 都有 $\int_a^b|h(x)\mathrm{e}^{-\mathrm{i}ux}|\mathrm{d}x\leqslant\int_{-\infty}^{\infty}|h|$. ■

作为卷积定理的一个应用，我们将推导伽马函数的下述性质.

例 如果 $p>0$ 且 $q>0$，则有公式

$$\int_0^1 x^{p-1}(1-x)^{q-1}\mathrm{d}x=\frac{\Gamma(p)\Gamma(q)}{\Gamma(p+q)}.\tag{47}$$

此式左边的积分称为 β 函数，通常用 $B(p,q)$ 表示. 为了证明(47)式，设

$$f_p(t)=\begin{cases}t^{p-1}\mathrm{e}^{-t}, & 若\ t>0,\\ 0, & 若\ t\leqslant 0.\end{cases}$$

于是 $f_p\in L(\mathbf{R})$ 且 $\int_{-\infty}^{\infty}f_p(t)\mathrm{d}t=\int_0^{\infty}t^{p-1}\mathrm{e}^{-t}\mathrm{d}t=\Gamma(p)$. 设 h 表示卷积，$h=f_p*f_q$. 在卷积公式(44)中取 $u=0$ 可以发现，如果 $p>1$ 或者 $q>1$，则有

$$\int_{-\infty}^{\infty}h(x)\mathrm{d}x=\int_{-\infty}^{\infty}f_p(t)\mathrm{d}t\int_{-\infty}^{\infty}f_q(y)\mathrm{d}y=\Gamma(p)\Gamma(q).\tag{48}$$

现在我们用另一种方法计算上式左边的积分. 因为 f_p 和 f_q 二者在负实轴上都是 0，所以有

$$h(x)=\int_0^x f_p(t)f_q(x-t)\mathrm{d}t=\begin{cases}\mathrm{e}^{-x}\int_0^x t^{p-1}(x-t)^{q-1}\mathrm{d}t, & 若\ x>0,\\ 0, & 若\ x\leqslant 0.\end{cases}$$

进行变量替换 $t=ux$，对于 $x>0$ 可得

$$h(x)=\mathrm{e}^{-x}x^{p+q-1}\int_0^1 u^{p-1}(1-u)^{q-1}\mathrm{d}u=\mathrm{e}^{-x}x^{p+q-1}B(p,q).$$

因而 $\int_{-\infty}^{\infty}h(x)\mathrm{d}x=B(p,q)\int_0^{\infty}\mathrm{e}^{-x}x^{p+q-1}\mathrm{d}x=B(p,q)\Gamma(p+q)$，把此式代入(48)式

中，就对于 $p>1$ 或 $q>1$ 证明了(47)式. 为了得到 $p>0$，$q>0$ 的结果，使用关系式
331 $pB(p, q)=(p+q)B(p+1, q)$.

11.22 泊松求和公式

我们通过讨论一个有许多应用的重要公式来结束本章，这个公式称为泊松求和公式. 可以用不同的方法表示这个公式，下面的形式有助于我们记住它的应用.

定理 11.24 设 f 是一个使积分 $\int_{-\infty}^{\infty} f(x)\mathrm{d}x$ 作为反常黎曼积分存在的非负函数，再假定 f 在 $(-\infty, 0]$ 上递增，在 $[0, +\infty)$ 上递减，则有

$$\sum_{m=-\infty}^{+\infty} \frac{f(m+)+f(m-)}{2} = \sum_{n=-\infty}^{+\infty} \int_{-\infty}^{\infty} f(t)\mathrm{e}^{-2\pi i n t}\mathrm{d}t, \tag{49}$$

该式中的每一个级数都是绝对收敛的.

证明 本定理的证明要使用由级数

$$F(x)=\sum_{m=-\infty}^{+\infty} f(m+x) \tag{50}$$

定义的函数 F 的傅里叶展开式. 首先证明这个级数对于每个实数 x 绝对收敛，而且在区间 $[0, 1]$ 上一致收敛.

因为 f 在 $[0, +\infty)$ 上递减，所以对于 $x\geqslant 0$ 有

$$\sum_{m=0}^{N} f(m+x) \leqslant f(0)+\sum_{m=1}^{N} f(m) \leqslant f(0)+\int_{0}^{\infty} f(t)\mathrm{d}t.$$

因此，按照魏尔斯特拉斯 M-检验法(定理 9.6)，级数 $\sum_{m=0}^{\infty} f(m+x)$ 在 $[0, +\infty)$ 上一致收敛. 用类似的讨论可以证明级数 $\sum_{m=-\infty}^{-1} f(m+x)$ 在 $(-\infty, 1]$ 上一致收敛. 因而(50)式中的级数对于一切 x 收敛，而且在交集

$$(-\infty, 1] \cap [0, +\infty)=[0, 1]$$

上一致收敛.

和函数 F 是以 1 为周期的周期函数. 事实上，我们有 $F(x+1)=\sum_{m=-\infty}^{+\infty} f(m+x+1)$，这个级数仅仅是(50)式中的级数的一个重排. 因为它的每一项都是非负的，所以它收敛到同样的和. 因而有

$$F(x+1)=F(x).$$

其次证明 F 在每一个紧区间上是有界变差函数. 如果 $0\leqslant x\leqslant \frac{1}{2}$，则当 $m\geqslant 0$ 时 $f(m+x)$ 是 x 的一个递减函数，当 $m<0$ 时 $f(m+x)$ 是 x 的一个递增函数. 因而有

$$F(x)=\sum_{m=0}^{\infty} f(m+x)-\sum_{m=-\infty}^{-1}\{-f(m+x)\},$$

332 所以 F 是两个递减函数之差，因而 F 在 $[0, 1/2]$ 上是有界变差函数. 类似的讨论可以证

明 F 在$[-1/2, 0]$上也是有界变差函数. 按照周期性, F 在每一个紧区间上都是有界变差函数.

现在考虑由 F 生成的傅里叶级数(指数形式), 譬如说

$$F(x)\sim\sum_{n=-\infty}^{+\infty}\alpha_n e^{2\pi inx}.$$

因为 F 在$[0, 1]$上是有界变差函数, 所以它在$[0, 1]$上是黎曼可积的, 而且它的傅里叶系数由公式

$$\alpha_n=\int_0^1 F(x)e^{-2\pi inx}dx \tag{51}$$

给出. 此外, 因为 F 在每一个紧区间上是有界变差函数, 所以若尔当检验法表明这个傅里叶级数对于每个 x 收敛, 而且

$$\frac{F(x+)+F(x-)}{2}=\sum_{n=-\infty}^{\infty}\alpha_n e^{2\pi inx}. \tag{52}$$

为了得到泊松求和公式, 我们用另外一种形式表示系数 α_n. 把(50)式代入到(51)式中并逐项积分(有一致收敛提供依据)可得

$$\alpha_n=\sum_{m=-\infty}^{+\infty}\int_0^1 f(m+x)e^{-2\pi inx}dx.$$

进行变量替换 $t=m+x$ 可得

$$\alpha_n=\sum_{m=-\infty}^{+\infty}\int_m^{m+1}f(t)e^{-2\pi int}dt=\int_{-\infty}^{\infty}f(t)e^{-2\pi int}dt,$$

因为 $e^{2\pi imn}=1$. 在(52)式中用此结果可得

$$\frac{F(x+)+F(x-)}{2}=\sum_{n=-\infty}^{\infty}\left\{\int_{-\infty}^{\infty}f(t)e^{-2\pi int}dt\right\}e^{2\pi inx}. \tag{53}$$

当 $x=0$ 时此式就化为(49)式. ■

注　在定理 11.24 中没有关于 f 的连续性的要求. 但是, 如果 f 在每个整数点上是连续的, 则级数(50)中的每一项 $f(m+x)$在 $x=0$ 处是连续的, 因而, 由于一致收敛性, 和函数 F 在 0 点也是连续的. 在这种情况下, (49)式变成

$$\sum_{m=-\infty}^{+\infty}f(m)=\sum_{n=-\infty}^{+\infty}\int_{-\infty}^{\infty}f(t)e^{-2\pi int}dt. \tag{54}$$

关于 f 的单调性的要求可以放宽. 例如, 因为(49)中的每一项是线性地依赖于 f 的, 所以, 如果该定理对于 f_1 和 f_2 都成立, 则它对于任何线性组合 $a_1f_1+a_2f_2$ 也成立. 特别地, 如果公式(49)分别对于 u 和 v 成立, 则它对于复值函数 $f=u+iv$ 也成立. 333

例 1(θ 函数的变换公式)　θ 函数对于一切 x 由等式

$$\theta(x)=\sum_{n=-\infty}^{+\infty}e^{-\pi n^2x}$$

定义. 我们将用泊松公式对于 $x>0$ 推导出变换方程

$$\theta(x)=\frac{1}{\sqrt{x}}\theta\left(\frac{1}{x}\right). \tag{55}$$

固定 $\alpha>0$，对于一切实数 x 设 $f(x)=\mathrm{e}^{-\alpha x^2}$，该函数满足定理 11.24 的全部假设条件，因而处处连续．于是由泊松公式可得

$$\sum_{m=-\infty}^{+\infty}\mathrm{e}^{-\alpha m^2}=\sum_{n=-\infty}^{+\infty}\int_{-\infty}^{\infty}\mathrm{e}^{-\alpha t^2}\mathrm{e}^{2\pi\mathrm{i}nt}\,\mathrm{d}t. \tag{56}$$

此式左边是 $\theta(\alpha/\pi)$，此式右边的积分等于

$$\int_{-\infty}^{\infty}\mathrm{e}^{-\alpha t^2}\mathrm{e}^{2\pi\mathrm{i}nt}\,\mathrm{d}t=2\int_0^{\infty}\mathrm{e}^{-\alpha t^2}\cos 2\pi nt\,\mathrm{d}t=\frac{2}{\sqrt{\alpha}}\int_0^{\infty}\mathrm{e}^{-x^2}\cos\frac{2\pi nx}{\sqrt{\alpha}}\,\mathrm{d}x=\frac{2}{\sqrt{\alpha}}F\left(\frac{\pi n}{\sqrt{\alpha}}\right)$$

其中

$$F(y)=\int_0^{\infty}\mathrm{e}^{-x^2}\cos 2xy\,\mathrm{d}x.$$

但是 $F(y)=\frac{1}{2}\sqrt{\pi}\,\mathrm{e}^{-y^2}$（见练习 10.22），所以

$$\int_{-\infty}^{\infty}\mathrm{e}^{-\alpha t^2}\mathrm{e}^{2\pi\mathrm{i}nt}\,\mathrm{d}t=\left(\frac{\pi}{\alpha}\right)^{1/2}\mathrm{e}^{-\pi^2n^2/\alpha}.$$

把此结果代入(56)式并取 $\alpha=\pi x$ 可得(55)式．

例 2（$\coth x$ 的部分分式分解）　双曲余切函数 $\coth x\,(x\neq 0)$ 由等式

$$\coth x=\frac{\mathrm{e}^{2x}+1}{\mathrm{e}^{2x}-1}$$

定义．我们将用泊松公式对于 $x>0$ 推导出该函数的部分分式分解式

$$\coth x=\frac{1}{x}+2x\sum_{n=1}^{\infty}\frac{1}{x^2+\pi^2n^2}. \tag{57}$$

固定 $\alpha>0$，设

$$f(x)=\begin{cases}\mathrm{e}^{-\alpha x}, & \text{若 } x\geqslant 0,\\ 0, & \text{若 } x<0.\end{cases}$$

则 f 明显地满足定理 11.24 的条件．而且 f 除了在 0 点之外处处连续，在 0 点有 $f(0+)=1$ 和 $f(0-)=0$．于是由泊松公式可得

334
$$\frac{1}{2}+\sum_{m=1}^{\infty}\mathrm{e}^{-m\alpha}=\sum_{n=-\infty}^{+\infty}\int_0^{\infty}\mathrm{e}^{-\alpha t-2\pi\mathrm{i}nt}\,\mathrm{d}t. \tag{58}$$

此式左边的和式是一个几何级数，其和为 $1/(\mathrm{e}^{\alpha}-1)$，此时右边的积分等于 $1/(\alpha+2\pi\mathrm{i}n)$．因而(58)式变成

$$\frac{1}{2}+\frac{1}{\mathrm{e}^{\alpha}-1}=\frac{1}{\alpha}+\sum_{n=1}^{\infty}\left(\frac{1}{\alpha+2\pi\mathrm{i}n}+\frac{1}{\alpha-2\pi\mathrm{i}n}\right),$$

当用 $2x$ 代替 α 时，此式就给出(57)式．

练习

正交系

11.1　验证(1)中的三角函数系在$[0,2\pi]$上是规范正交的．

11.2　一个有限的函数族$\{\varphi_0,\varphi_1,\cdots,\varphi_m\}$称为在$[a,b]$上是线性无关的，如果对于$[a,b]$内的一切

x 成立的等式

$$\sum_{k=0}^{m} c_k \varphi_k(x) = 0$$

蕴涵 $c_0 = c_1 = \cdots = c_m = 0$. 一个无限族称为在$[a, b]$上是线性无关的，如果它的每一个有限子集在$[a, b]$上是线性无关的. 证明$[a, b]$上的每个规范正交系在$[a, b]$上都是线性无关的.

11.3 本练习叙述把任何一个线性无关系转化成正交系的格拉姆-施密特(Gram-Schmidt)过程. 设$\{f_0, f_1, \cdots\}$在$[a, b]$上是一个线性无关系(如练习 11.2 中所定义). 递推地定义一个新系$\{g_0, g_1, \cdots\}$如下：

$$g_0 = f_0, \quad g_{r+1} = f_{r+1} - \sum_{k=1}^{r} a_k g_k,$$

其中 $a_k = (f_{r+1}, g_k)/(g_k, g_k)$，当 $\|g_k\| \neq 0$；$a_k = 0$，当 $\|g_k\| = 0$. 证明：对于每个 $n \geqslant 0$，g_{n+1} 与 $g_0, g_1, \cdots, g_n$ 中的每一个都是正交的.

11.4 参阅练习 11.3. 设$(f, g) = \int_{-1}^{1} f(t) g(t) \mathrm{d}t$. 在区间$[-1, 1]$上对多项式系$\{1, t, t^2, \cdots\}$应用格拉姆-施密特过程并证明

$$g_1(t) = t, \quad g_2(t) = t^2 - \frac{1}{3}, \quad g_3(t) = t^3 - \frac{3}{5}t, \quad g_4(t) = t^4 - \frac{6}{7}t^2 + \frac{3}{35}.$$

11.5 a)假定 $f \in R[0, 2\pi]$，其中 f 是实的而且有周期 2π. 证明对于每一个 $\varepsilon > 0$ 有一个以 2π 为周期的连续函数 g 使得 $\|f - g\| < \varepsilon$. 提示：选取$[0, 2\pi]$的一个使 f 满足黎曼条件 $U(P, f) - L(P, f) < \varepsilon$ 的划分 P_ε 并构造一个在 P_ε 的点上与 f 一致的分段线性函数 g.

b)如果 f 在$[0, 2\pi]$上是黎曼可积的，用(a)的结果证明定理 11.16(a)、(b)和(c)成立.

11.6 本练习中的全部函数都假定在一个紧区间$[a, b]$上是连续的. 设$\{\varphi_0, \varphi_1, \cdots\}$是$[a, b]$上的一个规范正交系.

a)证明下列三种说法是等价的. 335

1)$(f, \varphi_n) = (g, \varphi_n)$对一切 n 成立蕴涵 $f = g$. (两个不同的连续函数不可能有同样的傅里叶系数.)

2)$(f, \varphi_n) = 0$ 对一切 n 成立蕴涵 $f = 0$. (与每一个 φ_n 都正交的连续函数只能是零函数.)

3)如果 T 是$[a, b]$上的一个规范正交集且$\{\varphi_0, \varphi_1, \cdots\} \subseteq T$，则$\{\varphi_0, \varphi_1, \cdots\} = T$. (我们不能扩大规范正交集.)这个性质描述为$\{\varphi_0, \varphi_1, \cdots\}$是最大的或是完全的.

b)当 n 是一个整数时设 $\varphi_n(x) = \mathrm{e}^{\mathrm{i}nx}/\sqrt{2\pi}$，验证集合$\{\varphi_n : n \in \mathbf{Z}\}$在每一个长度为 2π 的区间上是完全的.

11.7 如果 $x \in \mathbf{R}$，$n = 1, 2, \cdots$，设 $f_n(x) = (x^2 - 1)^n$ 并定义

$$\phi_0(x) = 1, \quad \phi_n(x) = \frac{1}{2^n n!} f_n^{(n)}(x).$$

ϕ_n 显然是一个多项式. 这个多项式称为 n 阶勒让德(Legendre)多项式. 前几个勒让德多项式是

$$\phi_1(x) = x, \qquad \phi_2(x) = \frac{3}{2}x^2 - \frac{1}{2},$$

$$\phi_3(x) = \frac{5}{2}x^3 - \frac{3}{2}x, \quad \phi_4(x) = \frac{35}{8}x^4 - \frac{15}{4}x^2 + \frac{3}{8}.$$

推导勒让德多项式的下列性质：

a)$\phi'_n(x) = x\phi'_{n-1}(x) + n\phi_{n-1}(x)$.

b)$\phi_n(x) = x\phi_{n-1}(x) + \dfrac{x^2 - 1}{n}\phi'_{n-1}(x)$.

c) $(n+1)\phi_{n+1}(x)=(2n+1)x\phi_n(x)-n\phi_{n-1}(x)$.

d) ϕ_n 满足微分方程 $[(1-x^2)y']'+n(n+1)y=0$.

e) $[(1-x^2)\Delta(x)]'+[m(m+1)-n(n+1)]\phi_m(x)\phi_n(x)=0$，其中 $\Delta=\phi_n\phi'_m-\phi_m\phi'_n$.

f) 集合 $\{\phi_0, \phi_1, \phi_2, \cdots\}$ 在 $[-1, 1]$ 上是正交的.

g) $\int_{-1}^{1}\phi_n^2\mathrm{d}x=\dfrac{2n-1}{2n+1}\int_{-1}^{1}\phi_{n-1}^2\mathrm{d}x$.

h) $\int_{-1}^{1}\phi_n^2\mathrm{d}x=\dfrac{2}{2n+1}$.

注：多项式

$$g_n(t)=\frac{2^n(n!)^2}{(2n)!}\phi_n(t)$$

是在区间 $[-1, 1]$ 上对函数集 $\{1, t, t^2, \cdots\}$ 应用格拉姆-施密特过程时生成的(参见练

336 习 11.4).

三角傅里叶级数

11.8　假定 $f\in L([-\pi, \pi])$ 且 f 有周期 2π. 证明由 f 生成的傅里叶级数在所述的条件下呈下列特殊的形式：

a) 如果 $f(-x)=f(x)$ 当 $0<x<\pi$，则

$$f(x)\sim\frac{a_0}{2}+\sum_{n=1}^{\infty}a_n\cos nx,\qquad 其中\ a_n=\frac{2}{\pi}\int_0^{\pi}f(t)\cos nt\,\mathrm{d}t.$$

b) 如果 $f(-x)=-f(x)$ 当 $0<x<\pi$，则

$$f(x)\sim\sum_{n=1}^{\infty}b_n\sin nx,\qquad 其中\ b_n=\frac{2}{\pi}\int_0^{\pi}f(t)\sin nt\,\mathrm{d}t.$$

在从练习 11.9 到练习 11.15 的各练习中，证明每一个展开式在所指出的范围内成立. 建议：尽可能使用练习 11.8 和定理 11.16(c).

11.9　a) $x=\pi-2\sum_{n=1}^{\infty}\dfrac{\sin nx}{n}$,　　若 $0<x<2\pi$.

b) $\dfrac{x^2}{2}=\pi x-\dfrac{\pi^2}{3}+2\sum_{n=1}^{\infty}\dfrac{\cos nx}{n^2}$,　　若 $0\leqslant x\leqslant 2\pi$.

注：当 $x=0$ 时此式给出 $\zeta(2)=\pi^2/6$.

11.10　a) $\dfrac{\pi}{4}=\sum_{n=1}^{\infty}\dfrac{\sin(2n-1)x}{2n-1}$,　　若 $0<x<\pi$.

b) $x=\dfrac{\pi}{2}-\dfrac{4}{\pi}\sum_{n=1}^{\infty}\dfrac{\cos(2n-1)x}{(2n-1)^2}$,　　若 $0\leqslant x\leqslant\pi$.

11.11　a) $x=2\sum_{n=1}^{\infty}\dfrac{(-1)^{n-1}\sin nx}{n}$,　　若 $-\pi<x<\pi$.

b) $x^2=\dfrac{\pi^2}{3}+4\sum_{n=1}^{\infty}\dfrac{(-1)^n\cos nx}{n^2}$,　　若 $-\pi\leqslant x\leqslant\pi$.

11.12　$x^2=\dfrac{4}{3}\pi^2+4\sum_{n=1}^{\infty}\left(\dfrac{\cos nx}{n^2}-\dfrac{\pi\sin nx}{n}\right)$,　　若 $0<x<2\pi$.

11.13　a) $\cos x=\dfrac{8}{\pi}\sum_{n=1}^{\infty}\dfrac{n\sin 2nx}{4n^2-1}$,　　若 $0<x<\pi$.

b) $\sin x=\dfrac{2}{\pi}-\dfrac{4}{\pi}\sum_{n=1}^{\infty}\dfrac{\cos 2nx}{4n^2-1}$,　　若 $0<x<\pi$.

11.14　a) $x\cos x=-\frac{1}{2}\sin x+2\sum_{n=2}^{\infty}\frac{(-1)^n n\sin nx}{n^2-1}$，　若 $-\pi<x<\pi$.

b) $x\sin x=1-\frac{1}{2}\cos x-2\sum_{n=2}^{\infty}\frac{(-1)^n\cos nx}{n^2-1}$，　若 $-\pi\leqslant x\leqslant\pi$. 337

11.15　a) $\log\left|\sin\frac{x}{2}\right|=-\log 2-\sum_{n=1}^{\infty}\frac{\cos nx}{n}$，　若 $x\neq 2k\pi$（k 是一个整数）.

b) $\log\left|\cos\frac{x}{2}\right|=-\log 2-\sum_{n=1}^{\infty}\frac{(-1)^n\cos nx}{n}$，　若 $x\neq(2k+1)\pi$.

c) $\log\left|\tan\frac{x}{2}\right|=-2\sum_{n=1}^{\infty}\frac{\cos(2n-1)x}{2n-1}$，　若 $x\neq k\pi$.

11.16　a)在 $[-\pi,\pi]$ 上求一连续函数，使它生成的傅里叶级数是 $\sum_{n=1}^{\infty}(-1)^n n^{-3}\sin nx$. 然后用帕塞瓦尔公式证明 $\zeta(6)=\pi^6/945$.

b)用适当的傅里叶级数连同帕塞瓦尔公式证明 $\zeta(4)=\pi^4/90$.

11.17　假定 f 在 $[0,2\pi]$ 上有连续的导数，$f(0)=f(2\pi)$，且 $\int_0^{2\pi}f(t)\,\mathrm{d}t=0$. 证明 $\|f'\|\geqslant\|f\|$，其中等号当且仅当 $f(x)=a\cos x+b\sin x$ 时成立. 提示：用帕塞瓦尔公式.

11.18　一个周期函数序列 $\{\overline{B}_n\}$（周期为 1）在 **R** 上定义如下：

$$\overline{B}_{2n}(x)=(-1)^{n+1}\frac{2(2n)!}{(2\pi)^{2n}}\sum_{k=1}^{\infty}\frac{\cos 2\pi kx}{k^{2n}}\qquad(n=1,2,\cdots),$$

$$\overline{B}_{2n+1}(x)=(-1)^{n+1}\frac{2(2n+1)!}{(2\pi)^{2n+1}}\sum_{k=1}^{\infty}\frac{\sin 2\pi kx}{k^{2n+1}}\qquad(n=0,1,2,\cdots).$$

$\overline{B}_n$ 称为 n 阶的伯努利(Bernoulli)函数证明：

a) $\overline{B}_1(x)=x-[x]-1/2$，当 x 不是整数.（$[x]$是 $\leqslant x$ 的最大整数.）

b) $\int_0^1\overline{B}_n(x)\,\mathrm{d}x=0$　当 $n\geqslant 1$，　$\overline{B}'_n(x)=n\overline{B}_{n-1}(x)$　当 $n\geqslant 2$.

c) $\overline{B}_n(x)=P_n(x)$ 当 $0<x<1$，其中 P_n 是 n 次伯努利多项式.（关于 P_n 的定义见练习 9.38.）

d) $\overline{B}_n(x)=-\frac{n!}{(2\pi i)^n}\sum_{\substack{k=-\infty\\k\neq 0}}^{\infty}\frac{e^{2\pi ikx}}{k^n}$　$(n=1,2,\cdots)$.

11.19　设 f 是以 2π 为周期的函数，它在 $[-\pi,\pi]$ 上的值是

$f(x)=1$，　若 $0<x<\pi$；　　$f(x)=-1$，　若 $-\pi<x<0$；

$f(x)=0$，　若 $x=0$ 或 $x=\pi$.

a)证明对于每一个 x 都有

$$f(x)=\frac{4}{\pi}\sum_{n=1}^{\infty}\frac{\sin(2n-1)x}{2n-1}.$$

这是一类有一种称为吉布斯(Gibbs)现象的奇妙性质的傅里叶级数的例子. 本练习是为描述这种现象而设计的. 下面 $s_n(x)$ 表示(a)中级数的第 n 个部分和. 338

b)证明

$$s_n(x)=\frac{2}{\pi}\int_0^x\frac{\sin 2nt}{\sin t}\,\mathrm{d}t.$$

c)证明：在 $(0,\pi)$ 内，s_n 在点 $x_1,x_3,\cdots,x_{2n-1}$ 有局部极大值，在 $x_2,x_4,\cdots,x_{2n-2}$ 有局

部极小值，其中 $x_m=\frac{1}{2}m\pi/n(m=1, 2, \cdots, 2n-1)$.

d)证明 $s_n\left(\frac{1}{2}\pi/n\right)$是

$$s_n(x_m) \quad (m=1, 2, \cdots, 2n-1)$$

这些数中最大的一个.

e)把 $s_n\left(\frac{1}{2}\pi/n\right)$解释为一个黎曼和，并证明

$$\lim_{n\to\infty}s_n\left(\frac{\pi}{2n}\right)=\frac{2}{\pi}\int_0^{\pi}\frac{\sin t}{t}\mathrm{d}t.$$

(e)中极限的值大约是 1.179. 这样，虽然 f 在原点处有一个跃变等于 2，但是用于逼近的曲线 s_n 的图像在原点附近趋向于一条长度为 2.358 的竖直线段. 这就是吉布斯现象.

11.20 若 $f(x)\sim a_0/2+\sum_{n=1}^{\infty}(a_n\cos nx+b_n\sin nx)$且 f 在$[0, 2\pi]$上是有界变差函数，证明 $a_n=O(1/n)$ 和 $b_n=O(1/n)$. 提示：记 $f=g-h$，其中 g 与 h 在$[0, 2\pi]$上都是递增的，则

$$a_n=\frac{1}{n\pi}\int_0^{2\pi}g(x)\mathrm{d}(\sin nx)-\frac{1}{n\pi}\int_0^{2\pi}h(x)\mathrm{d}(\sin nx).$$

然后应用定理 7.31.

11.21 假定对于$(0, \delta)$内的每一个 a 都有 $g\in L([a, \delta])$，而且假定 g 在 0 点满足“右边的”利普希茨条件.（见定理 11.9 下面的注.）证明勒贝格积分 $\int_0^{\delta}|g(t)-g(0+)|/t\,\mathrm{d}t$ 存在.

11.22 利用练习 11.21 的结果证明 f 在一点可微蕴涵它的傅里叶级数在该点收敛.

11.23 设 g 在$[0, 1]$上连续，并假定对于 $n=0, 1, 2, \cdots$有 $\int_0^1 t^n g(t)\mathrm{d}t=0$. 证明：

a)对于每一个多项式 P 都有 $\int_0^1 g^2(t)\mathrm{d}t=\int_0^1 g(t)(g(t)-P(t))\mathrm{d}t$.

b)$\int_0^1 g^2(t)\mathrm{d}t=0$. 提示：运用定理 11.17.

c)对于$[0, 1]$内的每一个 t 都有 $g(t)=0$.

11.24 用魏尔斯特拉斯逼近定理证明下面每一个论断.

a)如果 f 在$[1, +\infty)$上连续且当 $x\to+\infty$时 $f(x)\to a$，则 f 在$[1, +\infty)$上可以被形如 $g(x)=p(1/x)$的函数 g 一致地逼近，其中 p 是多项式.

b)如果 f 在$[0, +\infty)$上连续且当 $x\to+\infty$时 $f(x)\to a$，则 f 在$[0, +\infty)$上可以被形如 $g(x)=p(\mathrm{e}^{-x})$的函数 g 一致地逼近，其中 p 是多项式.

11.25 假定 $f(x)\sim a_0/2+\sum_{n=1}^{\infty}(a_n\cos nx+b_n\sin nx)$ 并设$\{\sigma_n\}$ 如在 (23) 式中所给出的那样是这个级数

339 的部分和的算术平均值序列. 证明：

a)$\sigma_n(x)=\frac{a_0}{2}+\sum_{k=1}^{n-1}\left(1-\frac{k}{n}\right)(a_k\cos kx+b_k\sin kx)$.

b)$\int_0^{2\pi}|f(x)-\sigma_n(x)|^2\mathrm{d}x=\int_0^{2\pi}|f(x)|^2\mathrm{d}x-\frac{\pi}{2}a_0^2-\pi\sum_{k=1}^{n-1}(a_k^2+b_k^2)+\frac{\pi}{n^2}\sum_{k=1}^{n-1}k^2(a_k^2+b_k^2)$.

c)如果 f 在$[0, 2\pi]$上连续且有周期 2π，则有

$$\lim_{n\to\infty}\frac{\pi}{n^2}\sum_{k=1}^{n}k^2(a_k^2+b_k^2)=0.$$

11.26 考虑由在$[0, 2\pi]$上连续且以2π为周期的周期函数f生成的傅里叶级数(指数形式)，譬如说

$$f(x) \sim \sum_{n=-\infty}^{+\infty} \alpha_n e^{inx}.$$

再假定导数$f' \in R[0, 2\pi]$.

a)证明级数$\sum_{n=-\infty}^{+\infty} n^2 |\alpha_n|^2$收敛；然后用柯西-施瓦茨不等式推证$\sum_{n=-\infty}^{+\infty} |\alpha_n|$收敛.

b)从(a)推证级数$\sum_{n=-\infty}^{+\infty} \alpha_n e^{inx}$在$[0, 2\pi]$上一致收敛于一个连续的和函数$g$. 然后证明$f=g$.

傅里叶积分

11.27 如果f满足傅里叶积分定理的条件，证明：

a)如果f是偶函数，即对于每一个t都有$f(-t)=f(t)$，则

$$\frac{f(x+)+f(x-)}{2} = \frac{2}{\pi} \lim_{a \to +\infty} \int_0^a \cos vx \left[\int_0^\infty f(u) \cos vu \, du\right] dv.$$

b)如果f是奇函数，即对于每一个t都有$f(-t)=-f(t)$，则有

$$\frac{f(x+)+f(x-)}{2} = \frac{2}{\pi} \lim_{a \to +\infty} \int_0^a \sin vx \left[\int_0^\infty f(u) \sin vu \, du\right] dv.$$

用傅里叶积分定理求练习11.28到练习11.30中反常积分的值. 建议：尽可能使用练习11.27的结果.

11.28 $$\frac{2}{\pi}\int_0^\infty \frac{\sin v \cos vx}{v} dv = \begin{cases} 1, & 若 -1 < x < 1, \\ 0, & 若 |x| > 1, \\ \dfrac{1}{2}, & 若 |x| = 1. \end{cases}$$

11.29 当$b>0$时，$\int_0^\infty \frac{\cos ax}{b^2+x^2} dx = \frac{\pi}{2b} e^{-|a|b}$. 提示：应用练习11.27及$f(u)=e^{-b|u|}$. 340

11.30 当$a \neq 0$时，$\int_0^\infty \frac{x \sin ax}{1+x^2} dx = \frac{a}{|a|} \frac{\pi}{2} e^{-|a|}$.

11.31 a)证明

$$\frac{\Gamma(p)\Gamma(p)}{\Gamma(2p)} = 2\int_0^{1/2} x^{p-1}(1-x)^{p-1} dx.$$

b)在(a)中做适当的变量替换推导出伽马函数的倍量公式

$$\Gamma(2p)\Gamma\left(\frac{1}{2}\right) = 2^{2p-1}\Gamma(p)\Gamma\left(p+\frac{1}{2}\right).$$

注：在练习10.30中已经证明了$\Gamma(1/2)=\sqrt{\pi}$.

11.32 如果对于一切x都有$f(x)=e^{-x^2/2}$和$g(x)=xf(x)$，证明

$$f(y) = \sqrt{\frac{2}{\pi}} \int_0^\infty f(x) \cos xy \, dx \quad 和 \quad g(y) = \sqrt{\frac{2}{\pi}} \int_0^\infty g(x) \sin xy \, dx.$$

11.33 本练习叙述另一形式的泊松求和公式. 假定f在$[0, +\infty)$上非负递减且连续，而且$\int_0^\infty f(x) dx$作为反常黎曼积分存在. 设

$$g(y) = \sqrt{\frac{2}{\pi}} \int_0^\infty f(x) \cos xy \, dx.$$

如果α和β都是正数，而且$\alpha\beta = 2\pi$，证明

$$\sqrt{\alpha}\left\{\frac{1}{2}f(0)+\sum_{m=1}^{\infty}f(m\alpha)\right\}=\sqrt{\beta}\left\{\frac{1}{2}g(0)+\sum_{n=1}^{\infty}g(n\beta)\right\}.$$

11.34　证明对于 $\theta(x)$ 的变换公式(55)可以变成下面的形式：

$$\sqrt{\alpha}\left\{\frac{1}{2}+\sum_{m=1}^{\infty}\mathrm{e}^{-\alpha^2m^2/2}\right\}=\sqrt{\beta}\left\{\frac{1}{2}+\sum_{n=1}^{\infty}\mathrm{e}^{-\beta^2n^2/2}\right\},$$

其中 $\alpha\beta=2\pi$，$\alpha>0$.

11.35　如果 $s>1$，证明

$$\pi^{-s/2}\Gamma\left(\frac{s}{2}\right)n^{-s}=\int_0^{\infty}\mathrm{e}^{-\pi n^2x}x^{s/2-1}\mathrm{d}x$$

并推导出公式

341 $$\pi^{-s/2}\Gamma\left(\frac{s}{2}\right)\zeta(s)=\int_0^{\infty}\psi(x)x^{s/2-1}\mathrm{d}x,$$

其中 $2\psi(x)=\theta(x)-1$. 用此结果和关于 $\theta(x)$ 的变换公式证明

$$\pi^{-s/2}\Gamma\left(\frac{s}{2}\right)\zeta(s)=\frac{1}{s(s-1)}+\int_1^{\infty}(x^{s/2-1}+x^{(1-s)/2-1})\psi(x)\mathrm{d}x.$$

拉普拉斯变换

设 c 是一个使积分 $\int_0^{\infty}\mathrm{e}^{-ct}|f(t)|\mathrm{d}t$ 作为反常黎曼积分存在的正数. 设 $z=x+\mathrm{i}y$，其中 $x>c$. 容易证明积分

$$F(z)=\int_0^{\infty}\mathrm{e}^{-zt}f(t)\mathrm{d}t$$

作为反常黎曼积分和勒贝格积分都存在. 如此定义的函数 F 称为 f 的拉普拉斯变换，用 $\mathcal{L}(f)$ 表示. 下面的练习描述了拉普拉斯变换的某些性质.

11.36　验证下面拉普拉斯变换表中的各项内容.

$f(t)$	$F(z)=\int_0^{\infty}\mathrm{e}^{-zt}f(t)\mathrm{d}t$	$z=x+\mathrm{i}y$
$\mathrm{e}^{\alpha t}$	$(z-\alpha)^{-1}$	$(x>\alpha)$
$\cos\alpha t$	$z/(z^2+\alpha^2)$	$(x>0)$
$\sin\alpha t$	$\alpha/(z^2+\alpha^2)$	$(x>0)$
$t^p\mathrm{e}^{\alpha t}$	$\Gamma(p+1)/(z-\alpha)^{p+1}$	$(x>\alpha,\ p>0)$

11.37　证明当 f 与 g 二者在负实轴上都为 0 时，卷积 $h=f*g$ 呈下面的形式：

$$h(t)=\int_0^{t}f(x)g(t-x)\mathrm{d}x.$$

用关于傅里叶变换的卷积定理证明 $\mathcal{L}(f*g)=\mathcal{L}(f)\cdot\mathcal{L}(g)$.

11.38　假定 f 在 $(0,+\infty)$ 上连续，并对于 $z=x+\mathrm{i}y$，$x>c>0$ 设 $F(z)=\int_0^{\infty}\mathrm{e}^{-zt}f(t)\mathrm{d}t$. 如果 $s>c$ 且 $a>0$，证明：

a) $F(s+a)=a\int_0^{\infty}g(t)\mathrm{e}^{-at}\mathrm{d}t$，其中 $g(x)=\int_0^{x}\mathrm{e}^{-st}f(t)\mathrm{d}t$.

b) 如果对于 $n=0,1,2,\cdots$ 有 $F(s+na)=0$，则对于 $t>0$ 有 $f(t)=0$. 提示：用练习 11.23.

c) 如果 h 在 $(0,+\infty)$ 上是连续的，而且 f 与 h 有同样的拉普拉斯变换，则对于每一个 $t>0$ 都有 $f(t)=h(t)$.

11.39 对于 $z=x+\mathrm{i}y$，$x>c>0$，设 $F(z)=\int_0^{\infty}\mathrm{e}^{-zt}f(t)\mathrm{d}t$. 设 t 是一个使 f 满足傅里叶积分定理(定理 11.18)的“局部”条件(a)或(b)当中的一个条件的点. 证明对于每一个 $a>c$ 有

$$\frac{f(t+)+f(t-)}{2}=\frac{1}{2\pi}\lim_{T\to+\infty}\int_{-T}^{T}\mathrm{e}^{(a+\mathrm{i}v)t}F(a+\mathrm{i}v)\mathrm{d}v.$$

此式称为拉普拉斯变换的反演公式. 等号右边的极限通常借助于在 16.26 节叙述的留数计算来求值. 提示：对于 $t\geqslant 0$ 设 $g(t)=\mathrm{e}^{-at}f(t)$，对于 $t<0$ 设 $g(t)=0$，并对 g 应用定理 11.19. 342

参考文献

11.1 Carslaw, H. S., *Introduction to the Theory of Fourier's Series and Integrals*, 3rd ed. Macmillan, London, 1930.

11.2 Edwards, R. E., *Fourier Series, A Modern Introduction*, Vol. 1. Holt, Rinehart and Winston, New York, 1967.

11.3 Hardy, G. H., and Rogosinski, W. W., *Fourier Series*. Cambridge University Press, 1950.

11.4 Hobson, E. W., *The Theory of Functions of a Real Variable and the Theory of Fourier's Series*, Vol. 1, 3rd ed. Cambridge University Press, 1927.

11.5 Indritz, J., *Methods in Analysis*. Macmillan, New York, 1963.

11.6 Jackson, D., *Fourier Series and Orthogonal Polynomials*. Carus Monograph No. 6. Open Court, New York, 1941.

11.7 Rogosinski, W. W., *Fourier Series*. H. Cohn and F. Steinhardt, translators. Chelsea, New York, 1950.

11.8 Titchmarsh, E. C., *Theory of Fourier Integrals*. Oxford University Press, 1937.

11.9 Wiener, N., *The Fourier Integral*. Cambridge University Press, 1933.

11.10 Zygmund, A., *Trigonometrical Series*, 2nd ed. Cambridge University Press, 1968. 343

第 12 章　多元微分学

12.1　引言

在第 5 章曾简要地讨论过从 $\mathbf{R}^n$ 到 $\mathbf{R}^1$ 的函数的偏导数，也介绍过从 $\mathbf{R}^1$ 到 $\mathbf{R}^n$ 的向量值函数的导数. 本章把导数理论推广到从 $\mathbf{R}^n$ 到 $\mathbf{R}^m$ 的函数.

如我们在 5.14 节已经注意到的，偏导数是通常导数的一种多少有点儿不尽如人意的推广，因为在一个特定点上全部偏导数 $\mathrm{D}_1 f$，…，$\mathrm{D}_n f$ 的存在性未必蕴涵 f 在该点的连续性. 偏导数的弱点在于，它们把多元函数每次只是作为一个一元函数来对待. 偏导数描述的是一个函数在每个坐标轴方向上的变化率，它有一种轻微的推广，称为方向导数，研究一个函数在任意一个方向上的变化率. 方向导数既可以应用于实值函数，又可以应用于向量值函数.

12.2　方向导数

设 S 是 $\mathbf{R}^n$ 的一个子集，并设 $\boldsymbol{f}: S \to \mathbf{R}^m$ 是在 S 上定义、在 $\mathbf{R}^m$ 内取值的函数. 我们希望研究当从 S 内的一个点 $\boldsymbol{c}$ 沿着一条线段移动到附近的一点 $\boldsymbol{c}+\boldsymbol{u}$ 的时候(其中 $\boldsymbol{u} \neq 0$)$\boldsymbol{f}$ 怎样变化. 这条线段上的每一个点都可以表示为 $\boldsymbol{c}+h\boldsymbol{u}$，其中 h 是一个实数. 向量 $\boldsymbol{u}$ 描述这条线段的方向. 假定 $\boldsymbol{c}$ 是 S 的一个内点，于是在 S 内有一个 n-球 $B(\boldsymbol{c};\ r)$，只要 h 足够小，把 $\boldsymbol{c}$ 与 $\boldsymbol{c}+h\boldsymbol{u}$ 连接起来的线段就将位于 $B(\boldsymbol{c};\ r)$内，从而位于 S 内.

定义 12.1　*$\boldsymbol{f}$ 在 $\boldsymbol{c}$ 点沿方向 $\boldsymbol{u}$ 的方向导数用符号 $\boldsymbol{f}'(\boldsymbol{c};\ \boldsymbol{u})$表示，它由等式*

$$\boldsymbol{f}'(\boldsymbol{c};\ \boldsymbol{u}) = \lim_{h \to 0} \frac{\boldsymbol{f}(\boldsymbol{c}+h\boldsymbol{u}) - \boldsymbol{f}(\boldsymbol{c})}{h} \tag{1}$$

定义，只要等号右边的极限存在.

注　*某些书的作者要求$\|\boldsymbol{u}\|=1$，但本书这里没有假定.*

例

1. 当 $\boldsymbol{u}=\mathbf{0}$ 时，式(1)中的定义是有意义的. 在这种情况下，对于 S 内的每一点 $\boldsymbol{c}$，
344 $\boldsymbol{f}'(\boldsymbol{c};\ \mathbf{0})$存在且等于 $\mathbf{0}$.

2. 如果 $\boldsymbol{u}=\boldsymbol{u}_k$，即 $\boldsymbol{u}$ 是第 k 个单位坐标向量，那么 $\boldsymbol{f}'(\boldsymbol{c};\ \boldsymbol{u}_k)$称为偏导数，并记为 $\mathrm{D}_k \boldsymbol{f}(\boldsymbol{c})$. 当 $\boldsymbol{f}$ 是实值函数时，这里的定义与第 5 章中的定义一致.

3. 如果 $\boldsymbol{f}=(f_1,\ \cdots,\ f_m)$，则 $\boldsymbol{f}'(\boldsymbol{c};\ \boldsymbol{u})$存在当且仅当 $f_k'(\boldsymbol{c};\ \boldsymbol{u})$对于每一个 $k=1$，2，…，m 存在. 此时

$$\boldsymbol{f}'(\boldsymbol{c};\ \boldsymbol{u}) = (f_1'(\boldsymbol{c};\ \boldsymbol{u}),\ \cdots,\ f_m'(\boldsymbol{c};\ \boldsymbol{u})).$$

特别地，当 $\boldsymbol{u}=\boldsymbol{u}_k$ 时，我们得到

$$\mathrm{D}_k \boldsymbol{f}(\boldsymbol{c}) = (\mathrm{D}_k f_1(\boldsymbol{c}),\ \cdots,\ \mathrm{D}_k f_m(\boldsymbol{c})). \tag{2}$$

4. 如果 $\boldsymbol{F}(t)=\boldsymbol{f}(\boldsymbol{c}+t\boldsymbol{u})$，则 $\boldsymbol{F}'(0)=\boldsymbol{f}'(\boldsymbol{c};\ \boldsymbol{u})$. 更一般地，$\boldsymbol{F}'(t)=\boldsymbol{f}'(\boldsymbol{c}+t\mathbf{u};\ \boldsymbol{u})$，如果每个导数都存在.

5. 如果 $f(\boldsymbol{x})=\|\boldsymbol{x}\|^2$，则

$$F(t)=f(\boldsymbol{c}+t\boldsymbol{u})=(\boldsymbol{c}+t\boldsymbol{u})\cdot(\boldsymbol{c}+t\boldsymbol{u})=\|\boldsymbol{c}\|^2+2t\boldsymbol{c}\cdot\boldsymbol{u}+t^2\|\boldsymbol{u}\|^2,$$

所以 $F'(t)=2\boldsymbol{c}\cdot\boldsymbol{u}+2t\|\boldsymbol{u}\|^2$，从而 $F'(0)=f'(\boldsymbol{c};\boldsymbol{u})=2\boldsymbol{c}\cdot\boldsymbol{u}$.

6. 线性函数. 一个函数 $\boldsymbol{f}:\mathbf{R}^n\to\mathbf{R}^m$ 称为是线性的，如果对于 $\mathbf{R}^n$ 内的每一个 $\boldsymbol{x}$ 和 $\boldsymbol{y}$ 及每一对标量 a 和 b 都有 $\boldsymbol{f}(a\boldsymbol{x}+b\boldsymbol{y})=a\boldsymbol{f}(\boldsymbol{x})+b\boldsymbol{f}(\boldsymbol{y})$. 如果 $\boldsymbol{f}$ 是线性的，则式(1)右边的商可以化简为 $\boldsymbol{f}(\boldsymbol{u})$，所以对于每一个 $\boldsymbol{c}$ 和每一个 $\boldsymbol{u}$ 有 $\boldsymbol{f}'(\boldsymbol{c};\boldsymbol{u})=\boldsymbol{f}(\boldsymbol{u})$.

12.3 方向导数与连续性

如果在每一个方向 $\boldsymbol{u}$ 都存在 $\boldsymbol{f}'(\boldsymbol{c};\boldsymbol{u})$，则所有的偏导数 $\mathrm{D}_1\boldsymbol{f}(\boldsymbol{c})$，…，$\mathrm{D}_n\boldsymbol{f}(\boldsymbol{c})$ 都存在. 然而，逆命题不成立. 例如，考虑由

$$f(x,y)=\begin{cases}x+y, & 若\ x=0\ 或\ y=0,\\ 1, & 其他,\end{cases}$$

给出的实值函数 $f:\mathbf{R}^2\to\mathbf{R}^1$. 则有 $\mathrm{D}_1f(0,0)=\mathrm{D}_2f(0,0)=1$. 然而，如果考虑任意一个另外的方向 $\boldsymbol{u}=(a_1,a_2)$，其中 $a_1\neq0$ 且 $a_2\neq0$，则有

$$\frac{f(\mathbf{0}+h\boldsymbol{u})-f(\mathbf{0})}{h}=\frac{f(h\boldsymbol{u})}{h}=\frac{1}{h},$$

当 $h\to0$ 时它不趋向于一个极限.

有一个相当令人吃惊的事实是，一个函数可能对于每一个 $\boldsymbol{u}$ 都有有限的方向导数 $\boldsymbol{f}'(\mathbf{c};\boldsymbol{u})$，但是在 $\boldsymbol{c}$ 点可能不连续. 例如，设

$$f(x,y)=\begin{cases}xy^2/(x^2+y^4), & 若\ x\neq0,\\ 0, & 若\ x=0.\end{cases}$$

设 $\boldsymbol{u}=(a_1,a_2)$ 是 $\mathbf{R}^2$ 内的任意一个向量. 于是有

$$\frac{f(\mathbf{0}+h\boldsymbol{u})-f(\mathbf{0})}{h}=\frac{f(ha_1,ha_2)}{h}=\frac{a_1a_2^2}{a_1^2+h^2a_2^4},$$ 345

从而有

$$f'(\mathbf{0};\boldsymbol{u})=\begin{cases}a_2^2/a_1, & 若\ a_1\neq0,\\ 0, & 若\ a_1=0.\end{cases}$$

这样，$\boldsymbol{f}'(\mathbf{0};\boldsymbol{u})$ 对于一切 $\boldsymbol{u}$ 都存在. 另一方面，在抛物线 $x=y^2$ 的每一个点上(除了原点)函数 f 取值 $\frac{1}{2}$，所以 f 在 $(0,0)$ 点处是不连续的，因为 $f(0,0)=0$.

这样我们就看到，即使在一点上所有的方向导数都存在也不能保证在该点的连续性. 因此，方向导数像偏导数一样，是一维导数概念的多少有些不尽如人意的推广. 现在我们转而介绍一种更适当的推广，它蕴涵连续性，同时能把一维导数理论的主要定理推广至多元函数. 这种推广称为全导数.

12.4 全导数

在一维的情况下，一个在 c 点有导数的函数 f 在 c 点附近可以被一个线性多项式逼

近．事实上，如果 $f'(c)$存在，设 $E_c(h)$表示差

$$E_c(h)=\frac{f(c+h)-f(c)}{h}-f'(c),\qquad 若 h\neq 0, \tag{3}$$

并设 $E_c(0)=0$，则有

$$f(c+h)=f(c)+f'(c)h+hE_c(h), \tag{4}$$

这是一个对于 $h=0$ 也成立的等式．该等式称为关于用 $f'(c)h$ 逼近 $f(c+h)-f(c)$的一阶泰勒公式，这个逼近产生的误差是 $hE_c(h)$．从式(3)可以看出当 $h\to 0$ 时有 $E_c(h)\to 0$．所以误差 $hE_c(h)$称为当 $h\to 0$ 时有比 h 更小的阶．

我们把注意力集中在式(4)的两条性质上．第一条，$f'(c)h$ 是 h 的一个线性函数．也就是说，如果记 $T_c(h)=f'(c)h$，则有

$$T_c(ah_1+bh_2)=aT_c(h_1)+bT_c(h_2).$$

第二条，当 $h\to 0$ 时误差项 $hE_c(h)$有比 h 更小的阶．现在，一个从 $\mathbf{R}^n$ 到 $\mathbf{R}^m$ 的函数 $\boldsymbol{f}$ 的全导数将用这样一种方式来定义，即要求它保持这两条性质．

设 $\boldsymbol{f}: S\to\mathbf{R}^m$ 是在 $\mathbf{R}^n$ 内的一个集合 S 上定义且在 $\mathbf{R}^m$ 内取值的函数．设 $\boldsymbol{c}$ 是 S 的一个内点，并设 $B(\boldsymbol{c}; r)$是一个位于 S 内的 n-球．设 $\boldsymbol{v}$ 是 $\mathbf{R}^n$ 内的一个点，$\|\boldsymbol{v}\|<r$，所以 $\boldsymbol{c}+\boldsymbol{v}\in B(\boldsymbol{c}; r)$．

定义 12.2　*函数* $\boldsymbol{f}$ *称为在* $\boldsymbol{c}$ *点是可微的，如果存在一个线性函数* $\boldsymbol{T}_c: \mathbf{R}^n\to\mathbf{R}^m$ *使得*

$$\boldsymbol{f}(\boldsymbol{c}+\boldsymbol{v})=\boldsymbol{f}(\boldsymbol{c})+\boldsymbol{T}_c(\boldsymbol{v})+\|\boldsymbol{v}\|\boldsymbol{E}_c(\boldsymbol{v}), \tag{5}$$

346 *其中当* $\boldsymbol{v}\to\mathbf{0}$ *时* $\boldsymbol{E}_c(\boldsymbol{v})\to\mathbf{0}$．

> **注**　*式(5)称为一阶泰勒公式．它对于* $\mathbf{R}^n$ *内所有满足* $\|\boldsymbol{v}\|<r$ *的* $\boldsymbol{v}$ *成立．线性函数* $\boldsymbol{T}_c$ *称为* $\boldsymbol{f}$ *在* $\boldsymbol{c}$ *点的全导数．也可以把式(5)写为*
>
> $$\boldsymbol{f}(\boldsymbol{c}+\boldsymbol{v})=\boldsymbol{f}(\boldsymbol{c})+\boldsymbol{T}_c(\boldsymbol{v})+o(\|\boldsymbol{v}\|),\qquad 若 \boldsymbol{v}\to\mathbf{0}.$$

下面这个定理表明，如果全导数存在，则它是唯一的．该定理也建立了全导数与方向导数的联系．

定理 12.3　*假定* $\boldsymbol{f}$ *在* $\boldsymbol{c}$ *点是可微的，其全导数为* $\boldsymbol{T}_c$*，则方向导数* $\boldsymbol{f}'(\boldsymbol{c}; \boldsymbol{u})$*对于* $\mathbf{R}^n$ *内的每一个* $\boldsymbol{u}$ *都存在，而且有*

$$\boldsymbol{T}_c(\boldsymbol{u})=\boldsymbol{f}'(\boldsymbol{c}; \boldsymbol{u}). \tag{6}$$

证明　如果 $\boldsymbol{v}=\mathbf{0}$，则 $\boldsymbol{f}'(\boldsymbol{c}; \mathbf{0})=\mathbf{0}$ 且 $\boldsymbol{T}_c(\mathbf{0})=\mathbf{0}$．因而我们可以假定 $\boldsymbol{v}\neq\mathbf{0}$．在泰勒公式(5)中取 $\boldsymbol{v}=h\boldsymbol{u}$，$h\neq 0$，可得

$$\boldsymbol{f}(\boldsymbol{c}+h\boldsymbol{u})-\boldsymbol{f}(\boldsymbol{c})=\boldsymbol{T}_c(h\boldsymbol{u})+\|h\boldsymbol{u}\|\boldsymbol{E}_c(\boldsymbol{v})=h\boldsymbol{T}_c(\boldsymbol{u})+|h|\,\|\boldsymbol{u}\|\boldsymbol{E}_c(\boldsymbol{v}).$$

现在除以 h 并让 $h\to 0$ 就可以得到式(6)．■

定理 12.4　*如果* $\boldsymbol{f}$ *在* $\boldsymbol{c}$ *点是可微的，则* $\boldsymbol{f}$ *在* $\boldsymbol{c}$ *点是连续的．*

证明　在泰勒公式(5)中令 $\boldsymbol{v}\to\mathbf{0}$，则误差项 $\|\boldsymbol{v}\|\boldsymbol{E}_c(\boldsymbol{v})\to\mathbf{0}$；线性项 $\boldsymbol{T}_c(\boldsymbol{v})$也趋向于 $\mathbf{0}$，因为如果 $\boldsymbol{v}=v_1\boldsymbol{u}_1+\cdots+v_n\boldsymbol{u}_n$，其中 $\boldsymbol{u}_1$，$\cdots$，$\boldsymbol{u}_n$ 是单位坐标向量，则按照线性性质有

$$\boldsymbol{T}_c(\boldsymbol{u})=v_1\boldsymbol{T}_c(\boldsymbol{u}_1)+\cdots+v_n\boldsymbol{T}_c(\boldsymbol{u}_n),$$

并且等号右边的每一项当 $\boldsymbol{v}\to\mathbf{0}$ 时都趋向于 $\mathbf{0}$．■

注　全导数 $\boldsymbol{T}_c$ 也可以写为 $\boldsymbol{f}'(\boldsymbol{c})$以与一维理论中所用的记号取得一致．采用这个记号，泰勒公式(5)取这样的形式：

$$\boldsymbol{f}(\boldsymbol{c}+\boldsymbol{v})=\boldsymbol{f}(\boldsymbol{c})+\boldsymbol{f}'(\boldsymbol{c})(\boldsymbol{v})+\|\boldsymbol{v}\|\boldsymbol{E}_c(\boldsymbol{v}), \tag{7}$$

其中当 $\boldsymbol{v}\to\boldsymbol{0}$ 时 $\boldsymbol{E}_c(\boldsymbol{v})\to\boldsymbol{0}$．然而应该意识到，$\boldsymbol{f}'(\boldsymbol{c})$是一个线性函数而不是一个数．它在 $\mathbf{R}^n$ 上处处有定义．向量 $\boldsymbol{f}'(\boldsymbol{c})(\boldsymbol{v})$是 $\boldsymbol{f}'(\boldsymbol{c})$在 $\boldsymbol{v}$ 点的值．

例　如果 $\boldsymbol{f}$ 本身是一个线性函数，则 $\boldsymbol{f}(\boldsymbol{c}+\boldsymbol{v})=\boldsymbol{f}(\boldsymbol{c})+\boldsymbol{f}(\boldsymbol{v})$，所以导数 $\boldsymbol{f}'(\boldsymbol{c})$对于每一个 $\boldsymbol{c}$ 都存在且等于 $\boldsymbol{f}$．换句话说，一个线性函数的全导数就是该函数本身．

12.5　全导数通过偏导数来表示

下面这个定理表明，向量 $\boldsymbol{f}'(\boldsymbol{c})(\boldsymbol{v})$是 $\boldsymbol{f}$ 的偏导数的线性组合．

定理 12.5　设 $\boldsymbol{f}: S\to\mathbf{R}^m$ 在 S 的一个内点 $\boldsymbol{c}$ 处是可微的，其中 $S\subseteq\mathbf{R}^n$．如果 $\boldsymbol{v}=$ 347
$v_1\boldsymbol{u}_1+\cdots+v_n\boldsymbol{u}_n$，其中 $\boldsymbol{u}_1$，…，$\boldsymbol{u}_n$ 是 $\mathbf{R}^n$ 中的单位坐标向量，则有

$$\boldsymbol{f}'(\boldsymbol{c})(\boldsymbol{v})=\sum_{k=1}^{n}v_k\mathrm{D}_k\boldsymbol{f}(\boldsymbol{c}).$$

特别地，如果 f 是实值函数($m=1$)，则有

$$f'(\boldsymbol{c})(\boldsymbol{v})=\nabla f(\boldsymbol{c})\cdot\boldsymbol{v}, \tag{8}$$

这是 $\boldsymbol{v}$ 与向量$\nabla f(\boldsymbol{c})=(\mathrm{D}_1f(\boldsymbol{c}),\cdots,\mathrm{D}_nf(\boldsymbol{c}))$的点积．

证明　利用 $\boldsymbol{f}'(\boldsymbol{c})$的线性性质可以写

$$\boldsymbol{f}'(\boldsymbol{c})(\boldsymbol{v})=\sum_{k=1}^{n}\boldsymbol{f}'(\boldsymbol{c})(v_k\boldsymbol{u}_k)=\sum_{k=1}^{n}v_k\boldsymbol{f}'(\boldsymbol{c})(\boldsymbol{u}_k)=\sum_{k=1}^{n}v_k\boldsymbol{f}'(\boldsymbol{c};\boldsymbol{u}_k)=\sum_{k=1}^{n}v_k\mathrm{D}_k\boldsymbol{f}(\boldsymbol{c}).\quad\blacksquare$$

注　式(8)中的向量$\nabla f(\boldsymbol{c})$称为 f 在 $\boldsymbol{c}$ 点的梯度向量，它在使偏导数 D_1f，…，D_nf 存在的每一个点上有定义．关于实值函数 f 的泰勒公式现在可以取下面的形式：

$$f(\boldsymbol{c}+\boldsymbol{v})=f(\boldsymbol{c})+\nabla f(\boldsymbol{c})\cdot\boldsymbol{v}+o(\|\boldsymbol{v}\|),\qquad 若\ \boldsymbol{v}\to\boldsymbol{0}.$$

12.6　对复值函数的一个应用

设 $f=u+\mathrm{i}v$ 是一个单复变量的复值函数．定理 5.22 表明，f 在一点 c 有导数的一个必要条件是四个偏导数 D_1u，D_2u，D_1v，D_2v 在 c 点都存在且满足柯西-黎曼方程：

$$\mathrm{D}_1u(c)=\mathrm{D}_2v(c),\qquad \mathrm{D}_1v(c)=-\mathrm{D}_2u(c).$$

而且，有例子表明，仅有柯西-黎曼方程对于 $f'(c)$存在是不充分的．下面这个定理表明，柯西-黎曼方程以及 u 和 v 的可微性蕴涵 $f'(c)$的存在性．

定理 12.6　设 u 和 v 是在复平面的一个子集 S 上定义的两个实值函数，并假定 u 和 v 在 S 的一个内点 c 处是可微的，它们的偏导数在 c 点满足柯西-黎曼方程．于是函数 $f=u+\mathrm{i}v$ 在 c 点有导数，而且

$$f'(c)=\mathrm{D}_1u(c)+\mathrm{i}\mathrm{D}_1v(c).$$

证明　对于在 S 内的每一点 z 都有 $f(z)-f(c)=u(z)-u(c)+\mathrm{i}\{v(z)-v(c)\}$．因

为 u 和 v 在 c 点都是可微的，所以，对于充分靠近 c 点的 z 有

$$u(z)-u(c)=\nabla u(c)\cdot(z-c)+o(\|z-c\|)$$

和

348

$$v(z)-v(c)=\nabla v(c)\cdot(z-c)+o(\|z-c\|).$$

使用向量的记号并且把复数作为 $\mathbf{R}^2$ 中的向量来考虑，则有

$$f(z)-f(c)=\{\nabla u(c)+\mathrm{i}\,\nabla v(c)\}\cdot(z-c)+o(\|z-c\|).$$

记 $z=x+\mathrm{i}y$ 和 $c=a+\mathrm{i}b$，由柯西-黎曼方程可得

$$\begin{aligned}&\{\nabla u(c)+\mathrm{i}\,\nabla v(c)\}\cdot(z-c)\\&\quad=\mathrm{D}_1u(c)(x-a)+\mathrm{D}_2u(c)(y-b)+\mathrm{i}\{\mathrm{D}_1v(c)(x-a)+\mathrm{D}_2v(c)(y-b)\}\\&\quad=\mathrm{D}_1u(c)\{(x-a)+\mathrm{i}(y-b)\}+\mathrm{i}\mathrm{D}_1v(c)\{(x-a)+\mathrm{i}(y-b)\}.\end{aligned}$$

于是

$$f(z)-f(c)=\{\mathrm{D}_1u(c)+\mathrm{i}D_1v(c)\}(z-c)+o(\|z-c\|).$$

除以 $z-c$ 并令 $z\to c$ 可知 $f'(c)$存在，而且它等于

$$\mathrm{D}_1u(c)+\mathrm{i}\mathrm{D}_1v(c).$$

■

12.7　线性函数的矩阵

本节我们暂时离开本书的主题而回顾一下线性代数中的某些在涉及导数的计算中有用的初等事实.

设 $\boldsymbol{T}$：$\mathbf{R}^n\to\mathbf{R}^m$ 是一个线性函数.（在应用的时候 $\boldsymbol{T}$ 将是函数 $\boldsymbol{f}$ 的全导数.）我们将证明 $\boldsymbol{T}$ 可以确定一个 $m\times n$ 的标量矩阵[见式(9)]，该矩阵是用下面的方法得到的：

设 $\boldsymbol{u}_1$，…，$\boldsymbol{u}_n$ 表示 $\mathbf{R}^n$ 中的单位坐标向量. 如果 $\boldsymbol{x}\in\mathbf{R}^n$，则有 $\boldsymbol{x}=x_1\boldsymbol{u}_1+\cdots+x_n\boldsymbol{u}_n$，所以，按线性性质有

$$\boldsymbol{T}(\boldsymbol{x})=\sum_{k=1}^{n}x_k\boldsymbol{T}(\boldsymbol{u}_k).$$

因此 $\boldsymbol{T}$ 完全由它在坐标向量 $\boldsymbol{u}_1$，…，$\boldsymbol{u}_n$ 上的作用所确定.

现在设 $\boldsymbol{e}_1$，…，$\boldsymbol{e}_m$ 表示 $\mathbf{R}^m$ 中的单位坐标向量. 因为 $\boldsymbol{T}(\boldsymbol{u}_k)\in\mathbf{R}^m$，所以可以把 $\boldsymbol{T}(\boldsymbol{u}_k)$写成 $\boldsymbol{e}_1$，…，$\boldsymbol{e}_m$ 的一个线性组合，譬如说

$$\boldsymbol{T}(\boldsymbol{u}_k)=\sum_{i=1}^{m}t_{ik}\boldsymbol{e}_i.$$

标量 t_{1k}，…，t_{mk} 是 $\boldsymbol{T}(\boldsymbol{u}_k)$的坐标. 我们把这些标量竖直地写成一列如下：

349

$$\begin{bmatrix}t_{1k}\\t_{2k}\\\vdots\\t_{mk}\end{bmatrix}.$$

这个阵列称为一个列向量. 作出关于 $\boldsymbol{T}(\boldsymbol{u}_1)$，…，$\boldsymbol{T}(\boldsymbol{u}_n)$中的每一个的列向量，并把它们并列地放在一起就得到了一个矩形的阵列

$$\begin{bmatrix} t_{11} & t_{12} & \cdots & t_{1n} \\ t_{21} & t_{22} & \cdots & t_{2n} \\ \vdots & \vdots & & \vdots \\ t_{m1} & t_{m2} & \cdots & t_{mn} \end{bmatrix}. \tag{9}$$

这个阵列称为 $\boldsymbol{T}$ 的矩阵[㊀]并记作 $m(\boldsymbol{T})$. 它由 m 行和 n 列组成. 第 k 列中的各数是 $\boldsymbol{T}(\boldsymbol{u}_k)$ 的分量. 我们也用记号

$$m(\boldsymbol{T})=[t_{ik}]_{i,k=1}^{m,n} \quad 或 \quad m(\boldsymbol{T})=(t_{ik})$$

表示式(9)中的矩阵.

现在设 $\boldsymbol{T}$: $\mathbf{R}^n\to\mathbf{R}^m$ 与 $\boldsymbol{S}$: $\mathbf{R}^m\to\mathbf{R}^p$ 是两个线性函数, $\boldsymbol{S}$ 的定义域包含 $\boldsymbol{T}$ 的值域. 于是我们可以构成由

$$(\boldsymbol{S}\circ\boldsymbol{T})(\boldsymbol{x})=\boldsymbol{S}[\boldsymbol{T}(\boldsymbol{x})], \qquad 对于 \mathbf{R}^n 中的全体 \boldsymbol{x}$$

定义的复合函数 $\boldsymbol{S}\circ\boldsymbol{T}$. 复合函数 $\boldsymbol{S}\circ\boldsymbol{T}$ 也是线性的, 它把 $\mathbf{R}^n$ 映入 $\mathbf{R}^p$.

我们计算一下矩阵 $m(\boldsymbol{S}\circ\boldsymbol{T})$. 分别用

$$\boldsymbol{u}_1, \cdots, \boldsymbol{u}_n, \qquad \boldsymbol{e}_1, \cdots, \boldsymbol{e}_m, \qquad 和 \qquad \boldsymbol{w}_1, \cdots, \boldsymbol{w}_p.$$

表示 $\mathbf{R}^n$, $\mathbf{R}^m$ 和 $\mathbf{R}^p$ 中的单位坐标向量. 假设 $\boldsymbol{S}$ 和 $\boldsymbol{T}$ 分别有矩阵(s_{ij})和(t_{ij}). 这表明

$$\boldsymbol{S}(\boldsymbol{e}_k)=\sum_{i=1}^{p} s_{ik}\boldsymbol{w}_i \quad k=1, 2, \cdots, m$$

和

$$\boldsymbol{T}(\boldsymbol{u}_j)=\sum_{k=1}^{m} t_{kj}\boldsymbol{e}_k \quad j=1, 2, \cdots, n.$$

于是可得

$$(\boldsymbol{S}\circ\boldsymbol{T})(\boldsymbol{u}_j)=\boldsymbol{S}[\boldsymbol{T}(\boldsymbol{u}_j)]=\sum_{k=1}^{m} t_{kj}\boldsymbol{S}(\boldsymbol{e}_k)=\sum_{k=1}^{m} t_{kj}\sum_{i=1}^{p} s_{ik}\boldsymbol{w}_i=\sum_{i=1}^{p}\left(\sum_{k=1}^{m} s_{ik}t_{kj}\right)\boldsymbol{w}_i,$$

所以

$$m(\boldsymbol{S}\circ\boldsymbol{T})=\left[\sum_{k=1}^{m} s_{ik}t_{kj}\right]_{i,j=1}^{p,n}.$$

换句话说, $m(\boldsymbol{S}\circ\boldsymbol{T})$是一个 $p\times n$ 矩阵, 它的第 i 行、第 j 列的元素是 350

$$\sum_{k=1}^{m} s_{ik}t_{kj},$$

这是 $m(\boldsymbol{S})$的第 i 行与 $m(\boldsymbol{T})$的第 j 列的点积. 该矩阵也称为乘积 $m(\boldsymbol{S})m(\boldsymbol{T})$. 因而 $m(\boldsymbol{S}\circ\boldsymbol{T})=m(\boldsymbol{S})m(\boldsymbol{T})$.

12.8 雅可比矩阵

下面我们说明矩阵是如何在与全导数有关的问题中产生的.

设 $\boldsymbol{f}$ 是一个在 $\mathbf{R}^m$ 中取值的函数, 它在 $\mathbf{R}^n$ 内的一点 $\boldsymbol{c}$ 处可微, 并设 $\boldsymbol{T}=\boldsymbol{f}'(\boldsymbol{c})$是 $\boldsymbol{f}$ 在

㊀ 更确切地说, $\boldsymbol{T}$ 的矩阵与给定的 $\mathbf{R}^n$ 的基 $\boldsymbol{u}_1, \cdots, \boldsymbol{u}_n$ 和 $\mathbf{R}^m$ 的基 $\boldsymbol{e}_1, \cdots, \boldsymbol{e}_m$ 有关.

c 点的全导数. 为了求出 $\boldsymbol{T}$ 的矩阵，我们考虑它在单位坐标向量 $\boldsymbol{u}_1$，…，$\boldsymbol{u}_n$ 上的作用. 按照定理 12.3，有

$$\boldsymbol{T}(\boldsymbol{u}_k)=\boldsymbol{f}'(\boldsymbol{c};\ \boldsymbol{u}_k)=\mathrm{D}_k\boldsymbol{f}(\boldsymbol{c}).$$

为了把它表示成为 $\mathbf{R}^m$ 的单位坐标向量 $\boldsymbol{e}_1$，…，$\boldsymbol{e}_m$ 的线性组合，记 $\boldsymbol{f}=(f_1,\ \cdots,\ f_m)$，所以 $\mathrm{D}_k\boldsymbol{f}=(\mathrm{D}_kf_1,\ \cdots,\ \mathrm{D}_kf_m)$，从而

$$\boldsymbol{T}(\boldsymbol{u}_k)=\mathrm{D}_k\boldsymbol{f}(\boldsymbol{c})=\sum_{i=1}^{m}\mathrm{D}_kf_i(\boldsymbol{c})\boldsymbol{e}_i.$$

于是 $\boldsymbol{T}$ 的矩阵是 $m(\boldsymbol{T})=(\mathrm{D}_kf_i(\boldsymbol{c}))$. 这个矩阵称为 $\boldsymbol{f}$ 在 $\boldsymbol{c}$ 点的**雅可比(Jacobi)矩阵**，记为 $\boldsymbol{Df}(\boldsymbol{c})$. 也就是说，

$$\boldsymbol{Df}(\boldsymbol{c})=\begin{bmatrix}\mathrm{D}_1f_1(\boldsymbol{c}) & \mathrm{D}_2f_1(\boldsymbol{c}) & \cdots & \mathrm{D}_nf_1(\boldsymbol{c})\\ \mathrm{D}_1f_2(\boldsymbol{c}) & \mathrm{D}_2f_2(\boldsymbol{c}) & \cdots & \mathrm{D}_nf_2(\boldsymbol{c})\\ \vdots & \vdots & & \vdots\\ \mathrm{D}_1f_m(\boldsymbol{c}) & \mathrm{D}_2f_m(\boldsymbol{c}) & \cdots & \mathrm{D}_nf_m(\boldsymbol{c})\end{bmatrix}. \tag{10}$$

它的第 i 行、第 k 列的元素是 $\mathrm{D}_kf_i(\boldsymbol{c})$. 这样，为了得到第 k 列的元素，就应该对 $\boldsymbol{f}$ 的各个分量求关于第 k 个坐标向量的微分. 雅可比矩阵 $\boldsymbol{Df}(\boldsymbol{c})$在 $\mathbf{R}^n$ 内的每一个使全部偏导数 $\mathrm{D}_kf_i(\boldsymbol{c})$都存在的点 $\boldsymbol{c}$ 上有定义.

雅可比矩阵(10)的第 k 行是 $\mathbf{R}^n$ 中的一个向量，称为 f_k 的**梯度向量**，用$\nabla f_k(\boldsymbol{c})$表示. 即：

$$\nabla f_k(\boldsymbol{c})=(\mathrm{D}_1f_k(\boldsymbol{c}),\ \cdots,\ \mathrm{D}_nf_k(\boldsymbol{c})).$$

在 f 是实值函数($m=1$)的特殊情况下，雅可比矩阵仅由一行组成. 在这种情况下，$\boldsymbol{D}f(\boldsymbol{c})=\nabla f(\boldsymbol{c})$，而且定理 12.5 的式(8)表明此时方向导数 $f'(\boldsymbol{c};\ \boldsymbol{v})$是梯度向量$\nabla f(\boldsymbol{c})$与方向 $\boldsymbol{v}$ 的点积.

对于向量值函数 $\boldsymbol{f}=(f_1,\ \cdots,\ f_m)$，我们有

351

$$\boldsymbol{f}'(\boldsymbol{c})(\boldsymbol{v})=\boldsymbol{f}'(\boldsymbol{c};\ \boldsymbol{v})=\sum_{k=1}^{m}f'_k(\boldsymbol{c};\ \boldsymbol{v})\boldsymbol{e}_k=\sum_{k=1}^{m}\{\nabla f_k(\boldsymbol{c})\cdot\boldsymbol{v}\}\boldsymbol{e}_k, \tag{11}$$

所以向量 $\boldsymbol{f}'(\boldsymbol{c})(\boldsymbol{v})$有分量

$$(\nabla f_1(\boldsymbol{c})\cdot\boldsymbol{v},\ \cdots,\ \nabla f_m(\boldsymbol{c})\cdot\boldsymbol{v}).$$

这样，$\boldsymbol{f}'(\boldsymbol{c})(\boldsymbol{v})$的分量是通过连续地取雅可比矩阵各行与向量 $\boldsymbol{v}$ 的点积得到的. 如果把 $\boldsymbol{f}'(\boldsymbol{c})(\boldsymbol{v})$看作一个 $m\times1$ 的矩阵或列向量，则 $\boldsymbol{f}'(\boldsymbol{c})(\boldsymbol{v})$等于矩阵乘积 $\boldsymbol{Df}(\boldsymbol{c})\boldsymbol{v}$，其中 $\boldsymbol{Df}(\boldsymbol{c})$是 $m\times n$ 的雅可比矩阵，$\boldsymbol{v}$ 看作一个 $n\times1$ 的矩阵或者列向量.

注　在与三角不等式和柯西-施瓦茨不等式有关的问题中会用到的式(11)可以给出

$$\|\boldsymbol{f}'(\boldsymbol{c})(\boldsymbol{v})\|=\left\|\sum_{k=1}^{m}\{\nabla f_k(\boldsymbol{c})\cdot\boldsymbol{v}\}\boldsymbol{e}_k\right\|\leqslant\sum_{k=1}^{m}|\nabla f_k(\boldsymbol{c})\cdot\boldsymbol{v}|\leqslant\|\boldsymbol{v}\|\sum_{k=1}^{m}\|\nabla f_k(\boldsymbol{c})\|.$$

从而有

$$\|\boldsymbol{f}'(\boldsymbol{c})(\boldsymbol{v})\|\leqslant M\|\boldsymbol{v}\|, \tag{12}$$

其中 $M=\sum_{k=1}^{m}\|\nabla f_k(\boldsymbol{c})\|$. 这个不等式将会在链式法则的证明中用到，它也表明当 $\boldsymbol{v}\to\boldsymbol{0}$ 时有 $\boldsymbol{f}'(\boldsymbol{c})(\boldsymbol{v})\to\boldsymbol{0}$.

12.9 链式法则

设 $\boldsymbol{f}$ 和 $\boldsymbol{g}$ 是使复合函数 $\boldsymbol{h}=\boldsymbol{f}\circ\boldsymbol{g}$ 在 $\boldsymbol{a}$ 点的一个邻域内有定义的函数. 链式法则告诉我们如何去计算 $\boldsymbol{h}$ 的通过 $\boldsymbol{f}$ 和 $\boldsymbol{g}$ 的全导数来表示的全导数.

定理 12.7 假定 $\boldsymbol{g}$ 在 $\boldsymbol{a}$ 点是可微的，其全导数为 $\boldsymbol{g}'(\boldsymbol{a})$. 设 $\boldsymbol{b}=\boldsymbol{g}(\boldsymbol{a})$ 并假定 $\boldsymbol{f}$ 在 $\boldsymbol{b}$ 点是可微的，其全导数为 $\boldsymbol{f}'(\boldsymbol{b})$. 于是复合函数 $\boldsymbol{h}=\boldsymbol{f}\circ\boldsymbol{g}$ 在 $\boldsymbol{a}$ 点是可微的，而且它的全导数 $\boldsymbol{h}'(\boldsymbol{a})$ 由下式给出：

$$\boldsymbol{h}'(\boldsymbol{a})=\boldsymbol{f}'(\boldsymbol{b})\circ\boldsymbol{g}'(\boldsymbol{a}),$$

这是线性函数 $\boldsymbol{f}'(\boldsymbol{b})$ 与 $\boldsymbol{g}'(\boldsymbol{a})$ 的复合函数.

证明 对于很小的 $\|\boldsymbol{y}\|$ 考虑差式 $\boldsymbol{h}(\boldsymbol{a}+\boldsymbol{y})-\boldsymbol{h}(\boldsymbol{a})$，并证明有一个一阶泰勒公式. 我们有

$$\boldsymbol{h}(\boldsymbol{a}+\boldsymbol{y})-\boldsymbol{h}(\boldsymbol{a})=\boldsymbol{f}[\boldsymbol{g}(\boldsymbol{a}+\boldsymbol{y})]-\boldsymbol{f}[\boldsymbol{g}(\boldsymbol{a})]=\boldsymbol{f}(\boldsymbol{b}+\boldsymbol{v})-\boldsymbol{f}(\boldsymbol{b}),\tag{13}$$

其中 $\boldsymbol{b}=\boldsymbol{g}(\boldsymbol{a})$，$\boldsymbol{v}=\boldsymbol{g}(\boldsymbol{a}+\boldsymbol{y})-\boldsymbol{b}$. 关于 $\boldsymbol{g}(\boldsymbol{a}+\boldsymbol{y})$ 的泰勒公式蕴涵

$$\boldsymbol{v}=\boldsymbol{g}'(\boldsymbol{a})(\boldsymbol{y})+\|\boldsymbol{y}\|\boldsymbol{E}_a(\boldsymbol{y}),\qquad \text{其中 } \boldsymbol{E}_a(\boldsymbol{y})\to\boldsymbol{0} \text{ 当 } \boldsymbol{y}\to\boldsymbol{0}.\tag{14}$$

关于 $\boldsymbol{f}(\boldsymbol{b}+\boldsymbol{v})$ 的泰勒公式蕴涵

$$\boldsymbol{f}(\boldsymbol{b}+\boldsymbol{v})-\boldsymbol{f}(\boldsymbol{b})=\boldsymbol{f}'(\boldsymbol{b})(\boldsymbol{v})+\|\boldsymbol{v}\|\boldsymbol{E}_b(\boldsymbol{v}),\qquad \text{其中 } \boldsymbol{E}_b(\boldsymbol{v})\to\boldsymbol{0} \text{ 当 } \boldsymbol{v}\to\boldsymbol{0}.\tag{15}$$ 352

把式(14)代入式(15)可得

$$\begin{aligned}\boldsymbol{f}(\boldsymbol{b}+\boldsymbol{v})-\boldsymbol{f}(\boldsymbol{b})&=\boldsymbol{f}'(\boldsymbol{b})[\boldsymbol{g}'(\boldsymbol{a})(\boldsymbol{y})]+\boldsymbol{f}'(\boldsymbol{b})[\|\boldsymbol{y}\|\boldsymbol{E}_a(\boldsymbol{y})]+\|\boldsymbol{v}\|\boldsymbol{E}_b(\boldsymbol{v})\\&=\boldsymbol{f}'(\boldsymbol{b})[\boldsymbol{g}'(\boldsymbol{a})(\boldsymbol{y})]+\|\boldsymbol{y}\|\boldsymbol{E}(\boldsymbol{y}),\end{aligned}\tag{16}$$

其中 $\boldsymbol{E}(\boldsymbol{0})=\boldsymbol{0}$，而且

$$\boldsymbol{E}(\boldsymbol{y})=\boldsymbol{f}'(\boldsymbol{b})[\boldsymbol{E}_a(\boldsymbol{y})]+\frac{\|\boldsymbol{v}\|}{\|\boldsymbol{y}\|}\boldsymbol{E}_b(\boldsymbol{v}),\qquad \text{若 } \boldsymbol{y}\neq\boldsymbol{0}.\tag{17}$$

为了完成本定理的证明我们需要证明当 $\boldsymbol{y}\to\boldsymbol{0}$ 时 $\boldsymbol{E}(\boldsymbol{y})\to\boldsymbol{0}$.

当 $\boldsymbol{y}\to\boldsymbol{0}$ 时式(17)等号右边的第一项趋向于 $\boldsymbol{0}$，因为 $\boldsymbol{E}_a(\boldsymbol{y})\to\boldsymbol{0}$. 在第二项中，因子 $\boldsymbol{E}_b(\boldsymbol{v})\to\boldsymbol{0}$，因为当 $\boldsymbol{y}\to\boldsymbol{0}$ 时 $\boldsymbol{v}\to\boldsymbol{0}$. 现在我们证明当 $\boldsymbol{y}\to\boldsymbol{0}$ 时，商 $\|\boldsymbol{v}\|/\|\boldsymbol{y}\|$ 保持有界. 利用式(14)和式(12)估计分子可得

$$\|\boldsymbol{v}\|\leqslant\|\boldsymbol{g}'(\boldsymbol{a})(\boldsymbol{y})\|+\|\boldsymbol{y}\|\|\boldsymbol{E}_a(\boldsymbol{y})\|\leqslant\|\boldsymbol{y}\|\{M+\|\boldsymbol{E}_a(\boldsymbol{y})\|\},$$

其中 $M=\sum_{k=1}^{m}\|\nabla g_k(\boldsymbol{a})\|$. 于是

$$\frac{\|\boldsymbol{v}\|}{\|\boldsymbol{y}\|}\leqslant M+\|\boldsymbol{E}_a(\boldsymbol{y})\|,$$

所以当 $\boldsymbol{y}\to\boldsymbol{0}$ 时 $\|\boldsymbol{v}\|/\|\boldsymbol{y}\|$ 保持有界. 利用式(13)和式(16)可以得到泰勒公式

$$\boldsymbol{h}(\boldsymbol{a}+\boldsymbol{y})-\boldsymbol{h}(\boldsymbol{a})=\boldsymbol{f}'(\boldsymbol{b})[\boldsymbol{g}'(\boldsymbol{a})(\boldsymbol{y})]+\|\boldsymbol{y}\|\boldsymbol{E}(\boldsymbol{y}),$$

其中当 $\boldsymbol{y}\to\boldsymbol{0}$ 时 $\boldsymbol{E}(\boldsymbol{y})\to\boldsymbol{0}$. 这就证明了 $\boldsymbol{h}$ 在 $\boldsymbol{a}$ 点是可微的，而且它在 $\boldsymbol{a}$ 点的全导数是复合

函数 $\boldsymbol{f}'(\boldsymbol{b})\circ\boldsymbol{g}'(\boldsymbol{a})$ ■

12.10 链式法则的矩阵形式

链式法则是说

$$\boldsymbol{h}'(\boldsymbol{a})=\boldsymbol{f}'(\boldsymbol{b})\circ\boldsymbol{g}'(\boldsymbol{a}),\tag{18}$$

其中 $\boldsymbol{h}=\boldsymbol{f}\circ\boldsymbol{g}$，$\boldsymbol{b}=\boldsymbol{g}(\boldsymbol{a})$. 因为复合函数的矩阵是相应矩阵的乘积，所以式(18)蕴涵关于雅可比矩阵的下述关系：

$$\boldsymbol{Dh}(\boldsymbol{a})=\boldsymbol{Df}(\boldsymbol{b})\boldsymbol{Dg}(\boldsymbol{a}).\tag{19}$$

此式称为链式法则的矩阵形式. 把每一个矩阵用它们的元素来表示，也可以把此式写成一组标量方程.

特别地，假设 $\boldsymbol{a}\in\mathbf{R}^p$，$\boldsymbol{b}=\boldsymbol{g}(\boldsymbol{a})\in\mathbf{R}^n$，而且 $\boldsymbol{f}(\boldsymbol{b})\in\mathbf{R}^m$，则有 $\boldsymbol{h}(\boldsymbol{a})\in\mathbf{R}^m$，而且可以写

$$\boldsymbol{g}=(g_1,\ \cdots,\ g_n),\qquad \boldsymbol{f}=(f_1,\ \cdots,\ f_m),\qquad \boldsymbol{h}=(h_1,\ \cdots,\ h_m).$$

353 于是 $\boldsymbol{Dh}(\boldsymbol{a})$是一个 $m\times p$ 矩阵，$\boldsymbol{Df}(\boldsymbol{b})$是一个 $m\times n$ 矩阵，而 $\boldsymbol{Dg}(\boldsymbol{a})$是一个 $n\times p$ 矩阵，它们分别由下面的式子给出：

$$\boldsymbol{Dh}(\boldsymbol{a})=[\mathrm{D}_j h_i(\boldsymbol{a})]_{i,\ j=1}^{m;\ p},\quad \boldsymbol{Df}(\boldsymbol{b})=[\mathrm{D}_k f_i(\boldsymbol{b})]_{i,\ k=1}^{m;\ n},\quad \boldsymbol{Dg}(\boldsymbol{a})=[\mathrm{D}_j g_k(\boldsymbol{a})]_{k,\ j=1}^{n;\ p}.$$

矩阵等式(19)等价于下列 mp 个标量等式

$$\mathrm{D}_j h_i(\boldsymbol{a})=\sum_{k=1}^{n}\mathrm{D}_k f_i(\boldsymbol{b})\mathrm{D}_j g_k(\boldsymbol{a}),\quad i=1,\ 2,\ \cdots,\ m,\quad j=1,\ 2,\ \cdots,\ p.\tag{20}$$

这些式子用 $\boldsymbol{f}$ 和 $\boldsymbol{g}$ 的分量的偏导数表示出了 $\boldsymbol{h}$ 的分量的偏导数.

可以把式(20)中的等式改写成一种更容易记忆的形式. 记 $\boldsymbol{y}=\boldsymbol{f}(\boldsymbol{x})$，$\boldsymbol{x}=\boldsymbol{g}(\boldsymbol{t})$，则 $\boldsymbol{y}=\boldsymbol{f}[\boldsymbol{g}(\boldsymbol{t})]=\boldsymbol{h}(\boldsymbol{t})$，于是式(20)变为

$$\frac{\partial y_i}{\partial t_j}=\sum_{k=1}^{n}\frac{\partial y_i}{\partial x_k}\frac{\partial x_k}{\partial t_j},\tag{21}$$

其中

$$\frac{\partial y_i}{\partial t_j}=\mathrm{D}_j h_i,\qquad \frac{\partial y_i}{\partial x_k}=\mathrm{D}_k f_i,\qquad \frac{\partial x_k}{\partial t_j}=\mathrm{D}_j g_k.$$

例 假设 $m=1$. 于是 f 与 $h=f\circ\boldsymbol{g}$ 二者都是实值函数，而且式(20)中包含 p 个等式，每个等式关于 h 的偏导数当中的一个为：

$$\mathrm{D}_j h(\boldsymbol{a})=\sum_{k=1}^{n}\mathrm{D}_k f(\boldsymbol{b})\mathrm{D}_j g_k(\boldsymbol{a}),\quad j=1,\ 2,\ \cdots,\ p.$$

等号右边是两个向量$\nabla f(\boldsymbol{b})$和 $\mathrm{D}_j\boldsymbol{g}(\boldsymbol{a})$的点积. 在这种情况下，等式(21)取下面的形式：

$$\frac{\partial y}{\partial t_j}=\sum_{k=1}^{n}\frac{\partial y}{\partial x_k}\frac{\partial x_k}{\partial t_j},\quad j=1,\ 2,\ \cdots,\ p.$$

特别地，如果 $p=1$，则我们得到的仅仅是一个等式，即

$$h'(\boldsymbol{a})=\sum_{k=1}^{n}\mathrm{D}_k f(\boldsymbol{b})g_k'(\boldsymbol{a})=\nabla f(\boldsymbol{b})\cdot\boldsymbol{Dg}(\boldsymbol{a}),$$

其中雅可比矩阵 $\boldsymbol{Dg}(\boldsymbol{a})$是一个列向量.

用链式法则可以给出下述定理的一个简单证明. 这个定理是关于对带有一个参量的积分进行微分的，该参量既出现在被积函数里，又出现在积分限中.

定理 12.8 设 f 与 D_2f 在矩形 $[a,b]\times[c,d]$ 上连续. 设 p 和 q 在 $[c,d]$ 上可微，且对于在 $[c,d]$ 内的每一个 y 都有 $p(y)\in[a,b]$ 和 $q(y)\in[a,b]$. F 由下面的等式定义：

$$F(y)=\int_{p(y)}^{q(y)}f(x,y)\mathrm{d}x,\qquad 当\ y\in[c,d].$$ 354

则 $F'(y)$ 对于 (c,d) 内的每一个 y 存在，且由下面的等式给出：

$$F'(y)=\int_{p(y)}^{q(y)}D_2f(x,y)\mathrm{d}x+f(q(y),y)q'(y)-f(p(y),y)p'(y).$$

证明 设 $G(x_1,x_2,x_3)=\int_{x_1}^{x_2}f(t,x_3)\mathrm{d}t$，只要 x_1 和 x_2 在 $[a,b]$ 内且 $x_3\in[c,d]$，于是 F 是由 $F(y)=G(p(y),q(y),y)$ 给出的复合函数. 由链式法则可以推出

$$F'(y)=D_1G(p(y),q(y),y)p'(y)+D_2G(p(y),q(y),y)q'(y)+D_3G(p(y),q(y),y).$$

按照定理 7.32，有 $D_1G(x_1,x_2,x_3)=-f(x_1,x_3)$ 和 $D_2G(x_1,x_2,x_3)=f(x_2,x_3)$. 按照定理 7.40，我们也有

$$D_3G(x_1,x_2,x_3)=\int_{x_1}^{x_2}D_2f(t,x_3)\mathrm{d}t.$$

在关于 $F'(y)$ 的公式中使用这些结果就可以得到本定理的结论. ■

12.11 用于可微函数的中值定理

适用于从 $\mathbf{R}^1$ 到 $\mathbf{R}^1$ 的函数的中值定理表明

$$f(y)-f(x)=f'(z)(y-x),\tag{22}$$

其中 z 位于 x 与 y 之间. 一般来说，当 $m>1$ 时，对于从 $\mathbf{R}^n$ 到 $\mathbf{R}^m$ 的向量值函数，这个等式是不成立的. (见练习 12.19.)然而，我们将证明，通过取式(22)的每一边与 $\mathbf{R}^m$ 中任一向量的点积可以得到一个正确的等式，只要 z 是适当地选取的. 这就给出了中值定理的一个适用于向量值函数的有用的推广.

在对这个定理的表述中，我们用记号 $L(\boldsymbol{x},\boldsymbol{y})$ 表示 $\mathbf{R}^n$ 中连接 $\boldsymbol{x}$ 和 $\boldsymbol{y}$ 这两点的线段. 即：

$$L(\boldsymbol{x},\boldsymbol{y})=\{t\boldsymbol{x}+(1-t)\boldsymbol{y}:0\leqslant t\leqslant 1\}.$$

定理 12.9(中值定理) 设 S 是 $\mathbf{R}^n$ 的一个开子集，并假定 $\boldsymbol{f}:S\to\mathbf{R}^m$ 在 S 的每一个点都是可微的. 设 $\boldsymbol{x}$ 和 $\boldsymbol{y}$ 是 S 内的两个点，$L(\boldsymbol{x},\boldsymbol{y})\subseteq S$. 于是对于 $\mathbf{R}^m$ 内的每一个向量 $\boldsymbol{a}$，在 $L(\boldsymbol{x},\boldsymbol{y})$ 内有一点 $\boldsymbol{z}$ 使得

$$\boldsymbol{a}\cdot\{\boldsymbol{f}(\boldsymbol{y})-\boldsymbol{f}(\boldsymbol{x})\}=\boldsymbol{a}\cdot\{\boldsymbol{f}'(\boldsymbol{z})(\boldsymbol{y}-\boldsymbol{x})\}.\tag{23}$$

证明 设 $\boldsymbol{u}=\boldsymbol{y}-\boldsymbol{x}$. 因为 S 是开的且 $L(\boldsymbol{x},\boldsymbol{y})\subseteq S$，所以有 $\delta>0$ 使得对于区间 $(-\delta,1+\delta)$ 内的全部实数 t 都有 $\boldsymbol{x}+t\boldsymbol{u}\in S$. 设 $\boldsymbol{a}$ 是 $\mathbf{R}^m$ 中的一个固定向量，并设 F 是在 $(-\delta,1+\delta)$ 上由等式

$$F(t)=\boldsymbol{a}\cdot\boldsymbol{f}(\boldsymbol{x}+t\boldsymbol{u})$$

定义的实值函数．于是 F 在$(-\delta,\ 1+\delta)$上是可微的，其导数由下面的式子给出：

355 $$F'(t)=\boldsymbol{a}\cdot\boldsymbol{f}'(\boldsymbol{x}+t\boldsymbol{u};\ \boldsymbol{u})=\boldsymbol{a}\cdot\{\boldsymbol{f}'(\boldsymbol{x}+t\boldsymbol{u})(\boldsymbol{u})\}.$$

按照通常的中值定理，我们有

$$F(1)-F(0)=F'(\theta),\qquad \text{其中 } 0<\theta<1.$$

现在有

$$F'(\theta)=\boldsymbol{a}\cdot\{\boldsymbol{f}'(\boldsymbol{x}+\theta\boldsymbol{u})(\boldsymbol{u})\}=\boldsymbol{a}\cdot\{\boldsymbol{f}'(\boldsymbol{z})(\boldsymbol{y}-\boldsymbol{x})\},$$

其中 $\boldsymbol{z}=\boldsymbol{x}+\theta\boldsymbol{u}\in L(\boldsymbol{x},\ \boldsymbol{y})$．但是 $F(1)-F(0)=\boldsymbol{a}\cdot\{\boldsymbol{f}(\boldsymbol{y})-\boldsymbol{f}(\boldsymbol{x})\}$，所以可以得到式(23)．当然，点 $\boldsymbol{z}$ 依赖于 F，从而依赖于 $\boldsymbol{a}$． ■

注 如果 S 是凸的，则对于 S 内的一切 $\boldsymbol{x}$、$\boldsymbol{y}$ 都有 $L(\boldsymbol{x},\ \boldsymbol{y})\subseteq S$，所以式(23)对于 S 内的一切 $\boldsymbol{x}$ 和 $\boldsymbol{y}$ 都成立．

例

1．如果 f 是实值函数($m=1$)，则可以在式(23)中取 $a=1$ 从而得到

$$f(\boldsymbol{y})-f(\boldsymbol{x})=f'(\boldsymbol{z})(\boldsymbol{y}-\boldsymbol{x})=\nabla f(\boldsymbol{z})\cdot(\boldsymbol{y}-\boldsymbol{x}).\tag{24}$$

2．如果 $\boldsymbol{f}$ 是向量值函数，而且 $\boldsymbol{a}$ 是 $\mathbf{R}^m$ 中的一个单位向量，$\|\boldsymbol{a}\|=1$，则由等式(23)和柯西-施瓦茨不等式可以得到

$$\|\boldsymbol{f}(\boldsymbol{y})-\boldsymbol{f}(\boldsymbol{x})\|\leqslant\|\boldsymbol{f}'(\boldsymbol{z})(\boldsymbol{y}-\boldsymbol{x})\|.$$

利用式(12)可得不等式

$$\|\boldsymbol{f}(\boldsymbol{y})-\boldsymbol{f}(\boldsymbol{x})\|\leqslant M\|\boldsymbol{y}-\boldsymbol{x}\|,$$

其中 $M=\sum_{k=1}^{m}\|\nabla f_k(\boldsymbol{z})\|$．注意，这个 M 依赖于 $\boldsymbol{z}$，因而依赖于 $\boldsymbol{x}$ 和 $\boldsymbol{y}$．

3．如果 S 是凸的，而且一切偏导数 $\mathrm{D}_j f_k$ 在 S 上都是有界的，则有常数 $A>0$ 使得

$$\|\boldsymbol{f}(\boldsymbol{y})-\boldsymbol{f}(\boldsymbol{x})\|\leqslant A\|\boldsymbol{y}-\boldsymbol{x}\|.$$

换句话说，$\boldsymbol{f}$ 在 S 上满足利普希茨条件．

中值定理给出了下面这个关于有零全导数的函数的结果的一个简单证明．

定理 12.10 设 S 是 $\mathbf{R}^n$ 的一个开的连通子集，并设 $\boldsymbol{f}$：$S\to\mathbf{R}^m$ 在 S 的每一个点都是可微的．如果对于 S 内的每一点 $\boldsymbol{c}$ 都有 $\boldsymbol{f}'(\boldsymbol{c})=\boldsymbol{0}$，则 $\boldsymbol{f}$ 在 S 上是常数．

证明 因为 S 是开的和连通的，所以它是折线连通的．(见 4.18 节．)因此 S 内的每一对点 $\boldsymbol{x}$ 和 $\boldsymbol{y}$ 都能被位于 S 内的折线弧连接起来．用 $\boldsymbol{p}_1$，…，$\boldsymbol{p}_r$ 表示这条折线弧的顶点，其中 $\boldsymbol{p}_1=\boldsymbol{x}$，$\boldsymbol{p}_r=\boldsymbol{y}$．因为每一条线段 $L(\boldsymbol{p}_{i+1},\ \boldsymbol{p}_i)\subseteq S$，所以由中值定理可知对于每一个向量 $\boldsymbol{a}$ 都有

$$\boldsymbol{a}\cdot\{\boldsymbol{f}(\boldsymbol{p}_{i+1})-\boldsymbol{f}(\boldsymbol{p}_i)\}=0,$$

把这些等式相加($i=1,\ 2,\ \cdots,\ r-1$)，对于每一个 $\boldsymbol{a}$ 可得

$$\boldsymbol{a}\cdot\{\boldsymbol{f}(\boldsymbol{y})-\boldsymbol{f}(\boldsymbol{x})\}=0,$$

356 取 $\boldsymbol{a}=\boldsymbol{f}(\boldsymbol{y})-\boldsymbol{f}(\boldsymbol{x})$可得 $\boldsymbol{f}(\boldsymbol{y})=\boldsymbol{f}(\boldsymbol{x})$，所以 $\boldsymbol{f}$ 在 S 上是常数． ■

12.12 可微的一个充分条件

到现在为止我们一直在推导一个函数是可微的这个假设的推论．我们也已经看到了，

不论是全部偏导数的存在性还是全部方向导数的存在性，都不足以建立可微性(因为没有一个蕴涵连续性)．下面这个定理表明，除了一个偏导数以外的全部偏导数的连续性确实蕴涵可微性．

定理 12.11　假定偏导数 $D_1\boldsymbol{f}$，…，$D_n\boldsymbol{f}$ 当中有一个在 $\boldsymbol{c}$ 点存在，而其余的 $n-1$ 个偏导数在某个 n-球 $B(\boldsymbol{c})$ 内存在且在 $\boldsymbol{c}$ 点连续，则 $\boldsymbol{f}$ 在 $\boldsymbol{c}$ 点可微．

证明　首先我们注意，一个向量值函数 $\boldsymbol{f}=(f_1,\cdots,f_m)$在 $\boldsymbol{c}$ 点可微，当且仅当它的每一个分量 f_k 在 $\boldsymbol{c}$ 点可微．(该命题的证明是一个容易的练习．)因而，只需证明当 $\boldsymbol{f}$ 是实值函数时本定理成立．

为证明本定理，我们假设 $D_1f(\boldsymbol{c})$存在，而连续的偏导数是 D_2f，…，D_nf．

$\boldsymbol{f}'(\boldsymbol{c})$的唯一可能的替代是梯度向量$\nabla f(\boldsymbol{c})$．我们将证明

$$f(\boldsymbol{c}+\boldsymbol{v})-f(\boldsymbol{c})=\nabla f(\boldsymbol{c})\cdot\boldsymbol{v}+o(\|\boldsymbol{v}\|),\qquad 若\ \boldsymbol{v}\to\boldsymbol{0},$$

而此式将能证明本定理．证明的思想是把差 $f(\boldsymbol{c}+\boldsymbol{v})-f(\boldsymbol{c})$表示成为 n 项的和，其中第 k 项是对 $D_kf(\boldsymbol{c})v_k$ 的一个逼近．

为此，记 $\boldsymbol{v}=\lambda\boldsymbol{y}$，其中$\|\boldsymbol{y}\|=1$ 而 $\lambda=\|\boldsymbol{v}\|$．保持 λ 足够小使得 $\boldsymbol{c}+\boldsymbol{v}$ 位于使偏导数 D_2f，…，D_nf 都存在的球$B(\boldsymbol{c})$内．把 $\boldsymbol{y}$ 用它的分量来表示，我们有

$$\boldsymbol{y}=y_1\boldsymbol{u}_1+\cdots+y_n\boldsymbol{u}_n,$$

其中 $\boldsymbol{u}_k$ 是第 k 个单位坐标向量．现在把差式 $f(\boldsymbol{c}+\boldsymbol{v})-f(\boldsymbol{c})$写为下列迭嵌的和式：

$$f(\boldsymbol{c}+\boldsymbol{v})-f(\boldsymbol{c})=f(\boldsymbol{c}+\lambda\boldsymbol{y})-f(\boldsymbol{c})=\sum_{k=1}^{n}\{f(\boldsymbol{c}+\lambda\boldsymbol{v}_k)-f(\boldsymbol{c}+\lambda\boldsymbol{v}_{k-1})\},\tag{25}$$

其中

$$\boldsymbol{v}_0=\boldsymbol{0},\quad \boldsymbol{v}_1=y_1\boldsymbol{u}_1,\quad \boldsymbol{v}_2=y_1\boldsymbol{u}_1+y_2\boldsymbol{u}_2,\quad \cdots\quad ,\ \boldsymbol{v}_n=y_1\boldsymbol{u}_1+\cdots+y_n\boldsymbol{v}_n.$$

该和式中的第一项是 $f(\boldsymbol{c}+\lambda y_1\boldsymbol{u}_1)-f(\boldsymbol{c})$．因为 $\boldsymbol{c}$ 与 $\boldsymbol{c}+\lambda y_1\boldsymbol{u}_1$ 这两个点的差别仅在于它们的第一个分量，而且 $D_1f(\boldsymbol{c})$存在，所以可以写

$$f(\boldsymbol{c}+\lambda y_1\boldsymbol{u}_1)-f(\boldsymbol{c})=\lambda y_1D_1f(\boldsymbol{c})+\lambda y_1E_1(\lambda),$$

其中当 $\lambda\to0$ 时，$E_1(\lambda)\to0$．

对于 $k\geqslant2$，和式中的第 k 项是

$$f(\boldsymbol{c}+\lambda\boldsymbol{v}_{k-1}+\lambda y_k\boldsymbol{u}_k)-f(\boldsymbol{c}+\lambda\boldsymbol{v}_{k-1})=f(\boldsymbol{b}_k+\lambda y_k\boldsymbol{u}_k)-f(\boldsymbol{b}_k),$$

其中 $\boldsymbol{b}_k=\boldsymbol{c}+\lambda\boldsymbol{v}_{k-1}$．$\boldsymbol{b}_k$ 与 $\boldsymbol{b}_k+\lambda y_k\boldsymbol{u}_k$ 这两个点的差别仅在于它们的第 k 个分量，所以可 357
以应用一维中值定理得到

$$f(\boldsymbol{b}_k+\lambda y_k\boldsymbol{u}_k)-f(\boldsymbol{b}_k)=\lambda y_kD_kf(\boldsymbol{a}_k),\tag{26}$$

其中 $\boldsymbol{a}_k$ 位于连接 $\boldsymbol{b}_k$ 与 $\boldsymbol{b}_k+\lambda y_k\boldsymbol{u}_k$ 的线段上．注意当 $\lambda\to0$ 时 $\boldsymbol{b}_k\to\boldsymbol{c}$，从而 $\boldsymbol{a}_k\to\boldsymbol{c}$．因为对于 $k\geqslant2$ 每一个 D_kf 在 $\boldsymbol{c}$ 点是连续的，所以可以写

$$D_kf(\boldsymbol{a}_k)=D_kf(\boldsymbol{c})+E_k(\lambda),\qquad 其中当\ \lambda\to0\ 时\ E_k(\lambda)\to0.$$

把此式代入到式(26)中可以发现式(25)变成

$$\boldsymbol{f}(\boldsymbol{c}+\boldsymbol{v})-f(\boldsymbol{c})=\lambda\sum_{k=1}^{n}D_kf(\boldsymbol{c})y_k+\lambda\sum_{k=1}^{n}y_kE_k(\lambda)=\nabla f(\boldsymbol{c})\cdot\boldsymbol{v}+\|\boldsymbol{v}\|E(\lambda),$$

其中

$$E(\lambda)=\sum_{k=1}^{n} y_k E_k(\lambda)\to 0,\qquad 若\|\boldsymbol{v}\|\to 0.$$

这就完成了证明. ■

注　偏导数 $\mathrm{D}_1\boldsymbol{f}$，…，$\mathrm{D}_n\boldsymbol{f}$ 中至少有 $n-1$ 个在 $\boldsymbol{c}$ 点连续虽然对于 $\boldsymbol{f}$ 在 $\boldsymbol{c}$ 点可微是充分的，但绝不意味着这个条件是必要的.（见练习 12.5 和练习 12.6.）

12.13　混合偏导数相等的一个充分条件

一个从 $\mathbf{R}^n$ 到 $\mathbf{R}^m$ 的函数的偏导数 $\mathrm{D}_1\boldsymbol{f}$，…，$\mathrm{D}_n\boldsymbol{f}$ 本身也是从 $\mathbf{R}^n$ 到 $\mathbf{R}^m$ 的函数，因而它们也可以有偏导数. 它们的偏导数称为二阶偏导数. 我们使用第 5 章中对于实值函数引入的记号：

$$\mathrm{D}_{r,k}\boldsymbol{f}=\mathrm{D}_r(\mathrm{D}_k\boldsymbol{f})=\frac{\partial^2\boldsymbol{f}}{\partial x_r\partial x_k}.$$

可以类似地定义更高阶的偏导数.

$$f(x,y)=\begin{cases}xy(x^2-y^2)/(x^2+y^2), & 若(x,y)\neq(0,0),\\ 0, & 若(x,y)=(0,0),\end{cases}$$

这个例子表明 $\mathrm{D}_{1,2}f(x,y)$未必与 $\mathrm{D}_{2,1}f(x,y)$相同. 事实上，在这个例子中，我们有

358 $$\mathrm{D}_1 f(x,y)=\frac{y(x^4+4x^2y^2-y^4)}{(x^2+y^2)^2},\qquad 若(x,y)\neq(0,0),$$

和 $\mathrm{D}_1 f(0,0)=0$. 因而对于一切 y 都有 $\mathrm{D}_1 f(0,y)=-y$，于是有

$$\mathrm{D}_{2,1}f(0,y)=-1,\qquad \mathrm{D}_{2,1}f(0,0)=-1.$$

另一方面，我们有

$$\mathrm{D}_2 f(x,y)=\frac{x(x^4-4x^2y^2-y^4)}{(x^2+y^2)^2},\qquad 若(x,y)\neq(0,0),$$

和 $\mathrm{D}_2 f(0,0)=0$. 所以对于一切 x，都有 $\mathrm{D}_2 f(x,0)=x$，因此，$\mathrm{D}_{1,2}f(x,0)=1$，$\mathrm{D}_{1,2}f(0,0)=1$，从而有 $\mathrm{D}_{2,1}f(0,0)\neq\mathrm{D}_{1,2}f(0,0)$.

下面这个定理给了我们一个准则，可以确定什么时候两个混合偏导数 $\mathrm{D}_{1,2}\boldsymbol{f}$ 和 $\mathrm{D}_{2,1}\boldsymbol{f}$ 是相等的.

定理 12.12　如果偏导数 $\mathrm{D}_r\boldsymbol{f}$ 和 $\mathrm{D}_k\boldsymbol{f}$ 在一个 n-球 $B(\boldsymbol{c};\delta)$内都存在，而且二者在 $\boldsymbol{c}$ 点都可微，则有

$$\mathrm{D}_{r,k}\boldsymbol{f}(\boldsymbol{c})=\mathrm{D}_{k,r}\boldsymbol{f}(\boldsymbol{c}).\tag{27}$$

证明　如果 $\boldsymbol{f}=(f_1,\cdots,f_m)$，则 $\mathrm{D}_k\boldsymbol{f}=(\mathrm{D}_k f_1,\cdots,\mathrm{D}_k f_m)$. 因而只需对实值函数 f 证明本定理. 而且，因为式(27)中仅涉及两个分量，所以只需考虑 $n=2$ 的情况. 为简单起见，假定 $\boldsymbol{c}=(0,0)$. 我们将证明

$$\mathrm{D}_{1,2}f(0,0)=\mathrm{D}_{2,1}f(0,0).$$

选取 $h\neq 0$ 使得以$(0,0)$，$(h,0)$，(h,h)和$(0,h)$为顶点的正方形位于 2-球 $B(\mathbf{0};\delta)$内. 考虑下面这个量：

$$\Delta(h)=f(h,h)-f(h,0)-f(0,h)+f(0,0).$$

我们将证明当 $h \to 0$ 时 $\Delta(h)/h^2$ 既趋向于 $\mathrm{D}_{2,1}f(0, 0)$，又趋向于 $\mathrm{D}_{1,2}f(0, 0)$.

设 $G(x)=f(x, h)-f(x, 0)$，并注意

$$\Delta(h)=G(h)-G(0). \tag{28}$$

由一维中值定理，我们有

$$G(h)-G(0)=hG'(x_1)=h\{\mathrm{D}_1 f(x_1, h)-\mathrm{D}_1 f(x_1, 0)\}, \tag{29}$$

其中 x_1 位于 0 与 h 之间. 因为 $\mathrm{D}_1 f$ 在(0, 0)点是可微的，所以有一阶泰勒公式

$$\mathrm{D}_1 f(x_1, h)=\mathrm{D}_1 f(0, 0)+\mathrm{D}_{1,1} f(0, 0)x_1+\mathrm{D}_{2,1} f(0, 0)h+(x_1^2+h^2)^{1/2}E_1(h),$$

和

$$\mathrm{D}_1 f(x_1, 0)=\mathrm{D}_1 f(0, 0)+\mathrm{D}_{1,1} f(0, 0)x_1+|x_1|E_2(h),$$

其中当 $h \to 0$ 时 $E_1(h)$ 和 $E_2(h) \to 0$. 在式(29)和式(28)中使用这些结果可得

$$\Delta(h)=D_{2,1} f(0, 0)h^2+E(h),$$ 359

其中 $E(h)=h(x_1^2+h^2)^{1/2}E_1(h)+h|x_1|E_2(h)$. 因为 $|x_1| \leqslant |h|$，所以有

$$0 \leqslant |E(h)| \leqslant \sqrt{2}h^2|E_1(h)|+h^2|E_2(h)|,$$

于是可得

$$\lim_{h \to 0}\frac{\Delta(h)}{h^2}=\mathrm{D}_{2,1} f(0, 0).$$

用 $H(y)=f(h, y)-f(0, y)$ 代替函数 $G(x)$ 并进行同样的过程，可得

$$\lim_{h \to 0}\frac{\Delta(h)}{h^2}=\mathrm{D}_{1,2} f(0, 0),$$

这就完成了本定理的证明. ■

作为定理 12.11 和 12.12 的一个推论，我们有：

定理 12.13 如果偏导数 $\mathrm{D}_r \boldsymbol{f}$ 和 $\mathrm{D}_k \boldsymbol{f}$ 二者都在 n-球 $B(\boldsymbol{c})$ 内存在，而且 $\mathrm{D}_{r,k}\boldsymbol{f}$ 和 $\mathrm{D}_{k,r}\boldsymbol{f}$ 二者都在 $\boldsymbol{c}$ 点连续，则有

$$\mathrm{D}_{r,k}\boldsymbol{f}(\boldsymbol{c})=\mathrm{D}_{k,r}\boldsymbol{f}(\boldsymbol{c}).$$

注 我们提一下(而不证明)另一个结果. 该结果称，如果 $\mathrm{D}_r \boldsymbol{f}$、$\mathrm{D}_k \boldsymbol{f}$ 和 $\mathrm{D}_{k,r}\boldsymbol{f}$ 都在 n-球 $B(\boldsymbol{c})$ 内连续，则 $\mathrm{D}_{r,k}\boldsymbol{f}(\boldsymbol{c})$ 存在且等于 $\mathrm{D}_{k,r}\boldsymbol{f}(\boldsymbol{c})$.

如果 f 是一个二元实值函数，则有四个二阶偏导数需要考虑，即：$\mathrm{D}_{1,1}f$，$\mathrm{D}_{1,2}f$，$\mathrm{D}_{2,1}f$ 和 $\mathrm{D}_{2,2}f$. 我们刚才已经证明，如果对 f 适当地加以限制，则四个当中只能有三个是不同的.

可以形成的 k 阶偏导数的个数是 2^k. 如果所有这些偏导数在点(x, y)的一个邻域内都是连续的，则某些混合偏导数将是相等的. 每一个混合偏导数都是 $\mathrm{D}_{r_1, \cdots, r_k}f$ 这种形式，其中每个 r_j 都要么是 1，要么是 2. 如果有两个这样的混合偏导数，即 $\mathrm{D}_{r_1, \cdots, r_k}f$ 和 $\mathrm{D}_{p_1, \cdots, p_k}f$，其中 k 元数组$(r_1, \cdots, r_k)$是 k 元数组$(p_1, \cdots, p_k)$的一个置换，则这两个偏导数在(x, y)点上将是相等的，如果全部 2^k 个偏导数都在(x, y)的一个邻域内连续的话. 这个论断容易用定理 12.13($k=2$ 的情况)通过数学归纳法证明. 我们略去对一般的 k 的证明. 由此可以推知，在 2^k 个 k 阶偏导数中，一般来说仅有 $k+1$ 个不同的偏

导数，即形如 $D_{r_1}, \cdots, {}_{r_k}f$ 的那些偏导数，其中的 k 元数组 $(r_1, \cdots, r_k)$ 取下列 $k+1$ 种形式：

$$(2, 2, \cdots, 2), \quad (1, 2, 2, \cdots, 2), \quad (1, 1, 2, \cdots, 2), \cdots,$$
$$(1, 1, \cdots, 1, 2), \quad (1, \cdots, 1).$$

类似的论断对于 n 元函数当然也成立. 在这种情况下，可以形成 n^k 个 k 阶偏导数. 所有这些偏导数在一点 $\boldsymbol{x}$ 处的连续性蕴涵对指标 $r_1, \cdots, r_k$ 进行置换时 $D_{r_1}, \cdots, {}_{r_k}$
360 $f(\boldsymbol{x})$ 保持不变这一性质，现在每一个 r_i 都是小于或等于 n 的正整数.

12.14 用于从 $\mathbf{R}^n$ 到 $\mathbf{R}^1$ 的函数的泰勒公式

泰勒公式(定理 5.19)可以推广到定义在 $\mathbf{R}^n$ 的子集上的实值函数 f. 为了用一种类似于一维情况的形式叙述这个一般性的定理，我们对于在泰勒公式中产生的某些和式引进一些特殊的符号：

$$f''(\boldsymbol{x}; \boldsymbol{t}), \quad f'''(\boldsymbol{x}; \boldsymbol{t}), \cdots, f^{(m)}(\boldsymbol{x}; \boldsymbol{t}).$$

这些符号表示高阶方向导数，它们按下面的方式定义：

如果 $\boldsymbol{x}$ 是 $\mathbf{R}^n$ 内的一个点，f 的全部二阶偏导数在该点都存在，而且如果 $\boldsymbol{t}=(t_1, \cdots, t_n)$ 是 $\mathbf{R}^n$ 内的任意一点，则写

$$f''(\boldsymbol{x}; \boldsymbol{t}) = \sum_{i=1}^{n}\sum_{j=1}^{n} D_{i,j}f(\boldsymbol{x})t_j t_i.$$

我们也定义

$$f'''(\boldsymbol{x}; \boldsymbol{t}) = \sum_{i=1}^{n}\sum_{j=1}^{n}\sum_{k=1}^{n} D_{i,j,k}f(\boldsymbol{x})t_k t_j t_i,$$

如果全部三阶偏导数在 $\boldsymbol{x}$ 点都存在. 符号 $f^{(m)}(\boldsymbol{x}; \boldsymbol{t})$ 类似地进行定义，如果全部 m 阶偏导数都存在.

这些和式类似于在 $\boldsymbol{x}$ 点可微的函数的方向导数的公式

$$f'(\boldsymbol{x}; \boldsymbol{t}) = \sum_{i=1}^{n} D_i f(\boldsymbol{x})t_i.$$

定理 12.14(泰勒公式) 假定 f 及其全部阶数小于 m 的偏导数在 $\mathbf{R}^n$ 内的一个开集 S 的每一点都是可微的. 如果 $\boldsymbol{a}$ 和 $\boldsymbol{b}$ 是 S 的两个点使得 $L(\boldsymbol{a}, \boldsymbol{b}) \subseteq S$，则线段 $L(\boldsymbol{a}, \boldsymbol{b})$ 上有一点 $\boldsymbol{z}$ 使得

$$f(\boldsymbol{b}) - f(\boldsymbol{a}) = \sum_{k=1}^{m-1}\frac{1}{k!}f^{(k)}(\boldsymbol{a}; \boldsymbol{b}-\boldsymbol{a}) + \frac{1}{m!}f^{(m)}(\boldsymbol{z}; \boldsymbol{b}-\boldsymbol{a}).$$

证明 因为 S 是开集，所以有 $\delta>0$ 使得对于在区间 $-\delta<t<1+\delta$ 内的全部实数 t 有 $\boldsymbol{a}+t(\boldsymbol{b}-\boldsymbol{a}) \in S$. 在 $(-\delta, 1+\delta)$ 上用下面的等式定义 g：

$$g(t) = f[\boldsymbol{a}+t(\boldsymbol{b}-\boldsymbol{a})].$$

则 $f(\boldsymbol{b})-f(\boldsymbol{a})=g(1)-g(0)$. 我们将对于 g 应用一维泰勒公式来证明本定理. 注意有

$$g(1)-g(0) = \sum_{k=1}^{m-1}\frac{1}{k!}g^{(k)}(0) + \frac{1}{m!}g^{(m)}(\theta), \quad \text{其中 } 0<\theta<1. \tag{30}$$

361 现在 g 是由 $g(t)=f[\boldsymbol{p}(t)]$ 给出的复合函数，其中 $\boldsymbol{p}(t)=\boldsymbol{a}+t(\boldsymbol{b}-\boldsymbol{a})$. $\boldsymbol{p}$ 的第 k 个分量

有导数 $p_k'(t)=b_k-a_k$. 应用链式法则，我们看到 $g'(t)$在区间$(-\delta,\ 1+\delta)$内存在且由下面的公式给出：

$$g'(t)=\sum_{j=1}^{n}\mathrm{D}_j f[\boldsymbol{p}(t)](b_j-a_j)=f'(\boldsymbol{p}(t);\ \boldsymbol{b}-\boldsymbol{a}).$$

再次应用链式法则可得

$$g''(t)=\sum_{i=1}^{n}\sum_{j=1}^{n}\mathrm{D}_{i,j} f[\boldsymbol{p}(t)](b_j-a_j)(b_i-a_i)=f''(\boldsymbol{p}(t);\ \boldsymbol{b}-\boldsymbol{a}).$$

类似地可得 $g^{(m)}(t)=f^{(m)}(\boldsymbol{p}(t);\ \boldsymbol{b}-\boldsymbol{a})$. 把这些结果代入到式(30)中，便可得到本定理的结论，因为点 $\boldsymbol{z}=\boldsymbol{a}+\theta(\boldsymbol{b}-\boldsymbol{a})\in L(\boldsymbol{a},\ \boldsymbol{b})$. ■

练习

可微函数

12.1 设 S 是 $\mathbf{R}^n$ 的一个开子集，并设 f：$S\to\mathbf{R}$ 是一个在 S 上有有限的偏导数 $\mathrm{D}_1 f$，…，$\mathrm{D}_n f$ 的实值函数. 如果 f 在 S 内的一点 $\boldsymbol{c}$ 处有一个局部极大值或局部极小值，证明对于每一个 k 有

$$\mathrm{D}_k f(\boldsymbol{c})=0.$$

12.2 对于按下面的方式在 $\mathbf{R}^n$ 上定义的每一个实值函数，计算其全部一阶偏导数和方向导数 $f'(\boldsymbol{x};\ \boldsymbol{u})$：

a) $f(\boldsymbol{x})=\boldsymbol{a}\cdot\boldsymbol{x}$，其中 $\boldsymbol{a}$ 是 $\mathbf{R}^n$ 内一个固定的向量.

b) $f(\boldsymbol{x})=\|\boldsymbol{x}\|^4$.

c) $f(\boldsymbol{x})=\boldsymbol{x}\cdot\boldsymbol{L}(\boldsymbol{x})$，其中 $\boldsymbol{L}$：$\mathbf{R}^n\to\mathbf{R}^n$ 是一个线性函数.

d) $f(\boldsymbol{x})=\sum_{i=1}^{n}\sum_{j=1}^{n}a_{ij}x_i x_j$，　其中 $a_{ij}=a_{ji}$.

12.3 设 $\boldsymbol{f}$ 和 $\boldsymbol{g}$ 是在 $\mathbf{R}^m$ 中取值的函数，方向导数 $f'(\boldsymbol{c};\ \boldsymbol{u})$和 $g'(\boldsymbol{c};\ \boldsymbol{u})$存在. 证明和 $\boldsymbol{f}+\boldsymbol{g}$ 与点积 $\boldsymbol{f}\cdot\boldsymbol{g}$ 有由下式给出的方向导数：

$$(\boldsymbol{f}+\boldsymbol{g})'(\boldsymbol{c};\ \boldsymbol{u})=\boldsymbol{f}'(\boldsymbol{c};\ \boldsymbol{u})+\boldsymbol{g}'(\boldsymbol{c};\ \boldsymbol{u})$$

和

$$(\boldsymbol{f}\cdot\boldsymbol{g})'(\boldsymbol{c};\ \boldsymbol{u})=\boldsymbol{f}(\boldsymbol{c})\cdot\boldsymbol{g}'(\boldsymbol{c};\ \boldsymbol{u})+\boldsymbol{g}(\boldsymbol{c})\cdot\boldsymbol{f}'(\boldsymbol{c};\ \boldsymbol{u}).$$

12.4 如果 $S\subseteq\mathbf{R}^n$，设 $\boldsymbol{f}$：$S\to\mathbf{R}^m$ 是一个在 $\mathbf{R}^m$ 中取值的函数，并记 $\boldsymbol{f}=(f_1,\ \cdots,\ f_m)$. 证明 $\boldsymbol{f}$ 在 S 的一个内点 $\boldsymbol{c}$ 处可微，当且仅当每一个 f_i 在 $\boldsymbol{c}$ 点可微.

12.5 给定 n 个实值函数 f_1，…，f_n，其中每一个在 $\mathbf{R}$ 内的一个开区间$(a,\ b)$上都是可微的. 对于在 n 维开区间

$$S=\{(x_1,\ \cdots,\ x_n):\ a<x_k<b,\quad k=1,\ 2,\ \cdots,\ n\}$$

内的每一个 $\boldsymbol{x}=(x_1,\ \cdots,\ x_n)$，定义 $f(\boldsymbol{x})=f_1(x_1)+\cdots+f_n(x_n)$. 证明 f 在 S 的每个点处可微，而且

$$f'(\boldsymbol{x})(\boldsymbol{u})=\sum_{i=1}^{n}f_i'(x_i)u_i,\qquad 其中\ \boldsymbol{u}=(u_1,\ \cdots,\ u_n).$$ 362

12.6 给定在 $\mathbf{R}^n$ 内的一个开集 S 上定义的 n 个实值函数 f_1，…，f_n. 对于 S 内的每个 $\boldsymbol{x}$，定义 $f(\boldsymbol{x})=f_1(\boldsymbol{x})+\cdots+f_n(\boldsymbol{x})$. 假定对于每个 $k=1,\ 2,\ \cdots,\ n$，下面的极限存在：

$$\lim_{\substack{\boldsymbol{y}\to\boldsymbol{x}\\ y_k\neq x_k}}\frac{f_k(\boldsymbol{y})-f_k(\boldsymbol{x})}{y_k-x_k}.$$

称此极限为 $a_k(\boldsymbol{x})$. 证明 f 在 $\boldsymbol{x}$ 点是可微的，而且

$$f'(\boldsymbol{x})(\boldsymbol{u})=\sum_{k=1}^{n}a_k(\boldsymbol{x})u_k,\qquad 如果\ \boldsymbol{u}=(u_1,\cdots,u_n).$$

12.7 设 $\boldsymbol{f}$ 和 $\boldsymbol{g}$ 是从 $\mathbf{R}^n$ 到 $\mathbf{R}^m$ 的函数. 假定 $\boldsymbol{f}$ 在 $\boldsymbol{c}$ 点可微, $\boldsymbol{f}(\boldsymbol{c})=\boldsymbol{0}$, $\boldsymbol{g}$ 在 $\boldsymbol{c}$ 点连续. 设 $h(\boldsymbol{x})=\boldsymbol{g}(\boldsymbol{x})\cdot\boldsymbol{f}(\boldsymbol{x})$. 证明 h 在 $\boldsymbol{c}$ 点可微, 而且

$$h'(\boldsymbol{c})(\boldsymbol{u})=\boldsymbol{g}(\boldsymbol{c})\cdot\{\boldsymbol{f}'(\boldsymbol{c})(\boldsymbol{u})\},\qquad 若\ \boldsymbol{u}\in\mathbf{R}^n.$$

12.8 设 $\boldsymbol{f}$: $\mathbf{R}^2\to\mathbf{R}^3$ 由下面的等式定义:

$$\boldsymbol{f}(x,y)=(\sin x\cos y,\quad \sin x\sin y,\quad \cos x\cos y).$$

确定它的雅可比矩阵 $\boldsymbol{Df}(x,y)$.

12.9 证明没有实值函数 f 使得对于 $\mathbf{R}^n$ 内的一个固定的点 $\boldsymbol{c}$ 和 $\mathbf{R}^n$ 中的每一个非零向量 $\boldsymbol{u}$ 有 $f'(\boldsymbol{c};\boldsymbol{u})>\boldsymbol{0}$. 给出一个例子使得对于 $\mathbf{R}^n$ 内的一个固定的方向 $\boldsymbol{u}$ 和每一个点 $\boldsymbol{c}$ 有 $f'(\boldsymbol{c};\boldsymbol{u})>\boldsymbol{0}$.

12.10 设 $f=u+\mathrm{i}v$ 是一个复值函数, 使得对于某个复数 c, 导数 $f'(c)$ 存在. 记 $z=c+re^{\mathrm{i}\alpha}$(其中 α 是实的和固定的), 并在差商 $[f(z)-f(c)]/(z-c)$ 中令 $r\to 0$, 从而得到

$$f'(c)=\mathrm{e}^{-\mathrm{i}\alpha}[u'(c;\boldsymbol{a})+\mathrm{i}v'(c;\boldsymbol{a})],$$

其中 $\boldsymbol{a}=(\cos\alpha,\sin\alpha)$, 而 $u'(c;\boldsymbol{a})$ 和 $v'(c;\boldsymbol{a})$ 是方向导数. 设 $\boldsymbol{b}=(\cos\beta,\sin\beta)$, 其中 $\beta=\alpha+\frac{1}{2}\pi$, 用类似的讨论可以证明

$$f'(c)=\mathrm{e}^{-\mathrm{i}\alpha}[v'(c;\boldsymbol{b})-\mathrm{i}u'(c;\boldsymbol{b})].$$

推证 $u'(c;\boldsymbol{a})=v'(c;\boldsymbol{b})$ 和 $v'(c;\boldsymbol{a})=-u'(c;\boldsymbol{b})$. 柯西-黎曼方程(定理 5.22)是一种特殊情况.

梯度和链式法则

12.11 设 f 是实值函数, 它在 $\mathbf{R}^n$ 内一点 $\boldsymbol{c}$ 处是可微的, 并假定 $\|\nabla f(\boldsymbol{c})\|\neq 0$. 证明在 $\mathbf{R}^n$ 中有且仅有一个单位向量 $\boldsymbol{u}$ 使得 $|f'(\boldsymbol{c};\boldsymbol{u})|=\|\nabla f(\boldsymbol{c})\|$, 而且该单位向量使 $|f'(\boldsymbol{c};\boldsymbol{u})|$ 达到它的最大值.

12.12 在 $\mathbf{R}^2$ 内使梯度向量 $\nabla f(x,y)$ 存在的点 (x,y) 处计算该梯度向量:

a) $f(x,y)=x^2y^2\log(x^2+y^2)$, 　若 $(x,y)\neq(0,0)$; 　$f(0,0)=0$.

363 b) $f(x,y)=xy\sin\dfrac{1}{x^2+y^2}$, 　若 $(x,y)\neq(0,0)$; 　$f(0,0)=0$.

12.13 设 f 和 g 是定义在 $\mathbf{R}^1$ 上并且带有连续的二阶导数 f'' 和 g'' 的实值函数. 对于 $\mathbf{R}^2$ 内的每一个 (x,y) 定义

$$F(x,y)=f[x+g(y)].$$

求出 F 的全部一阶和二阶偏导数的公式, 把这些公式用 f 与 g 的导数来表示. 验证关系式

$$(\mathrm{D}_1F)(\mathrm{D}_{1,2}F)=(\mathrm{D}_2F)(\mathrm{D}_{1,1}F).$$

12.14 给定一个定义在 $\mathbf{R}^2$ 内的函数 f. 设

$$F(r,\theta)=f(r\cos\theta,r\sin\theta).$$

a) 假定 f 的适当的可微性性质并证明

$$\mathrm{D}_1F(r,\theta)=\cos\theta\mathrm{D}_1f(x,y)+\sin\theta\mathrm{D}_2f(x,y),$$

$$\mathrm{D}_{1,1}F(r,\theta)=\cos^2\theta\mathrm{D}_{1,1}f(x,y)+2\sin\theta\cos\theta\mathrm{D}_{1,2}f(x,y)+\sin^2\theta\mathrm{D}_{2,2}f(x,y),$$

其中 $x=r\cos\theta$, $y=r\sin\theta$.

b) 对于 D_2F, $\mathrm{D}_{1,2}F$ 和 $\mathrm{D}_{2,2}F$ 求出类似的公式.

c) 验证公式

$$\|\nabla f(r\cos\theta,r\sin\theta)\|^2=[\mathrm{D}_1F(r,\theta)]^2+\frac{1}{r^2}[\mathrm{D}_2F(r,\theta)]^2.$$

12.15 如果 f 和 g 在 $\mathbf{R}^n$ 内一点 $\boldsymbol{x}$ 处有梯度向量 $\nabla f(\boldsymbol{x})$ 和 $\nabla g(\boldsymbol{x})$，证明由 $h(\boldsymbol{x})=f(\boldsymbol{x})g(\boldsymbol{x})$ 定义的乘积函数 h 在 $\boldsymbol{x}$ 点也有梯度向量，而且

$$\nabla h(\boldsymbol{x}) = f(\boldsymbol{x})\,\nabla g(\boldsymbol{x}) + g(\boldsymbol{x})\,\nabla f(\boldsymbol{x}).$$

对于商式 f/g 叙述并证明一个类似的结果.

12.16 设函数 f 在 $\mathbf{R}^1$ 内的每个点都有导数 f'，并设 g 在 $\mathbf{R}^3$ 上由下面的等式定义：

$$g(x,\ y,\ z) = x^2 + y^2 + z^2.$$

如果 h 表示复合函数 $h=f\circ g$，证明

$$\|\nabla h(x,\ y,\ z)\|^2 = 4g(x,\ y,\ z)\{f'[g(x,\ y,\ z)]\}^2.$$

12.17 假定 f 在 $\mathbf{R}^2$ 内的每个点 $(x,\ y)$ 处都可微. 设 g_1 和 g_2 在 $\mathbf{R}^3$ 上由下面的等式定义：

$$g_1(x,\ y,\ z) = x^2+y^2+z^2, \qquad g_2(x,\ y,\ z) = x+y+z,$$

并设 $\boldsymbol{g}$ 是向量值函数，它的值(在 $\mathbf{R}^2$ 内)由下式给出：

$$\boldsymbol{g}(x,\ y,\ z) = (g_1(x,\ y,\ z),\ g_2(x,\ y,\ z)).$$

设 h 是复合函数 $h=f\circ \boldsymbol{g}$，证明

$$\|\nabla h\|^2 = 4(\mathrm{D}_1 f)^2 g_1 + 4(\mathrm{D}_1 f)(\mathrm{D}_2 f) g_2 + 3(\mathrm{D}_2 f)^2.$$

12.18 设 f 在 $\mathbf{R}^n$ 内的一个开集 S 上定义. 我们说 f 在 S 上是 p 次齐次的，如果对于每一个实数 λ 364
和 S 内的每一个使 $\lambda\boldsymbol{x}\in S$ 的 $\boldsymbol{x}$ 都有 $f(\lambda\boldsymbol{x})=\lambda^p f(\boldsymbol{x})$. 如果一个这样的函数在 $\boldsymbol{x}$ 点是可微的，证明

$$\boldsymbol{x}\cdot\nabla f(\boldsymbol{x}) = pf(\boldsymbol{x}).$$

注：此结果称为关于齐次函数的欧拉(Euler)定理. 提示：对于固定的 $\boldsymbol{x}$ 定义 $g(\lambda)=f(\lambda\boldsymbol{x})$ 并计算 $g'(1)$.

也可以证明逆定理，即证明如果对于一个开集 S 内的一切 $\boldsymbol{x}$ 都有 $\boldsymbol{x}\cdot\nabla f(\boldsymbol{x})=pf(\boldsymbol{x})$，则 f 在 S 上必定是 p 次齐次的.

中值定理

12.19 设 $\boldsymbol{f}$：$\mathbf{R}\to\mathbf{R}^2$ 由等式 $\boldsymbol{f}(t)=(\cos t,\ \sin t)$ 定义. 于是对于每一个实数 u 有 $\boldsymbol{f}'(t)(u)=u(-\sin t,\ \cos t)$. 当 $x=0$，$y=2\pi$ 时，中值公式

$$\boldsymbol{f}(y)-\boldsymbol{f}(x) = \boldsymbol{f}'(z)(y-x)$$

不可能成立，因为等号左边是零而等号右边是一个长度为 2π 的向量. 但是，定理 12.9 称，对于 $\mathbf{R}^2$ 内的每一个向量 $\boldsymbol{a}$，在区间 $(0,\ 2\pi)$ 内有一个 z 使得

$$\boldsymbol{a}\cdot\{\boldsymbol{f}(y)-\boldsymbol{f}(x)\} = \boldsymbol{a}\cdot\{\boldsymbol{f}'(z)(y-x)\}.$$

当 $x=0$，$y=2\pi$ 时确定 z，并把它用 $\boldsymbol{a}$ 表示出来.

12.20 设 f 是在一个 2-球 $B(\boldsymbol{x})$ 上可微的实值函数. 考虑函数

$$g(t) = f[ty_1+(1-t)x_1,\ y_2] + f[x_1,\ ty_2+(1-t)x_2]$$

来证明

$$f(\boldsymbol{y})-f(\boldsymbol{x}) = (y_1-x_1)\mathrm{D}_1 f(z_1,\ y_2) + (y_2-x_2)\mathrm{D}_2 f(x_1,\ z_2),$$

其中 $z_1\in L(x_1,\ y_1)$，$z_2\in L(x_2,\ y_2)$.

12.21 对于在一个 n-球 $B(\boldsymbol{x})$ 上可微的实值函数，叙述并证明练习 12.20 中的结果的一个推广.

12.22 设 f 是实值函数，并假定方向导数 $f'(\boldsymbol{c}+t\boldsymbol{u};\ \boldsymbol{u})$ 对于区间 $0\leqslant t\leqslant 1$ 内的每个 t 存在. 证明对于开区间 $(0,\ 1)$ 内的某个 θ 有

$$f(\boldsymbol{c}+\boldsymbol{u})-f(\boldsymbol{c}) = f'(\boldsymbol{c}+\theta\boldsymbol{u};\ \boldsymbol{u}).$$

12.23 a) 如果 f 是实值函数，而且对于在一个 n-球 $B(\boldsymbol{c})$ 内的每一个 $\boldsymbol{x}$ 和每一个方向 $\boldsymbol{u}$，方向导数 $f'(\boldsymbol{x};\ \boldsymbol{u})=0$，证明 f 在 $B(\boldsymbol{c})$ 上是常数.

b)如果对于一个固定的方向 $\boldsymbol{u}$ 和 $B(\boldsymbol{c})$ 内的每一个 $\boldsymbol{x}$ 都有 $f'(\boldsymbol{x};\boldsymbol{u})=0$，则关于 f 能得出什么结论？

高阶导数与泰勒公式

12.24 对于下列每一个函数，验证混合偏导数 $D_{1,2}f$ 与 $D_{2,1}f$ 是相等的.

a) $f(x, y)=x^4+y^4-4x^2y^2$.

b) $f(x, y)=\log(x^2+y^2)$， $(x, y)\neq(0, 0)$.

365 c) $f(x, y)=\tan(x^2/y)$， $y\neq 0$.

12.25 设 f 是一个二元函数. 用数学归纳法和定理 12.13 证明，如果 f 的 2^k 个 k 阶偏导数在点 (x, y) 的一个邻域内是连续的，则对于形如 $D_{r_1,\cdots,r_k}f$ 和 $D_{p_1,\cdots,p_k}f$ 的全部混合偏导数，如果 k 元数组 $(r_1,\cdots,r_k)$ 包含与 k 元数组 $(p_1,\cdots,p_k)$ 同样的数，则它们在 (x, y) 点就是相等的.

12.26 如果 f 是在 $\mathbf{R}^2$ 内的某个开集上有连续的 k 阶偏导数的二元函数，证明

$$f^{(k)}(\boldsymbol{x};\boldsymbol{t})=\sum_{r=0}^{k}\binom{k}{r}t_1^r t_2^{k-r}D_{p_1,\cdots,p_k}f(\boldsymbol{x}),\qquad 若\ \boldsymbol{x}\in S,\qquad \boldsymbol{t}=(t_1, t_2),$$

其中在第 r 项中有 $p_1=\cdots=p_r=1$ 和 $p_{r+1}=\cdots=p_k=2$. 用此结果在 $n=2$ 的情况下给出泰勒公式（定理 12.14）的另一个表达式.

12.27 用泰勒公式把下列函数表示成为 $(x-1)$ 的幂和 $(y-2)$ 的幂：

a) $f(x, y)=x^3+y^3+xy^2$， b) $f(x, y)=x^2+xy+y^2$.

参考文献

12.1 Apostol, T. M., *Calculus*, Vol. 2, 2nd ed. Xerox, Waltham, 1969.

12.2 Chaundy, T. W., *The Differential Calculus*. Clarendon Press, Oxford, 1935.

12.3 Woll, J. W., *Functions of Several Variables*. Harcourt Brace and World, New York,
366 1966.

第 13 章 隐函数与极值问题

13.1 引言

本章由两个主要部分组成. 第一部分讨论数学分析的一个重要定理，称为隐函数定理；第二部分探讨极值问题. 这两部分都要用到在第 12 章中研究过的定理.

最简单形式的隐函数定理处理如下形式的方程：

$$f(x, t)=0. \tag{1}$$

问题是要决定该方程能否把 x 确定为 t 的函数. 如果能，则对于某个函数 g 有

$$x=g(t),$$

我们就说 g 被(1)式"隐含地"确定.

当我们有由涉及几个变量的几个方程组成的方程组，并且问是否能对于某些变量解这些方程使这些变量通过其余的变量表示出来时，这个问题呈现一种更一般的形式. 这是和上面同样类型的问题，不同之处仅在于 x 和 t 被向量所代替，而 f 和 g 被向量值函数代替. 在相当一般的条件下，这类问题的解总是存在的. 隐函数定理对这些条件和关于解的某些结论给出了一种阐述.

一个重要的特殊情况是在代数中所熟悉的解形如

$$\sum_{j=1}^{n} a_{ij} x_j = t_i \quad (i=1, 2, \cdots, n), \tag{2}$$

的 n 元线性方程组的问题，其中 a_{ij} 和 t_i 被认为是给定的数，x_1，…，x_n 表示未知数. 在线性代数中证明了该方程组有唯一解当且仅当系数矩阵 $A=[a_{ij}]$的行列式的值不为零.

注 方阵 $A=[a_{ij}]$的行列式用 $\det A$ 或 $\det[a_{ij}]$表示. 如果 $\det[a_{ij}]\neq 0$，则(2)的解可以由克拉默(Cramer)法则得到，该法则把每一个 x_k 表示为两个行列式的商，譬如说 $x_k=A_k/D$，其中 $D=\det[a_{ij}]$，而 A_k 是把$[a_{ij}]$的第 k 列用 t_1，…，t_n 代替所得的矩阵的行列式.（对于克拉默法则的证明见参考文献 13.1，定理 3.14.）特别地，如果每一个 $t_i=0$，则每一个 $x_k=0$. 367

下面我们证明方程组(2)可以写成(1)的形式. (2)中的每个方程都形如

$$f_i(\boldsymbol{x}, \boldsymbol{t})=0, \qquad \text{其中 } \boldsymbol{x}=(x_1, \cdots, x_n), \qquad \boldsymbol{t}=(t_1, \cdots, t_n)$$

和

$$f_i(\boldsymbol{x}, \boldsymbol{t})=\sum_{j=1}^{n} a_{ij} x_j - t_i.$$

于是(2)中的方程组可以被表示成为一个向量方程 $\boldsymbol{f}(\boldsymbol{x}, \boldsymbol{t})=\boldsymbol{0}$，其中 $\boldsymbol{f}=(f_1, \cdots, f_n)$. 如果 $D_j f_i$ 表示 f_i 关于第 j 个坐标 x_j 的偏导数，则 $D_j f_i(\boldsymbol{x}, \boldsymbol{t})=a_{ij}$. 这样，(2)式中的系数矩阵 $A=[a_{ij}]$是一个雅可比矩阵. 由线性代数可知，如果这个雅可比矩阵的行列式不为零，则(2)式有唯一解.

在一般的隐函数定理中，雅可比矩阵的行列式不为零也起作用，这是由用线性函数

逼近 $\boldsymbol{f}$ 造成的. 方程 $\boldsymbol{f}(\boldsymbol{x}, \boldsymbol{t})=\boldsymbol{0}$ 被一个线性方程组所代替，该方程组的系数矩阵是 $\boldsymbol{f}$ 的雅可比矩阵.

记号 如果 $\boldsymbol{f}=(f_1, \cdots, f_n)$，$\boldsymbol{x}=(x_1, \cdots, x_n)$，那么雅可比矩阵 $\boldsymbol{Df}(\boldsymbol{x})=[\mathrm{D}_j f_i(x)]$ 是一个 $n \times n$ 矩阵，它的行列式称为雅可比行列式并用 $\boldsymbol{J}_f(\boldsymbol{x})$ 来表示. 于是，

$$\boldsymbol{J}_f(\boldsymbol{x})=\det \boldsymbol{Df}(\boldsymbol{x})=\det[\mathrm{D}_j f_i(\boldsymbol{x})].$$

记号

$$\frac{\partial(f_1, \cdots, f_n)}{\partial(x_1, \cdots, x_n)}$$

也用于表示雅可比行列式 $\boldsymbol{J}_f(\boldsymbol{x})$.

下面这个定理建立了一个复值函数的雅可比行列式与它的导数之间的关系.

定理 13.1 如果 $f=u+\mathrm{i}v$ 是在 $\mathbf{C}$ 内的一个 z 点处有导数的复值函数，则 $\boldsymbol{J}_f(z)=|f'(z)|^2$.

证明 我们有 $f'(z)=\mathrm{D}_1 u+\mathrm{i}\mathrm{D}_1 v$，所以 $|f'(z)|^2=(\mathrm{D}_1 u)^2+(\mathrm{D}_1 v)^2$. 按照柯西-黎曼方程，还有

$$J_f(z)=\det\begin{bmatrix}\mathrm{D}_1 u & \mathrm{D}_2 u \\ \mathrm{D}_1 v & \mathrm{D}_2 v\end{bmatrix}=\mathrm{D}_1 u \mathrm{D}_2 v-\mathrm{D}_1 v \mathrm{D}_2 u=(\mathrm{D}_1 u)^2+(\mathrm{D}_1 v)^2. \qquad \blacksquare$$

13.2 雅可比行列式不取零值的函数

本节给出雅可比行列式不取零值的函数在某些点的一些性质，稍后将会在隐函数定
368 理的证明中用到这些结果.

定理 13.2 设 $B=B(\boldsymbol{a}; r)$ 是 $\mathbf{R}^n$ 内的一个 n-球，设 ∂B 表示它的边界，

$$\partial B=\{\boldsymbol{x}: \|\boldsymbol{x}-\boldsymbol{a}\|=r\},$$

并设 $\bar{B}=B \cup \partial B$ 表示它的闭包. 设 $\boldsymbol{f}=(f_1, \cdots, f_n)$ 在 $\bar{B}$ 上连续，并假定当 $\boldsymbol{x} \in B$ 时全部偏导数 $\mathrm{D}_j f_i(\boldsymbol{x})$ 都存在. 进一步假定当 $\boldsymbol{x} \in \partial B$ 时 $\boldsymbol{f}(\boldsymbol{x}) \neq \boldsymbol{f}(\boldsymbol{a})$，而且对于 B 内的每一个 $\boldsymbol{x}$ 雅可比行列式 $\boldsymbol{J}_f(\boldsymbol{x}) \neq 0$. 则 B 在 $\boldsymbol{f}$ 下的象 $\boldsymbol{f}(B)$ 包含一个以 $\boldsymbol{f}(\boldsymbol{a})$ 为中心的 n-球.

证明 在 ∂B 上定义一个实值函数 g 如下：

$$g(\boldsymbol{x})=\|\boldsymbol{f}(\boldsymbol{x})-\boldsymbol{f}(\boldsymbol{a})\|, \qquad 若\ \boldsymbol{x} \in \partial B.$$

则对于在 ∂B 内的每个 $\boldsymbol{x}$ 有 $g(\boldsymbol{x})>0$，因为当 $\boldsymbol{x} \in \partial B$ 时 $\boldsymbol{f}(\boldsymbol{x}) \neq \boldsymbol{f}(\boldsymbol{a})$. 而且因为 $\boldsymbol{f}$ 在 $\bar{B}$ 上是连续的，所以 g 在 ∂B 上是连续的. 因为 ∂B 是紧的，所以 g 在 ∂B 上某处取到它的绝对最小值(记之为 m). 注意 $m>0$，因为 g 在 ∂B 上是正的. 设 T 表示 n-球

$$T=B\left(\boldsymbol{f}(\boldsymbol{a}); \frac{m}{2}\right).$$

我们将证明 $T \subseteq \boldsymbol{f}(B)$，而这就可以证明本定理. (见图 13-1.)

为此，我们来证明 $\boldsymbol{y} \in T$ 蕴涵 $\boldsymbol{y} \in \boldsymbol{f}(B)$. 在 T 内选取一点 $\boldsymbol{y}$，使 $\boldsymbol{y}$ 保持不动，在 $\bar{B}$ 上定义一个新的实值函数 h 如下：

$$h(\boldsymbol{x})=\|\boldsymbol{f}(\boldsymbol{x})-\boldsymbol{y}\|, \qquad 若\ \boldsymbol{x} \in \bar{B}.$$

于是 h 在紧集 $\bar{B}$ 上连续，从而它在 $\bar{B}$ 上达到它的绝对最小值. 我们将证明 h 在开的 n-球

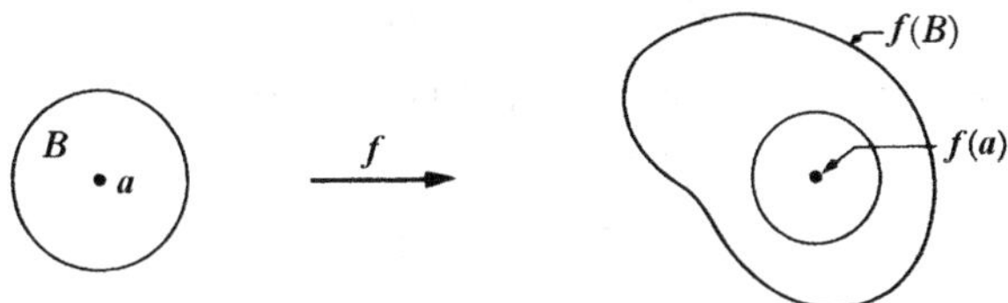

图 13-1

B 内某处达到它的最小值. 在该球的中心有 $h(\boldsymbol{a})=\|\boldsymbol{f}(\boldsymbol{a})-\boldsymbol{y}\|<m/2$，因为 $\boldsymbol{y}\in T$. 因而 h 在 $\bar{B}$ 内的最小值必定也$<m/2$. 但是在边界∂B 上每个点 $\boldsymbol{x}$ 处有

$$h(\boldsymbol{x})=\|\boldsymbol{f}(\boldsymbol{x})-\boldsymbol{y}\|=\|\boldsymbol{f}(\boldsymbol{x})-\boldsymbol{f}(\boldsymbol{a})-(\boldsymbol{y}-\boldsymbol{f}(\boldsymbol{a}))\|$$

$$\geqslant\|\boldsymbol{f}(\boldsymbol{x})-\boldsymbol{f}(\boldsymbol{a})\|-\|\boldsymbol{f}(\boldsymbol{a})-\boldsymbol{y}\|>g(\boldsymbol{x})-\frac{m}{2}\geqslant\frac{m}{2},$$

所以 h 的最小值不可能在边界∂B 上出现. 因而 h 在 B 内的一个内点 $\boldsymbol{c}$ 处达到最小值，h 369
的平方在该点也有最小值. 因为

$$h^2(\boldsymbol{x})=\|\boldsymbol{f}(\boldsymbol{x})-\boldsymbol{y}\|^2=\sum_{r=1}^{n}[f_r(\boldsymbol{x})-y_r]^2,$$

而且在 $\boldsymbol{c}$ 点每个偏导数 $\mathrm{D}_k(h^2)$必定为零，所以必有

$$\sum_{r=1}^{n}[f_r(\boldsymbol{c})-y_r]\mathrm{D}_k f_r(\boldsymbol{c})=0,\quad k=1,2,\cdots,n.$$

但是这是一个线性方程组，它的行列式 $\boldsymbol{J}_f(\boldsymbol{c})$不为零，因为 $\boldsymbol{c}\in B$. 所以对于每一个 r 有 $f_r(\boldsymbol{c})=y_r$ 或者 $\boldsymbol{f}(\boldsymbol{c})=\boldsymbol{y}$. 这就是说 $\boldsymbol{y}\in f(B)$. 于是 $T\subseteq\boldsymbol{f}(B)$，本定理的证明完成. ■

从一个度量空间(S, d_S)到另一个度量空间(T, d_T)的函数 $f: S\to T$ 称为一个开映射，如果对于 S 内的每一个开集 A，它的象 $f(A)$是 T 中的开集.

下面这个定理对于把开集映为开集的映射给出了一个充分条件.（也见定理 13.5.）

定理 13.3 设 A 是 $\mathbf{R}^n$ 的一个开子集，假定 $\boldsymbol{f}: A\to\mathbf{R}^n$ 在 A 上连续且有有限的偏导数 $\mathrm{D}_j f_i$. 如果 $\boldsymbol{f}$ 在 A 上是 1-1 的，而且对于 A 内的每个 $\boldsymbol{x}$ 都有 $\boldsymbol{J}_f(\boldsymbol{x})\neq 0$，则 $\boldsymbol{f}(A)$是开集.

证明 如果 $\boldsymbol{b}\in\boldsymbol{f}(A)$，则对于 A 内的某个 $\boldsymbol{a}$ 有 $\boldsymbol{b}=\boldsymbol{f}(\boldsymbol{a})$. 有 n-球 $B(\boldsymbol{a}; r)\subseteq A$，$\boldsymbol{f}$ 在该球上满足定理 13.2 的条件，所以，$\boldsymbol{f}(B)$包含一个以 $\boldsymbol{b}$ 为中心的 n-球. 因此，$\boldsymbol{b}$ 是 $\boldsymbol{f}(A)$的一个内点，所以 $\boldsymbol{f}(A)$是开集. ■

下面这个定理表明，有连续偏导数的函数在雅可比行列式不为零的点附近是局部 1-1 的.

定理 13.4 假定 $\boldsymbol{f}=(f_1, \cdots, f_n)$在 $\mathbf{R}^n$ 内的一个开集 S 上有连续的偏导数 $\mathrm{D}_j f_i$，而且对于 S 内的某个点 $\boldsymbol{a}$ 雅可比行列式 $\boldsymbol{J}_f(\boldsymbol{a})\neq 0$，则有一个 n-球 $B(\boldsymbol{a})$，$\boldsymbol{f}$ 在该球上是 1-1 的.

证明 设 $\boldsymbol{Z}_1, \cdots, \boldsymbol{Z}_n$ 是 S 内的 n 个点，并设 $\boldsymbol{Z}=(\boldsymbol{Z}_1, \cdots, \boldsymbol{Z}_n)$表示 $\mathbf{R}^{n^2}$ 中的一个点，其中前 n 个分量是 $\boldsymbol{Z}_1$ 的分量，其次 n 个分量是 $\boldsymbol{Z}_2$ 的分量，依此类推. 定义一个实值函数 h 如下：

$$h(\boldsymbol{Z})=\det[\mathrm{D}_j f_i(\boldsymbol{Z}_i)].$$

该函数在 $\mathbf{R}^{n^2}$ 内使 $h(\boldsymbol{Z})$ 有定义的点 $\boldsymbol{Z}$ 上是连续的，因为每个 $\mathrm{D}_j f_i$ 都在 S 上连续，而且行列式是它的 n^2 个元素的多项式．设 $\boldsymbol{Z}$ 是由令

$$\boldsymbol{Z}_1=\boldsymbol{Z}_2=\cdots=\boldsymbol{Z}_n=\boldsymbol{a}$$

而得到的在 $\mathbf{R}^{n^2}$ 中的特定的点，于是 $h(\boldsymbol{Z})=\boldsymbol{J}_f(\boldsymbol{a})\neq 0$．从而按照连续性，有某个 n-球
370 $B(\boldsymbol{a})$ 使得 $\det[\mathrm{D}_j f_i(\boldsymbol{Z}_i)]\neq 0$，如果每个 $\boldsymbol{Z}_i\in B(\boldsymbol{a})$．我们将证明 $\boldsymbol{f}$ 在 $B(\boldsymbol{a})$ 上是 1-1 的．

假定 f 在 $B(\boldsymbol{a})$ 上不是 1-1 的，即假定对于 $B(\boldsymbol{a})$ 内的某一对点 $\boldsymbol{x}\neq\boldsymbol{y}$ 有 $\boldsymbol{f}(\boldsymbol{x})=\boldsymbol{f}(\boldsymbol{y})$．因为 $B(\boldsymbol{a})$ 是凸的，所以线段 $L(\boldsymbol{x},\boldsymbol{y})\subseteq B(\boldsymbol{a})$，从而可以对于 $\boldsymbol{f}$ 的每一个分量应用中值定理得到

$$0=f_i(\boldsymbol{y})-f_i(\boldsymbol{x})=\nabla f_i(\boldsymbol{Z}_i)\cdot(\boldsymbol{y}-\boldsymbol{x}),\quad i=1,2,\cdots,n,$$

其中每个 $\boldsymbol{Z}_i\in L(\boldsymbol{x},\boldsymbol{y})$ 因而 $\boldsymbol{Z}_i\in B(\boldsymbol{a})$．（可以应用中值定理是因为 $\boldsymbol{f}$ 在 S 上可微．）但是这是一个形如

$$\sum_{k=1}^{n}(y_k-x_k)a_{ik}=0,\qquad \text{其中 } a_{ik}=\mathrm{D}_k f_i(\boldsymbol{Z}_i)$$

的线性方程组．该方程组系数矩阵的行列式的值不为零，因为 $\boldsymbol{Z}_i\in B(\boldsymbol{a})$．于是对于每个 k 有 $y_k-x_k=0$，而这与 $\boldsymbol{x}\neq\boldsymbol{y}$ 的假设相矛盾．因此我们就已经证明了 $\boldsymbol{x}\neq\boldsymbol{y}$ 蕴涵着 $\boldsymbol{f}(\boldsymbol{x})\neq\boldsymbol{f}(\boldsymbol{y})$，因而 $\boldsymbol{f}$ 在 $B(\boldsymbol{a})$ 上是 1-1 的． ■

注　读者应该注意，定理 13.4 是一个局部性的定理而不是一个整体性的定理．$\boldsymbol{J}_f(\boldsymbol{a})$ 不为零保证 $\boldsymbol{f}$ 在 $\boldsymbol{a}$ 的一个邻域内是 1-1 的．即使是在 S 内的每一点 $\boldsymbol{x}$ 处都有 $\boldsymbol{J}_f(\boldsymbol{x})\neq 0$ 的情况下，也不能由此推出 $\boldsymbol{f}$ 在 S 上是 1-1 的．下面的例子描述了这一点．设 f 是当 $z\in\mathbf{C}$ 时由 $f(z)=\mathrm{e}^z$ 定义的复值函数．如果令 $z=x+\mathrm{i}y$，则有

$$J_f(z)=|f'(z)|^2=|\mathrm{e}^z|^2=\mathrm{e}^{2x}.$$

这样，对于 $\mathbf{C}$ 内的每一点 z 都有 $\boldsymbol{J}_f(z)\neq 0$．然而，$f$ 在 $\mathbf{C}$ 上不是 1-1 的，因为对于每一对相差 $2\pi\mathrm{i}$ 的点 z_1 和 z_2 都有 $f(z_1)=f(z_2)$．

下面这个定理给出了有不取零值的雅可比行列式的函数的一个整体性质．

定理 13.5　设 A 是 $\mathbf{R}^n$ 的一个开子集，假定 $\boldsymbol{f}:A\to\mathbf{R}^n$ 在 A 上有连续的偏导数 $\mathrm{D}_j f_i$．如果对于 A 内的一切 $\boldsymbol{x}$ 都有 $\boldsymbol{J}_f(\boldsymbol{x})\neq 0$，则 $\boldsymbol{f}$ 是一个开映射．

证明　设 S 是 A 的任意一个开子集．如果 $\boldsymbol{x}\in S$，则有一个 n-球 $B(\boldsymbol{x})$，$\boldsymbol{f}$ 在该球内是 1-1 的（按照定理 13.4）．因此按照定理 13.3，象 $\boldsymbol{f}(B(\boldsymbol{x}))$ 是 $\mathbf{R}^n$ 中的开集．但是可以把 S 写为 $S=\bigcup_{x\in S}B(\boldsymbol{x})$．被 $\boldsymbol{f}$ 作用可得 $\boldsymbol{f}(S)=\bigcup_{x\in S}\boldsymbol{f}(B(\boldsymbol{x}))$，所以 $\boldsymbol{f}(S)$ 是开集． ■

注　如果函数 $\boldsymbol{f}=(f_1,\cdots,f_n)$ 在一个集合 S 上有连续的偏导数，我们就说 $\boldsymbol{f}$ 在 S 上是连续可微的，并写成 $\boldsymbol{f}\in C'$ 于 S．从定理 12.11 的观点看，在一点连续可微蕴涵在该点可微．

定理 13.4 表明，在一点 $\boldsymbol{a}$ 有不取零值的雅可比行列式的连续可微函数在 $\boldsymbol{a}$ 的一个邻

域内有一个局部反函数. 下面这个定理给出了这个局部反函数的某些局部可微性性质. 371

13.3 反函数定理

定理 13.6 假定在 $\mathbf{R}^n$ 内的一个开集 S 上有 $\boldsymbol{f}=(f_1, \cdots, f_n)\in C'$, 并设 $T=\boldsymbol{f}(S)$. 如果对于 S 内的某点 $\boldsymbol{a}$ 有雅可比行列式 $\boldsymbol{J}_f(\boldsymbol{a})\neq 0$, 则有两个开集 $X\subseteq S$ 和 $Y\subseteq T$ 以及一个唯一确定的函数 $\boldsymbol{g}$ 使得

a) $\boldsymbol{a}\in X$ 和 $\boldsymbol{f}(\boldsymbol{a})\in Y$.

b) $Y=\boldsymbol{f}(X)$.

c) $\boldsymbol{f}$ 在 X 上是 1-1 的.

d) $\boldsymbol{g}$ 在 Y 上定义, $\boldsymbol{g}(Y)=X$, 而且对于 X 内的每一个 $\boldsymbol{x}$ 有 $\boldsymbol{g}[\boldsymbol{f}(\boldsymbol{x})]=\boldsymbol{x}$.

e) $\boldsymbol{g}\in C'$ 于 Y.

证明 函数 $\boldsymbol{J}_f$ 在 S 上连续, 而且 $\boldsymbol{J}_f(\boldsymbol{a})\neq 0$, 所以有一个 n-球使得对于 $B_1(\boldsymbol{a})$内的一切 $\boldsymbol{x}$ 都有 $\boldsymbol{J}_f(\boldsymbol{x})\neq 0$. 按照定理 13.4, 有一个 n-球 $B(\boldsymbol{a})\subseteq B_1(\boldsymbol{a})$, $\boldsymbol{f}$ 在该球上是 1-1 的. 设 B 是一个以 $\boldsymbol{a}$ 为中心、半径比 $B(\boldsymbol{a})$小的 n-球. 于是按照定理 13.2, $\boldsymbol{f}(B)$包含一个以 $\boldsymbol{f}(\boldsymbol{a})$为中心的 n-球. 用 Y 表示这个 n-球, 并设 $X=\boldsymbol{f}^{-1}(Y)\cap B$, 则 X 是开的, 因为 $\boldsymbol{f}^{-1}(Y)$和 B 二者都是开的. (见图 13-2.)

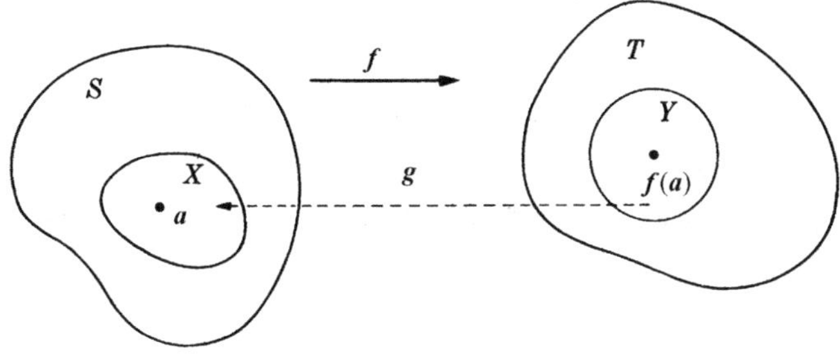

图 13-2

集合 $\bar{B}$(B 的闭包)是紧的, 而且 $\boldsymbol{f}$ 在 $\bar{B}$ 上是 1-1 的连续函数. 于是, 按照定理 4.29, 存在一个函数 $\boldsymbol{g}$(定理 4.29 的反函数 $\boldsymbol{f}^{-1}$)在 $\boldsymbol{f}(\bar{B})$上定义使得对于 $\bar{B}$ 内的一切 $\boldsymbol{x}$ 都有 $\boldsymbol{g}[\boldsymbol{f}(\boldsymbol{x})]=\boldsymbol{x}$. 此外, $\boldsymbol{g}$ 在 $\boldsymbol{f}(\bar{B})$上是连续的. 因为 $X\subseteq\bar{B}$ 且 $Y\subseteq\boldsymbol{f}(\bar{B})$, 所以这就证明了(a)、(b)、(c)和(d). $\boldsymbol{g}$ 的唯一性可从(d)推出.

下面来证明(e). 为此, 用等式 $h(\mathbf{Z})=\det[\mathrm{D}_j f_i(\mathbf{Z}_i)]$定义一个实值函数 h, 其中 $\mathbf{Z}_1, \cdots, \mathbf{Z}_n$ 是 S 内的 n 个点, $\mathbf{Z}=(\mathbf{Z}_1; \cdots; \mathbf{Z}_n)$表示 $\mathbf{R}^{n^2}$ 中相应的点. 于是, 进行与在定理 13.4 的证明中同样的讨论, 可知有 n-球 $B_2(\boldsymbol{a})$, 使得 $h(\mathbf{Z})\neq 0$, 如果每个 $\mathbf{Z}_i\in B_2(\boldsymbol{a})$. 现在可以假定, 在前一部分的证明中所选取的 n-球 $B(\boldsymbol{a})$使得 $B(\boldsymbol{a})\subseteq B_2(\boldsymbol{a})$, 于是有 $\bar{B}\subseteq B_2(\boldsymbol{a})$及 $h(\mathbf{Z})\neq 0$, 只要每个 $\mathbf{Z}_i\in\bar{B}$.

为了证明(e), 记 $\boldsymbol{g}=(g_1, \cdots, g_n)$, 我们将证明每个 $g_k\in C'$于 Y. 为了证明 $\mathrm{D}_r g_k$ 在 Y 上存在, 假定 $\boldsymbol{y}\in Y$ 并考虑差商$[g_k(\boldsymbol{y}+t\boldsymbol{u}_r)-g_k(\boldsymbol{y})]/t$, 其中 $\boldsymbol{u}_r$ 是第 r 个单位坐标 372

向量.（因为 Y 是开集，所以 $\boldsymbol{y}+t\boldsymbol{u}_r\in Y$，如果 t 足够小.）设 $\boldsymbol{x}=\boldsymbol{g}(\boldsymbol{y})$ 并设 $\boldsymbol{x}'=\boldsymbol{g}(\boldsymbol{y}+t\boldsymbol{u}_r)$，则 $\boldsymbol{x}$ 和 $\boldsymbol{x}'$ 二者都在 X 内且 $\boldsymbol{f}(\boldsymbol{x}')-\boldsymbol{f}(\boldsymbol{x})=t\boldsymbol{u}_r$. 因此 $\boldsymbol{f}_i(\boldsymbol{x}')-\boldsymbol{f}_i(\boldsymbol{x})$ 当 $i\neq r$ 时为 0，当 $i=r$ 时为 t. 按照中值定理有

$$\frac{f_i(\boldsymbol{x}')-f_i(\boldsymbol{x})}{t}=\nabla f_i(\boldsymbol{Z}_i)\cdot\frac{\boldsymbol{x}'-\boldsymbol{x}}{t},\qquad i=1,2,\cdots,n,$$

其中每个 $\boldsymbol{Z}_i$ 都在连接 $\boldsymbol{x}$ 与 $\boldsymbol{x}'$ 的线段上；因而 $\boldsymbol{Z}_i\in B$. 等号左边的表达式按照 $i=r$ 还是 $i\neq r$ 而取值为 1 或 0. 这是一个由含 n 个未知量 $(\boldsymbol{x}_j'-\boldsymbol{x}_j)/t$ 的 n 个线性方程组成的方程组，它有唯一解，因为

$$\det[\mathrm{D}_j f_i(\boldsymbol{Z}_i)]=h(\boldsymbol{Z})\neq 0.$$

用克拉默法则对第 k 个未知量求解可得把 $[g_k(\boldsymbol{y}+t\boldsymbol{u}_r)-g_k(\boldsymbol{y})]/t$ 表示为行列式之商的表达式. 当 $t\to 0$ 时，点 $\boldsymbol{x}'\to\boldsymbol{x}$，因为 $\boldsymbol{g}$ 是连续的，从而每个 $\boldsymbol{Z}_i\to\boldsymbol{x}$，因为 $\boldsymbol{Z}_i$ 位于连接 $\boldsymbol{x}$ 与 $\boldsymbol{x}'$ 的线段上. 在分母上出现的行列式的极限是 $\det[\mathrm{D}_j f_i(x)]=\boldsymbol{J}_f(\boldsymbol{x})$，它不为零，因为 $\boldsymbol{x}\in X$. 所以下面的极限存在：

$$\lim_{t\to 0}\frac{g_k(\boldsymbol{y}+t\boldsymbol{u}_r)-g_k(\boldsymbol{y})}{t}=\mathrm{D}_r g_k(\boldsymbol{y}).$$

这证明 $\mathrm{D}_r g_k(\boldsymbol{y})$ 对于 Y 内的每个 $\boldsymbol{y}$ 和每个 $r=1,2,\cdots,n$ 存在. 此外，该极限是两个涉及导数 $\mathrm{D}_j f_i(\boldsymbol{x})$ 的行列式的商. $\mathrm{D}_j f_i$ 的连续性蕴涵每一个偏导数 $\mathrm{D}_r g_k$ 的连续性. 这就完成了(e)的证明. ■

注　上述证明也提供了一种计算 $\mathrm{D}_r g_k(\boldsymbol{y})$ 的方法. 在实际应用中，可以更容易地得到 $\mathrm{D}_r g_k$（而不必借助于极限过程），依据的事实是，如果 $\boldsymbol{y}=\boldsymbol{f}(\boldsymbol{x})$，则两个雅可比矩阵 $\boldsymbol{Df}(\boldsymbol{x})$ 和 $\boldsymbol{Dg}(\boldsymbol{y})$ 的乘积是单位矩阵，详细地写出来就给出了由 n^2 个方程组成的下述方程组：

$$\sum_{k=1}^{n}\mathrm{D}_k g_i(\boldsymbol{y})\mathrm{D}_j f_k(\boldsymbol{x})=\begin{cases}1, & 若\ i=j,\\ 0, & 若\ i\neq j.\end{cases}$$

对于每个固定的 i，当 j 值取遍 1，2，…，n 时，我们得到 n 个线性方程，然后可以用克拉默法则或用别的方法对于未知量 $\mathrm{D}_1 g_i(\boldsymbol{y})$，…，$\mathrm{D}_n g_i(\boldsymbol{y})$ 解这些方程.

13.4　隐函数定理

读者知道，xy 平面上一条曲线的方程既可以表示为像 $y=f(x)$ 这样的"显式的"形式，也可以表示为像 $F(x,y)=0$ 这样的"隐式的"形式. 然而，如果给定一个形如
373 $F(x,y)=0$ 的方程，则该方程未必表示一个函数.（例如，$x^2+y^2-5=0$.）方程 $F(x,y)=0$ 确实总是表示一种关系，即所有满足该方程的数偶 (x,y) 的集合. 因而下述问题的提出本身是相当自然的：由 $F(x,y)=0$ 定义的关系什么时候也是一个函数？换句话说，方程 $F(x,y)=0$ 何时可以对于 y 明确地求解使它用 x 来表示，进而得到一个唯一的解？隐函数定理局部地处理这个问题. 该定理告诉我们，给定一个点 (x_0,y_0) 使得 $F(x_0,y_0)=0$，在某些条件之下，将有 (x_0,y_0) 的一个邻域使得在该邻域内由

$F(x, y)=0$ 定义的关系也是一个函数. 这些条件是 F 和 D_2F 在 (x_0, y_0) 的某个邻域内连续，而且 $D_2F(x_0, y_0)\neq 0$. 在更一般的形式下，该定理处理的不是含两个变量的一个方程，而是由含 $n+k$ 个变量的 n 个方程组成的方程组：

$$f_r(x_1, \cdots, x_n; t_1, \cdots, t_k)=0 \qquad (r=1, 2, \cdots, n).$$

这个方程组可以对 $x_1, \cdots, x_n$ 求解，而把解通过 $t_1, \cdots, t_k$ 表示出来，只要某些偏导数是连续的，而且 $n\times n$ 的雅可比行列式 $\partial(f_1, \cdots, f_n)/\partial(x_1, \cdots, x_n)$ 不是零.

为简明起见，我们将在该定理中采用下述记号：$(n+k)$ 维空间 $\mathbf{R}^{n+k}$ 中的点将被写成 $(\boldsymbol{x}; \boldsymbol{t})$ 的形式，其中

$$\boldsymbol{x}=(x_1, \cdots, x_n)\in\mathbf{R}^n, \qquad \boldsymbol{t}=(t_1, \cdots, t_k)\in\mathbf{R}^k.$$

定理 13.7（隐函数定理） *设 $\boldsymbol{f}=(f_1, \cdots, f_n)$ 是在 $\mathbf{R}^{n+k}$ 的一个开集 S 上定义、在 $\mathbf{R}^n$ 内取值的向量值函数. 假定 $\boldsymbol{f}\in C'$ 于 S. 设 $(\boldsymbol{x}_0; \boldsymbol{t}_0)$ 是 S 内的一点，对该点有 $\boldsymbol{f}(\boldsymbol{x}_0; \boldsymbol{t}_0)=\boldsymbol{0}$，而且该点处的 $n\times n$ 行列式 $\det[D_jf_i(\boldsymbol{x}_0; \boldsymbol{t}_0)]\neq 0$. 于是存在一个包含 $\boldsymbol{t}_0$ 的 k 维开集 T_0 和一个（且仅有一个）在 T_0 上定义、在 $\mathbf{R}^n$ 内取值的向量值函数 $\boldsymbol{g}$，使得*

a) $\boldsymbol{g}\in C'$ 于 T_0.

b) $\boldsymbol{g}(\boldsymbol{t}_0)=\boldsymbol{x}_0$.

c) $\boldsymbol{f}(\boldsymbol{g}(\boldsymbol{t}); \boldsymbol{t})=\boldsymbol{0}$，对于 T_0 中的每个 $\boldsymbol{t}$.

证明 我们将对某个在 S 上定义、在 $\mathbf{R}^{n+k}$ 内取值的向量值函数 $\boldsymbol{F}=(F_1, \cdots, F_n; F_{n+1}, \cdots, F_{n+k})$ 应用反函数定理. 函数 $\boldsymbol{F}$ 定义如下：对于 $1\leqslant m\leqslant n$ 设 $F_m(\boldsymbol{x}; \boldsymbol{t})=f_m(\boldsymbol{x}; \boldsymbol{t})$，而对于 $1\leqslant m\leqslant k$ 设 $F_{n+m}(\boldsymbol{x}; \boldsymbol{t})=t_m$. 于是可以写 $\boldsymbol{F}=(\boldsymbol{f}; \boldsymbol{I})$，其中 $\boldsymbol{f}=(f_1, \cdots, f_n)$，$\boldsymbol{I}$ 是由对于 $\mathbf{R}^k$ 中的每个 $\boldsymbol{t}$ 由 $\boldsymbol{I}(\boldsymbol{t})=\boldsymbol{t}$ 定义的恒等函数. 于是雅可比行列式 $\boldsymbol{J_F}(\boldsymbol{x}; \boldsymbol{t})$ 有与 $n\times n$ 的行列式 $\det[D_jf_i(\boldsymbol{x}; \boldsymbol{t})]$ 同样的值，因为在 $\boldsymbol{J_F}(\boldsymbol{x}; \boldsymbol{t})$ 的最后 k 行和最后 k 列中出现的元素构成一个 $k\times k$ 的行列式，其主对角线上的元素都是 1，其他位置都是零；其前 n 行和前 n 列的交组成行列式 $\det[D_jf_i(\boldsymbol{x}; \boldsymbol{t})]$，而且

$$D_iF_{n+j}(\boldsymbol{x}; \boldsymbol{t})=0, \qquad 对于 1\leqslant i\leqslant n, \quad 1\leqslant j\leqslant k.$$

因此雅可比行列式 $\boldsymbol{J_F}(\boldsymbol{x}_0; \boldsymbol{t}_0)\neq 0$，$\boldsymbol{F}(\boldsymbol{x}_0; \boldsymbol{t}_0)=(\boldsymbol{0}; \boldsymbol{t}_0)$. 因而，按照定理 13.6，存在开集 X 和 Y 分别包含 $(\boldsymbol{x}_0; \boldsymbol{t}_0)$ 和 $(\boldsymbol{0}; \boldsymbol{t}_0)$，使得 $\boldsymbol{F}$ 在 X 上是 1-1 的，而且 $X=\boldsymbol{F}^{-1}(Y)$. 此 374
外，存在一个在 Y 上定义，在 X 内取值的局部反函数 $\boldsymbol{G}$，使得

$$\boldsymbol{G}[\boldsymbol{F}(\boldsymbol{x}; \boldsymbol{t})]=(\boldsymbol{x}; \boldsymbol{t}),$$

且使得 $\boldsymbol{G}\in C'$ 于 Y.

现在 $\boldsymbol{G}$ 可以用下面的方式化为分量：$\boldsymbol{G}=(\boldsymbol{v}, \boldsymbol{w})$，其中 $\boldsymbol{v}=(v_1, \cdots, v_n)$ 是一个在 Y 上定义、在 $\mathbf{R}^n$ 内取值的向量值函数，$\boldsymbol{w}=(w_1, \cdots, w_k)$ 也是在 Y 上定义、但是在 $\mathbf{R}^k$ 内取值. 现在可以显式地确定 $\boldsymbol{v}$ 和 $\boldsymbol{w}$. 当把方程 $\boldsymbol{G}[\boldsymbol{F}(\boldsymbol{x}; \boldsymbol{t})]=(\boldsymbol{x}; \boldsymbol{t})$ 用分量 $\boldsymbol{v}$ 和 $\boldsymbol{w}$ 写出时可得两个方程

$$\boldsymbol{v}[\boldsymbol{F}(\boldsymbol{x}; \boldsymbol{t})]=\boldsymbol{x} \quad 和 \quad \boldsymbol{w}[\boldsymbol{F}(\boldsymbol{x}; \boldsymbol{t})]=\boldsymbol{t}.$$

但是现在，Y 内的每一个点 $(\boldsymbol{x}; \boldsymbol{t})$ 都可以对于 X 内的某个 $(\boldsymbol{x}'; \boldsymbol{t}')$ 唯一地写成 $(\boldsymbol{x}; \boldsymbol{t})=\boldsymbol{F}(\boldsymbol{x}'; \boldsymbol{t}')$ 的形式，因为 $\boldsymbol{F}$ 在 X 上是 1-1 的，而且逆象 $\boldsymbol{F}^{-1}(Y)$ 包含 X. 进而，按照定义 $\boldsymbol{F}$ 所用的方法，当写 $(\boldsymbol{x}; \boldsymbol{t})=\boldsymbol{F}(\boldsymbol{x}'; \boldsymbol{t}')$ 时，必须有 $\boldsymbol{t}'=\boldsymbol{t}$. 因而可得

$$v(\boldsymbol{x};\ \boldsymbol{t})=v[\boldsymbol{F}(\boldsymbol{x}';\ \boldsymbol{t})]=\boldsymbol{x}',\qquad w(\boldsymbol{x};\ \boldsymbol{t})=w[\boldsymbol{F}(\boldsymbol{x}';\ \boldsymbol{t})]=\boldsymbol{t}.$$

这样就可以把函数 $\boldsymbol{G}$ 描述如下：给定 Y 内的一点$(\boldsymbol{x};\ \boldsymbol{t})$，我们有 $\boldsymbol{G}(\boldsymbol{x};\ \boldsymbol{t})=(\boldsymbol{x}';\ \boldsymbol{t})$，其中 $\boldsymbol{x}'$是 $\mathbf{R}^n$ 内的使$(\boldsymbol{x};\ \boldsymbol{t})=\boldsymbol{F}(\boldsymbol{x}';\ \boldsymbol{t})$的那个点. 这个叙述蕴涵

$$\boldsymbol{F}[\boldsymbol{v}(\boldsymbol{x};\ \boldsymbol{t});\ \boldsymbol{t}]=(\boldsymbol{x};\ \boldsymbol{t}),\qquad \text{对于 } Y \text{ 内的每个}(\boldsymbol{x};\ \boldsymbol{t}).$$

现在我们准备定义本定理中的集合 T_0 和函数 $\boldsymbol{g}$. 设

$$T_0=\{\boldsymbol{t}:\boldsymbol{t}\in\mathbf{R}^k,\quad (\boldsymbol{0};\ \boldsymbol{t})\in Y\},$$

并且对 T_0 内的每个 $\boldsymbol{t}$ 定义 $\boldsymbol{g}(\boldsymbol{t})=\boldsymbol{v}(\boldsymbol{0};\ \boldsymbol{t})$. 集合 T_0 是 $\mathbf{R}^k$ 中的开集. 此外 $\boldsymbol{g}\in C'$于 T_0，因为 $\boldsymbol{G}\in C'$于 Y，而且 $\boldsymbol{g}$ 的分量取自 $\boldsymbol{G}$ 的分量. 而且有

$$\boldsymbol{g}(\boldsymbol{t}_0)=\boldsymbol{v}(\boldsymbol{0};\ \boldsymbol{t}_0)=\boldsymbol{x}_0,$$

因为$(\boldsymbol{0};\ \boldsymbol{t}_0)=\boldsymbol{F}(\boldsymbol{x}_0;\ \boldsymbol{t}_0)$. 最后，方程 $\boldsymbol{F}[\boldsymbol{v}(\boldsymbol{x};\ \boldsymbol{t});\ \boldsymbol{t}]=(\boldsymbol{x};\ \boldsymbol{t})$，它对于 Y 内的每一个$(\boldsymbol{x};\ \boldsymbol{t})$成立，由它可得(考虑在 $\mathbf{R}^n$ 内的分量)方程 $\boldsymbol{f}[\boldsymbol{v}(\boldsymbol{x};\ \boldsymbol{t});\ \boldsymbol{t}]=\boldsymbol{x}$. 取 $\boldsymbol{x}=\boldsymbol{0}$ 可知对于 T_0 内的每一个 $\boldsymbol{t}$ 都有 $\boldsymbol{f}[\boldsymbol{g}(\boldsymbol{t});\ \boldsymbol{t}]=\boldsymbol{0}$，而这就完成了(a)、(b)、(c)这几个论断的证明. 剩下还应证明只有一个这样的函数 $\boldsymbol{g}$. 但是从 $\boldsymbol{f}$ 的 1-1 性质立即可以推出这一点. 假如有另一个函数(譬如说是 $\boldsymbol{h}$)也满足(c)，则将有 $\boldsymbol{f}[\boldsymbol{g}(\boldsymbol{t});\ \boldsymbol{t}]=\boldsymbol{f}[\boldsymbol{h}(\boldsymbol{t});\ \boldsymbol{t}]$，这意味着对于 T_0 内的每一个 $\boldsymbol{t}$ 有$(\boldsymbol{g}(\boldsymbol{t});\ \boldsymbol{t})=(\boldsymbol{h}(\boldsymbol{t});\ \boldsymbol{t})$或者 $\boldsymbol{g}(\boldsymbol{t})=\boldsymbol{h}(\boldsymbol{t})$. ■

13.5　一元实值函数的极值

本章剩下的部分将考虑实值函数 f，目的是想确定使 f 有局部极值的那些点(如果有
375 的话). 所谓局部极值，是局部极大值或局部极小值.

在这方面，我们已经对于一元函数得到了一个结果(定理 5.9). 在定理 5.9 中我们发现，使一个函数 f 在一个区间的一个内点 c 处有局部极值的一个必要条件是 $f'(c)=0$，只要 $f'(c)$存在. 然而，这个条件不是充分的，如取 $f(x)=x^3$，$c=0$ 就可以看到这一点. 现在我们导出一个充分条件.

定理 13.8　对于某个整数 $n\geqslant 1$，设 f 在开区间(a, b)内有连续的 n 阶导数，再假定对于(a, b)内的某个内点 c 有

$$f'(c)=f''(c)=\cdots=f^{(n-1)}(c)=0,\qquad \text{但 } f^{(n)}(c)\neq 0.$$

于是当 n 是偶数时，如果 $f^{(n)}(c)>0$，则 f 在 c 点有局部极小值；如果 $f^{(n)}(c)<0$，则 f 在 c 点有局部极大值. 当 n 是奇数时，f 在 c 点既没有局部极大值，又没有局部极小值.

证明　因为 $f^{(n)}(c)\neq 0$，所以存在一个区间 $B(c)$使得对于 $B(c)$内的每一个 x，导数 $f^{(n)}(x)$与 $f^{(n)}(c)$有同样的符号. 于是按照泰勒公式(定理 5.19)，对于 $B(c)$内的每一个 x 有

$$f(x)-f(c)=\frac{f^{(n)}(x_1)}{n!}(x-c)^n,\qquad \text{其中 } x_1\in B(c).$$

如果 n 是偶数，当 $f^{(n)}(c)>0$ 时这个等式蕴涵 $f(x)\geqslant f(c)$，当 $f^{(n)}(c)\leqslant 0$ 时蕴涵 $f(x)\leqslant f(c)$. 如果 n 是奇数而且 $f^{(n)}(c)>0$，则当 $x>c$ 时 $f(x)>f(c)$，当 $x<c$ 时 $f(x)<f(c)$，f 在 c 点不可能有极值. 当 n 是奇数而且 $f^{(n)}(c)<0$ 时有类似的论断成立. 这就证明了本定理. ■

13.6　多元实值函数的极值

我们现在转向多元函数. 练习 12.1 对于一个函数在一个开集的内点 $\boldsymbol{a}$ 处有局部极大值或局部极小值给出了一个必要条件. 这个条件是，每个偏导数 $D_k f(\boldsymbol{a})$在该点必须为零. 我们也可以用方向导数的语言把这个条件说成 $f'(\boldsymbol{a};\ \boldsymbol{u})$必须对于每一个方向 $\boldsymbol{u}$ 都是零.

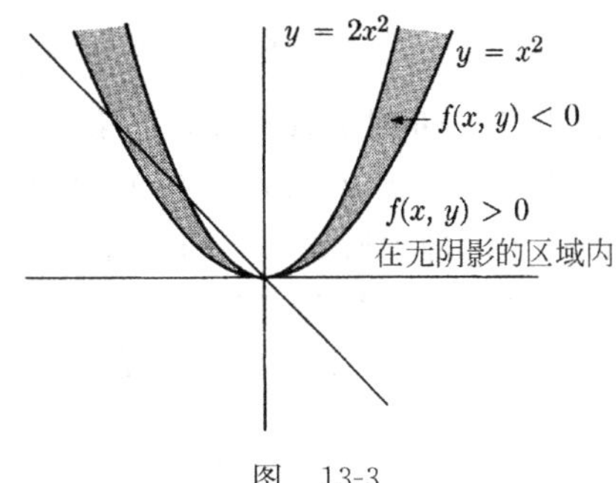

图　13-3

然而，这个论述的逆命题不成立. 考虑下述二元实变量函数的例子：

$$f(x,\ y)=(y-x^2)(y-2x^2).$$

这里有 $D_1 f(0,\ 0)=D_2 f(0,\ 0)=0$. 现在 $f(0,\ 0)=0$，但是该函数在(0，0)点的每一个邻域内都既有正值，又有负值，所以它在(0，0)点既没有局部极大值，也没有局部极小值.（见图 13-3.）

这个例子描述了另一个有趣的现象. 如果取一条通过坐标原点的固定直线，并限制点$(x,\ y)$沿着这条直线朝着点(0，0)运动，则该点最终将进入在抛物线 $y=2x^2$ 上方(或在抛物线 $y=x^2$ 下方)的区域，$f(x,\ y)$在该区域内变成正值并且对于每一个$(x,\ y)\neq(0,\ 0)$保持是正值. 因而，沿着每一条这样的直线，f 在(0，0)点有最小值，但是在(0，0)点的任何二维邻域内，坐标原点不是局部极小值点. 376

定义 13.9　*如果 f 在 $\boldsymbol{a}$ 点可微而且$\nabla f(\boldsymbol{a})=0$，则 $\boldsymbol{a}$ 点称为 $\boldsymbol{f}$ 的一个稳定点. 一个稳定点 $\boldsymbol{a}$ 称为一个鞍点，如果每个 n-球 $B(\boldsymbol{a})$包含一些点 $\boldsymbol{x}$ 使得 $f(\boldsymbol{x})>f(\boldsymbol{a})$，同时包含另外一些点 $\boldsymbol{x}$ 使得 $f(\boldsymbol{x})<f(\boldsymbol{a})$.*

在上面的例子里，坐标原点是该函数的一个鞍点.

为了确定一个 n 元函数在一个稳定点 $\boldsymbol{a}$ 是否有局部极大值、局部极小值或者是鞍点，我们必须对于在 $\boldsymbol{a}$ 的一个邻域内的全部 $\boldsymbol{x}$ 确定 $f(\boldsymbol{x})-f(\boldsymbol{a})$的代数符号. 像在一维的情况一样，这可以借助于泰勒公式(定理 12.14)完成. 在定理 12.14 中取 $m=2$ 和 $\boldsymbol{y}=\boldsymbol{a}+\boldsymbol{t}$. 如果 f 的偏导数在一个 n-球 $B(\boldsymbol{a})$上是可微的，则有

$$f(\boldsymbol{a}+\boldsymbol{t})-f(\boldsymbol{a})=\nabla f(\boldsymbol{a})\cdot\boldsymbol{t}+\frac{1}{2}f''(\boldsymbol{z};\ \boldsymbol{t}),\tag{3}$$

其中 $\boldsymbol{z}$ 位于连接 $\boldsymbol{a}$ 与 $\boldsymbol{a}+\boldsymbol{t}$ 的线段上，而且

$$f''(\boldsymbol{z};\ \boldsymbol{t})=\sum_{i=1}^{n}\sum_{j=1}^{n}D_{i,j}f(\boldsymbol{z})t_i t_j.$$

在稳定点有$\nabla f(\boldsymbol{a})=\boldsymbol{0}$，所以(3)式变成

$$f(\boldsymbol{a}+\boldsymbol{t})-f(\boldsymbol{a})=\frac{1}{2}f''(\boldsymbol{z};\ \boldsymbol{t}).$$

因此，当 $\boldsymbol{a}+\boldsymbol{t}$ 在 $B(\boldsymbol{a})$范围内的时候，$f(\boldsymbol{a}+\boldsymbol{t})-f(\boldsymbol{a})$的代数符号由 $f''(\boldsymbol{z};\ \boldsymbol{t})$的代数符号来确定. 我们可以把(3)式写成

$$f(\boldsymbol{a}+\boldsymbol{t})-f(\boldsymbol{a})=\frac{1}{2}f''(\boldsymbol{a};\ \boldsymbol{t})+\|\boldsymbol{t}\|^2E(\boldsymbol{t}),\tag{4}$$

其中

$$\|\boldsymbol{t}\|^2 E(\boldsymbol{t}) = \frac{1}{2} f''(\boldsymbol{z};\ \boldsymbol{t}) - \frac{1}{2} f''(\boldsymbol{a};\ \boldsymbol{t}).$$

不等式

$$\|\boldsymbol{t}\|^2 |E(\boldsymbol{t})| \leqslant \frac{1}{2} \sum_{i=1}^{n} \sum_{j=1}^{n} |\mathrm{D}_{i,j} f(\boldsymbol{z}) - \mathrm{D}_{i,j} f(\boldsymbol{a})| \, \|\boldsymbol{t}\|^2$$

表明当 $\boldsymbol{t} \to \boldsymbol{0}$ 时 $E(\boldsymbol{t}) \to 0$，如果 f 的二阶偏导数在 $\boldsymbol{a}$ 点连续. 因为 $\|\boldsymbol{t}\|^2 E(\boldsymbol{t})$ 比 $\|\boldsymbol{t}\|^2$ 趋向于零快，看来 $f(\boldsymbol{a}+\boldsymbol{t})-f(\boldsymbol{a})$ 的代数符号可以由 $f''(\boldsymbol{a};\ \boldsymbol{t})$ 的代数符号来确定. 这就是在下
377 面一个定理中所要证明的内容.

定理 13.10（极值的二阶导数检验法）　假定 $\boldsymbol{a}$ 是 f 的一个稳定点，二阶偏导数 $\mathrm{D}_{i,j} f$ 在一个 n-球 $B(\boldsymbol{a})$ 内存在且在 $\boldsymbol{a}$ 点连续，设

$$Q(\boldsymbol{t}) = \frac{1}{2} f''(\boldsymbol{a};\ \boldsymbol{t}) = \frac{1}{2} \sum_{i=1}^{n} \sum_{j=1}^{n} \mathrm{D}_{i,j} f(\boldsymbol{a}) t_i t_j. \tag{5}$$

a) 如果对于一切 $\boldsymbol{t} \neq \boldsymbol{0}$ 有 $Q(\boldsymbol{t}) > 0$，则 f 在 $\boldsymbol{a}$ 点有相对极小值.

b) 如果对于一切 $\boldsymbol{t} \neq \boldsymbol{0}$ 有 $Q(\boldsymbol{t}) < 0$，则 f 在 $\boldsymbol{a}$ 点有相对极大值.

c) 如果 $Q(\boldsymbol{t})$ 既能取到正值又能取到负值，则 $\boldsymbol{a}$ 是 f 的一个鞍点.

证明　函数 Q 在 $\mathbf{R}^n$ 内的每个点 $\boldsymbol{t}$ 处连续. 设 $S = \{\boldsymbol{t} : \|\boldsymbol{t}\| = 1\}$ 表示 n-球 $B(\boldsymbol{0};\ 1)$ 的边界. 如果对于一切 $\boldsymbol{t} \neq \boldsymbol{0}$ 有 $Q(\boldsymbol{t}) > 0$，则 $Q(\boldsymbol{t})$ 在 S 上是正的. 因为 S 是紧的，所以 Q 在 S 上有最小值（记为 m），而且 $m > 0$. 现在对于每一个实数 c，有 $Q(c\boldsymbol{t}) = c^2 Q(\boldsymbol{t})$. 取 $c = 1/\|\boldsymbol{t}\|$，其中 $\boldsymbol{t} \neq \boldsymbol{0}$，可得 $c\boldsymbol{t} \in S$，从而 $c^2 Q(\boldsymbol{t}) \geqslant m$，所以 $Q(\boldsymbol{t}) \geqslant m \|\boldsymbol{t}\|^2$. 把此结果带入 (4) 式可得

$$f(\boldsymbol{a}+\boldsymbol{t}) - f(\boldsymbol{a}) = Q(\boldsymbol{t}) + \|\boldsymbol{t}\|^2 E(\boldsymbol{t}) \geqslant m \|\boldsymbol{t}\|^2 + \|\boldsymbol{t}\|^2 E(\boldsymbol{t}).$$

因为当 $\boldsymbol{t} \to \boldsymbol{0}$ 时 $E(\boldsymbol{t}) \to 0$，所以有正数 r 使得 $|E(\boldsymbol{t})| < \frac{1}{2} m$，只要 $0 < \|\boldsymbol{t}\| < r$. 对于这样的 $\boldsymbol{t}$ 有 $0 \leqslant \|\boldsymbol{t}\|^2 |E(\boldsymbol{t})| < \frac{1}{2} m \|\boldsymbol{t}\|^2$，所以

$$f(\boldsymbol{a}+\boldsymbol{t}) - f(\boldsymbol{a}) > m \|\boldsymbol{t}\|^2 - \frac{1}{2} m \|\boldsymbol{t}\|^2 = \frac{1}{2} m \|\boldsymbol{t}\|^2 > 0.$$

因而 f 在 $\boldsymbol{a}$ 点有相对极小值，这就证明了 (a). 为了证明 (b)，我们可以进行类似的讨论，或者对于 $-f$ 直接应用 (a) 的结论.

最后，我们来证明 (c). 对于每一个 $\lambda > 0$，由 (4) 式可得

$$f(\boldsymbol{a}+\lambda\boldsymbol{t}) - f(\boldsymbol{a}) = Q(\lambda\boldsymbol{t}) + \lambda^2 \|\boldsymbol{t}\|^2 E(\lambda\boldsymbol{t}) = \lambda^2 \{Q(\boldsymbol{t}) + \|\boldsymbol{t}\|^2 E(\lambda\boldsymbol{t})\}.$$

假定对于某个 $\boldsymbol{t}$ 有 $Q(\boldsymbol{t}) \neq 0$. 因为当 $\boldsymbol{y} \to \boldsymbol{0}$ 时 $E(\boldsymbol{y}) \to 0$，所以有正数 r 使得

$$\|\boldsymbol{t}\|^2 E(\lambda\boldsymbol{t}) < \frac{1}{2} |Q(\boldsymbol{t})|, \qquad 若\ 0 < \lambda < r.$$

因而，对于每一个这样的 λ，$\lambda^2 \{Q(\boldsymbol{t}) + \|\boldsymbol{t}\|^2 E(\lambda\boldsymbol{t})\}$ 与 $Q(\boldsymbol{t})$ 有同样的符号. 于是，当 $0 < \lambda < r$ 时，差 $f(\boldsymbol{a}+\lambda\boldsymbol{t}) - f(\boldsymbol{a})$ 与 $Q(\boldsymbol{t})$ 有同样的符号. 从而，如果 $Q(\boldsymbol{t})$ 既能取到正值又能取到负值，就可以推出 f 以 $\boldsymbol{a}$ 点作为一个鞍点. ■

注　在 $\mathbf{R}^n$ 上用下面类型的等式定义的实值函数 Q：

$$Q(\boldsymbol{x})=\sum_{i=1}^{n}\sum_{j=1}^{n}a_{ij}x_ix_j$$

称为二次型，其中 $\boldsymbol{x}=(x_1,\cdots,x_n)$，$a_{ij}$ 是实数．如果对于一切 i 和 j 都有 $a_{ij}=a_{ji}$，二次型称为对称的；如果 $\boldsymbol{x}\neq\mathbf{0}$ 蕴涵 $Q(\boldsymbol{x})>0$ 则称为正定的；如果 $\boldsymbol{x}\neq\mathbf{0}$ 蕴涵 $Q(\boldsymbol{x})<0$ 则称为负定的．

一般而言，不容易确定一个二次型是否正定或负定．有一个涉及本征值的准则在参考文献 13.1 的定理 9.5 中进行了叙述．另外一个涉及行列式的准则可以叙述如下：设 $\Delta=\det[a_{ij}]$并设 Δ_k 表示去掉$[a_{ij}]$的最后$(n-k)$行和最后$(n-k)$列得到的 $k\times k$ 矩阵的行列式，再设 $\Delta_0=1$．于是从二次型理论可知，一个对称二次型正定的充分必要条件是 Δ_0，Δ_1，…，Δ_n 这$n+1$个数都是正的．一个对称二次型是负定的，当且仅当同样这 $n+1$ 个数是正负相间的．（见参考文献 13.2 第 304-308 页．）在(5)式中出现的二次型是对称的，因为混合偏导数 $D_{i,j}f(\boldsymbol{a})$与 $D_{j,i}f(\boldsymbol{a})$相等．因而，在定理 13.10 的条件下可以看到，当 Δ_0，Δ_1，…，Δ_n 这 $n+1$ 个数都是正数时，f 在 $\boldsymbol{a}$ 点有局部极小值；当这 $n+1$ 个数正负相间时，f 在 $\boldsymbol{a}$ 点有局部极大值．对于 $n=2$ 的情况可以直接处理并且可以给出下述准则． 378

定理 13.11　设 f 是一个在 $\mathbf{R}^2$ 内的稳定点 $\boldsymbol{a}$ 处有连续二阶偏导数的实值函数．设

$$A=D_{1,1}f(\boldsymbol{a}),\quad B=D_{1,2}f(\boldsymbol{a}),\quad C=D_{2,2}f(\boldsymbol{a}),$$

并设

$$\Delta=\det\begin{bmatrix}A & B\\ B & C\end{bmatrix}=AC-B^2.$$

则有

a)如果 $\Delta>0$ 且 $A>0$，则 f 在 $\boldsymbol{a}$ 点有相对极小值．

b)如果 $\Delta>0$ 且 $A<0$，则 f 在 $\boldsymbol{a}$ 点有相对极大值．

c)如果 $\Delta<0$，则 f 以 $\boldsymbol{a}$ 为鞍点．

证明　在二维情况下可以把(5)式中的二次型写成下面的形式：

$$Q(x,y)=\frac{1}{2}\{Ax^2+2Bxy+Cy^2\}.$$

如果 $A\neq0$，此式也可以被写为

$$Q(x,y)=\frac{1}{2A}\{(Ax+By)^2+\Delta y^2\}.$$

如果 $\Delta>0$，花括号内的表达式是两个平方项之和，所以 $Q(x,y)$与 A 有相同的符号．于是，本定理的(a)和(b)立即可由定理 13.10 的(a)和(b)得到．

如果 $\Delta<0$，该二次型是两个线性因子之积．因此，使 $Q(x,y)=0$ 的点(x,y)组成的集合由 xy 平面上的两条相交于$(0,0)$点的直线组成．这两条直线把整个平面划分成四个区域；$Q(x,y)$在其中的两个区域内是正的，在另外两个区域内是负的．因而 f 以 $\boldsymbol{a}$ 点为鞍点． ■

379 **注**　如果 $\Delta=0$，则在 $\boldsymbol{a}$ 点可能有局部极大值、局部极小值或者鞍点.

13.7　带边条件的极值问题

考虑下述类型的极值问题. 假设 $f(x, y, z)$ 表示空间某点 (x, y, z) 处的温度，而我们要寻求某个曲面上温度的最大值或最小值. 如果曲面方程是用 $z=h(x, y)$ 这种显函数的形式给出的，则在表达式 $f(x, y, z)$ 中可以用 $h(x, y)$ 代替 z 而得到在该曲面上的仅作为 x 和 y 的函数的温度，譬如说是 $F(x, y)=f[x, y, h(x, y)]$. 于是这个问题化成了求 F 的极值的问题. 然而在实践中会产生一定的困难. 曲面的方程也许是用一种隐函数的形式给出的，譬如说是 $g(x, y, z)=0$，而且在实践中，要从这个方程中把 z 作为 x 和 y 的显函数解出来，或者甚至把 x 或 y 作为其余变量的显函数解出来，都是不可能的. 寻求位于空间中一条给定的曲线上各点的温度的极值问题可能是更复杂的问题. 一条这样的曲线是两个曲面的交，譬如说是 $g_1(x, y, z)=0$ 和 $g_2(x, y, z)=0$ 的交. 如果能同时解这两个方程，譬如说通过 z 表示出了 x 和 y，于是就可以把它们的表达式带入到 f 的表达式当中得到一个新的仅以 z 为变量的函数，它的极值我们将能找到. 然而，一般来说，这个过程是不能实现的，因而必须寻找一种更为行之有效的方法. 有一种解决此类问题的非常雅致、非常有用的方法是由拉格朗日提出来的.

拉格朗日方法对于极值提供了一个必要条件，可以叙述如下：设 $f(x_1, \cdots, x_n)$ 是一个表达式，要在变量受一定数量的边条件限制时寻找该表达式的极值，譬如说边条件是 $g_1(x_1, \cdots, x_n)=0, \cdots, g_m(x_1, \cdots, x_n)=0$. 于是可以构成线性组合

$$\phi(x_1, \cdots, x_n)=f(x_1, \cdots, x_n)+\lambda_1 g_1(x_1, \cdots, x_n)+\cdots+\lambda_m g_m(x_1, \cdots, x_n),$$

其中 $\lambda_1, \cdots, \lambda_m$ 是 m 个常数. 然后对 ϕ 关于每一个坐标进行微分，并考虑下述由 $n+m$ 个方程组成的方程组：

$$\mathrm{D}_r\phi(x_1, \cdots, x_n)=0, \quad r=1, 2, \cdots, n,$$
$$g_k(x_1, \cdots, x_n)=0, \quad k=1, 2, \cdots, m.$$

拉格朗日发现，如果点 $(x_1, \cdots, x_n)$ 是该极值问题的一个解，则它也将满足由这 $n+m$ 个方程组成的方程组. 在实践中，人们尝试对于 $\lambda_1, \cdots, \lambda_m$ 和 $x_1, \cdots, x_n$ 这 $n+m$ 个"未知量"解这个方程组，然后必须检验如此得到的各个点 $(x_1, \cdots, x_n)$ 以确定能导致极大值还是极小值，还是二者都不能. 引入 $\lambda_1, \cdots, \lambda_m$ 这些数只是为了帮助对于 $x_1, \cdots, x_n$ 解这个方程组，这些数称为拉格朗日乘子. 对于每一个边条件引进一个乘子.

存在一个复杂的分析准则，它可以区分此类问题中的最大值和最小值.（例子参见参考文献 13.3.）然而，在实践中这个准则不是很有用，因为在各种具体问题中通常容易依
380 赖于某些其他手段(例如，物理方面的或几何方面的考虑)来确定这种区分.

下面这个定理叙述了拉格朗日方法的有效性：

定理 13.12　设 f 是一个实值函数，在 $\mathbf{R}^n$ 内的一个开集 S 上有 $f\in C'$. 设 $g_1, \cdots, g_m$ 是 m 个实值函数，$\boldsymbol{g}=(g_1, \cdots, g_m)\in C'$ 于 S，并假定 $m<n$. 设 X_0 是 S 的使 $\boldsymbol{g}$ 的值为零的子集，即

$$X_0=\{\boldsymbol{x}: \boldsymbol{x}\in S, \quad \boldsymbol{g}(\boldsymbol{x})=\boldsymbol{0}\}.$$

假定 $\boldsymbol{x}_0 \in X_0$ 并假定存在一个 n-球 $B(\boldsymbol{x}_0)$，使得对于 $X_0 \cap B(\boldsymbol{x}_0)$ 内的一切 $\boldsymbol{x}$ 都有 $f(\boldsymbol{x}) \leqslant f(\boldsymbol{x}_0)$，或者使得对于 $X_0 \cap B(\boldsymbol{x}_0)$ 内的一切 $\boldsymbol{x}$ 都有 $f(\boldsymbol{x}) \geqslant f(\boldsymbol{x}_0)$. 再假定 m 行的行列式 $\det[\mathrm{D}_j g_i(\boldsymbol{x}_0)] \neq 0$. 于是存在 m 个实数 λ_1，…，λ_m 满足下述 n 个方程：

$$\mathrm{D}_r f(\boldsymbol{x}_0) + \sum_{k=1}^{m} \lambda_k \mathrm{D}_r g_k(\boldsymbol{x}_0) = 0 \qquad (r=1, 2, \cdots, n). \tag{6}$$

注 (6)式中的 n 个方程等价于下述向量方程：

$$\nabla f(\boldsymbol{x}_0) + \lambda_1 \nabla g_1(\boldsymbol{x}_0) + \cdots + \lambda_m \nabla g_m(\boldsymbol{x}_0) = \boldsymbol{0}.$$

证明 考虑下述由含有 m 个未知数 λ_1，…，λ_m 的 m 个线性方程组成的方程组：

$$\sum_{k=1}^{m} \lambda_k \mathrm{D}_r g_k(\boldsymbol{x}_0) = -\mathrm{D}_r f(\boldsymbol{x}_0) \qquad (r=1, 2, \cdots, m).$$

这个方程组有唯一解，因为按照假设，该方程组的系数矩阵的行列式不为零. 因此，(6)式中的前 m 个方程得到满足. 现在我们必须验证对于 λ_1，…，λ_m 的这种选择，(6)式中剩余的 $n-m$ 个方程也将得到满足.

为此，要应用隐函数定理. 因为 $m<n$，所以 S 中的每个点 $\boldsymbol{x}$ 都可以被写成如 $\boldsymbol{x}=(\boldsymbol{x}'; \boldsymbol{t})$ 这种形式，其中 $\boldsymbol{x}' \in \mathbf{R}^m$，$\boldsymbol{t} \in \mathbf{R}^{n-m}$. 在剩下的证明本定理的过程中，我们将用 $\boldsymbol{x}'$ 表示 $(x_1, \cdots, x_m)$，用 $\boldsymbol{t}$ 表示 $(x_{m+1}, \cdots, x_n)$，从而 $t_k = x_{m+k}$. 通过向量值函数 $\boldsymbol{g}=(g_1, \cdots, g_m)$，现在可以写

$$\boldsymbol{g}(\boldsymbol{x}_0'; \boldsymbol{t}_0) = \boldsymbol{0} \quad 当\ \boldsymbol{x}_0 = (\boldsymbol{x}_0'; \boldsymbol{t}_0).$$

因为 $\boldsymbol{g} \in C'$ 于 S，且行列式 $\det[\mathrm{D}_j g_i(\boldsymbol{x}_0'; \boldsymbol{t}_0)] \neq 0$，所以隐函数定理的全部条件都得到满足. 因而存在 $\boldsymbol{t}_0$ 的一个 $(n-m)$ 维邻域 T_0 和唯一在 T_0 上定义、在 $\mathbf{R}^m$ 内取值的向量值函数 $\boldsymbol{h}=(h_1, \cdots, h_m)$，使得 $\boldsymbol{h} \in C'$ 于 T_0，$\boldsymbol{h}(\boldsymbol{t}_0) = \boldsymbol{x}_0'$，而且对于 T_0 内的每一个 $\boldsymbol{t}$，有 $\boldsymbol{g}[\boldsymbol{h}(\boldsymbol{t}); \boldsymbol{t}] = \boldsymbol{0}$. 这就等于说，由 m 个方程

$$g_1(x_1, \cdots, x_n) = 0, \cdots, g_m(x_1, \cdots, x_n) = 0$$

组成的方程组可以对于 x_1，…，x_m 求解，并通过 x_{m+1}，…，x_n 把解表示出来，解的形式是 $x_r = h_r(x_{m+1}, \cdots, x_n)$，$r=1, 2, \cdots, m$. 现在我们将把关于 x_1，…，x_m 的这些 381
表达式带入到表达式 $f(x_1, \cdots, x_n)$ 中去，也代入到每个表达式 $g_p(x_1, \cdots, x_n)$ 中去. 这等于是说，定义一个新的函数 F 如下：

$$F(x_{m+1}, \cdots, x_n) = f[h_1(x_{m+1}, \cdots, x_n), \cdots, h_m(x_{m+1}, \cdots, x_n); x_{m+1}, \cdots, x_n];$$

并且定义 m 个新函数 G_1，…，G_m 如下：

$$G_p(x_{m+1}, \cdots, x_n) = g_p[h_1(x_{m+1}, \cdots, x_n), \cdots, h_m(x_{m+1}, \cdots, x_n); x_{m+1}, \cdots, x_n].$$

更简短地说，可以写 $F(\boldsymbol{t}) = f[\boldsymbol{H}(\boldsymbol{t})]$ 和 $G_p(\boldsymbol{t}) = g_p[\boldsymbol{H}(\boldsymbol{t})]$，其中 $\boldsymbol{H}(\boldsymbol{t}) = (\boldsymbol{h}(\boldsymbol{t}); \boldsymbol{t})$. 这里限制 $\boldsymbol{t}$ 位于集合 T_0 之内.

按照隐函数定理，如此定义的每个函数 G_p 在集合 T_0 上都恒等于零. 因此每个导数 $\mathrm{D}_r G_p$ 在 T_0 上也是恒等于零，特别地，$\mathrm{D}_r G_p(\boldsymbol{t}_0) = 0$. 但是按照链式法则(等式 12.20)，我们可以计算这些导数如下：

$$\mathrm{D}_r G_p(\boldsymbol{t}_0) = \sum_{k=1}^{n} \mathrm{D}_k g_p(\boldsymbol{x}_0) \mathrm{D}_r H_k(\boldsymbol{t}_0) \qquad (r=1, 2, \cdots, n-m).$$

但是当 $1\leqslant k\leqslant m$ 时 $H_k(\boldsymbol{t})=h_k(\boldsymbol{t})$，当 $m+1\leqslant k\leqslant n$ 时 $H_k(\boldsymbol{t})=x_k$. 因而，当 $m+1\leqslant k\leqslant n$ 时，如果 $m+r\neq k$，则有 $\mathrm{D}_r H_k(\boldsymbol{t})\equiv 0$，而且对于每一个 $\boldsymbol{t}$ 都有 $\mathrm{D}_r H_{m+r}(\boldsymbol{t})=1$. 于是上述方程变为

$$\sum_{k=1}^{m}\mathrm{D}_k g_p(\boldsymbol{x}_0)\mathrm{D}_r h_k(\boldsymbol{t}_0)+\mathrm{D}_{m+r}g_p(\boldsymbol{x}_0)=0 \quad \begin{cases}p=1,\ 2,\ \cdots,\ m,\\ r=1,\ 2,\ \cdots,\ n-m.\end{cases} \tag{7}$$

由 h 的连续性，有 $(n-m)$-球 $B(\boldsymbol{t}_0)\subseteq T_0$ 使得 $\boldsymbol{t}\in B(\boldsymbol{t}_0)$ 蕴涵 $(\boldsymbol{h}(\boldsymbol{t});\ \boldsymbol{t})\in B(\boldsymbol{x}_0)$，其中 $B(\boldsymbol{x}_0)$ 是在定理正文中的 n-球. 因此 $\boldsymbol{t}\in B(\boldsymbol{t}_0)$ 蕴涵 $(\boldsymbol{h}(\boldsymbol{t});\ \boldsymbol{t})\in X_0\cap B(\boldsymbol{x}_0)$，从而按照假设，要么对于 $B(\boldsymbol{t}_0)$ 内的一切 $\boldsymbol{t}$ 有 $F(\boldsymbol{t})\leqslant F(\boldsymbol{t}_0)$，要么对于 $B(\boldsymbol{t}_0)$ 内的一切 $\boldsymbol{t}$ 有 $F(\boldsymbol{t})\geqslant F(\boldsymbol{t}_0)$. 这就是说，$F$ 在内点 $\boldsymbol{t}_0$ 处有局部极大值或者局部极小值，因而每一个偏导数 $\mathrm{D}_r F(\boldsymbol{t}_0)$ 必定为零. 如果用链式法则计算这些导数，则可得

$$\mathrm{D}_r F(\boldsymbol{t}_0)=\sum_{k=1}^{n}\mathrm{D}_k f(\boldsymbol{x}_0)\mathrm{D}_r H_k(\boldsymbol{t}_0) \qquad (r=1,\ \cdots,\ n-m),$$

因而可以写

$$\sum_{k=1}^{m}\mathrm{D}_k f(\boldsymbol{x}_0)\mathrm{D}_r h_k(\boldsymbol{t}_0)+\mathrm{D}_{m+r}f(\boldsymbol{x}_0)=0 \qquad (r=1,\ \cdots,\ n-m). \tag{8}$$

现在如果把(7)式乘以 λ_p，对 p 求和，并把所有的结果加到(8)式上，则对于 $r=1,\ 2,\ \cdots,\ n-m$ 得到

$$\sum_{k=1}^{m}\left[\mathrm{D}_k f(\boldsymbol{x}_0)+\sum_{p=1}^{m}\lambda_p\mathrm{D}_k g_p(\boldsymbol{x}_0)\right]\mathrm{D}_r h_k(\boldsymbol{t}_0)+\mathrm{D}_{m+r}f(\boldsymbol{x}_0)+\sum_{p=1}^{m}\lambda_p\mathrm{D}_{m+r}g_p(\boldsymbol{x}_0)=0.$$

382 在对 k 求和的时候，由定义 $\lambda_1,\ \cdots,\ \lambda_m$ 的方法可知方括号内的表达式变为零. 这样，留下来的是

$$\mathrm{D}_{m+r}f(\boldsymbol{x}_0)+\sum_{p=1}^{m}\lambda_p\mathrm{D}_{m+r}g_p(\boldsymbol{x}_0)=0 \qquad (r=1,\ 2,\ \cdots,\ n-m),$$

这恰恰是完成本定理的证明所需的方程. ■

注 在尝试用拉格朗日方法求解一个特定的极值问题的时候，通常非常容易确定方程组(6)，但一般来说，实际地解这个方程组不是一件简单的事情. 有一些特殊的手段经常被用来直接从(6)得出 f 的极值，而不是首先求出使 f 取到这些极值的特定的点. 下面的例子描述了某些这样的手段.

例 一个以原点为中心的二次曲面的方程为

$$Ax^2+By^2+Cz^2+2Dyz+2Ezx+2Fxy=1.$$

求出它的各个半轴的长.

解 用 $(x_1,\ x_2,\ x_3)$ 代替 $(x,\ y,\ z)$，并引进二次型

$$q(\boldsymbol{x})=\sum_{j=1}^{3}\sum_{i=1}^{3}a_{ij}x_i x_j, \tag{9}$$

其中 $\boldsymbol{x}=(x_1,\ x_2,\ x_3)$，而且选取 $a_{ij}=a_{ji}$ 使得曲面方程变为 $q(\boldsymbol{x})=1$. (因此这个二次型是对称的和正定的.)原问题等价于求 $f(\boldsymbol{x})=\|\boldsymbol{x}\|^2=x_1^2+x_2^2+x_3^2$ 的极值，使之服从边条件 $g(\boldsymbol{x})=0$，其中 $g(\boldsymbol{x})=q(\boldsymbol{x})-1$. 运用拉格朗日方法，我们引进一个乘子并考虑向量

方程

$$\nabla f(\boldsymbol{x})+\lambda \nabla q(\boldsymbol{x})=\mathbf{0} \tag{10}$$

(因为$\nabla g=\nabla q$). 在这种特定的情况下，f 与 q 两者都是二次齐次函数，可以在(10)式中应用欧拉定理(见练习 12.18)得到

$$\boldsymbol{x}\cdot\nabla f(\boldsymbol{x})+\lambda\boldsymbol{x}\cdot\nabla q(\boldsymbol{x})=2f(\boldsymbol{x})+2\lambda q(\boldsymbol{x})=0.$$

因为在曲面上 $q(\boldsymbol{x})=1$，我们得到 $\lambda=-f(\boldsymbol{x})$，而(10)式变为

$$t\nabla f(\boldsymbol{x})-\nabla q(\boldsymbol{x})=\mathbf{0}, \tag{11}$$

其中 $t=1/f(\boldsymbol{x})$. (本问题中不可能有 $f(\boldsymbol{x})=0$.)于是向量方程(11)可以导致关于 x_1，x_2，x_3 的下述三个方程：

$$(a_{11}-t)x_1+a_{12}x_2+a_{13}x_3=0,$$
$$a_{21}x_1+(a_{22}-t)x_2+a_{23}x_3=0,$$
$$a_{31}x_1+a_{32}x_2+(a_{33}-t)x_3=0.$$

因为 $\boldsymbol{x}=\mathbf{0}$ 不可能导致这个问题的解，所以这个方程组系数矩阵的行列式必定为零. 这就 383
是说，必定有

$$\begin{vmatrix} a_{11}-t & a_{12} & a_{13} \\ a_{21} & a_{22}-t & a_{23} \\ a_{31} & a_{32} & a_{33}-t \end{vmatrix}=0. \tag{12}$$

方程(12)称为(9)式中的二次型的*特征方程*. 在这种情况下，问题的几何性质保证这个三次方程的三个根 t_1，t_2，t_3 必定都是实的和正的. [因为 $q(\boldsymbol{x})$是对称的和正定的，所以二次型的一般理论也保证方程(12)的根都是实的和正的. (见参考文献 13.1，定理 9.5.)]这个二次曲面的三个半轴长分别为 $t_1^{-1/2}$，$t_2^{-1/2}$ 和 $t_3^{-1/2}$.

练习

雅可比行列式

13.1　设 f 是由方程 $f(z)=1/\bar{z}$ 对每个复数 $z\neq 0$ 定义的复值函数. 证明 $\boldsymbol{J}_f(z)=-|z|^{-4}$. 证明 f 是 1-1 的，并求出 f^{-1} 的显式表达式.

13.2　设 $\boldsymbol{f}=(f_1, f_2, f_3)$是一个向量值函数(对于 $\mathbf{R}^3$ 内的每一个满足 $x_1+x_2+x_3\neq -1$ 的点(x_1, x_2, x_3))定义如下：

$$f_k(x_1, x_2, x_3)=\frac{x_k}{1+x_1+x_2+x_3} \qquad (k=1, 2, 3).$$

证明 $\boldsymbol{J}_f(x_1, x_2, x_3)=(1+x_1+x_2+x_3)^{-4}$. 证明 $\boldsymbol{f}$ 是 1-1 的，并求出 $\boldsymbol{f}^{-1}$ 的显式表达式.

13.3　设 $\boldsymbol{f}=(f_1, \cdots, f_n)$是在 $\mathbf{R}^n$ 内定义的一个向量值函数，假设 $\boldsymbol{f}\in C'$于 $\mathbf{R}^n$，并设 $\boldsymbol{J}_f(\boldsymbol{x})$表示它的雅可比行列式. 设 $g_1, \cdots, g_n$ 是 n 个在 $\mathbf{R}^1$ 上定义且有连续导数 $g_1', \cdots, g_n'$ 的实值函数. 设 $h_k(\boldsymbol{x})=f_k[g_1(x_1), \cdots, g_n(x_n)]$，$k=1, 2, \cdots, n$，并令 $\boldsymbol{h}=(h_1, \cdots, h_n)$. 证明

$$\boldsymbol{J}_{\boldsymbol{h}}(\boldsymbol{x})=\boldsymbol{J}_f[g_1(x_1), \cdots, g_n(x_n)]g_1'(x_1)\cdots g_n'(x_n).$$

13.4　a)如果 $x(r, \theta)=r\cos\theta$，$y(r, \theta)=r\sin\theta$，证明

$$\frac{\partial(x, y)}{\partial(r, \theta)}=r.$$

b)如果 $x(r, \theta, \phi)=r\cos\theta\sin\phi$，$y(r, \theta, \phi)=r\sin\theta\sin\phi$，$z=r\cos\phi$，证明

$$\frac{\partial(x, y, z)}{\partial(r, \theta, \phi)} = -r^2\sin\phi.$$

13.5　a)叙述 f 与 g 为保证方程 $x=f(u, v)$，$y=g(u, v)$ 在 (x_0, y_0) 的一个邻域内对 u 和 v 有解所应满足的条件. 如果解是 $u=F(x, y)$，$v=G(x, y)$，而且如果 $J=\partial(f, g)/\partial(u, v)$，证明

384 $$\frac{\partial F}{\partial x}=\frac{1}{\boldsymbol{J}}\frac{\partial g}{\partial v},\quad \frac{\partial F}{\partial y}=-\frac{1}{\boldsymbol{J}}\frac{\partial f}{\partial v},\quad \frac{\partial G}{\partial x}=-\frac{1}{\boldsymbol{J}}\frac{\partial g}{\partial u},\quad \frac{\partial G}{\partial y}=\frac{1}{\boldsymbol{J}}\frac{\partial f}{\partial u}.$$

b)当 $f(u, v)=u^2-v^2$，$g(u, v)=2uv$ 时，计算 J 以及 F 与 G 在 $(x_0, y_0)=(1, 1)$ 处的偏导数.

13.6　设 $\boldsymbol{f}$ 和 $\boldsymbol{g}$ 的关系如定理 13.6 中所述. 考虑 $n=3$ 的情况并证明

$$\boldsymbol{J}_f(\boldsymbol{x})\mathrm{D}_1 g_i(\boldsymbol{y}) = \begin{vmatrix} \delta_{i,1} & \mathrm{D}_1 f_2(\boldsymbol{x}) & \mathrm{D}_1 f_3(\boldsymbol{x}) \\ \delta_{i,2} & \mathrm{D}_2 f_2(\boldsymbol{x}) & \mathrm{D}_2 f_3(\boldsymbol{x}) \\ \delta_{i,3} & \mathrm{D}_3 f_2(\boldsymbol{x}) & \mathrm{D}_3 f_3(\boldsymbol{x}) \end{vmatrix} \quad (i=1, 2, 3),$$

其中 $\boldsymbol{y}=\boldsymbol{f}(\boldsymbol{x})$，而按照 $i\neq j$ 或 $i=j$ 有 $\delta_{i,j}=0$ 或 1. 用此结果推出公式

$$\mathrm{D}_1 g_1 = \frac{\partial(f_2, f_3)}{\partial(x_2, x_3)}\bigg/\frac{\partial(f_1, f_2, f_3)}{\partial(x_1, x_2, x_3)}.$$

对于另外八个导数 $\mathrm{D}_k g_i$ 有类似的表达式.

13.7　设 $f=u+\mathrm{i}v$ 是一个满足下列条件的复值函数：在开圆盘 $A=\{z: |z|<1\}$ 上有 $u\in C'$ 和 $v\in C'$；f 在闭圆盘 $\overline{A}=\{z: |z|\leqslant 1\}$ 上连续；只要 $x^2+y^2=1$ 就有 $u(x, y)=x$ 和 $v(x, y)=y$；当 $z\in A$ 时雅可比行列式 $J_f(z)>0$. 设 $B=f(A)$ 表示 A 在 f 下的象，证明：

a)如果 X 是 A 的一个开子集，则 $f(X)$ 是 B 的一个开子集.

b)B 是一个半径为 1 的开圆盘.

c)对于 B 内的每个点 $u_0+\mathrm{i}v_0$，A 中只有有限个点 z 使得 $f(z)=u_0+\mathrm{i}v_0$.

极值问题

13.8　求出由下列方程定义的函数的极值并进行分类(如果有的话)：

a)$f(x, y)=y^2+x^2y+x^4$.

b)$f(x, y)=x^2+y^2+x+y+xy$.

c)$f(x, y)=(x-1)^4+(x-y)^4$.

d)$f(x, y)=y^2-x^3$.

13.9　求出从 y 轴上的点 $(0, b)$ 到抛物线 $x^2-4y=0$ 的最短距离. 用拉格朗日方法解此问题，然后不用拉格朗日方法再解一次.

13.10　用拉格朗日方法解下述几何问题：

a)求从 $\mathbf{R}^3$ 内一点 (a_1, a_2, a_3) 到方程为 $b_1x_1+b_2x_2+b_3x_3+b_0=0$ 的平面的最短距离.

b)求出在两个平面

$$a_1x_1+a_2x_2+a_3x_3+a_0=0$$

和

$$b_1x_1+b_2x_2+b_3x_3+b_0=0$$

385 的交线上离原点最近的点.

13.11　如果 $\sum_{k=1}^{n} x_k^2=1$，求出 $\left|\sum_{k=1}^{n} a_k x_k\right|$ 的最大值.

a)用柯西-施瓦茨不等式.

b)用拉格朗日方法.

13.12 在

$$x_1^2+\cdots+x_n^2=1$$

的限制之下求$(x_1x_2\cdots x_n)^2$的最大值. 用这个结果导出对于正实数a_1, …, a_n成立的下述不等式:

$$(a_1\cdots a_n)^{1/n}\leqslant\frac{a_1+\cdots+a_n}{n}.$$

13.13 如果$f(\boldsymbol{x})=x_1^k+\cdots+x_n^k$, $\boldsymbol{x}=(x_1, \cdots, x_n)$, 证明$f$的一个服从条件$x_1+\cdots+x_n=a$的局部极值是$a^kn^{1-k}$.

13.14 证明使$x_1^2+x_2^2$有服从$x_1^2+x_3^2+x_4^2=4$和$x_2^2+2x_3^2+3x_4^2=9$这两个边条件的局部极值的全部点(x_1, x_2, x_3, x_4)都可以在

$$(0, 0, \pm\sqrt{3}, \pm 1),\quad (0, \pm 1, +2, 0),\quad (\pm 1, 0, 0, \pm\sqrt{3}),\quad (\pm 2, \pm 3, 0, 0)$$

当中找到. 这些点中哪些是局部极大值点, 哪些是局部极小值点? 说出你所做结论的理由.

13.15 证明$f(x_1, x_2, x_3)=x_1^2+x_2^2+x_3^2$的服从

$$\sum_{j=1}^{3}\sum_{i=1}^{3}a_{ij}x_ix_j=1\qquad(a_{ij}=a_{ji})$$

和

$$b_1x_1+b_2x_2+b_3x_3=0,\qquad(b_1, b_2, b_3)\neq(0, 0, 0)$$

这两个边条件的极值是t_1^{-1}和t_2^{-1}, 其中t_1和t_2是下面这个方程的根:

$$\begin{vmatrix} b_1 & b_2 & b_3 & 0\\ a_{11}-t & a_{12} & a_{13} & b_1\\ a_{21} & a_{22}-t & a_{23} & b_2\\ a_{31} & a_{32} & a_{33}-t & b_3\end{vmatrix}=0.$$

证明这是一个以t为未知数的二次方程, 并给出一个几何的讨论, 说明为什么它的根t_1和t_2都是实的和正的.

13.16 设$\Delta=\det[x_{ij}]$, 并设$\boldsymbol{X}_i=(x_{i1}, \cdots, x_{in})$. 阿达马(Hadamard)的一个著名的定理称$|\Delta|\leqslant d_1d_2\cdots d_n$, 如果$d_1$, d_2, …, d_n是n个使得$\|\boldsymbol{X}_i\|^2=d_i^2$的正的常数($i=1, 2, \cdots, n$). 把$\Delta$看作含有$n^2$个变量且服从$n$个约束条件的函数来证明此定理, 并用拉格朗日方法证明当Δ有在这些条件下的极值时, 必有

$$\Delta^2=\begin{vmatrix} d_1^2 & 0 & 0 & \cdots & 0\\ 0 & d_2^2 & 0 & \cdots & 0\\ \vdots & \vdots & \vdots & & \vdots\\ 0 & 0 & 0 & \cdots & d_n^2\end{vmatrix}.$$ 386

参考文献

13.1 Apostol, T. M., *Calculus*, Vol. 2, 2nd ed. Xerox, Waltham, 1969.

13.2 Gantmacher, F. R., *The Theory of Matrices*, Vol. 1. K. A. Hirsch, translator. Chelsea, New York, 1959.

13.3 Hancock, H., *Theory of Maxima and Minima*. Ginn, Boston, 1917. 387

第 14 章 多重黎曼积分

14.1 引言

黎曼积分 $\int_a^b f(x)\mathrm{d}x$ 可以通过把积分区间 $[a, b]$ 用一个 f 有定义且有界的 n 维区域代替的方法来推广. $\mathbf{R}^n$ 内适用的最简单的区域是 n 维区间. 例如，在 $\mathbf{R}^2$ 中取一个矩形 I 划分为子矩形 I_k 并考虑形如 $\sum f(x_k, y_k)A(I_k)$ 的黎曼和，其中 $(x_k, y_k)\in I_k$，$A(I_k)$ 表示 I_k 的面积，这就引出了二重积分的概念. 类似地，在 $\mathbf{R}^3$ 中用正平行六面体划分成较小的平行六面体 I_k，并考虑形如 $\sum f(x_k, y_k, z_k)V(I_k)$ 的和式，其中 $(x_k, y_k, z_k)\in I_k$，而 $V(I_k)$ 是 I_k 的体积，这就引出了三重积分的概念. 在 $\mathbf{R}^n$ 中讨论多重积分也同样容易，只要对于面积和体积的概念作适当的推广. 这种"推广了的体积"称为测度或容度，将在下一节中定义.

14.2 R^n 内有界区间的测度

设 $A_1, \cdots, A_n$ 表示 $\mathbf{R}^1$ 内 n 个一般的区间；即每个 A_k 在 $\mathbf{R}^1$ 内可以是有界的、无界的、开的、闭的或是半开的. $\mathbf{R}^n$ 内的形如

$$A=A_1\times\cdots\times A_n=\{(x_1, \cdots, x_n): x_k\in A_k,\quad k=1, 2, \cdots, n\}$$

的集合 A 称为一个一般的 n 维区间. 我们也允许有退化情况，即区间 A_k 中有一个或多个仅由一个点组成.

如果每个 A_k 在 $\mathbf{R}^1$ 内是开的、闭的或是有界的，则 A 在 $\mathbf{R}^n$ 内有相应的性质.

如果每个 A_k 都是有界的，则 A 的 n 维测度(或 n-测度)(用 $\mu(A)$ 表示)由下面的等式定义：

$$\mu(A)=\mu(A_1)\cdots\mu(A_n),$$

其中 $\mu(A_k)$ 是 A_k 的一维测度(长度). 当 $n=2$ 时，这称为 A 的面积，当 $n=3$ 时，称为 A 的体积. 注意，如果对于某个 k 有 $\mu(A_k)=0$，则 $\mu(A)=0$.

388 下面我们转向对 $\mathbf{R}^n$ 内黎曼积分的讨论. 在 $n=1$ 与 $n>1$ 这两种情形之间唯一一个本质的差别在于，用于度量子区间 $[x_{k-1}, x_k]$ 长度的量 $\Delta x_k=x_k-x_{k-1}$ 要用一个 n 维子区间的测度 $\mu(I_k)$ 来代替. 因为与一维的情况相同，所以在下面的讨论中将略去许多细节.

14.3 在 R^n 内的紧区间上定义的有界函数的黎曼积分

定义 14.1 设 $A=A_1\times\cdots\times A_n$ 是 $\mathbf{R}^n$ 内的一个紧区间. 如果 P_k 是 A_k 的一个划分，则把笛卡儿积

$$P=P_1\times\cdots\times P_n$$

称作是 A 的一个划分. 如果 P_k 把 A_k 分成 m_k 个一维子区间，则 P 确定 A 的一个分解，它把 A 分解为 $m_1\cdots m_n$ 个 n 维区间(称为 P 的子区间)的并. 称 A 的一个划分 P' 比 P 细，

如果 $P\subseteq P'$. 由 A 的全部划分组成的集合用 $\mathcal{P}(A)$ 来表示.

图 14-1 描绘了在 $\mathbf{R}^2$ 内和 $\mathbf{R}^3$ 内区间的划分.

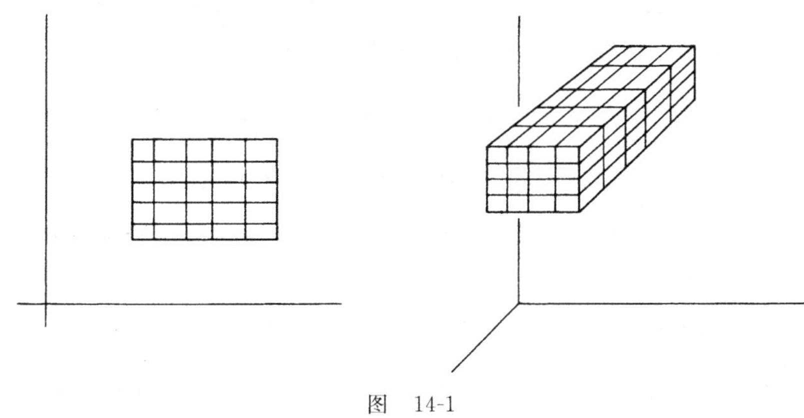

图　14-1

定义 14.2　设 f 在 $\mathbf{R}^n$ 内的一个紧区间 I 上定义且有界. 如果 P 是把 I 分成 m 个子区间 I_1, …, I_m 的一个划分，而且 $\boldsymbol{t}_k\in I_k$，则形如

$$S(P, f)=\sum_{k=1}^{m}f(\boldsymbol{t}_k)\mu(I_k)$$

的和称为黎曼和. 我们说 f 在 I 上是黎曼可积的并记为 $f\in R$ 于 I，只要存在一个实数 A 有这样的性质：对于每一个 $\varepsilon>0$ 都存在对于 I 的一个划分 P_ε 使得 P 比 P_ε 细蕴涵对于一切黎曼和 $S(P, f)$ 有

$$|S(P, f)-A|<\varepsilon.$$

当这样的数 A 存在的时候，它是唯一确定的，而且用下面的记号来表示： 389

$$\int_I f\mathrm{d}\boldsymbol{x},\qquad \int_I f(\boldsymbol{x})\mathrm{d}\boldsymbol{x}\quad 或\quad \int_I f(x_1, \cdots, x_n)\mathrm{d}(x_1, \cdots, x_n).$$

注　当 $n>1$ 时，该积分称为多重积分或 n 重积分. 当 $n=2$ 和 $n=3$ 时，使用术语二重积分和三重积分. 像在 $\mathbf{R}^1$ 中的情况一样，$\int_I f(\boldsymbol{x})\mathrm{d}\boldsymbol{x}$ 中的符号 $\boldsymbol{x}$ 是一个“哑变量”，可以用任何其他适当的符号来代替它. 也可以用记号 $\int_I f(x_1, \cdots, x_n)\mathrm{d}x_1\cdots\mathrm{d}x_n$ 代替 $\int_I f(x_1, \cdots, x_n)\mathrm{d}(x_1, \cdots, x_n)$. 二重积分有时写成带有两个积分号，三重积分有时写成带有三个积分号，如下所示：

$$\iint_I f(x, y)\mathrm{d}x\mathrm{d}y,\qquad \iiint_I f(x, y, z)\mathrm{d}x\mathrm{d}y\mathrm{d}z.$$

定义 14.3　设 f 在 $\mathbf{R}^n$ 内的一个紧区间 I 上定义并有界. 如果 P 是把 I 分成 m 个子区间 I_1, …, I_m 的划分，设

$$m_k(f)=\inf\{f(\boldsymbol{x}):\boldsymbol{x}\in I_k\},\qquad M_k(f)=\sup\{f(\boldsymbol{x}):\boldsymbol{x}\in I_k\},$$

则

$$U(P, f)=\sum_{k=1}^{m} M_k(f)\mu(I_k) \quad \text{和} \quad L(P, f)=\sum_{k=1}^{m} m_k(f)\mu(I_k),$$

这两个数分别称为黎曼上和与黎曼下和. f 在 I 上的黎曼上积分与黎曼下积分则分别定义为

$$\overline{\int}_I f \mathrm{d}\boldsymbol{x}=\inf\{U(P, f): P \in \mathscr{P}(I)\},$$

$$\underline{\int}_I f \mathrm{d}\boldsymbol{x}=\sup\{L(P, f): P \in \mathscr{P}(I)\}.$$

函数 f 称为在 I 上满足黎曼条件，如果对于每一个 $\varepsilon>0$ 都存在 I 的划分 P_ε 使得只要 P 比 P_ε 细，就有 $U(P, f)-L(P, f)<\varepsilon$.

注　像在一维的情况一样，上积分与下积分有下述性质：

390 a) $\overline{\int}_I (f+g)\mathrm{d}\boldsymbol{x} \leqslant \overline{\int}_I f\mathrm{d}\boldsymbol{x}+\overline{\int}_I g\mathrm{d}\boldsymbol{x}$，　$\underline{\int}_I (f+g)\mathrm{d}\boldsymbol{x} \geqslant \underline{\int}_I f\mathrm{d}\boldsymbol{x}+\underline{\int}_I g\mathrm{d}\boldsymbol{x}$.

b) 如果区间 I 被分解成为两个不重叠的区间 I_1 与 I_2 的并，则有

$$\overline{\int}_I f\mathrm{d}\boldsymbol{x}=\overline{\int}_{I_1} f\mathrm{d}\boldsymbol{x}+\overline{\int}_{I_2} f\mathrm{d}\boldsymbol{x} \quad \text{和} \quad \underline{\int}_I f\mathrm{d}\boldsymbol{x}=\underline{\int}_{I_1} f\mathrm{d}\boldsymbol{x}+\underline{\int}_{I_2} f\mathrm{d}\boldsymbol{x}.$$

下述定理的证明与定理 7.19 证明实质上是同样的，所以我们把它略去.

定理 14.4　设 f 在 $\mathbf{R}^n$ 内的一个紧区间 I 上定义并有界，则下面的说法是等价的：

i) $f\in R$ 于 I.

ii) f 在 I 上满足黎曼条件.

iii) $\underline{\int}_I f\mathrm{d}\boldsymbol{x}=\overline{\int}_I f\mathrm{d}\boldsymbol{x}$.

14.4　零测度集与多重黎曼积分存在性的勒贝格准则

$\mathbf{R}^n$ 的子集 T 称为是 n 维的零测度集，如果对于每一个 $\varepsilon>0$，T 都能被一个 n 维区间的可数族覆盖，而该可数族中区间的 n 维测度之和 $<\varepsilon$.

像在一维的情况一样，n 维零测度集可数族的并集本身也是 n 维零测度集. 如果 $m<n$，则当把 $\mathbf{R}^m$ 的每一个子集作为 $\mathbf{R}^n$ 的一个子集考虑的时候，都是 n 维零测度集.

一个性质称为在 $\mathbf{R}^n$ 内的一个集合 S 上是几乎处处成立的，如果该性质在 S 上除了一个 n 维零测度子集之外处处成立.

对于 $\mathbf{R}^1$ 内黎曼积分存在性的勒贝格准则有一个向多重积分的直接推广，其证明类似于定理 7.48 的证明.

定理 14.5　设 f 在 $\mathbf{R}^n$ 内的一个紧区间 I 上定义且有界. 于是，$f\in R$ 于 I，当且仅当 f 在 I 内的不连续点集是 n 维零测度集.

14.5　多重积分通过累次积分求值

在初等微积分中读者已经学习了通过连续关于每个变量进行积分从而求某些二重和

三重积分的方法．例如，如果 f 在 xy 平面内的紧矩形 Q 上是二元连续函数，譬如说 $Q=\{(x, y): a\leqslant x\leqslant b,\ c\leqslant y\leqslant d\}$，则对于 $[c, d]$ 内的每个固定的 y，由方程 $F(x)=f(x, y)$ 定义的函数 F 在 $[a, b]$ 上是连续的(因而也是可积的)．积分 $\int_a^b F(x)\mathrm{d}x$ 的值依 391 赖于 y 并定义一个新的函数 G，其中 $G(y)=\int_a^b f(x, y)\mathrm{d}x$．函数 G 在 $[c, d]$ 上是连续的(按照定理 7.38)，因而是可积的．积分 $\int_c^d G(y)\mathrm{d}y$ 与二重积分 $\int_Q f(x, y)\mathrm{d}(x, y)$ 有同样的值．这就是说，我们有等式

$$\int_Q f(x, y)\mathrm{d}(x, y)=\int_c^d\left[\int_a^b f(x, y)\mathrm{d}x\right]\mathrm{d}y. \tag{1}$$

(稍后将证明此公式．)现在产生了这样的问题：类似的结果当 f 在 Q 上仅仅是可积(而未必连续)的时候是否成立？我们可以立即看到，某些困难是不可避免的．例如，内层积分 $\int_a^b f(x, y)\mathrm{d}x$ 对于 y 的某些值可能不存在，即便二重积分存在．事实上，如果 f 在线段 $y=y_0(a\leqslant x\leqslant b)$ 的每一个点上都是不连续的，则 $\int_a^b f(x, y_0)\mathrm{d}x$ 将不存在．但是，这条线段是一个 2 维零测度集，因而不影响 f 在整个矩形 Q 上的可积性．在这类情况下必须用上积分和下积分去获得(1)式的一个适当推广．

定理 14.6 设 f 在 $\mathbf{R}^2$ 内的一个紧矩形

$$Q=[a, b]\times[c, d]$$

上定义且有界，则有

i) $\underline{\int}_Q f\mathrm{d}(x, y)\leqslant\underline{\int}_a^b\left[\overline{\int}_c^d f(x, y)\mathrm{d}y\right]\mathrm{d}x\leqslant\overline{\int}_a^b\left[\overline{\int}_c^d f(x, y)\mathrm{d}y\right]\mathrm{d}x\leqslant\overline{\int}_Q f\mathrm{d}(x, y)$.

ii) 结论(i) 中的 $\overline{\int}_c^d$ 全部被 $\underline{\int}_c^d$ 代替时结论仍成立.

iii) $\underline{\int}_Q f\mathrm{d}(x, y)\leqslant\underline{\int}_c^d\left[\overline{\int}_a^b f(x, y)\mathrm{d}x\right]\mathrm{d}y\leqslant\overline{\int}_c^d\left[\overline{\int}_a^b f(x, y)\mathrm{d}x\right]\mathrm{d}y\leqslant\overline{\int}_Q f\mathrm{d}(x, y)$.

iv) 结论(iii) 中的 $\overline{\int}_a^b$ 全部被 $\underline{\int}_a^b$ 代替时结论仍成立.

v) 当 $\int_Q f(x, y)\mathrm{d}(x, y)$ 存在时，我们有

$$\begin{aligned}\int_Q f(x, y)\mathrm{d}(x, y)&=\int_a^b\left[\underline{\int}_c^d f(x, y)\mathrm{d}y\right]\mathrm{d}x=\int_a^b\left[\overline{\int}_c^d f(x, y)\mathrm{d}y\right]\mathrm{d}x\\&=\int_c^d\left[\underline{\int}_a^b f(x, y)\mathrm{d}x\right]\mathrm{d}y=\int_c^d\left[\overline{\int}_a^b f(x, y)\mathrm{d}x\right]\mathrm{d}y.\end{aligned}$$

证明 为了证明(i)，用下面的等式定义 F：

$$F(x)=\overline{\int}_c^d f(x, y)\mathrm{d}y,\qquad 当\ x\in[a, b].$$

于是 $|F(x)|\leqslant M(d-c)$，其中 $M=\sup\{|f(x, y)|:(x, y)\in Q\}$，我们可以考虑

392 $$\overline{I}=\overline{\int_a^b}F(x)\mathrm{d}x=\overline{\int_a^b}\left[\overline{\int_c^d}f(x, y)\mathrm{d}y\right]\mathrm{d}x.$$

类似地，可以定义

$$\underline{I}=\underline{\int_a^b}F(x)\mathrm{d}x=\underline{\int_a^b}\left[\underline{\int_c^d}f(x, y)\mathrm{d}y\right]\mathrm{d}x.$$

设 $P_1=\{x_0, x_1, \cdots, x_n\}$是$[a, b]$的一个划分，并设

$$P_2=\{y_0, y_1, \cdots, y_m\}$$

是$[c, d]$的一个划分. 于是 $P=P_1\times P_2$ 是 Q 的一个划分，它把 Q 分成 mn 个子矩形 Q_{ij}，定义

$$\overline{I}_{ij}=\overline{\int_{x_{i-1}}^{x_i}}\left[\overline{\int_{y_{j-1}}^{y_j}}f(x, y)\mathrm{d}y\right]\mathrm{d}x,\quad \underline{I}_{ij}=\underline{\int_{x_{i-1}}^{x_i}}\left[\underline{\int_{y_{j-1}}^{y_j}}f(x, y)\mathrm{d}y\right]\mathrm{d}x.$$

因为有

$$\overline{\int_c^d}f(x, y)\mathrm{d}y=\sum_{j=1}^{m}\overline{\int_{y_{j-1}}^{y_j}}f(x, y)\mathrm{d}y,$$

所以可以写

$$\overline{\int_a^b}\left[\overline{\int_c^d}f(x, y)\mathrm{d}y\right]\mathrm{d}x\leqslant\sum_{j=1}^{m}\overline{\int_a^b}\left[\overline{\int_{y_{j-1}}^{y_j}}f(x, y)\mathrm{d}y\right]\mathrm{d}x=\sum_{j=1}^{m}\sum_{i=1}^{n}\overline{\int_{x_{i-1}}^{x_i}}\left[\overline{\int_{y_{j-1}}^{y_j}}f(x, y)\mathrm{d}y\right]\mathrm{d}x.$$

这就是说，有不等式

$$\overline{I}\leqslant\sum_{j=1}^{m}\sum_{i=1}^{n}\overline{I}_{ij}.$$

类似地，可以得到

$$\underline{I}\geqslant\sum_{j=1}^{m}\sum_{i=1}^{n}\underline{I}_{ij}.$$

如果记

$$m_{ij}=\inf\{f(x, y):(x, y)\in Q_{ij}\},$$

和

$$M_{ij}=\sup\{f(x, y):(x, y)\in Q_{ij}\},$$

则从不等式 $m_{ij}\leqslant f(x, y)\leqslant M_{ij}$，$(x, y)\in Q_{ij}$，可以得到

393 $$m_{ij}(y_j-y_{j-1})\leqslant\overline{\int_{y_{j-1}}^{y_j}}f(x, y)\mathrm{d}y\leqslant M_{ij}(y_j-y_{j-1}).$$

此式依次蕴涵

$$m_{ij}\mu(Q_{ij})\leqslant\underline{\int_{x_{i-1}}^{x_i}}\left[\underline{\int_{y_{j-1}}^{y_j}}f(x, y)\mathrm{d}y\right]\mathrm{d}x\leqslant\overline{\int_{x_{i-1}}^{x_i}}\left[\overline{\int_{y_{j-1}}^{y_j}}f(x, y)\mathrm{d}y\right]\mathrm{d}x\leqslant M_{ij}\mu(Q_{ij}).$$

对 i 和 j 求和并使用上面的不等式，我们得到

$$L(P, f)\leqslant\underline{I}\leqslant\overline{I}\leqslant U(P, f).$$

因为此式对于 Q 的一切划分 P 都成立，所以必有

$$\underline{\int}_Q f\,\mathrm{d}(x,\ y) \leqslant \underline{I} \leqslant \bar{I} \leqslant \overline{\int}_Q f\,\mathrm{d}(x,\ y).$$

这就证明了第(i)条论断. ■

明显可知，如果函数 F 最初是由公式

$$F(x)=\underline{\int}_c^d f(x,\ y)\,\mathrm{d}y$$

定义的，则上面的证明也能进行，于是用同样的讨论可得第(ii)条论断.

第(iii)条和第(iv)条论断可以通过交换 x 与 y 的作用类似地证明. 最后，论断(v)是论断(i)至(iv)的一个直接推论.

作为一个推论，我们有前面曾提到过的公式：

$$\int_Q f(x,\ y)\,\mathrm{d}(x,\ y)=\int_a^b\left[\int_c^d f(x,\ y)\,\mathrm{d}y\right]\mathrm{d}x=\int_c^d\left[\int_a^b f(x,\ y)\,\mathrm{d}x\right]\mathrm{d}y,$$

该公式当 f 在 Q 上连续时成立，通常称为富比尼(Fubini)定理.

注　两个累次积分

$$\int_a^b\left[\int_c^d f(x,\ y)\,\mathrm{d}y\right]\mathrm{d}x \quad \text{和} \quad \int_c^d\left[\int_a^b f(x,\ y)\,\mathrm{d}x\right]\mathrm{d}y$$

的存在性并不蕴涵 $\int_Q f(x,\ y)\,\mathrm{d}(x,\ y)$ 的存在性. 在练习 14.7 中给出了一个反例.

在评论 $\mathbf{R}^n$ 内与定理 14.6 类似的内容之前，我们先介绍几个进一步的概念和术语. 如果 $k\leqslant n$，则由 $\mathbf{R}^n$ 内满足条件 $x_k=0$ 的 $\boldsymbol{x}$ 组成的集合称为坐标超平面 Π_k. 给定 $\mathbf{R}^n$ 内的一个集合 S，S 在 Π_k 上的投影 S_k 定义为 S 在把 S 内的点$(x_1,\ x_2,\ \cdots,\ x_n)$映为$(x_1,\ \cdots,\ x_{k-1},\ 0,\ x_{k+1},\ \cdots,\ x_n)$的映射下的象. 容易证明，这样的映射在 S 上是连续的. 由此可以推知，如果 S 是紧的，则每个投影 S_k 也是紧的. 而且，如果 S 是连通的，则每个 S_k 也是连通的. 图 14-2 中描绘了 $\mathbf{R}^3$ 中的投影. 394

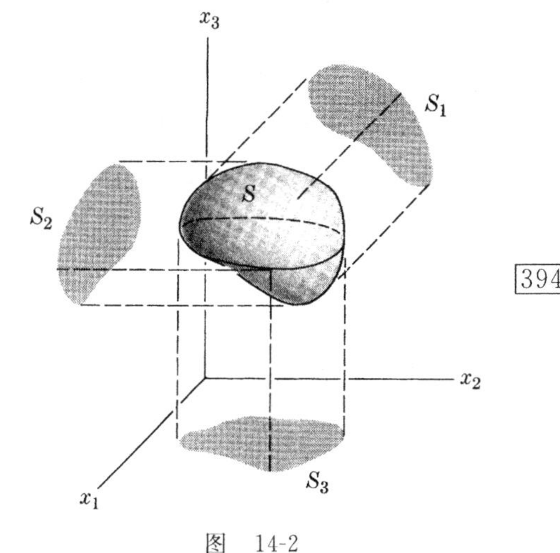

图　14-2

对于 n 重积分有与定理 14.6 完全类似的定理. 对于 $n=3$ 说明这种推广如何进行就可以了. 在这种情况下，f 在 $\mathbf{R}^3$ 内的一个紧区间 $Q=[a_1,\ b_1]\times[a_2,\ b_2]\times[a_3,\ b_3]$上定义且有界，定理 14.6 的论断(i)代之以

$$\underline{\int}_Q f\,\mathrm{d}\boldsymbol{x} \leqslant \underline{\int}_{a_1}^{b_1}\left[\underline{\int}_{Q_1} f\,\mathrm{d}(x_2,\ x_3)\right]\mathrm{d}x_1 \leqslant \overline{\int}_{a_1}^{b_1}\left[\overline{\int}_{Q_1} f\,\mathrm{d}(x_2,\ x_3)\right]\mathrm{d}x_1 \leqslant \overline{\int}_Q f\,\mathrm{d}\boldsymbol{x}, \tag{2}$$

其中 Q_1 是 Q 在坐标平面 Π_1 上的投影. 当$\int_Q f(\boldsymbol{x})\,\mathrm{d}\boldsymbol{x}$ 存在时，与定理 14.6 的(v)类似的结

果是公式

$$\int_Q f(\boldsymbol{x})\mathrm{d}\boldsymbol{x}=\int_{a_1}^{b_1}\left[\overline{\int}_{Q_1} f\mathrm{d}(x_2,\ x_3)\right]\mathrm{d}x_1=\int_{Q_1}\left[\overline{\int}_{a_1}^{b_1} f\mathrm{d}x_1\right]\mathrm{d}(x_2,\ x_3). \tag{3}$$

像在定理 14.6 中一样，适当地用下积分代替上积分也有类似的结论成立，而且对于投影 Q_2 和 Q_3 也都有类似的公式.

读者对于 n 重积分叙述类似的结果应该没有困难(这些结果可以用在定理 14.6 中用
395 过的方法证明). n 重积分 $\int_Q f(\boldsymbol{x})\mathrm{d}\boldsymbol{x}$ 存在的特殊情况特别重要，可以叙述如下：

定理 14.7　设 f 在 $\mathbf{R}^n$ 内的一个紧区间

$$Q=[a_1,\ b_1]\times\cdots\times[a_n,\ b_n]$$

上定义且有界，假定 $\int_Q f(\boldsymbol{x})\mathrm{d}\boldsymbol{x}$ 存在，则有

$$\int_Q f\mathrm{d}\boldsymbol{x}=\int_{a_1}^{b_1}\left[\overline{\int}_{Q_1} f\mathrm{d}(x_2,\ \cdots,\ x_n)\right]\mathrm{d}x_1=\int_{Q_1}\left[\overline{\int}_{a_1}^{b_1} f\mathrm{d}x_1\right]\mathrm{d}(x_2,\ \cdots,\ x_n).$$

用下积分代替上积分和用 Q 在 Π_k 上的投影 Q_k 代替 Q_1 都有类似的公式成立.

14.6　$\mathbf{R}^n$ 内的若尔当可测集

到现在为止多重积分还一直只是对于区间 I 有定义，这对于积分的应用来说当然是太受限制. 不难把这个定义推广到包含更一般的称为若尔当可测集的集合. 本节将讨论这类集合. 这类集合的定义要用到 $\mathbf{R}^n$ 内集合 S 的边界. 我们记得 $\mathbf{R}^n$ 内的一点 $\boldsymbol{x}$ 称为 S 的一个边界点，如果每个 n-球 $B(\boldsymbol{x})$ 都包含在 S 内的点，也包含不在 S 内的点. S 的全部边界点组成的集合称为 S 的边界，用 ∂S 表示.（见 3.16 节.）

定义 14.8　设 S 是 $\mathbf{R}^n$ 的一个紧区间 I 的一个子集. 对于 I 的每个划分 P 定义 $\underline{J}(P,\ S)$ 是 P 的只包含 S 的内点的那些子区间的测度的和，$\overline{J}(P,\ S)$ 是 P 的包含 $S\cup\partial S$ 的点的那些子区间的测度的和. 下面两个数

$$\underline{c}(S)=\sup\{\underline{J}(P,\ S):P\in\mathscr{P}(I)\},$$

$$\overline{c}(S)=\inf\{\overline{J}(P,\ S):P\in\mathscr{P}(I)\},$$

分别称为 S 的(n 维)若尔当内容度和若尔当外容度. 集合 S 称为是若尔当可测的，如果 $\underline{c}(S)=\overline{c}(S)$. 在 S 若尔当可测的情况下，$\underline{c}(S)$与 $\overline{c}(S)$的这个共同值称为 S 的若尔当容度，用 $c(S)$来表示.

容易验证 $\underline{c}(S)$和 $\overline{c}(S)$仅依赖于 S，而不依赖于包含 S 的区间 I. 而且有 $0\leqslant\underline{c}(S)\leqslant\overline{c}(S)$.

如果 S 有零容度，则 $\underline{c}(S)=\overline{c}(S)=0$. 于是，对于每一个 $\varepsilon>0$，S 可以被区间的一个有限族覆盖，该有限族中各区间测度之和 $<\varepsilon$. 注意零容度是用有限覆盖的语言来描述的，而零测度是用可数覆盖的语言来描述的. 任何有零容度的集合也有零测度，但是反过来说则未必成立.

每一个紧区间 Q 都是若尔当可测的，而且它的容度 $c(Q)$等于它的测度 $\mu(Q)$. 如果

$k<n$，则 $\mathbf{R}^k$ 内的每一个有界集的 n 维容度都是零.

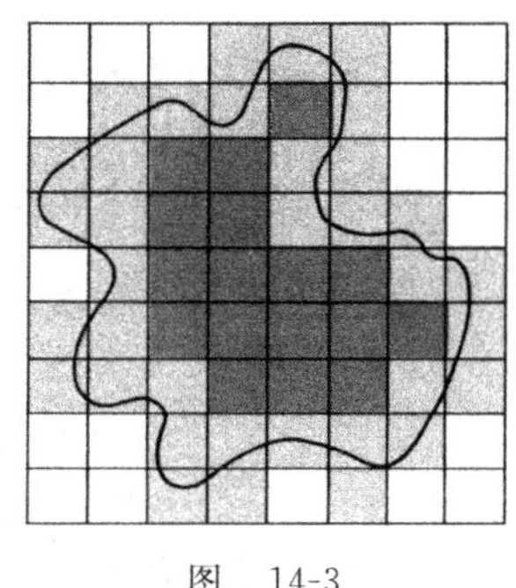

图　14-3

$\mathbf{R}^2$ 内的若尔当可测集 S 也称为有面积 $c(S)$. 在这种情况下，$\underline{J}(P, S)$和$\overline{J}(P, S)$分别表示从 S 的“内部”与 396
“外部”对 S 的面积的逼近，这在图 14-3 中进行了描绘，图中带有浅色阴影的矩形算在$\overline{J}(P, S)$内，带有深色阴影的矩形算在$\underline{J}(P, S)$内. 对于 $\mathbf{R}^3$ 内的集合，$c(S)$也称为 S 的体积.

下面这个定理表明一个有界集有若尔当容度当且仅当它的边界不是太“厚”.

定理 14.9　设 S 是 $\mathbf{R}^n$ 内的一个有界集，∂S 表示它的边界，则有

$$\overline{c}(\partial S)=\overline{c}(S)-\underline{c}(S).$$

于是 S 是若尔当可测的，当且仅当∂S 有零容度.

证明　设 I 是一个包含 S 和∂S 的紧区间. 于是对于 I 的每一个划分 P 有

$$\overline{J}(P, \partial S)=\overline{J}(P, S)-\underline{J}(P, S).$$

因此，$\overline{J}(P, \partial S)\geqslant\overline{c}(S)-\underline{c}(S)$，从而 $\overline{c}(\partial S)\geqslant\overline{c}(S)-\underline{c}(S)$. 为了得到相反的不等式，设给定 $\varepsilon>0$，选取 P_1 使得 $\overline{J}(P_1, S)<\overline{c}(S)+\varepsilon/2$，并选取 P_2 使得 $\underline{J}(P_2, S)>\underline{c}(S)-\varepsilon/2$. 设 $P=P_1\cup P_2$. 因为划分的加细使内和 $\underline{J}$ 增加而使外和 $\overline{J}$ 减少，所以得到

$$\overline{c}(\partial S)\leqslant\overline{J}(P, \partial S)=\overline{J}(P, S)-\underline{J}(P, S)\leqslant\overline{J}(P_1, S)-\underline{J}(P_2, S)$$
$$<\overline{c}(S)-\underline{c}(S)+\varepsilon.$$

因为 ε 是任意的，所以这表明 $\overline{c}(\partial S)\leqslant\overline{c}(S)-\underline{c}(S)$. 从而，$\overline{c}(\partial S)=\overline{c}(S)-\underline{c}(S)$，本定理的证明完成. ■

14.7　若尔当可测集上的多重积分

定义 14.10　设 f 在 $\mathbf{R}^n$ 内的一个有界的若尔当可测集 S 上定义并有界. 设 I 是一个包含S 的紧区间，在 I 上定义 g 如下：

$$g(\boldsymbol{x})=\begin{cases}f(\boldsymbol{x}), & \text{若 } \boldsymbol{x}\in S,\\ 0, & \text{若 } \boldsymbol{x}\in I-S.\end{cases}$$ 397

于是，只要积分 $\int_I g(\boldsymbol{x})\mathrm{d}\boldsymbol{x}$ 存在，我们就说 f 在 S 上是黎曼可积的，并记为 $f\in R$ 于 S. 也写作

$$\int_S f(\boldsymbol{x})\mathrm{d}\boldsymbol{x}=\int_I g(\boldsymbol{x})\mathrm{d}\boldsymbol{x}.$$

上积分 $\overline{\int}_S f(\boldsymbol{x})\mathrm{d}\boldsymbol{x}$ 和下积分 $\underline{\int}_S f(\boldsymbol{x})\mathrm{d}\boldsymbol{x}$ 都类似地定义.

注　考虑逼近 $\int_I g(\boldsymbol{x})\mathrm{d}\boldsymbol{x}$ 的黎曼和，容易得知积分 $\int_S f(\boldsymbol{x})\mathrm{d}\boldsymbol{x}$ 不依赖于对用于包住 S 的区间 I 的选择.

现在可以给出 $\int_S f(\boldsymbol{x})\mathrm{d}\boldsymbol{x}$ 存在的一个充分必要条件.

定理 14.11　设 S 是 $\mathbf{R}^n$ 内的一个若尔当可测集，f 在 S 上定义且有界. 于是 $f\in R$ 于 S，当且仅当 f 在 S 内的不连续点构成一个零测度集.

证明　设 I 是一个包含 S 的紧区间，并且当 $\boldsymbol{x}\in S$ 时设 $g(\boldsymbol{x})=f(\boldsymbol{x})$，当 $\boldsymbol{x}\in I-S$ 时 $g(\boldsymbol{x})=0$. 于是 f 的不连续点都将是 g 的不连续点. 然而，g 在 S 的某些边界点或者全部边界点上可能还有不连续点. 因为 S 是若尔当可测的，所以由定理 14.9 可知 $c(\partial S)=0$. 从而 $g\in R$ 于 I，当且仅当 f 的不连续点构成一个零测度集. ■

14.8　若尔当容度表示为黎曼积分

定理 14.12　设 S 是 $\mathbf{R}^n$ 内的一个紧的若尔当可测集. 于是积分 $\int_S 1$ 存在，而且有

$$c(S)=\int_S 1.$$

证明　设 I 是一个包含 S 的紧区间，并且设 χ_S 表示 S 的特征函数. 即

$$\chi_S(\boldsymbol{x})=\begin{cases}1, & 若\ \boldsymbol{x}\in S,\\ 0, & 若\ \boldsymbol{x}\in I-S.\end{cases}$$

χ_S 在 I 内的不连续点是 S 的边界点，这些点构成一个容度为零的集合，所以积分 $\int_I \chi_S$ 存在，因此 $\int_S 1$ 存在.

设 P 是把 I 分成子区间 I_1，…，I_m 的一个划分，并设

$$A=\{k: I_k\cap S\ 是非空的\}.$$

如果 $k\in A$，则有

398 $$M_k(\chi_S)=\sup\{\chi_S(\boldsymbol{x}): \boldsymbol{x}\in I_k\}=1,$$

如果 $k\notin A$，则 $M_k(\chi_S)=0$，所以

$$U(P,\chi_S)=\sum_{k=1}^{m}M_k(\chi_S)\mu(I_k)=\sum_{k\in A}\mu(I_k)=\overline{J}(P,\chi_S).$$

因为此式对于一切划分都成立，所以有 $\overline{\int_I}\chi_S=\overline{c}(S)=c(S)$. 但是

$$\overline{\int_I}\chi_S=\int_I\chi_S\quad 所以\quad c(S)=\int_I\chi_S=\int_S 1.$$ ■

14.9　黎曼积分的可加性

下面这个定理表明黎曼积分关于有若尔当容度的集合是可加的.

定理 14.13　假定在 $\mathbf{R}^n$ 内的一个若尔当可测集 S 上有 $f\in R$. 假设 $S=A\cup B$，其中 A

与 B 都是若尔当可测的，但是它们没有公共的内点．于是 $f\in R$ 于 A，$f\in R$ 于 B，而且有

$$\int_S f(\boldsymbol{x})\mathrm{d}\boldsymbol{x}=\int_A f(\boldsymbol{x})\mathrm{d}\boldsymbol{x}+\int_B f(\boldsymbol{x})\mathrm{d}\boldsymbol{x}. \tag{4}$$

证明　设 I 是一个包含 S 的紧区间，定义 g 如下：

$$g(\boldsymbol{x})=\begin{cases}f(\boldsymbol{x}), & 若\ \boldsymbol{x}\in S,\\ 0, & 若\ \boldsymbol{x}\in I-S.\end{cases}$$

$\int_A f(\boldsymbol{x})\mathrm{d}\boldsymbol{x}$ 和 $\int_B f(\boldsymbol{x})\mathrm{d}\boldsymbol{x}$ 的存在性是定理 14.11 的一个容易的推论．为了证明(4)式，设 P 是把 I 分成 m 个子区间 I_1，…，I_m 的一个划分，并作出黎曼和

$$S(P,\ g)=\sum_{k=1}^{m}g(\boldsymbol{t}_k)\mu(I_k).$$

如果用 S_A 表示这个黎曼和中由包含 A 的点的那些子区间生成的部分，S_B 类似地定义，则可以写

$$S(P,\ g)=S_A+S_B-S_C,$$

其中 S_C 包含由既包含 A 中的点又包含 B 中的点的子区间生成的那些项．特别地，两个边界∂A 和∂B 的全部公共点都将落在这个第三类中．但是现在 S_A 是一个逼近积分 $\int_A f(\boldsymbol{x})\mathrm{d}\boldsymbol{x}$ 的黎曼和，S_B 是一个逼近$\int_B f(\boldsymbol{x})\mathrm{d}\boldsymbol{x}$ 的黎曼和．因为$c(\partial A\cap\partial B)=0$，由此可知当 P 足够细时可以把$|S_C|$做得任意小．本定理中的等式是这些附注的一个容易的推论．■

注　公式(4)对于上积分和下积分也成立． 399

对于结构相对简单的集合 S，可以用定理 14.6 得出通过累次积分求二重积分的值的公式．这些公式在下面的定理中给出．

定理 14.14　设 ϕ_1 和 ϕ_2 是定义在$[a,\ b]$上的两个函数，对于$[a,\ b]$内的每个 x 都有 $\phi_1(x)\leqslant\phi_2(x)$．设 S 是 $\mathbf{R}^2$ 内由下面的式子给出的紧集：

$$S=\{(x,\ y):a\leqslant x\leqslant b,\quad \phi_1(x)\leqslant y\leqslant\phi_2(x)\}.$$

如果 $f\in R$ 于S，则有

$$\int_S f(x,\ y)\mathrm{d}(x,\ y)=\int_a^b\left[\bar{\int}_{\phi_1(x)}^{\phi_2(x)}f(x,\ y)\mathrm{d}y\right]\mathrm{d}x.$$

注　集合 S 是若尔当可测的，因为它的边界有零容度．（见练习 14.9.）

类似的叙述对于 n 重积分成立．该推广太明显，没有必要进一步加以评论．

图 14-4 描绘了本定理所述区域的类型．对于可以分解成有限个这类若尔当可测区域的集合，我们可以分别对每一部分应用累次积分，然后根据定理 14.13 把各部分的结果相加．

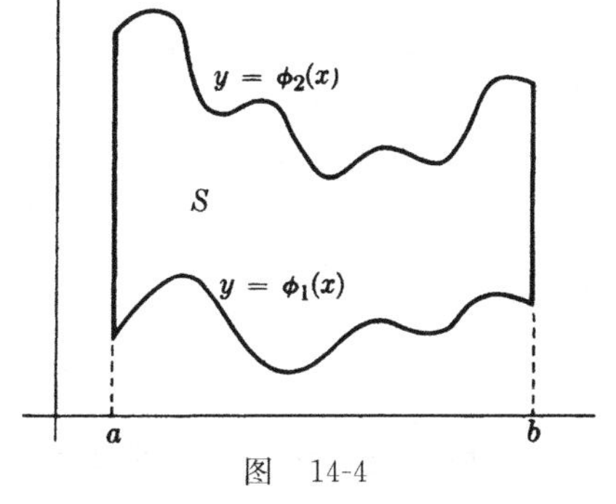

图　14-4

14.10 多重积分的中值定理

像在一维的情况一样，多重积分也满足一个中值性质，这可以作为下述定理的一个容易的推论而得出，其证明留为一个练习.

定理 14.15 假定在 $\mathbf{R}^n$ 内的一个若尔当可测集 S 上有 $f\in R$ 和 $g\in R$. 如果对于 S 内的每个 $\boldsymbol{x}$ 都有 $f(\boldsymbol{x})\leqslant g(\boldsymbol{x})$，则有

400 $$\int_S f(\boldsymbol{x})\mathrm{d}\boldsymbol{x}\leqslant\int_S g(\boldsymbol{x})\mathrm{d}\boldsymbol{x}.$$

定理 14.16(多重积分的中值定理) 假定在 $\mathbf{R}^n$ 内的一个若尔当可测集 S 上有 $g\in R$ 和 $f\in R$，并假设对于 S 内的每个 $\boldsymbol{x}$ 都有 $g(\boldsymbol{x})\geqslant 0$. 设 $m=\inf f(S)$，$M=\sup f(S)$，则存在一个实数 λ 位于区间 $m\leqslant\lambda\leqslant M$ 内使得

$$\int_S f(\boldsymbol{x})g(\boldsymbol{x})\mathrm{d}\boldsymbol{x}=\lambda\int_S g(\boldsymbol{x})\mathrm{d}\boldsymbol{x}. \tag{5}$$

特别地，我们有

$$mc(S)\leqslant\int_S f(\boldsymbol{x})\mathrm{d}\boldsymbol{x}\leqslant Mc(S). \tag{6}$$

注 此外，如果 S 是连通的，f 在 S 上是连续的，则(按照定理 4.38)对于 S 内的某个 $\boldsymbol{x}_0$ 有 $\lambda=f(\boldsymbol{x}_0)$，而(5)式变为

$$\int_S f(\boldsymbol{x})g(\boldsymbol{x})\mathrm{d}\boldsymbol{x}=f(\boldsymbol{x}_0)\int_S g(\boldsymbol{x})\mathrm{d}\boldsymbol{x}. \tag{7}$$

特别地，由(7)式可以推出 $\int_S f(\boldsymbol{x})\mathrm{d}\boldsymbol{x}=f(\boldsymbol{x}_0)c(S)$，其中 $\boldsymbol{x}_0\in S$.

证明 因为 $g(\boldsymbol{x})\geqslant 0$，所以对于 S 内的每个 $\boldsymbol{x}$ 都有 $mg(\boldsymbol{x})\leqslant f(\boldsymbol{x})g(\boldsymbol{x})\leqslant Mg(\boldsymbol{x})$. 按照定理 14.15，可以写

$$m\int_S g(\boldsymbol{x})\mathrm{d}\boldsymbol{x}\leqslant\int_S f(\boldsymbol{x})g(\boldsymbol{x})\mathrm{d}\boldsymbol{x}\leqslant M\int_S g(\boldsymbol{x})\mathrm{d}\boldsymbol{x}.$$

如果 $\int_S g(\boldsymbol{x})\mathrm{d}\boldsymbol{x}=0$，则(5)式对于每一个 λ 都成立. 如果 $\int_S g(\boldsymbol{x})\mathrm{d}\boldsymbol{x}>0$，则(5)式成立且有 $\lambda=\int_S f(\boldsymbol{x})g(\boldsymbol{x})\mathrm{d}\boldsymbol{x}/\int_S g(\boldsymbol{x})\mathrm{d}\boldsymbol{x}$. 取 $g(\boldsymbol{x})\equiv 1$，就可以得到(6)式. ■

用(6)式可以证明，被积函数可以在一个零容度集合上被扰动而不影响积分的值. 事实上，我们有下述定理：

定理 14.17 假定在 $\mathbf{R}^n$ 内的一个若尔当可测集 S 上有 $f\in R$. 设 T 是 S 的一个有 n 维若尔当零容度的子集. 设 g 是一个在 S 上定义且有界的函数，当 $\boldsymbol{x}\in S-T$ 时有 $g(\boldsymbol{x})=f(\boldsymbol{x})$. 于是 $g\in R$ 于 S，而且

$$\int_S f(\boldsymbol{x})\mathrm{d}\boldsymbol{x}=\int_S g(\boldsymbol{x})\mathrm{d}\boldsymbol{x}.$$

证明 设 $h=f-g$，则有 $\int_S h(\boldsymbol{x})\mathrm{d}\boldsymbol{x}=\int_T h(\boldsymbol{x})\mathrm{d}\boldsymbol{x}+\int_{S-T} h(\boldsymbol{x})\mathrm{d}\boldsymbol{x}$. 然而，由(6)式有

$\int_T h(\boldsymbol{x})\mathrm{d}\boldsymbol{x}=0$，因为对于 $S-T$ 内的每个 $\boldsymbol{x}$ 都有 $h(\boldsymbol{x})=0$ 所以 $\int_{S-T} h(\boldsymbol{x})\mathrm{d}\boldsymbol{x}=0$. ■

注　由这个定理可以想到一个把黎曼积分 $\int_S f(\boldsymbol{x})\mathrm{d}\boldsymbol{x}$ 的定义推广到未必在整个 S 上都有定义且有界的函数的方法. 事实上，设 S 是 $\mathbf{R}^n$ 内的一个有若尔当容度的有界集，T 是 S 的一个有零容度的子集. 如果 f 在 $S-T$ 上定义且有界，而且积分 $\int_{S-T} f(\boldsymbol{x})\mathrm{d}\boldsymbol{x}$ 存在，则我们约定可以写 401

$$\int_S f(\boldsymbol{x})\mathrm{d}\boldsymbol{x}=\int_{S-T} f(\boldsymbol{x})\mathrm{d}\boldsymbol{x},$$

并说 f 在 S 上是黎曼可积的. 从刚刚证明的定理的观点看，这与通过在 T 上定义 f 使之保持有界从而把 f 的定义域推广到整个 S，本质上是相同的.

练习

多重积分

14.1　如果 $f_1\in R[a_1, b_1]$，…，$f_n\in R[a_n, b_n]$，证明

$$\int_S f_1(x_1)\cdots f_n(x_n)\mathrm{d}(x_1, \cdots, x_n)=\left(\int_{a_1}^{b_1} f_1(x_1)\mathrm{d}x_1\right)\cdots\left(\int_{a_n}^{b_n} f_n(x_n)\mathrm{d}x_n\right),$$

其中 $S=[a_1, b_1]\times\cdots\times[a_n, b_n]$.

14.2　设 f 在 $\mathbf{R}^2$ 内的一个紧矩形 $Q=[a, b]\times[c, d]$ 上定义并有界. 假定对于 $[c, d]$ 内的每一个固定的 y，$f(x, y)$ 是 x 的递增函数，而且对于 $[a, b]$ 内的每一个固定的 x，$f(x, y)$ 是 y 的递增函数. 证明 $f\in R$ 于 Q.

14.3　求下列每一个二重积分的值：

a) $\iint_Q \sin^2 x\sin^2 y\,\mathrm{d}x\,\mathrm{d}y$，　　其中 $Q=[0, \pi]\times[0, \pi]$.

b) $\iint_Q |\cos(x+y)|\,\mathrm{d}x\,\mathrm{d}y$，　　其中 $Q=[0, \pi]\times[0, \pi]$.

c) $\iint_Q [x+y]\mathrm{d}x\,\mathrm{d}y$，　　其中 $Q=[0, 2]\times[0, 2]$，$[t]$ 是 $\leqslant t$ 的最大整数.

14.4　设 $Q=[0, 1]\times[0, 1]$，在下列每一种情况下计算 $\iint_Q f(x, y)\mathrm{d}x\,\mathrm{d}y$.

a) $f(x, y)=1-x-y$，　若 $x+y\leqslant 1$；　$f(x, y)=0$，其他情况.

b) $f(x, y)=x^2+y^2$，　若 $x^2+y^2\leqslant 1$；　$f(x, y)=0$，其他情况.

c) $f(x, y)=x+y$，　若 $x^2\leqslant y\leqslant 2x^2$；　$f(x, y)=0$，其他情况.

14.5　在正方形 $Q=[0, 1]\times[0, 1]$ 上定义 f 如下：

$$f(x, y)=\begin{cases}1, & \text{若 } x \text{ 是有理数},\\ 2y, & \text{若 } x \text{ 是无理数}.\end{cases}$$

a) 证明 $\int_0^t f(x, y)\mathrm{d}y$ 对于 $0\leqslant t\leqslant 1$ 存在，而且有 402

$$\overline{\int_0^1}\left[\int_0^t f(x, y)\mathrm{d}y\right]\mathrm{d}x=t^2,\quad \text{和}\quad \underline{\int_0^1}\left[\int_0^t f(x, y)\mathrm{d}y\right]\mathrm{d}x=t.$$

这表明 $\int_0^1\left[\int_0^1 f(x, y)\mathrm{d}y\right]\mathrm{d}x$ 存在并且等于 1.

b) 证明 $\int_0^1\left[\overline{\int_0^1} f(x, y)\mathrm{d}x\right]\mathrm{d}y$ 存在并求它的值.

c) 证明二重积分 $\int_Q f(x, y)\mathrm{d}(x, y)$ 不存在.

14.6 在正方形 $Q=[0, 1]\times[0, 1]$ 上定义 f 如下：

$$f(x, y)=\begin{cases}0, & \text{若 } x, y \text{ 中至少有一个是无理数,}\\ 1/n, & \text{若 } y \text{ 是有理数且 } x=m/n,\end{cases}$$

其中 m 和 n 是相对素数，$n>0$. 证明

$$\int_0^1 f(x, y)\mathrm{d}x=\int_0^1\left[\int_0^1 f(x, y)\mathrm{d}x\right]\mathrm{d}y=\int_Q f(x, y)\mathrm{d}(x, y)=0$$

但是 $\int_0^1 f(x, y)\mathrm{d}y$ 对于有理数 x 不存在.

14.7 如果 p_k 表示第 k 个素数，设

$$S(p_k)=\left\{\left(\frac{n}{p_k}, \frac{m}{p_k}\right): n=1, 2, \cdots, p_k-1, \quad m=1, 2, \cdots, p_k-1\right\},$$

设 $S=\bigcup_{k=1}^{\infty} S(p_k)$，$Q=[0, 1]\times[0, 1]$.

a) 证明 S 在 Q 内稠密(即 S 的闭包包含 Q)但是任何平行于坐标轴的直线至多包含 S 的一个有限子集.

b) 在 Q 上定义 f 如下：

$$f(x, y)=0, \quad \text{若}(x, y)\in S; \quad f(x, y)=1, \quad \text{若}(x, y)\in Q-S.$$

证明 $\int_0^1\left[\int_0^1 f(x, y)\mathrm{d}y\right]\mathrm{d}x=\int_0^1\left[\int_0^1 f(x, y)\mathrm{d}x\right]\mathrm{d}y=1$，但是二重积分 $\int_Q f(x, y)\mathrm{d}(x, y)$ 不存在.

若尔当容度

14.8 设 S 是 $\mathbf{R}^n$ 内的一个至多有有限个聚点的有界集. 证明 $c(S)=0$.

14.9 设 f 是定义在 $[a, b]$ 上的一个连续的实值函数. 设 S 表示 f 的图像，即 $S=\{(x, y): y=f(x), a\leqslant x\leqslant b\}$. 证明 S 有二维若尔当零容度.

14.10 设 Γ 是 $\mathbf{R}^n$ 内的一条可求长曲线. 证明 Γ 有 n 维若尔当零容度.

14.11 设 f 是定义在 $\mathbf{R}^n$ 内的一个集合 S 上的非负函数. f 在 S 上的纵坐标集定义为 $\mathbf{R}^{n+1}$ 的下述子集：

$$\{(x_1, \cdots, x_n, x_{n+1}): (x_1, \cdots, x_n)\in S, \quad 0\leqslant x_{n+1}\leqslant f(x_1, \cdots, x_n)\}.$$

如果 S 是 $\mathbf{R}^n$ 内的一个若尔当可测区域且 f 在 S 上连续，证明 f 在 S 上的纵坐标集有 $(n+1)$ 维的若尔当容度，其值为

$$\int_S f(x_1, \cdots, x_n)\mathrm{d}(x_1, \cdots, x_n).$$

403 当 $n=1$ 和 $n=2$ 时几何地解释这个问题.

14.12 假定 $f\in R$ 于 S，并设 $\int_S f(\boldsymbol{x})\mathrm{d}\boldsymbol{x}=0$. ($S$ 是 $\mathbf{R}^n$ 的一个子集.) 设 $A=\{\boldsymbol{x}: \boldsymbol{x}\in S, f(\boldsymbol{x})<0\}$ 并假定 $c(A)=0$. 证明存在一个零测度集 B 使得对于 $S-B$ 内的每个 $\boldsymbol{x}$ 有 $f(\boldsymbol{x})=0$.

14.13 假定 $f\in R$ 于 S，其中 S 是 $\mathbf{R}^n$ 内的一个区域，而且 f 在 S 上连续. 证明存在 S 的一个内点 $\boldsymbol{x}_0$ 使得

$$\int_S f(\boldsymbol{x})\mathrm{d}\boldsymbol{x} = f(\boldsymbol{x}_0)c(S).$$

14.14 设 f 在一个矩形 $Q=[a, b]\times[c, d]$ 上连续. 对于 Q 的每一个内点 (x_1, x_2) 定义

$$F(x_1, x_2) = \int_a^{x_1}\left(\int_c^{x_2} f(x, y)\mathrm{d}y\right)\mathrm{d}x.$$

证明 $D_{1,2}F(x_1, x_2)=D_{2,1}F(x_1, x_2)=f(x_1, x_2)$.

14.15 设 T 表示平面内的下述三角形区域:

$$T = \left\{(x, y): 0\leqslant \frac{x}{a}+\frac{y}{b}\leqslant 1\right\}, \quad \text{其中 } a>0,\ b>0.$$

假定 f 在 T 上有一个连续的二阶偏导数 $D_{1,2}f$. 证明在连接 $(a, 0)$ 和 $(0, b)$ 的线段上有一点 (x_0, y_0) 使得

$$\int_T D_{1,2}f(x, y)\mathrm{d}(x, y) = f(0, 0)-f(a, 0)+aD_1f(x_0, y_0).$$

参考文献

14.1 Apostol, T. M., *Calculus*, Vol. 2, 2nd ed. Xerox, Waltham, 1969.

14.2 Kestelman, H., *Modern Theories of Integration*. Oxford University Press, 1937.

14.3 Rogosinski, W. W., *Volume and Integral*. Wiley, New York, 1952. 404

第 15 章　多重勒贝格积分

15.1　引言

在第 10 章叙述的勒贝格积分是对于定义在 $\mathbf{R}^1$ 的子集上的函数而言的. 可以把那里所用的方法加以推广，使之能够对于定义在 n 维空间 $\mathbf{R}^n$ 的子集上的函数应用勒贝格积分理论. 推广后得到的积分称为*多重积分*；当 $n=2$ 时称为*二重积分*，当 $n=3$ 时称为*三重积分*.

像在一维的情况一样，多重勒贝格积分是多重黎曼积分的一种推广. 它允许以更一般的函数作为被积函数，它能处理无界或者有界函数，能以更一般的集合作为积分区域.

基本的定义和主要的收敛性定理与一维的情况完全类似. 然而，有一个新特征没有在 $\mathbf{R}^1$ 中出现. $\mathbf{R}^n$ 内的多重积分可以通过连续计算 n 个一维积分来求值. 这个结果称为*富比尼定理*，这是本章主要关切的内容之一.

像在一维的情况一样，我们先对阶梯函数定义积分，然后对于一个较大的包含某些递增的阶梯函数序列的极限的类(称为上函数类)定义积分，最后对于一个更大的类，即勒贝格可积函数类来定义积分. 因为多重积分是严格地沿着与一维情况同样的发展过程进行的，所以我们将略去大部分的证明细节.

回顾一下在第 14 章介绍过的某些概念. 如果 $I=I_1\times\cdots\times I_n$ 是 $\mathbf{R}^n$ 内的一个有界区间，则 I 的 n 维测度由下面的等式定义：

$$\mu(I)=\mu(I_1)\cdots\mu(I_n),$$

其中 $\mu(I_k)$是 I_k 的一维测度或长度.

$\mathbf{R}^n$ 的一个子集 T 说成有 n 维零测度，如果对于每一个 $\varepsilon>0$，T 可以被 n 维区间的一个可数族覆盖，该可数族中区间的 n 维测度之和$<\varepsilon$.

一个性质说成在 $\mathbf{R}^n$ 内的一个集合 S 上几乎处处成立，如果它在 S 上除了一个有 n 维零测度的子集之外处处成立. 例如，如果$\{f_n\}$是一个函数序列，我们说 $f_n\to f$ 几乎处处于 S，如果对于 S 内除了在一个有 n 维零测度的子集内的那些 $\boldsymbol{x}$ 之外的一切 $\boldsymbol{x}$ 都有

405

$$\lim_{n\to\infty}f_n(\boldsymbol{x})=f(\boldsymbol{x}).$$

15.2　阶梯函数及其积分

设 I 是 $\mathbf{R}^n$ 内的一个紧区间，譬如说

$$I=I_1\times\cdots\times I_n,$$

其中每个 I_k 是 $\mathbf{R}^1$ 的一个紧子区间. 如果 P_k 是 I_k 的一个划分，则笛卡儿积 $P=P_1\times\cdots\times P_n$ 称为 I 的一个划分. 如果 P_k 把 I_k 分成 m_k 个一维子区间，则 P 把 I 分成 $m=m_1\cdots m_k$ 个 n 维子区间，譬如说是 J_1，…，J_m.

在 I 上定义的一个函数 s 称为*阶梯函数*，如果存在 I 的一个划分 P 使得 s 在每一个子区间 J_k 的内部都是常数，譬如说

$$s(\boldsymbol{x})=c_k \quad \text{当} \quad \boldsymbol{x}\in \mathrm{int}J_k.$$

s 在 I 上的积分由下面的等式定义：

$$\int_I s=\sum_{k=1}^{m} c_k\mu(J_k). \tag{1}$$

现在设 G 是一个一般的 n 维区间，即 $\mathbf{R}^n$ 中的一个未必紧的区间. 一个函数 s 称为 G 上的一个阶梯函数，如果 G 有一个紧的 n 维子区间 I 使得 s 在 I 上是一个阶梯函数而当 $\boldsymbol{x}\in G-I$ 时 $s(\boldsymbol{x})=0$. s 在 G 上的积分由下面的公式定义：

$$\int_G s=\int_I s,$$

其中在 I 上的积分由(1)式给出. 像在一维的情况一样，这个积分不依赖于对 I 的选择.

15.3 上函数与勒贝格可积函数

上函数与勒贝格可积函数完全像在一维情况下一样定义.

在 $\mathbf{R}^n$ 内的一个区间 I 上定义的实值函数 f 称为 I 上的一个上函数，记为 $f\in U(I)$，如果存在一个递增的阶梯函数序列 $\{s_n\}$ 使得

a) $s_n\to f$ 几乎处处于 I.

b) $\lim\limits_{n\to\infty}\int_I s_n$ 存在.

序列 $\{s_n\}$ 说成生成 f. f 在 I 上的积分由下面的等式定义：

$$\int_I f=\lim_{n\to\infty}\int_I s_n. \tag{2}$$ 406

我们用 $L(I)$ 表示由所有形如 $f=u-v$ 的函数 f 组成的集合，其中 $u\in U(I)$，$v\in U(I)$. $L(I)$ 中的每个函数 f 说成在 I 上是勒贝格可积的，而且它的积分由下面的等式定义：

$$\int_I f=\int_I u-\int_I v.$$

因为这些定义与一维情况的定义完全类似，所以从一维定义推出的许多定理现在也成立. 特别地，定理 10.5、定理 10.6、定理 10.7、定理 10.9、定理 10.10、定理 10.11、定理 10.13、定理 10.14、定理 10.16、定理 10.17(a)和(c)、定理 10.18 和定理 10.19 对于多重积分全都成立. 描述当积分区间伸缩时积分性质的定理 10.17(b)需要修改如下：

如果 $f\in L(I)$ 且 $g(\boldsymbol{x})=f(\boldsymbol{x}/c)$，其中 $c>0$，则 $g\in L(cI)$ 且

$$\int_{cI} g=c^n\int_I f.$$

换句话说，积分区间用一个正因子 c 扩张的效果是使积分乘以 c^n，其中 n 是该空间的维数.

莱维收敛定理(定理 10.22 直至定理 10.26)和勒贝格控制收敛定理(定理 10.27)及其推论(定理 10.28、定理 10.29 和定理 10.30)对于多重积分也成立.

记号　*积分* $\int_I f$ *也可以用下面的记号表示：*

$$\int_I f(\boldsymbol{x})\mathrm{d}(\boldsymbol{x}) \quad 或 \quad \int_I f(x_1, \cdots, x_n)\mathrm{d}(x_1, \cdots, x_n).$$

也可以使用记号 $\int_I f(x_1, \cdots, x_n)\mathrm{d}x_1\cdots\mathrm{d}x_n$. 二重积分有时写成带有两个积分号，三重积分有时写成带有三个积分号，像下面这样：

$$\iint_I f(x, y)\mathrm{d}x\mathrm{d}y, \qquad \iiint_I f(x, y, z)\mathrm{d}x\mathrm{d}y\mathrm{d}z.$$

15.4　$\mathbf{R}^n$ 内的可测函数与可测集

在 $\mathbf{R}^n$ 内的一个区间 I 上定义的实值函数 f 称为在 I 上可测，记为 $f\in M(I)$，如果在 I 上存在阶梯函数序列 $\{s_n\}$ 使得

$$\lim_{n\to\infty} s_n(\boldsymbol{x}) = f(\boldsymbol{x}) \quad \text{a. e. 于 } I.$$

定理 10.35、定理 10.36 和定理 10.37 中所描述的可测函数的性质在这个更一般的情况下
407 仍然成立.

$\mathbf{R}^n$ 的一个子集 S 称为可测集，如果它的特征函数 χ_S 是可测函数. 此外，如果 χ_S 在 $\mathbf{R}^n$ 上是勒贝格可积的，则集合 S 的 n 维测度 $\mu(S)$ 由下面的等式定义：

$$\mu(S) = \int_{\mathbf{R}^n} \chi_S.$$

如果 χ_S 是可测的但是不在 $L(\mathbf{R}^n)$ 内，则定义 $\mu(S)=+\infty$. 如此定义的函数 μ 称为 n 维勒贝格测度.

在从定理 10.44 到定理 10.47 中叙述的测度的性质对于 n 维勒贝格测度也成立. 而且，可以用 10.19 节中的方法对于 $\mathbf{R}^n$ 的任意子集定义勒贝格积分.

我们特别强调在定理 10.47 中叙述的勒贝格测度的可数可加性：

如果 $\{A_1, A_2, \cdots\}$ 是由 $\mathbf{R}^n$ 内的可测集构成的一个不相交可数族，则并集 $\bigcup_{i=1}^{\infty} A_i$ 是可测的，而且

$$\mu\left(\bigcup_{i=1}^{\infty} A_i\right) = \sum_{i=1}^{\infty}\mu(A_i).$$

下面这个定理表明 $\mathbf{R}^n$ 的每一个开子集都是可测的.

定理 15.1　*$\mathbf{R}^n$ 内的每一个开集 S 都可以表示为闭包包含于 S 内的由有界立方体构成的不相交可数族的并. 因而 S 是可测的. 进而，如果 S 是有界的，则 $\mu(S)$ 是有限的.*

证明　固定一个整数 $m\geqslant 1$，考虑 $\mathbf{R}^1$ 内所有形如

$$\left(\frac{k}{2^m}, \frac{k+1}{2^m}\right] \quad 对于\ k=0, \pm 1, \pm 2, \cdots$$

的半开区间. 全部这种区间的长度都是 2^{-m}，它们形成一个不相交的可数族，其并集在 $\mathbf{R}^1$ 内. n 个这样的区间的笛卡儿积是一个边长为 2^{-m} 的 n 维立方体. 设 F_m 表示由全部这些立方体组成的集族，则 F_m 是一个不相交的可数族，它们的并集在 $\mathbf{R}^n$ 内. 注意在 F_{m+1} 中的立方体是由把 F_m 中的立方体的边对分而得到的. 因此，如果 Q_m 是 F_m 中的一

个立方体，Q_{m+1} 是 F_{m+1} 中的一个立方体，则要么 $Q_{m+1}\subseteq Q_m$，要么 Q_{m+1} 与 Q_m 是不相交的. ■

现在我们从 F_m 中抽出一个子族 G_m 如下. 当 $m=1$ 时，G_1 由 F_1 中的闭包位于 S 内的全部立方体组成. 当 $m=2$ 时，G_2 由 F_2 中的闭包位于 S 内但是不位于 G_1 的任何立方体内的全部立方体组成. 当 $m=3$ 时，G_3 由 F_3 的闭包位于 S 内但是不位于 G_1 或 G_2 的任何立方体内的全部立方体组成，依此类推. 图 15-1 描绘了这种构造，其中 S 是 $\mathbf{R}^2$ 内一个开圆盘的四分之一. 白色的正方形在 G_1 内，有浅色阴影的在 G_2 内，有深色阴影的在 G_3 内.

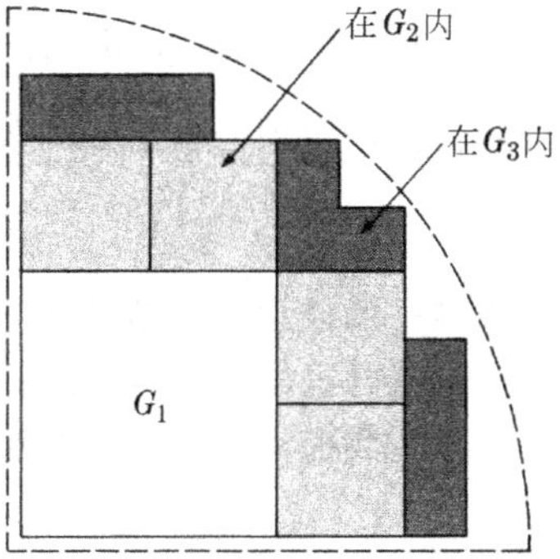

现在设

$$T=\bigcup_{m=1}^{\infty}\bigcup_{Q\in G_m}Q.$$ 408

图 15-1

就是说，T 是 G_1，G_2，…内全部立方体的并集. 我们将证明 $S=T$，而这就将证明本定理，因为 T 是立方体的不相交可数族，它们的闭包在 S 内. 现在 $T\subseteq S$，因为 G_m 内的每个 Q 都是 S 的一个子集. 于是只需证明 $S\subseteq T$.

设 $\boldsymbol{p}=(p_1，\cdots，p_n)$是 S 内的一个点. 因为 S 是开的，所以有一个中心在 $\boldsymbol{p}$、边长为 $\delta>0$ 的立方体位于 S 内. 选取 m 使得 $2^{-m}<\delta/2$，于是对于每个 i 有

$$p_i-\frac{\delta}{2}<p_i-\frac{1}{2^m}<p_i<p_i+\frac{1}{2^m}<p_i+\frac{\delta}{2}.$$

现在选取 k_i 使得

$$\frac{k_i}{2^m}<p_i\leqslant\frac{k_i+1}{2^m},$$

并设 Q 是区间$(k_i2^{-m}，(k_i+1)2^{-m})$对于 $i=1，2，\cdots，n$ 的笛卡儿积. 于是对于在 F_m 内的某个立方体 Q 有 $\boldsymbol{p}\in Q$. 如果 m 是具有这种性质的最小整数，则 $Q\in G_m$，所以 $\boldsymbol{p}\in T$，因而 $S\subseteq T$. 关于 S 的可测性的论断立刻可以从勒贝格测度的可数可加性推出.

注 如果 S 是可测的，则 $\mathbf{R}^n-S$ 也是可测的，因为 $\chi_{\mathbf{R}^n-S}=1-\chi_S$. 因而，$\mathbf{R}^n$ 的每一个闭子集都是可测的.

15.5 关于阶梯函数的二重积分的富比尼归约定理

到目前为止，$\mathbf{R}^n$ 内的勒贝格理论与一维情况是完全类似的. 当我们要介绍富比尼定理、要通过较低维数的累次积分来计算 $\mathbf{R}^n$ 中的多重积分的时候，需要有新的思想. 为了更好地理解所需要的思想，首先考虑二维的情况.

回顾一下多重黎曼积分相应的结果. 如果 $I=[a，b]\times[c，d]$是 $\mathbf{R}^2$ 内的一个紧区 409
间，f 在 I 上是黎曼可积的，则有下述归约公式(从定理 14.6 的(v))：

$$\int_I f(x，y)\mathrm{d}(x，y)=\int_c^d\left[\int_a^b f(x，y)\mathrm{d}x\right]\mathrm{d}y. \tag{3}$$

有一个相伴的公式用上积分 $\overline{\int_a^b}$ 代替上式中的下积分 $\underline{\int_a^b}$，还有两个类似的积分次序颠倒过来的公式. 这里上积分和下积分是必需的，因为在 I 上的黎曼可积性的假设不足以保证一维黎曼积分 $\int_a^b f(x, y)\mathrm{d}x$ 存在，这个困难在勒贝格理论中没有出现. 关于二重勒贝格积分的富比尼定理给出了归约公式

$$\int_I f(x, y)\mathrm{d}(x, y)=\int_c^d\left[\int_a^b f(x, y)\mathrm{d}x\right]\mathrm{d}y=\int_a^b\left[\int_c^d f(x, y)\mathrm{d}y\right]\mathrm{d}x.$$

这里唯一的假设是 f 在 I 上勒贝格可积. 我们将证明，内层积分作为勒贝格积分总是存在的. 这是描绘出勒贝格理论怎样克服黎曼理论中内在固有的困难的又一个例子.

本节我们对于阶梯函数证明富比尼定理，在稍后的一节中将其推广到任意的勒贝格可积函数.

定理 15.2（对于阶梯函数的富比尼定理）　设 s 是 $\mathbf{R}^2$ 上的一个阶梯函数. 于是对于 $\mathbf{R}^1$ 内的每个固定的 y，积分 $\int_{\mathbf{R}^1} s(x, y)\mathrm{d}x$ 存在，而且作为 y 的一个函数，它在 $\mathbf{R}^1$ 上是勒贝格可积的. 此外，我们有

$$\iint_{\mathbf{R}^2} s(x, y)\mathrm{d}(x, y)=\int_{\mathbf{R}^1}\left[\int_{\mathbf{R}^1} s(x, y)\mathrm{d}x\right]\mathrm{d}y. \tag{4}$$

类似地，对于 $\mathbf{R}^1$ 内每个固定的 x，积分 $\int_{\mathbf{R}^1} s(x, y)\mathrm{d}y$ 存在，而且作为 x 的一个函数，它在 $\mathbf{R}^1$ 上是勒贝格可积的. 我们也有

$$\iint_{\mathbf{R}^2} s(x, y)\mathrm{d}(x, y)=\int_{\mathbf{R}^1}\left[\int_{\mathbf{R}^1} s(x, y)\mathrm{d}y\right]\mathrm{d}x. \tag{5}$$

证明　本定理可以从关于黎曼积分的归约公式(3)导出，但是我们希望给出一个直接的不依赖于黎曼理论的证明.

有一个紧区间 $I=[a, b]\times[c, d]$ 使得 s 在 I 上是阶梯函数而当 $(x, y)\in\mathbf{R}^2-I$ 时 $s(x, y)=0$. 于是有一个把 I 分成 mn 个子矩形 $I_{ij}=[x_{i-1}, x_i]\times[y_{j-i}, y_j]$ 的划分使得 s 在 I_{ij} 的内部是常数，譬如说

410
$$s(x, y)=c_{ij},\qquad 若(x, y)\in \operatorname{int} I_{ij}.$$

于是

$$\iint_{I_{ij}} s(x, y)\mathrm{d}(x, y)=c_{ij}(x_i-x_{i-1})(y_j-y_{j-1})=\int_{y_{j-1}}^{y_j}\left[\int_{x_{i-1}}^{x_i} s(x, y)\mathrm{d}x\right]\mathrm{d}y.$$

关于 i 和 j 求和可得

$$\iint_I s(x, y)\mathrm{d}(x, y)=\int_c^d\left[\int_a^b s(x, y)\mathrm{d}x\right]\mathrm{d}y.$$

因为 s 在 I 的外部为零，这就证明了(4)式，类似的讨论可以证明(5)式. ■

为了把富比尼定理推广到勒贝格可积函数，我们需要某些关于零测度集的进一步的结果，这些将在下一节中讨论.

15.6 零测度集的某些性质

定理 15.3 设 S 是 $\mathbf{R}^n$ 的一个子集. 于是 S 有 n 维零测度，当且仅当存在一个 n 维区间的可数族 $\{J_1, J_2, \cdots\}$，它们的 n 维测度之和是有限的，使得 S 内的每个点对于无穷多个 k 属于 J_k.

证明 首先假定 S 有 n 维零测度. 于是，对于每一个 $m \geqslant 1$，S 可以被一个 n 维区间的可数族 $\{I_{m,1}, I_{m,2}, \cdots\}$ 覆盖，它们的 n 维测度之和 $<2^{-m}$. 对于 $m=1, 2, \cdots$ 和 $k=1, 2, \cdots$ 由全部区间 $I_{m,k}$ 组成的集合 A 是一个覆盖 S 的可数族，所有这些区间的 n 维测度之和 $<\sum\limits_{m=1}^{\infty} 2^{-m}=1$. 此外，如果 $\boldsymbol{a} \in S$，则对于每个 m 和某个 k 有 $\boldsymbol{a} \in I_{m,k}$. 因而，如果写 $A=\{J_1, J_2, \cdots\}$，我们看到对于无穷多个 k 有 $\boldsymbol{a}$ 属于 J_k.

反过来，假定有一个 n 维区间的可数族 $\{J_1, J_2, \cdots\}$ 使得级数 $\sum\limits_{k=1}^{\infty} \mu(J_k)$ 收敛，而且使得 S 内的每个点对于无穷多个 k 属于 J_k. 给定 $\varepsilon>0$，有正数 N 使得

$$\sum_{k=N}^{\infty} \mu(J_k)<\varepsilon.$$

S 的每个点都位于集合 $\bigcup\limits_{k=N}^{\infty} J_k$ 内，所以 $S \subseteq \bigcup\limits_{k=N}^{\infty} J_k$. 这样，$S$ 被一个可数的区间族覆盖，它们的 n 维测度之和 $<\varepsilon$，所以 S 有 n 维零测度. ■

定义 15.4 如果 S 是 $\mathbf{R}^2$ 的任一子集，且 $(x, y) \in \mathbf{R}^2$，则用 S_y 和 S^x 表示 $\mathbf{R}^1$ 的下述子集：

$S_y=\{x : x \in \mathbf{R}^1$ 且 $(x, y) \in S\}$，

$S^x=\{y : y \in \mathbf{R}^1$ 且 $(x, y) \in S\}$. 411

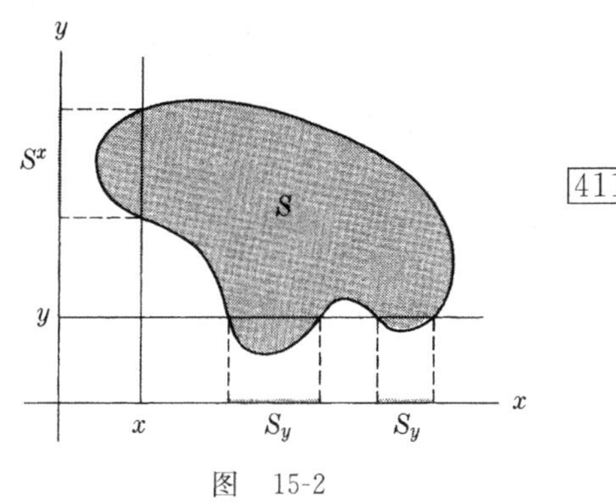

图 15-2

图 15-2 中画出了几个例子. 从几何上看，S_y 是一条水平直线与 S 相交的部分在 x 轴上的投影；S^x 是一条竖直的直线与 S 相交的部分在 y 轴上的投影.

定理 15.5 如果 S 是 $\mathbf{R}^2$ 的一个 2 维零测度子集，则 S_y 对于 $\mathbf{R}^1$ 内的几乎全部 y 有 1 维零测度，S^x 对于 $\mathbf{R}^1$ 内的几乎全部 x 有 1 维零测度.

证明 我们将证明 S_y 对于 $\mathbf{R}^1$ 内的几乎全部 y 有 1 维零测度，这个证明要用到定理 15.3.

因为 S 有 2 维零测度，所以按照定理 15.3 有一个可数的矩形族 $\{I_k\}$ 使得级数

$$\sum_{k=1}^{\infty} \mu(I_k) \tag{6}$$

收敛，而且使得 S 的每一个点 (x, y) 对于无穷多个 k 属于 I_k. 记 $I_k=X_k \times Y_k$，其中 X_k 和 Y_k 是 $\mathbf{R}^1$ 的子集，则有

$$\mu(I_k)=\mu(X_k)\mu(Y_k)=\mu(X_k)\int_{\mathbf{R}^1} \chi_{Y_k}=\int_{\mathbf{R}^1} \mu(X_k)\chi_{Y_k},$$

其中 χ_{Y_k} 是区间 Y_k 的特征函数. 设 $g_k=\mu(X_k)\chi_{Y_k}$，则(6)式蕴涵级数

$$\sum_{k=1}^{\infty}\int_{\mathbf{R}^1} g_k$$

收敛. 现在$\{g_k\}$是 $L(\mathbf{R}^1)$内的一个使级数 $\sum_{k=1}^{\infty}\int_{\mathbf{R}^1} g_k$ 收敛的非负函数序列. 因而，按照莱维定理(定理10.25)，级数$\sum_{k=1}^{\infty} g_k$ 在 $\mathbf{R}^1$ 上几乎处处收敛. 换句话说，$\mathbf{R}^1$ 有一个子集 T 有1维零测度使得级数

412 $$\sum_{k=1}^{\infty}\mu(X_k)\chi_{Y_k}(y) \tag{7}$$

对于 $\mathbf{R}^1-T$ 内的一切 y 都收敛. 在 $\mathbf{R}^1-T$ 内取一点 y，保持 y 固定并考虑集合 S_y. 我们将证明 S_y 有1维零测度.

可以假定 S_y 是非空的；否则结果是平凡的. 设

$$A(y)=\{X_k: y\in Y_k,\quad k=1,2,\cdots\}.$$

则 $A(y)$是一个可数的一维区间族，我们可以给它重新编号成为$\{J_1, J_2, \cdots\}$. 所有这些区间 J_k 的长度之和因(7)式而收敛. 如果 $x\in S_y$，则$(x, y)\in S$，所以对于无穷多个 k 有$(x, y)\in I_k=X_k\times Y_k$，从而对于无穷多个 k 有 $x\in J_k$. 按照一维情况的定理 15.3 可以推知 S_y 有一维零测度. 这表明 S_y 对于 $\mathbf{R}^1$ 内的几乎全部 y 有一维零测度，而类似的讨论可以证明 S^x 对于 $\mathbf{R}^1$ 内的几乎全部 x 有一维零测度. ■

15.7 对于二重积分的富比尼归约定理

定理 15.6 假定 f 在 $\mathbf{R}^2$ 上勒贝格可积，则有

a)有一维零测度集 T 使得勒贝格积分 $\int_{\mathbf{R}^1} f(x, y)\mathrm{d}x$ 对于 $\mathbf{R}^1-T$ 内的一切 y 都存在.

b)在 $\mathbf{R}^1$ 上由等式

$$G(y)=\begin{cases}\int_{\mathbf{R}^1} f(x, y)\mathrm{d}x, & \text{若 } y\in\mathbf{R}^1-T,\\ 0, & \text{若 } y\in T,\end{cases}$$

定义的函数 G 在 $\mathbf{R}^1$ 上是勒贝格可积的.

c) $\iint\limits_{\mathbf{R}^2} f=\int_{\mathbf{R}^1} G(y)\mathrm{d}y$. 即

$$\iint\limits_{\mathbf{R}^2} f(x, y)\mathrm{d}(x, y)=\int_{\mathbf{R}^1}\left[\int_{\mathbf{R}^1} f(x, y)\mathrm{d}x\right]\mathrm{d}y.$$

注 有一个相应的结果断言

$$\iint\limits_{\mathbf{R}^2} f(x, y)\mathrm{d}(x, y)=\int_{\mathbf{R}^1}\left[\int_{\mathbf{R}^1} f(x, y)\mathrm{d}y\right]\mathrm{d}x.$$

证明　我们已经对于阶梯函数证明了本定理，下面对于上函数证明. 如果 $f \in U(\mathbf{R}^2)$，则有递增的阶梯函数序列$\{s_n\}$使得对于 $\mathbf{R}^2-S$ 内的一切(x, y)都有 $s_n(x, y) \to f(x, y)$，其中 S 是一个二维零测度集；此外，

$$\lim_{n\to\infty}\iint_{\mathbf{R}^2} s_n(x, y)\mathrm{d}(x, y)=\iint_{\mathbf{R}^2} f(x, y)\mathrm{d}(x, y).$$ 413

现在$(x, y)\in \mathbf{R}^2-S$，当且仅当 $x\in \mathbf{R}^1-S_y$. 因此

$$s_n(x, y)\to f(x, y), \quad 若\ x\in \mathbf{R}^1-S_y. \tag{8}$$

设 $t_n(y)=\int_{\mathbf{R}^1} s_n(x, y)\mathrm{d}x$. 这个积分对于每个实数 y 存在而且是 y 的一个可积函数. 此外，按照定理 15.2，我们有

$$\int_{\mathbf{R}^1} t_n(y)\mathrm{d}y=\int_{\mathbf{R}^1}\left[\int_{\mathbf{R}^1} s_n(x, y)\mathrm{d}x\right]\mathrm{d}y=\iint_{\mathbf{R}^2} s_n(x, y)\mathrm{d}(x, y)\leqslant \iint_{\mathbf{R}^2} f.$$

因为序列$\{t_n\}$是递增的，所以最后的不等式表明 $\lim\limits_{n\to\infty}\int_{\mathbf{R}^1} t_n(y)\mathrm{d}y$ 存在. 因此，按照莱维定理(定理 10.24)，在 $L(\mathbf{R}^1)$内有一个函数 t 使得在 $\mathbf{R}^1$ 上几乎处处有 $t_n\to t$. 换句话说，有一个一维零测度集 T_1 使得当 $y\in \mathbf{R}^1-T_1$ 时有 $t_n(y)\to t(y)$. 此外，

$$\int_{\mathbf{R}^1} t(y)\mathrm{d}(y)=\lim_{n\to\infty}\int_{\mathbf{R}^1} t_n(y)\mathrm{d}y.$$

因为$\{t_n\}$是递增的，所以有

$$t_n(y)=\int_{\mathbf{R}^1} s_n(x, y)\mathrm{d}x\leqslant t(y), \quad 若\ y\in \mathbf{R}^1-T_1.$$

对$\{s_n\}$应用莱维定理可知，如果 $y\in \mathbf{R}^1-T_1$，则在 $L(\mathbf{R}^1)$内有函数 g 使得对于在 $\mathbf{R}^1-A$ 内的 x 有 $s_n(x, y)\to g(x, y)$，其中 A 是一个一维零测度集.（集合 A 依赖于 y.）把此结果与(8)式进行比较可以看出，如果 $y\in \mathbf{R}^1-T_1$，则有

$$g(x, y)=f(x, y), \quad 若\ x\in \mathbf{R}^1-(A\cup S_y). \tag{9}$$

但是 A 有 1 维零测度，S_y 对于几乎一切 y 有 1 维零测度，譬如说 S_y 对于 $\mathbf{R}^1-T_2$ 内的一切 y 有 1 维零测度，其中 T_2 有 1 维零测度. 设 $T=T_1\cup T_2$，则 T 有 1 维零测度. 如果 $y\in \mathbf{R}^1-T$，则集合 $A\cup S_y$ 有 1 维零测度，而且(9)式成立. 因为积分$\int_{\mathbf{R}^1} g(x, y)\mathrm{d}x$ 当 $y\in \mathbf{R}^1-T$ 时存在，所以可以推知积分$\int_{\mathbf{R}^1} f(x, y)\mathrm{d}x$ 当 $y\in \mathbf{R}^1-T$ 时也存在. 这就证明了(a). 当 $y\in \mathbf{R}^1-T$ 时，我们也有

$$\int_{\mathbf{R}^1} f(x, y)\mathrm{d}x=\int_{\mathbf{R}^1} g(x, y)\mathrm{d}x=\lim_{n\to\infty}\int_{\mathbf{R}^1} s_n(x, y)\mathrm{d}x=t(y). \tag{10}$$

因为 $t\in L(\mathbf{R}^1)$，所以这就证明了(b). 最后，我们有

$$\int_{\mathbf{R}^1} t(y)\mathrm{d}y=\int_{\mathbf{R}^1}\lim_{n\to\infty} t_n(y)\mathrm{d}y=\lim_{n\to\infty}\int_{\mathbf{R}^1} t_n(y)\mathrm{d}y=\lim_{n\to\infty}\int_{\mathbf{R}^1}\left[\int_{\mathbf{R}^1} s_n(x, y)\mathrm{d}x\right]\mathrm{d}y$$

$$=\lim_{n\to\infty}\iint_{\mathbf{R}^2} s_n(x, y)\mathrm{d}(x, y)=\iint_{\mathbf{R}^2} f(x, y)\mathrm{d}(x, y).$$ 414

把此结果与(10)式比较可得(c). 这就对于上函数证明了富比尼定理.

为了对于勒贝格可积函数证明本定理，记 $f=u-v$，其中 $u\in L(\mathbf{R}^2)$ 且 $v\in L(\mathbf{R}^2)$，我们得到

$$\iint_{\mathbf{R}^2} f=\iint_{\mathbf{R}^2} u-\iint_{\mathbf{R}^2} v=\int_{\mathbf{R}^1}\left[\int_{\mathbf{R}^1} u(x,\ y)\mathrm{d}x\right]\mathrm{d}y-\int_{\mathbf{R}^1}\left[\int_{\mathbf{R}^1} v(x,\ y)\mathrm{d}x\right]\mathrm{d}y$$

$$=\int_{\mathbf{R}^1}\left[\int_{\mathbf{R}^1}\{u(x,\ y)-v(x,\ y)\}\mathrm{d}x\right]\mathrm{d}y=\int_{\mathbf{R}^1}\left[\int_{\mathbf{R}^1} f(x,\ y)\mathrm{d}x\right]\mathrm{d}y.\qquad \blacksquare$$

作为定理 15.6 的一个直接推论和定理 10.11 的二维类似结果，我们得到：

定理 15.7　假定 f 在紧矩形 $I=[a,\ b]\times[c,\ d]$ 上定义且有界，并假定 f 在 I 上几乎处处连续，则 $f\in L(I)$ 且有

$$\iint_I f(x,\ y)\mathrm{d}(x,\ y)=\int_c^d\left[\int_a^b f(x,\ y)\mathrm{d}x\right]\mathrm{d}y=\int_a^b\left[\int_c^d f(x,\ y)\mathrm{d}y\right]\mathrm{d}x.$$

注　一维积分 $\int_a^b f(x,\ y)\mathrm{d}x$ 作为勒贝格积分对于 $[c,\ d]$ 内几乎所有的 y 存在，但它作为黎曼积分未必存在. 类似的注记可以应用于积分 $\int_c^d f(x,\ y)\mathrm{d}y$. 在黎曼积分理论中，归约公式中的内积分必须用上积分或下积分代替.（见定理 14.6 的(v).）

当然，富比尼定理有一个向高维积分的推广. 如果 f 在 $\mathbf{R}^{m+k}$ 上是勒贝格可积的，则有与定理 15.6 类似的定理断言

$$\int_{\mathbf{R}^{m+k}} f=\int_{\mathbf{R}^k}\left[\int_{\mathbf{R}^m} f(\boldsymbol{x};\ \boldsymbol{y})\mathrm{d}\boldsymbol{x}\right]\mathrm{d}\boldsymbol{y}=\int_{\mathbf{R}^m}\left[\int_{\mathbf{R}^k} f(\boldsymbol{x};\ \boldsymbol{y})\mathrm{d}\boldsymbol{y}\right]\mathrm{d}\boldsymbol{x}.$$

这里我们把 $\mathbf{R}^{m+k}$ 中的一个点写为 $(\boldsymbol{x};\ \boldsymbol{y})$，其中 $\boldsymbol{x}\in\mathbf{R}^m$，$\boldsymbol{y}\in\mathbf{R}^k$. 这可以用在证明二维情况时所用的方法的推广来证明，但是我们略去证明的细节.

15.8　可积性的托内利-霍布森检验法

哪些函数在 $\mathbf{R}^2$ 上是勒贝格可积的？下面这个定理给出了关于可积性的一个有用的充分条件，它的证明要用到富比尼定理.

定理 15.8　假定 f 在 $\mathbf{R}^2$ 上可测，并假定下面两个累次积分

415

$$\int_{\mathbf{R}^1}\left[\int_{\mathbf{R}^1}|f(x,\ y)|\mathrm{d}x\right]\mathrm{d}y\quad\text{或}\quad\int_{\mathbf{R}^1}\left[\int_{\mathbf{R}^1}|f(x,\ y)|\mathrm{d}y\right]\mathrm{d}x$$

中至少有一个存在. 于是我们有

a) $f\in L(\mathbf{R}^2)$.

b) $\iint_{\mathbf{R}^2} f=\int_{\mathbf{R}^1}\left[\int_{\mathbf{R}^1} f(x,\ y)\mathrm{d}x\right]\mathrm{d}y=\int_{\mathbf{R}^1}\left[\int_{\mathbf{R}^1} f(x,\ y)\mathrm{d}y\right]\mathrm{d}x$.

证明　由富比尼定理，(b)可以从(a)得到. 我们也要用富比尼定理去证明(a). 假定累次积分 $\int_{\mathbf{R}^1}\left[\int_{\mathbf{R}^1}|f(x,\ y)|\mathrm{d}x\right]\mathrm{d}y$ 存在. 设 $\{s_n\}$ 表示如下定义的递增的非负阶梯函数

序列：

$$s_n(x, y)=\begin{cases}n, & 若 |x| \leqslant n 且 |y| \leqslant n, \\ 0, & 其他情况.\end{cases}$$

设 $f_n(x, y)=\min\{s_n(x, y), |f(x, y)|\}$. s_n 与 $|f|$ 两者都是可测的，所以 f_n 是可测的. 而且，我们有 $0 \leqslant f_n(x, y) \leqslant s_n(x, y)$，所以 f_n 受一个勒贝格可积函数控制，因而 $f_n \in L(\mathbf{R}^2)$. 于是可以对 f_n 应用富比尼定理，结合不等式 $0 \leqslant f_n(x, y) \leqslant |f(x, y)|$ 便可以得到

$$\iint_{\mathbf{R}^2} f_n=\int_{\mathbf{R}^1}\left[\int_{\mathbf{R}^1} f_n(x, y) \mathrm{d} x\right] \mathrm{d} y \leqslant \int_{\mathbf{R}^1}\left[\int_{\mathbf{R}^1}|f(x, y)| \mathrm{d} x\right] \mathrm{d} y.$$

因为 $\{f_n\}$ 是递增的，所以此式表明极限 $\lim_{n \rightarrow \infty} \iint_{\mathbf{R}^2} f_n$ 存在. 按照莱维定理(与定理 10.24 类似的二维情况的定理)，$\{f_n\}$ 在 $\mathbf{R}^2$ 几乎处处收敛到 $L(\mathbf{R}^2)$ 内的一个极限函数. 但是当 $n \rightarrow \infty$ 时，$f_n(x, y) \rightarrow |f(x, y)|$，所以 $|f| \in L(\mathbf{R}^2)$. 因为 f 是可测的，由此可推知 $f \in L(\mathbf{R}^2)$. 这就证明了(a). 当另一个累次积分存在时证明是类似的. ■

15.9 坐标变换

多重积分理论中最重要的结果之一是关于进行变量替换的公式，这是在定理 7.36 中对于黎曼积分证明过的公式

$$\int_{g(c)}^{g(d)} f(x) \mathrm{d} x=\int_c^d f[g(t)] g'(t) \mathrm{d} t$$

的一个推广. 该公式当时假设的条件是 g 在区间 $T=[c, d]$ 上有连续的导函数 g'，而且 f 在 T 的象 $g(T)$ 上连续.

考虑 g' 在 T 上永不为零(因而不变号)的特殊情况. 如果 g' 在 T 上是正的，则 g 递增，所以 $g(c)<g(d)$，$g(T)=[g(c), g(d)]$，而上述公式可以写为

$$\int_{g(T)} f(x) \mathrm{d} x=\int_T f[g(t)] g'(t) \mathrm{d} t.$$ 416

另一方面，如果 g' 在 T 上是负的，则 $g(T)=[g(d), g(c)]$，而上述公式变为

$$\int_{g(T)} f(x) \mathrm{d} x=-\int_T f[g(t)] g'(t) \mathrm{d} t.$$

因此，两种情况都可以包含在下面的一个公式中

$$\int_{g(T)} f(x) \mathrm{d} x=\int_T f[g(t)]|g'(t)| \mathrm{d} t. \tag{11}$$

等式(11)当 $c>d$ 时也成立，而正是在这种形式下，此结果将被推广到多重积分. 使变量发生替换的函数 g 必须被一个向量值函数所替换，该向量值函数称为坐标变换函数，它是按下面的方式定义的.

定义 15.9 设 T 是 $\mathbf{R}^n$ 的一个开子集. 一个向量值函数 $\boldsymbol{g}: T \rightarrow \mathbf{R}^n$ 称为 T 上的一个坐标变换，如果它有下述三条性质：

a) $\boldsymbol{g} \in C'$ 于 T.

b) $\boldsymbol{g}$ 在 T 上是 1-1 的.

c)对于 T 内的一切 $\boldsymbol{t}$，雅可比行列式 $J_{\boldsymbol{g}}(\boldsymbol{t})=\det \boldsymbol{D}\boldsymbol{g}(\boldsymbol{t})\neq 0$.

注　坐标变换有时称为微分同胚.

性质(a)说明 $\boldsymbol{g}$ 在 T 上是连续可微的. 从定理 13.4 可知一个连续可微函数在雅可比行列式不为零的每个点附近都是局部 1-1 的. 性质(b)假定 $\boldsymbol{g}$ 在 T 上是整体 1-1 的，这就保证了整体反函数 $\boldsymbol{g}^{-1}$ 存在，它在 $\boldsymbol{g}(T)$上定义，而且是 1-1 的. 性质(a)和(c)一起蕴涵 $\boldsymbol{g}$ 是一个开映射(按照定理 13.5). 而且，$\boldsymbol{g}^{-1}$ 在 $\boldsymbol{g}(T)$上是连续可微的(按照定理 13.6).

坐标变换进一步的性质将从雅可比行列式的下述乘法性质中推导出来.

定理 15.10(雅可比行列式的乘法定理)　假定 $\boldsymbol{g}$ 在 $\mathbf{R}^n$ 内的一个开集 T 上是可微的，而 $\boldsymbol{h}$ 在 T 的象 $\boldsymbol{g}(T)$上是可微的，则复合函数 $\boldsymbol{k}=\boldsymbol{h}\circ\boldsymbol{g}$ 在 T 上是可微的，而且对于 T 内的每一个 $\boldsymbol{t}$ 有

$$J_{\boldsymbol{k}}(\boldsymbol{t})=J_{\boldsymbol{h}}[\boldsymbol{g}(\boldsymbol{t})]J_{\boldsymbol{g}}(\boldsymbol{t}). \tag{12}$$

证明　链式法则(定理 12.7)告诉我们，复合函数 $\boldsymbol{k}$ 在 T 上是可微的，而且矩阵形式的链式法则告诉我们相应的各雅可比矩阵有下述关系：

$$\boldsymbol{D}\boldsymbol{k}(\boldsymbol{t})=\boldsymbol{D}\boldsymbol{h}[\boldsymbol{g}(\boldsymbol{t})]\boldsymbol{D}\boldsymbol{g}(\boldsymbol{t}). \tag{13}$$

417 从行列式理论可知 $\det(\boldsymbol{AB})=\det\boldsymbol{A}\det\boldsymbol{B}$，所以(13)式蕴涵(12)式. ■

这个定理表明，如果 $\boldsymbol{g}$ 是 T 上的一个坐标变换，而 $\boldsymbol{h}$ 是 $\boldsymbol{g}(T)$上的一个坐标变换，则复合函数 $\boldsymbol{k}$ 是 T 上的一个坐标变换. 而且，如果 $\boldsymbol{h}=\boldsymbol{g}^{-1}$，则对于 T 内的一切 $\boldsymbol{t}$ 都有

$$\boldsymbol{k}(\boldsymbol{t})=\boldsymbol{t},\qquad 且\ J_{\boldsymbol{k}}(\boldsymbol{t})=1,$$

所以 $J_{\boldsymbol{h}}[\boldsymbol{g}(\boldsymbol{t})]J_{\boldsymbol{g}}(\boldsymbol{t})=1$，$\boldsymbol{g}^{-1}$ 是 $\boldsymbol{g}(T)$上的一个坐标变换.

坐标变换 $\boldsymbol{g}$ 及其逆变换 $\boldsymbol{g}^{-1}$ 在 T 的开子集与 $\boldsymbol{g}(T)$的开子集之间建立了一个一一对应，也在 T 的紧子集和 $\boldsymbol{g}(T)$的紧子集之间建立了一个一一对应. 下述各例是常用的一些坐标变换.

例 1($\mathbf{R}^2$ 内的极坐标)　在这种情况下我们取

$$T=\{(t_1,\ t_2):t_1>0,\ 0<t_2<2\pi\},$$

并设 $\boldsymbol{g}=(g_1,\ g_2)$是在 T 上如下定义的函数：

$$g_1(\boldsymbol{t})=t_1\cos t_2,\qquad g_2(\boldsymbol{t})=t_1\sin t_2.$$

习惯上用$(r,\ \theta)$而不用$(t_1,\ t_2)$表示 $\boldsymbol{t}$ 的分量. 坐标变换 $\boldsymbol{g}$ 把 T 内的每个点$(r,\ \theta)$映射到 $\boldsymbol{g}(T)$内由熟知的公式

$$x=r\cos\theta,\qquad y=r\sin\theta$$

给出的点$(x,\ y)$. T 的象 $\boldsymbol{g}(T)$是集合 $\mathbf{R}^2-\{(x,\ 0):x\geqslant 0\}$，雅可比行列式是

$$J_{\boldsymbol{g}}(\boldsymbol{t})=\begin{vmatrix}\cos\theta & \sin\theta\\ -r\sin\theta & r\cos\theta\end{vmatrix}=r.$$

例 2($\mathbf{R}^3$ 内的柱面坐标)　这里记 $\boldsymbol{t}=(r,\ \theta,\ z)$并取

$$T=\{(r,\ \theta,\ z):r>0,\quad 0<\theta<2\pi,\quad -\infty<z<+\infty\}.$$

坐标变换 $\boldsymbol{g}$ 把 T 内的每个点$(r,\ \theta,\ z)$映射到 $\boldsymbol{g}(T)$内由等式

$$x=r\cos\theta,\qquad y=r\sin\theta,\qquad z=z$$

418 给出的点$(x,\ y,\ z)$.

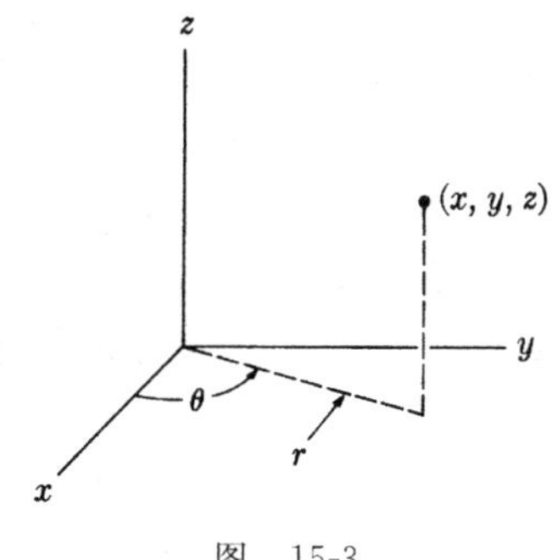

图　15-3

T 的像 $\boldsymbol{g}(T)$ 是集合 $\mathbf{R}^3-\{(x,\ 0,\ 0):x\geqslant 0\}$，雅可比行列式由

$$J_g(\boldsymbol{t})=\begin{vmatrix}\cos\theta & \sin\theta & 0\\ -r\sin\theta & r\cos\theta & 0\\ 0 & 0 & 1\end{vmatrix}=r$$

给出. r，θ 和 z 的几何意义如图 15-3 所示.

例 3（$\mathbf{R}^3$ 内的球面坐标）　在这种情况下记 $\boldsymbol{t}=(\rho,\ \theta,\ \varphi)$ 并取

$$T=\{(\rho,\ \theta,\ \varphi):\rho>0,\quad 0<\theta<2\pi,\quad 0<\varphi<\pi\}.$$

坐标变换 $\boldsymbol{g}$ 把 T 内的每个点 $(\rho,\ \theta,\ \varphi)$ 映射到 $\boldsymbol{g}(T)$ 内由等式

$$x=\rho\cos\theta\sin\varphi,\qquad y=\rho\sin\theta\sin\varphi,\qquad z=\rho\cos\varphi$$

给出的点 $(x,\ y,\ z)$. T 的象 $\boldsymbol{g}(T)$ 是集合 $\mathbf{R}^3-[\{(x,\ 0,\ 0):x\geqslant 0\}\cup\{(0,\ 0,\ z):z\in\mathbf{R}\}]$，雅可比行列式是

$$J_g(\boldsymbol{t})=\begin{vmatrix}\cos\theta\sin\varphi & \sin\theta\sin\varphi & \cos\varphi\\ -\rho\sin\theta\sin\varphi & \rho\cos\theta\sin\varphi & 0\\ \rho\cos\theta\cos\varphi & \rho\sin\theta\cos\varphi & -\rho\sin\varphi\end{vmatrix}=-\rho^2\sin\varphi.$$

ρ，θ 和 φ 的几何意义如图 15-4 所示.

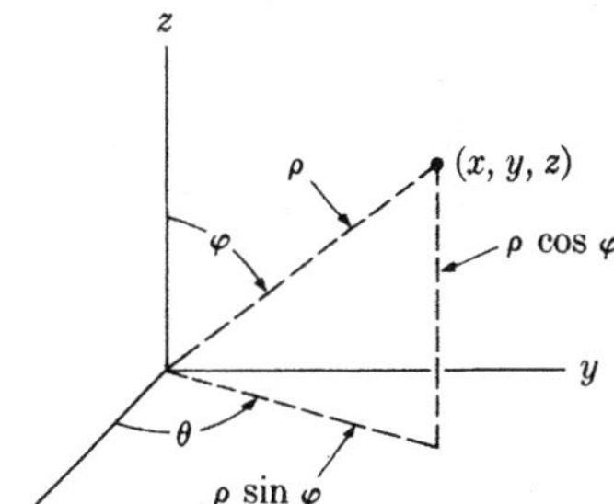

图　15-4

例 4（$\mathbf{R}^n$ 中的线性变换）　设 $\boldsymbol{g}:\mathbf{R}^n\to\mathbf{R}^n$ 是由矩阵 $(a_{ij})=m(\boldsymbol{g})$ 表示的一个线性变换，使得

$$\boldsymbol{g}(\boldsymbol{t})=\Big(\sum_{j=1}^{n}a_{1j}t_j,\ \cdots,\ \sum_{j=1}^{n}a_{nj}t_j\Big).$$

则 $\boldsymbol{g}=(g_1,\ \cdots,\ g_n)$，其中 $g_i(\boldsymbol{t})=\sum_{j=1}^{n}a_{ij}t_j$，雅可比矩阵是

$$\boldsymbol{Dg}(\boldsymbol{t})=(\mathrm{D}_j g_i(\boldsymbol{t}))=(a_{ij}).$$

这样，雅可比行列式 $J_g(\boldsymbol{t})$ 是常数，它等于矩阵 (a_{ij}) 的行列式 $\det(a_{ij})$. 我们也把矩阵 (a_{ij}) 的行列式称为 $\boldsymbol{g}$ 的行列式，并记为

$$\det\boldsymbol{g}=\det(a_{ij}).$$ 419

在 $\mathbf{R}^n$ 上 1-1 的线性变换 $\boldsymbol{g}$ 称为非奇异的变换. 我们将使用涉及从 $\mathbf{R}^n$ 到 $\mathbf{R}^n$ 的非奇异变换的下述基本事实.（其证明可以在任何一本线性代数教科书中找到；也见于参考文献 14.1.）

一个线性变换 $\boldsymbol{g}$ 是非奇异的，当且仅当它的矩阵 $\boldsymbol{A}=m(\boldsymbol{g})$ 有逆 $\boldsymbol{A}^{-1}$ 使得 $\boldsymbol{A}\boldsymbol{A}^{-1}=\boldsymbol{I}$，其中 $\boldsymbol{I}$ 是单位矩阵（恒等变换的矩阵），在 $\boldsymbol{g}$ 非奇异的情况下 $\boldsymbol{A}$ 也称为非奇异. 一个 $n\times n$ 矩阵 $\boldsymbol{A}$ 是非奇异的，当且仅当 $\det\boldsymbol{A}\neq 0$. 这样，一个线性函数 $\boldsymbol{g}$ 是一个坐标变换，当且仅当 $\det\boldsymbol{g}\neq 0$.

每一个非奇异的变换 $\boldsymbol{g}$ 都能表示为称为*初等变换*的三种特殊类型的非奇异变换的复合. 我们把初等变换归纳为类型 a、类型 b 和类型 c，它们定义如下：

类型 a：$\boldsymbol{g}_a(t_1, \cdots, t_k, \cdots, t_n)=(t_1, \cdots, \lambda t_k, \cdots, t_n)$，其中 $\lambda \neq 0$. 换句话说，$\boldsymbol{g}_a$ 用一个非零的标量 λ 乘以 $\boldsymbol{t}$ 的一个分量. 特别地，$\boldsymbol{g}_a$ 把各个单位坐标向量映射如下：

$$\boldsymbol{g}_a(\boldsymbol{u}_k)=\lambda \boldsymbol{u}_k, \quad \text{对某个 } k; \quad \boldsymbol{g}_a(\boldsymbol{u}_i)=\boldsymbol{u}_i, \quad \text{对所有的 } i \neq k.$$

$\boldsymbol{g}_a$ 的矩阵可以由单位矩阵第 k 行的元素乘以 λ 得到. 而且，$\det \boldsymbol{g}_a=\lambda$.

类型 b：$\boldsymbol{g}_b(t_1, \cdots, t_k, \cdots, t_n)=(t_1, \cdots, t_k+t_j, \cdots, t_n)$，其中 $j \neq k$. 这样，$\boldsymbol{g}_b$ 把 $\boldsymbol{t}$ 的一个分量用其自身加上另一个分量来代替. 特别地，$\boldsymbol{g}_b$ 把各个坐标向量映射如下：

$$\begin{aligned} \boldsymbol{g}_b(\boldsymbol{u}_k)&=\boldsymbol{u}_k+\boldsymbol{u}_j, \quad &&\text{对某个固定的 } k \text{ 和 } j,\ k \neq j, \\ \boldsymbol{g}_b(\boldsymbol{u}_i)&=\boldsymbol{u}_i, &&\text{对所有的 } i \neq k. \end{aligned}$$

矩阵 $\boldsymbol{g}_b$ 可以通过把单位矩阵 $\boldsymbol{I}$ 中的第 k 行用 $\boldsymbol{I}$ 的第 k 行加上 $\boldsymbol{I}$ 的第 j 行来代替而得到. 而且，$\det \boldsymbol{g}_b=1$.

类型 c：$\boldsymbol{g}_c(t_1, \cdots, t_i, \cdots, t_j, \cdots, t_n)=(t_1, \cdots, t_j, \cdots, t_i, \cdots, t_n)$，其中 $i \neq j$. 也就是说，对于某个 i 和 j，$i \neq j$，$\boldsymbol{g}_c$ 将 $\boldsymbol{t}$ 的第 i 个分量和第 j 个分量互换. 特别地，对于一切 $k \neq i$，$k \neq j$ 有 $\boldsymbol{g}_c(\boldsymbol{u}_i)=\boldsymbol{u}_j$，$\boldsymbol{g}_c(\boldsymbol{u}_j)=\boldsymbol{u}_i$ 和 $\boldsymbol{g}_c(\boldsymbol{u}_k)=\boldsymbol{u}_k$. $\boldsymbol{g}_c$ 的矩阵是把单位矩阵第 i 行和第 j 行互换得到的矩阵. 在这种情况下 $\det \boldsymbol{g}_c=-1$.

初等变换的逆是同一类型的另一个初等变换. 初等变换的矩阵称为*初等矩阵*. 每一个非奇异的矩阵 $\mathbf{A}$ 都可以在 $\mathbf{A}$ 的左边连续地乘上一些初等矩阵从而将其转化成单位矩阵. (这是线性代数中熟知的高斯-若尔当过程.) 这样，

$$\boldsymbol{I}=\boldsymbol{T}_1\boldsymbol{T}_2\cdots\boldsymbol{T}_r\mathbf{A},$$

其中每个 $\boldsymbol{T}_k$ 是一个初等矩阵，因此

420

$$\mathbf{A}=\boldsymbol{T}_r^{-1}\cdots\boldsymbol{T}_2^{-1}\boldsymbol{T}_1^{-1}.$$

如果 $\mathbf{A}=m(\boldsymbol{g})$，这就给出了把 $\boldsymbol{g}$ 作为一些初等变换的复合的一个相应的因子分解.

15.10 多重积分的变换公式

本章其余的部分将用于证明下述关于多重积分的变换公式.

定理 15.11 *设 T 是 $\mathbf{R}^n$ 的一个开子集，$\boldsymbol{g}$ 是 T 上的一个坐标变换. 设 f 是定义在象 $\boldsymbol{g}(T)$ 上的一个实值函数，并假定勒贝格积分 $\int_{\boldsymbol{g}(T)} f(\boldsymbol{x})\mathrm{d}\boldsymbol{x}$ 存在. 于是勒贝格积分 $\int_T f[\boldsymbol{g}(\boldsymbol{t})]|\boldsymbol{J}_{\boldsymbol{g}}(\boldsymbol{t})|\mathrm{d}\boldsymbol{t}$ 也存在，且有*

$$\int_{\boldsymbol{g}(T)} f(\boldsymbol{x})\mathrm{d}\boldsymbol{x}=\int_T f[\boldsymbol{g}(\boldsymbol{t})]|\boldsymbol{J}_{\boldsymbol{g}}(\boldsymbol{t})|\mathrm{d}\boldsymbol{t}. \tag{14}$$

定理 15.11 的证明分为三部分. 第 1 部分证明该公式对于每一个线性坐标变换 $\boldsymbol{\alpha}$ 成立. 作为一个推论我们将得到关系式

$$\mu[\boldsymbol{\alpha}(A)]=|\det \boldsymbol{\alpha}|\mu(A),$$

该式对于 $\mathbf{R}^n$ 的每一个有有限勒贝格测度的子集 A 成立. 在第 2 部分我们考虑一个一般的坐标变换 $\boldsymbol{g}$ 并证明当 f 是一个紧立方体的特征函数时(14)式成立. 这能对于 $\boldsymbol{g}(T)$ 内的每一个紧立方体 K 给出

$$\mu(K)=\int_{g^{-1}(K)}|J_g(t)|\,\mathrm{d}t, \tag{15}$$

这是本定理的证明中最长的部分. 在第 3 部分用等式(15)导出一般形式的(14)式.

15.11 对于线性坐标变换的变换公式的证明

定理 15.12 设 $\boldsymbol{\alpha}$: $\mathbf{R}^n\to\mathbf{R}^n$ 是一个线性坐标变换. 如果勒贝格积分 $\int_{\mathbf{R}^n}f(\boldsymbol{x})\mathrm{d}\boldsymbol{x}$ 存在，则勒贝格积分$\int_{\mathbf{R}^n}f[\boldsymbol{\alpha}(\boldsymbol{t})]|\boldsymbol{J}_{\boldsymbol{\alpha}}(\boldsymbol{t})|\mathrm{d}\boldsymbol{t}$ 也存在，而且这两个积分相等.

证明 首先我们注意，如果本定理对于 $\boldsymbol{\alpha}$ 和 $\boldsymbol{\beta}$ 成立，则对于复合函数 $\boldsymbol{\gamma}=\boldsymbol{\alpha}\circ\boldsymbol{\beta}$ 也成立，因为由 $\boldsymbol{J}_{\boldsymbol{\gamma}}(\boldsymbol{t})=\boldsymbol{J}_{\boldsymbol{\alpha}}[\boldsymbol{\beta}(\boldsymbol{t})]\boldsymbol{J}_{\boldsymbol{\beta}}(\boldsymbol{t})$可得

$$\begin{aligned}\int_{\mathbf{R}^n}f(\boldsymbol{x})\mathrm{d}\boldsymbol{x}&=\int_{\mathbf{R}^n}f[\boldsymbol{\alpha}(\boldsymbol{t})]|\boldsymbol{J}_{\boldsymbol{\alpha}}(\boldsymbol{t})|\mathrm{d}\boldsymbol{t}=\int_{\mathbf{R}^n}f(\boldsymbol{\alpha}[\boldsymbol{\beta}(\boldsymbol{t})])|\boldsymbol{J}_{\boldsymbol{\alpha}}[\boldsymbol{\beta}(\boldsymbol{t})]|\,|\boldsymbol{J}_{\boldsymbol{\beta}}(\boldsymbol{t})|\mathrm{d}\boldsymbol{t}\\&=\int_{\mathbf{R}^n}f[\boldsymbol{\gamma}(\boldsymbol{t})]|\boldsymbol{J}_{\boldsymbol{\gamma}}(\boldsymbol{t})|\mathrm{d}\boldsymbol{t}.\end{aligned}$$

于是，因为每一个非奇异线性变换 $\boldsymbol{\alpha}$ 都是一些初等变换的复合，因而只需对于每一 421
个初等变换证明该定理，而且只需假定 $f\geqslant 0$.

假设 $\boldsymbol{\alpha}$ 是类型 a 的. 为简单起见，假定 $\boldsymbol{\alpha}$ 把 $\boldsymbol{t}$ 的最后一个分量乘以一个非零的标量 λ，譬如说

$$\boldsymbol{\alpha}(t_1,\ \cdots,\ t_n)=(t_1,\ \cdots,\ t_{n-1},\ \lambda t_n).$$

于是$|\boldsymbol{J}_{\boldsymbol{\alpha}}(\boldsymbol{t})|=|\det\boldsymbol{\alpha}|=|\lambda|$. 应用富比尼定理把 f 在 $\mathbf{R}^n$ 上的积分写成一个在 $\mathbf{R}^{n-1}$ 上的 $(n-1)$维积分和一个在 $\mathbf{R}^1$ 上的一维积分的累次积分. 对于在 $\mathbf{R}^1$ 上的积分使用定理 10.17 的(b)和(c)可得

$$\begin{aligned}\int_{\mathbf{R}^n}f(\boldsymbol{x})\mathrm{d}\boldsymbol{x}&=\int_{\mathbf{R}^{n-1}}\left[\int_{-\infty}^{\infty}f(x_1,\ \cdots,\ x_n)\mathrm{d}x_n\right]\mathrm{d}x_1\cdots\mathrm{d}x_{n-1}\\&=\int_{\mathbf{R}^{n-1}}\left[|\lambda|\int_{-\infty}^{\infty}f(x_1,\ \cdots,\ x_{n-1},\ \lambda t_n)\mathrm{d}t_n\right]\mathrm{d}x_1\cdots\mathrm{d}x_{n-1}\\&=\int_{\mathbf{R}^{n-1}}\left[\int_{-\infty}^{\infty}f[\boldsymbol{\alpha}(\boldsymbol{t})]\,|\boldsymbol{J}_{\boldsymbol{\alpha}}(\boldsymbol{t})|\mathrm{d}t_n\right]\mathrm{d}t_1\cdots\mathrm{d}t_{n-1}\\&=\int_{\mathbf{R}^n}f[\boldsymbol{\alpha}(\boldsymbol{t})]|\boldsymbol{J}_{\boldsymbol{\alpha}}(\boldsymbol{t})|\mathrm{d}\boldsymbol{t},\end{aligned}$$

其中在最后一步使用了托内利-霍布森定理. 这就在 $\boldsymbol{\alpha}$ 是类型 a 的时候证明了该定理. 如果 $\boldsymbol{\alpha}$ 是类型 b 的，证明是类似的，只是在一维积分中要使用定理 10.17 的(a). 在这种情况下，$|\boldsymbol{J}_{\boldsymbol{\alpha}}(\boldsymbol{t})|=1$. 最后，如果 $\boldsymbol{\alpha}$ 是类型 c 的，则可以简单地使用富比尼定理交换第 i 个坐标上的积分与第 j 个坐标上的积分的次序. 在这种情况下，也有$|\boldsymbol{J}_{\boldsymbol{\alpha}}(\boldsymbol{t})|=1$. ■

作为一个直接推论我们有：

定理 15.13 如果 $\boldsymbol{\alpha}$: $\mathbf{R}^n\to\mathbf{R}^n$ 是一个线性坐标变换，A 是 $\mathbf{R}^n$ 的任意一个使得勒贝格积分$\int_{\boldsymbol{\alpha}(A)}f(\boldsymbol{x})\mathrm{d}\boldsymbol{x}$ 存在的子集，则勒贝格积分$\int_A f[\boldsymbol{\alpha}(\boldsymbol{t})]|\boldsymbol{J}_{\boldsymbol{\alpha}}(\boldsymbol{t})|\mathrm{d}\boldsymbol{t}$ 也存在，而且这两个积分相等.

证明　当 $\boldsymbol{x}\in\boldsymbol{\alpha}(A)$时，设 $\tilde{f}(\boldsymbol{x})=f(\boldsymbol{x})$，在其他情况下，设 $\tilde{f}(\boldsymbol{x})=0$. 于是

$$\int_{\boldsymbol{\alpha}(A)}f(\boldsymbol{x})\mathrm{d}\boldsymbol{x}=\int_{\mathbf{R}^n}\tilde{f}(\boldsymbol{x})\mathrm{d}\boldsymbol{x}=\int_{\mathbf{R}^n}\tilde{f}[\boldsymbol{\alpha}(\boldsymbol{t})]|\boldsymbol{J}_{\boldsymbol{\alpha}}(\boldsymbol{t})|\mathrm{d}\boldsymbol{t}=\int_A f[\boldsymbol{\alpha}(\boldsymbol{t})]|\boldsymbol{J}_{\boldsymbol{\alpha}}(\boldsymbol{t})|\mathrm{d}\boldsymbol{t}.\qquad\blacksquare$$

422 作为定理 15.13 的一个推论，我们在 A 的测度与 $\boldsymbol{\alpha}(A)$的测度之间有下述关系.

定理 15.14　设 $\boldsymbol{\alpha}:\mathbf{R}^n\to\mathbf{R}^n$ 是一个线性坐标变换. 如果 A 是 $\mathbf{R}^n$ 的一个有有限勒贝格测度 $\mu(A)$的子集，则 $\boldsymbol{\alpha}(A)$也有有限的勒贝格测度，而且

$$\mu[\boldsymbol{\alpha}(A)]=|\det\boldsymbol{\alpha}|\mu(A).\tag{16}$$

证明　记 $A=\boldsymbol{\alpha}^{-1}(B)$，其中 $B=\boldsymbol{\alpha}(A)$. 因为 $\boldsymbol{\alpha}^{-1}$ 也是一个坐标变换，所以可得

$$\mu(A)=\int_A\mathrm{d}\boldsymbol{x}=\int_{\boldsymbol{\alpha}^{-1}(B)}\mathrm{d}\boldsymbol{x}=\int_B|\det\boldsymbol{\alpha}^{-1}|\mathrm{d}\boldsymbol{t}=|\det\boldsymbol{\alpha}^{-1}|\mu(B).$$

因为 $B=\boldsymbol{\alpha}(A)$和 $\det(\boldsymbol{\alpha}^{-1})=(\det\boldsymbol{\alpha})^{-1}$，这就证明了(16)式.　■

定理 15.15　如果 A 是 $\mathbf{R}^n$ 的一个紧若尔当可测子集，则对于任何线性坐标变换 $\boldsymbol{\alpha}:\mathbf{R}^n\to\mathbf{R}^n$，象 $\boldsymbol{\alpha}(A)$是紧若尔当可测集，而且它的容度由下面的等式给出：

$$c[\boldsymbol{\alpha}(A)]=|\det\boldsymbol{\alpha}|c(A).$$

证明　集合 $\boldsymbol{\alpha}(A)$是紧的，因为 $\boldsymbol{\alpha}$ 在 A 上连续. 为了证明本定理，我们可以像在证明 15.14 时那样进行讨论. 然而，在这种情况下，全部积分，作为勒贝格积分和作为黎曼积分都存在.　■

15.12　对于紧立方体特征函数的变换公式的证明

本节包含定理 15.11 的证明的第 2 部分. 这一节自始至终假定 $\boldsymbol{g}$ 是 $\mathbf{R}^n$ 内的一个开集 T 上的坐标变换. 我们的目的是要对于 T 内的每一个紧立方体 K 证明

$$\mu(K)=\int_{\boldsymbol{g}^{-1}(K)}|\boldsymbol{J}_{\boldsymbol{g}}(T)|\mathrm{d}\boldsymbol{t},$$

而把证明此公式需要的一些辅助结果标记为引理.

为有助于简化细节，我们引进一些方便的记号. 代替通常对于 $\mathbf{R}^n$ 使用的欧几里得度量，将使用由

$$d(\boldsymbol{x},\ \boldsymbol{y})=\max_{1\leqslant i\leqslant n}|x_i-y_i|$$

给出的度量 d. 这个度量是在 3.13 节例 9 中引进的. 我们仅在本节写 $\|\boldsymbol{x}-\boldsymbol{y}\|$代表 $d(\boldsymbol{x},\ \boldsymbol{y})$.

使用这个度量，以 $\boldsymbol{a}$ 为中心、半径为 r 的球 $B(\boldsymbol{a};\ r)$是一个中心为 $\boldsymbol{a}$、边长为 $2r$ 的 n 维立方体；就是说，$B(\boldsymbol{a};\ r)$是 n 个一维区间的笛卡儿积，每个一维区间的长度是 $2r$.
423 一个这样的立方体的测度是$(2r)^n$，它是各个边长之积.

如果 $\boldsymbol{\alpha}:\mathbf{R}^n\to\mathbf{R}^n$ 是一个由矩阵(a_{ij})表示的线性变换，使得

$$\boldsymbol{\alpha}(\boldsymbol{x})=\left(\sum_{j=1}^n a_{1j}x_j,\ \cdots,\ \sum_{j=1}^n a_{nj}x_j\right),$$

则有

$$\|\boldsymbol{\alpha}(\boldsymbol{x})\|=\max_{1\leqslant i\leqslant n}\left|\sum_{j=1}^n a_{ij}x_j\right|\leqslant\|\boldsymbol{x}\|\max_{1\leqslant i\leqslant n}\sum_{j=1}^n|a_{ij}|.\tag{17}$$

我们还定义

$$\|\boldsymbol{\alpha}\|=\max_{1\leqslant i\leqslant n}\sum_{j=1}^{n}|a_{ij}|. \tag{18}$$

此式在由从 $\mathbf{R}^n$ 到 $\mathbf{R}^n$ 的全部线性变换组成的空间上定义了一个度量$\|\boldsymbol{\alpha}-\boldsymbol{\beta}\|$. 第一个引理给出了这个度量的某些性质.

引理 1 设 $\boldsymbol{\alpha}$ 和 $\boldsymbol{\beta}$ 表示从 $\mathbf{R}^n$ 到 $\mathbf{R}^n$ 的线性变换. 于是我们有:

a) 对于某个满足条件$\|\boldsymbol{x}\|=1$ 的 $\boldsymbol{x}$ 有$\|\boldsymbol{\alpha}\|=\|\boldsymbol{\alpha}(\boldsymbol{x})\|$.

b) 对于 $\mathbf{R}^n$ 内的一切 $\boldsymbol{x}$ 有$\|\boldsymbol{\alpha}(\boldsymbol{x})\|\leqslant\|\boldsymbol{\alpha}\|\|\boldsymbol{x}\|$.

c) $\|\boldsymbol{\alpha}\circ\boldsymbol{\beta}\|\leqslant\|\boldsymbol{\alpha}\|\|\boldsymbol{\beta}\|$.

d) $\|\boldsymbol{I}\|=1$, 其中 $\boldsymbol{I}$ 是恒等变换.

证明 假设$\max\limits_{1\leqslant i\leqslant n}\sum\limits_{j=1}^{n}|a_{ij}|$对于 $i=p$ 达到. 当 $a_{pp}\geqslant 0$ 时取 $x_p=1$, 当 $a_{pp}<0$ 时取 $x_p=-1$, 当 $j\neq p$ 时, 取 $x_j=0$. 于是$\|\boldsymbol{x}\|=1$且$\|\boldsymbol{\alpha}\|=\|\boldsymbol{\alpha}(\boldsymbol{x})\|$, 这就证明了(a).

(b)可以立即从(17)式和(18)式推出. 为了证明(c), 我们运用(b)可得

$$\|(\boldsymbol{\alpha}\circ\boldsymbol{\beta})(\boldsymbol{x})\|=\|\boldsymbol{\alpha}(\boldsymbol{\beta}(\boldsymbol{x}))\|\leqslant\|\boldsymbol{\alpha}\|\|\boldsymbol{\beta}(\boldsymbol{x})\|\leqslant\|\boldsymbol{\alpha}\|\|\boldsymbol{\beta}\|\|\boldsymbol{x}\|.$$

取满足$\|\boldsymbol{x}\|=1$ 的 $\boldsymbol{x}$ 使得$\|(\boldsymbol{\alpha}\circ\boldsymbol{\beta})(\boldsymbol{x})\|=\|\boldsymbol{\alpha}\circ\boldsymbol{\beta}\|$, 可得(c).

最后, 如果 $\boldsymbol{I}$ 是恒等变换, 则(18)式中的每一个 $\sum\limits_{j=1}^{n}|a_{ij}|=1$, 所以$\|\boldsymbol{I}\|=1$. ■

坐标变换 $\boldsymbol{g}$ 在 T 上是可微的, 所以对于 T 内的每一个 $\boldsymbol{t}$, 全导数 $\boldsymbol{g}'(\boldsymbol{t})$是由雅可比矩阵$\boldsymbol{D}\boldsymbol{g}(\boldsymbol{t})=(\mathrm{D}_j g_i(\boldsymbol{t}))$表示的从 $\mathbf{R}^n$ 到 $\mathbf{R}^n$ 的线性变换. 因而, 在(18)式中取 $\boldsymbol{\alpha}=\boldsymbol{g}'(\boldsymbol{t})$可得

$$\|\boldsymbol{g}'(\boldsymbol{t})\|=\max_{1\leqslant i\leqslant n}\sum_{j=1}^{n}|\mathrm{D}_j g_i(\boldsymbol{t})|.$$

我们注意到$\|\boldsymbol{g}'(\boldsymbol{t})\|$是 $\boldsymbol{t}$ 的一个连续函数, 因为所有的偏导数 $\mathrm{D}_j g_i$ 都在 T 上连续.

如果 Q 是 T 的一个紧子集, 则每一个函数 $\mathrm{D}_j g_i$ 在 Q 上都是有界的; 因此$\|\boldsymbol{g}'(\boldsymbol{t})\|$在 Q 上也有界, 我们定义

$$\lambda_g(Q)=\sup_{t\in Q}\|\boldsymbol{g}'(\boldsymbol{t})\|=\sup_{t\in Q}\left\{\max_{1\leqslant i\leqslant n}\sum_{j=1}^{n}|\mathrm{D}_j g_i(\boldsymbol{t})|\right\}. \tag{19}$$ 424

下面这个引理叙述了边长为 $2r$ 的立方体 Q 的象 $\boldsymbol{g}(Q)$位于另一个边长为 $2r\lambda_g(Q)$的立方体内.

引理 2 设 $Q=\{\boldsymbol{x}:\|\boldsymbol{x}-\boldsymbol{a}\|\leqslant r\}$是一个位于 T 内的边长为 $2r$ 的紧立方体, 则对于 Q 内的每个 $\boldsymbol{x}$ 都有

$$\|\boldsymbol{g}(\boldsymbol{x})-\boldsymbol{g}(\boldsymbol{a})\|\leqslant r\lambda_g(Q). \tag{20}$$

因而 $\boldsymbol{g}(Q)$位于一个边长为 $2r\lambda_g(Q)$的立方体内.

证明 按照关于实值函数的中值定理, 我们有

$$g_i(\boldsymbol{x})-g_i(\boldsymbol{a})=\nabla g_i(\boldsymbol{z}_i)\cdot(\boldsymbol{x}-\boldsymbol{a})=\sum_{j=1}^{n}\mathrm{D}_j g_i(\boldsymbol{z}_i)(x_j-a_j),$$

其中 $\boldsymbol{z}_i$ 位于连接 $\boldsymbol{x}$ 和 $\boldsymbol{a}$ 的线段上. 因此

$$|g_i(\boldsymbol{x})-g_i(\boldsymbol{a})|\leqslant\sum_{j=1}^{n}|\mathrm{D}_j g_i(\boldsymbol{z}_i)||x_j-a_j|\leqslant\|\boldsymbol{x}-\boldsymbol{a}\|\sum_{j=1}^{n}|\mathrm{D}_j g_i(\boldsymbol{z}_i)|\leqslant r\lambda_g(Q),$$

这蕴涵着(20)式. ■

注 不等式(20)表明 $\boldsymbol{g}(Q)$位于一个容度为

$$(2r\lambda_g(Q))^n=\{\lambda_g(Q)\}^n c(Q)$$

的立方体的内部.

引理 3 如果 A 是 T 的任何一个紧若尔当可测子集，则 $\boldsymbol{g}(A)$是 $\boldsymbol{g}(T)$的一个紧若尔当可测子集.

证明 $\boldsymbol{g}(A)$的紧性可以从 $\boldsymbol{g}$ 的连续性推出. 因为 A 是若尔当可测的，所以它的边界 ∂A 有零容度. 并且$\partial(\boldsymbol{g}(A))=\boldsymbol{g}(\partial A)$，因为 $\boldsymbol{g}$ 是 1-1 的和连续的. 因此，为了完成本引理的证明，只需证明 $\boldsymbol{g}(\partial A)$有零容度.

给定 $\varepsilon>0$，有有限个开区间 A_1，…，A_m 位于 T 内，它们的测度之和$<\varepsilon$，使得 $\partial A\subseteq\bigcup_{i=1}^{m}A_i$. 按照定理 15.1，这个并集也可以表示成为一个可数不相交的立方体族的并集 $\bigcup(\varepsilon)$，这些立方体的测度之和$<\varepsilon$. 如果 $\varepsilon<1$，则可假定 $\bigcup(\varepsilon)$内的每个立方体都包含于 $\bigcup(1)$. (否则，作 $\bigcup(\varepsilon)$内的立方体与 $\bigcup(1)$的交，并再次应用定理 15.1.)因为 ∂A 是紧的，所以 $\bigcup(\varepsilon)$内的立方体的一个有限子族(譬如说 Q_1，…，Q_k)可以覆盖 ∂A. 按照引理 2，象 $\boldsymbol{g}(\bar{Q}_i)$位于一个测度为$\{\lambda_g(\bar{Q}_i)\}^n c(Q_i)$的立方体内. 设 $\lambda=\lambda_g(\overline{U(1)})$，则有 $\lambda_g(\bar{Q}_i)\leqslant\lambda$，因为 $\bar{Q}_i\subseteq\overline{U(1)}$. 这样，$\boldsymbol{g}(\partial A)$被有限个立方体覆盖，这些立方体的测度之和不超过 $\lambda^n\sum_{i=1}^{k}c(Q_i)<\varepsilon\lambda^n$. 因为此式对于每一个 $\varepsilon<1$ 都成立，由此可知 $\boldsymbol{g}(\partial A)$有若尔当零容度，所以 $\boldsymbol{g}(A)$是若尔当可测的. ■

425 下面这个引理建立了一个立方体 Q 的容度与它的象 $\boldsymbol{g}(Q)$之间的联系.

引理 4 设 Q 是 T 内的一个紧立方体，并设 $\boldsymbol{h}=\boldsymbol{\alpha}\circ\boldsymbol{g}$，其中 $\boldsymbol{\alpha}:\mathbf{R}^n\to\mathbf{R}^n$ 是任意一个非奇异的线性变换. 于是有

$$c[\boldsymbol{g}(Q)]\leqslant|\det\boldsymbol{\alpha}|^{-1}\{\lambda_{\boldsymbol{h}}(Q)\}^n c(Q). \tag{21}$$

证明 由引理 2 有 $c[\boldsymbol{g}(Q)]\leqslant\{\lambda_g(Q)\}^n c(Q)$. 把这个不等式应用于坐标变换 $\boldsymbol{h}$ 可得

$$c[\boldsymbol{h}(Q)]\leqslant\{\lambda_{\boldsymbol{h}}(Q)\}^n c(Q).$$

但是按照定理 15.15 有 $c[\boldsymbol{h}(Q)]=c[\boldsymbol{\alpha}(\boldsymbol{g}(Q))]=|\det\boldsymbol{\alpha}|c[\boldsymbol{g}(Q)]$，所以

$$c[\boldsymbol{g}(Q)]=|\det\boldsymbol{\alpha}|^{-1}c[\boldsymbol{h}(Q)]\leqslant|\det\boldsymbol{\alpha}|^{-1}\{\lambda_{\boldsymbol{h}}(Q)\}^n c(Q).$$ ■

引理 5 设 Q 是 T 内的一个紧立方体. 于是对于每一个 $\varepsilon>0$ 都有 $\delta>0$ 使得如果 $\boldsymbol{t}\in Q$ 且 $\boldsymbol{a}\in Q$ 则有

$$\|\boldsymbol{g}'(\boldsymbol{a})^{-1}\circ\boldsymbol{g}'(\boldsymbol{t})\|<1+\varepsilon\quad\text{只要}\|\boldsymbol{t}-\boldsymbol{a}\|<\delta. \tag{22}$$

证明 函数$\|\boldsymbol{g}'(\boldsymbol{t})^{-1}\|$在 Q 上连续从而有界，譬如说对于 Q 内的一切 $\boldsymbol{t}$ 都有$\|\boldsymbol{g}'(\boldsymbol{t})^{-1}\|<M$，其中 $M>0$. 按照$\|\boldsymbol{g}'(\boldsymbol{t})\|$的连续性，有 $\delta>0$ 使得

$$\|\boldsymbol{g}'(\boldsymbol{t})-\boldsymbol{g}'(\boldsymbol{a})\|<\frac{\varepsilon}{M}\quad\text{只要}\|\boldsymbol{t}-\boldsymbol{a}\|<\delta.$$

如果 $\boldsymbol{I}$ 表示恒等变换，则有

$$\boldsymbol{g}'(\boldsymbol{a})^{-1}\circ\boldsymbol{g}'(\boldsymbol{t})-\boldsymbol{I}(\boldsymbol{t})=\boldsymbol{g}'(\boldsymbol{a})^{-1}\circ\{\boldsymbol{g}'(\boldsymbol{t})-\boldsymbol{g}'(\boldsymbol{a})\},$$

所以如果 $\|\boldsymbol{t}-\boldsymbol{a}\|<\delta$ 则有

$$\|\boldsymbol{g}'(\boldsymbol{a})^{-1}\circ\boldsymbol{g}'(\boldsymbol{t})-\boldsymbol{I}(\boldsymbol{t})\|\leqslant\|\boldsymbol{g}'(\boldsymbol{a})^{-1}\|\|\boldsymbol{g}'(\boldsymbol{t})-\boldsymbol{g}'(\boldsymbol{a})\|<M\frac{\varepsilon}{M}=\varepsilon.$$

由三角不等式可得 $\|\boldsymbol{\alpha}\|\leqslant\|\boldsymbol{\beta}\|+\|\boldsymbol{\alpha}-\boldsymbol{\beta}\|$. 取

$$\boldsymbol{\alpha}=\boldsymbol{g}'(\boldsymbol{a})^{-1}\circ\boldsymbol{g}'(\boldsymbol{t})\quad 和\quad \boldsymbol{\beta}=\boldsymbol{I}(\boldsymbol{t}),$$

就得到(22)式. ■

引理 6　设 Q 是 T 内的一个紧立方体，则有

$$c[\boldsymbol{g}(Q)]\leqslant\int_Q|\boldsymbol{J}_g(\boldsymbol{t})|\,\mathrm{d}\boldsymbol{t}.$$

证明　不等式右边的积分作为黎曼积分存在，因为被积函数在 Q 上连续且有界. 因此，给定 $\varepsilon>0$，有 Q 的划分 P_ε 使得对于每一个由比 P_ε 细的 P 形成的黎曼和 $S(P，|\boldsymbol{J}_g|)$都有

$$\left|S(P，|\boldsymbol{J}_g|)-\int_Q|\boldsymbol{J}_g(\boldsymbol{t})|\,\mathrm{d}\boldsymbol{t}\right|<\varepsilon.$$

取一个这样的 P 把 Q 划分成有限个立方体 Q_1，…，Q_m，每个立方体的边长都 $<\delta$，其中 426
δ 是由引理 5 给出的数(依赖于 ε). 设 $\boldsymbol{a}_i$ 表示 Q_i 的中心，对 Q_i 及 $\boldsymbol{\alpha}=\boldsymbol{g}'(\boldsymbol{a}_i)^{-1}$ 应用引理 4 可得不等式

$$c[\boldsymbol{g}(Q_i)]\leqslant|\det\boldsymbol{g}'(\boldsymbol{a}_i)|\{\lambda_{\boldsymbol{h}}(Q_i)\}^n c(Q_i),\tag{23}$$

其中 $\boldsymbol{h}=\boldsymbol{\alpha}\circ\boldsymbol{g}$. 由链式法则有 $\boldsymbol{h}'(\boldsymbol{t})=\boldsymbol{\alpha}'(\boldsymbol{x})\circ\boldsymbol{g}'(\boldsymbol{t})$，其中 $\boldsymbol{x}=\boldsymbol{g}(\boldsymbol{t})$. 但是 $\boldsymbol{\alpha}'(\boldsymbol{x})=\boldsymbol{\alpha}$，因为 $\boldsymbol{\alpha}$ 是一个线性函数，所以

$$\boldsymbol{h}'(\boldsymbol{t})=\boldsymbol{\alpha}\circ\boldsymbol{g}'(\boldsymbol{t})=\boldsymbol{g}'(\boldsymbol{a}_i)^{-1}\circ\boldsymbol{g}'(\boldsymbol{t}).$$

但是按照引理 5，当 $\boldsymbol{t}\in Q_i$ 时有 $\|\boldsymbol{h}'(\boldsymbol{t})\|<1+\varepsilon$，所以

$$\lambda_{\boldsymbol{h}}(Q_i)=\sup_{\boldsymbol{t}\in Q_i}\|\boldsymbol{h}'(\boldsymbol{t})\|\leqslant 1+\varepsilon.$$

这样，(23)式给出

$$c[\boldsymbol{g}(Q_i)]\leqslant|\det\boldsymbol{g}'(\boldsymbol{a}_i)|(1+\varepsilon)^n c(Q_i).$$

对所有的 i 求和可得

$$c[\boldsymbol{g}(Q)]\leqslant(1+\varepsilon)^n\sum_{i=1}^m|\det\boldsymbol{g}'(\boldsymbol{a}_i)|c(Q_i).$$

因为 $\det\boldsymbol{g}'(\boldsymbol{a}_i)=J_g(\boldsymbol{a}_i)$，所以上式不等号右边的和是一个黎曼和 $S(P，|J_g|)$，而且因为 $S(P，|J_g|)<\int_Q|J_g(\boldsymbol{t})|\,\mathrm{d}\boldsymbol{t}+\varepsilon$，所以可得

$$c[\boldsymbol{g}(Q)]\leqslant(1+\varepsilon)^n\left\{\int_Q|J_g(\boldsymbol{t})|\,\mathrm{d}\boldsymbol{t}+\varepsilon\right\}.$$

但是 ε 是任意的，所以由此式可得 $c[\boldsymbol{g}(Q)]\leqslant\int_Q|J_g(\boldsymbol{t})|\,\mathrm{d}\boldsymbol{t}$. ■

引理 7　设 K 是 $\boldsymbol{g}(T)$内的一个紧立方体，则有

$$\mu(K)\leqslant\int_{\boldsymbol{g}^{-1}(K)}|J_g(\boldsymbol{t})|\,\mathrm{d}\boldsymbol{t}.\tag{24}$$

证明 这个积分作为黎曼积分存在，因为被积函数在紧集 $\boldsymbol{g}^{-1}(K)$ 上连续．而且，按照引理 3，在 $\boldsymbol{g}^{-1}(K)$ 上的积分等于在 $\boldsymbol{g}^{-1}(K)$ 的内部的积分，按照定理 15.1 可以写

$$\operatorname{int}\boldsymbol{g}^{-1}(K)=\bigcup_{i=1}^{\infty} A_i,$$

其中 $\{A_1, A_2, \cdots\}$ 是一个可数不相交立方体族，这些立方体的闭包位于 $\boldsymbol{g}^{-1}(K)$ 的内部．这样，$\operatorname{int}\boldsymbol{g}^{-1}(K)=\bigcup_{i=1}^{\infty} Q_i$，其中每个 Q_i 是 A_i 的闭包．因为(24)式中的积分也是勒贝格积分，所以可以使用可数可加性以及引理 6 得到

427

$$\int_{\boldsymbol{g}^{-1}(K)}|J_{\boldsymbol{g}}(\boldsymbol{t})|\,\mathrm{d}\boldsymbol{t}=\sum_{i=1}^{\infty}\int_{Q_i}|J_{\boldsymbol{g}}(\boldsymbol{t})|\,\mathrm{d}\boldsymbol{t}\geqslant\sum_{i=1}^{\infty}\mu[\boldsymbol{g}(Q_i)]=\mu\left(\bigcup_{i=1}^{\infty}\boldsymbol{g}(Q_i)\right)=\mu(K).\quad\blacksquare$$

引理 8 设 K 是 $\boldsymbol{g}(T)$ 内的一个紧立方体．于是对于任何一个在 K 上有界的非负上函数 f，积分 $\int_{\boldsymbol{g}^{-1}(K)}f[\boldsymbol{g}(\boldsymbol{t})]|J_{\boldsymbol{g}}(\boldsymbol{t})|\,\mathrm{d}\boldsymbol{t}$ 存在，而且有不等式

$$\int_K f(\boldsymbol{x})\,\mathrm{d}\boldsymbol{x}\leqslant\int_{\boldsymbol{g}^{-1}(K)}f[\boldsymbol{g}(\boldsymbol{t})]|J_{\boldsymbol{g}}(\boldsymbol{t})|\,\mathrm{d}\boldsymbol{t}. \tag{25}$$

证明 设 s 是 K 上任意一个非负阶梯函数，于是有把 K 分成有限个立方体 $K_1, \cdots, K_r$ 的划分使得 s 在每个 K_i 的内部是常数，譬如说当 $\boldsymbol{x}\in\operatorname{int}K_i$ 时 $s(\boldsymbol{x})=a_i\geqslant 0$．对每个立方体 K_i 应用(24)式，乘以 a_i 并相加可得

$$\int_K s(\boldsymbol{x})\,\mathrm{d}\boldsymbol{x}\leqslant\int_{\boldsymbol{g}^{-1}(K)}s[\boldsymbol{g}(\boldsymbol{t})]|J_{\boldsymbol{g}}(\boldsymbol{t})|\,\mathrm{d}\boldsymbol{t}. \tag{26}$$

现在设 $\{s_k\}$ 是一个递增的非负阶梯函数序列，它在 K 上几乎处处收敛于上函数 f．于是(26)式对于每个 s_k 成立，令 $k\to\infty$ 可得(25)式．不等式右边的积分的存在性可以从勒贝格有界收敛定理推出，因为 $f[\boldsymbol{g}(\boldsymbol{t})]$ 和 $|\boldsymbol{J}_{\boldsymbol{g}}(\boldsymbol{t})|$ 二者在紧集 $\boldsymbol{g}^{-1}(K)$ 上都是有界的． ■

定理 15.16 设 K 是 $\boldsymbol{g}(T)$ 内的一个紧立方体，则有

$$\mu(K)=\int_{\boldsymbol{g}^{-1}(K)}|J_{\boldsymbol{g}}(\boldsymbol{t})|\,\mathrm{d}\boldsymbol{t}. \tag{27}$$

证明 考虑到引理 7，只需证明不等式

$$\int_{\boldsymbol{g}^{-1}(K)}|J_{\boldsymbol{g}}(\boldsymbol{t})|\,\mathrm{d}\boldsymbol{t}\leqslant\mu(K). \tag{28}$$

像在引理 7 中的证明中一样，写

$$\operatorname{int}\boldsymbol{g}^{-1}(K)=\bigcup_{i=1}^{\infty} A_i=\bigcup_{i=1}^{\infty} Q_i,$$

其中 $\{A_1, A_2, \cdots\}$ 是一个可数不相交立方体族，Q_i 是 A_i 的闭包．于是

$$\int_{\boldsymbol{g}^{-1}(K)}|J_{\boldsymbol{g}}(\boldsymbol{t})|\,\mathrm{d}\boldsymbol{t}=\sum_{i=1}^{\infty}\int_{Q_i}|J_{\boldsymbol{g}}(\boldsymbol{t})|\,\mathrm{d}\boldsymbol{t}. \tag{29}$$

现在对于每个积分 $\int_{Q_i}|J_{\boldsymbol{g}}(\boldsymbol{t})|\,\mathrm{d}\boldsymbol{t}$ 应用引理 8，取 $f=|J_{\boldsymbol{g}}|$ 并使用坐标变换 $\boldsymbol{h}=\boldsymbol{g}^{-1}$ 就可以得到不等式

$$\int_{Q_i}|J_{\boldsymbol{g}}(\boldsymbol{t})|\,\mathrm{d}\boldsymbol{t}\leqslant\int_{\boldsymbol{g}(Q_i)}|J_{\boldsymbol{g}}[\boldsymbol{h}(\boldsymbol{u})]|\,|J_{\boldsymbol{h}}(\boldsymbol{u})|\,\mathrm{d}\boldsymbol{u}=\int_{\boldsymbol{g}(Q_i)}\mathrm{d}\boldsymbol{u}=\mu[\boldsymbol{g}(Q_i)],$$

把此结果代入到(29)式就给出(28)式. ■ 428

15.13 变换公式证明的完成

现在要在定理 15.11 所述的条件下完成公式

$$\int_{g(T)} f(\boldsymbol{x})\mathrm{d}\boldsymbol{x} = \int_T f[\boldsymbol{g}(\boldsymbol{t})]\,|J_{\boldsymbol{g}}(\boldsymbol{t})|\,\mathrm{d}\boldsymbol{t} \tag{30}$$

的证明就比较容易了. 即假定 T 是 $\mathbf{R}^n$ 的一个开子集, $\boldsymbol{g}$ 是 T 上的一个坐标变换, (30) 式左边的积分存在. 我们要证明(30)式右边的积分也存在, 而且这两个积分相等. 这个结果将从左边的积分被扩充到一个立方体 K 上的特殊情况推导出来.

定理 15.17 设 K 是 $\boldsymbol{g}(T)$ 内的一个紧立方体, 并假定勒贝格积分 $\int_K f(\boldsymbol{x})\mathrm{d}\boldsymbol{x}$ 存在. 于是勒贝格积分 $\int_{g^{-1}(K)} f[\boldsymbol{g}(\boldsymbol{t})]\,|J_{\boldsymbol{g}}(\boldsymbol{t})|\,\mathrm{d}\boldsymbol{t}$ 也存在, 而且这两个积分相等.

证明 只需当 f 是 K 上的一个上函数的时候证明本定理. 于是有一个递增的阶梯函数序列 $\{s_k\}$ 使得在 K 上几乎处处有 $s_k \to f$. 按照定理 15.16, 对于每个阶梯函数 s_k 有

$$\int_K s_k(\boldsymbol{x})\mathrm{d}\boldsymbol{x} = \int_{g^{-1}(K)} s_k[\boldsymbol{g}(\boldsymbol{t})]\,|J_{\boldsymbol{g}}(\boldsymbol{t})|\,\mathrm{d}\boldsymbol{t}.$$

当 $k\to\infty$ 时, 我们有 $\int_K s_k(\boldsymbol{x})\mathrm{d}\boldsymbol{x} \to \int_K f(\boldsymbol{x})\mathrm{d}\boldsymbol{x}$. 现在设

$$f_k(\boldsymbol{t}) = \begin{cases} s_k[\boldsymbol{g}(\boldsymbol{t})]\,|J_{\boldsymbol{g}}(\boldsymbol{t})|, & 若\ \boldsymbol{t} \in \boldsymbol{g}^{-1}(K), \\ 0, & 若\ \boldsymbol{t} \in \mathbf{R}^n - \boldsymbol{g}^{-1}(K). \end{cases}$$

则有

$$\int_{\mathbf{R}^n} f_k(\boldsymbol{t})\mathrm{d}\boldsymbol{t} = \int_{g^{-1}(K)} s_k[\boldsymbol{g}(\boldsymbol{t})]\,|J_{\boldsymbol{g}}(\boldsymbol{t})|\,\mathrm{d}\boldsymbol{t} = \int_K s_k(\boldsymbol{x})\mathrm{d}\boldsymbol{x},$$

所以

$$\lim_{k\to\infty}\int_{\mathbf{R}^n} f_k(\boldsymbol{t})\mathrm{d}\boldsymbol{t} = \lim_{k\to\infty}\int_K s_k(\boldsymbol{x})\mathrm{d}\boldsymbol{x} = \int_K f(\boldsymbol{x})\mathrm{d}\boldsymbol{x}.$$

按照莱维定理(与定理 10.24 类似的定理), 序列 $\{f_k\}$ 在 $\mathbf{R}^n$ 上几乎处处收敛于 $L(\mathbf{R}^n)$ 内的一个函数. 因为在 $\mathbf{R}^n$ 上几乎处处有

$$\lim_{k\to\infty} f_k(\boldsymbol{t}) = \begin{cases} f[\boldsymbol{g}(\boldsymbol{t})]\,|J_{\boldsymbol{g}}(\boldsymbol{t})|, & 若\ \boldsymbol{t} \in \boldsymbol{g}^{-1}(K), \\ 0, & 若\ \boldsymbol{t} \in \mathbf{R}^n - \boldsymbol{g}^{-1}(K), \end{cases}$$

所以可以推出积分 $\int_{g^{-1}(K)} f[\boldsymbol{g}(\boldsymbol{t})]\,|J_{\boldsymbol{g}}(\boldsymbol{t})|\,\mathrm{d}\boldsymbol{t}$ 存在且等于 $\int_K f(\boldsymbol{x})\mathrm{d}\boldsymbol{x}$. 这就完成了定理 15.17 的证明. ■ 429

定理 15.11 的证明　现在假定积分 $\int_{g(T)} f(\boldsymbol{x})\mathrm{d}\boldsymbol{x}$ 存在. 因为 $\boldsymbol{g}(T)$ 是开的, 所以可以写

$$g(T) = \bigcup_{i=1}^{\infty} A_i,$$

其中 $\{A_1, A_2, \cdots\}$ 是一个可数不相交立方体族, 这些立方体的闭包位于 $\boldsymbol{g}(T)$ 内, 设 K_i

表示 A_i 的闭包. 运用可数可加性和定理 15.17 可得

$$\int_{g(T)} f(\boldsymbol{x})\mathrm{d}\boldsymbol{x}=\sum_{i=1}^{\infty}\int_{K_i} f(\boldsymbol{x})\mathrm{d}\boldsymbol{x}=\sum_{i=1}^{\infty}\int_{\boldsymbol{g}^{-1}(K_i)} f[\boldsymbol{g}(\boldsymbol{t})]\,|J_{\boldsymbol{g}}(\boldsymbol{t})|\,\mathrm{d}\boldsymbol{t}=\int_T f[\boldsymbol{g}(\boldsymbol{t})]\,|J_{\boldsymbol{g}}(\boldsymbol{t})|\,\mathrm{d}\boldsymbol{t}.$$

■

练习

15.1 如果 $f\in L(T)$，其中 T 是 $\mathbf{R}^2$ 内顶点在(0, 0)，(1, 0)和(0, 1)的三角形区域，证明

$$\int_T f(x, y)\mathrm{d}(x, y)=\int_0^1\left[\int_0^x f(x, y)\mathrm{d}y\right]\mathrm{d}x=\int_0^1\left[\int_y^1 f(x, y)\mathrm{d}x\right]\mathrm{d}y.$$

15.2 对于固定的 c，$0<c<1$，在 $\mathbf{R}^2$ 上定义 f 如下：

$$f(x, y)=\begin{cases}(1-y)^c/(x-y)^c & \text{当 } 0\leqslant y<x,\ 0<x<1,\\ 0 & \text{其他情况.}\end{cases}$$

证明 $f\in L(\mathbf{R}^2)$，并计算二重积分 $\int_{\mathbf{R}^2} f(x, y)\mathrm{d}(x, y)$.

15.3 设 S 是 $\mathbf{R}^2$ 的一个有有限测度 $\mu(S)$ 的可测子集. 使用定义 15.4 的记号，证明

$$\mu(S)=\int_{-\infty}^{\infty}\mu(S^x)\mathrm{d}x=\int_{-\infty}^{\infty}\mu(S_y)\mathrm{d}y.$$

15.4 当 $x\geqslant 0$，$y\geqslant 0$ 时设 $f(x, y)=\mathrm{e}^{-xy}\sin x\sin y$，在其他情况下设 $f(x, y)=0$. 证明两个累次积分

$$\int_{\mathbf{R}^1}\left[\int_{\mathbf{R}^1} f(x, y)\mathrm{d}x\right]\mathrm{d}y \quad \text{和} \quad \int_{\mathbf{R}^1}\left[\int_{\mathbf{R}^1} f(x, y)\mathrm{d}y\right]\mathrm{d}x$$

都存在且相等，但是 f 在 $\mathbf{R}^2$ 上的二重积分不存在. 并且，解释这种情况与托内利-霍布森检验法
430 (定理 15.8)为什么并不矛盾.

15.5 对于 $0\leqslant x\leqslant 1$，$0<y\leqslant 1$ 设 $f(x, y)=(x^2-y^2)/(x^2+y^2)^2$，并设 $f(0, 0)=0$. 证明两个累次积分

$$\int_0^1\left[\int_0^1 f(x, y)\mathrm{d}y\right]\mathrm{d}x \quad \text{和} \quad \int_0^1\left[\int_0^1 f(x, y)\mathrm{d}x\right]\mathrm{d}y$$

都存在但是不相等. 这表明 f 在[0, 1]×[0, 1]上不是勒贝格可积的.

15.6 设 $I=[0, 1]\times[0, 1]$，当 $(x, y)\in I$ 且 $(x, y)\neq(0, 0)$ 时设 $f(x, y)=(x-y)/(x+y)^3$，并设 $f(0, 0)=0$. 通过考虑累次积分

$$\int_0^1\left[\int_0^1 f(x, y)\mathrm{d}y\right]\mathrm{d}x \quad \text{和} \quad \int_0^1\left[\int_0^1 f(x, y)\mathrm{d}x\right]\mathrm{d}y$$

来证明 $f\notin L(I)$.

15.7 设 $I=[0, 1]\times[1, +\infty)$，并当 $(x, y)\in I$ 时设 $f(x, y)=\mathrm{e}^{-xy}-2\mathrm{e}^{-2xy}$. 通过考虑累次积分

$$\int_0^1\left[\int_1^{\infty} f(x, y)\mathrm{d}y\right]\mathrm{d}x \quad \text{和} \quad \int_0^{\infty}\left[\int_0^1 f(x, y)\mathrm{d}x\right]\mathrm{d}y$$

来证明 $f\notin L(I)$.

15.8 关于二重积分和三重积分的下述变换公式在初等微积分中存在. 作为定理 15.11 的推论得出下述公式，并给出当这些公式成立时对于 T 和 T' 的限制.

a) $\displaystyle\iint_T f(x, y)\mathrm{d}x\mathrm{d}y=\iint_{T'} f(r\cos\theta, r\sin\theta)r\mathrm{d}r\mathrm{d}\theta.$

b) $\displaystyle\iiint_T f(x, y, z)\mathrm{d}x\mathrm{d}y\mathrm{d}z=\iiint_{T'} f(r\cos\theta, r\sin\theta, z)r\mathrm{d}r\mathrm{d}\theta\mathrm{d}z.$

c) $\displaystyle\iiint_T f(x, y, z)\mathrm{d}x\mathrm{d}y\mathrm{d}z=\iiint_{T'} f(\rho\cos\theta\sin\varphi, \rho\sin\theta\sin\varphi, \rho\cos\varphi)\rho^2\sin\varphi\mathrm{d}\rho\mathrm{d}\theta\mathrm{d}\varphi.$

15.9　a)用极坐标变换证明 $\int_{\mathbf{R}^2} e^{-(x^2+y^2)}\,d(x,\ y)=\pi$.

b) 用(a) 证明 $\int_{-\infty}^{+\infty} e^{-x^2}\,dx=\sqrt{\pi}$.

c) 用(b) 证明 $\int_{\mathbf{R}^n} e^{-\|x\|^2}\,d(x_1,\ \cdots,\ x_n)=\pi^{n/2}$.

d) 用(b) 计算 $\int_{-\infty}^{+\infty} e^{-tx^2}\,dx$ 和 $\int_{-\infty}^{+\infty} x^2 e^{-tx^2}\,dx$，　$t>0$.

15.10　设 $V_n(a)$表示半径为 a 的 n-球 $B(\mathbf{0};\ a)$的 n 维测度．本题列出了公式

$$V_n(a)=\frac{\pi^{n/2}a^n}{\Gamma\left(\frac{1}{2}n+1\right)}$$

的证明要点.

a)用一个线性的变量替换证明 $V_n(a)=a^n V_n(1)$. 431

b)假定 $n\geqslant 3$，把对于 $V_n(1)$的积分表示成一个$(n-2)$重积分和一个二重积分的累次积分，并用(a)对一个$(n-2)$-球得出公式

$$V_n(1)=V_{n-2}(1)\int_0^{2\pi}\left[\int_0^1(1-r^2)^{n/2-1}r\,dr\right]d\theta=V_{n-2}(1)\frac{2\pi}{n}.$$

c)从(b)中的递推公式推出

$$V_n(1)=\frac{\pi^{n/2}}{\Gamma\left(\frac{1}{2}n+1\right)}.$$

15.11　参考练习 15.10，对于每一个 $k=1,\ 2,\ \cdots,\ n$ 证明

$$\int_{B(\mathbf{0};\ 1)} x_k^2\,d(x_1,\ \cdots,\ x_n)=\frac{V_n(1)}{n+2}.$$

15.12　参考练习 15.10，把对于 $V_n(1)$的积分表示成一个$(n-1)$重积分和一个一维积分的累次积分，得出递推公式

$$V_n(1)=2V_{n-1}(1)\int_0^1(1-x^2)^{(n-1)/2}\,dx.$$

在这个积分中令 $x=\cos t$，并运用练习 15.10 的公式导出

$$\int_0^{\pi/2}\cos^n t\,dt=\frac{\sqrt{\pi}}{2}\,\frac{\Gamma\left(\frac{1}{2}n+\frac{1}{2}\right)}{\Gamma\left(\frac{1}{2}n+1\right)}.$$

15.13　如果 $a>0$，设 $S_n(a)=\{(x_1,\ \cdots,\ x_n):\ |x_1|+\cdots+|x_n|\leqslant a\}$，并设 $V_n(a)$表示 $S_n(a)$的 n 维测度．本题列出了公式 $V_n(a)=2^n a^n/n!$ 的证明要点.

a)用一个线性的变量替换证明 $V_n(a)=a^n V_n(1)$.

b)假定 $n\geqslant 2$，把对于 $V_n(1)$的积分表示成为一个一维积分和一个$(n-1)$重积分的累次积分，用(a)证明

$$V_n(1)=V_{n-1}(1)\int_{-1}^1(1-|x|)^{n-1}\,dx=2V_{n-1}(1)/n,$$

并推导出 $V_n(1)=2^n/n!$.

15.14　当 $a>0$ 且 $n\geqslant 2$ 时，设 $S_n(a)$表示 $\mathbf{R}^n$ 中的下述集合：

$$S_n(a)=\{(x_1,\ \cdots,\ x_n\}:\ |x_i|+|x_n|\leqslant a,\quad \text{对于每一个 } i=1,\ \cdots,\ n-1\}.$$

设 $V_n(a)$ 表示 $S_n(a)$ 的 n 维测度，用练习 15.13 建议的方法证明 $V_n(a)=2^n a^n/n$.

15.15　设 $Q_n(a)$ 表示由

$$Q_n(a)=\{(x_1,\cdots,x_n):\|\boldsymbol{x}\|\leqslant a \quad \text{和} \quad 0\leqslant x_i\leqslant a,\quad \text{对于每一个 } i=1,2,\cdots,n\}$$

给出的 n-球 $B(\mathbf{0};a)$ 的"第一象限". 设 $f(\boldsymbol{x})=x_1\cdots x_n$，证明

432
$$\int_{Q_n(a)} f(\boldsymbol{x})\mathrm{d}\boldsymbol{x}=\frac{a^{2n}}{2^n n!}.$$

参考文献

15.1 Asplund, E., and Bungart, L., *A First Course in Integration.* Holt, Rinehart, and Winston, New York, 1966.

15.2 Bartle, R., *The Elements of Integration.* Wiley, New York, 1966.

15.3 Kestelman, H., *Modern Theories of Integration.* Oxford University Press, 1937.

15.4 Korevaar, J., *Mathematical Methods,* Vol. 1. Academic Press, New York, 1968.

15.5 Riesz, F., and Sz.-Nagy, B., *Functional Analysis.* L. Boron, translator. Ungar,
433 New York, 1955.

第 16 章　柯西定理与留数计算

16.1　解析函数

复变量函数的导数概念曾在第 5 章(5.15 节)介绍过．复变函数论中最重要的函数是在一个开集的每个点都有连续的导数的那些函数，这些函数称为解析函数．

定义 16.1　设 $f=u+\mathrm{i}v$ 是定义在复平面 $\mathbf{C}$ 内的一个开集 S 上的复值函数．f 说成在 S 上解析，如果导数 f' 在 S 的每一个点处存在而且连续[⊖]．

注　如果 T 是 $\mathbf{C}$ 的任意一个子集(未必是开的)，则术语"f 在 T 上解析"习惯上用于表示 f 在某个包含 T 的开集上解析．特别地，f 在一点 z 处解析，如果 f 在关于 z 的一个开圆盘上解析．

函数有可能在一点有导数而在该点不解析．例如，如果 $f(z)=|z|^2$，则 f 在 0 点有导数，但 f 在 $\mathbf{C}$ 内别的点上都没有导数．

解析函数的例子在第 5 章中遇到过．如果 $f(z)=z^n$(其中 n 是正整数)，则 f 在 $\mathbf{C}$ 内处处解析，而它的导数是 $f'(z)=nz^{n-1}$．当 n 是一个负整数时，方程 $f(z)=z^n(z\neq 0)$ 定义一个除了 0 点之外处处解析的函数．多项式在 $\mathbf{C}$ 内处处解析，有理函数除了使分母为零的点之外也处处解析．由公式 $\mathrm{e}^z=\mathrm{e}^x(\cos y+\mathrm{i}\sin y)$ 定义的指数函数在 $\mathbf{C}$ 内处处解析，而且与它的导数相等，其中 $z=x+\mathrm{i}y$．复正弦函数和复余弦函数(作为指数函数的线性组合)在 $\mathbf{C}$ 内也处处解析．

当 $z\neq 0$ 时设 $f(z)=\mathrm{Log}z$，其中 $\mathrm{Log}z$ 表示 z 的对数的主值(见定义 1.53)，则 f 在
$\mathbf{C}$ 内除去 $x\leqslant 0$ 且 $y=0$ 的那些 $z=x+\mathrm{i}y$ 点之外处处解析．在这些除去的点上，z 的对数 434
的主值不连续．f 在其他点上的解析性容易通过验证它的实部和虚部满足柯西-黎曼方程(定理 12.6)来证明．

我们稍后将会看到，在一点 z 的解析性给函数加上了严格的限制，它蕴涵所有的高阶导数在 z 的一个邻域内的存在性，也保证了在 z 的一个邻域内表示该函数的收敛幂级数的存在性．这是解析函数与实值函数性质上的一个显著的差别，实值函数可能在一点上其一阶导数存在且连续，但是不存在二阶导数．

16.2　复平面内的路与曲线

解析函数的许多基本性质都可以十分容易地借助于在复平面内沿曲线的积分推导出来．这些积分称为围道积分(或复线积分)，下一节将讨论这种积分．本节列出了一些应用于如图 16-1 中所示的各种类型曲线的术语．

⊖ 可以证明，f' 在 S 上的存在性自动地蕴涵 f' 在 S 上的连续性[1900 年由古尔萨(Goursat)发现的一个事实]．因而解析函数可以定义为仅仅是在 S 上处处有导数的函数．然而，我们把 f' 的连续性作为了函数 f 的解析性定义的一部分，因为这将使某些命题的证明进行得更顺利．

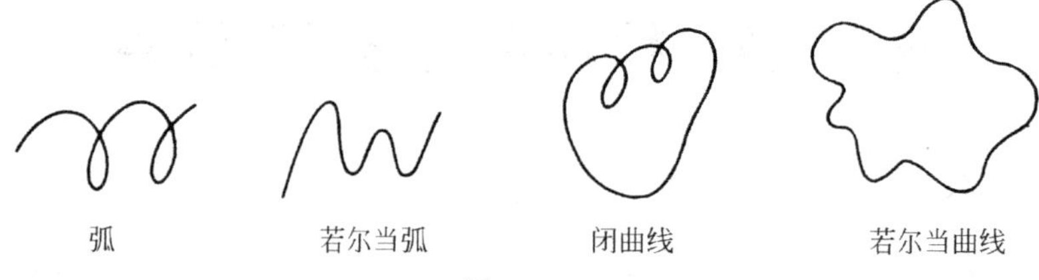

图 16-1

复平面内的一条路是在一个紧区间$[a, b]$上连续的复值函数γ. $[a, b]$在γ下的象(γ的图形)说成由γ描绘出的一条曲线，而且说它是连接点$\gamma(a)$和$\gamma(b)$的.

如果$\gamma(a)\neq\gamma(b)$，则这条曲线称为以$\gamma(a)$和$\gamma(b)$为端点的弧.

如果γ在$[a, b]$上是 1-1 的，则这条曲线称为一条简单弧或若尔当弧.

如果$\gamma(a)=\gamma(b)$，则这条曲线称为闭曲线. 如果$\gamma(a)=\gamma(b)$而且γ在半开区间$[a, b)$上是 1-1 的，则这条曲线称为简单闭曲线或若尔当曲线.

路γ称为可求长，如果它像在 6.10 节定义的那样有有限的弧长. γ可求长当且仅当γ在$[a, b]$上是有界变差函数. (见 7.27 节和定理 6.17.)

一条路γ称为分段光滑，如果它在$[a, b]$上除了(可能有)有限个点例外之外有处处连续的有界导数γ'. 在这些例外的点上要求右导数和左导数都存在. 每一条分段光滑的路都是可求长的，其弧长由积分$\int_a^b|\gamma'(t)|\mathrm{d}t$给出.

435 分段光滑的闭路称为回路.

定义 16.2 如果$a\in\mathbf{C}$且$r>0$，则由方程

$$\gamma(\theta)=a+re^{i\theta},\quad 0\leqslant\theta\leqslant 2\pi$$

定义的路γ称为中心在a、半径为r的正定向圆.

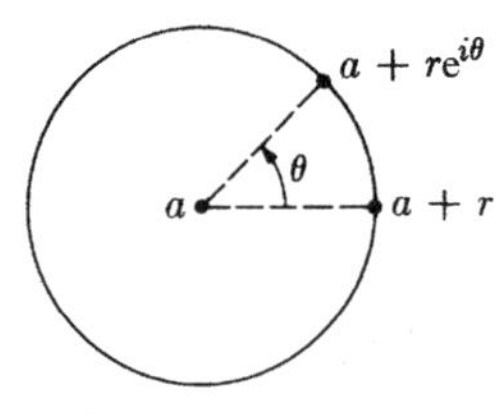

图 16-2

注 $\gamma(\theta)$的几何意义如图 16-2 所示. 当θ从 0 变化到2π时，点$\gamma(\theta)$沿着图中的圆作反时针方向运动.

16.3 围道积分

围道积分将通过 7.27 节中讨论过的复黎曼-斯蒂尔切斯积分来定义.

定义 16.3 设γ是复平面内以$[a, b]$为定义域的一条路，并设f是定义在γ的图形上的一个复值函数. f沿γ的围道积分用$\int_\gamma f$表示，由下面的等式定义：

$$\int_\gamma f=\int_a^b f[\gamma(t)]\mathrm{d}\gamma(t),$$

只要此式右边的黎曼-斯蒂尔切斯积分存在.

记号 对于围道积分，我们也可以写作

$$\int_\gamma f(z)\mathrm{d}z\quad 或\quad \int_{\gamma(a)}^{\gamma(b)}f(z)\mathrm{d}z,$$

其中的哑符号 z 可以用任何其他适当的符号来代替. 例如，$\int_\gamma f(z)\mathrm{d}z=\int_\gamma f(w)\mathrm{d}w$.

如果 γ 是可求长的，则 $\int_\gamma f$ 存在的一个充分条件是 f 在 γ 的图形上连续(定理 7.27).

用一条等价的路(像在 6.12 节所定义的)代替 γ 的结果至多是符号的改变. 事实上，我们有：

定理 16.4　设 γ 和 δ 是描述同一条曲线 Γ 的等价的路. 如果 $\int_\gamma f$ 存在，则 $\int_\delta f$ 也存在. 此外，如果 γ 和 δ 沿相同的方向描绘出 Γ，则有

$$\int_\gamma f=\int_\delta f.$$ 436

如果 γ 和 δ 沿相反的方向描绘出 Γ，则有

$$\int_\gamma f=-\int_\delta f.$$

证明　假设 $\delta(t)=\gamma[u(t)]$，其中 u 在 $[c, d]$ 上严格单调. 从黎曼-斯蒂尔切斯积分的变量替换公式(定理 7.7)可得

$$\int_{u(c)}^{u(d)} f[\gamma(t)]\mathrm{d}\gamma(t)=\int_c^d f[\delta(t)]\mathrm{d}\delta(t)=\int_\delta f. \tag{1}$$

如果 u 是递增的，则 $u(c)=a$，$u(d)=b$，于是(1)式变为 $\int_\gamma f=\int_\delta f$.

如果 u 是递减的，则 $u(c)=b$，$u(d)=a$，于是(1)式变为 $-\int_\gamma f=\int_\delta f$. ■

读者很容易验证围道积分的下述可加性性质.

定理 16.5　设 γ 是一条以 $[a, b]$ 为定义域的路.

i) 如果积分 $\int_\gamma f$ 和 $\int_\gamma g$ 存在，则积分 $\int_\gamma(\alpha f+\beta g)$ 对于每一对复数 α，β 存在，而且有

$$\int_\gamma(\alpha f+\beta g)=\alpha\int_\gamma f+\beta\int_\gamma g.$$

ii) 设 γ_1 和 γ_2 分别表示 γ 对于 $[a, c]$ 和 $[c, b]$ 的限制，其中 $a<c<b$. 如果(2)式中的三个积分中有两个存在，则第三个也存在，而且有

$$\int_\gamma f=\int_{\gamma_1} f+\int_{\gamma_2} f. \tag{2}$$

在实践中，多数积分路径是可求长的. 对于这样的路径，下述定理经常被用于估计围道积分的绝对值.

定理 16.6　设 γ 是一条可求长的路，其长为 $\Lambda(\gamma)$. 如果积分 $\int_\gamma f$ 存在，而且对于 γ 的图形上的一切 z 都有 $|f(z)|\leqslant M$，则有不等式

$$\left|\int_\gamma f\right|\leqslant M\Lambda(\gamma).$$

证明　只需注意在 $\int_a^b f[\gamma(t)]\mathrm{d}\gamma(t)$ 的定义中出现的全部黎曼-斯蒂尔切斯和的绝对值

都不超过 $M\Lambda(\gamma)$. ■

在分段光滑的曲线上的围道积分可以表示成黎曼积分. 下面这个定理是定理 7.8 的一

437 个容易的推论.

定理 16.7 设 γ 是一条以 $[a, b]$ 为定义域的分段光滑的路. 如果围道积分 $\int_\gamma f$ 存在, 则有

$$\int_\gamma f = \int_a^b f[\gamma(t)]\gamma'(t)\mathrm{d}t.$$

16.4 沿圆形路的积分作为半径的函数

考虑一条由

$$\gamma(\theta) = a + r\mathrm{e}^{\mathrm{i}\theta}, \quad 0 \leqslant \theta \leqslant 2\pi$$

给出的半径 $r \geqslant 0$、中心为 a 的圆形的路 γ. 本节研究作为半径 r 的函数的积分 $\int_\gamma f$.

设 $\varphi(r) = \int_\gamma f$. 因为 $\gamma'(\theta) = \mathrm{i}r\mathrm{e}^{\mathrm{i}\theta}$, 所以由定理 16.7 可得

$$\varphi(r) = \int_0^{2\pi} f(a + r\mathrm{e}^{\mathrm{i}\theta})\mathrm{i}r\mathrm{e}^{\mathrm{i}\theta}\mathrm{d}\theta. \tag{3}$$

当 r 在一个区间 $[r_1, r_2]$ 上变化的时候, 其中 $0 \leqslant r_1 < r_2$, 点 $\gamma(\theta)$ 描绘出一个圆环, 我们用 $A(a; r_1, r_2)$ 表示这个圆环. (见图 16-3.) 于是

$$A(a; r_1, r_2) = \{z: r_1 \leqslant |z - a| \leqslant r_2\}.$$

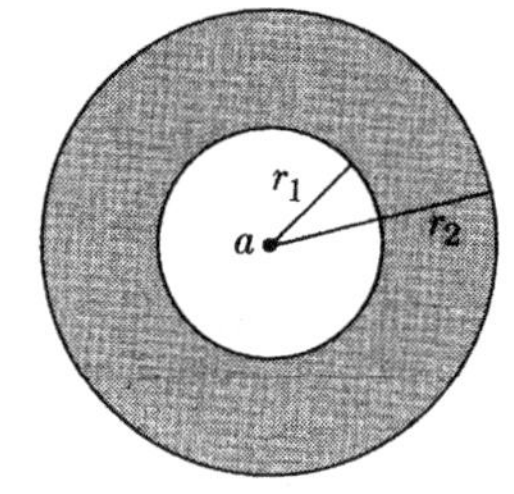

图 16-3

如果 $r_1 = 0$, 则该圆环是一个半径为 r_2 的闭圆盘. 如果 f 在这个圆环上是连续的, 则 φ 在区间 $[r_1, r_2]$ 上是连续的. 如果 f 在这个圆环上是解析的, 则 φ 在区间 $[r_1, r_2]$ 上是可微的. 下面的定理表明, 如果 f 在这个圆环上除了在一个有限子集上可能例外之外是处处解析的, 并假定 f 在这个例外的子集上是连续的, 则 φ 在 $[r_1, r_2]$ 上是常数.

定理 16.8 假定 f 在圆环 $A(a; r_1, r_2)$ 上除了在有限个点上可能例外之外是解析的. 在这些例外点上假定 f 是连续的, 于是由(3)式定义的函数 φ 在区间 $[r_1, r_2]$ 上是常数. 此外, 如果 $r_1 = 0$, 则该常数为 0.

证明 设 $z_1, \cdots, z_n$ 表示使 f 不解析的那些例外的点. 根据这些点到圆环中心的递增距离标记这些点, 譬如说

$$|z_1 - a| \leqslant |z_2 - a| \leqslant \cdots \leqslant |z_n - a|,$$

438 并设 $R_k = |z_k - a|$, $R_0 = r_1$, $R_{n+1} = r_2$.

区间 $[R_k, R_{k+1}]$ 对于 $k = 0, 1, 2, \cdots, n$ 的并是区间 $[r_1, r_2]$. 我们将证明 φ 在每一个区间 $[R_k, R_{k+1}]$ 上是常数. 把(3)式写成下面的形式:

$$\varphi(r) = \int_0^{2\pi} g(r, \theta)\mathrm{d}\theta, \qquad \text{其中 } g(r, \theta) = f(a + r\mathrm{e}^{\mathrm{i}\theta})\mathrm{i}r\mathrm{e}^{\mathrm{i}\theta}.$$

应用链式法则容易证明

$$\frac{\partial g}{\partial \theta}=\mathrm{i}r\,\frac{\partial g}{\partial r}. \tag{4}$$

（读者应当验证一下这个公式.）f' 的连续性蕴涵偏导数 $\partial g/\partial r$ 和 $\partial g/\partial \theta$ 的连续性. 因而，可以在每一个开区间 $(R_k,\ R_{k+1})$ 上用积分号下的微分法（定理 7.40）计算 $\varphi'(r)$，然后运用(4)式和微积分第二基本定理（定理 7.34）得到

$$\varphi'(r)=\int_0^{2\pi}\frac{\partial g}{\partial r}\mathrm{d}\theta=\frac{1}{\mathrm{i}r}\int_0^{2\pi}\frac{\partial g}{\partial \theta}\mathrm{d}\theta=\frac{1}{\mathrm{i}r}\{g(r,\ 2\pi)-g(r,\ 0)\}=0.$$

应用定理 12.10，我们看到 φ 在每个开子区间 $(R_k,\ R_{k+1})$ 上是常数. 按照连续性，φ 在每个闭子区间 $[R_k,\ R_{k+1}]$ 上是常数，从而在它们的并集 $[r_1,\ r_2]$ 上是常数. 从(3)式可知当 $r\to 0$ 时 $\varphi(r)\to 0$，所以如果 $r_1=0$ 则 φ 的常数值是 0. ■

16.5 对于圆的柯西积分定理

定理 16.8 的下述特殊情况是特别重要的.

定理 16.9（对于圆的柯西积分定理） 如果 f 在圆盘 $B(a;\ R)$ 上除了在有限个点可能例外之外是解析的，f 在这些例外的点上是连续的，则对于每一条以 a 为中心、半径为 $r<R$ 的圆形的路 γ 都有

$$\int_\gamma f=0.$$

证明 选取 r_2 使得 $r<r_2<R$ 并应用 $r_1=0$ 时的定理 16.8. ■

注 有一个更一般形式的柯西积分定理，在该定理中圆形的路 γ 被一条更一般的闭路所代替，这些更一般的路将通过同伦的概念来引入.

16.6 同伦曲线

图 16-4 显示了位于一个开区域 D 内有同样端点 A 和 B 的三条弧. 弧 1 可以通过一族中间弧连续地变形成为弧 2，这族中间弧中的每一条都位于 D 内. 具有这一性质的两条弧称为在 D 内是同伦的. 弧 1 不能被如此变形成为弧 3（因为图中的洞分开了它们），所以它们在 D 内不是同伦的. 439

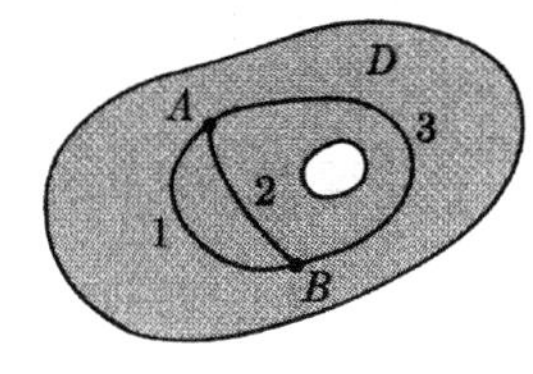

图 16-4

本节我们给出同伦的一个正式的定义，然后证明如果 f 在 D 内解析，则 f 沿着 D 内任何两条同伦的路从 A 到 B 的围道积分有同样的值. 换句话说，围道积分 $\int_A^B f$ 的值在路的连续变形下不变，只要中间的围道保持在 f 的解析区域之内. 围道积分的这个性质在复积分的应用中是极为重要的.

定义 16.10 设 γ_0 和 γ_1 是有共同定义域 $[a,\ b]$ 的两条路. 假定要么

a) γ_0 与 γ_1 有同样的端点：$\gamma_0(a)=\gamma_1(a)$ 且 $\gamma_0(b)=\gamma_1(b)$，

要么

b) γ_0 与 γ_1 二者都是闭路：$\gamma_0(a)=\gamma_0(b)$ 且 $\gamma_1(a)=\gamma_1(b)$.

设 D 是 $\mathbf{C}$ 的一个包含 γ_0 和 γ_1 的图形的子集. 则 γ_0 与 γ_1 说成在 D 内是同伦的，如果存在一个在矩形 $[0, 1]\times[a, b]$ 上连续、在 D 内取值的函数 h 使得

1) $h(0, t)=\gamma_0(t)$，若 $t\in[a, b]$.

2) $h(1, t)=\gamma_1(t)$，若 $t\in[a, b]$.

此外要求对于 $[0, 1]$ 内的每个 s 都有

3a) 在(a)的情况下有 $h(s, a)=\gamma_0(a)$ 且 $h(s, b)=\gamma_0(b)$，

或者

3b) 在(b)的情况下有 $h(s, a)=h(s, b)$.

函数 h 称为一个同伦.

同伦的概念有一个简单的几何解释. 对于 $[0, 1]$ 内的每一个固定的 s，设 $\gamma_s(t)=h(s, t)$，则可以把 γ_s 看作一条从 $s=0$ 时的 γ_0 开始到 $s=1$ 时的 γ_1 为止的中间的移动的路.

例 1 同伦于一个点. 如果 γ_1 是一个常值函数，从而它的图形是一个点，如果 γ_0 在 D 内同伦于 γ_1，我们就说 γ_0 在 D 内同伦于一个点.

例 2(线性同伦) 如果对于 $[a, b]$ 内的每个 t，连接 $\gamma_0(t)$ 和 $\gamma_1(t)$ 的线段都位于 D 内，则 γ_0 与 γ_1 在 D 内是同伦的，因为函数

440 $$h(s, t)=s\gamma_1(t)+(1-s)\gamma_0(t)$$

起同伦的作用. 在这种情况下我们说 γ_0 与 γ_1 在 D 内是线性同伦的. 特别地，以 $[a, b]$ 为定义域的任何两条路在 $\mathbf{C}$(复平面)内，或者更一般地，在任何一个包含它们的图形的凸集内是线性同伦的.

注 同伦是一种等价关系.

下面这个定理表明，在两条同伦的路之间可以插入有限条中间折线路，其中每一条与它相邻的路都是线性同伦的.

定理 16.11(折线插值定理) 设 γ_0 与 γ_1 是一个开集 D 内的同伦的路，则存在有限条路 $\alpha_0, \alpha_1, \cdots, \alpha_n$ 使得：

a) $\alpha_0=\gamma_0$ 且 $\alpha_n=\gamma_1$.

b) α_j 是一条折线路，$1\leqslant j\leqslant n-1$.

c) α_j 在 D 内线性同伦于 α_{j+1}，$0\leqslant j\leqslant n-1$.

证明 因为 γ_0 与 γ_1 在 D 内是同伦的，所以有一个同伦 h 满足定义 16.10 的条件. 考虑把 $[0, 1]$ 分成 n 等份的划分 $\{s_0, s_1, \cdots, s_n\}$ 和把 $[a, b]$ 分成 n 等份的划分 $\{t_0, t_1, \cdots, t_n\}$，选取 n 使得每个矩形 $[s_j, s_{j+1}]\times[t_k, t_{k+1}]$ 在 h 下的象都包含于 D 内的一个开圆盘 D_{jk}.（读者可以验证这是可能的，因为 h 有一致连续性.）

在由

$$\gamma_{s_j}(t)=h(s_j, t), \qquad 对于\ 0<j<n$$

给出的中间的路 γ_{s_j} 上作一条顶点在 $h(s_j, t_k)$ 的内接折线路 α_j，即

$$\alpha_j(t_k)=h(s_j, t_k), \qquad 对于\ k=0, 1, \cdots, n,$$

而且 α_j 对于 $0\leqslant k\leqslant n-1$ 在每个子区间$[t_k, t_{k+1}]$上是线性的. 再定义 $\alpha_0=\gamma_0$ 和 $\alpha_n=\gamma_1$. (一个例子如图 16-5 所示.)

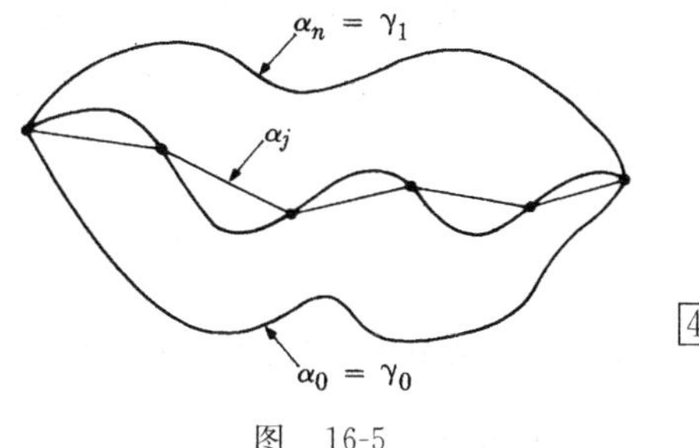

图 16-5

$\alpha_j(t_k)$、$\alpha_j(t_{k+1})$、$\alpha_{j+1}(t_k)$和 $\alpha_{j+1}(t_{k+1})$这四个顶点都位于圆盘 D_{jk} 内. 因为 D_{jk} 是凸的, 所以连接它们的线段也位于 D_{jk} 内, 从而对于$[0, 1]\times[t_k, t_{k+1}]$内的每个$(s, t)$, 点 441

$$s\alpha_{j+1}(t)+(1-s)\alpha_j(t) \tag{5}$$

都在 D_{jk} 内. 因而对于$[0, 1]\times[a, b]$内的一切(s, t), (5)中的点都位于 D 内, 所以 α_{j+1} 在 D 内线性同伦于 α_j. ■

16.7 围道积分在同伦下的不变性

定理 16.12 假定 f 在一个开集 D 内除了可能有有限个点例外之外是解析的, 在这些例外的点上 f 是连续的. 如果 γ_0 与 γ_1 是在 D 内同伦的分段光滑的路, 则有

$$\int_{\gamma_0} f=\int_{\gamma_1} f.$$

证明 首先考虑 γ_0 与 γ_1 线性同伦的情况. 对于$[0, 1]$内的每个 s, 设

$$\gamma_s(t)=s\gamma_1(t)+(1-s)\gamma_0(t) \quad 当\ t\in[a, b].$$

则 γ_s 分段光滑且其图形位于 D 内. 记

$$\gamma_s(t)=\gamma_0(t)+s\alpha(t), \qquad 其中\ \alpha(t)=\gamma_1(t)-\gamma_0(t),$$

并对于 $0\leqslant s\leqslant 1$ 定义

$$\varphi(s)=\int_{\gamma_s} f=\int_a^b f[\gamma_s(t)]\mathrm{d}\gamma_0(t)+s\int_a^b f[\gamma_s(t)]\mathrm{d}\alpha(t).$$

我们希望证明 $\varphi(0)=\varphi(1)$, 事实上将证明 φ 在$[0, 1]$上是常数.

使用定理 7.40 用积分号下的微分法计算 $\varphi'(s)$. 因为

$$\frac{\partial}{\partial s}\gamma_s(t)=\alpha(t),$$

由此式按分部积分公式(定理 7.6)可得

$$\begin{aligned}\varphi'(s)&=\int_a^b f'[\gamma_s(t)]\alpha(t)\mathrm{d}\gamma_0(t)+s\int_a^b f'[\gamma_s(t)]\alpha(t)\mathrm{d}\alpha(t)+\int_a^b f[\gamma_s(t)]\mathrm{d}\alpha(t)\\&=\int_a^b \alpha(t)f'[\gamma_s(t)]\mathrm{d}\gamma_s(t)+\int_a^b f[\gamma_s(t)]\mathrm{d}\alpha(t)\\&=\int_a^b \alpha(t)f'[\gamma_s(t)]\gamma_s'(t)\mathrm{d}t+\int_a^b f[\gamma_s(t)]\mathrm{d}\alpha(t)\\&=\int_a^b \alpha(t)\mathrm{d}\{f[\gamma_s(t)]\}+\int_a^b f[\gamma_s(t)]\mathrm{d}\alpha(t)\\&=\alpha(b)f[\gamma_s(b)]-\alpha(a)f[\gamma_s(a)].\end{aligned}$$

但是读者很容易验证, 因为 γ_0 与 γ_1 是同伦的, 所以最后一个表达式为零, 所以对于$[0,$ 442
$1]$内的一切 s 都有 $\varphi'(s)=0$. 因而 φ 在$[0, 1]$上是常数, 这就在 γ_0 与 γ_1 在 D 内是线性同

伦的情况下证明了本定理.

如果在 D 内它们在一个一般的同伦 h 之下是同伦的，则我们像定理 16.11 所述那样插入折线路 α_j. 因为每一条折线路都是分段光滑的，所以可以重复地应用刚证明了的结果得到

$$\int_{\gamma_0} f=\int_{\alpha_0} f=\int_{\alpha_1} f=\cdots=\int_{\alpha_n} f=\int_{\gamma_1} f.$$

■

16.8　柯西积分定理的一般形式

现在可以很容易地从定理 16.9 和定理 16.12 推导出较之以前所述更一般形式的柯西定理. 我们提醒读者，一条回路是一条分段光滑的闭路.

定理 16.13(对于同伦于一点的回路的柯西积分定理)　假定 f 在一个开集 D 上除了可能有有限个点例外之外是解析的，假定 f 在这些例外的点上是连续的，则对于同伦于 D 内一个点的每一条回路 γ 有

$$\int_{\gamma} f=0.$$

证明　因为 γ 是同伦于 D 内一点的，所以 γ 也是同伦于 D 内的一条带有任意小半径的圆形的路 δ 的. 因此 $\int_{\gamma} f=\int_{\delta} f$，并且按照定理 16.9 有 $\int_{\delta} f=0$. ■

定义 16.14　一个开的连通集 D 称为单连通，如果 D 内的每一条闭路都同伦于 D 内一点.

一般地，单连通区域是没有洞的. 柯西定理表明，在单连通区域 D 内，解析函数沿 D 内任何回路的积分为零.

16.9　柯西积分公式

下面这个定理揭示了解析函数的一个显著的性质，它把解析函数在一点上的值与在一条不包含该点的闭曲线上的值联系起来.

定理 16.15(柯西积分公式)　假定 f 在一个开集 D 上解析，并设 γ 是任意一条同伦于 D 内一点的回路，则对于 D 内不在 γ 的图形上的任何一点 z 有

443

$$\int_{\gamma} \frac{f(w)}{w-z} \mathrm{d} w=f(z) \int_{\gamma} \frac{1}{w-z} \mathrm{d} w. \tag{6}$$

证明　在 D 上定义一个新的函数 g 如下：

$$g(w)=\begin{cases}\dfrac{f(w)-f(z)}{w-z}, & \text{若 } w \neq z \\ f'(z), & \text{若 } w=z.\end{cases}$$

则 g 在 D 内每个点 $w \neq z$ 处解析，并且 g 在点 z 本身连续. 对于 g 应用柯西积分定理，则对于每一条同伦于 D 内一点的回路 γ 有 $\int_{\gamma} g=0$. 但是如果 z 不在 γ 的图形上，则可以写

$$\int_\gamma g=\int_\gamma \frac{f(w)-f(z)}{w-z}\mathrm{d}w=\int_\gamma \frac{f(w)}{w-z}\mathrm{d}w-f(z)\int_\gamma \frac{1}{w-z}\mathrm{d}w,$$

这就证明了(6)式. ■

注 同样的证明表明，如果有 D 的一个有限子集 T，f 在 T 上不解析，但是 f 在 T 上连续而 z 不在 T 内，则(6)式也成立.

在(6)式中出现的积分 $\int_\gamma (w-z)^{-1}\mathrm{d}w$ 在复积分理论中起重要的作用，下一节将对它进行进一步的讨论. 对于一条圆形的路很容易计算它的值.

例 如果 γ 是中心在 z 点、半径为 r 的一条正定向的圆形的路，可以写 $\gamma(\theta)=z+re^{\mathrm{i}\theta}$，$0\leqslant\theta\leqslant 2\pi$. 于是 $\gamma'(\theta)=\mathrm{i}re^{\mathrm{i}\theta}=\mathrm{i}\{\gamma(\theta)-z\}$，我们可以得到

$$\int_\gamma \frac{\mathrm{d}w}{w-z}=\int_0^{2\pi}\frac{\gamma'(\theta)}{\gamma(\theta)-z}\mathrm{d}\theta=\int_0^{2\pi}\mathrm{i}\,\mathrm{d}\theta=2\pi\mathrm{i}.$$

注 在这种情况下，柯西积分公式(6)取这样的形式：

$$2\pi\mathrm{i}f(z)=\int_\gamma \frac{f(w)}{w-z}\mathrm{d}w.$$

仍写 $\gamma(\theta)=z+re^{\mathrm{i}\theta}$，则可以把此式写成下面的形式：

$$f(z)=\frac{1}{2\pi}\int_0^{2\pi} f(z+re^{\mathrm{i}\theta})\mathrm{d}\theta. \tag{7}$$

此式可以解释为把 f 在一个圆盘中心的值表示为它在该圆盘边界上的值的平均值的中值定理. 假定函数 f 在这个圆盘的闭包上解析，可能有一个有限子集例外，而它在这个有限子集上连续.

16.10 回路关于一点的卷绕数

定理 16.16 设 γ 是一条回路，并设 z 是不在 γ 的图形上的一点. 于是有一个整数 n (依赖于 γ 和 z)使得

$$\int_\gamma \frac{\mathrm{d}w}{w-z}=2\pi\mathrm{i}n. \tag{8}$$ 444

证明 假定 γ 的定义域是 $[a, b]$. 按照定理 16.7，可以把(8)式中的积分表示为一个黎曼积分

$$\int_\gamma \frac{\mathrm{d}w}{w-z}=\int_a^b \frac{\gamma'(t)\mathrm{d}t}{\gamma(t)-z}.$$

在区间 $[a, b]$ 上用方程

$$F(x)=\int_a^x \frac{\gamma'(t)\mathrm{d}t}{\gamma(t)-z},\qquad 若\ a\leqslant x\leqslant b$$

定义一个复值函数. 为了证明本定理，我们必须对于某个整数 n 证明 $F(b)=2\pi\mathrm{i}n$. 现在 F 在 $[a, b]$ 上连续并且在 γ' 的每个连续点有导数

$$F'(x)=\frac{\gamma'(x)}{\gamma(x)-z}.$$

于是由下式定义的函数 G 也在 $[a, b]$ 上连续：

$$G(t)=\mathrm{e}^{-F(t)}\{\gamma(t)-z\}, \qquad 若\ t\in[a, b].$$

此外，在 γ' 的每个连续点有

$$G'(t)=\mathrm{e}^{-F(t)}\gamma'(t)-F'(t)\mathrm{e}^{-F(t)}\{\gamma(t)-z\}=0.$$

从而对于 $[a, b]$ 内的每个 t 除了(可能)有有限个点例外之外都有 $G'(t)=0$. 按照连续性，G 在 $[a, b]$ 上始终是常数. 因此，$G(b)=G(a)$. 换句话说，我们有

$$\mathrm{e}^{-F(b)}\{\gamma(b)-z\}=\gamma(a)-z.$$

因为 $\gamma(b)=\gamma(a)\neq z$，所以有

$$\mathrm{e}^{-F(b)}=1,$$

这蕴涵 $F(b)=2\pi\mathrm{i}n$，其中 n 是一个整数. 这就完成了本定理的证明. ■

定义 16.17　如果 γ 是一条回路，其图形不包含 z 点，则由(8)式定义的整数 n 称为 γ 关于 z 的卷绕数(或卷绕指标)，用 $n(\gamma, z)$ 来表示. 这样就有

$$n(\gamma, z)=\frac{1}{2\pi\mathrm{i}}\int_{\gamma}\frac{\mathrm{d}w}{w-z}.$$

注　现在可以把柯西积分公式(6)重新表述成下面的形式：

$$n(\gamma, z)f(z)=\frac{1}{2\pi\mathrm{i}}\int_{\gamma}\frac{f(w)}{w-z}\mathrm{d}w.$$

使用术语“卷绕数”是因为 $n(\gamma, z)$ 给出了当 t 在区间 $[a, b]$ 上变化时计算点 $\gamma(t)$
445 “卷绕”点 z 的圈数的一个精确的数学方法. 例如，如果 γ 是由 $\gamma(\theta)=z+r\mathrm{e}^{\mathrm{i}\theta}$ 给出的一个正定向的圆，其中 $0\leqslant\theta\leqslant 2\pi$，我们已经看到卷绕数是 1，这与当 θ 从 0 变化到 2π 时点 $\gamma(\theta)$ 沿着正方向绕一个圆周运动一次的物理解释是一致的. 如果 θ 在区间 $[0, 2\pi n]$ 上变化，则点 $\gamma(\theta)$ 沿着正方向绕这个圆周运动 n 次，容易算出卷绕数是 n. 另一方面，如果对于 $0\leqslant\theta\leqslant 2\pi n$ 有 $\delta(\theta)=z+r\mathrm{e}^{-\mathrm{i}\theta}$，则 $\delta(\theta)$ 沿着反方向绕这个圆周运动 n 次，而且卷绕数是 $-n$. 这样的路 δ 称为是负定向的.

16.11　卷绕数为零的点集的无界性

设 Γ 表示回路 γ 的图形. 因为 Γ 是一个紧集，所以它的余集 $\mathbf{C}-\Gamma$ 是一个开集，按照定理 4.44，这个开集是不相交的开区域($\mathbf{C}-\Gamma$ 的分支)的可数并. 如果把这些分支看作扩充平面 $\mathbf{C}^*$ 的一些子集，则这些子集中恰有一个包含理想点 ∞. 换句话说，$\mathbf{C}-\Gamma$ 有且只有一个分支是无界的. 下面这个定理表明，对于无界分支内的每个 z 的卷绕数 $n(\gamma, z)$ 都是 0.

定理 16.18　设 γ 是一条回路，其图形为 Γ. 把集合 $\mathbf{C}-\Gamma$ 分成两个子集：

$$E=\{z: n(\gamma, z)=0\} \quad 和 \quad I=\{z: n(\gamma, z)\neq 0\}.$$

于是 E 与 I 二者都是开的. 此外，E 是无界的，I 是有界的.

证明　在 $\mathbf{C}-\Gamma$ 上用公式

$$g(z)=n(\gamma, z)=\frac{1}{2\pi\mathrm{i}}\int_{\gamma}\frac{\mathrm{d}w}{w-z}$$

定义一个函数 g．按照定理 7.38，g 在 $\mathbf{C}-\Gamma$ 上连续，而且 $g(z)$ 总是一个整数，由此可知 g 在 $\mathbf{C}-\Gamma$ 的每个分支上是常数．因而 E 与 I 二者都是开集，因为它们每一个都是 $\mathbf{C}-\Gamma$ 的一些分支的并．

设 U 表示 $\mathbf{C}-\Gamma$ 的无界分支．如果能够证明 E 包含 U，这就将表明 E 是无界的而 I 是有界的．设 K 是一个常数使得对于 γ 的定义域中的一切 t 都有 $|\gamma(t)|<K$，并设 c 是 U 内一点使得 $|c|>K+\Lambda(\gamma)$，其中 $\Lambda(\gamma)$ 是 γ 的长度．于是有

$$\left|\frac{1}{\gamma(t)-c}\right|\leqslant\frac{1}{|c|-|\gamma(t)|}<\frac{1}{|c|-K}.$$

用定理 16.6 估计关于 $n(\gamma,\ c)$ 的积分可得

$$0\leqslant|g(c)|\leqslant\frac{\Lambda(\gamma)}{|c|-K}<1.$$ 446

因为 $g(c)$ 是一个整数，因而必有 $g(c)=0$，所以 g 在 U 上有常数值 0．从而 E 包含点 c，所以 E 包含 U 的全部． ■

有一个一般性的定理，称为若尔当曲线定理，该定理说，如果由 γ 描绘出来的 Γ 是一条若尔当曲线(简单闭曲线)，则定理 16.18 中的每一个集合 E 与 I 都是连通的．换句话说，一条若尔当曲线 Γ 恰好把 $\mathbf{C}-\Gamma$ 分成两个分支 E 和 I，它们以 Γ 作为共同的边界．集合 I 称为 Γ 的内区域(或内部区域)，它的点说成在 Γ 内部．集合 E 称为 Γ 的外区域(或外部区域)，它的点说成在 Γ 外部．

虽然若尔当曲线定理直观上是明显的，而且对于一些像圆、三角形和矩形这样的熟悉的若尔当曲线容易证明，但是对于任意的若尔当曲线的证明并不简单．(有关的证明可以在参考文献 16.3 和 16.5 中找到．)

本节并不需要使用若尔当曲线定理证明任何定理．然而，读者应当意识到，在复积分理论的一般应用中出现的若尔当曲线通常由有限条线段和圆弧组成，而对于这样的例子，很明显 $\mathbf{C}-\Gamma$ 恰好由两个分支组成．对于在这样的曲线内部的点 z，卷绕数 $n(\gamma,\ z)$ 是 $+1$ 或 -1，因为 γ 在 I 内同伦于某条以 z 为中心的圆形的路 δ，所以 $n(\gamma,\ z)=n(\delta,\ z)$，而 $n(\delta,\ z)$ 是 $+1$ 还是 -1 依赖于这条圆形的路 δ 是正定向的还是负定向的．由于这个缘故，如果对于 Γ 内部的某个 z 有 $n(\gamma,\ z)=+1$，我们就说若尔当回路 γ 是正定向的；如果对于 Γ 内部的某个 z 有 $n(\gamma,\ z)=-1$，我们就说若尔当回路 γ 是负定向的．

16.12　用围道积分定义的解析函数

柯西积分公式

$$n(\gamma,\ z)f(z)=\frac{1}{2\pi\mathrm{i}}\int_{\gamma}\frac{f(w)}{w-z}\mathrm{d}w$$

有许多重要的推论．某些推论可以从下面这个定理推出．该定理处理的是稍微一般类型的积分，这类积分中的被积函数 $f(w)/(w-z)$ 被 $\varphi(w)/(w-z)$ 所取代，其中 φ 仅仅是连续的而未必是解析的，而且 γ 是任何可求长的路但不必是回路．

定理 16.19　设 γ 是一条可求长的路，其图形为 Γ．设 φ 是一个在 Γ 上连续的复值函数，并设 f 在 $\mathbf{C}-\Gamma$ 上由下面的等式定义：

$$f(z)=\int_{\gamma}\frac{\varphi(w)}{w-z}\mathrm{d}w,\qquad \text{若 } z\notin\Gamma.$$

则 f 有下列性质：

a)对于在 $\mathbf{C}-\Gamma$ 内的每个点 a，f 有幂级数表示式

447

$$f(z)=\sum_{n=0}^{\infty}c_n(z-a)^n,\tag{9}$$

其中

$$c_n=\int_{\gamma}\frac{\varphi(w)}{(w-a)^{n+1}}\mathrm{d}w,\qquad n=0,1,2,\cdots\tag{10}$$

b)在(a)中的级数有正的收敛半径 $\geqslant R$，其中

$$R=\inf\{|w-a|: w\in\Gamma\}.\tag{11}$$

c)函数 f 在 $\mathbf{C}-\Gamma$ 上有由

$$f^{(n)}(z)=n!\int_{\gamma}\frac{\varphi(w)}{(w-z)^{n+1}}\mathrm{d}w,\qquad \text{若 } z\notin\Gamma\tag{12}$$

给出的每一个 n 阶导数.

证明　首先我们注意到由(11)式定义的数 R 是正的，因为函数 $g(w)=|w-a|$ 在紧集 Γ 上有最小值，因为 $a\notin\Gamma$，所以这个最小值不为零. 因此，R 是从 a 到 Γ 的最近一点的距离.（见图 16-6.）

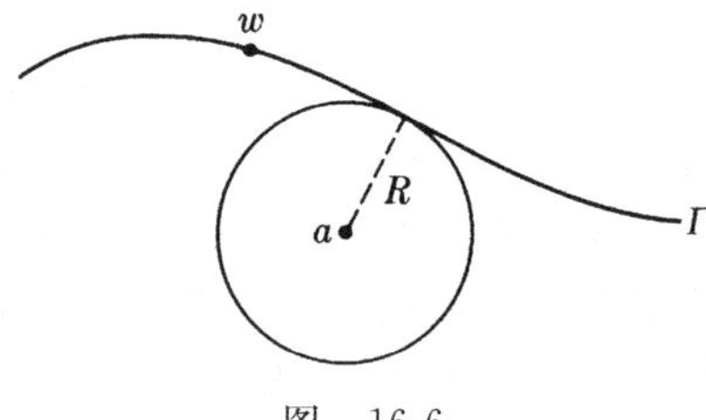

图　16-6

为了证明(a)，我们从对于一切 $t\neq1$ 成立的恒等式

$$\frac{1}{1-t}=\sum_{n=0}^{k}t^n+\frac{t^{k+1}}{1-t}\tag{13}$$

开始. 取 $t=(z-a)/(w-a)$，其中 $|z-a|<R$，$w\in\Gamma$. 则 $1/(1-t)=(w-a)/(w-z)$. 把(13)式乘以 $\varphi(w)/(w-a)$ 并沿 γ 积分可得

$$\begin{aligned}f(z)&=\int_{\gamma}\frac{\varphi(w)}{w-z}\mathrm{d}w=\sum_{n=0}^{k}(z-a)^n\int_{\gamma}\frac{\varphi(w)}{(w-a)^{n+1}}\mathrm{d}w+\int_{\gamma}\frac{\varphi(w)}{w-z}\left(\frac{z-a}{w-a}\right)^{k+1}\mathrm{d}w\\&=\sum_{n=0}^{k}c_n(z-a)^n+E_k,\end{aligned}$$

其中 c_n 由(10)式给出，E_k 由下面的等式给出：

448

$$E_k=\int_{\gamma}\frac{\varphi(w)}{w-z}\left(\frac{z-a}{w-a}\right)^{k+1}\mathrm{d}w.\tag{14}$$

现在我们通过估计(14)式中的被积函数来证明当 $k\to\infty$ 时 $E_k\to0$. 我们有

$$\left|\frac{z-a}{w-a}\right|\leqslant\frac{|z-a|}{R}\qquad\text{和}\qquad\frac{1}{|w-z|}=\frac{1}{|w-a+a-z|}\leqslant\frac{1}{R-|a-z|}.$$

设 $M=\max\{|\varphi(w)|: w\in\Gamma\}$，并设 $\Lambda(\gamma)$ 表示 γ 的长度，则由(14)式可得

$$|E_k|\leqslant\frac{M\Lambda(\gamma)}{R-|a-z|}\left(\frac{|z-a|}{R}\right)^{k+1}.$$

因为$|z-a|<R$，所以当$k\to\infty$时$E_k\to 0$. 这就证明了(a)和(b).

对于(9)式应用定理9.23可知f在圆盘$B(a;R)$上有每一阶的导数，而且$f^{(n)}(a)=n!\,c_n$. 因为a是$\mathbf{C}-\Gamma$的任意一点，这就证明了(c). ■

注 (9)中的级数可能有大于R的收敛半径，在这种情况下，该级数在更大距离的点上可能表示f也可能不表示f.

16.13 解析函数的幂级数展开

把柯西积分公式与定理16.19结合起来可以给出：

定理16.20 假定f在$\mathbf{C}$内的一个开集S上解析，并设a是S的任意一点，则各阶导数$f^{(n)}(a)$都存在，而且f在闭包位于S内的每一个圆盘$B(a;R)$内由收敛的幂级数

$$f(z)=\sum_{n=0}^{\infty}\frac{f^{(n)}(a)}{n!}(z-a)^n \tag{15}$$

来表示. 此外，对于每一个$n\geqslant 0$有

$$f^{(n)}(a)=\frac{n!}{2\pi\mathrm{i}}\int_{\gamma}\frac{f(w)}{(w-a)^{n+1}}\mathrm{d}w, \tag{16}$$

其中γ是任何中心在a点、半径$r<R$的正定向圆形的路.

注 式(15)中的级数称为f在a点附近的泰勒展开式. 式(16)称为对于$f^{(n)}(a)$的柯西积分公式.

证明 设γ是同伦于S内一点的一条回路，并设Γ是γ的图形. 在$\mathbf{C}-\Gamma$上用下面的等式定义g：

$$g(z)=\int_{\gamma}\frac{f(w)}{w-z}\mathrm{d}w,\qquad 若\ z\notin\Gamma.$$

如果$z\in B(a;R)$，则由柯西积分公式可知$g(z)=2\pi\mathrm{i}n(\gamma,z)f(z)$. 因此

$$n(\gamma,z)f(z)=\frac{1}{2\pi\mathrm{i}}\int_{\gamma}\frac{f(w)}{w-z}\mathrm{d}w,\qquad 若\ |z-a|<R.$$ 449

现在设$\gamma(\theta)=a+re^{\mathrm{i}\theta}$，其中$|z-a|<r<R$，$0\leqslant\theta\leqslant 2\pi$. 于是$n(\gamma,z)=1$，所以，对于$\varphi(w)=f(w)/(2\pi\mathrm{i})$应用定理16.19可得级数表示式

$$f(z)=\sum_{n=0}^{\infty}c_n(z-a)^n,$$

它对于$|z-a|<R$收敛，其中$c_n=f^{(n)}(a)/n!$. 定理16.19的(c)还给出(16)式. ■

定理16.20和定理9.23告诉我们，复值函数f在一点a处解析的一个必要且充分的条件是f在a点的某个邻域内可以表示为一个幂级数. 当这样的幂级数存在时，它的收敛半径至少像位于f的解析区域内的任何圆盘$B(a)$的半径那样大. 因为在收敛圆的内部不能包含任何使f不解析的点，由此可知此收敛半径恰好等于从a到使f不解析的最近点的距离.

这一点使我们对于含一个实变量的实值函数的幂级数展开式有了一个更深刻的领悟.

例如，当 x 是实数时设 $f(x)=1/(1+x^2)$. 这个函数在 $\mathbf{R}^1$ 内处处有定义，并且在 $\mathbf{R}^1$ 内的每一个点上有每一阶导数，它还有一个关于原点的幂级数展开式，即

$$\frac{1}{1+x^2}=1-x^2+x^4-x^6+\cdots$$

然而，这个表达式仅在开区间$(-1,\ 1)$内成立. 从实变量函数理论的角度无法用 f 的性质解释这种情况. 但是当在复平面内审视这种情况时，可以立刻看到函数 $f(z)=1/(1+z^2)$在 $\mathbf{C}$ 内除了在点 $z=\pm\mathrm{i}$ 之外是处处解析的. 因而它关于零点的幂级数展开式的收敛半径必定等于 1，这是从 0 到 i 和 $-$i 的距离.

例 下列幂级数展开式对于 $\mathbf{C}$ 内的一切 z 都成立：

$$\text{a)}\ \mathrm{e}^z=\sum_{n=0}^{\infty}\frac{z^n}{n!},\qquad \text{b)}\ \sin z=\sum_{n=0}^{\infty}\frac{(-1)^n z^{2n+1}}{(2n+1)!},\qquad \text{c)}\ \cos z=\sum_{n=0}^{\infty}\frac{(-1)^n z^{2n}}{(2n)!}.$$

16.14 柯西不等式与刘维尔定理

如果 f 在一个闭圆盘 $B(a;\ R)$上解析，则柯西积分公式(16)表明

$$f^{(n)}(a)=\frac{n!}{2\pi\mathrm{i}}\int_{\gamma}\frac{f(w)}{(w-a)^{n+1}}\mathrm{d}w,$$

450 其中 γ 是任意一条以 a 为中心、半径为 $r<R$ 的正定向的圆形的路. 可以写 $\gamma(\theta)=a+r\mathrm{e}^{\mathrm{i}\theta}$，$0\leqslant\theta\leqslant 2\pi$，把它代入上式可得

$$f^{(n)}(a)=\frac{n!}{2\pi r^n}\int_0^{2\pi}f(a+r\mathrm{e}^{\mathrm{i}\theta})\mathrm{e}^{-\mathrm{i}n\theta}\mathrm{d}\theta. \tag{17}$$

这个公式把在 a 点的 n 阶导数表示成了 f 在一个以 a 为中心的圆上的值的加权平均. $n=0$ 时的特殊情况就是前面 16.9 节得到过的结果.

现在，设 $M(r)$表示$|f|$在 γ 的图形上的最大值. 对于(17)式中的积分进行估计，立即可以得到柯西不等式：

$$|f^{(n)}(a)|\leqslant\frac{M(r)n!}{r^n}\qquad(n=0,\ 1,\ 2,\ \cdots). \tag{18}$$

下面这个定理是 $n=1$ 情况的柯西不等式的一个容易的推论.

定理 16.21(刘维尔定理) 如果 f 在 $\mathbf{C}$ 上处处解析且在 $\mathbf{C}$ 上有界，则 f 是常数.

证明 假定对于 $\mathbf{C}$ 内的一切 z 都有$|f(z)|\leqslant M$，则由 $n=1$ 时的柯西不等式可知对于每一个 $r>0$ 都有$|f'(a)|\leqslant M/r$. 令 $r\to+\infty$，对于 $\mathbf{C}$ 内的每一个 a 可得 $f'(a)=0$，因此按照定理 5.23，f 是常数. ■

注 在 $\mathbf{C}$ 上处处解析的函数称为整函数. 多项式、正弦函数、余弦函数和指数函数都是整函数的例子. 刘维尔定理指出，每一个有界的整函数都是常数.

由刘维尔定理可以对代数基本定理进行简单证明.

定理 16.22(代数基本定理) 每一个次数 $n\geqslant 1$ 的多项式都有零点.

证明 设 $P(z)=a_0+a_1z+\cdots+a_nz^n$，其中 $n\geqslant 1$，$a_n\neq 0$. 假定 P 没有零点，我们将证明 P 是常数. 设 $f(z)=1/P(z)$，则 f 在 $\mathbf{C}$ 上处处解析，因为 P 没有零点. 又因为

$$P(z)=z^n\left(\frac{a_0}{z^n}+\frac{a_1}{z^{n-1}}+\cdots+\frac{a_{n-1}}{z}+a_n\right),$$

可以看出当$|z|\to+\infty$时$|P(z)|\to+\infty$，所以当$|z|\to+\infty$时$f(z)\to 0$. 因此f在$\mathbf{C}$上有界，所以按照刘维尔定理，f是常数，从而P是常数. ■

16.15 解析函数零点的孤立性

如果f在a点解析而且$f(a)=0$，则f关于a点的泰勒展开式的常数项为零，从而可以假定它有下面的形式：

$$f(z)=\sum_{n=1}^{\infty}c_n(z-a)^n.$$ 451

此式对于某个圆盘$B(a)$内的每个z都成立. 如果f在这个圆盘上恒为零[即如果对于$B(a)$内的每一点z都有$f(z)=0$]，则每个c_n都等于零，因为$c_n=f^{(n)}(a)/n!$. 如果f在这个邻域内不恒为零，则在这个展开式中将有一个排在第一位的非零系数c_k，在这种情况下，点a称为是一个k阶零点. 下面我们将证明，在这种情况下，a点有一个邻域不包含f的其他零点. 这个性质描述为解析函数的零点是孤立的.

定理 16.23 假定f在$\mathbf{C}$内的一个开集S上解析，假设对于S内的某个点a有$f(a)=0$，而且假定f在a的任何邻域上不恒为零，则存在一个圆盘$B(a)$，在这个圆盘里f没有其他零点.

证明 在所给的条件下，可以把关于a点的泰勒展开式改写为$f(z)=(z-a)^k g(z)$，其中$k\geqslant 1$，

$$g(z)=c_k+c_{k+1}(z-a)+\cdots,\qquad 且\qquad g(a)=c_k\neq 0.$$

因为g在a点连续，所以有一个圆盘$B(a)\subseteq S$，g在此圆盘上不为零. 从而对于$B(a)$内的一切$z\neq a$都有$f(z)\neq 0$. ■

这个定理有几个重要的推论. 例如，可以用它证明在一个开区域S上解析的函数不可能在S的任何一个非空开子集上为零而不在整个S上恒等于零. 我们记得开区域是开的连通集.（见定义4.34和定义4.45.）

定理 16.24 假定f在$\mathbf{C}$内的一个开区域S上解析. 设A表示由S内的具有下述性质的点z组成的集合，对于这些z点存在一个圆盘$B(z)$，f在$B(z)$上恒为零. 设$B=S-A$. 于是A和B中有一个是空集，另一个是S本身.

证明 我们有$S=A\cup B$，其中A与B是不相交的集合，集合A按其定义是开集. 如果能证明B也是开的，则由S的连通性可推知集合A与B中至少有一个是空集.

为了证明B是开的，设a是B中的一个点并考虑两种可能的情况：$f(a)\neq 0$和$f(a)=0$. 如果$f(a)\neq 0$，则有一个圆盘$B(a)\subseteq S$，f在其上不为零. 因而这个圆盘的每个点必定都属于B. 从而当$f(a)\neq 0$时a是一个内点. 如果$f(a)=0$，则由定理16.23可知有一个圆盘$B(a)$不包含f更多的零点. 这表明$B(a)\subseteq B$. 从而，在每种情况下a都是B的内点. 所以，B是开的，A与B这两个集合中必定有一个是空集. ■

16.16　解析函数的恒等定理

定理 16.25　假定 f 在 $\mathbf{C}$ 内的一个开区域 S 上解析. 设 T 是 S 的一个子集，它有一个聚点 a 在 S 内. 如果对于 T 内的每一个 z 都有 $f(z)=0$，则对于 S 内的每一个 z 都有 $f(z)=0$.

证明　存在一个无穷序列$\{z_n\}$，它的各项都是 T 中的点，使得$\lim\limits_{n\to\infty}z_n=a$. 按照连续
452 性，$f(a)=\lim\limits_{n\to\infty}f(z_n)=0$. 下面我们将证明有一个 a 的邻域，f 在这个邻域上恒为零. 假定没有这样的邻域，则由定理 16.23 可知必定有一个圆盘 $B(a)$，在这个圆盘上如果 $z\neq a$，则 $f(z)\neq 0$. 但这是不可能的，因为每一个圆盘 $B(a)$都包含 T 的异于 a 的点. 因而必定有 a 的一个邻域，f 在这个邻域上恒为零. 因此定理 16.24 的集合 A 不能是空集. 从而，$A=S$，这就表明对于 S 内的每一个 z 都有 $f(z)=0$. ■

作为推论我们有下述重要结果，有时称之为解析函数的恒等定理：

定理 16.26　设 f 与 g 在 $\mathbf{C}$ 内的一个开区域 S 上解析. 如果 T 是 S 的一个子集，它有一个聚点 a 在 S 内，而且对于 T 内的每一个 z 都有 $f(z)=g(z)$，则对于 S 内的每一个 z 都有 $f(z)=g(z)$.

证明　对 $f-g$ 应用定理 16.25. ■

16.17　解析函数的最大模和最小模

解析函数 f 的绝对值或模$|f|$是实值非负函数，本节的定理涉及$|f|$的极大值与极小值.

定理 16.27(局部最大模原理)　假定 f 在一个开区域 S 上解析且不为常数，则$|f|$在 S 内没有局部极大值，即 S 内的每一个圆盘$B(a;R)$都包含点 z 使得$|f(z)|>|f(a)|$.

证明　假定在 S 内有一个圆盘 $B(a;R)$，在该圆盘内对于每一点 z 都有$|f(z)|\leqslant|f(a)|$，我们将证明 f 在 S 上是常数. 考虑 $B(a;R)$的同心圆盘 $B(a;r)$，$0<r\leqslant R$. 从表示成(7)式形式的柯西积分公式可得

$$|f(a)|\leqslant\frac{1}{2\pi}\int_0^{2\pi}|f(a+re^{i\theta})|\,d\theta. \tag{19}$$

现在对于一切 θ 都有$|f(a+re^{i\theta})|\leqslant|f(a)|$. 下面将证明对于任何 θ 都不可能有严格不等式$|f(a+re^{i\theta})|<|f(a)|$. 否则，按照连续性，对于某个 $\varepsilon>0$ 和$[0,2\pi]$的某个有正长度(譬如说是 h)的子区间 I 内的一切 θ 将有$|f(a+re^{i\theta})|\leqslant|f(a)|-\varepsilon$. 设 $J=[0,2\pi]-I$，则 J 有测度 $2\pi-h$，由(19)式可得

$$\begin{aligned}2\pi|f(a)|&\leqslant\int_I|f(a+re^{i\theta})|\,d\theta+\int_J|f(a+re^{i\theta})|\,d\theta\\&\leqslant h\{|f(a)|-\varepsilon\}+(2\pi-h)|f(a)|=2\pi|f(a)|-h\varepsilon<2\pi|f(a)|.\end{aligned}$$

这样就得到了矛盾的式子$|f(a)|<|f(a)|$. 这表明，如果 $r\leqslant R$，对于任何 θ 都不能有严格不等式$|f(a+re^{i\theta})|<|f(a)|$. 因此对于 $B(a;R)$内的每一个 z 都有$|f(z)|=|f(a)|$. 从而$|f|$在这个圆盘上是常数，按照定理 5.23，f 本身在这个圆盘上是常数.

按照恒等定理，f 在 S 上是常数. ■ 453

定理 16.28（绝对最大模原理） *设 T 是复平面 $\mathbf{C}$ 的一个紧子集. 假定 f 在 T 上连续且在 T 的内部解析，则 $|f|$ 在 T 上的绝对最大值在 T 的边界 ∂T 上达到.*

证明 因为 T 是紧的，所以 $|f|$ 在 T 上某处（譬如说在 a 点）达到它的绝对最大值. 如果 $a\in\partial T$ 则没有什么可证的了. 如果 $a\in\operatorname{int}T$，设 S 是 $\operatorname{int}T$ 的包含 a 的分支. 因为 $|f|$ 在 a 点有局部极大值，所以由定理 16.27 可知 f 在 S 上是常数. 按照连续性，f 在 $\partial S\subseteq T$ 上是常数，所以 $|f|$ 的最大值 $|f(a)|$ 在 ∂S 上达到. 但是 $\partial S\subseteq\partial T$（为什么?），所以最大值在 ∂T 上达到. ■

定理 16.29（最小模原理） *假定 f 在一个开区域 S 上解析且不为常数. 如果 $|f|$ 在 a 点有 S 内的局部极小值，则 $f(a)=0$.*

证明 如果 $f(a)\neq 0$，对于 $g=1/f$ 应用定理 16.27，则 g 在某个开圆盘 $B(a;R)$ 内解析，而且 $|g|$ 在 a 点有局部极大值. 从而 g 在这个圆盘上是常数，因而 f 在这个圆盘上是常数，因此 f 在 S 上是常数，这与假设矛盾. ■

16.18 开映射定理

非常数解析函数是开映射；就是说，它们把开集映为开集. 作为最小模原理的一个应用我们来证明这一点.

定理 16.30（开映射定理） *如果 f 在一个开区域 S 上解析且不为常数，则 f 是开的.*

证明 设 A 是 S 的任意一个开子集，我们要证明 $f(A)$ 是开集. 在 $f(A)$ 内任取一点 b，记 $b=f(a)$，其中 $a\in A$. 首先注意到 a 是逆象 $f^{-1}(\{b\})$ 的一个孤立点.（否则，按照恒等定理，f 在 S 上将是常数.）于是有某个圆盘 $B=B(a;r)$，它的闭包 $\bar{B}$ 位于 A 内并且除了 a 点以外不包含 $f^{-1}(\{b\})$ 的点. 因为 $f(\bar{B})\subseteq f(A)$，所以，如果能证明 $f(\bar{B})$ 包含一个中心在 b 点的圆盘，则将完成本定理的证明.

设 ∂B 表示 B 的边界，$\partial B=\{z:|z-a|=r\}$，则 $f(\partial B)$ 是一个不包含 b 的紧集. 于是由

$$m=\inf\{|f(z)-b|:z\in\partial B\}$$

定义的数 m 是正数. 我们将证明 $f(\bar{B})$ 包含圆盘 $B(b;m/2)$. 为此，取 $B(b;m/2)$ 内任意一点 w 来证明对于 $\bar{B}$ 内的某个 z_0 有 $w=f(z_0)$.

对于 $z\in\bar{B}$，设 $g(z)=f(z)-w$. 我们将证明对于 $\bar{B}$ 内的某个 z_0 有 $g(z_0)=0$. 现在 $|g|$ 在 $\bar{B}$ 上连续，而且因为 $\bar{B}$ 是紧的，所以在 $\bar{B}$ 内有一点 z_0，$|g|$ 在该点达到它的极小值. 因为 $a\in\bar{B}$，所以这蕴涵

$$|g(z_0)|\leqslant|g(a)|=|f(a)-w|=|b-w|<\frac{m}{2}.$$ 454

但是如果 $z\in\partial B$，则有

$$|g(z)|=|f(z)-b+b-w|\geqslant|f(z)-b|-|w-b|>m-\frac{m}{2}=\frac{m}{2}.$$

因而 $z_0 \notin \partial B$，所以 z_0 是 $\bar{B}$ 的一个内点．换句话说，$|g|$ 在 z_0 有一个局部极小值．因为 g 在 B 上解析且不为常数，所以最小模原理表明 $g(z_0)=0$，本定理的证明完成． ■

16.19　圆环内解析函数的洛朗展开

考虑两个函数 f_1 和 g_1，它们都在 a 点解析，$g_1(a)=0$．于是有幂级数展开式

$$g_1(z)=\sum_{n=1}^{\infty} b_n(z-a)^n, \qquad 对于 |z-a|<r_1,$$

和

$$f_1(z)=\sum_{n=0}^{\infty} c_n(z-a)^n, \qquad 对于 |z-a|<r_2. \tag{20}$$

设 f_2 表示由下式给出的复合函数：

$$f_2(z)=g_1\left(\frac{1}{z-a}+a\right).$$

则 f_2 在区域 $|z-a|>r_1$ 内定义且解析，而且它在该区域内可以由下面的收敛级数来表示：

$$f_2(z)=\sum_{n=1}^{\infty} b_n(z-a)^{-n}, \qquad 对于 |z-a|>r_1. \tag{21}$$

现在如果 $r_1<r_2$，则(20)和(21)中的级数将有一个共同的收敛区域，即由满足条件

$$r_1<|z-a|<r_2.$$

的 z 组成的集合．在这个区域里，即圆环 $A(a;\ r_1,\ r_2)$ 的内部，f_1 与 f_2 二者都解析，而它们的和由下式给出：

$$f_1(z)+f_2(z)=\sum_{n=0}^{\infty} c_n(z-a)^n+\sum_{n=1}^{\infty} b_n(z-a)^{-n}.$$

该式等号右边的和式可以更简洁地写为

$$\sum_{n=-\infty}^{\infty} c_n(z-a)^n,$$

其中对于 $n=1, 2, \cdots$ 有 $c_{-n}=b_n$．既包含 $z-a$ 的正数次幂又包含 $z-a$ 的负数次幂的这种类型的级数称为洛朗级数．当两部分分别收敛时，就说这个洛朗级数收敛．

每个收敛的洛朗级数在圆环 $A(a;\ r_1,\ r_2)$ 内部表示一个解析函数．现在反过来我们
455 将证明，每一个在一个圆环上解析的函数 f 在这个圆环的内部都可以表示为一个收敛的洛朗级数．

定理 16.31　假定 f 在一个圆环 $A(a;\ r_1,\ r_2)$ 上解析，则对于该圆环的每一个内点 z 有

$$f(z)=f_1(z)+f_2(z), \tag{22}$$

其中

$$f_1(z)=\sum_{n=0}^{\infty} c_n(z-a)^n, \qquad f_2(z)=\sum_{n=1}^{\infty} c_{-n}(z-a)^{-n}.$$

上面二式中的各个系数由下面的公式给出：

$$c_n=\frac{1}{2\pi\mathrm{i}}\int_\gamma \frac{f(w)}{(w-a)^{n+1}}\mathrm{d}w \qquad (n=0,\ \pm 1,\ \pm 2,\ \cdots), \tag{23}$$

其中 γ 是任意一条中心在 a、半径为 r 满足 $r_1<r<r_2$ 的正定向的圆形的路. 函数 f_1(称为 f 在 a 点的正则部分)在圆盘 $B(a;\ r_2)$上解析. 函数 f_2(称为 f 在 a 点的主要部分)在圆盘 $B(a;\ r_1)$的闭包的外部解析.

证明　选取该圆环的一个内点 z，保持 z 不动，在 $A(a;\ r_1,\ r_2)$上定义一个函数 g 如下：

$$g(w)=\begin{cases}\dfrac{f(w)-f(z)}{w-z}, & 若\ w\neq z\\ f'(z), & 若\ w=z.\end{cases}$$

则当 $w\neq z$ 时 g 在点 w 处是解析的，而且 g 在 z 点连续. 设

$$\varphi(r)=\int_{\gamma_r} g(w)\mathrm{d}w,$$

其中 γ_r 是一条以 a 为中心、半径为 r 满足 $r_1\leqslant r\leqslant r_2$ 的正定向的圆形的路. 按照定理 16.8，$\varphi(r_1)=\varphi(r_2)$，所以

$$\int_{\gamma_1} g(w)\mathrm{d}w=\int_{\gamma_2} g(w)\mathrm{d}w, \tag{24}$$

其中 $\gamma_1=\gamma_{r_1}$，$\gamma_2=\gamma_{r_2}$. 因为 z 不在 γ_1 或 γ_2 的图形上，所以在每一个积分中都可以写

$$g(w)=\frac{f(w)}{w-z}-\frac{f(z)}{w-z}.$$

把此式代入到(24)式中并移项可得

$$f(z)\left\{\int_{\gamma_2}\frac{1}{w-z}\mathrm{d}w-\int_{\gamma_1}\frac{1}{w-z}\mathrm{d}w\right\}=\int_{\gamma_2}\frac{f(w)}{w-z}\mathrm{d}w-\int_{\gamma_1}\frac{f(w)}{w-z}\mathrm{d}w. \tag{25}$$

但是$\int_{\gamma_1}(w-z)^{-1}\mathrm{d}w=0$，因为被积函数在圆盘 $B(a;\ r_1)$ 上解析；$\int_{\gamma_2}(w-z)^{-1}\mathrm{d}w=$ 456
$2\pi\mathrm{i}$，因为 $n(\gamma_2,\ z)=1$；所以由式(25) 可得等式

$$f(z)=f_1(z)+f_2(z),$$

其中

$$f_1(z)=\frac{1}{2\pi\mathrm{i}}\int_{\gamma_2}\frac{f(w)}{w-z}\mathrm{d}w, \qquad f_2(z)=-\frac{1}{2\pi\mathrm{i}}\int_{\gamma_1}\frac{f(w)}{w-z}\mathrm{d}w.$$

按照定理 16.19，f_1 在圆盘 $B(a;\ r_2)$上解析，因而有泰勒展开式

$$f_1(z)=\sum_{n=0}^{\infty}c_n(z-a)^n, \qquad 对于\ |z-a|<r_2,$$

其中

$$c_n=\frac{1}{2\pi\mathrm{i}}\int_{\gamma_2}\frac{f(w)}{(w-a)^{n+1}}\mathrm{d}w. \tag{26}$$

此外，按照定理 16.8，路 γ_2 对于区间 $r_1\leqslant r\leqslant r_2$ 内的任何 r 都可以被 γ_r 所代替.

为了得到关于 $f_2(z)$的级数展开式，我们运用恒等式(13)以及 $t=(w-a)/(z-a)$进行像在定理 16.19 的证明中那样的讨论，可得

$$\frac{1}{1-(w-a)/(z-a)}=\sum_{n=0}^{k}\left(\frac{w-a}{z-a}\right)^{n}+\left(\frac{w-a}{z-a}\right)^{k+1}\left(\frac{z-a}{z-w}\right). \tag{27}$$

如果 w 在 γ_1 的图形上，则有 $|w-a|=r_1<|z-a|$，所以 $|t|<1$. 现在把(27)式乘以 $-f(w)/(z-a)$，沿 γ_1 积分，并令 $k\to\infty$ 可得

$$f_2(z)=\sum_{n=1}^{\infty}b_n(z-a)^{-n},\qquad \text{对于} |z-a|>r_1,$$

其中

$$b_n=\frac{1}{2\pi i}\int_{\gamma_1}\frac{f(w)}{(w-a)^{1-n}}dw. \tag{28}$$

按照定理 16.8，路 γ_1 对于$[r_1, r_2]$内的任何 r 可以被 γ_r 来代替. 如果在式(28)和式(26)中取同一条路 γ_r，并且用 c_{-n} 代替 b_n，则像在式(23)中所指出的那样，两个式子可以结合到一个式子当中. 因为 z 是圆环的一个任意的内点，所以这就完成了定理的证明. ■

注　式(23)表明一个函数在一个给定的圆环内最多能有一个洛朗展开式.

16.20　孤立奇点

一个圆盘 $B(a; r)$去掉它的中心，即集合 $B(a; r)-\{a\}$，称为 a 的一个去心邻域，
457 用 $B'(a; r)$或 $B'(a)$来表示.

定义 16.32　一个点 a 称为 f 的一个孤立奇点，如果

a) f 在 a 的一个去心邻域上解析，

而且

b) f 在 a 点不解析.

注　f 未必在 a 点有定义.

如果 a 是 f 的一个孤立奇点，则有一个圆环 $A(a; r_1, r_2)$，f 在该圆环上解析. 于是 f 有一个唯一确定的洛朗展开式，譬如说是

$$f(z)=\sum_{n=0}^{\infty}c_n(z-a)^n+\sum_{n=1}^{\infty}c_{-n}(z-a)^{-n}. \tag{29}$$

因为内半径 r_1 可以任意小，所以(29)式在去心邻域 $B'(a; r_2)$内成立. 奇点 a 属于下述三种类型之一(取决于它的主要部分的形式)：

如果在(29)式中没有负幂项出现，即如果对于每一个 $n=1, 2, \cdots$ 都有 $c_{-n}=0$，则点 a 称为可去奇点. 在这种情况下，当 $z\to a$ 时 $f(z)\to c_0$，并且通过定义 f 在 a 点的值为 $f(a)=c_0$ 就可以将这个奇点去掉. (见下面的例 1.)

如果只有有限个负幂项出现，即如果对于某个 n 有 $c_{-n}\neq 0$，但是对于每一个 $m>n$ 都有 $c_{-m}=0$，点 a 就称为 n 级极点. 在这种情况下，主要部分只不过是一个有限和，即

$$\frac{c_{-1}}{z-a}+\frac{c_{-2}}{(z-a)^2}+\cdots+\frac{c_{-n}}{(z-a)^n}.$$

一阶极点通常称为单极点. 如果在 a 点有一个极点，则当 $z\to a$ 时 $|f(z)|\to\infty$.

最后，如果对于 n 的无穷多个值有 $c_{-n}\neq 0$，则点 a 称为本性奇点. 在这种情况下，当 $z\to a$ 时 $f(z)$ 没有极限.

例 1(可去奇点)　设当 $z\neq 0$ 时 $f(z)=(\sin z)/z$，$f(0)=0$. 这个函数除了在 0 点之外处处解析. (它在 0 点不连续，因为当 $z\to 0$ 时 $(\sin z)/z\to 1$.) 该函数关于 0 点的洛朗展开式有下面的形式：

$$\frac{\sin z}{z}=1-\frac{z^2}{3!}+\frac{z^4}{5!}-+\cdots$$

因为没有 z 的负幂项出现，所以点 0 是一个可去奇点. 如果重新定义 f 在 0 点的值为 1，则修改后的函数就变成在 0 点解析了.

例 2(极点)　当 $z\neq 0$ 时设 $f(z)=(\sin z)/z^5$. 该函数关于 0 点的洛朗展开式是

$$\frac{\sin z}{z^5}=z^{-4}-\frac{1}{3!}z^{-2}+\frac{1}{5!}-\frac{1}{7!}z^2+\cdots$$

在这种情况下，点 0 是一个 4 阶极点. 注意关于 f 在 0 点的值我们什么也没说. 458

例 3(本性奇点)　当 $z\neq 0$ 时设 $f(z)=\mathrm{e}^{1/z}$. 点 0 是该函数的一个本性奇点，因为

$$\mathrm{e}^{1/z}=1+z^{-1}+\frac{1}{2!}z^{-2}+\cdots+\frac{1}{n!}z^{-n}+\cdots$$

定理 16.33　*假定 f 在 $\mathbf{C}$ 内的一个开区域 S 上解析，当 $f(z)\neq 0$ 时用等式 $g(z)=1/f(z)$ 定义 g，则 f 在 S 内的一点 a 有 k 阶零点，当且仅当 g 在 a 有 k 阶极点.*

证明　如果 f 在 a 处有一个 k 阶零点，则有一个去心邻域 $B'(a)$，f 在这个去心邻域内不为零. 在邻域 $B(a)$ 内有 $f(z)=(z-a)^k h(z)$，其中当 $z\in B(a)$ 时 $h(z)\neq 0$. 于是，$1/h$ 在 $B(a)$ 内解析且有展开式

$$\frac{1}{h(z)}=b_0+b_1(z-a)+\cdots,\qquad \text{其中 } b_0=\frac{1}{h(a)}\neq 0.$$

从而，如果 $z\in B'(a)$，则有

$$g(z)=\frac{1}{(z-a)^k h(z)}=\frac{b_0}{(z-a)^k}+\frac{b_1}{(z-a)^{k-1}}+\cdots,$$

因而 a 对于 g 是一个 k 阶极点. 反过来的情况可以类似地证明. ■

16.21　函数在孤立奇点处的留数

如果 a 是 f 的一个孤立奇点，则有一个去心邻域 $B'(a)$，f 在这个去心邻域上有一个洛朗展开式，譬如说是

$$f(z)=\sum_{n=0}^{\infty}c_n(z-a)^n+\sum_{n=1}^{\infty}c_{-n}(z-a)^{-n}.\tag{30}$$

$(z-a)^{-1}$ 项的系数 c_{-1} 称为 f 在 a 点的留数，并用下面的记号来表示：

$$c_{-1}=\operatorname*{Res}_{z=a}f(z).$$

由公式(23)可知，如果 γ 是任意一条中心在 a 点、图形位于圆盘 $B(a)$ 内的正定向的圆形的路，则有

$$\int_{\gamma} f(z)\mathrm{d}z = 2\pi \mathrm{i} \operatorname*{Res}_{z=a} f(z). \tag{31}$$

在许多情况下，可以不使用积分而比较容易地求出在一点的留数．例如，如果 a 是一个单极点，则可以使用公式(30)得到

459 $$\operatorname*{Res}_{z=a} f(z) = \lim_{z\to a}(z-a)f(z). \tag{32}$$

类似地，如果 a 是一个 2 阶极点，容易证明

$$\operatorname*{Res}_{z=a} f(z) = g'(a), \qquad \text{其中 } g(z)=(z-a)^2 f(z).$$

在像这样能很容易地计算出留数的情况下，(31)式给出了一种求沿回路的围道积分值的简单方法．

柯西是利用这一想法的第一个人，他把这种想法发展成了一种以留数计算而著称的有效方法．此方法建立在柯西留数定理的基础上，柯西留数定理是(31)式的一种推广．

16.22 柯西留数定理

定理 16.34 设 f 在一个开区域 S 上除了有限个在 S 内的孤立奇点 z_1，…，z_n 之外是解析的．设 γ 是一条同伦于 S 内一点的回路，并假定上述奇点没有位于 γ 的图形上的，于是我们有

$$\int_{\gamma} f(z)\mathrm{d}z = 2\pi \mathrm{i} \sum_{k=1}^{n} n(\gamma, z_k) \operatorname*{Res}_{z=z_k} f(z), \tag{33}$$

其中 $n(\gamma, z_k)$是 γ 关于 z_k 的卷绕数．

证明 此证明基于下面的公式，其中 m 表示一个整数(正的、负的或者零)：

$$\int_{\gamma}(z-z_k)^m \mathrm{d}z = \begin{cases} 2\pi \mathrm{i}\, n(\gamma, z_k), & \text{若 } m=-1, \\ 0, & \text{若 } m\neq -1. \end{cases} \tag{34}$$

对于 $m=-1$ 这个公式刚好是卷绕数 $n(\gamma, z_k)$的定义．设$[a, b]$表示 γ 的定义域．如果 $m\neq -1$，对于$[a, b]$内的 t 设 $g(t)=\{\gamma(t)-z_k\}^{m+1}$，则有

$$\int_{\gamma}(z-z_k)^m \mathrm{d}z = \int_a^b \{\gamma(t)-z_k\}^m \gamma'(t)\mathrm{d}t = \frac{1}{m+1}\int_a^b g'(t)\mathrm{d}t = \frac{1}{m+1}\{g(b)-g(a)\} = 0,$$

因为 $g(b)=g(a)$．这就证明了(34)式．

为了证明留数定理，设 f_k 表示 f 在点 z_k 的主要部分．按照定理 16.31，f_k 在 $\mathbf{C}$ 内除了在 z_k 之外处处解析，因此 $f-f_1$ 在 S 内除了在 z_2，…，z_n 之外是解析的．类似地，$f-f_1-f_2$ 在 S 内除了在 z_3，…，z_n 之外是解析的，按照归纳法，我们发现 $f-\sum\limits_{k=1}^{n} f_k$ 在 S 内处处解析．因而按照柯西积分定理，$\int_{\gamma}\left(f-\sum\limits_{k=1}^{n} f_k\right)=0$，或者

$$\int_{\gamma} f = \sum_{k=1}^{n}\int_{\gamma} f_k.$$

现在把 f_k 表示为关于 z_k 的洛朗级数，并对这个级数逐项积分，运用(34)式和留数的定
460 义可得(33)式． ■

注 如果 γ 是一条正定向的若尔当曲线，其图形为 Γ，则对于在 Γ 内部的每个 z_k 有 $n(\gamma, z_k)=1$，对于在 Γ 外部的每个 z_k 有 $n(\gamma, z_k)=0$. 在这种情况下，f 沿 γ 的积分等于 $2\pi\mathrm{i}$ 乘以位于 Γ 内部的那些奇点处的留数之和.

柯西留数定理的某些应用在下面几节中给出.

16.23 区域内零点与极点的个数

如果 f 在 a 点解析或者以 a 点为极点，并且 f 不恒为 0，则它关于 a 点的洛朗展开式有这样的形式：

$$f(z)=\sum_{n=m}^{\infty} c_n(z-a)^n,$$

其中 $c_m \neq 0$. 如果 $m>0$，则 a 点是一个 m 阶零点；如果 $m<0$，则 a 点是一个 $-m$ 阶极点；如果 $m=0$，则 a 点既不是零点也不是极点.

注 我们也可以把 m 写为 $m(f; a)$ 以强调 m 依赖于 f 与 a 二者.

定理 16.35 设 f 是一个不恒为零的函数，它在一个开区域 S 上除了可能对于有限个极点例外之外是解析的. 设 γ 是一条同伦于 S 内一点的回路，而且它的图形不包含 f 的零点或极点. 于是我们有

$$\frac{1}{2\pi\mathrm{i}}\int_{\gamma} \frac{f'(z)}{f(z)}\mathrm{d}z=\sum_{a\in S} n(\gamma, a)m(f; a), \tag{35}$$

其中等号右边的和式仅包含有限个非零项.

注 如果 γ 是一条正定向的若尔当曲线，其图形为 Γ，则对于 Γ 内部的每个 a 有 $n(\gamma, a)=1$，而(35)式通常写成下面的形式：

$$\frac{1}{2\pi\mathrm{i}}\int_{\gamma} \frac{f'(z)}{f(z)}\mathrm{d}z=N-P, \tag{36}$$

其中 N 表示 f 在 Γ 内部的零点的个数，P 表示 f 在 Γ 内部的极点的个数，这里零点的个数和极点的个数如通常那样要按它们的阶数来计算.

证明 假定在一个点 a 的一个去心邻域内有 $f(z)=(z-a)^m g(z)$，其中 g 在 a 点解析且 $g(a)\neq 0$，m 是一个整数(正的或负的)，则有 a 的一个去心邻域，在这个去心邻域内可以写

$$\frac{f'(z)}{f(z)}=\frac{m}{z-a}+\frac{g'(z)}{g(z)},$$

商式 g'/g 在 a 点是解析的. 这个等式告诉我们，f 的一个 m 阶零点是 f'/f 的一个留数为 m 的单极点. 类似地，f 的一个 m 阶极点是 f'/f 的一个留数为 $-m$ 的单极点. 把这个事实连同柯西留数定理一起使用就可以导出(35)式. ■ 461

16.24 用留数的方法求实值积分的值

柯西留数定理有时可以用于求实值黎曼积分的值. 有几种与积分形式有关的行之有

效的技巧，我们将简单地叙述其中的两种方法.

第一种方法处理$\int_0^{2\pi} R(\sin\theta,\ \cos\theta)\mathrm{d}\theta$ 这种形式的积分，其中 R 是二元有理函数[⊖].

定理 16.36　设 R 是一个二元有理函数，并设

$$f(z)=R\left(\frac{z^2-1}{2\mathrm{i}z},\ \frac{z^2+1}{2z}\right),$$

只要等号右边的表达式是有限的. 设 γ 表示中心在 0 点的正定向的单位圆. 假设 f 在 γ 的图形上没有极点，则有

$$\int_0^{2\pi} R(\sin\theta,\ \cos\theta)\mathrm{d}\theta=\int_\gamma \frac{f(z)}{\mathrm{i}z}\mathrm{d}z. \tag{37}$$

证明　因为 $\gamma(\theta)=\mathrm{e}^{\mathrm{i}\theta}$，$0\leqslant\theta\leqslant 2\pi$，所以有

$$\gamma'(\theta)=\mathrm{i}\gamma(\theta),\qquad \frac{\gamma(\theta)^2-1}{2\mathrm{i}\gamma(\theta)}=\sin\theta,\qquad \frac{\gamma(\theta)^2+1}{2\gamma(\theta)}=\cos\theta,$$

于是立刻可以从定理 16.7 得到(37)式. ■

注　为了求出在(37)式等号右边的积分值，我们只需计算出被积函数位于单位圆内部的那些极点处的留数.

例　求 $I=\int_0^{2\pi}\mathrm{d}\theta/(a+\cos\theta)$ 的值，其中 a 是实数，$|a|>1$. 应用(37) 式可得

$$I=-2\mathrm{i}\int_\gamma \frac{\mathrm{d}z}{z^2+2az+1}.$$

被积函数在方程 $z^2+2az+1=0$ 的两个根处有单极点，这两点是

$$z_1=-a+\sqrt{a^2-1},$$

462

$$z_2=-a-\sqrt{a^2-1}.$$

相应的留数 R_1 和 R_2 由下面两式给出：

$$R_1=\lim_{z\to z_1}\frac{z-z_1}{z^2+2az+1}=\frac{1}{z_1-z_2},$$

$$R_2=\lim_{z\to z_2}\frac{z-z_2}{z^2+2az+1}=\frac{1}{z_2-z_1}.$$

如果 $a>1$，则 z_1 在单位圆内部，z_2 在单位圆外部，$I=4\pi/(z_1-z_2)=2\pi/\sqrt{a^2-1}$. 如果 $a<-1$，则 z_2 在单位圆内部，z_1 在单位圆外部，可得 $I=-2\pi/\sqrt{a^2-1}$.

许多反常积分可以用下述定理来处理：

定理 16.37　设 $T=\{x+\mathrm{i}y:\ y\geqslant 0\}$ 表示上半平面. 设 S 是 $\mathbf{C}$ 内一个包含 T 的开区

⊖　在 $\mathbf{C}\times\mathbf{C}$ 上由形如

$$P(z_1,\ z_2)=\sum_{m=0}^{p}\sum_{n=0}^{q}a_{m,n}z_1^m z_2^n$$

的等式定义的函数 P 称为二元多项式，系数 $a_{m,n}$ 可以是实数或是复数. 两个这样的多项式的商称为二元有理函数.

域，并假定 f 在 S 上除了可能有有限个极点之外是解析的．进一步假定这些极点都不在实轴上．于是，如果

$$\lim_{R\to+\infty}\int_0^{\pi} f(R\mathrm{e}^{\mathrm{i}\theta})R\mathrm{e}^{\mathrm{i}\theta}\mathrm{d}\theta=0, \tag{38}$$

则有

$$\lim_{R\to+\infty}\int_{-R}^{R} f(x)\mathrm{d}x=2\pi\mathrm{i}\sum_{k=1}^{n}\operatorname*{Res}_{z=z_k} f(z). \tag{39}$$

其中 z_1，…，z_n 是 f 的位于 T 内的极点．

证明　设 γ 是由取实轴上从 $-R$ 到 R 的一部分与在 T 内以 $[-R, R]$ 为直径的半圆所形成的正定向的路，其中取 R 足够大使得 γ 围住全部极点 z_1，…，z_n．于是

$$2\pi\mathrm{i}\sum_{k=1}^{n}\operatorname*{Res}_{z=z_k} f(z)=\int_{\gamma} f(z)\mathrm{d}z=\int_{-R}^{R} f(x)\mathrm{d}x+\mathrm{i}\int_0^{\pi} f(R\mathrm{e}^{\mathrm{i}\theta})R\mathrm{e}^{\mathrm{i}\theta}\mathrm{d}\theta.$$

按照(38)式，当 $R\to+\infty$ 时最后一个积分趋向于零，于是得到(39)式．■

注　如果 f 是两个多项式的商，譬如说 $f=P/Q$，假定 Q 的次数超过 P 的次数至少为 2，则等式(38)自动得到满足．（见练习 16.36.）

例　为了求 $\int_{-\infty}^{\infty}\mathrm{d}x/(1+x^4)$ 的值，设 $f(z)=1/(z^4+1)$，则 $P(z)=1$，$Q(z)=1+z^4$，因而(38)式成立．f 的极点是方程 $1+z^4=0$ 的各个根．这些根是 z_1，z_2，z_3，z_4，其中

$$z_k=\mathrm{e}^{(2k-1)\pi\mathrm{i}/4}\quad(k=1, 2, 3, 4).$$

这些点中只有 z_1 和 z_2 位于上半平面内．在 z_1 点的留数是

$$\operatorname*{Res}_{z=z_1} f(z)=\lim_{z\to z_1}(z-z_1)f(z)=\frac{1}{(z_1-z_2)(z_1-z_3)(z_1-z_4)}=\frac{\mathrm{e}^{-\pi\mathrm{i}/4}}{4\mathrm{i}}.$$ 463

类似地，可以得到 $\operatorname*{Res}_{z=z_2} f(z)=(1/4\mathrm{i})\mathrm{e}^{\pi\mathrm{i}/4}$．因而

$$\int_{-\infty}^{\infty}\frac{\mathrm{d}x}{1+x^4}=\frac{2\pi\mathrm{i}}{4\mathrm{i}}(\mathrm{e}^{-\pi\mathrm{i}/4}+\mathrm{e}^{\pi\mathrm{i}/4})=\pi\cos\frac{\pi}{4}=\frac{\pi}{2}\sqrt{2}.$$

16.25　用留数计算的方法求高斯和的值

留数定理常用于通过积分来求和式的值，我们举一个著名的称为高斯和 $G(n)$ 的例子来进行说明．高斯和 $G(n)$ 由下面的公式定义：

$$G(n)=\sum_{r=0}^{n-1}\mathrm{e}^{2\pi\mathrm{i}r^2/n}, \tag{40}$$

其中 $n\geqslant1$．这个和式在数论的许多部分中出现．对于小的 n 值，可以很容易地从定义把它计算出来．例如，我们有

$$G(1)=1,\qquad G(2)=0,\qquad G(3)=\mathrm{i}\sqrt{3},\qquad G(4)=2(1+\mathrm{i}).$$

虽然这个和式的每一项的绝对值都是 1，但是这个和式本身的绝对值是 0，$\sqrt{n}$ 或 $\sqrt{2n}$．事实上，高斯对于每一个 $n\geqslant1$ 证明了下面的公式：

$$G(n)=\frac{1}{2}\sqrt{n}(1+\mathrm{i})(1+\mathrm{e}^{-\pi\mathrm{i}n/2}),\tag{41}$$

(41)式已有若干不同的证明，我们将从由狄利克雷引进的一个更一般的和式 $S(a, n)$ 推导出(41)式，

$$S(a, n)=\sum_{r=0}^{n-1}\mathrm{e}^{\pi\mathrm{i}ar^2/n},$$

其中 n 和 a 是正整数. 如果 $a=2$，则 $S(2, n)=G(n)$. 狄利克雷证明了(41)式作为对于 $S(a, n)$ 的一个互反律的推论，可以叙述如下：

定理 16.38 如果乘积 na 是偶数，则有

$$S(a, n)=\sqrt{\frac{n}{a}}\left(\frac{1+\mathrm{i}}{\sqrt{2}}\right)\overline{S(n, a)},\tag{42}$$

其中的上划线表示共轭复数.

注 为了推导出高斯公式(41)，我们在(42)式中取 $a=2$，并注意 $\overline{S(n, 2)}=1+\mathrm{e}^{-\pi\mathrm{i}n/2}$.

证明 此处给出的证明是特别有教益的，因为它阐明了在复分析中使用的几种技巧. 某些不太重要的计算细节作为练习给读者.

设 g 是由下面的等式定义的函数：

464

$$g(z)=\sum_{r=0}^{n-1}\mathrm{e}^{\pi\mathrm{i}a(z+r)^2/n}.\tag{43}$$

则 g 处处解析，而且 $g(0)=S(a, n)$. 因为 na 是偶数，所以可得

$$g(z+1)-g(z)=\mathrm{e}^{\pi\mathrm{i}az^2/n}(\mathrm{e}^{2\pi\mathrm{i}az}-1)=\mathrm{e}^{\pi\mathrm{i}az^2/n}(\mathrm{e}^{2\pi\mathrm{i}z}-1)\sum_{m=0}^{a-1}\mathrm{e}^{2\pi\mathrm{i}mz}.$$

(练习 16.41)现在用等式

$$f(z)=g(z)/(\mathrm{e}^{2\pi\mathrm{i}z}-1)$$

定义 f，则 f 除了在每个整数点上有一阶极点之外处处都是解析的，而且 f 满足等式

$$f(z+1)=f(z)+\varphi(z),\tag{44}$$

其中

$$\varphi(z)=\mathrm{e}^{\pi\mathrm{i}az^2/n}\sum_{m=0}^{a-1}\mathrm{e}^{2\pi\mathrm{i}mz}.\tag{45}$$

函数 φ 是处处解析的.

在 $z=0$ 处 f 的留数是 $g(0)/(2\pi\mathrm{i})$(练习 16.41)，因而

$$S(a, n)=g(0)=2\pi\mathrm{i}\operatorname*{Res}_{z=0}f(z)=\int_{\gamma}f(z)\mathrm{d}z,\tag{46}$$

其中 γ 是任意一条其图形仅把极点 $z=0$ 包含在它的内部区域的正定向简单闭路. 我们将选取 γ 使得它能给出一个以 A，$A+1$，$B+1$，B 为顶点的平行四边形，其中

$$A=-\frac{1}{2}-R\mathrm{e}^{\pi\mathrm{i}/4},\quad B=-\frac{1}{2}+R\mathrm{e}^{\pi\mathrm{i}/4},$$

如图 16-7 所示. 沿 γ 对 f 进行积分，我们有

$$\int_\gamma f=\int_A^{A+1} f+\int_{A+1}^{B+1} f+\int_{B+1}^{B} f+\int_B^A f.$$

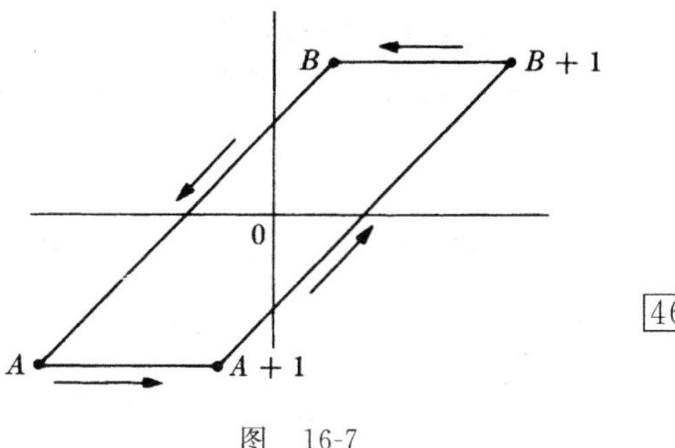

图 16-7

在积分 $\int_{A+1}^{B+1} f$ 中作变量替换 $w=z+1$，然后利用 (44) 式可得

$$\int_{A+1}^{B+1} f(w)\mathrm{d}w=\int_A^B f(z+1)\mathrm{d}z$$ 465

$$=\int_A^B f(z)\mathrm{d}z+\int_A^B \varphi(z)\mathrm{d}z.$$

因此(46)式变成

$$S(a,\ n)=\int_A^B \varphi(z)\mathrm{d}z+\int_A^{A+1} f(z)\mathrm{d}z-\int_B^{B+1} f(z)\mathrm{d}z. \tag{47}$$

现在证明当 $R\to+\infty$时，沿从 A 到 $A+1$ 和从 B 到 $B+1$ 的水平线段的积分趋向于 0. 为此，我们来估计在这些线段上的被积函数. 可以写

$$|f(z)|=\frac{|g(z)|}{|\mathrm{e}^{2\pi\mathrm{i}z}-1|}, \tag{48}$$

并分别估计分子和分母.

在连接 B 和 $B+1$ 的线段上，设

$$\gamma(t)=t+R\mathrm{e}^{\pi\mathrm{i}/4},\qquad \text{其中} -\frac{1}{2}\leqslant t\leqslant\frac{1}{2}.$$

从(43)式可以得到

$$|g[\gamma(t)]|\leqslant\sum_{r=0}^{n-1}\left|\exp\left\{\frac{\pi\mathrm{i}a(t+R\mathrm{e}^{\pi\mathrm{i}/4}+r)^2}{n}\right\}\right|, \tag{49}$$

其中 $\exp z=\mathrm{e}^z$. 大括号内的表达式的实部为(练习 16.41)

$$-\pi a(\sqrt{2}tR+R^2+\sqrt{2}rR)/n.$$

因为 $|\mathrm{e}^{x+\mathrm{i}y}|=\mathrm{e}^x$，而且 $\exp\{-\pi a\sqrt{2}rR/n\}\leqslant 1$，所以(49)中的每一项的绝对值都不超过 $\exp\{-\pi aR^2/n\}\exp\{-\sqrt{2}\pi atR/n\}$. 但是$-\frac{1}{2}\leqslant t\leqslant\frac{1}{2}$，所以得到估计式

$$|g[\gamma(t)]|\leqslant n\mathrm{e}^{\pi\sqrt{2}aR/(2n)}\mathrm{e}^{-\pi aR^2/n}.$$

对于(48)式中的分母使用下面形式的三角不等式：

$$|\mathrm{e}^{2\pi\mathrm{i}z}-1|\geqslant||\mathrm{e}^{2\pi\mathrm{i}z}|-1|.$$

因为 $|\exp\{2\pi\mathrm{i}\gamma(t)\}|=\exp\{-2\pi R\sin(\pi/4)\}=\exp\{-\sqrt{2}\pi R\}$，所以有

$$|\mathrm{e}^{2\pi\mathrm{i}\gamma(t)}-1|\geqslant 1-\mathrm{e}^{-\sqrt{2}\pi R}$$

因此在连接 B 与 $B+1$ 的线段上有估计式

$$|f(z)|\leqslant\frac{n\mathrm{e}^{\pi\sqrt{2}aR/(2n)}\mathrm{e}^{-\pi aR^2/n}}{1-\mathrm{e}^{-\sqrt{2}\pi R}}=o(1),\qquad \text{若 } R\to+\infty.$$

这里 $o(1)$表示 R 的一个函数，当 $R\to+\infty$时该函数趋向于 0.

用类似的讨论可以证明当 $R\to+\infty$ 时，在连接 A 与 $A+1$ 的线段上的被积分函数趋向
466 于 0. 因为在这两种情况下积分路径的长度都是 1，所以这表明当 $R\to+\infty$ 时，在(47)式等号右边的第二个和第三个积分趋向于 0. 因而可以把(47)式写成下面的形式：

$$S(a, n)=\int_A^B \varphi(z)\mathrm{d}z+o(1), \qquad \text{若 } R\to+\infty. \tag{50}$$

为了处理积分 $\int_A^B\varphi$，我们应用柯西定理，沿以 A，B，α，$-\alpha$ 为顶点的平行四边形对 φ 进行积分，其中 $\alpha=B+\dfrac{1}{2}=R\mathrm{e}^{\pi\mathrm{i}/4}$(见图 16-8). 因为 φ 是处处解析的，它沿着这个平行四边形的积分为 0，所以

$$\int_A^B\varphi+\int_B^\alpha\varphi+\int_\alpha^{-\alpha}\varphi+\int_{-\alpha}^A\varphi=0. \tag{51}$$

因为在(45)式中有指数因子 $\mathrm{e}^{\pi\mathrm{i}az^2/n}$，所以用类似于上面进行的讨论可以证明当 $R\to+\infty$ 时 φ 沿每条水平线段的积分趋向于 0. 因而(51)式可以给出

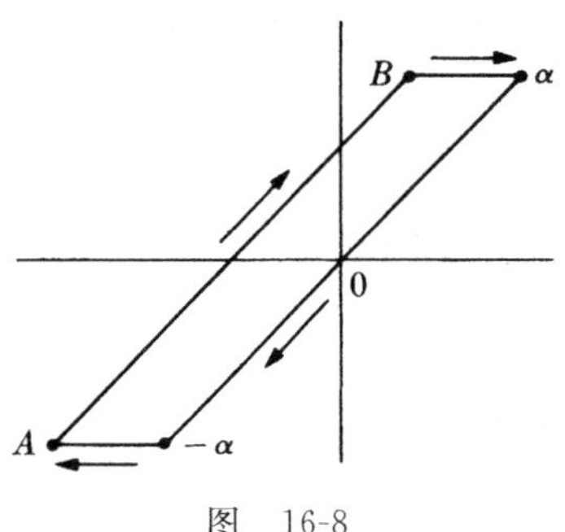

图　16-8

$$\int_A^B\varphi=\int_{-\alpha}^\alpha\varphi+o(1), \qquad \text{若 } R\to+\infty,$$

而且(50)式变成

$$S(a, n)=\int_{-\alpha}^\alpha \varphi(z)\mathrm{d}z+o(1), \qquad \text{若 } R\to+\infty, \tag{52}$$

其中 $\alpha=R\mathrm{e}^{\pi\mathrm{i}/4}$. 利用(45)式可得

$$\int_{-\alpha}^\alpha\varphi(z)\mathrm{d}z=\sum_{m=0}^{a-1}\int_{-\alpha}^\alpha \mathrm{e}^{\pi\mathrm{i}az^2/n}\mathrm{e}^{2\pi\mathrm{i}mz}\mathrm{d}z=\sum_{m=0}^{a-1}\mathrm{e}^{-\pi\mathrm{i}nm^2/a}I(a, m, n, R),$$

其中

$$I(a, m, n, R)=\int_{-\alpha}^\alpha\exp\left\{\frac{\pi\mathrm{i}a}{n}\left(z+\frac{nm}{a}\right)^2\right\}\mathrm{d}z.$$

467 对于以 $-\alpha$，α，$\alpha-nm/a$，$-\alpha-nm/a$ 为顶点的平行四边形再次应用柯西定理，像前面一样可知当 $R\to+\infty$ 时沿水平线段的积分 $\to0$，所以

$$I(a, m, n, R)=\int_{-\alpha-nm/a}^{\alpha-mn/a}\exp\left\{\frac{\pi\mathrm{i}a}{n}\left(z+\frac{nm}{a}\right)^2\right\}\mathrm{d}z+o(1), \qquad \text{若 } R\to+\infty.$$

作变量替换 $w=\sqrt{a/n}(z+nm/a)$ 可以把此式变成下面的形式：

$$I(a, m, n, R)=\sqrt{\frac{n}{a}}\int_{-\alpha\sqrt{a/n}}^{\alpha\sqrt{a/n}}\mathrm{e}^{\pi\mathrm{i}w^2}\mathrm{d}w+o(1), \qquad \text{若 } R\to+\infty.$$

在(52)式中令 $R\to+\infty$，可得

$$S(a, n)=\sum_{m=0}^{a-1}\mathrm{e}^{-\pi\mathrm{i}nm^2/a}\sqrt{\frac{n}{a}}\lim_{R\to+\infty}\int_{-R\sqrt{a/n}\,\mathrm{e}^{\pi\mathrm{i}/4}}^{R\sqrt{a/n}\,\mathrm{e}^{\pi\mathrm{i}/4}}\mathrm{e}^{\pi\mathrm{i}w^2}\mathrm{d}w. \tag{53}$$

记 $T=\sqrt{a/n}R$，我们看到上面最后一个极限等于

$$\lim_{T\to+\infty}\int_{-T\mathrm{e}^{\pi\mathrm{i}/4}}^{T\mathrm{e}^{\pi\mathrm{i}/4}}\mathrm{e}^{\pi\mathrm{i}w^2}\,\mathrm{d}w=I.$$

这说明 I 是一个不依赖于 a 和 n 的数. 因而(53)式给出

$$S(a,\ n)=\sqrt{\frac{n}{a}}\,\overline{IS(n,\ a)}. \tag{54}$$

为了求出 I 的值，在(54)式中取 $a=1$ 和 $n=2$. 于是 $S(1,\ 2)=1+\mathrm{i}$，$S(2,\ 1)=1$，所以(54)式蕴涵 $I=(1+\mathrm{i})/\sqrt{2}$，并且(54)式化成(42)式. ■

16.26　留数定理对于拉普拉斯变换反演公式的应用

下述定理在许多情况下都是求在拉普拉斯变换的反演公式中出现的极限的值的最容易的方法. (见练习 11.38.)

定理 16.39　设 F 是一个在 $\mathbf{C}$ 内除了可能有有限个极点之外处处解析的函数. 假定存在三个正常数 M，b，c 使得

$$|F(z)|<\frac{M}{|z|^c},\qquad \text{只要}\ |z|\geqslant b.$$

设 a 是一个正数使得垂直线 $x=a$ 不通过 F 的极点，并设 z_1，…，z_n 表示 F 的位于这条直线左侧的极点. 于是对于每个实数 $t>0$，我们有

$$\lim_{T\to+\infty}\int_{-T}^{T}\mathrm{e}^{(a+\mathrm{i}v)t}F(a+\mathrm{i}v)\,\mathrm{d}v=2\pi\sum_{k=1}^{n}\operatorname*{Res}_{z=z_k}\{\mathrm{e}^{zt}F(z)\}. \tag{55}$$ 468

证明　对在图 16-9 中所示的正定向路 Γ 应用柯西留数定理，其中圆形部分的半径 T 取得足够大使得 Γ 能围住 F 的位于直线 $x=a$ 左侧的全部极点，而且还满足条件 $T>b$. 留数定理给出

$$\int_\Gamma \mathrm{e}^{zt}F(z)\,\mathrm{d}z=2\pi\mathrm{i}\sum_{k=1}^{n}\operatorname*{Res}_{z=z_k}\{\mathrm{e}^{zt}F(z)\}. \tag{56}$$

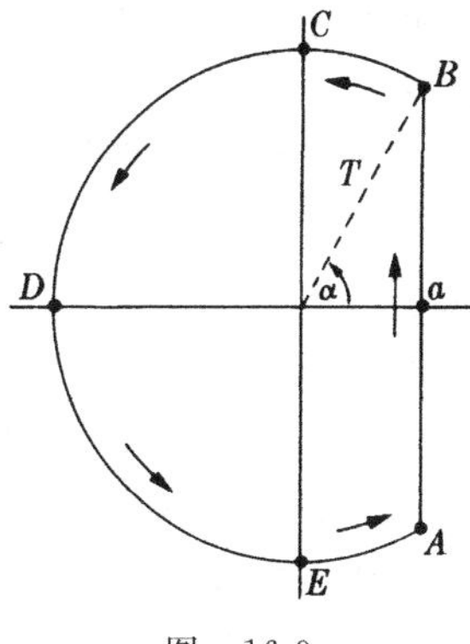

图　16-9

现在把沿 Γ 的积分写成

$$\int_\Gamma=\int_A^B+\int_B^C+\int_C^D+\int_D^E+\int_E^A,$$

其中 A，B，C，D，E 是如图 16-9 中所示的点，并且用 I_1，I_2，I_3，I_4，I_5 来表示这些积分. 我们将证明，对于 $k>1$，当 $T\to+\infty$ 时有 $I_k\to 0$.

首先，我们有

$$|I_2|<\frac{M}{T^c}\int_\alpha^{\pi/2}\mathrm{e}^{tT\cos\theta}T\,\mathrm{d}\theta\leqslant\frac{M\mathrm{e}^{at}}{T^{c-1}}\left(\frac{\pi}{2}-\alpha\right)=\frac{M\mathrm{e}^{at}}{T^c}T\arcsin\left(\frac{a}{T}\right).$$

因为当 $T\to+\infty$ 时 $T\arcsin(a/T)\to a$，由此可知当 $T\to+\infty$ 时 $I_2\to 0$. 用同样的方法可以证明当 $T\to+\infty$ 时 $I_5\to 0$.

其次，考虑 I_3. 我们有

$$|I_3| < \frac{M}{T^{c-1}}\int_{\pi/2}^{\pi} \mathrm{e}^{tT\cos\theta}\mathrm{d}\theta = \frac{M}{T^{c-1}}\int_0^{\pi/2} \mathrm{e}^{-tT\sin\varphi}\mathrm{d}\varphi.$$

但是当 $0 \leqslant \varphi \leqslant \pi/2$ 时 $\sin\varphi \geqslant 2\varphi/\pi$，因而

$$|I_3| < \frac{M}{T^{c-1}}\int_0^{\pi/2} \mathrm{e}^{-2tT\varphi/\pi}\mathrm{d}\varphi = \frac{\pi M}{2tT^c}(1-\mathrm{e}^{-tT}) \to 0, \qquad 若\ T \to +\infty.$$

469 类似可知当 $T\to+\infty$ 时 $I_4\to 0$. 但是当 $T\to+\infty$ 时(56)式等号右边保持不变，因而 $\lim\limits_{T\to+\infty} I_1$ 存在，而且有

$$\lim_{T\to+\infty} I_1 = \lim_{T\to+\infty}\int_{-T}^{T} \mathrm{e}^{(a+\mathrm{i}v)t}F(a+\mathrm{i}v)\mathrm{i}\mathrm{d}v = 2\pi\mathrm{i}\sum_{k=1}^{n}\operatorname*{Res}_{z=z_k}\{\mathrm{e}^{zt}F(z)\}. \qquad \blacksquare$$

例　设 $F(z)=z/(z^2+\alpha^2)$，其中 α 是实数. 于是 F 在 $\pm\mathrm{i}\alpha$ 有单极点. 因为 $z/(z^2+\alpha^2)=\frac{1}{2}[1/(z+\mathrm{i}\alpha)+1/(z-\mathrm{i}\alpha)]$，所以可得

$$\operatorname*{Res}_{z=\mathrm{i}\alpha}\{\mathrm{e}^{zt}F(z)\} = \frac{1}{2}\mathrm{e}^{\mathrm{i}\alpha t}, \qquad \operatorname*{Res}_{z=-\mathrm{i}\alpha}\{\mathrm{e}^{zt}F(t)\} = \frac{1}{2}\mathrm{e}^{-\mathrm{i}\alpha t}.$$

从而(55)式中的极限值为 $2\pi\mathrm{i}\cos\alpha t$. 从练习 11.38 可以看出，在 $(0, +\infty)$ 上连续、其拉普拉斯变换为 F 的函数 f 由 $f(t)=\cos\alpha t$ 给出.

16.27　共形映射

一个解析函数 f 会把两条相交于一点 c 的线段映射成为两条相交于 $f(c)$ 的曲线. 本节我们将证明，如果 $f'(c)\neq 0$，则这两条曲线的切线与原来的两条线段相交成相同大小的角.

这个性质对于线性函数从几何上看是明显的. 例如，假设 $f(z)=z+b$. 这表示一个平移，它把每条直线平移到与原直线平行的位置，很明显其夹角保持不变. 另一个例子是 $f(z)=az$，其中 $a\neq 0$. 如果 $|a|=1$，则 $a=\mathrm{e}^{\mathrm{i}\alpha}$，这表示围绕原点转过一个角度 α 的旋转. 如果 $|a|\neq 1$，则 $a=R\mathrm{e}^{\mathrm{i}\alpha}$，$f$ 表示一个旋转与一个拉伸(当 $R>1$ 时)或一个压缩(当 $R<1$ 时)的复合，其夹角仍然保持不变. 一个满足条件 $a\neq 0$ 的一般的线性函数 $f(z)=az+b$ 是上述类型函数的组合，因而也保持夹角不变.

在一般情况下，在 c 点可微表示在靠近 c 点的地方有一个线性逼近，譬如说 $f(z)=f(c)+f'(c)(z-c)+o(z-c)$，如果 $f'(c)\neq 0$，则可以期待在靠近 c 的地方使夹角保持不变.

为了正式阐述这些观点，设 γ_1 和 γ_2 是两条分段光滑的路，它们的图形分别为 Γ_1 和 Γ_2 且相交于 c 点. 假定 γ_1 在一个包含 t_1 的区间上是 1-1 的，γ_2 在一个包含 t_2 的区间上是 1-1 的，其中 $\gamma_1(t_1)=\gamma_2(t_2)=c$. 再假定 $\gamma'_1(t_1)\neq 0$ 和 $\gamma'_2(t_2)\neq 0$. 差

$$\arg[\gamma'_2(t_2)] - \arg[\gamma'_1(t_1)]$$

称为在 c 点从 Γ_1 到 Γ_2 的角.

现在假定 $f'(c)\neq 0$. 于是(按照定理 13.4)有一个圆盘 $B(c)$，f 在这个圆盘上是 1-1 的，因而复合函数 $w_1(t)=f[\gamma_1(t)]$ 和 $w_2(t)=f[\gamma_2(t)]$ 分别在靠近 t_1 和 t_2 的地方是局

部 1-1 的，而且会描绘出在 $f(c)$处相交的弧 C_1 和 C_2.（见图 16-10.）按照链式法则，我们有

$$w'_1(t_1)=f'(c)\gamma'_1(t_1)\neq 0 \quad 和 \quad w'_2(t_2)=f'(c)\gamma'_2(t_2)\neq 0.$$ 470

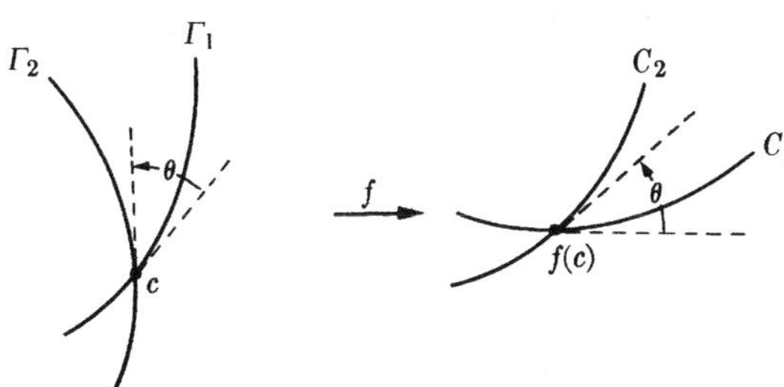

图 16-10

于是，按照定理 1.48，存在整数 n_1 和 n_2 使得

$$\arg[w'_1(t_1)]=\arg[f'(c)]+\arg[r'_1(t_1)]+2\pi n_1,$$

$$\arg[w'_2(t_2)]=\arg[f'(c)]+\arg[r'_2(t_2)]+2\pi n_2,$$

所以在 $f(c)$处从 C_1 到 C_2 的角等于在 c 点从 Γ_1 到 Γ_2 的角加上 2π 的一个整数倍. 为此我们说 f 在 c 点是保角的，这样的函数也被说成在 c 点是共形的.

在导数为零的点上的角得不到保持. 例如，如果 $f(z)=z^2$，则一条通过原点与实轴成 α 角的直线被 f 映射到一条与实轴成 2α 角的直线上. 一般地，当 $f'(c)=0$ 时，可以假定 f 的泰勒展开式有这样的形式：

$$f(z)-f(c)=(z-c)^k[a_k+a_{k+1}(z-c)+\cdots],$$

其中 $k\geqslant 2$. 利用这个等式，容易看出在 c 点相交的曲线之间的夹角在 f 的映射下被乘上了一个因数 k.

在共形映射的重要例子当中有默比乌斯变换，这是一些如下定义的函数：如果 a，b，c，d 是四个复数使得 $ad-bc\neq 0$，则定义

$$f(z)=\frac{az+b}{cz+d}, \tag{57}$$

只要 $cz+d\neq 0$. 令 $f(-d/c)=\infty$和 $f(\infty)=a/c$ 可以使 f 在扩充平面 $\mathbf{C}^*$ 上处处有定义.（如果 $c=0$，则这两个等式代之以一个等式 $f(\infty)=\infty$即可.）现在可以从(57)式解出用 $f(z)$表示 z 的表达式

$$z=\frac{-df(z)+b}{cf(z)-a}.$$

这表明反函数 f^{-1} 存在且由下面的等式给出：

$$f^{-1}(z)=\frac{-dz+b}{cz-a},$$ 471

同时理解 $f^{-1}(a/c)=\infty$和 $f^{-1}(\infty)=-d/c$. 由此可知默比乌斯(Möbius)变换是把 $\mathbf{C}^*$ 映到自身的 1-1 映射. 默比乌斯变换在每个有限的 $z\neq -d/c$ 处也是共形的，因为

$$f'(z)=\frac{bc-ad}{(cz+d)^2}\neq 0.$$

这些映射最重要的性质之一是它把圆映射到圆(包括作为圆的特殊情况的直线). 对这个性质的证明在练习 16.46 中列出了梗概. 默比乌斯变换的进一步性质在靠近本章末尾的练习中还有描述.

练习

复积分；柯西积分公式

16.1 设 γ 是一条分段光滑的路，其定义域为$[a, b]$，图形为 Γ. 假定积分 $\int_\gamma f$ 存在. 设 S 是一个包含 Γ 的开区域，并设 g 是一个使得 $g'(z)$ 对于 Γ 上的每个 z 点都存在且等于 $f(z)$ 的函数. 证明

$$\int_\gamma f=\int_\gamma g'=g(B)-g(A),\qquad \text{其中 } A=\gamma(a),\ B=\gamma(b).$$

特别地，如果 γ 是一条回路，则 $A=B$，且该积分为 0. 提示：对 γ' 的每个连续区间应用定理 7.34.

16.2 设 γ 是一条中心为 0、半径为 2 的正定向的圆形的路. 用柯西积分公式验证下列各式.

a) $\int_\gamma \frac{e^z}{z}dz=2\pi i.$　　b) $\int_\gamma \frac{e^z}{z^3}dz=\pi i.$

c) $\int_\gamma \frac{e^z}{z^4}dz=\frac{\pi i}{3}.$　　d) $\int_\gamma \frac{e^z}{z-1}dz=2\pi ie.$

e) $\int_\gamma \frac{e^z}{z(z-1)}dz=2\pi i(e-1).$　　f) $\int_\gamma \frac{e^z}{z^2(z-1)}dz=2\pi i(e-2).$

16.3 设 $f=u+iv$ 在一个圆盘 $B(a; R)$上解析. 如果 $0<r<R$，证明

$$f'(a)=\frac{1}{\pi r}\int_0^{2\pi}u(a+re^{i\theta})e^{-i\theta}d\theta.$$

16.4 a)证明下述更强的刘维尔定理：如果 f 是一个使 $\lim_{z\to\infty}|f(z)/z|=0$ 的整函数，则 f 是一个常数.

472 b)关于对每一个复数 z 满足不等式 $|f(z)|\leqslant M|z|^c$ 的整函数，你能得出什么结论？其中 $c>0$.

16.5 假定 f 在 $B(0; R)$上解析. 设 γ 表示中心在 0 点、半径为 r 的正定向的圆，其中 $0<r<R$. 如果 a 位于 γ 的内部，证明

$$f(a)=\frac{1}{2\pi i}\int_\gamma f(z)\left\{\frac{1}{z-a}-\frac{1}{z-r^2/\bar{a}}\right\}dz.$$

如果 $a=Ae^{i\alpha}$，证明由此式可推导出公式

$$f(a)=\frac{1}{2\pi}\int_0^{2\pi}\frac{(r^2-A^2)f(re^{i\theta})}{r^2-2rA\cos(\alpha-\theta)+A^2}d\theta.$$

令此式两边的实部相等，可得一个表达式——著名的泊松积分公式.

16.6 假定 f 在圆盘 $B(0; 1)$的闭包上解析，若 $|a|<1$，证明

$$(1-|a|^2)f(a)=\frac{1}{2\pi i}\int_\gamma f(z)\frac{1-z\bar{a}}{z-a}dz,$$

其中 γ 是中心在 0 点的正定向的单位圆. 推导出不等式

$$(1-|a|^2)|f(a)|\leqslant\frac{1}{2\pi}\int_0^{2\pi}|f(e^{i\theta})|d\theta.$$

16.7 设对于 $|z|<3/2$ 有 $f(z)=\sum_{n=0}^{\infty}2^n z^n/3^n$，对于 $|z|>1/2$ 有 $g(z)=\sum_{n=0}^{\infty}(2z)^{-n}$. 设 γ 是以 1 为半径、以 0 为中心的正定向的圆形的路，并对于 $|a|\neq 1$ 定义 $h(a)$ 如下：

$$h(a)=\frac{1}{2\pi\mathrm{i}}\int_{\gamma}\left(\frac{f(z)}{z-a}+\frac{a^2 g(z)}{z^2-az}\right)\mathrm{d}z.$$

证明

$$h(a)=\begin{cases}\dfrac{3}{3-2a}, & 若\ |a|<1,\\[2mm] \dfrac{2a^2}{1-2a}, & 若\ |a|>1.\end{cases}$$

泰勒展开式

16.8 在圆盘 $B(0;1)$ 上用等式 $f(z)=\sum_{n=0}^{\infty}z^n$ 定义 f. 求出 f 关于点 $a=\frac{1}{2}$ 和点 $a=-\frac{1}{2}$ 的泰勒展开式. 确定每种情况下的收敛半径.

16.9 假定 f 有在 $B(0;R)$ 内成立的泰勒展开式 $f(z)=\sum_{n=0}^{\infty}a(n)z^n$. 设

$$g(z)=\frac{1}{p}\sum_{k=0}^{p-1}f(z\mathrm{e}^{2\pi\mathrm{i}k/p}).$$

证明 g 的泰勒展开式由 f 的泰勒展开式的每一个第 p 项组成，即如果 $z\in B(0;R)$，则有

$$g(z)=\sum_{n=0}^{\infty}a(pn)z^{pn}.$$ 473

16.10 假定 f 在 $B(0;R)$ 内有泰勒展开式 $f(z)=\sum_{n=0}^{\infty}a_n z^n$，设 $s_n(z)=\sum_{k=0}^{n}a_k z^k$. 如果 $0<r<R$ 且 $|z|<r$，证明

$$s_n(z)=\frac{1}{2\pi\mathrm{i}}\int_{\gamma}\frac{f(w)}{w^{n+1}}\frac{w^{n+1}-z^{n+1}}{w-z}\mathrm{d}w,$$

其中 γ 是中心在 0 点、半径为 r 的正定向圆.

16.11 分别给定对于 $|z|\leqslant R_1$ 和 $|z|<R_2$ 成立的泰勒展开式 $f(z)=\sum_{n=0}^{\infty}a_n z^n$ 和 $g(z)=\sum_{n=0}^{\infty}b_n z^n$. 证明当 $|z|<R_1R_2$ 时有

$$\frac{1}{2\pi\mathrm{i}}\int_{\gamma}\frac{f(w)}{w}g\left(\frac{z}{w}\right)\mathrm{d}w=\sum_{n=0}^{\infty}a_n b_n z^n,$$

其中 γ 是中心在 0 点、半径为 R_1 的正定向圆.

16.12 假定 f 有在 $B(a;R)$ 内成立的泰勒展开式 $f(z)=\sum_{n=0}^{\infty}a_n(z-a)^n$.

a)如果 $0\leqslant r<R$，推导出帕塞瓦尔恒等式：

$$\frac{1}{2\pi}\int_0^{2\pi}|f(a+r\mathrm{e}^{\mathrm{i}\theta})|^2\mathrm{d}\theta=\sum_{n=0}^{\infty}|a_n|^2 r^{2n}.$$

b)用(a)推导出不等式 $\sum_{n=0}^{\infty}|a_n|^2 r^{2n}\leqslant[M(r)]^2$，其中 $M(r)$ 是 $|f|$ 在圆 $|z-a|=r$ 上的最大值.

c)用(b)给出局部最大模原理(定理 16.27)的另外一个证明.

16.13 证明施瓦茨引理：设 f 在圆盘 $B(0;1)$ 上解析. 假定 $f(0)=0$ 且当 $|z|<1$ 时 $|f(z)|\leqslant 1$，

则有

$$|f'(0)|\leqslant 1 \quad 和 \quad |f(z)|\leqslant|z|, \quad 若 |z|<1.$$

如果$|f'(0)|=1$或者对于在$B'(0;1)$内的至少一个z_0有$|f(z_0)|=|z_0|$，则

$$f(z)=\mathrm{e}^{\mathrm{i}\alpha}z, \quad 其中 \alpha 是实数.$$

提示：对g应用最大模定理，其中$g(0)=f'(0)$，而当$z\neq 0$时$g(z)=f(z)/z$.

洛朗展开式，奇点，留数

16.14 设f和g在一个开区域S上解析. 设γ是一条若尔当回路，其图形为Γ，Γ及其内部区域都位于S之内. 假定对于Γ上的每一个z都有$|g(z)|<|f(z)|$.

a)证明

$$\frac{1}{2\pi\mathrm{i}}\int_{\gamma}\frac{f'(z)+g'(z)}{f(z)+g(z)}\mathrm{d}z=\frac{1}{2\pi\mathrm{i}}\int_{\gamma}\frac{f'(z)}{f(z)}\mathrm{d}z.$$

提示：设$m=\inf\{|f(z)|-|g(z)|: z\in\Gamma\}$，则$m>0$，从而对于$[0,1]$内的每个$t$和$\Gamma$上的每个$z$有

$$|f(z)+tg(z)|\geqslant m>0.$$

现在设

$$\phi(t)=\frac{1}{2\pi\mathrm{i}}\int_{\gamma}\frac{f'(z)+tg'(z)}{f(z)+tg(z)}\mathrm{d}z, \quad 0\leqslant t\leqslant 1.$$

474 于是ϕ在$[0,1]$上连续，因而是常数. 这样就有$\phi(0)=\phi(1)$.

b)用(a)证明f与$f+g$在Γ的内部有同样个数的零点[儒歇(Rouché)定理].

16.15 设p是一个n次多项式，譬如说$p(z)=a_0+a_1z+\cdots+a_nz^n$，其中$a_n\neq 0$. 在儒歇定理中取$f(z)=a_nz^n$，$g(z)=p(z)-f(z)$，证明$p$在$\mathbf{C}$内恰有$n$个零点.

16.16 设f在圆盘$B(0;1)$的闭包上解析，并且假定当$|z|=1$时$|f(z)|<1$. 证明在$B(0;1)$内有且仅有一点z_0使得$f(z_0)=z_0$. 提示：用儒歇定理.

16.17 设$p_n(z)$表示泰勒展开式$\mathrm{e}^z=\sum_{n=0}^{\infty}z^n/n!$的第$n$个部分和. 用儒歇定理(或用其他方法)证明对于每一个$r>0$存在一个N(依赖于r)使得$n\geqslant N$蕴涵对于$B(0;r)$内的每一个z都有$p_n(z)\neq 0$.

16.18 如果$a>\mathrm{e}$，求出函数$f(z)=\mathrm{e}^z-az^n$的位于圆$|z|=1$内部的零点的个数.

16.19 给出一个有下述全部性质的函数的例子，或者说明为什么没有这样的函数：f在$\mathbf{C}$内除了在0点处有一个2阶极点、在i和$-$i有单极点之外处处都是解析的；对于一切z有$f(z)=f(-z)$；$f(1)=1$；函数$g(z)=f(1/z)$在$z=0$处有一个2阶零点；而且$\operatorname*{Res}_{z=i}f(z)=2\mathrm{i}$.

16.20 证明下列每一个洛朗展开式在所指出的区域内成立：

a) $$\frac{1}{(z-1)(2-z)}=\sum_{n=0}^{\infty}\frac{z^n}{2^{n+1}}+\sum_{n=1}^{\infty}\frac{1}{z^n}, \quad 1<|z|<2.$$

b) $$\frac{1}{(z-1)(2-z)}=\sum_{n=2}^{\infty}\frac{1-2^{n-1}}{z^n}, \quad |z|>2.$$

16.21 对于$\mathbf{C}$内每个固定的t，定义$J_n(t)$是在洛朗展开式

$$\mathrm{e}^{(z-1/z)t/2}=\sum_{n=-\infty}^{\infty}J_n(t)z^n$$

中z^n项的系数. 证明对于$n\geqslant 0$有

$$J_n(t)=\frac{1}{\pi}\int_0^{\pi}\cos(t\sin\theta-n\theta)\mathrm{d}\theta$$

和 $J_{-n}(t)=(-1)^n J_n(t)$. 推出幂级数展开式：

$$J_n(t)=\sum_{k=0}^{\infty}\frac{(-1)^k\left(\frac{1}{2}t\right)^{n+2k}}{k!\,(n+k)!}\quad (n\geqslant 0).$$

函数 J_n 称为 n 阶贝塞尔函数.

16.22 证明黎曼定理：如果 z_0 是 f 的一个孤立奇点，而且 $|f|$ 在某个去心邻域 $B'(z_0)$ 上有界，则 z_0 是一个可去奇点. 提示：估计 f 的洛朗展开式中系数 a_n 的积分，证明对于每一个 $n<0$ 有 $a_n=0$.

16.23 证明卡索拉蒂-魏尔斯特拉斯定理：假设 z_0 是 f 的一个本性奇点，并且设 c 是任意一个复数. 于是对于每一个 $\varepsilon>0$ 和每一个圆盘 $B(z_0)$，在 $B(z_0)$ 内存在一点 z 使得 $|f(z)-c|<\varepsilon$. 提示：假设该定理不成立，对于 $g(z)=1/[f(z)-c]$ 应用练习 16.22 的结论可以导致矛盾. 475

16.24 无穷远点. 称一个函数 f 在 ∞ 解析，如果由等式 $g(z)=f(1/z)$ 定义的函数 g 在原点解析. 类似地，我们说 f 在 ∞ 有零点、极点、可去奇点或本性奇点，如果 g 在 0 有零点、极点、可去奇点或本性奇点. 刘维尔定理称在 $\mathbf{C}^*$ 内处处解析的函数必为常数. 证明：

a) f 是一个多项式，当且仅当 f 在 $\mathbf{C}^*$ 内唯一的奇点是在 ∞ 的一个极点. 在这种情况下，该极点的阶数等于该多项式的次数.

b) f 是一个有理函数，当且仅当 f 在 $\mathbf{C}^*$ 内没有异于极点的奇点.

16.25 推出计算留数的下述"捷径"：

a) 如果 a 是 f 的一阶极点，则

$$\operatorname*{Res}_{z=a} f(z)=\lim_{z\to a}(z-a)f(z).$$

b) 如果 a 是 f 的二阶极点，则

$$\operatorname*{Res}_{z=a} f(z)=g'(a),\qquad 其中\ g(z)=(z-a)^2 f(z).$$

c) 假设 f 与 g 都在 a 点解析，$f(a)\neq 0$，a 是 g 的一阶零点. 证明

$$\operatorname*{Res}_{z=a}\frac{f(z)}{g(z)}=\frac{f(a)}{g'(a)},\qquad \operatorname*{Res}_{z=a}\frac{f(z)}{[g(z)]^2}=\frac{f'(a)g'(a)-f(a)g''(a)}{[g'(a)]^3}.$$

d) 如果 f 与 g 如(c)中所述，但是 a 是 g 的二阶零点，则

$$\operatorname*{Res}_{z=a}\frac{f(z)}{g(z)}=\frac{6f'(a)g''(a)-2f(a)g'''(a)}{3[g''(a)]^2}.$$

16.26 如果 f 定义如下，计算 f 在各个极点处的留数：

a) $f(z)=\dfrac{z\mathrm{e}^z}{z^2-1}$,　　b) $f(z)=\dfrac{\mathrm{e}^z}{z(z-1)^2}$,

c) $f(z)=\dfrac{\sin z}{z\cos z}$,　　d) $f(z)=\dfrac{1}{1-\mathrm{e}^z}$,

e) $f(z)=\dfrac{1}{1-z^n}$　　(当 n 是一个正整数).

16.27 如果 $\gamma(a;r)$ 表示中心在 a 点、半径为 r 的正定向圆，证明：

a) $\displaystyle\int_{\gamma(0;4)}\frac{3z-1}{(z+1)(z-3)}\mathrm{d}z=6\pi\mathrm{i}$,　　b) $\displaystyle\int_{\gamma(0;2)}\frac{2z}{z^2+1}\mathrm{d}z=4\pi\mathrm{i}$,

c) $\displaystyle\int_{\gamma(0;2)}\frac{z^3}{z^4-1}\mathrm{d}z=2\pi\mathrm{i}$,　　d) $\displaystyle\int_{\gamma(2;1)}\frac{\mathrm{e}^z}{(z-2)^2}\mathrm{d}z=2\pi\mathrm{i}\mathrm{e}^2$. 476

用留数方法计算从练习 16.28 到练习 16.35 各练习中的积分值.

16.28 $\displaystyle\int_0^{2\pi}\frac{\mathrm{d}t}{(a+b\cos t)^2}=\frac{2\pi a}{(a^2-b^2)^{3/2}}$,　　若 $0<b<a$.

16.29 $\displaystyle\int_0^{2\pi}\frac{\cos 2t\,\mathrm{d}t}{1-2a\cos t+a^2}=\frac{2\pi a^2}{1-a^2}$，　　若 $a^2<1$.

16.30 $\displaystyle\int_0^{2\pi}\frac{(1+\cos 3t)\,\mathrm{d}t}{1-2a\cos t+a^2}=\frac{\pi(a^2-a+1)}{1-a}$，　　若 $0<a<1$.

16.31 $\displaystyle\int_0^{2\pi}\frac{\sin^2 t\,\mathrm{d}t}{a+b\cos t}=\frac{2\pi(a-\sqrt{a^2-b^2})}{b^2}$，　　若 $0<b<a$.

16.32 $\displaystyle\int_{-\infty}^{\infty}\frac{1}{x^2+x+1}\mathrm{d}x=\frac{2\pi\sqrt{3}}{3}$.

16.33 $\displaystyle\int_{-\infty}^{\infty}\frac{x^6}{(1+x^4)^2}\mathrm{d}x=\frac{3\pi\sqrt{2}}{16}$.

16.34 $\displaystyle\int_0^{\infty}\frac{x^2}{(x^2+4)^2(x^2+9)}\mathrm{d}x=\frac{\pi}{200}$.

16.35 a) $\displaystyle\int_0^{\infty}\frac{x}{1+x^5}\mathrm{d}x=\frac{\pi}{5}\Big/\sin\frac{2\pi}{5}$.

提示：计算 $z/(1+z^5)$ 沿圆扇形 $S=\{re^{i\theta}：0\leqslant r\leqslant R，0\leqslant\theta\leqslant 2\pi/5\}$ 边界的积分，并令 $R\to\infty$.

b) $\displaystyle\int_0^{\infty}\frac{x^{2m}}{1+x^{2n}}\mathrm{d}x=\frac{\pi}{2n}\Big/\sin\left(\frac{2m+1}{2n}\pi\right)$，　m，n 是整数，　$0<m<n$.

16.36 如果 f 是两个多项式的商，譬如说 $f=P/Q$，其中 Q 的次数超过 P 的次数 2 或者更多，则公式(38)成立.

16.37 如果 $f(z)=e^{imz}P(z)/Q(z)$，其中 $m>0$，P 和 Q 是多项式，Q 的次数超过 P 的次数 1 或者更多，则公式(38)成立，这使得用在定理 16.37 中描述的方法求形如

$$\int_{-\infty}^{\infty}e^{imx}\frac{P(x)}{Q(x)}\mathrm{d}x$$

的积分的值成为可能.

16.38 用在练习 16.37 中所提供的方法求下列积分的值：

a) $\displaystyle\int_0^{\infty}\frac{\sin mx}{x(a^2+x^2)}\mathrm{d}x=\frac{\pi}{2a^2}(1-e^{-am})$，　$m\geqslant 0$，$a>0$.

477 b) $\displaystyle\int_0^{\infty}\frac{\cos mx}{x^4+a^4}\mathrm{d}x=\frac{\pi}{2a^3}e^{-ma/\sqrt{2}}\sin\left(\frac{ma}{\sqrt{2}}+\frac{\pi}{4}\right)$，　$m>0$，$a>0$.

16.39 假设 $w=e^{2\pi i/3}$，并设 γ 是一个正定向圆，其图形不通过 1，w 和 w^2（数 1，w，w^2 是 1 的立方根）. 证明积分

$$\int_{\gamma}\frac{(z+1)}{z^3-1}\mathrm{d}z$$

等于 $2\pi i(m+nw)/3$，其中 m 和 n 是整数. 确定 m 和 n 的可能值，并说明它们与 γ 有怎样的关系.

16.40 设 γ 是一个中心为 0、半径 $<2\pi$ 的正定向圆. 如果 a 是一个复数，n 是一个整数，设

$$I(n,a)=\frac{1}{2\pi i}\int_{\gamma}\frac{z^{n-1}e^{az}}{1-e^z}\mathrm{d}z.$$

证明

$$I(0,a)=\frac{1}{2}-a,\quad I(1,a)=-1\quad 和\quad I(n,a)=0,\quad n>1.$$

当 $n\geqslant 1$ 时计算 $I(-n,a)$，用伯努利多项式表示所得的结果(见练习 9.38).

16.41 本练习需要使用定理 16.38 的证明中的某些细节. 设

$$g(z)=\sum_{r=0}^{n-1}\mathrm{e}^{\pi\mathrm{i}a(z+r)^2/n},\qquad f(z)=g(z)/(\mathrm{e}^{2\pi\mathrm{i}z}-1),$$

其中 a 和 n 是正整数，na 是偶数. 证明

a) $g(z+1)-g(z)=\mathrm{e}^{\pi\mathrm{i}az^2/n}(\mathrm{e}^{2\pi\mathrm{i}z}-1)\sum_{m=0}^{a-1}\mathrm{e}^{2\pi\mathrm{i}mz}$.

b) $\operatorname*{Res}_{z=0}f(z)=g(0)/(2\pi\mathrm{i})$.

c) $\mathrm{i}(t+R\mathrm{e}^{\pi\mathrm{i}/4}+r)^2$ 的实部是 $-(\sqrt{2}tR+R^2+\sqrt{2}rR)$.

1-1 的解析函数

16.42 设 S 是 $\mathbf{C}$ 的一个开子集，并假设 f 在 S 上是解析的和 1-1 的. 证明：

a) 对于 S 内的每个 z 都有 $f'(z)\neq 0$.（因而 f 在 S 的每个点上都是共形的.）

b) 如果 g 是 f 的逆，则 g 在 $f(S)$ 上解析，而且当 $w\in f(S)$ 时，$g'(w)=1/f'(g(w))$.

16.43 设 f：$\mathbf{C}\to\mathbf{C}$ 在 $\mathbf{C}$ 上是解析的和 1-1 的. 证明 $f(z)=az+b$，其中 $a\neq 0$. 如果 f 在 $\mathbf{C}^*$ 上是 1-1 的，而且除了可能有有限个极点外在 $\mathbf{C}^*$ 上是解析的，则能够得出什么结论？

16.44 如果 f 和 g 都是默比乌斯变换，证明复合函数 $f\circ g$ 也是一个默比乌斯变换.

16.45 几何地描述当一个点 z 被下述特殊的默比乌斯变换映到 $f(z)$ 时会发生什么情况：

a) $f(z)=z+b$ （平移）.

b) $f(z)=az$，其中 $a>0$ （拉伸或者压缩）.

c) $f(z)=\mathrm{e}^{\mathrm{i}\alpha}z$，其中 α 是实数 （旋转）.

d) $f(z)=1/z$ （反演）. 478

16.46 如果 $c\neq 0$，则有

$$\frac{az+b}{cz+d}=\frac{a}{c}+\frac{bc-ad}{c(cz+d)}.$$

因而每一个默比乌斯变换都可以表示为练习 16.45 中所叙述的特殊情况的复合. 由此可以证明默比乌斯变换把圆映到圆(直线作为圆的特殊情况来考虑).

16.47 a) 证明把上半平面 $T=\{x+\mathrm{i}y：y\geqslant 0\}$ 映射到圆盘 $B(0;1)$ 的闭包的全部默比乌斯变换可以被表示为 $f(z)=\mathrm{e}^{\mathrm{i}\alpha}(z-a)/(z-\bar{a})$ 的形式，其中 α 是实数，$a\in T$.

b) 证明总是可以取到 a 和 α 使得可以把实轴上任何三个给定的点映射到单位圆上任何三个给定的点.

16.48 求把右半平面

$$S=\{x+\mathrm{i}y：x\geqslant 0\}$$

映射到 $B(0;1)$ 的闭包的全部默比乌斯变换.

16.49 求把 $B(0;1)$ 的闭包映射到自身的全部默比乌斯变换.

16.50 默比乌斯变换

$$f(z)=\frac{az+b}{cz+d}\qquad(ad-bc\neq 0)$$

的不动点是那些使 $f(z)=z$ 的点 z. 设 $D=(d-a)^2+4bc$.

a) 当 $c=0$ 时确定全部不动点.

b) 如果 $c\neq 0$ 且 $D\neq 0$，证明 f 恰有 2 个不动点 z_1 和 z_2(都是有限的)，而且它们满足等式

$$\frac{f(z)-z_1}{f(z)-z_2}=R\mathrm{e}^{\mathrm{i}\theta}\,\frac{z-z_1}{z-z_2},\qquad \text{其中 } R>0 \text{ 且 } \theta \text{ 是实数}.$$

c) 如果 $c\neq 0$ 而 $D=0$，证明 f 恰有一个不动点 z_1，而且它满足等式

$$\frac{1}{f(z)-z_1}=\frac{1}{z-z_1}+C,\qquad 对某个\ C\neq 0.$$

d)任意给定一个默比乌斯变换，研究一个给定的点 w 的逐次的象，即设

$$w_1=f(w),\quad w_2=f(w_1),\quad \cdots,\quad w_n=f(w_{n-1}),\quad \cdots,$$

并研究序列$\{w_n\}$的性质．考虑 a，b，c，d 是实数而且 $ad-bc=1$ 的特殊情况．

综合练习

479 16.51 确定全部复数 z 使得

$$z=\sum_{n=2}^{\infty}\sum_{k=1}^{n}e^{2\pi ikz/n}.$$

16.52 如果 $f(z)=\sum_{n=0}^{\infty}a_nz^n$ 是一个整函数，对于一切 $r>0$ 有 $|f(re^{i\theta})|\leqslant Me^{r^k}$，其中 $M>0$ 且 $k>0$，证明

$$|a_n|\leqslant\frac{Me^{n/k}}{(n/k)^{n/k}},\qquad 对于\ n\geqslant 1.$$

16.53 假定 f 在一个去心邻域 $B'(0;a)$上解析．证明$\lim\limits_{z\to 0}f(z)$存在(可能是无穷)，当且仅当存在一个整数 n 和一个在 $B(0;a)$上解析、$g(0)\neq 0$ 的函数 g，使得在 $B'(0;a)$内有 $f(z)=z^ng(z)$.

16.54 设 $p(z)=\sum_{k=0}^{n}a_kz^k$ 是一个实系数 n 次多项式，它满足条件

$$a_0>a_1>\cdots>a_{n-1}>a_n>0.$$

证明 $p(z)=0$ 蕴涵 $|z|>1$. 提示：考虑$(1-z)p(z)$.

16.55 在一个圆盘 $B(a;r)$上定义的函数 f 说成在 a 点有一个无穷阶零点，如果对于每一个整数 $k>0$ 都有一个在 a 点解析的函数 g_k 使得在 $B(a;r)$上有 $f(z)=(z-a)^kg_k(z)$. 如果 f 在 a 点有一个无穷阶零点，证明在 $B(a;r)$内处处有 $f=0$.

16.56 证明莫累拉(Morera)定理：如果 f 在 $\mathbf{C}$ 内的一个开区域 S 上连续，而且对于 S 内的每一条多边形回路 γ 有 $\int_\gamma f=0$，则 f 在 S 上解析.

参考文献

16.1 Ahlfors, L. V., *Complex Analysis*, 2nd ed. McGraw-Hill, New York, 1966.

16.2 Carathéodory, C., *Theory of Functions of a Complex Variable*, 2 vols. F. Steinhardt, translator. Chelsea, New York, 1954.

16.3 Estermann, T., *Complex Numbers and Functions*. Athlone Press, London, 1962.

16.4 Heins, M., *Complex Function Theory*. Academic Press, New York, 1968.

16.5 Heins, M., *Selected Topics in the Classical Theory of Functions of a Complex Variable*. Holt, Rinehart, and Winston, New York, 1962.

16.6 Knopp, K., *Theory of Functions*, 2 vols. F. Bagemihl, translator. Dover, New York, 1945.

16.7 Saks, S., and Zygmund, A., *Analytic Functions*, 2nd ed. E. J. Scott, translator. *Monografie Matematyczne* **28**, Warsaw, 1965.

16.8 Sansone, G., and Gerretsen, J., *Lectures on the Theory of Functions of a Complex Variable*, 2 vols. P. Noordhoff, Gröningen, 1960.

480 16.9 Titchmarsh, E. C., *Theory of Functions*, 2nd ed. Oxford University Press, 1939.

特殊符号索引

索引中的页码为英文原书页码，与书中页边标注的页码一致。

索 引

索引中的页码为英文原书页码，与书中页边标注的页码一致.

D

E

F

G

H

I

J

K

L

M

N

O

P

Q

R

S

T

U

V

W

Y

Z